今すぐ使える
かんたん

ジェイダブリューキャド

改訂2版

Jw_cad

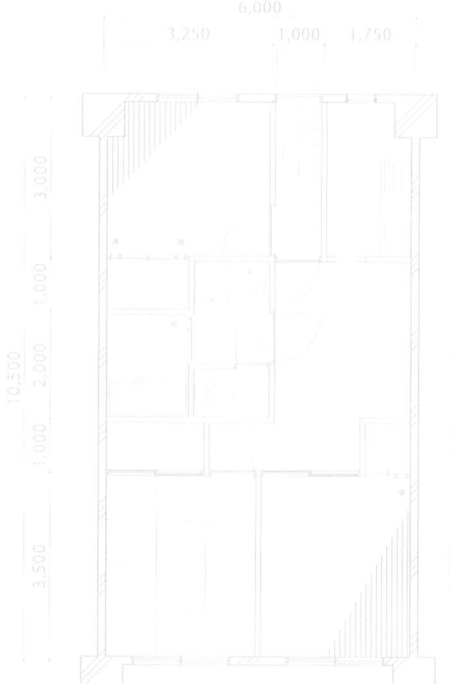

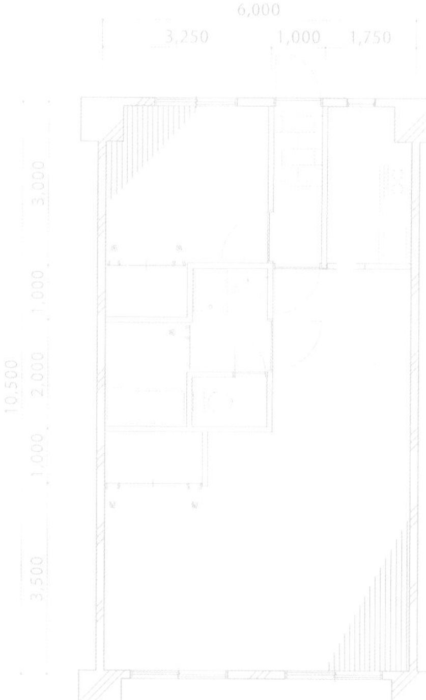

Jw_cad Version 8.24a 対応

技術評論社

本書の使い方

- 画面の手順解説だけを読めば、操作できるようになる！
- もっと詳しく知りたい人は、両端の「側注」を読んで納得！
- これだけは覚えておきたい機能を厳選して紹介！

特長1

機能ごとに
まとまっているので、
「やりたいこと」が
すぐに見つかる！

Section 51

半径・直径・角度寸法を作図する

覚えておきたいキーワード
☑ 寸法（半径）
☑ 寸法（直径）
☑ 寸法（角度）

ここでは、円や円弧の半径寸法および直径寸法、2つの線の間の角度寸法を作図する方法について学習します。半径寸法では「R」記号、直列寸法では「φ」記号が自動的に入力されます。また、寸法線の端部の記号（矢印・点）を切り替えて作図する方法も併せて解説します。

練習用ファイル	Sec51.jww		
メニュー	[作図] メニュー→[寸法]		
ツールバー	[寸法]		
ショートカット	S／Shift+G	クロックメニュー	左PM11時

1 半径寸法を作図する

キーワード 半径寸法

…では、円弧の半径を表す寸法を…ます。寸法値の前（または後ろ）…を表す「R」が自動的に入力されま…の位置および入力の有無につい…法設定」ダイアログボックス→…R)、直径（φ）」で設定します…のメモ「寸法・引出線（矢印・点）…について」参照）。

メモ 傾きの設定

…で傾きの値を入力していますが、…をクリックして表示されるメ…ら選択することもできます。

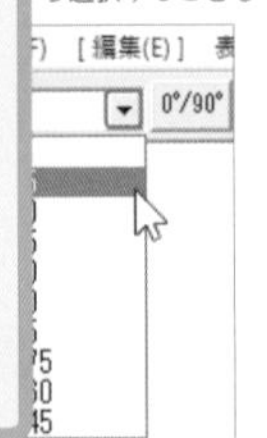

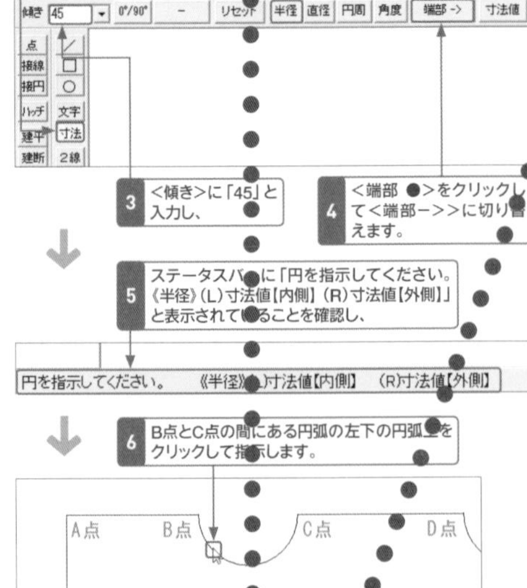

1 ツールバーの<寸法>をクリックし、
2 <半径>をクリックします。
3 <傾き>に「45」と入力し、
4 <端部 ●>をクリックして<端部－>>に切り替えます。
5 ステータスバーに「円を指示してください。《半径》(L)寸法値【内側】(R)寸法値【外側】」と表示されていることを確認し、
円を指示してください。《半径》(L)寸法値【内側】(R)寸法値【外側】
6 B点とC点の間にある円弧の左下の円弧上をクリックして指示します。
A点
B点
C点
D点

182

● 各Sectionの表について

表の見方は次の通りです。

練習用ファイル：付属のCD-ROMに収録しており、弊社サイトからダウンロードすることもできます。章ごとのフォルダに保存されています。

メニュー：本Sectionで解説しているコマンド（命令）をメニューバーから実行することができます（P.30参照）。

ツールバー：ツールバーよりコマンドボタンをクリックして実行する場合に使用します（P.30参照）。

ショートカット：キーボードの日本語入力がオフの状態で、キーを押すことでコマンドを実行する方法です（P.31参照）。

クロックメニュー：マウスを指定された方向にドラッグ操作することで、登録されたコマンドを実行することができます（P.31参照）。

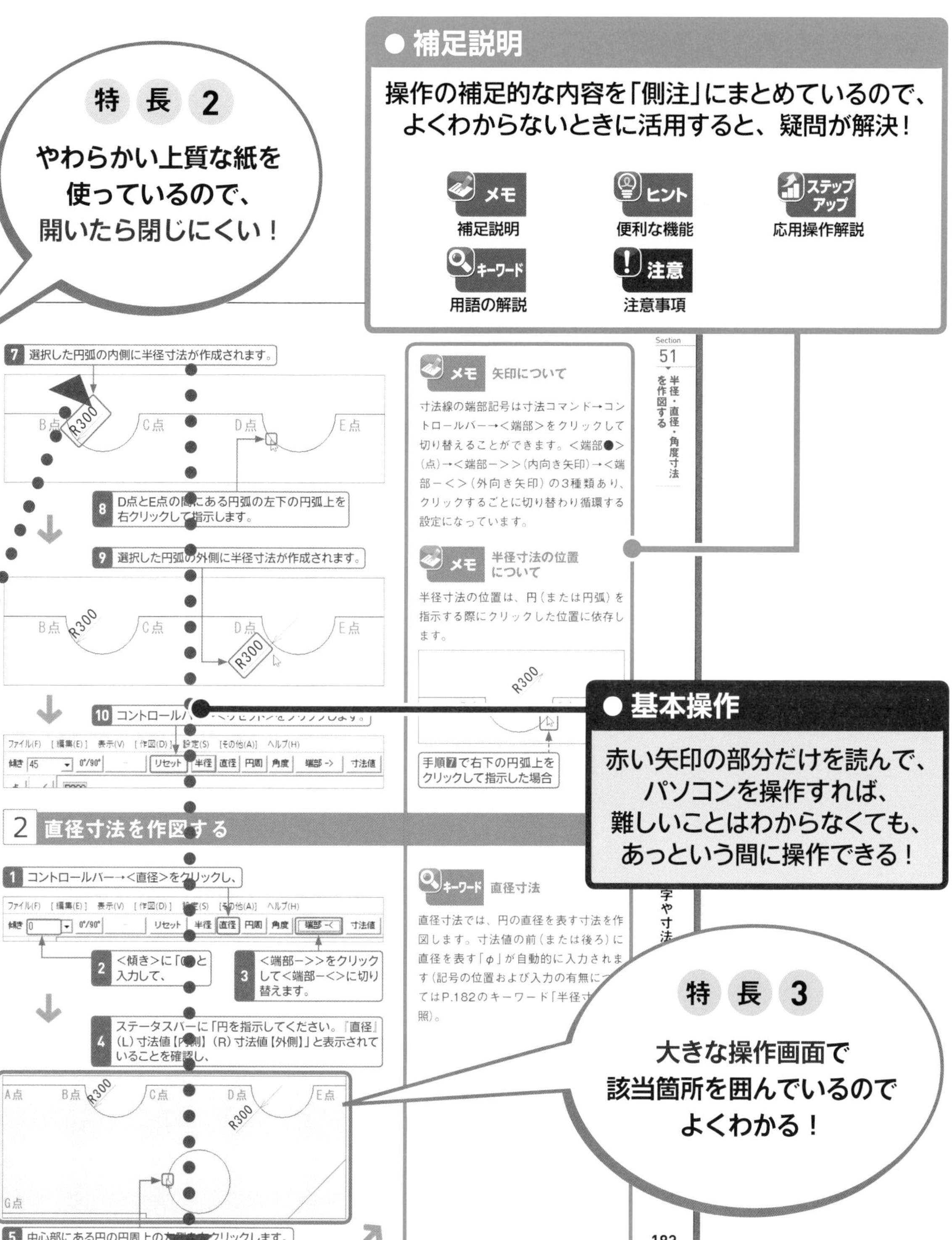
特長2
やわらかい上質な紙を
使っているので、
開いたら閉じにくい！
補足説明
操作の補足的な内容を「側注」にまとめているので、
よくわからないときに活用すると、疑問が解決！
メモ
補足説明
ヒント
便利な機能
ステップアップ
応用操作解説
キーワード
用語の解説
注意
注意事項
基本操作
赤い矢印の部分だけを読んで、
パソコンを操作すれば、
難しいことはわからなくても、
あっという間に操作できる！
特長3
大きな操作画面で
該当箇所を囲んでいるので
よくわかる！

目次

Contents

第1章 Jw_cadの基本

Section 01 Jw_cadの特徴 16
CADとは
Jw_cadとは
Jw_cadの特徴①　無料で使える
Jw_cadの特徴②　手描き感覚で操作がシンプル
Jw_cadの特徴③　建築図面に強い

Section 02 Jw_cadをインストールする 18
Jw_cadをインストールする

Section 03 Jw_cadの起動と終了 22
Jw_cadを起動する
Jw_cadを終了する

Section 04 Jw_cadの画面構成 24
画面名称と機能
ツールバーの表示／非表示を設定する

Section 05 基本設定（初期設定）とファイルの保存 26
表示を設定する
基本設定の一般（1）を設定する
基本設定の一般（2）を設定する
基本設定の色・画面を設定する
名前を付けて保存する

Section 06 Jw_cadの基本操作を知る 30
コマンド選択の方法を知る

Section 07 マウスとキーボード操作の特徴を知る 32
マウス操作
キーの名称と役割

Section 08 図面を開く／図面を新規作成する 34
図面を開く
図面を新規作成する

Section 09 作図画面を拡大／縮小する 36
図面を拡大表示する
図面を縮小表示する
直前の表示に戻す（前倍率）
表示画面を移動する
作図ウィンドウ全体を表示する

第2章 いろいろな線を作図しよう

Section 10 用紙サイズと縮尺を設定する 40
Jw_cadを起動して新規作成する
用紙サイズを設定する
作図の縮尺を設定する

Section 11 線色／線種／線の太さを設定する 42
線幅を1/100mm単位に切り替える
作図時の線色／線種／線の太さを設定する

Section 12 ２点を指定して線を作図する 44
２点を指定して線を作図する
連続した線を作図する

Section 13 水平・垂直な線を作図する 46
線種を変更する
水平・垂直な線を作図する

Section 14 線を接続して作図する 48
長さを指定して水平・垂直線を作図する
２点を結ぶ斜辺を作図する

Section 15 長さと角度を指定して線を作図する 52
正三角形を作図する

Section 16 さまざまな線を作図する 54
寸法を作図する
起点付き矢印を作図する

Section 17 ２本の線を同時に作図する 56
図面を開く
内壁を作図する
左側の外壁を作図する
下側の外壁を作図する

Section 18 分割線を作図する 62
指定した個数で分割線を作図する
指定した間隔で分割線を作図する

Section 19 線の勾配を指定する 64
３寸勾配の線を作図する
5%勾配の線を作図する

Section 20 鉛直線を作図する 66
鉛直線を作図する

Section 21 斜線を作図する（相対座標） 68
座標を指定して斜線を作図する

Section 22 接線を作図する 72
円と円に接した接線を作図する
点と円を結んだ接線を作図する

第3章 図形を作図／選択／変更しよう

Section 23 四角形を作図する 76
対角点を指定して四角形を作図する
寸法を指定して四角形を作図する

Section 24 中心と半径を指定して円を作図する 78
中心を指定して円を作図する
半径を指定して円を作図する

Section 25 円弧を作図する 80
半径を指定して円弧を作図する
円周上の３点を指定して円弧を作図する

Section 26 正多角形を作図する 82
半径1000mmの円に内接する正五角形を作図する
半径1000mmの円に外接する正五角形を作図する
1辺の長さが1000mmの正五角形を作図する

Section 27 ハッチング（塗り潰し）を作図する 84
格子状のハッチングを作成する
壁に塗り潰しを作図する

Section 28 範囲を指定して図形や文字を選択する 88
指定した範囲に含まれる図形を選択する
指定した範囲の図形を除外する
範囲枠交差線選択を行う

Section 29 選択した図形の線色や線種を変更する 92
選択した図形の線色を一括変更する
選択した図形の線種を一括変更する

Section 30 線の色を指定して図形を選択する 94
指定した線色の図形のみ選択する

Section 31 図形をほかの図面に貼り付ける 96
クリップボードにコピーする
ほかの図面にクリップボードから貼り付ける

Section 32 よく使用する図形を貼り付け・登録する 98
図形ファイルを読み込む
図形を登録する
登録した図形を貼り付ける

第4章 作図した図形を編集しよう

Section 33 線や円、２点の間を消去する 104
図形を消去する
指定した２点の間の線を消去する
指定した２点の間の円弧を消去する

Section 34 線を縮める 108
基準線まで線を縮める
基準線まで円弧を縮める
伸縮点を指定して縮める

Contents

Section 35 線を伸ばす 112

基準線まで線を伸ばす
伸縮点を指定して伸ばす

Section 36 コーナー（角）をつなぐ／１本の線に結合する 114

交差する線の角を編集する
線を伸縮して角をつなぐ
円弧と線をコーナー処理する
線と円弧を伸ばしてコーナー処理する

Section 37 複数の線をまとめて包絡処理する 118

上下の線を処理する
上下左右の線を処理する
交点間の線を処理する
はみ出した線と交点間の線を処理する
２つの線の中間の線を消去する

Section 38 図形全体を伸ばす／縮める 122

椅子の幅を広げる
距離を指定して座面の高さを上げる

Section 39 図形を移動／複写する 126

基準点を指定してマウスで図形を移動する
距離を指定して図形と文字を複写する

Section 40 図形を回転複写する 130

図形を回転複写する
文字の向きを整える

Section 41 角度を取得して図形を配置する 134

線の角度を取得して図形を回転移動する
図形間の角度を取得して図形を回転複写する

Section 42 図形を拡大／縮小する 138

図形を拡大複写する
図形を縮小複写する
縦の比率を変えて複写する
横の比率を変えて複写する
マウスで倍率を指示して拡大移動する

Section 43 図形を反転する 144

図形と文字を反転複写する

Section 44 線を平行方向に複写する 148

線を複線する
不要な線をコーナー処理する
表題欄の罫線を連続複線で作図する
長さを指定して複線する
連続線を一斉に複線する

第5章 文字や寸法を作成しよう

Section 45 文字を作図して配置する 156

文字を新規で作図して配置する
基点を変更・文字を作図して配置する

Section 46 文字を変更／移動する 160

文字を変更する
文字を移動する

Section 47 文字を複写する 164

文字を複写する

Section 48 文字種を変更する 166

文字種を変更する

Section 49 引出線を記入する 168

矢印付き線を作図する
下線付き文字を作図する

Section 50 長さ寸法（水平・垂直・斜辺）を作図する 172

作成する寸法について
位置を指定して長さ寸法を作図する
全体寸法を作図する
指定寸法を使用して連続寸法を作図する
指定寸法を使用して全体寸法を作成する
引出線間隔を利用して寸法を作成する
図形と平行な寸法（斜辺寸法）を作成する

Section 51 半径・直径・角度寸法を作図する 182

半径寸法を作図する
直径寸法を作図する
角度寸法を作図する

Contents

Section 52 面積表（外部変形）を作成する 186

外部変形を使用して面積表を作成する

Section 53 図面を印刷する（PDF） 188

線幅を設定する
点線の印刷間隔を設定する
印刷（PDF出力）する

第6章 DIYで使える家具の図面を作成しよう

Section 54 製図の表現方法を知る 192

投影法の種類
平行投影とは
透視投影とは
投影図について
三面図について

Section 55 用紙サイズ・線（太さ・種類）／尺度を知る 194

用紙サイズについて
尺度について
線種と線の太さについて
寸法補助記号について

Section 56 レイヤについて知る 196

レイヤ（画層）とは
Jw_cadのレイヤについて
レイヤグループ一覧を表示する
レイヤ一覧を表示する
レイヤを非表示にする
レイヤを表示のみにする
レイヤを編集可能にする
書込みレイヤにする
書込みレイヤ以外を非表示にする

Section 57 レイヤグループの尺度とレイヤ名を設定する 202

レイヤグループの尺度を設定する
レイヤ名を設定する

Section 58 側面図の外形線を作図する① 204

背板補強を作図する
後ろ脚を作図する
幕板（左右）を作図する
前脚を作図する
幕板（前後）を作図する
座板を作図する

Section 59 側面図の外形線を作図する② 214

貫を作図する
上段の背板を作図する
下段の背板を作図する

Section 60 側面図の寸法を作図する 218

高さ寸法を作図する
奥行（水平）寸法を作図する
引出線を伸ばす

Section 61 正面図の外形線を作図する 222

ツールバーを設定する
背板補強を作図する
脚を作図する
幕板（左右）を作図する
幕板（前後）を作図する
座板を作図する
上段の背板を作図する
下段の背板を作図する

Section 62 正面図の隠線を編集する 234

幕板（前後）の隠線を編集する
貫を作図する
背板補強の隠線を編集する

Section 63 アイソメ図を作成する 242

脚の高さを設定する
貫の高さを設定する

Contents

第7章 マンションリフォームの平面図を作成しよう

Section 64 建築図面を知る 248
建築の主な構造
建築図面の考え方
建具の記号について

Section 65 レイヤ名を設定する 250
レイヤグループの設定を確認する
レイヤ名を設定する

Section 66 壁芯を作図する 252
躯体の壁芯を作図する
間仕切り壁の壁芯を作図する
重複した線を削除する

Section 67 寸法・文字を作図する 256
寸法を作図する
全体寸法を作図する
壁芯と寸法を修正する
部屋名を入力する

Section 68 外壁と柱を作図する 262
躯体壁を作図する
躯体柱を作図する
柱を複写する

Section 69 間仕切り壁を作図する 266
間仕切り壁を作図する
玄関ホール部分を編集する

Section 70 壁と柱を包絡処理する 270
間仕切り壁を包絡処理する
躯体壁と柱を包絡処理する

Section 71 建具を作図する 272
掃き出し窓を作図する
玄関扉を作図する
開口部を作図する

Section 72 設備を作図する 280

玄関にハッチングを施す
畳を作図する
トイレを配置する

Section 73 図面を仕上げる 286

間取り図を複写する

第8章 展開図を作成しよう

Section 74 レイヤ名を設定する 290

展開図とは
ここで作図する展開図について
レイヤグループ名を設定する
レイヤ名を設定する

Section 75 壁を作図する 292

基準線を作図する
平面図から壁の断面位置を作図する
平面図から壁の見え掛かり位置を作図する

Section 76 建具を配置する 298

建具を配置する

Section 77 壁の基準線と巾木を作図する 300

壁の基準線を作図する
巾木を作図する

Section 78 人物や樹木を配置する 304

人物を配置する
樹木を配置する

Section 79 縮尺を変更して部屋名を入力する 308

縮尺を変更する
部屋名を入力する

Section 80 床仕上げ高さ記号と寸法を作図する 310

床仕上げ高さ記号を入力する
寸法を作図する
寸法値に文字を追加する

索引 316

●本書付属のCD-ROMに収録されているデータについて

本書付属のCD-ROMには以下のファイルが収録されています。

・Jw_cad Version 8.24a

・練習用ファイル

付属CD-ROMの構成は以下の通りです。

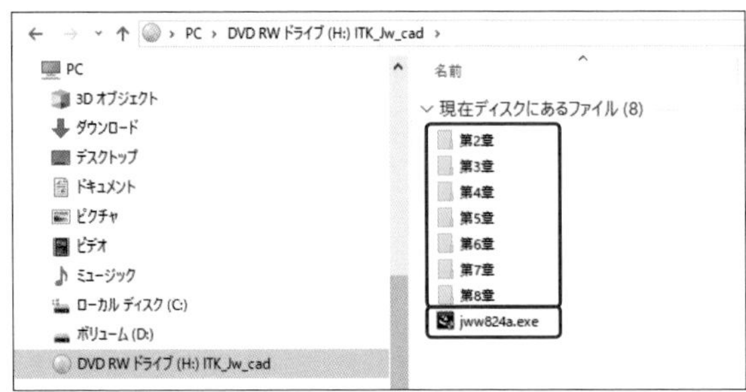
PC › DVD RW ドライブ (H:) ITK_Jw_cad ›
PC
3D オブジェクト
ダウンロード
デスクトップ
ドキュメント
ピクチャ
ビデオ
ミュージック
ローカル ディスク (C:)
ボリューム (D:)
DVD RW ドライブ (H:) ITK_Jw_cad
名前
現在ディスクにあるファイル (8)
第2章
第3章
第4章
第5章
第6章
第7章
第8章
jww824a.exe

ルートにJw_cadのインストールファイル（プログラム）「jww824a.exe」と、第2章から第8章までの練習用ファイルが収録されている各フォルダーがあります。

また、練習用ファイルは弊社サイトからもダウンロードすることができます。
ダウンロードできるWebページは以下の通りです。
https://gihyo.jp/book/2021/978-4-297-12486-1/support

アクセスしていただくと、「ID」と「パスワード」を入力する欄がありますので、そこに以下を入力して「ダウンロード」ボタンをクリックしてください。
ID：Jwcad2　　パスワード：Sample　（半角英字で大文字小文字を正確に入力してください）

ご注意：ご購入・ご利用の前に必ずお読みください

● 本書に記載された内容は、情報の提供のみを目的としています。したがって、本書を用いた運用は、必ずお客様自身の責任と判断によって行ってください。これらの情報の運用の結果について、技術評論社および著者はいかなる責任も負いません。

● 本書記載の情報は、特に断りのない限り、2021年10月現在のものを掲載しております。OSやソフトウェアはバージョンアップされる場合があり、本書での説明とは機能内容や画面図などが異なってしまうこともあり得ます。あらかじめご了承ください。

● 本書はJw_cad Version 8.24aとWindows 10を使用して操作方法を解説しています。

以上の注意事項をご承諾いただいた上で、本書をご利用願います。これらの注意事項をお読みいただかずに、お問い合わせいただいても、技術評論社および著者は対処しかねます。あらかじめ、ご承知おきください。

Chapter 01

第1章

Jw_cadの基本

Section 01 Jw_cadの特徴
02 Jw_cadをインストールする
03 Jw_cadの起動と終了
04 Jw_cadの画面構成
05 基本設定（初期設定）とファイルの保存
06 Jw_cadの基本操作を知る
07 マウスとキーボード操作の特徴を知る
08 図面を開く／図面を新規作成する
09 作図画面を拡大／縮小する

Section 01

Jw_cadの特徴

覚えておきたいキーワード
- ☑ CAD
- ☑ Jw_cad
- ☑ 汎用CAD

Jw_cadは無料で使用できる汎用CADとして発表から20年以上経過した現在でも、建築業界を中心に広く使用されています。シンプルでありながら拡張性が高く、初心者から上級者まであらゆる層に支持されています。ここでは、CADの定義とJw_cadの特徴について解説します。

1 CADとは

「CAD」(キャド)とは「computer-aided design」の略称で「コンピュータ支援設計」とも訳されます。CADが開発されたことで、より正確で効率的な作図が可能になりました。
近年では、3次元や専門分野に特化したCADも開発され、製造や建築、土木などあらゆる図面を扱う業界においてCADは必要不可欠な存在になっています。

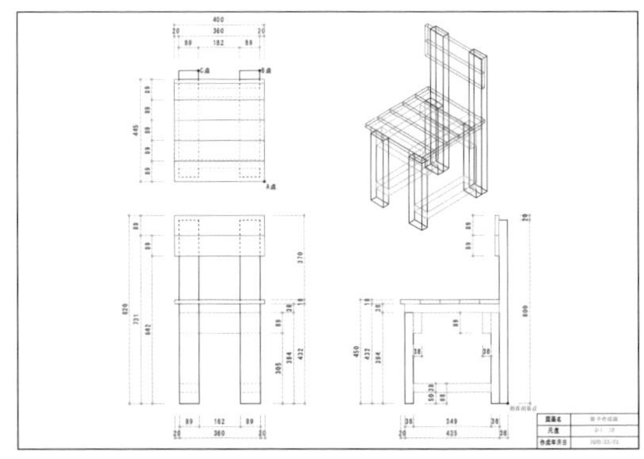

2 Jw_cadとは

Jw_cadは、さまざまなCADが開発される中で、1997年にテストバージョン(Windows版)が開発されて以来20年以上、日本で多くのユーザーに使用されている汎用CADソフトです。

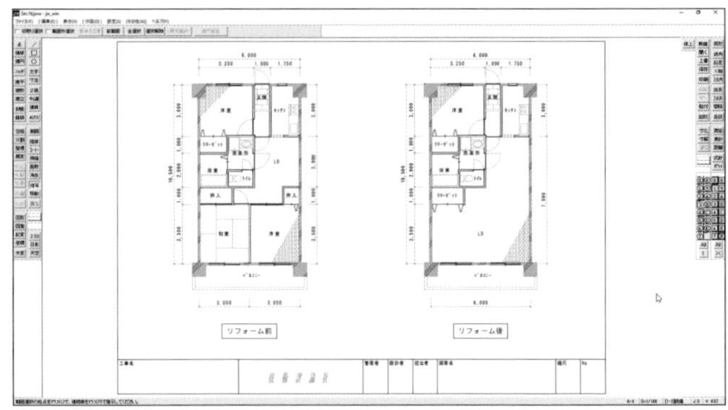
リフォーム前
リフォーム後

キーワード 汎用CAD

CADの種類は「汎用CAD」と「専用CAD」に大きく分けられます。「汎用CAD」とは図形を描く上で最低限必要な機能が備わった、広い分野で使用できるCADを指します。それに対して、より専門的な内容に特化したCADを「専用CAD」といい、建築や土木、機械、橋梁、デザインなど、さまざまな業界専用のCADが開発されています。

3 Jw_cadの特徴① 無料で使える

Jw_cadの最大の魅力、それはフリーソフト(無料)であることです。数万〜数十万円の価格帯が主流の2D CADソフトの中で、誰でも無料で登録なしでダウンロードすることができます(2021年10月現在)。
ただし、ダウンロード後のトラブルなどに関してはすべて自己責任となります。

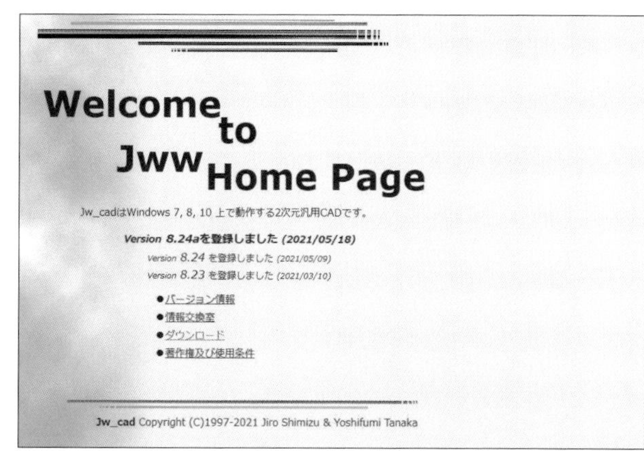
Welcome to Jww Home Page
Jw_cadはWindows 7, 8, 10 上で動作する2次元汎用CADです。
Version 8.24aを登録しました (2021/05/18)
Version 8.24 を登録しました (2021/05/09)
Version 8.23 を登録しました (2021/03/10)
●バージョン情報
●情報交換室
●ダウンロード
●著作権及び使用条件
Jw_cad Copyright (C)1997-2021 Jiro Shimizu & Yoshifumi Tanaka

4 Jw_cadの特徴② 手描き感覚で操作がシンプル

Jw_cadの2つ目の特徴として、その操作性が挙げられます。Jw_cadでは、マウスを使ったショートカット機能(クロックメニューなど)が充実しており、手描きのような直感的な作業を行うことができます。
また、日本で開発されたソフトなので、ツールバーのコマンド名が日本語または記号で表記されており、英語の難しいコマンド名を暗記する必要もありません。

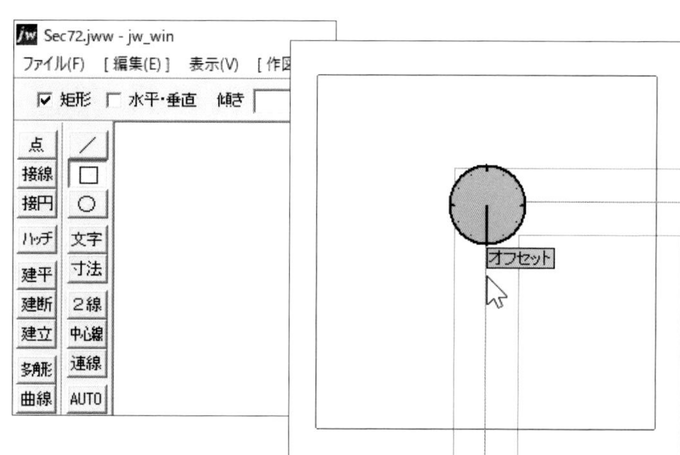
Sec72.jww - jw_win
ファイル(F) [編集(E)] 表示(V) [作図
矩形 水平・垂直 傾き
点
接線
接円
ハッチ
文字
建平
寸法
建断
2線
建立
中心線
多角形
連線
曲線
AUTO
オフセット

5 Jw_cadの特徴③ 建築図面に強い

Jw_cadは日本の建築関係者を中心に開発されたソフトです。そのため、建築に特化したコマンドが多数搭載されています。建築に関するCAD部品が準備されているだけでなく、建築図面特有の包絡処理や敷地面積計算などにも対応しています。もちろん、建築図面以外の図面も作図することができます。

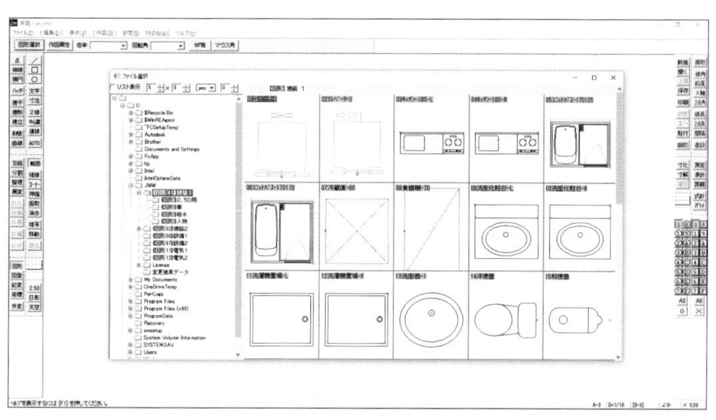

Section 02 Jw_cadをインストールする

覚えておきたいキーワード
- ダウンロード
- インストール
- ショートカットアイコン

Jw_cadはわずらわしい登録作業なしに、誰でもかんたんに無料で利用することができます。ソフトの容量も少なく軽いので、短時間でインストールできます。ここでは、本書に付属されているCD-ROMを利用して、Jw_cadをインストールする方法を解説します。

1 Jw_cadをインストールする

メモ Windowsのバージョンについて

本書ではWindows 10にJw_cadをインストールして解説を行っていますが、Windows 11でもご利用いただけます。2023年2月現在、公式サイトからインストールできるJw_cadは、Windows 8／10／11となっています。詳細はJw_cadの公式ページで確認してください(https://www.jwcad.net/)。

1 パソコンのCDドライブに、付属のCD-ROMをセットします。

2 タスクバーの<エクスプローラー>をクリックします。

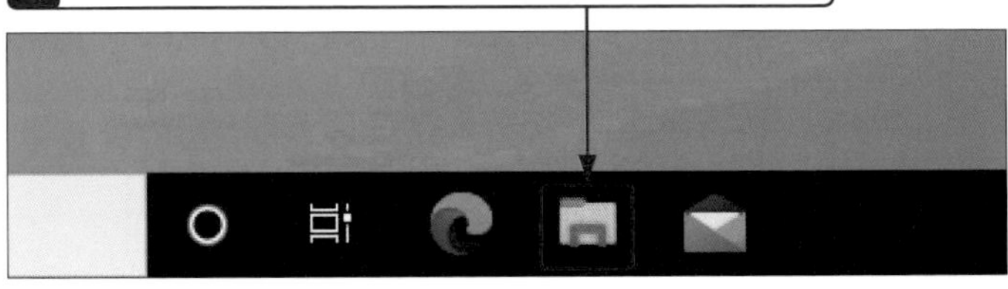

3 エクスプローラーが起動します。

4 左側のナビゲーションウィンドウの<PC>をクリックし、

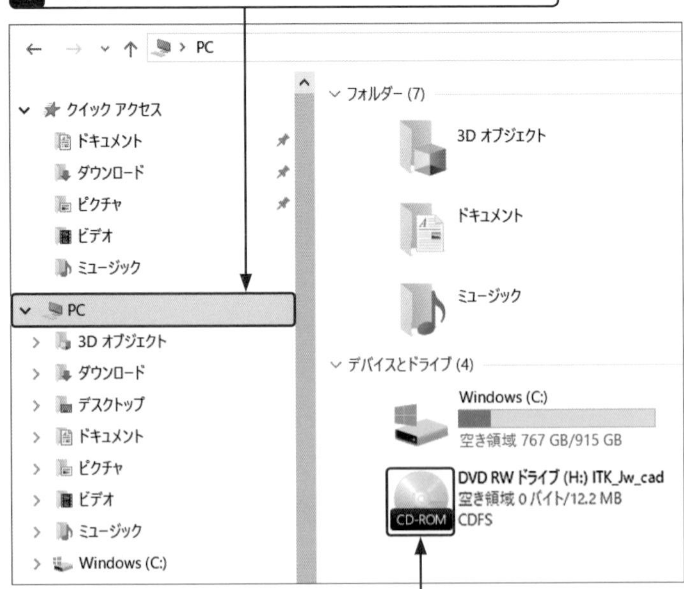
PC
クイック アクセス
ドキュメント
ダウンロード
ピクチャ
ビデオ
ミュージック
PC
3D オブジェクト
ダウンロード
デスクトップ
ドキュメント
ピクチャ
ビデオ
ミュージック
Windows (C:)
フォルダー (7)
3D オブジェクト
ドキュメント
ミュージック
デバイスとドライブ (4)
Windows (C:)
空き領域 767 GB/915 GB
DVD RW ドライブ (H:) ITK_Jw_cad
空き領域 0 バイト/12.2 MB
CDFS
CD-ROM

5 「ディスクとドライブ」のCD-ROMのアイコンをダブルクリックします。

メモ Jw_cad 8.25aの動作環境

Jw_cad 8.25aの動作環境は以下の通りです。

OS：Windows 8／10／11

6 <jww825a.exe>をダブルクリックします。

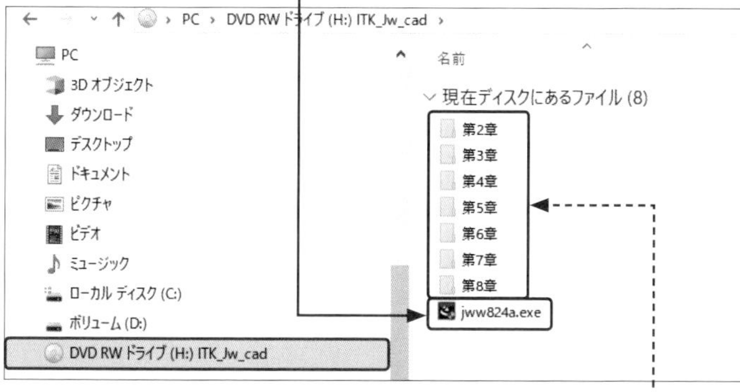

重要!
CD-ROMには練習用ファイルを保存しています（第2章～第8章フォルダー）。この練習用ファイルは、好みの場所に保存してください。本書ではドキュメントに「今すぐ使えるかんたんjw_cad」フォルダーを作成し、これらの練習用ファイルをコピーした状態で利用しています（P.56参照）。なお、CD-ROMから直接図面ファイルを開いて作業することも可能です。

7 「ユーザーアカウント制御」のメッセージが表示されます。

このアプリがデバイスに変更を加えることを許可しますか？

🔷 setup

確認済みの発行元: Jiro Shimizu
ファイルの入手先: このコンピューター上のハード ドライブ

詳細を表示

はい いいえ

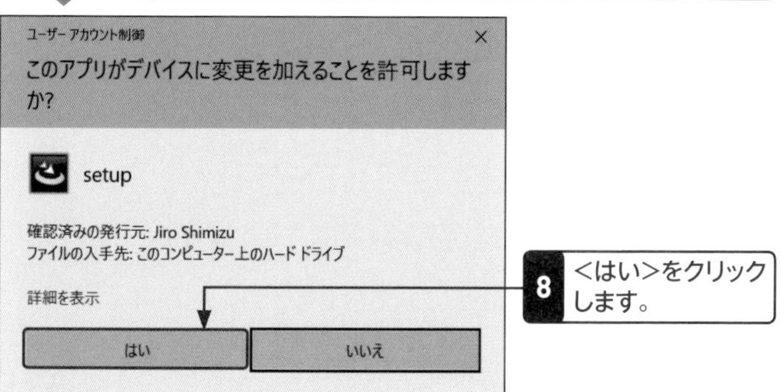

8 <はい>をクリックします。

9 「Jw_cadバージョン 8.25.1.0 セットアップ」が起動します。

10 <同意する>をクリックして選択します。

使用許諾契約書の同意
続行する前に以下の重要な情報をお読みください。

以下の使用許諾契約書をお読みください。インストールを続行するにはこの契約書に同意する必要があります。

【ソフト名】　２次元汎用ＣＡＤ Jw_cad Version 8.25a
【登録名】　Jww82453.exe Jw_cad Version 8.25a
【動作環境】　Windows 8, 10 ,11
【著作権者】　Jiro Shimizu & Yoshifumi Tanaka
【使用言語】　Microsoft Visual C++ in Visual Studio Community 2019
【掲載月日】　2022/04/10

開発環境を Visual Studio 2013 から Visual Studio 2019 に変更しました。
それに伴い、インストーラーの生成を InstallShield から Inno Setup に変更しました。そのため、インストールの細かい雰囲気が変わっていると思います。

Jww825a.exe を開くとインストールが開始します。

著作権、使用条件等はこのドキュメントの最後をご覧ください。

⦿ 同意する(A)
○ 同意しない(D)

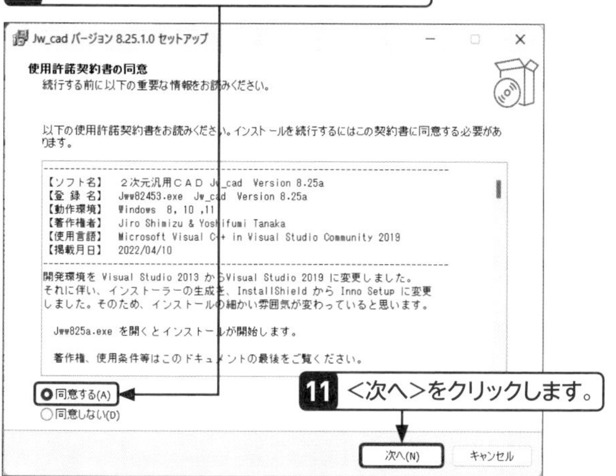

11 <次へ>をクリックします。

ヒント Webサイトからダウンロード・インストールする

Jw_cadは、公式サイトからダウンロード・インストールすることができます。その際は、以下の方法で行います。なお、公式サイトでは2種類のバージョン（Version 8.25a／Version 7.11）をダウンロードすることができます（2023年2月現在）。本書収録のJw_cadは「Version 8.25a」を使用しています。「Version 7.11」は2012年に発表された旧バージョンです。

1 ブラウザを起動し、アドレスバーにURL（www.jwcad.net）を入力して、Jw_cadの公式ホームページにアクセスします。

2 <ダウンロード>をクリックします。

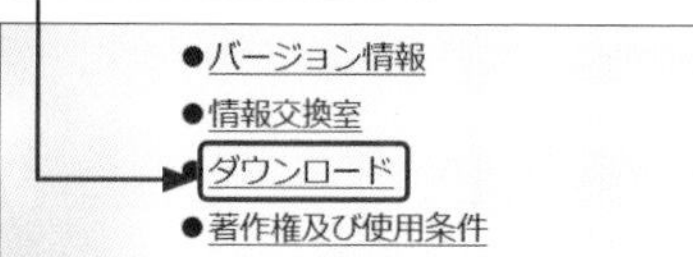

3 ダウンロードのページが表示されるので、Version 8.25aの<jwcad.net>のリンクをクリックします。以降は利用ブラウザによって操作が少し変わります。

ダウンロード

● Jw_cadの最新版 Version （4/10）は下記のサイ
　ダウンロードしてください　te 10,31▇,928 Byte
　窓の杜　　　Vector　　　　jwcad.net

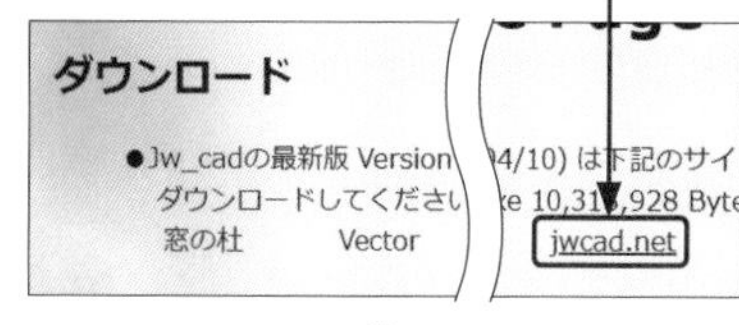

4 ダウンロードが完了したら ^ →<開く>をクリックします。

Jw_cad Copyright (C) 1997-2022 Jiro

開く
この種類のファイルは常に開く
フォルダを開く
キャンセル

💽 jww825a.exe ∨

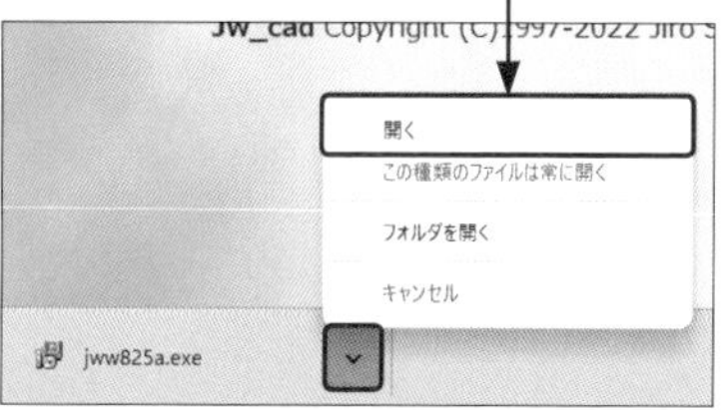

5 以降は左の手順7以降を参考にインストールします。

メモ　ファイルパスについて

Jw_cadは通常「C:¥JWW¥」にインストールされます。これは「CドライブのJWWフォルダー」を意味します。Cドライブとはパソコンのデータの保存領域を示し、フォルダーとは作成したデータファイルを格納する入れ物のような役目をしています。

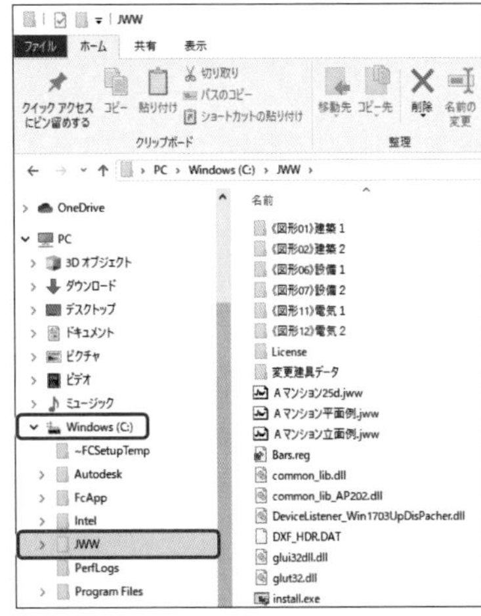
JWW
ファイル
ホーム
共有
表示
PC › Windows (C:) › JWW
OneDrive
PC
Windows (C:)
JWW
名前

12 インストール先のフォルダーを確認し、

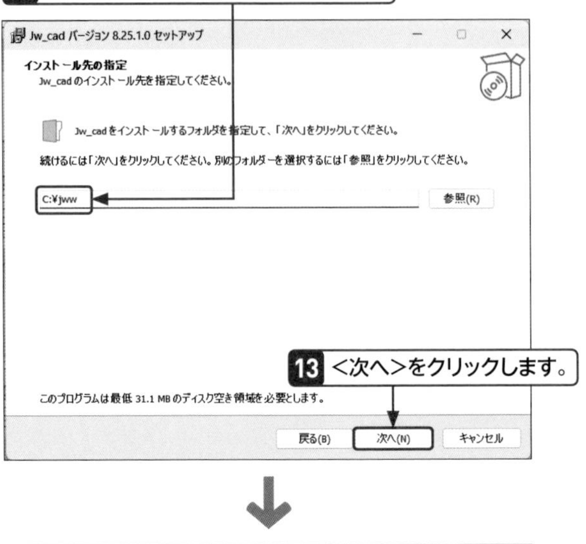
Jw_cad バージョン 8.25.1.0 セットアップ
インストール先の指定
Jw_cad のインストール先を指定してください。
Jw_cad をインストールするフォルダを指定して、「次へ」をクリックしてください。
続けるには「次へ」をクリックしてください。別のフォルダーを選択するには「参照」をクリックしてください。
C:¥jww
参照(R)
このプログラムは最低 31.1 MB のディスク空き領域を必要とします。
戻る(B)
次へ(N)
キャンセル

13 <次へ>をクリックします。

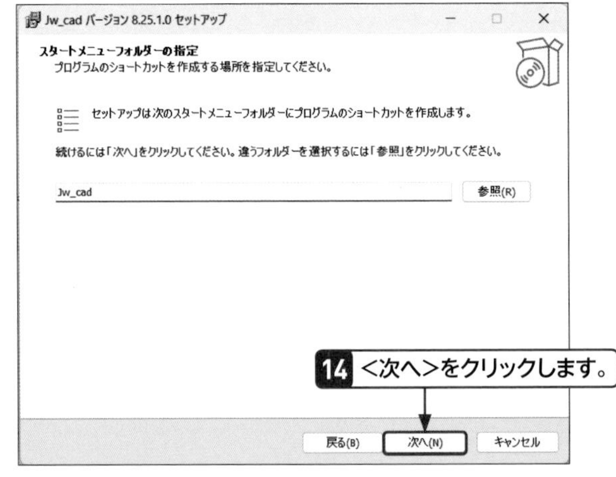
Jw_cad バージョン 8.25.1.0 セットアップ
スタートメニューフォルダーの指定
プログラムのショートカットを作成する場所を指定してください。
セットアップは次のスタートメニューフォルダーにプログラムのショートカットを作成します。
続けるには「次へ」をクリックしてください。違うフォルダーを選択するには「参照」をクリックしてください。
Jw_cad
参照(R)
戻る(B)
次へ(N)
キャンセル

14 <次へ>をクリックします。

15 <デスクトップ上にアイコンを作成する>にチェックを入れます。

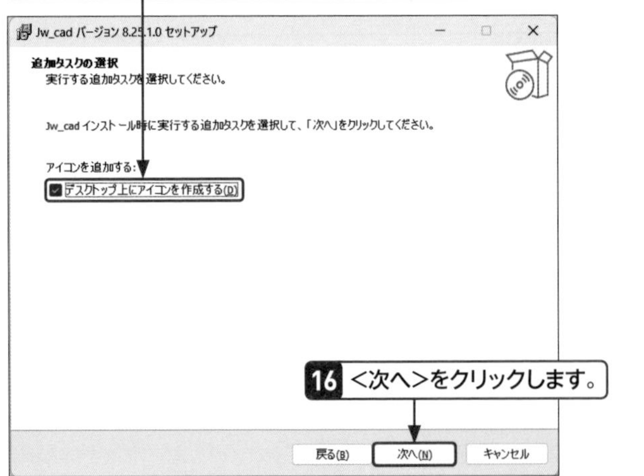
Jw_cad バージョン 8.25.1.0 セットアップ
追加タスクの選択
実行する追加タスクを選択してください。
Jw_cad インストール時に実行する追加タスクを選択して、「次へ」をクリックしてください。
アイコンを追加する:
デスクトップ上にアイコンを作成する(D)
戻る(B)
次へ(N)
キャンセル

16 <次へ>をクリックします。

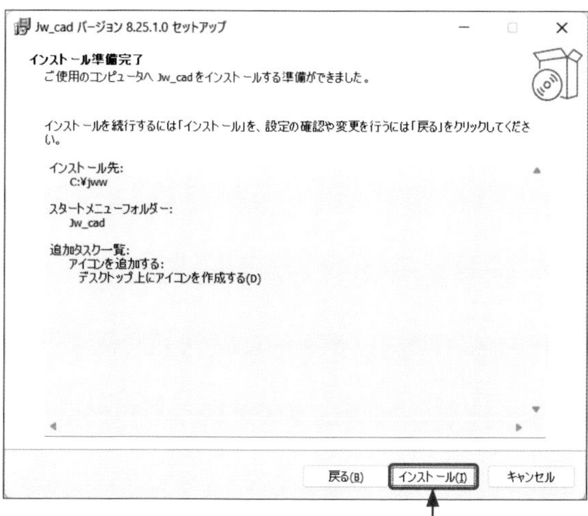
Jw_cad バージョン 8.25.1.0 セットアップ
インストール準備完了
ご使用のコンピュータへ Jw_cad をインストールする準備ができました。
インストールを続行するには「インストール」を、設定の確認や変更を行うには「戻る」をクリックしてください。
インストール先:
C:¥jww
スタートメニューフォルダー:
Jw_cad
追加タスク一覧:
アイコンを追加する:
デスクトップ上にアイコンを作成する(D)
戻る(B)
インストール(I)
キャンセル

17 <インストール>をクリックします。

18 インストールが開始されます。

Jw_cad バージョン 8.25.1.0 セットアップ
Jw_cad セットアップウィザードの完了
ご使用のコンピューターに Jw_cad がセットアップされました。アプリケーションを実行するにはインストールされたショートカットを選択してください。
セットアップを終了するには「完了」をクリックしてください。
完了(F)

19 <完了>をクリックします。

20 エクスプローラーを閉じます。

アンインストールの方法

＜スタート＞ボタン→＜設定＞→＜アプリ＞→＜アプリと機能＞で一覧より＜JW_cad＞を検索します。
(検索ウィンドウにアプリ名の一部を入力して、検索することもできます。)
アプリ名の右にある＜…＞ボタンをクリックし、＜アンインストール＞を選択します。

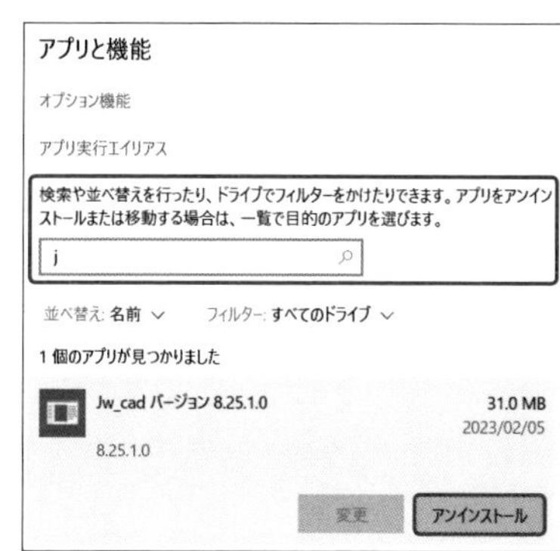
アプリと機能
オプション機能
アプリ実行エイリアス
検索や並べ替えを行ったり、ドライブでフィルターをかけたりできます。アプリをアンインストールまたは移動する場合は、一覧で目的のアプリを選びます。
j
並べ替え: 名前
フィルター: すべてのドライブ
1 個のアプリが見つかりました
Jw_cad バージョン 8.25.1.0
31.0 MB
2023/02/05
8.25.1.0
変更
アンインストール

JW_cadの再インストールについて

JW_cadの一部設定は各パソコンのレジストリに記録されるため、アンインストール後に再インストールしても、以前の設定が残ることがあります。

Section 03 Jw_cadの起動と終了

覚えておきたいキーワード
☑ 起動
☑ 終了
☑ ツールバー

ここでは、Jw_cadの起動と終了の方法について学習します。デスクトップにショートカットアイコンを作成しておくことでかんたんに起動することができます(P.21参照)。また、Jw_cadではソフトを終了することで図面を閉じることができます(図面だけ閉じる機能はありません)。

メニュー	[ファイル]メニュー→[Jw_cadの終了]

1 Jw_cadを起動する

メモ スタートボタンから起動する場合

スタートボタンをクリックして、<Jw_cad>フォルダー→<Jw_cad>アイコンをクリックして起動することもできます。

HP ヘルプとサポート
J
Jw_cad
jw_cad
お読みください
Microsoft Solitaire Collection
Microsoft Store
Microsoft ニュース
Mixed Reality Portal
ここに入力して検索

メモ クリックとダブルクリックの使い分けについて

デスクトップのショートカットアイコンやエクスプローラーからファイルを起動する場合は「ダブルクリック」を使用しますが、それ以外は(シングル)クリックで起動することができます。スタートボタンから起動する場合もアイコンをクリックするだけで起動できます。不用意にダブルクリックをしてしまうと、複数起動させてしまうことがあるので注意しましょう。

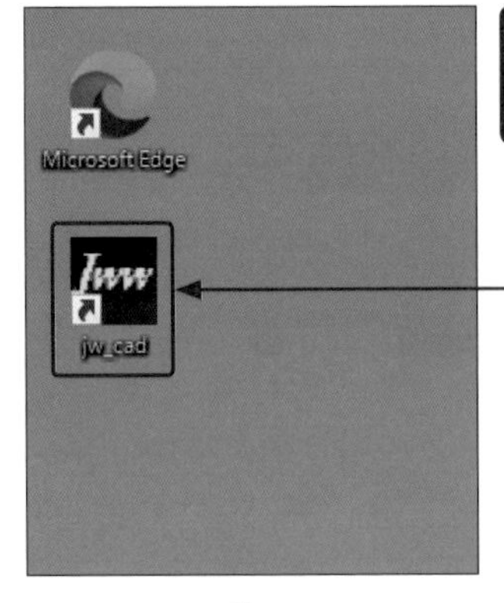
Microsoft Edge
jw_cad

1 デスクトップにある<Jw_cad>のショートカットアイコンをダブルクリックします。

2 Jw_cadが起動します。

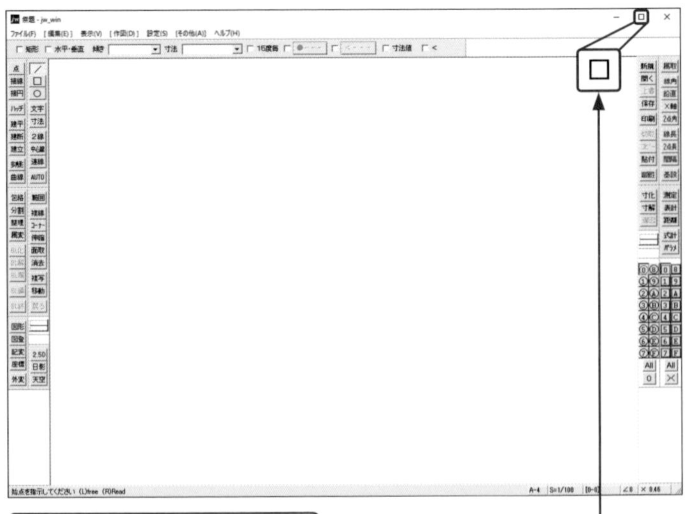

3 <最大化>をクリックします。

2 Jw_cadを終了する

終了方法①

1 ウィンドウの× <閉じる>をクリックして、Jw_cadを終了します。

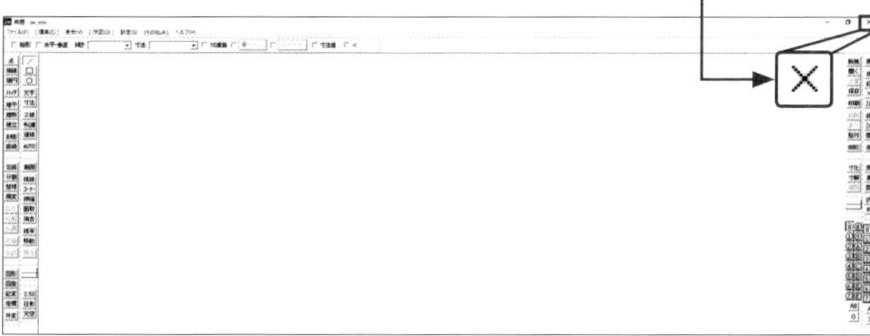

終了方法②

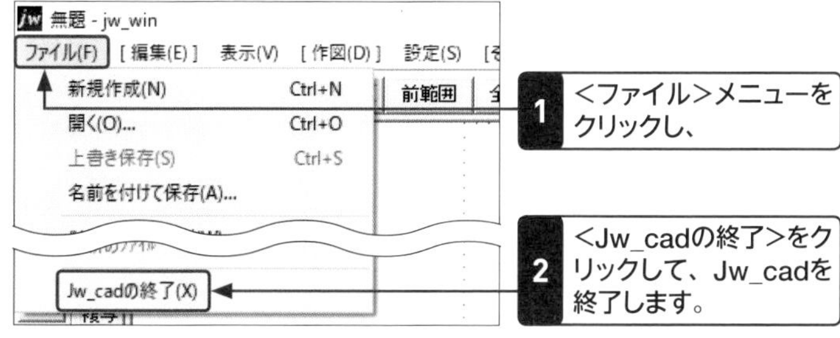
無題 - jw_win
ファイル(F)
新規作成(N) Ctrl+N
開く(O)... Ctrl+O
上書き保存(S) Ctrl+S
名前を付けて保存(A)...
Jw_cadの終了(X)

1 <ファイル>メニューをクリックし、

2 <Jw_cadの終了>をクリックして、Jw_cadを終了します。

メモ 図面の保存について

図面が保存されていない状態でJw_cadを終了しようとすると、保存を確認するダイアログボックスが表示されます。必要に応じて図面を保存します(P.29参照)。

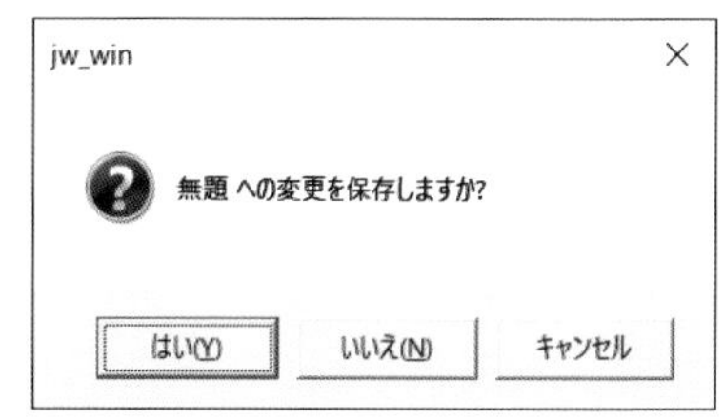
jw_win
無題 への変更を保存しますか?
はい(Y)
いいえ(N)
キャンセル

注意 ツールバー表示がくずれて起動する場合

起動時にツールバーの表示が下図のようにくずれてしまう場合は、下記の手順で修正します。

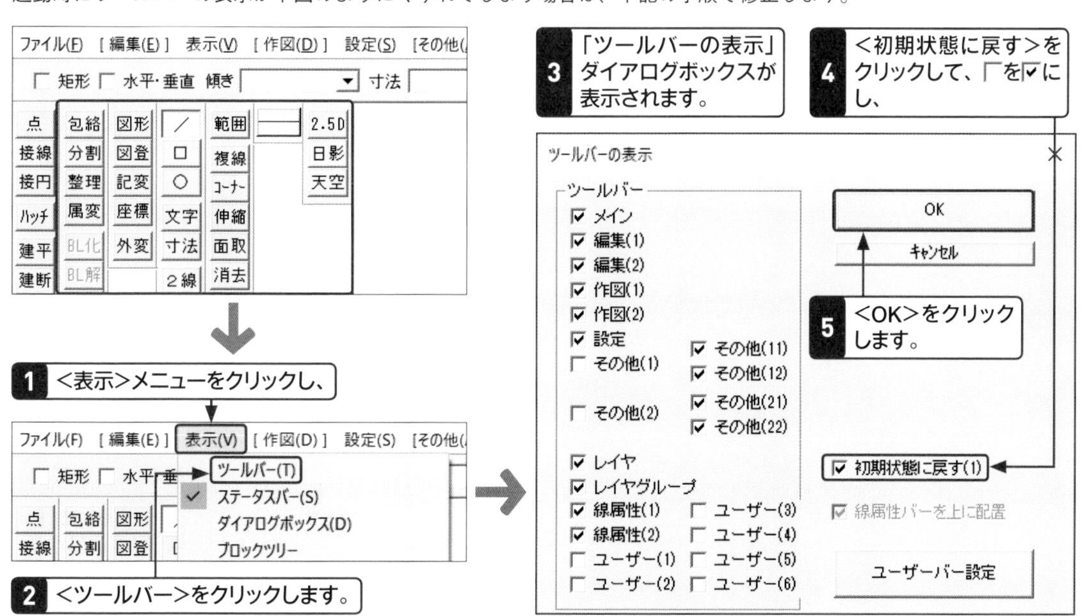
1 <表示>メニューをクリックし、
2 <ツールバー>をクリックします。
3 「ツールバーの表示」ダイアログボックスが表示されます。
4 <初期状態に戻す>をクリックして、□を☑にし、
5 <OK>をクリックします。
ツールバーの表示
OK
キャンセル
初期状態に戻す(1)
ユーザーバー設定

Section 04 Jw_cadの画面構成

覚えておきたいキーワード
- メニューバー
- ツールバー
- ステータスバー

Jw_cadの画面構成（インターフェイス）について解説します。これらの用語は本書でも頻繁に登場するので、画面上の位置と名称をしっかり確認しておきましょう。ただし名称を暗記しなくても作図は可能です。わからない用語があれば、こちらのページで確認してください。

1 画面名称と機能

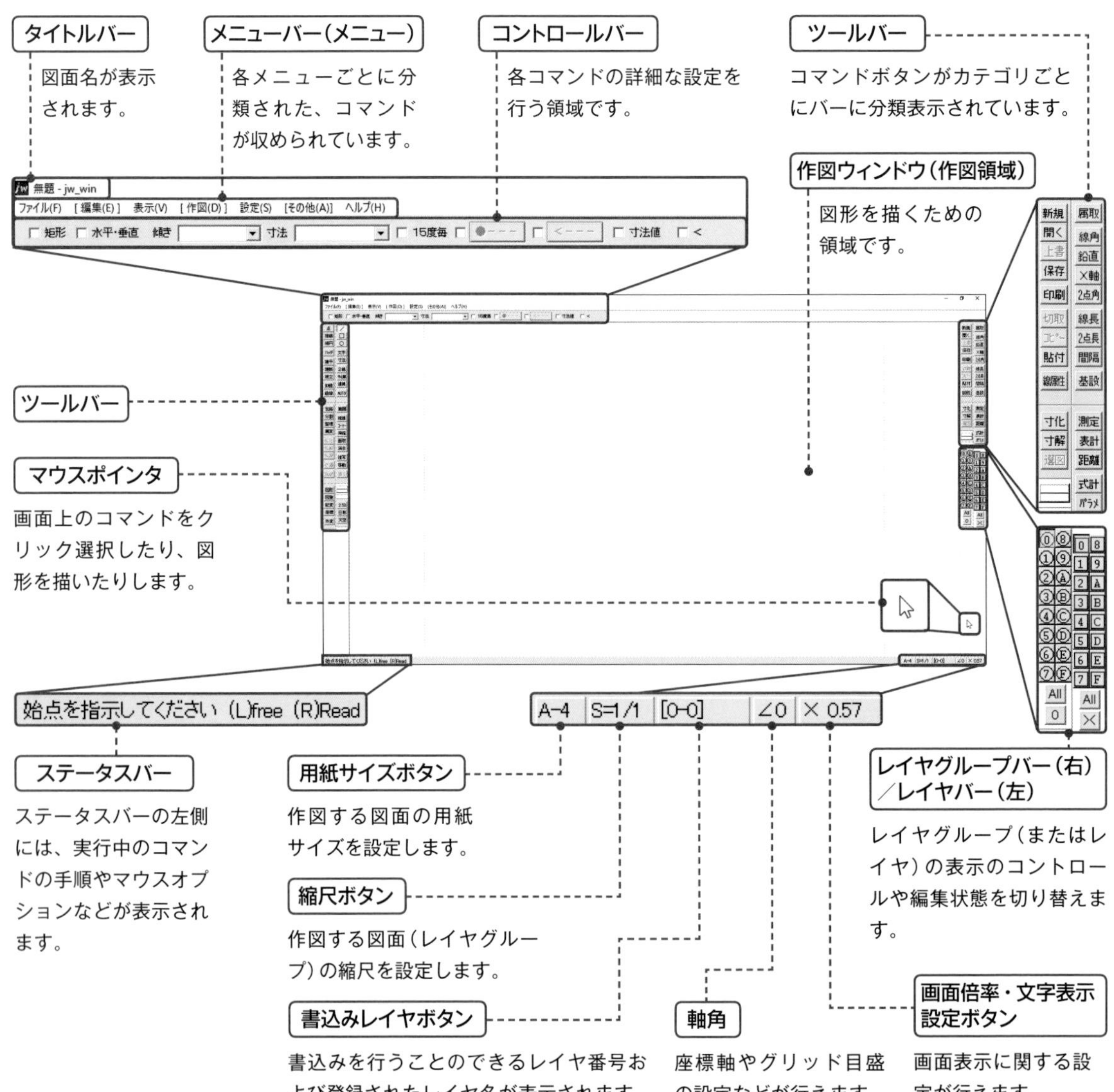

タイトルバー
図面名が表示されます。
メニューバー（メニュー）
各メニューごとに分類された、コマンドが収められています。
コントロールバー
各コマンドの詳細な設定を行う領域です。
ツールバー
コマンドボタンがカテゴリごとにバーに分類表示されています。
作図ウィンドウ（作図領域）
図形を描くための領域です。
ツールバー
マウスポインタ
画面上のコマンドをクリック選択したり、図形を描いたりします。
始点を指示してください (L)free (R)Read
A-4
S=1/1
[0-0]
∠0
× 0.57
ステータスバー
ステータスバーの左側には、実行中のコマンドの手順やマウスオプションなどが表示されます。
用紙サイズボタン
作図する図面の用紙サイズを設定します。
縮尺ボタン
作図する図面（レイヤグループ）の縮尺を設定します。
書込みレイヤボタン
書込みを行うことのできるレイヤ番号および登録されたレイヤ名が表示されます。
軸角
座標軸やグリッド目盛の設定などが行えます。
画面倍率・文字表示設定ボタン
画面表示に関する設定が行えます。
レイヤグループバー（右）／レイヤバー（左）
レイヤグループ（またはレイヤ）の表示のコントロールや編集状態を切り替えます。

2 ツールバーの表示／非表示を設定する

<表示>メニュー→<ツールバー>をクリックします。

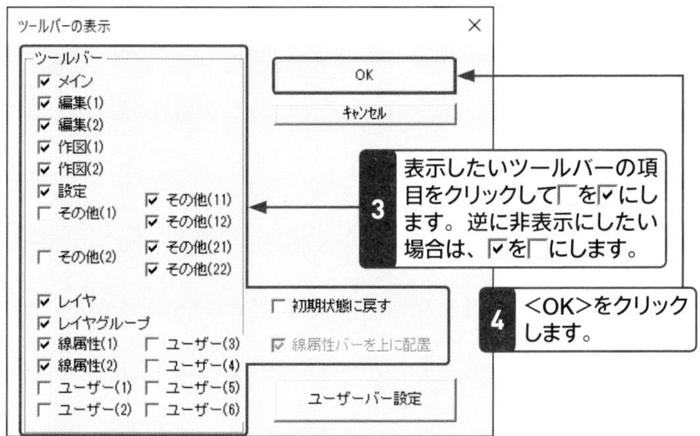

無題 - jw_win
ファイル(F) [編集(E)] 表示(V) [作図(D)] 設定(S) [その他(
矩形 水平・垂
ツールバー(T)
ステータスバー(S)
ダイアログボックス(D)
点
ツールバーの表示
ツールバー
メイン
編集(1)
編集(2)
作図(1)
作図(2)
設定
その他(1)
その他(11)
その他(12)
その他(2)
その他(21)
その他(22)
レイヤ
レイヤグループ
線属性(1)
線属性(2)
ユーザー(1)
ユーザー(2)
ユーザー(3)
ユーザー(4)
ユーザー(5)
ユーザー(6)
OK
ｷｬﾝｾﾙ
初期状態に戻す
線属性バーを上に配置
ユーザーバー設定

2 「ツールバーの表示」ダイアログボックスが表示されます。

3 表示したいツールバーの項目をクリックして□を☑にします。逆に非表示にしたい場合は、☑を□にします。

4 <OK>をクリックします。

キーワード コマンド

コンピュータに作図や編集、印刷などの実行を指示命令する役割を「コマンド」といいます。たとえば、線を作図したいときは、「/（線）」のコマンドを選択することで、コンピュータに線を作図するように指示命令します。

ヒント ツールバーの移動

ツールバーをドラッグ＆ドロップすることで、ツールバーを移動することができます。

メモ ツールバーの詳細を知る

ツールバーは、上記手順**3**の画面にある通り、メイン、編集（1）、編集（2）など、細かく分類されています。表示／非表示の項目は以下の画面を参考に行ってください。

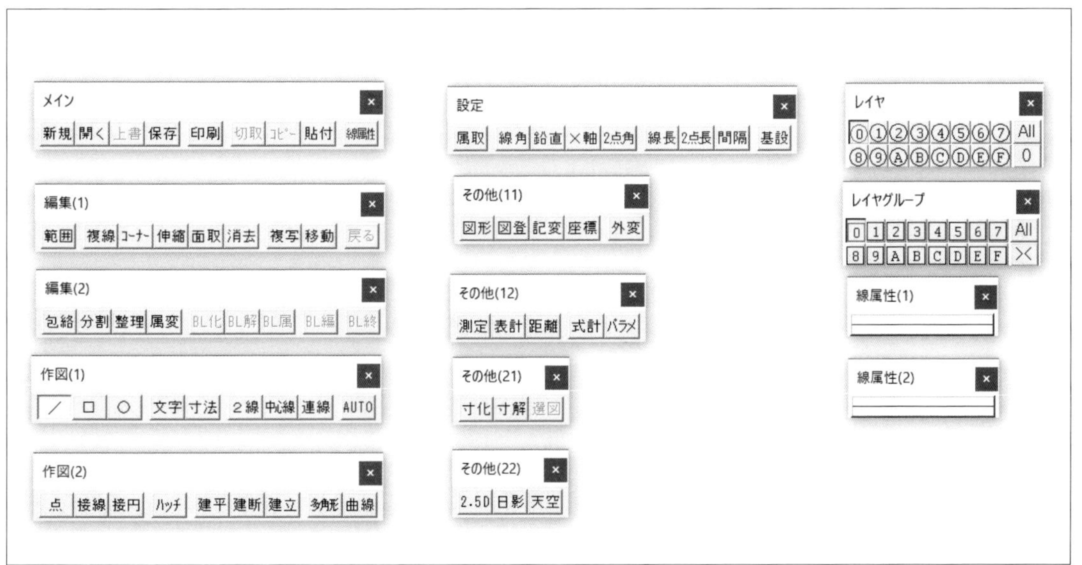

メイン
新規 開く 上書 保存 印刷 切取 ｺﾋﾟｰ 貼付 線属性
編集(1)
範囲 複線 ｺｰﾅｰ 伸縮 面取 消去 複写 移動 戻る
編集(2)
包絡 分割 整理 属変 BL化 BL解 BL属 BL編 BL終
作図(1)
／ □ ○ 文字 寸法 2線 中心線 連線 AUTO
作図(2)
点 接線 接円 ﾊｯﾁ 建平 建断 建立 多角形 曲線
設定
属取 線角 鉛直 ×軸 2点角 線長 2点長 間隔 基設
その他(11)
図形 図登 記変 座標 外変
その他(12)
測定 表計 距離 式計 ﾊﾟﾗﾒ
その他(21)
寸化 寸解 選図
その他(22)
2.5D 日影 天空
レイヤ
⓪①②③④⑤⑥⑦ All
⑧⑨ⒶⒷⒸⒹⒺⒻ 0
レイヤグループ
0 1 2 3 4 5 6 7 All
8 9 A B C D E F
線属性(1)
線属性(2)

Section 05 基本設定（初期設定）とファイルの保存

覚えておきたいキーワード
- ☑ 基本設定（コモンダイアログ）
- ☑ 名前を付けて保存
- ☑ 上書き保存

ここでは本書と同じ環境で作業するために、Jw_cadの基本設定を変更します。ファイルの選択画面、マウスやキーボードを利用した画面の拡大／縮小表示などを設定します。Jw_cadの基本設定は図面単位で保存されるため、図面の新規保存（名前を付けて保存）も学習します。

メニュー	[表示]メニュー→[Direct2D]／[設定]メニュー→[基本設定]／[ファイル]メニュー→[名前を付けて保存]／[ファイル]メニュー→[上書き保存]
ツールバー	[基設]／[保存]（名前を付けて保存）／[上書]（上書き保存）
ショートカット	F9（上書き保存）※初回保存時は「名前を付けて保存」

1 表示を設定する

キーワード Direct2D

Direct2Dは作図データ量が多い図面の表示を補助する機能ですが、パソコンによっては表示に不具合が発生することがあるため、本書では使用しません。

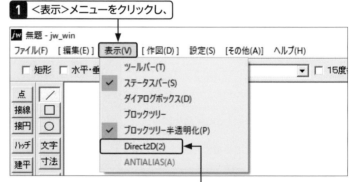

1 <表示>メニューをクリックし、

2 <Direct2D>をクリックしてチェックを外します。

2 基本設定の一般（1）を設定する

メモ ツールバーから起動する場合

基本設定の画面は、<基設>をクリックして起動することもできます。

コピー
2点長
貼付
間隔
線属性
基設

1 <設定>メニューをクリックし、

2 <基本設定>をクリックします。

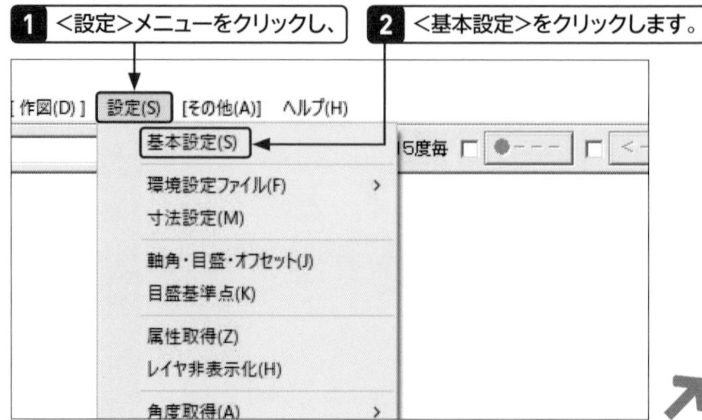
[作図(D)]
設定(S)
[その他(A)]
ヘルプ(H)
基本設定(S)
環境設定ファイル(F)
寸法設定(M)
軸角・目盛・オフセット(J)
目盛基準点(K)
属性取得(Z)
レイヤ非表示化(H)
角度取得(A)
15度毎

3 「jw_win（基本設定）」ダイアログボックスが表示されます。

4 ＜一般（1）＞タブをクリックし、

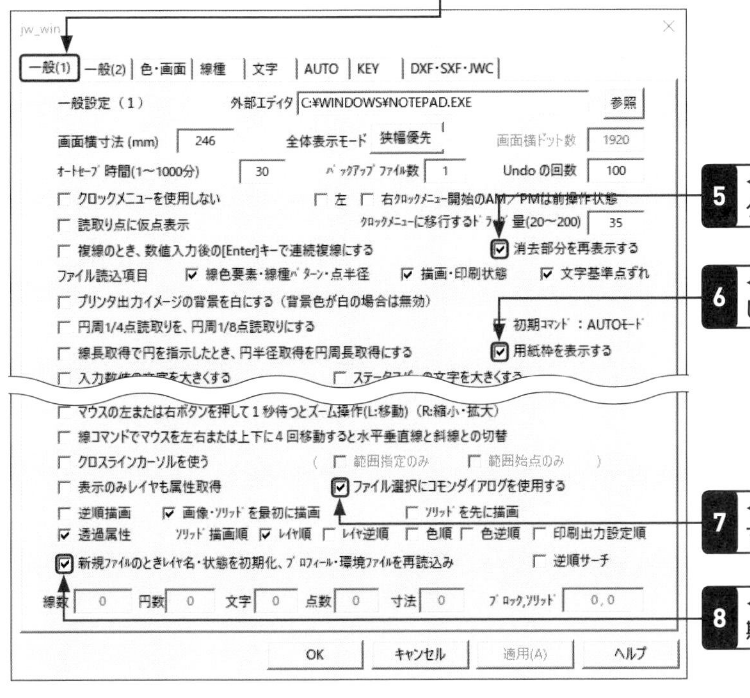
jw_win
一般(1) 一般(2) 色・画面 線種 文字 AUTO KEY DXF・SXF・JWC
一般設定（1） 外部エディタ C:¥WINDOWS¥NOTEPAD.EXE 参照
画面横寸法 (mm) 246 全体表示モード 狭幅優先 画面横ドット数 1920
ｵｰﾄｾｰﾌﾞ 時間(1〜1000分) 30 ﾊﾞｯｸｱｯﾌﾟ ﾌｧｲﾙ数 1 Undo の回数 100
クロックメニューを使用しない 左 右ｸﾛｯｸﾒﾆｭｰ開始のAM／PMは前操作状態
読取り点に仮点表示 ｸﾛｯｸﾒﾆｭｰに移行するﾄﾞﾗｯｸﾞ量(20〜200) 35
複線のとき、数値入力後の[Enter]キーで連続複線にする 消去部分を再表示する
ファイル読込項目 線色要素・線種ﾊﾟﾀｰﾝ・点半径 描画・印刷状態 文字基準点ずれ
プリンタ出力イメージの背景を白にする（背景色が白の場合は無効）
円周1/4点読取りを、円周1/8点読取りにする 初期ｺﾏﾝﾄﾞ：AUTOﾓｰﾄﾞ
線長取得で円を指示したとき、円半径取得を円周長取得にする 用紙枠を表示する
マウスの左または右ボタンを押して1秒待つとズーム操作(L:移動)（R:縮小・拡大）
線コマンドでマウスを左右または上下に4回移動すると水平垂直線と斜線との切替
クロスラインカーソルを使う （ 範囲指定のみ 範囲始点のみ ）
表示のみレイヤも属性取得 ファイル選択にコモンダイアログを使用する
逆順描画 画像・ｿﾘｯﾄﾞを最初に描画 ｿﾘｯﾄﾞを先に描画
透過属性 ｿﾘｯﾄﾞ描画順 ﾚｲﾔ順 ﾚｲﾔ逆順 色順 色逆順 印刷出力設定順
新規ﾌｧｲﾙのときﾚｲﾔ名・状態を初期化、ﾌﾟﾛﾌｨｰﾙ・環境ﾌｧｲﾙを再読込み 逆順サーチ
線数 0 円数 0 文字 0 点数 0 寸法 0 ﾌﾞﾛｯｸ,ｿﾘｯﾄﾞ 0，0
OK キャンセル 適用(A) ヘルプ

5 ＜消去部分を再表示する＞をクリックして□を☑にします。

6 ＜用紙枠を表示する＞をクリックして□を☑にします。

7 ＜ファイル選択にコモンダイアログを使用する＞をクリックして□を☑にします。

8 ＜新規ファイルのときレイヤ名・状態を初期化…＞をクリックして□を☑にします。

メモ ここで設定した項目について

ここで設定した項目は以下のような効果があります。

項目名	内容
消去部分を再表示する	重なった図形の一部を消去する際に、既存の図形が一時的に非表示になる現象を回避することができます。
用紙枠を表示する	作図領域に設定した用紙サイズがピンクの点線で表示されます。ただし印刷可能領域はプリンタにより異なるので注意が必要です。
ファイル選択にコモンダイアログを使用する	コモンダイアログで表示されるようになります。チェックを入れないと、サムネイルによる選択画面が表示されます。 チェックなし → チェックあり
新規ファイルのときレイヤ名・状態を初期化	＜新規ファイルのときレイヤ名・状態を初期化…＞をクリックして、□を☑にしておくことで、新規ファイルで作業する際に、レイヤ名・状態を初期化し、プロフィールファイルと環境設定ファイルの再読み込みを行います。新規作成時の図面の初期設定についてはP.40のSec.10で解説します。

3 基本設定の一般（2）を設定する

メモ キー操作

手順2の設定を行っておくと、キーボードの↑↓←→キー（カーソルキー）で画面移動、PgUpキー（PageUp）、PgDnキー（PageDown）で画面の拡大／縮小、Homeキーで全体表示が行えるようになります。

メモ マウスホイール

手順3の設定を行っておくと、マウスホイールボタンを使った画面の拡大／縮小が行えるようになります。＜＋＞に設定すると、上に回転すると縮小し、下に回転すると拡大します。＜－＞に設定すると、上に回転すると拡大し、下に回転すると縮小します。

ここでは前ページの続きから解説しています。

1 ＜一般（2）＞タブをクリックします。

2 ＜矢印キーで画面移動…＞をクリックして、□を☑にします。

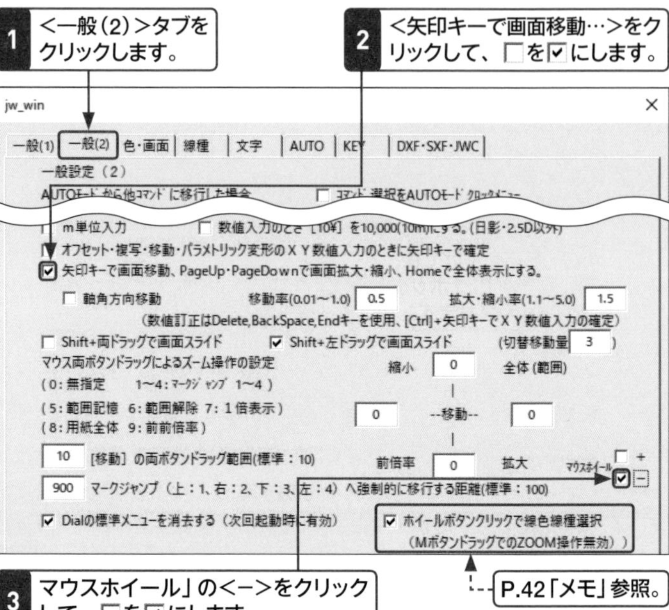
jw_win
一般(1)
一般(2)
色・画面
線種
文字
AUTO
KEY
DXF・SXF・JWC
一般設定（2）
m単位入力
オフセット・複写・移動・パラメトリック変形のＸＹ数値入力のときに矢印キーで確定
矢印キーで画面移動、PageUp・PageDownで画面拡大・縮小、Homeで全体表示にする。
軸角方向移動
移動率(0.01～1.0)
0.5
拡大・縮小率(1.1～5.0)
1.5
（数値訂正はDelete,BackSpace,Endキーを使用、[Ctrl]+矢印キーでＸＹ数値入力の確定）
Shift+両ドラッグで画面スライド
Shift+左ドラッグで画面スライド
(切替移動量
3
マウス両ボタンドラッグによるズーム操作の設定
（0：無指定　1～4：マークジャンプ　1～4）
（5：範囲記憶　6：範囲解除　7：１倍表示）
（8：用紙全体　9：前前倍率）
縮小
全体（範囲）
--移動--
10
［移動］の両ボタンドラッグ範囲(標準：10)
前倍率
拡大
900
マークジャンプ（上：1、右：2、下：3、左：4）へ強制的に移行する距離(標準：100)
Dialの標準メニューを消去する（次回起動時に有効）
ホイールボタンクリックで線色線種選択
（Mボタンドラッグでの ZOOM操作無効）

3 マウスホイール」の＜－＞をクリックして、□を☑にします。

P.42「メモ」参照。

4 基本設定の色・画面を設定する

メモ 背景色について

本書は初期値である＜背景色：白＞で作業しますが、明るすぎて目が疲れる場合は＜黒＞や＜深緑＞に変更してください。背景色によって、一部線色の表示が変わりますが、印刷には影響しません。

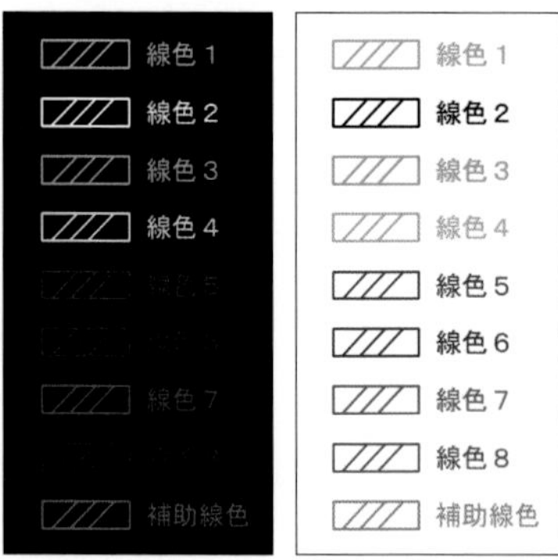
線色 1
線色 2
線色 3
線色 4
線色 5
線色 6
線色 7
線色 8
補助線色

ここでは前項の続きから解説しています。

1 ＜色・画面＞タブをクリックします。

2 ＜色彩の初期化＞をクリックします。

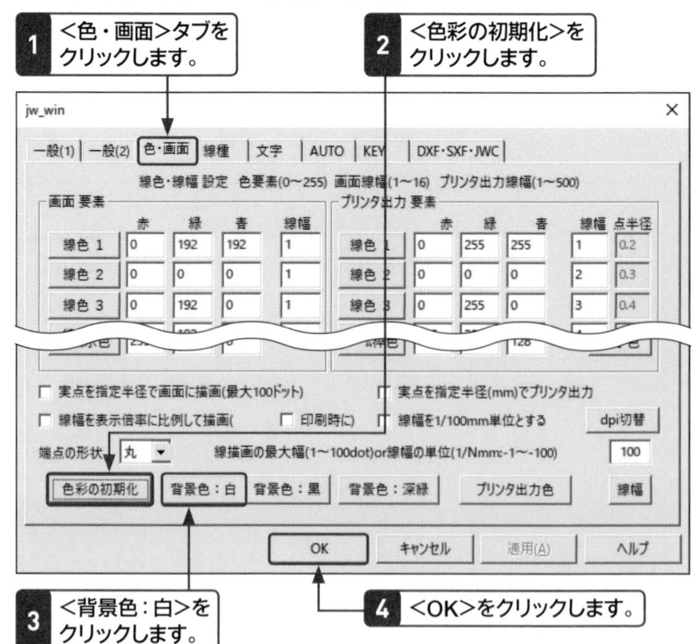
jw_win
一般(1)
一般(2)
色・画面
線種
文字
AUTO
KEY
DXF・SXF・JWC
線色・線幅 設定　色要素(0～255)　画面線幅(1～16)　プリンタ出力線幅(1～500)
画面 要素
プリンタ出力 要素
赤
緑
青
線幅
点半径
線色 1
線色 2
線色 3
実点を指定半径で画面に描画(最大100ドット)
実点を指定半径(mm)でプリンタ出力
線幅を表示倍率に比例して描画(
印刷時に)
線幅を1/100mm単位とする
dpi切替
端点の形状
丸
線描画の最大幅(1～100dot)or線幅の単位(1/Nmm:-1～-100)
100
色彩の初期化
背景色：白
背景色：黒
背景色：深緑
プリンタ出力色
線幅
OK
キャンセル
適用(A)
ヘルプ

3 ＜背景色：白＞をクリックします。

4 ＜OK＞をクリックします。

5 名前を付けて保存する

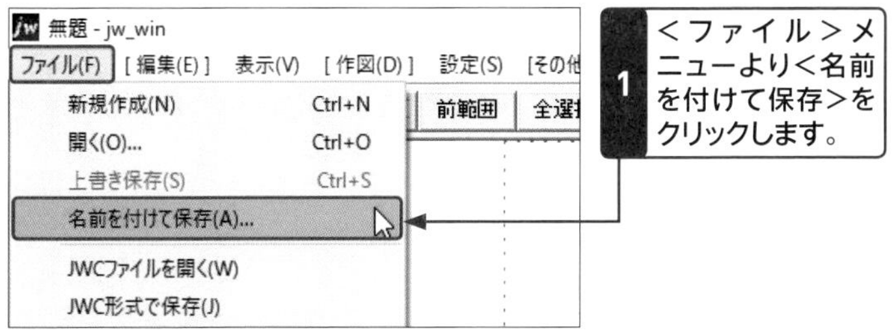
無題 - jw_win
ファイル(F)
新規作成(N) Ctrl+N
開く(O)... Ctrl+O
上書き保存(S) Ctrl+S
名前を付けて保存(A)...
JWCファイルを開く(W)
JWC形式で保存(J)

1 ＜ファイル＞メニューより＜名前を付けて保存＞をクリックします。

2 「名前を付けて保存」ダイアログボックスが表示されます。

3 アドレスバーに「PC>Windows(C;)>JWW」と表示されていることを確認し、

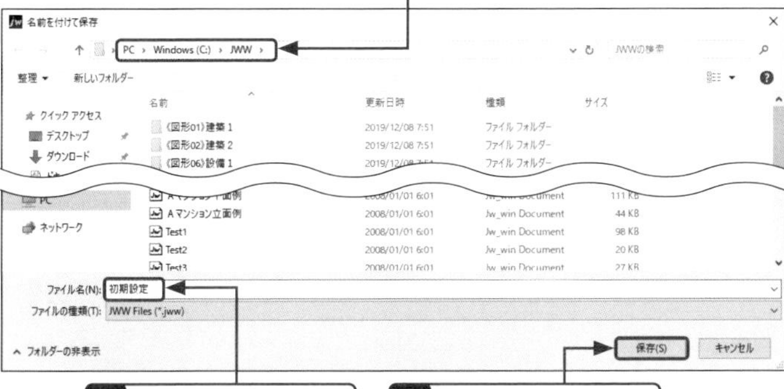
名前を付けて保存
PC › Windows (C:) › JWW ›
ファイル名(N): 初期設定
ファイルの種類(T): JWW Files (*.jww)
保存(S)
キャンセル

4 ファイル名に「初期設定」と入力します。

5 ＜保存＞をクリックして閉じます。

6 タイトルバーに「初期設定-jw_win」と表示されていることを確認します。

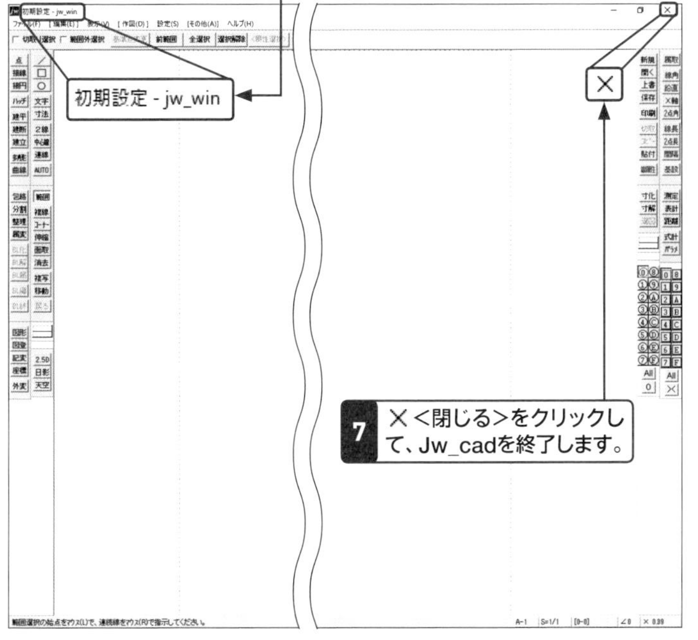
初期設定 - jw_win

7 ×＜閉じる＞をクリックして、Jw_cadを終了します。

メモ 上書き保存について

上書き保存する場合は、＜ファイル＞メニューより＜上書き保存＞をクリックします。ただし、新規作成（無題）ではじめて図面を保存する場合は、＜上書き保存＞を選択しても、自動的に「名前を付けて保存」ダイアログボックスが表示されます。

メモ タイトルバーの表示名

ここでは、ファイル名に拡張子を表示する設定にはしていません。拡張子を表示する設定を行っている場合は、手順6では「初期設定.jww-jw_win」と表示されます。拡張子（.jww）の表示の設定方法については、P.35メモ「拡張子の表示について」を参照してください。

メモ 「名前を付けて保存」と「上書き保存」の違い

たとえば「図面A」を「図面B」として「名前を付けて保存」することで、「図面A」のコピーを「図面B」として保存することができます。逆に「上書き保存」を実行すると、以前のデータは削除され、新しいデータが同じ図面に上書きされます。

Section 06

Jw_cadの基本操作を知る

覚えておきたいキーワード
- ☑ ショートカットキー
- ☑ クロックメニュー
- ☑ AUTO モード

Jw_cadの特徴のひとつに多彩な操作性があります。コマンドの選択は、メニューバーやツールバーだけでなく、ショートカットキーの入力やドラッグ操作(クロックメニュー)で行えます。また、コマンドを選択せずに作図(AUTOモード)できるなど、さまざまな方法があります。

1 コマンド選択の方法を知る

メモ Jw_cadのコマンドについて

Jw_cadでは、コマンドを選択すると次のコマンドを選択するまで、現在のコマンドが継続されます。コマンドをリセットしたい場合はいったん別のコマンドを選択します。

メモ 操作に失敗したときは

選択を間違えたり、意図しないコマンドが実行されてしまったときは、ほかのコマンドを選択し直すことで、現在選択しているコマンドを解除することができます。作図された図形を消して、元の状態に戻したい場合(UNDO)は、Escキーまたはツールバーの<戻る>を選択します。逆に、元に戻すで消した図形を復活させたい場合(REDO)は、<編集>メニュー→<進む>を選択します。ただし、この操作はUNDOを実行した直後のみ有効です。

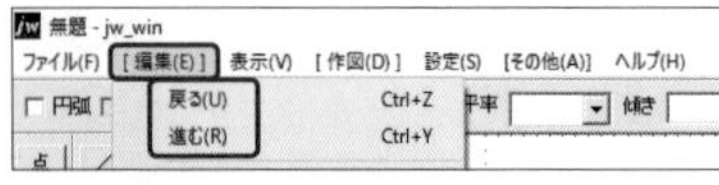
無題 - jw_win
ファイル(F) [編集(E)] 表示(V) [作図(D)] 設定(S) [その他(A)] ヘルプ(H)
戻る(U) Ctrl+Z
進む(R) Ctrl+Y

注意 Escキーについて

Jw_cadにおいてEscキーはキャンセルではなく「UNDO(元に戻す)」役割を持っています。したがって、操作をリセットしたい場合はEscキーではなく、別のコマンドを選択してリセットします。

コマンド選択方法① メニューバーからコマンドを選択する

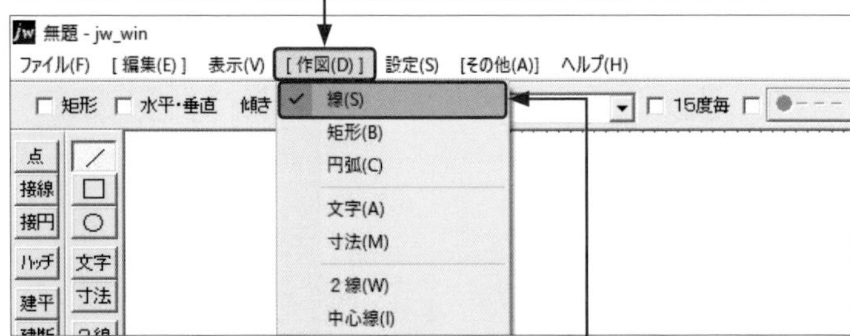
1 メニューバーで任意のメニュー(ここでは「作図」)をクリックし、
無題 - jw_win
ファイル(F) [編集(E)] 表示(V) [作図(D)] 設定(S) [その他(A)] ヘルプ(H)
線(S)
矩形(B)
円弧(C)
文字(A)
寸法(M)
2線(W)
中心線(I)
2 表示されるメニューでコマンド(ここでは「線」)をクリックして選択します。

コマンド選択方法② ツールバーからコマンドを選択する

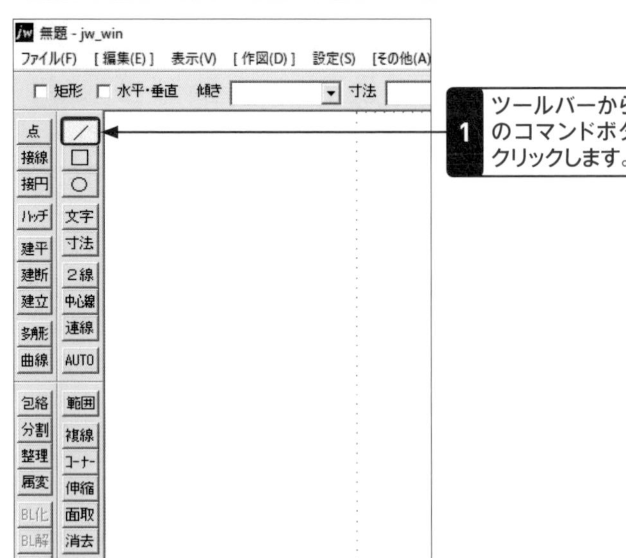
無題 - jw_win
ファイル(F) [編集(E)] 表示(V) [作図(D)] 設定(S) [その他(A)
1 ツールバーから任意のコマンドボタンをクリックします。

コマンド選択方法③　ショートカットキーからコマンドを選択する

キーボードの日本語入力がオフの状態で、アルファベットキーを押します。

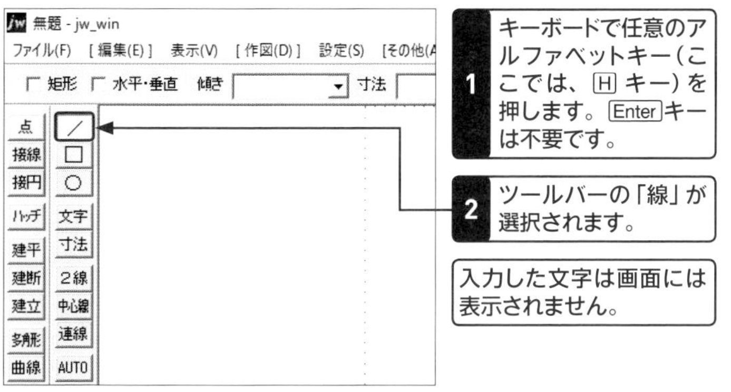
無題 - jw_win
ファイル(F) [編集(E)] 表示(V) [作図(D)] 設定(S) [その他(A
矩形 水平・垂直 傾き 寸法
点 接線 接円 ハッチ 建平 建断 建立 多角形 曲線
文字 寸法 2線 中心線 連線 AUTO
1 キーボードで任意のアルファベットキー（ここでは、H キー）を押します。Enterキーは不要です。
2 ツールバーの「線」が選択されます。
入力した文字は画面には表示されません。

コマンド選択方法④　クロックメニューからコマンドを選択する

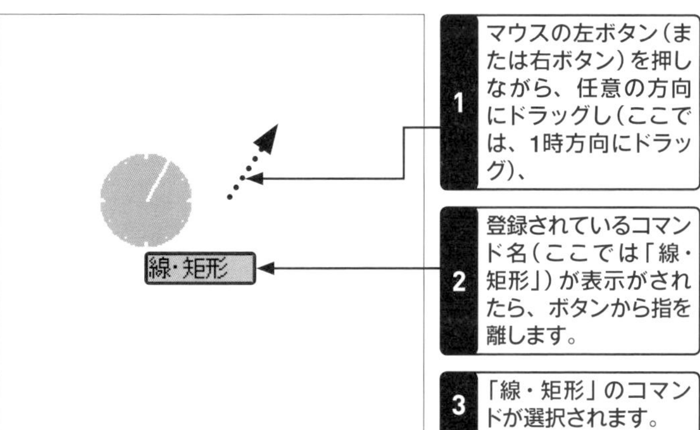
線・矩形
1 マウスの左ボタン（または右ボタン）を押しながら、任意の方向にドラッグし（ここでは、1時方向にドラッグ）、
2 登録されているコマンド名（ここでは「線・矩形」）が表示がされたら、ボタンから指を離します。
3 「線・矩形」のコマンドが選択されます。

コマンド選択方法⑤　AUTO モードを利用してコマンドを選択する

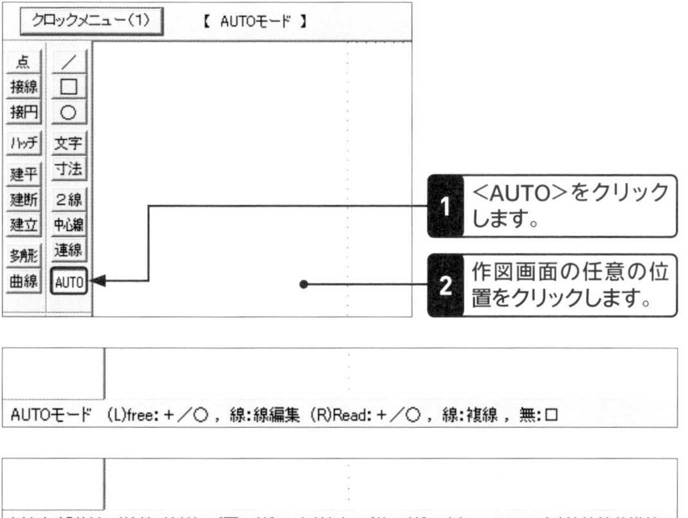
クロックメニュー(1)
【 AUTOモード 】
点 接線 接円 ハッチ 建平 建断 建立 多角形 曲線
文字 寸法 2線 中心線 連線 AUTO
1 <AUTO>をクリックします。
2 作図画面の任意の位置をクリックします。
AUTOモード (L)free: +／○ , 線:線編集 (R)Read: +／○ , 線:複線 , 無:□
(L)(R):部分消し(線外:伸縮)、〔同一線〕→(R)消去、〔他の線〕→(L)コーナー、(R)線伸縮基準線

メモ　文字入力中のショートカットキーについて

文字コマンド実行中にショートカットキーを使用したい場合は、＜基本設定＞→＜一般(2)＞→＜文字コマンドのとき文字位置指示後に文字入力を行う。＞の、□を☑にしておきます。また、各アルファベットに割り当てられたコマンドは、ツールバーの＜基設＞→＜KEY＞タブで確認することができます。

☑ 文字コマンドのとき文字位置指示後に文字入力を行う。

キーワード　クロックメニュー

Jw_cad特有の機能で、マウスを指定された方向にドラッグ操作することで、登録されたコマンドを選択することができます。左AM、左PM、右AM、右PMで分類されており、左クリックしたドラッグが「左」、右クリックしたドラッグが「右」となります。AMとPMの切り替えは、使用していない方のボタン（左ドラッグ時であれば、右クリックボタン）を押します。設定や確認はツールバーの＜基設＞→＜AUTO＞タブで行えます。

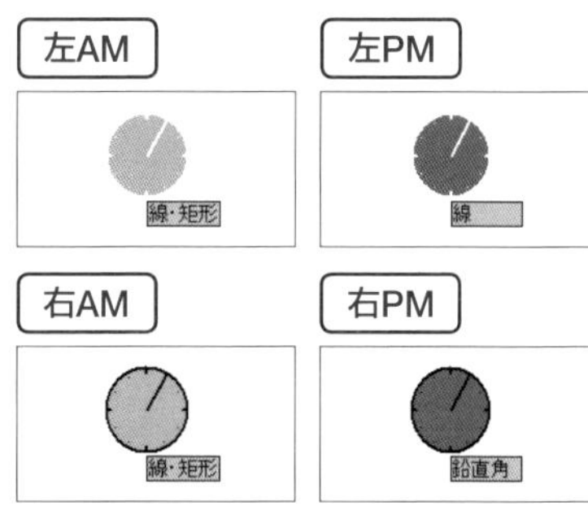
左AM
線・矩形
左PM
線
右AM
線・矩形
右PM
鉛直角

キーワード　AUTOモード

AUTOモードはクリック操作のみでコマンドを実行することのできる機能です。使用頻度の高い「線」「矩形（長方形）」「円」などの作図コマンドだけでなく、消去や伸縮などの編集コマンドにも対応しています。ただし、初心者には操作が難しいため、本書ではAUTOモードは使用しません。

Section 07

マウスとキーボード操作の特徴を知る

覚えておきたいキーワード
- クリック・ドラッグ
- ホイールボタン
- キーボード

Jw_cadでは「両クリック」「右ダブルクリック」「右ドラッグ」「両ドラッグ」など通常のWindowsでは使用しないマウス操作が出てきます。マウス以外の方法で代用することもできますが、慣れるとマウス操作の方が短時間で作図できます。

1 マウス操作

クリック(左クリック)(L)

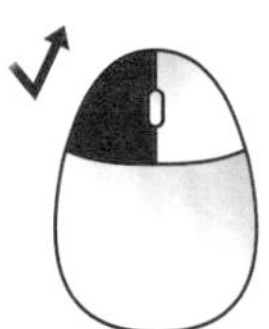

マウスの左ボタンを1回押します。任意の点を指示したり、図形を選択したりするときに使います。

右クリック(R)

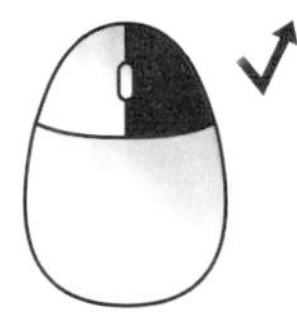

マウスの右ボタンを1回押します。読取点を指示したり、前回値を使用したりするときに使います。

両クリック

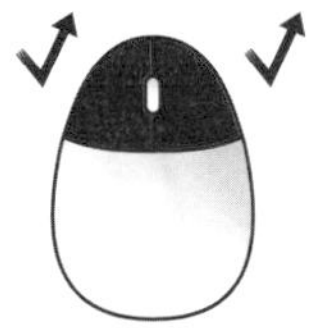

マウスの左と右を同時に押します。画面を移動するときに使います。

ダブルクリック(LL)

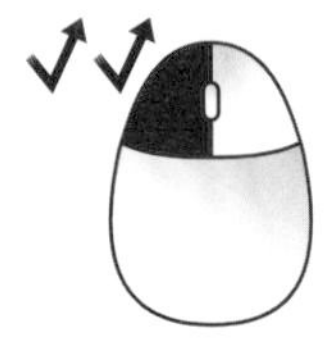

マウスの左ボタンを連続して押します。「2線」で基準線変更したり、「範囲」で交差線選択したりするときに使います。

右ダブルクリック(RR)

マウスの右ボタンを連続して押します。「伸縮」で基準線指定したり、「2線」で包絡処理したりするときに使います。

ドラッグ

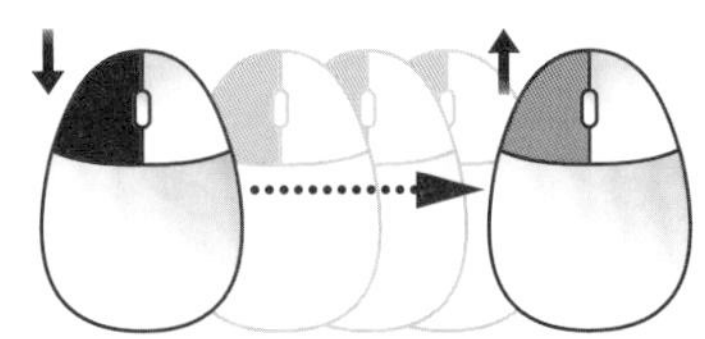

マウスを左クリックしたまま移動します。クロックメニューで左AMまたは左PMのメニューを切り替えるときに使います。

右ドラッグ

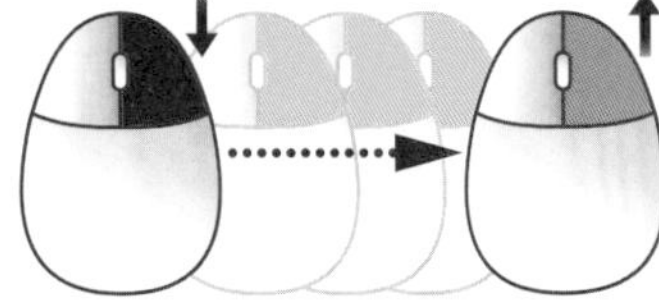

マウスを右クリックしたまま移動します。クロックメニューで右AMまたは右PMのメニューを切り替えるときに使います。Jw_cadではドラッグする方向でコマンドを指定する「クロックメニュー」があります(P.31参照)。そのため、ドラッグをする際はその方向にも注意するようにしましょう。

両ドラッグ

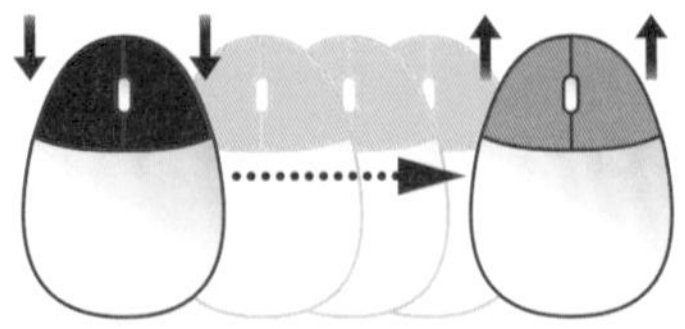

マウスを左と右を同時にクリックしたまま移動します。画面を拡大縮小したり、用紙全体を表示させたりするときに使います(P.36参照)。

ホイールボタン 下に回転

マウスのホイールボタンを下方向に回転させます。画面を縮小するときに使います（P.28メモ「マウスホイール」参照）。

ホイールボタン 上に回転

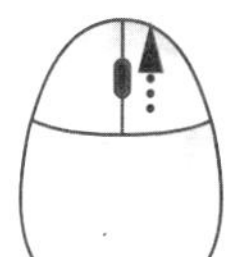

マウスのホイールボタンを上方向に回転させます。画面を拡大するときに使います（P.28メモ「マウスホイール」参照）。

ホイールボタン クリック

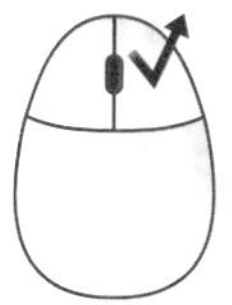

マウスのホイールボタンを押します。「線属性」ダイアログボックスを表示するときに使います。

キーワード　ホイールボタンクリック

<基設>→<一般（2）>タブの<ホイールボタンクリックで線色線種選択>をクリックして☐を☑にすると、ホイールボタンをクリックすることで「線属性」ダイアログボックス（P.42のメモ「ホイールボタンを使用する場合」参照）が表示できます。

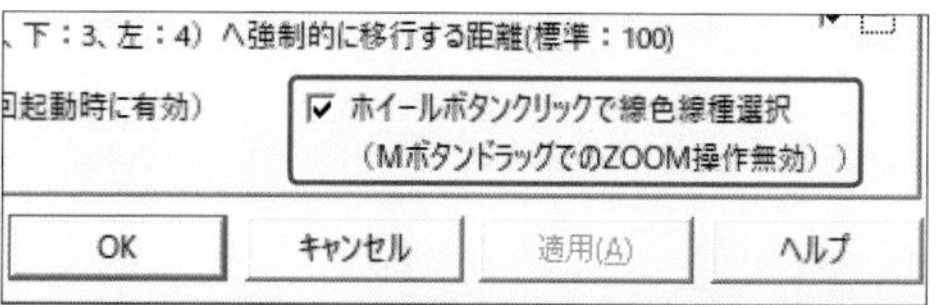
下：3、左：4）へ強制的に移行する距離(標準：100)
起動時に有効）
☑ ホイールボタンクリックで線色線種選択
（Mボタンドラッグでの ZOOM操作無効）
OK
キャンセル
適用(A)
ヘルプ

2 キーの名称と役割

覚えておくと便利なキーボード操作は、以下の通りです。

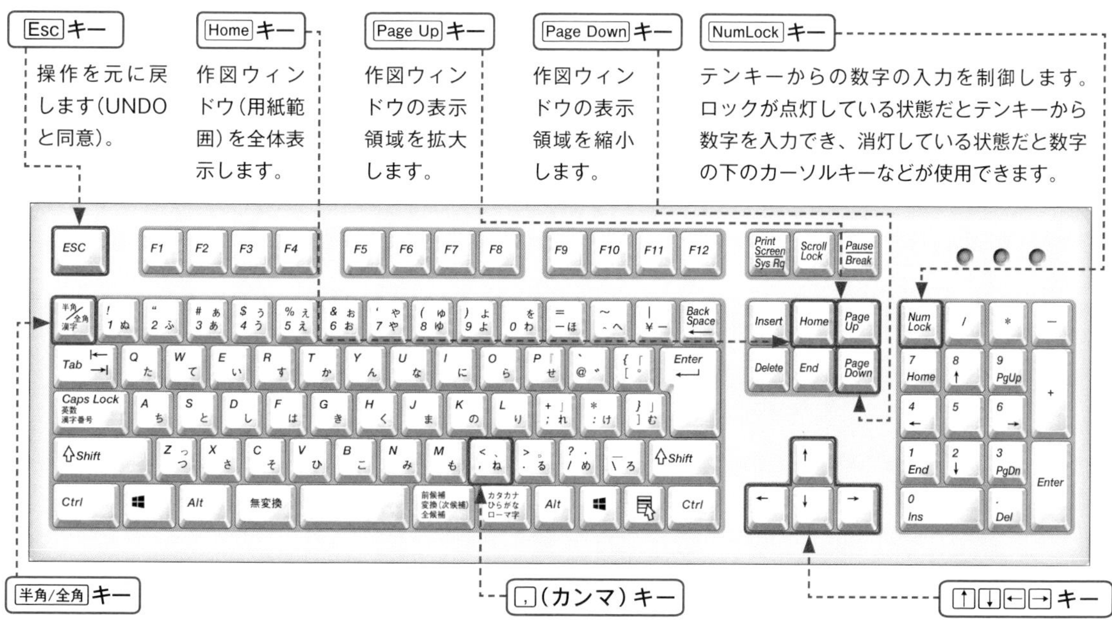

Escキー
操作を元に戻します（UNDOと同意）。

Homeキー
作図ウィンドウ（用紙範囲）を全体表示します。

Page Upキー
作図ウィンドウの表示領域を拡大します。

Page Downキー
作図ウィンドウの表示領域を縮小します。

NumLockキー
テンキーからの数字の入力を制御します。ロックが点灯している状態だとテンキーから数字を入力でき、消灯している状態だと数字の下のカーソルキーなどが使用できます。

半角/全角キー
日本語入力を切り替えるときに使用します。コントロールバーより長さなど数値を入力したり、ショートカットキーを使用する際は、このキーを押して言語バーの表示が「A（直接入力）」の状態にします。

,（カンマ）キー
矩形の長さと幅など「X，Y」の形式で数値を入力する際に使用し、半角（直接入力）で入力します。※全角（日本語入力）の場合、「、（句点）」で入力されるので注意が必要です。

↑↓←→キー
作図ウィンドウの表示範囲を移動します。

Section 08

図面を開く／図面を新規作成する

覚えておきたいキーワード
- 開く
- 新規作成
- DXF

ここでは、図面の開き方と保存の方法(名前を付けて保存と上書き保存)について学びます。例としてコモンダイアログを使用して図面を選択します(P.27のメモ「ここで設定した項目について」参照)。また、ほかのCADソフトで作成したDXFファイルを開く方法についても解説します。

メニュー	[ファイル]メニュー→[開く]／[ファイル]メニュー→[新規作成]
ツールバー	[開く]／[新規]
ショートカット	F7(開く)／Ctrl+N(新規作成)

1 図面を開く

メモ DXF形式の図面を開くには

異なるCADソフトで作成した図面は、通常は別のCADソフトでは開くことができません。そこで、異なるCADソフトの間でデータがやり取りできるように開発されたがDXFファイルです。DXF形式の図面を開くには、<ファイル>メニューから<DXFファイルを開く>を選択します。DXF形式で保存された図面であれば、AutoCADなど別のCADソフトで作成された図面でも、Jw_cadで開くことができます。ただし、DFX形式は完全な互換にはいたっておらず、一部データが変更されるため、変換の際は注意が必要です。

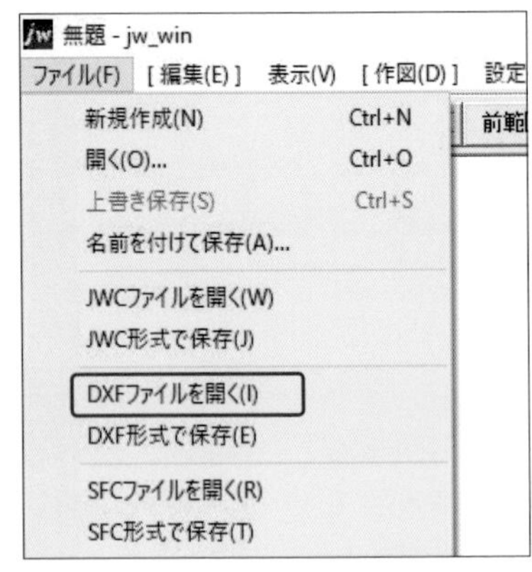
無題 - jw_win
ファイル(F) [編集(E)] 表示(V) [作図(D)] 設定
新規作成(N) Ctrl+N
開く(O)... Ctrl+O
上書き保存(S) Ctrl+S
名前を付けて保存(A)...
JWCファイルを開く(W)
JWC形式で保存(J)
DXFファイルを開く(I)
DXF形式で保存(E)
SFCファイルを開く(R)
SFC形式で保存(T)

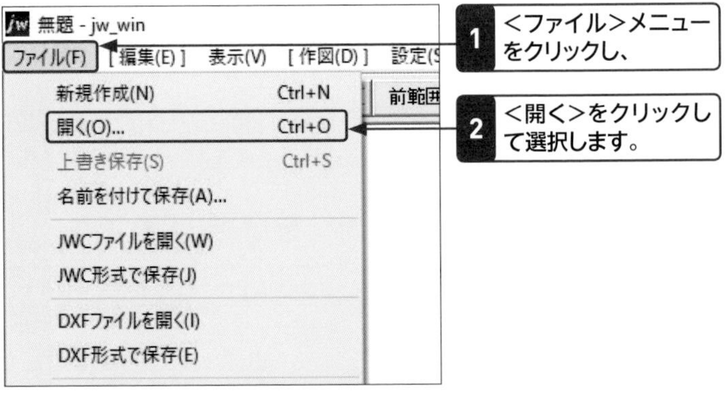
無題 - jw_win
ファイル(F) [編集(E)] 表示(V) [作図(D)] 設定
新規作成(N) Ctrl+N
開く(O)... Ctrl+O
上書き保存(S) Ctrl+S
名前を付けて保存(A)...
JWCファイルを開く(W)
JWC形式で保存(J)
DXFファイルを開く(I)
DXF形式で保存(E)

1 <ファイル>メニューをクリックし、

2 <開く>をクリックして選択します。

3 ファイル選択のコモンダイアログが表示されます。

4 Jw_cadがインストールされているフォルダーを開き(ここでは、PC>Windows(C)>JWW)、

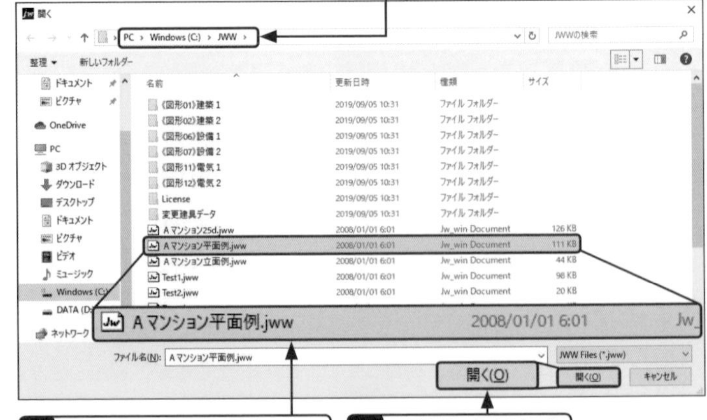
開く
PC › Windows (C:) › JWW ›
A マンション平面例.jww
2008/01/01 6:01
開く(O)
キャンセル

5 <Aマンション平面例.jww>をクリックして選択し、

6 <開く>をクリックします。

7 選択した図面が表示されます。

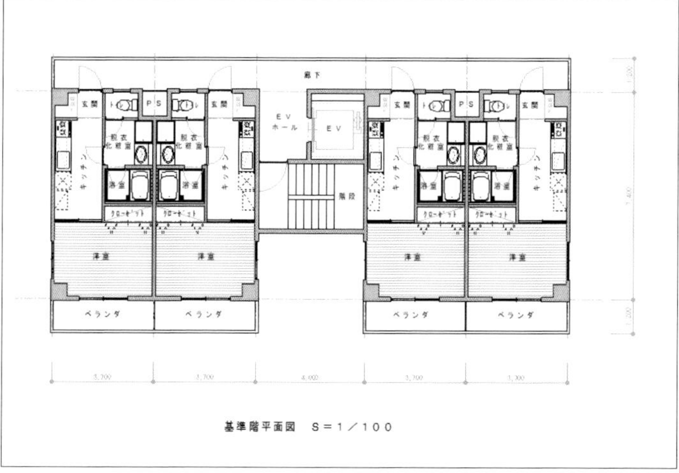

メモ 拡張子の表示について

拡張子を表示させる場合は下記の手順で設定します。<エクスプローラー>→<表示>タブ→<表示/非表示>パネルと進み、<ファイル名拡張子>の□をクリックして☑にします。

□ 項目チェック ボックス
☑ ファイル名拡張子
□ 隠しファイル

2 図面を新規作成する

1 <ファイル>メニューをクリックし、

2 <新規作成>をクリックして選択します。

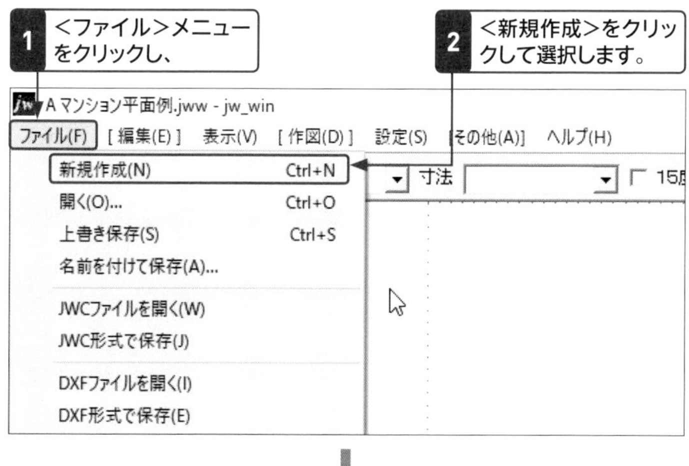

3 「無題」という図面名で図面が新規作成されます。

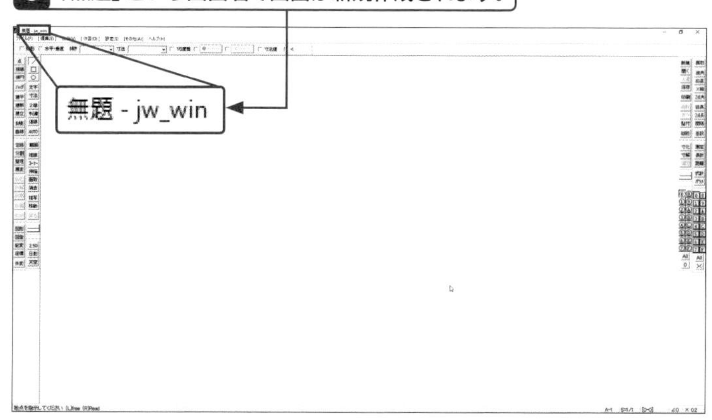
無題 - jw_win

メモ 変更保存の表示について

Jw_cadでは基本的に複数の図面を同時に開くことはできません。新しい図面を開く(または新規作成する)場合は、現在の図面を閉じる必要があります。図面が編集途中の場合は保存を促すメッセージが表示されるので、必要に応じて保存します。なお、Jw_cadのアプリを複数起動して同時に作業することは可能です。

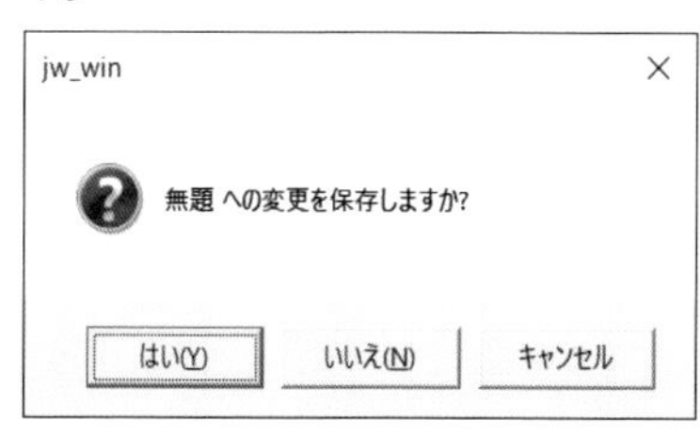
jw_win
無題 への変更を保存しますか?
はい(Y)
いいえ(N)
キャンセル

Section 09

作図画面を拡大／縮小する

覚えておきたいキーワード
- 拡大表示
- 縮小表示
- 全体表示

作図した図形を拡大して確認することは、手描きではできないCADのメリットのひとつです。Jw_cadではマウスの両クリックを使ってすばやく画面を切り替えることができます。また、P.26のSec.05で行った初期設定をもとに、キーボードやマウスホイールを使った方法も紹介します。

練習用ファイル	木造平面例.jww		
メニュー	［ファイル］メニュー→［開く］		
ツールバー	［開く］		
ショートカット	F7／Ctrl＋O	クロックメニュー	両クリック

1 図面を拡大表示する

メモ 表示されるデータの種類について

図面を開く場合、そのCADソフトで編集できるデータのみが表示されます。Jw_cadでは、拡張子が「.jww」のデータが表示されます。

メモ グリッド表示

画面上に表示されている点はグリッド目盛です。グリッド表示の設定は図面単位で保存されており、別の図面を開くとリセットされます。グリッド目盛の間隔などは、＜設定＞メニュー→＜軸角・目盛・オフセット＞で表示されるダイアログボックスから設定することができます。

ここでは、図面のDK（ダイニングキッチン）部分を拡大表示します。

1 P.34の手順1～4を参考にして、ファイル選択のコモンダイアログを表示します。

2 ＜木造平面例.jww＞をクリックして選択します。

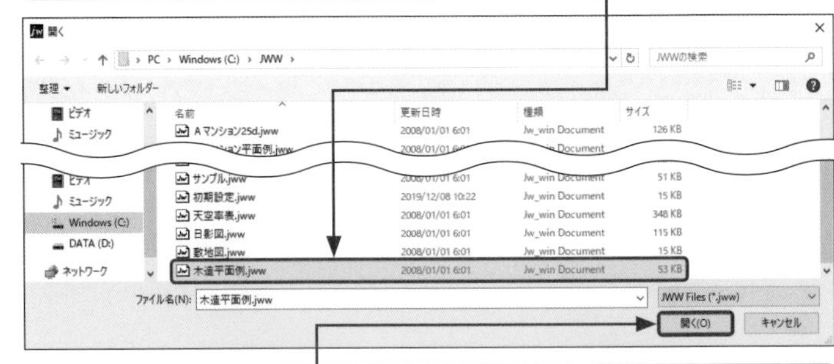
開く
PC › Windows (C:) › JWW ›
整理
新しいフォルダー
名前
更新日時
種類
サイズ
Aマンション25d.jww
サンプル.jww
初期設定.jww
天空率表.jww
日影図.jww
敷地図.jww
木造平面例.jww
ファイル名(N): 木造平面例.jww
JWW Files (*.jww)
開く(O)
キャンセル

3 ＜開く＞をクリックします。

4 図面が表示されます。

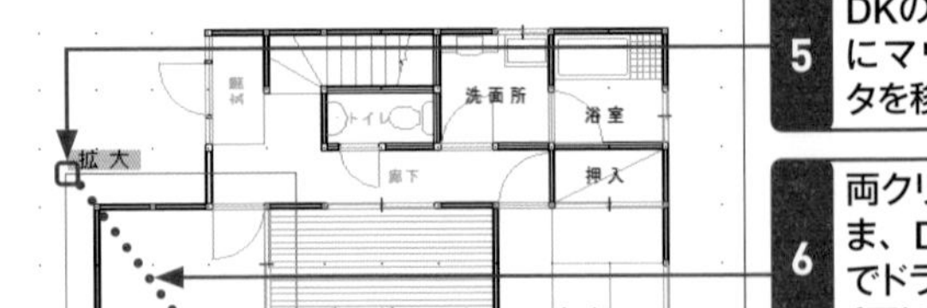
拡大
洗面所
浴室
押入
廊下
DK
リビングルーム
和室

5 DKの左上あたりにマウスポインタを移動し、

6 両クリックしたまま、DKの右下までドラッグします（両ドラッグ）。

7 DKを四角で囲む位置までドラッグしたら、マウスから指を離します。

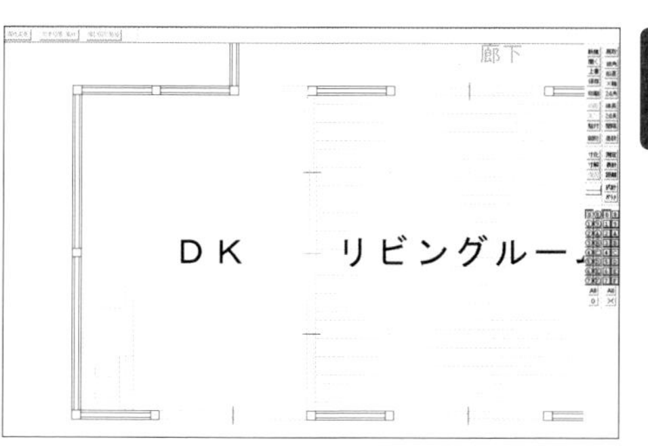
廊下
ＤＫ
リビングルー

8 選択した範囲が拡大表示されます。

> **メモ 拡大表示**
>
> 拡大表示したい範囲の中心にマウスポインタを移動し、Page Upキーまたはマウスのホイールボタンを上に回転させることで拡大表示できます。

2 図面を縮小表示する

ここでは、拡大したDK部分を1/2に縮小します。

1 DKの中心あたりにマウスポインタを移動します。

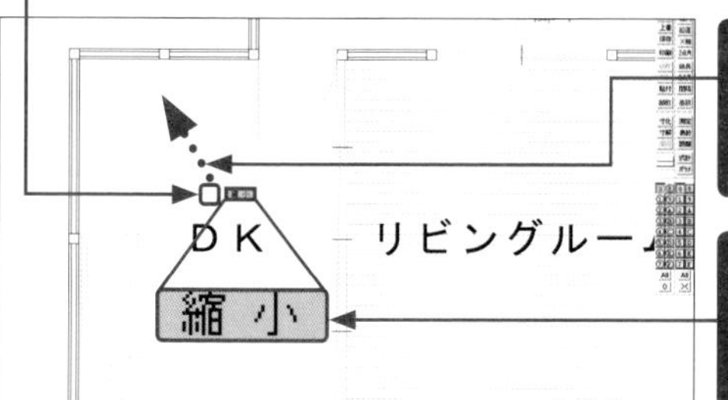
ＤＫ
リビングルー
縮 小

2 両クリックしたまま、左上にドラッグします（両ドラッグ）。

3 「縮小」と表示されたら、マウスから指を離します。

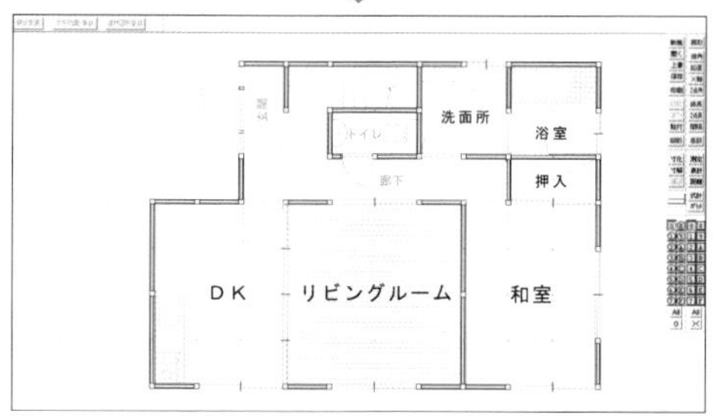
洗面所
浴室
押入
ＤＫ
リビングルーム
和室

4 1/2に縮小された状態で表示されます。

> **メモ 縮小表示**
>
> 縮小表示したい範囲の中心にマウスポインタを移動し、Page Downキーまたはマウスのホイールボタンを下に回転させることで縮小表示できます。

3 直前の表示に戻す（前倍率）

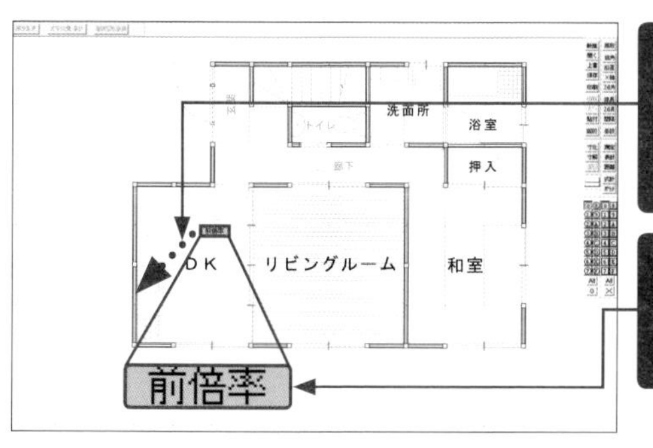
洗面所
浴室
押入
ＤＫ
リビングルーム
和室
前倍率

1 任意の位置で両クリックしたまま、左下にドラッグします（両ドラッグ）。

2 「前倍率」と表示されたら、マウスから指を離します。

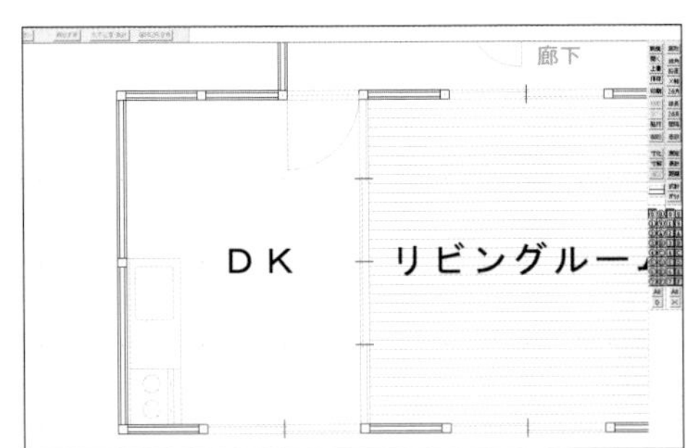
廊下
ＤＫ
リビングルー

3 直前（縮小する前の状態）で表示されます。

4 表示画面を移動する

メモ キー操作による移動

キーボードの↑↓←→キーを押して画面移動できます（P.28メモ「キー操作」参照）。また、表示したい画面の中心付近で両クリックして、画面移動することもできます。

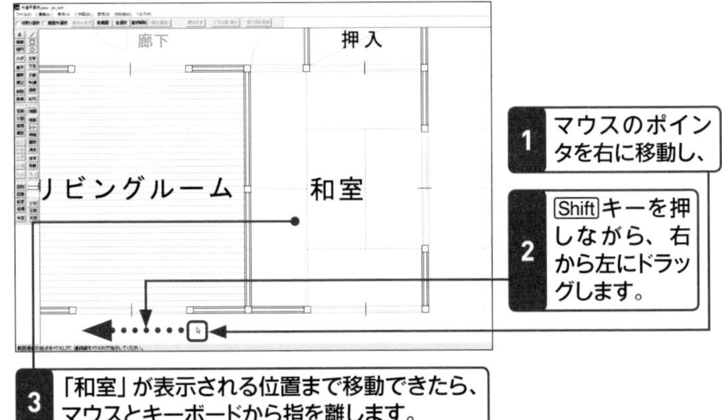
廊下
押入
リビングルーム
和室

1 マウスのポインタを右に移動し、

2 Shiftキーを押しながら、右から左にドラッグします。

3 「和室」が表示される位置まで移動できたら、マウスとキーボードから指を離します。

5 作図ウィンドウ全体を表示する

メモ 全体表示

Homeキーを押すことで、全体表示させることができます。

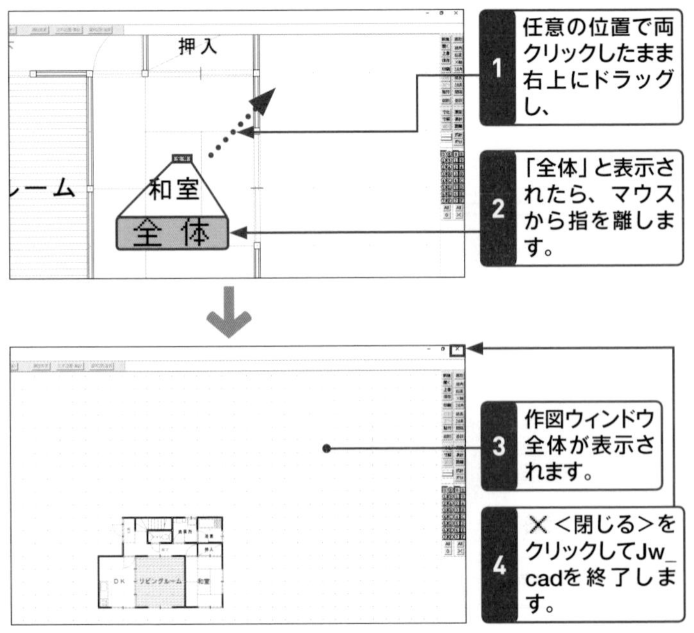
押入
ルーム
和室
全 体

1 任意の位置で両クリックしたまま右上にドラッグし、

2 「全体」と表示されたら、マウスから指を離します。

3 作図ウィンドウ全体が表示されます。

4 ×＜閉じる＞をクリックしてJw_cadを終了します。

Chapter 02

第2章

いろいろな線を作図しよう

Section 10 用紙サイズと縮尺を設定する
11 線色／線種／線の太さを設定する
12 2点を指定して線を作図する
13 水平・垂直な線を作図する
14 線を接続して作図する
15 長さと角度を指定して線を作図する
16 さまざまな線を作図する
17 2本の線を同時に作図する
18 分割線を作図する
19 線の勾配を指定する
20 鉛直線を作図する
21 斜線を作図する（相対座標）
22 接線を作図する

Section 10

用紙サイズと縮尺を設定する

覚えておきたいキーワード
- 新規作成
- 用紙サイズ
- 縮尺

第2章では図形の基本となるさまざまな線の作図方法について学習します。ここではまず、図面の用紙サイズと縮尺を設定します。図形の大きさを決定する重要な設定で、途中で変更すると文字や寸法が乱れることがあるので、必ず作図前に設定を確認するようにしましょう。

メニュー	[ファイル]メニュー→[新規作成]
ツールバー	[新規]
ショートカット	Ctrl+N

1 Jw_cadを起動して新規作成する

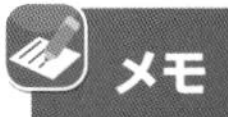

図面を開いた状態で新規作成する場合は

＜ファイル＞メニュー→＜新規作成＞をクリックするか、またはツールバーの＜新規＞をクリックします。

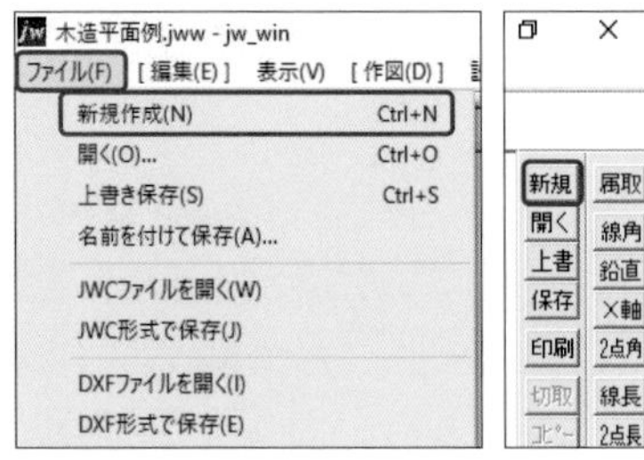
木造平面例.jww - jw_win
ファイル(F)
[編集(E)]
表示(V)
[作図(D)]
新規作成(N) Ctrl+N
開く(O)... Ctrl+O
上書き保存(S) Ctrl+S
名前を付けて保存(A)...
JWCファイルを開く(W)
JWC形式で保存(J)
DXFファイルを開く(I)
DXF形式で保存(E)

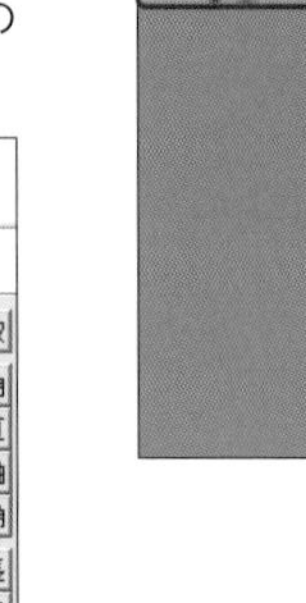
新規
開く
上書
保存
印刷
切取
属取
線角
鉛直
X軸
2点角
線長
2点長

jw_cad

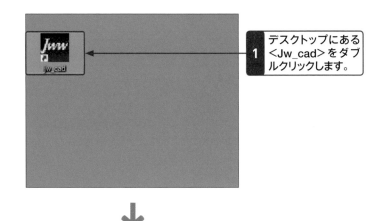

1 デスクトップにある＜Jw_cad＞をダブルクリックします。

2 Jw_cadが起動し、

3 新しい図面（「無題-jw_win」）が作成されます。

無題 - jw_win

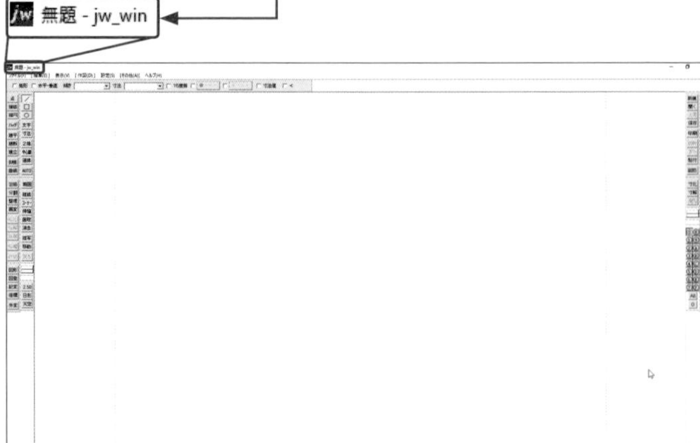

新規作成時の状態について

ここでは、＜新規ファイルのときレイヤ名・状態を初期化、プロフィール・環境を再読み込み＞を☑にしていますが（P.27参照）、□のようにチェックが入っていない状態で新規作成コマンドを実行すると、直前に開いていた図面のレイヤ名などが継承された状態で新規図面が作成されます。ただし、Jw_cadを起動した際に作成される新規図面には適用されません。

☑ 新規ﾌｧｲﾙのときﾚｲﾔ名・状態を初期化、ﾌﾟﾛﾌｨｰﾙ・環境ﾌｧｲﾙを再読込み

第2章 いろいろな線を作図しよう

2 用紙サイズを設定する

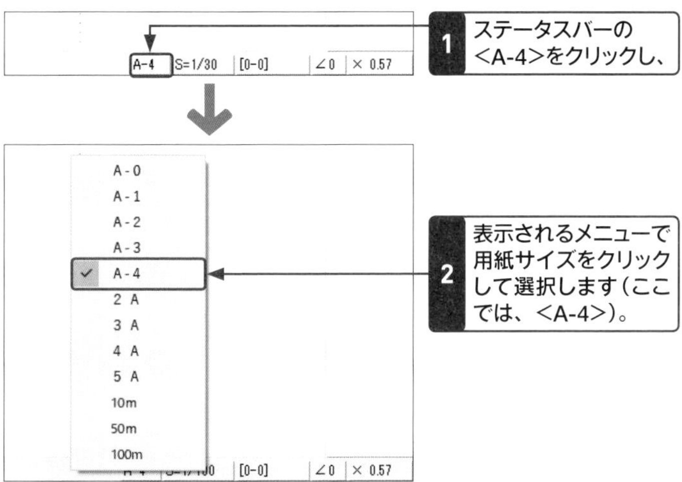

1 ステータスバーの<A-4>をクリックし、
2 表示されるメニューで用紙サイズをクリックして選択します（ここでは、<A-4>）。
A-4
S=1/30
[0-0]
∠0
× 0.57
A-0
A-1
A-2
A-3
A-4
2 A
3 A
4 A
5 A
10m
50m
100m

メモ 用紙サイズについて

Jw_cadでは、最初に用紙サイズを選択してから作図を始めます。用紙サイズはA列から選択することができます。2AはA0の2枚分、3AはA0の4枚分の大判サイズとなります。

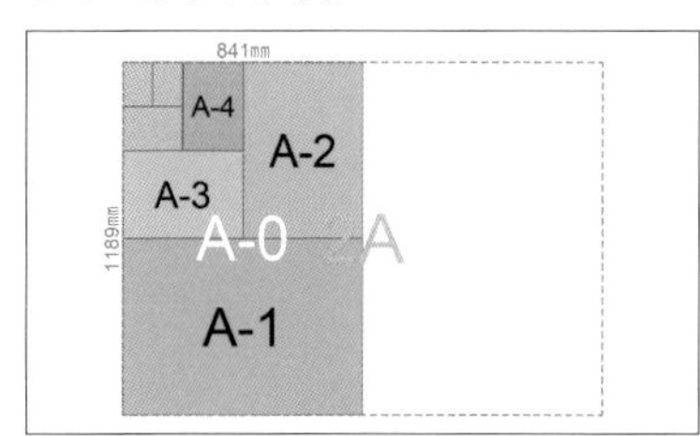

841mm
1189mm
A-4
A-2
A-3
A-0
2A
A-1

3 作図の縮尺を設定する

1 ステータスバーの<S=1/100>をクリックします。

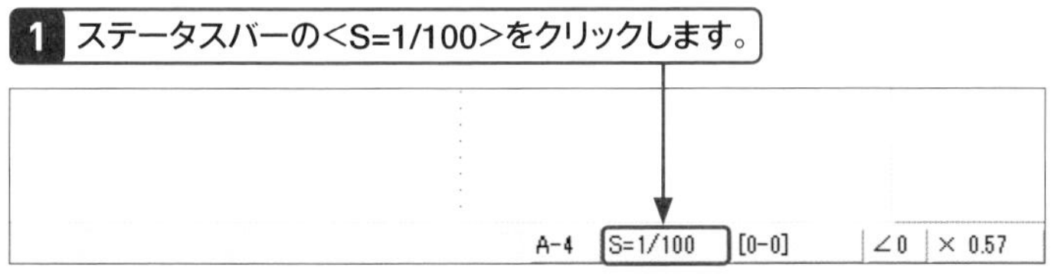

A-4
S=1/100
[0-0]
∠0
× 0.57

2 「縮尺·読取 設定」ダイアログボックスが表示されます。

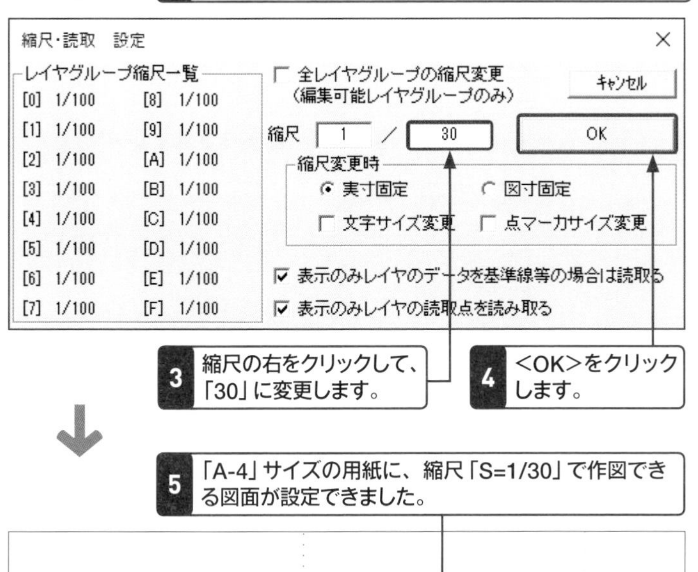

縮尺·読取 設定
レイヤグループ縮尺一覧
[0] 1/100
[1] 1/100
[2] 1/100
[3] 1/100
[4] 1/100
[5] 1/100
[6] 1/100
[7] 1/100
[8] 1/100
[9] 1/100
[A] 1/100
[B] 1/100
[C] 1/100
[D] 1/100
[E] 1/100
[F] 1/100
全レイヤグループの縮尺変更
（編集可能レイヤグループのみ）
キャンセル
縮尺 1 / 30
OK
縮尺変更時
実寸固定
図寸固定
文字サイズ変更
点マーカサイズ変更
表示のみレイヤのデータを基準線等の場合は読取る
表示のみレイヤの読取点を読み取る
3 縮尺の右をクリックして、「30」に変更します。
4 <OK>をクリックします。
5 「A-4」サイズの用紙に、縮尺「S=1/30」で作図できる図面が設定できました。
A-4
S=1/30
[0-0]
∠0
× 0.57

メモ 縮尺について

限られた用紙サイズ内に対象物を描くために、図面上では図形を縮小して表現し、この比率を「縮尺」といいます。縮尺は「S=1/X」のように分数（または対比）で表示します。また逆に、拡大して作図することを「倍尺」といい、「S=X/1」のように分子に比率を表示します。

注意 縮尺で作図する長さが変わる

Jw_cadでは、設定した縮尺に合わせて自動的に計算した長さで作図されます（手描きと同じ）。したがって、縮尺が違うと同じ長さを入力しても、作図される図形の長さが異なるので注意が必要です。レイヤグループ単位の縮尺の設定については、P.194やP.250で解説します。

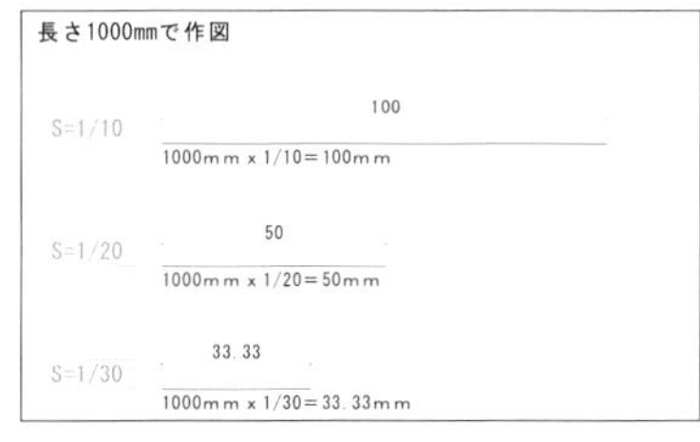

長さ1000mmで作図
S=1/10
100
1000mm x 1/10=100mm
S=1/20
50
1000mm x 1/20=50mm
S=1/30
33.33
1000mm x 1/30=33.33mm

Section 11 線色／線種／線の太さを設定する

覚えておきたいキーワード
- ☑ 線色
- ☑ 線種
- ☑ 線の太さ

ここでは「線色」「線種」「線の太さ」の設定について解説します。Jw_cadで線の太さを設定するには、「線色」で指定する方法と、図形ごとに「線幅」を指定する方法があります。線の太さと線種は作図において大切な要素ですので、しっかり把握しておきましょう。

メニュー	[設定]メニュー→[基本設定]／[設定]メニュー→[線属性]
ツールバー	[基設]／―(線属性)／[線属性]
ショートカット	F2

1 線幅を1/100mm単位に切り替える

メモ ホイールボタンを使用する場合

基本設定で＜ホイールボタンクリックで線色線種選択＞が☑になっている場合、ホイールボタンを押すことで、「線属性」ダイアログボックスを表示できます（既定値は☑でオンになっています。P.28参照）。ツールバーから起動した場合の違いとして、

- マウスホイールを回転して選択ができる
- 作図ウィンドウ（ダイアログボックスの外）をクリックすると選択確定する
- ダイアログボックス下部にマウスカーソルを移動すると選択をキャンセルにする
- ダイアログボックスを閉じるとマウスカーソルが元の位置に戻る

などがあります。

☑ ホイールボタンクリックで線色線種選択
（MボタンドラッグでのZOOM操作無効））

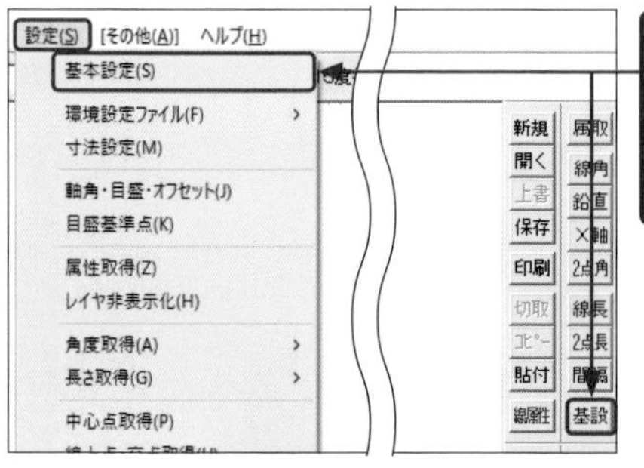
設定(S)
[その他(A)]
ヘルプ(H)
基本設定(S)
環境設定ファイル(F)
寸法設定(M)
軸角・目盛・オフセット(J)
目盛基準点(K)
属性取得(Z)
レイヤ非表示化(H)
角度取得(A)
長さ取得(G)
中心点取得(P)
新規
開く
上書
保存
印刷
切取
コピー
貼付
線属性
基設

1 ＜設定＞メニュー→＜基本設定＞をクリックするか、またはツールバー の＜基設＞をクリックします。

2 「Jw_win」ダイアログボックスを表示し、

3 ＜色・画面＞タブをクリックします。

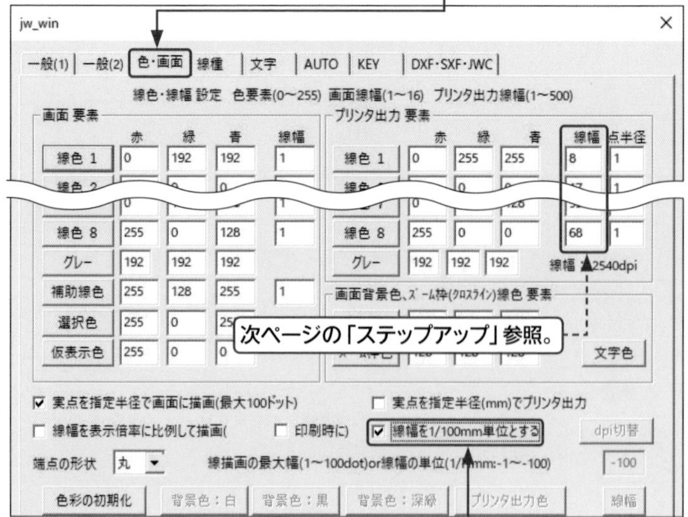
jw_win
一般(1)
一般(2)
色・画面
線種
文字
AUTO
KEY
DXF・SXF・JWC
線色・線幅 設定 色要素(0〜255) 画面線幅(1〜16) プリンタ出力線幅(1〜500)
画面 要素
プリンタ出力 要素
赤
緑
青
線幅
点半径
線色 1
線色 8
グレー
補助線色
選択色
仮表示色
線幅 1/2540dpi
画面背景色、ズーム枠(クロスライン)線色 要素
文字色
次ページの「ステップアップ」参照。
実点を指定半径で画面に描画(最大100ドット)
実点を指定半径(mm)でプリンタ出力
線幅を表示倍率に比例して描画(
印刷時に)
線幅を1/100mm単位とする
dpi切替
端点の形状
丸
線描画の最大幅(1〜100dot)or線幅の単位(1/100mm:-1〜-100)
-100
色彩の初期化
背景色：白
背景色：黒
背景色：深緑
プリンタ出力色
線幅

4 ＜線幅を1/100mm単位とする＞をクリックして☐を☑にします。

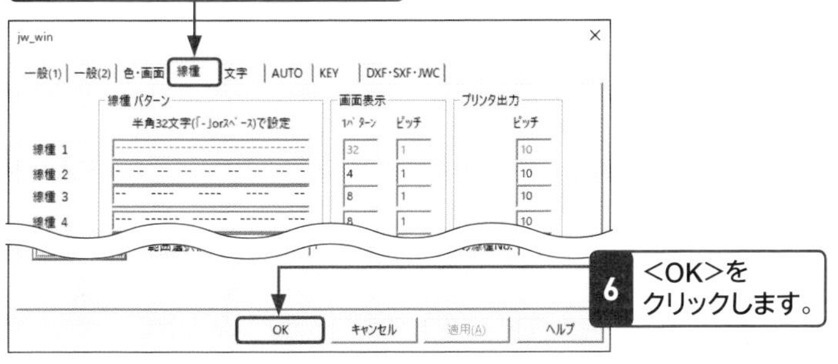
5 <線種>タブをクリックします。
6 <OK>をクリックします。

ここでは、画面表示と印刷時（プリンタ出力）の線種間隔を設定することができます。実線・点線・一点鎖線・二点鎖線・補助線種が基本線種として準備されており、補助線種は画面には表示されますが、印刷はされない特殊な線種です。

メモ　印刷時の線色と線の太さについて

背景色により線色が自動的に変更されます。背景色と線色の詳細についてはP.28を参照してください。また、印刷時の線の太さの設定についてはP.188で解説します。

2 作図時の線色／線種／線の太さを設定する

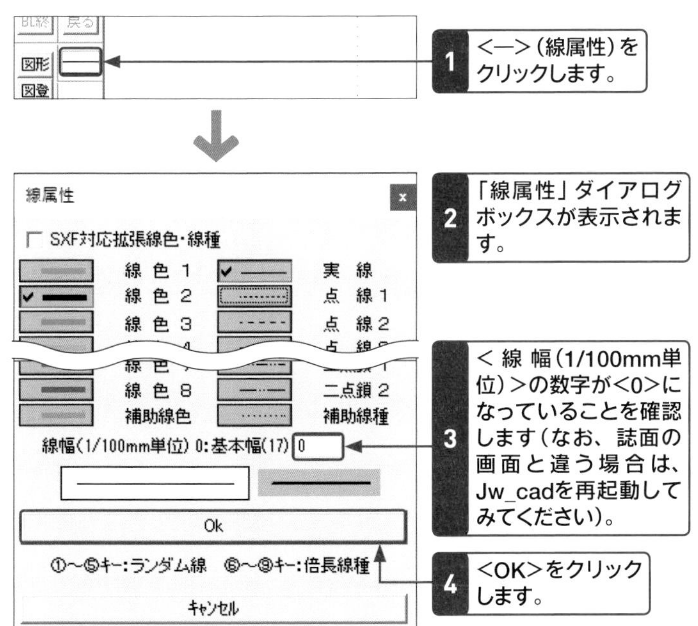
1 <—>（線属性）をクリックします。
2 「線属性」ダイアログボックスが表示されます。
3 <線幅（1/100mm単位）>の数字が<0>になっていることを確認します（なお、誌面の画面と違う場合は、Jw_cadを再起動してみてください）。
4 <OK>をクリックします。

メモ　SXF対応拡張線色・線種について

「線属性」ダイアログボックスの<SXF対応拡張線色・線種>をクリックしてにすると、SXF対応の線色と線種が選択できます。SXF形式とは、国土交通省などに図面を納める際に使用するデータ形式で、図面の電子納品時に利用されています。

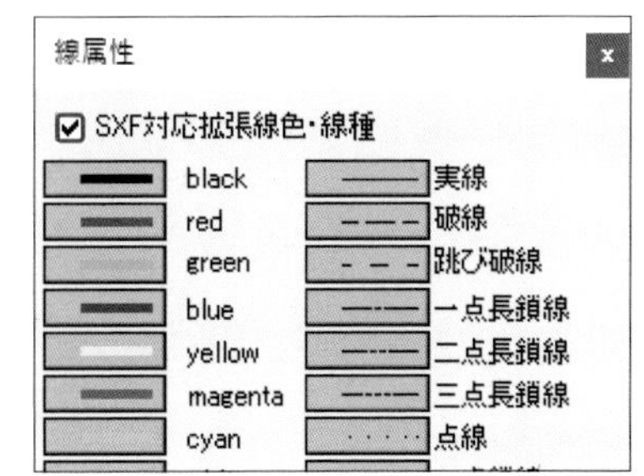

ステップアップ　線幅を個別に指定する場合

「線属性」ダイアログボックスでは、線色と線種、線の太さを設定することができます。線幅が「0」（基本幅）の場合、「Jw_win」ダイアログボックス→<色・画面>タブ→<プリンタ出力 要素>の線色ごとに指定した線幅で作図されます（P.42手順4参照）。図形ごとに線幅を指定したい場合は、0以外の数字（1/100mm単位）を入力します。

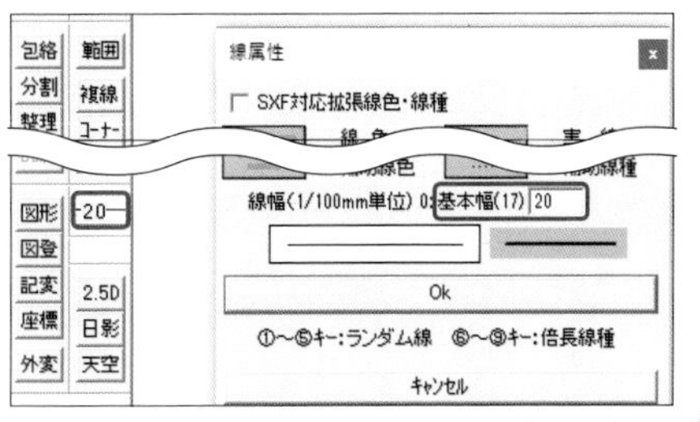

Section 12 2点を指定して線を作図する

覚えておきたいキーワード
☑ 線（斜線）
☑ 線（水平・垂直）
☑ 連線（連続線）

図面に作図される図形の大部分は直線で構成されています。つまり、製図においてもっとも使用頻度が高いのが「線コマンド」です。ここでは、まずは線の基本となる、作図ウィンドウの任意の点をマウスで指示して線を作図する方法（線と連続線）について学習します。

メニュー	[作図] メニュー→ [線] ／ [作図] メニュー→ [連続線]		
ツールバー	[／] (線) ／ [連線] (連続線)		
ショートカット	H (線) ／ L (連続線)	クロックメニュー	左AM1時・右AM1時 (線) ／左PM8時 (連続線)

1 2点を指定して線を作図する

クロックメニューを使用した線コマンドの実行について

線コマンドが選択された（または直前に線コマンドを実行した）状態で、クロックメニューから＜線コマンド＞を選択すると、矩形コマンドが選択されます。これは、クロックメニューが「線」と「矩形」のショートカットキーになっており、互いに循環する関係になっているのが原因です。矩形コマンドが選択された場合は、再度クロックメニューより＜線コマンド＞を選択します。

注意 水平・垂直について

＜／＞（線）が選択されている状態で、再度＜／＞をクリックすると、コントロールバーの＜水平・垂直＞が☑になり、図のような斜線が作図できなくなります。＜水平・垂直＞が☑になっている場合は、クリックして□にしておきます。

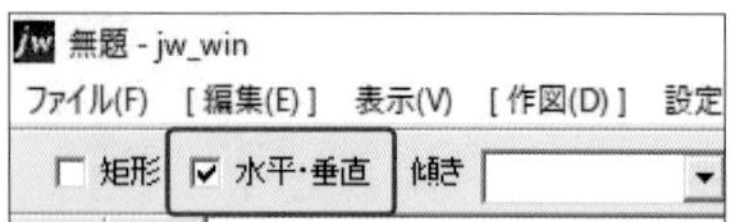

無題 - jw_win
ファイル(F) [編集(E)] 表示(V) [作図(D)] 設定
矩形 水平・垂直 傾き

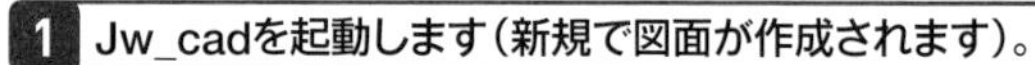

1 Jw_cadを起動します（新規で図面が作成されます）。

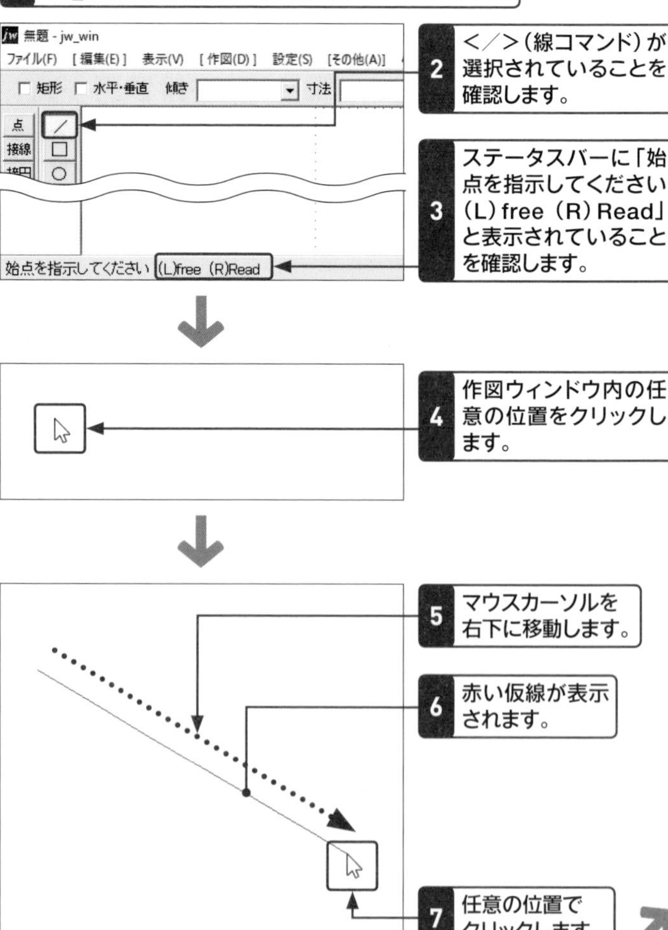

無題 - jw_win
ファイル(F) [編集(E)] 表示(V) [作図(D)] 設定(S) [その他(A)]
矩形 水平・垂直 傾き 寸法
点
接線
始点を指示してください (L)free (R)Read
2 ＜／＞（線コマンド）が選択されていることを確認します。
3 ステータスバーに「始点を指示してください (L) free (R) Read」と表示されていることを確認します。
4 作図ウィンドウ内の任意の位置をクリックします。
5 マウスカーソルを右下に移動します。
6 赤い仮線が表示されます。
7 任意の位置でクリックします。

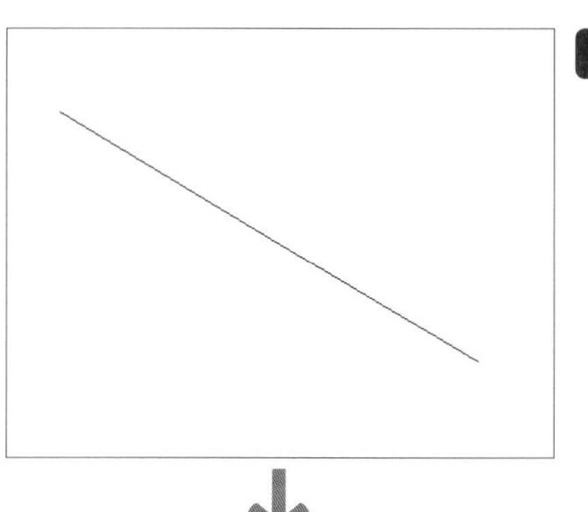

8 線が確定します。

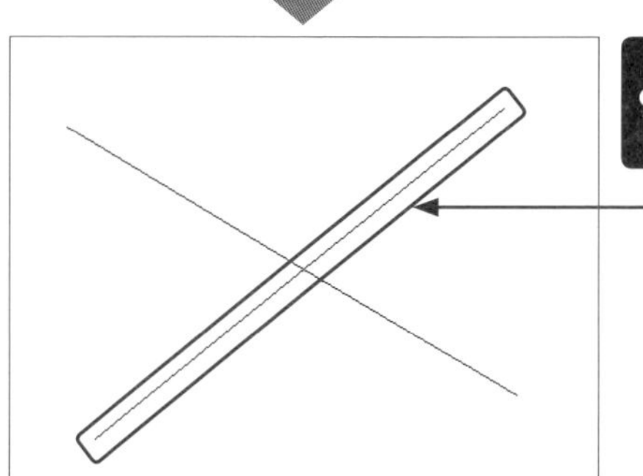

9 手順4～7を繰り返して、図のような斜線を作図します。

メモ コマンドの終了方法

Jw_cadのコマンドは、一度選択すると次のコマンドを選択するまで、連続して使用できます。そのため、Enterキーなどでコマンドを確定する必要はありません。実行中のコマンドを終了するには、別のコマンド（または実行中のコマンドでも可）を選択します。

注意 操作を間違えたときは

操作を間違えたときは、Escキーを押すと元に戻すことができます。

2 連続した線を作図する

1 <連線>をクリックします。

2 任意の位置をクリックして、図のような連続した線を作図します（囲み部分を順にクリック）。

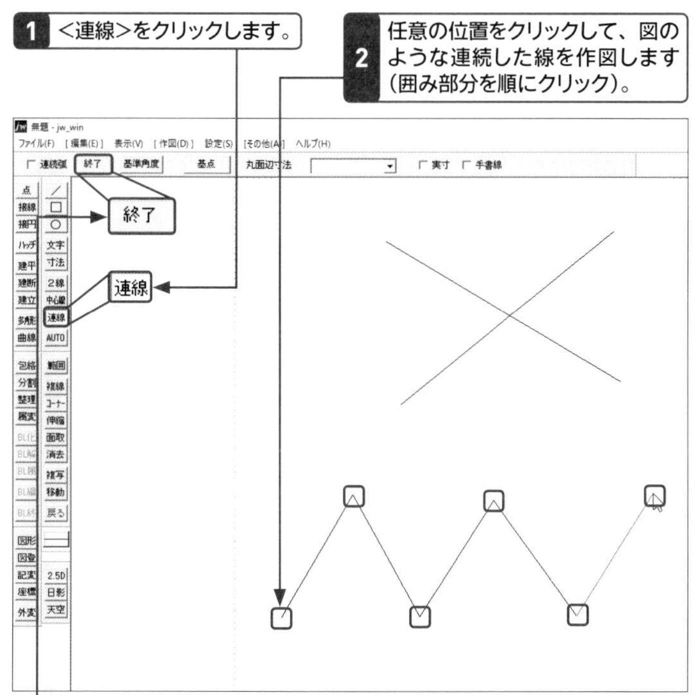
終了
連線

3 コントロールバーの<終了>をクリックします。

4 ×<閉じる>をクリックして、Jw_cadを終了します。

メモ 図面を終了するときは

作図が終わったら、図面はいったん閉じます。その際、保存を確認するメッセージが表示されます。保存の必要はないので、<いいえ>をクリックして閉じます（以降も特に解説のない限りは同様）。

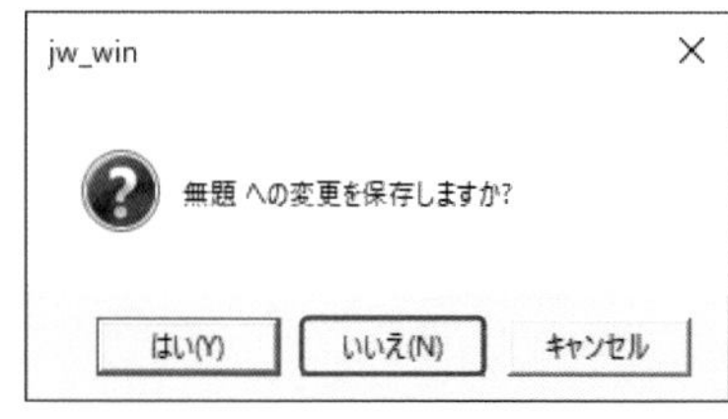
jw_win
無題 への変更を保存しますか?
はい(Y)
いいえ(N)
キャンセル

Section 13 水平・垂直な線を作図する

覚えておきたいキーワード
☑ 線（水平）
☑ 線（垂直）
☑ 線属性（線種）

ここでは、水平・垂直な線を作図する方法を学習します。手描きでは神経を使う水平線や垂直線も、CADであればかんたんかつ正確に作図することができます。こちらも使用頻度の高い機能なので、前Sectionで学習した斜線との切り替え方法をきちんマスターしておきましょう。

メニュー	[作図] メニュー→[線]／[設定] メニュー→[線属性]		
ツールバー	[／] (線)／[—] (線属性)／[線属性]		
ショートカット	H (線)／F2 (線属性)	クロックメニュー	左AM1時 (線)

1 線種を変更する

メモ

ホイールボタンを使用する場合

ホイールボタンをクリックして「線属性」ダイアログボックスを表示することもできます。

1 Jw_cadを起動します（新規で図面が作成されます）。

2 <—>（線属性）をクリックし、

3 「線属性」ダイアログボックスを表示します。

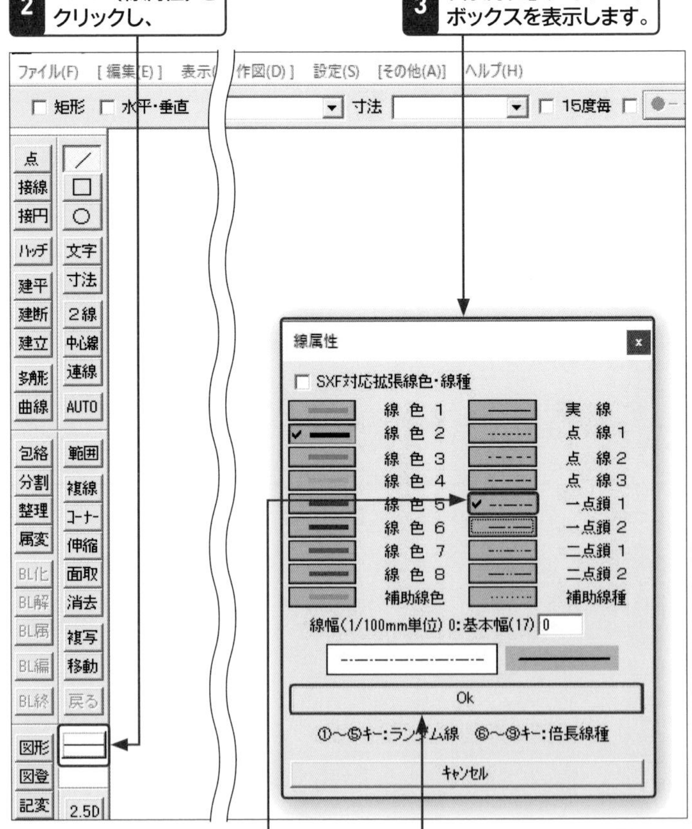
ファイル(F) [編集(E)] 表示 作図(D)] 設定(S) [その他(A)] ヘルプ(H)
矩形 水平・垂直 寸法 15度毎
点 接線 接円 ﾊｯﾁ 建平 建断 建立 多角形 曲線 包絡 分割 整理 属変 BL化 BL解 BL属 BL編 BL終 図形 図登 記変
文字 寸法 2線 中心線 連線 AUTO 範囲 複線 コーナー 伸縮 面取 消去 複写 移動 戻る 2.5D
線属性
SXF対応拡張線色・線種
線色1 線色2 線色3 線色4 線色5 線色6 線色7 線色8 補助線色
実線 点線1 点線2 点線3 一点鎖1 一点鎖2 二点鎖1 二点鎖2 補助線種
線幅(1/100mm単位) 0:基本幅(17) 0
Ok
①～⑤ｷｰ:ランダム線 ⑥～⑨ｷｰ:倍長線種
ｷｬﾝｾﾙ

4 「一点鎖1」の左側のアイコンをクリックします。

5 <OK>をクリックします。

2 水平・垂直な線を作図する

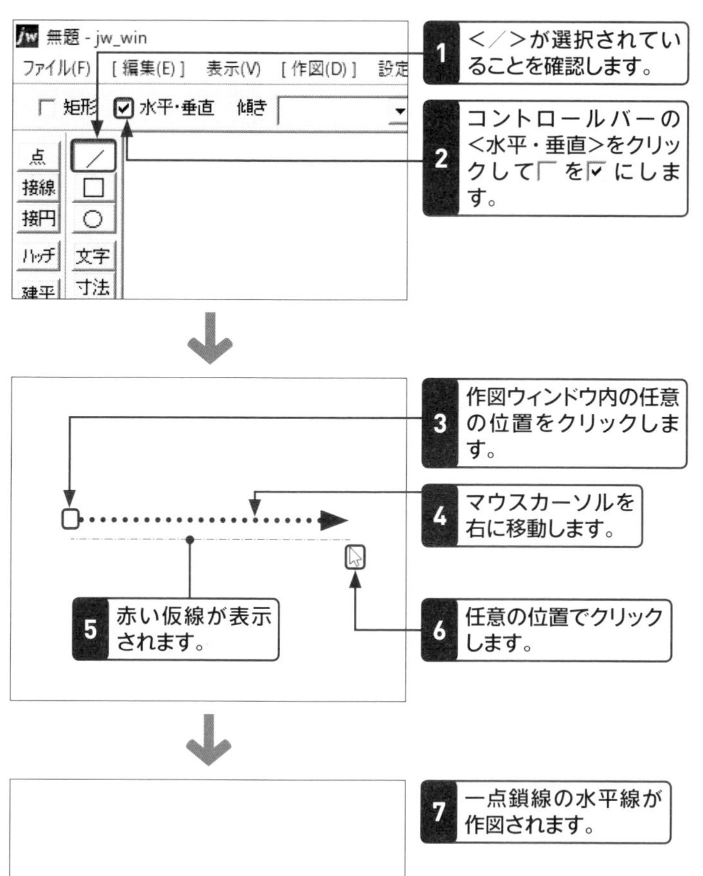
無題 - jw_win
ファイル(F) [編集(E)] 表示(V) [作図(D)] 設定
矩形 水平・垂直 傾き
点 接線 接円 ハッチ 建平 文字 寸法
1 <／>が選択されていることを確認します。
2 コントロールバーの<水平・垂直>をクリックして をにします。
3 作図ウィンドウ内の任意の位置をクリックします。
4 マウスカーソルを右に移動します。
5 赤い仮線が表示されます。
6 任意の位置でクリックします。
7 一点鎖線の水平線が作図されます。

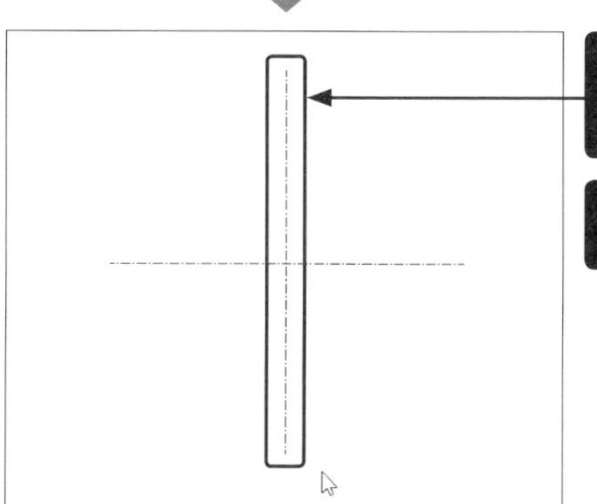
8 手順3〜6を繰り返して、図のような垂直線を作図します。
9 ×をクリックして、Jw_cadを終了します。

水平・垂直の切り替えについて

水平・垂直の切り替えは、<／>(線)が選択されている状態でスペースキーを押すことでも行えます。

メモ 終点の位置について

水平・垂直を利用して線を作成する際、終点はクリックした位置と始点からの水平(または垂直方向)の延長の交点になります。

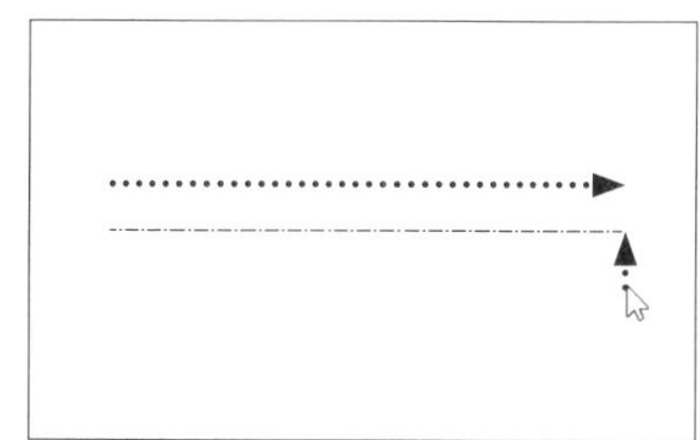

Jw_cadを閉じると線属性はリセットされる

Jw_cadをいったん終了すると、線属性は「線色2」「実線」に戻されます。Jw_cadを閉じずに、新規作成や既存図面を開くと、直前の線属性は継続されます。

Section 14 線を接続して作図する

覚えておきたいキーワード
☑ 線（寸法）
☑ 読取点
☑ 線長

ここでは、長さを指定して水平・垂直の線を作図する方法と、線の端点を取得して斜線を作図する方法について解説します。数値や点が正確に指示できないと正しい図形を作図することはできません。数値や点の入力はCAD操作の基本となる部分なのでよく確認しましょう。

メニュー	[作図]メニュー→[線]／[設定]メニュー→[長さ取得]→[線長]		
ツールバー	[／](線)／[線長]		
ショートカット	H(線)	クロックメニュー	左AM1時・右AM1時(線)／右PM11時(線長)

1 長さを指定して水平・垂直線を作図する

メモ 入力履歴リスト

コントロールバー→＜寸法＞→＜▼＞をクリックすると、入力した数値の履歴が表示されます。同じ数値を使用したい場合は、リストの数値をクリックします。

寸法
(無指定)
2000
3000
5000
100
200
300
400
500
600
700

メモ 数値入力

コントロールバー→＜寸法＞→＜▼＞の上で右クリックすると「数値入力」ダイアログボックスが表示されます。任意の数値をクリックして選択して入力することもできます。

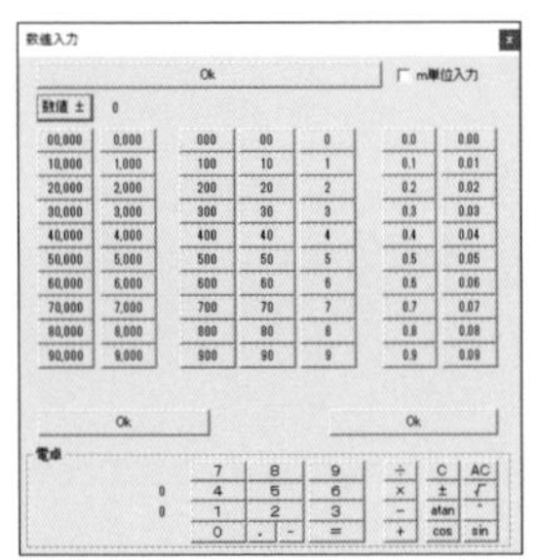

1 Jw_cadを起動します（新規で図面が作成されます）。

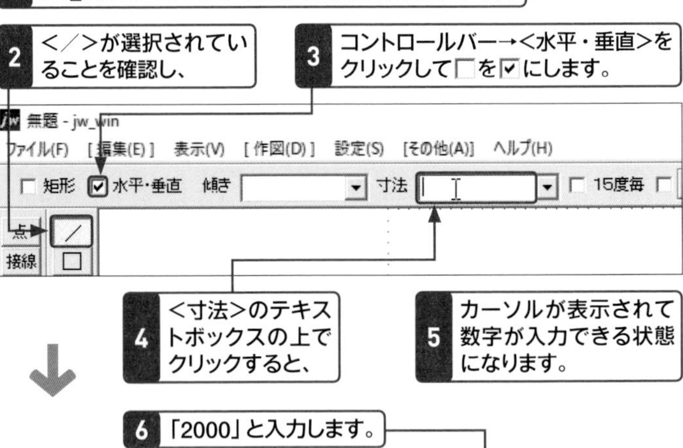

2 ＜／＞が選択されていることを確認し、
3 コントロールバー→＜水平・垂直＞をクリックして□を☑にします。
無題 - jw_win
ファイル(F) [編集(E)] 表示(V) [作図(D)] 設定(S) [その他(A)] ヘルプ(H)
矩形 水平・垂直 傾き 寸法 15度毎
点
接線
4 ＜寸法＞のテキストボックスの上でクリックすると、
5 カーソルが表示されて数字が入力できる状態になります。

6 「2000」と入力します。

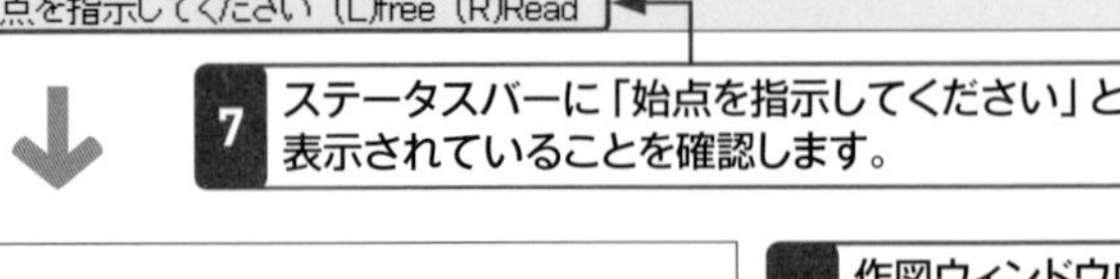

無題 - jw_win
ファイル(F) [編集(E)] 表示(V) [作図(D)] 設定(S) [その他(A)] ヘルプ(H)
矩形 水平・垂直 傾き 寸法 2000 15度毎
点
始点を指示してください (L)free (R)Read

7 ステータスバーに「始点を指示してください」と表示されていることを確認します。

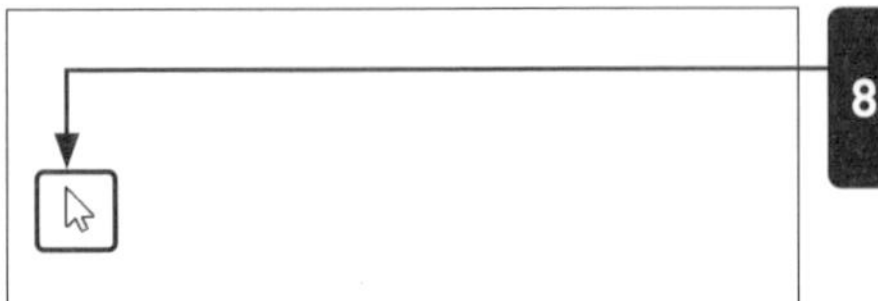

8 作図ウィンドウ内の任意の位置（始点）をクリックします。

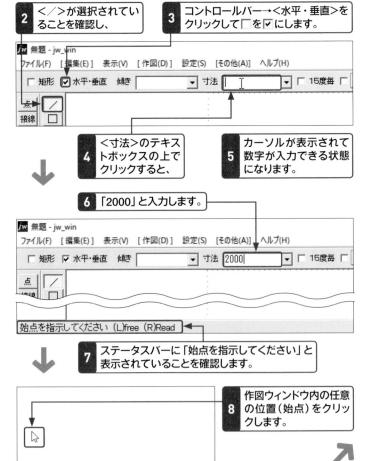

9 ステータスバーに「終点を指示してください」と表示されていることを確認し、

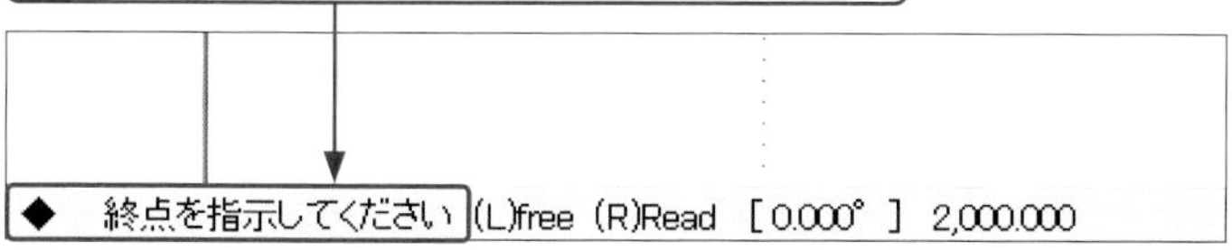

◆ 終点を指示してください (L)free (R)Read ［0.000° ］ 2,000.000

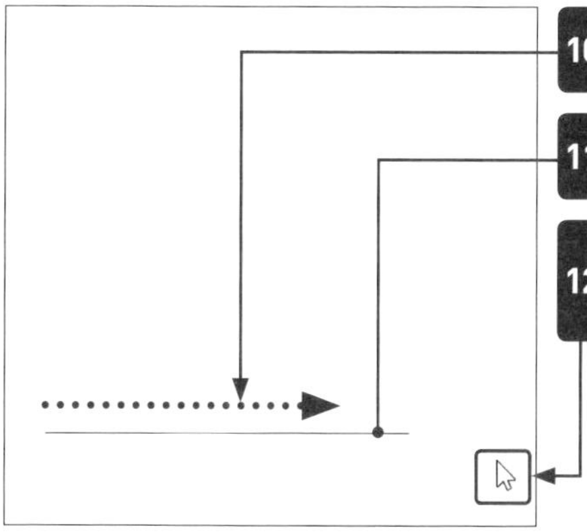

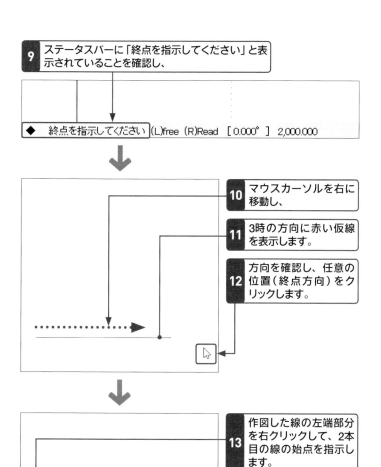

10 マウスカーソルを右に移動し、

11 3時の方向に赤い仮線を表示します。

12 方向を確認し、任意の位置（終点方向）をクリックします。

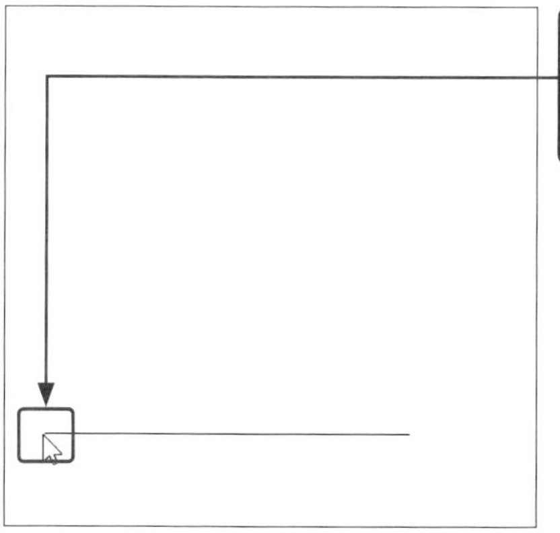

13 作図した線の左端部分を右クリックして、2本目の線の始点を指示します。

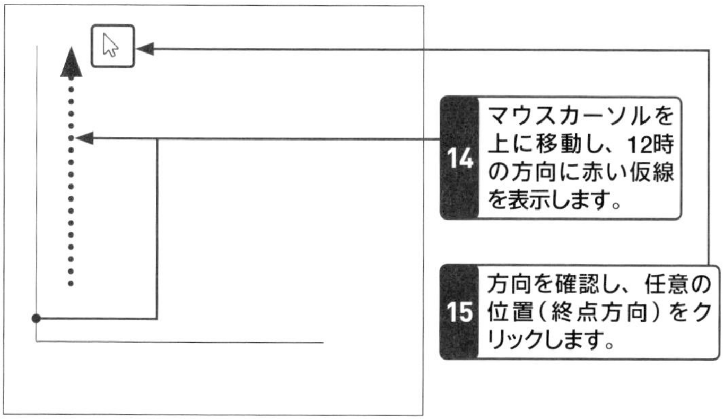

14 マウスカーソルを上に移動し、12時の方向に赤い仮線を表示します。

15 方向を確認し、任意の位置（終点方向）をクリックします。

メモ 間違えたときは

操作を間違えたときは、次のいずれかの方法で元に戻すことができます。

- Escキーを押す。
- ツールバーの<戻る>をクリックする。
- メニューバー→<編集>→<戻る>をクリックして選択する。

メモ クリック操作について

ステータスバーに表示される（L）は左クリック、（R）は右クリックを指します。線コマンド実行中では、左クリック（L）は画面上の任意の場所（free=自由点）となり、右クリック（R）は図形上の点（Read=読取点）となります（詳細はP.51のヒント「読取点について」参照）。

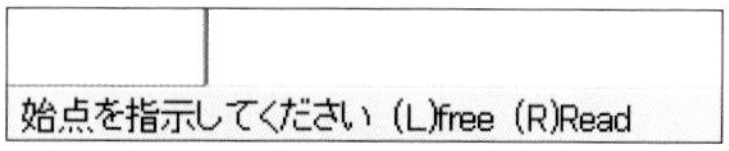

始点を指示してください (L)free (R)Read

2 2点を結ぶ斜辺を作図する

メモ 寸法の数値について

長さを指定せずにマウスで2点を指示する場合、数値を選択（青い状態）し、Deleteキーなどで削除して空欄の状態にしても<（無指定）>と同じになります。

メモ 線の長さを確認する①

作図した線の長さを確認したい場合は、ツールバーの<線長>をクリックして、長さを知りたい線の上をクリックして選択します。作図ウィンドウの左上に長さが表示されます。線コマンドなどコントロールバーに長さ（寸法）を入力する項目があるコマンドを実行中にすると、測定した長さが自動的に入力されます。

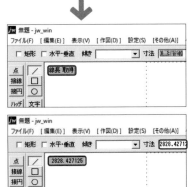

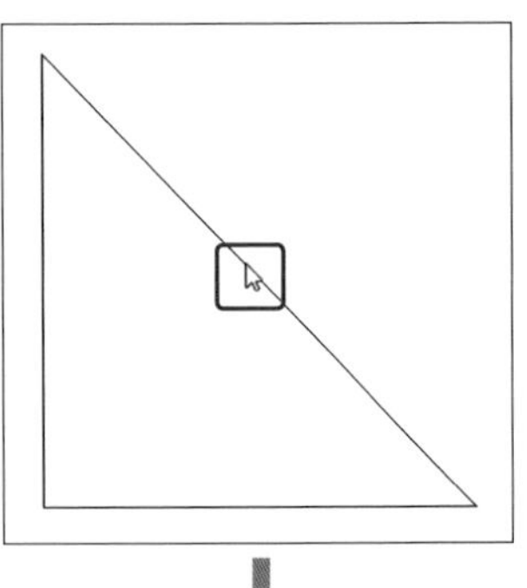

ここでは、前ページの続きで説明しています。

1 コントロールバー→<水平・垂直>をクリックして☑を☐にします。

2 コントロールバー→<寸法>→<▼>をクリックし、

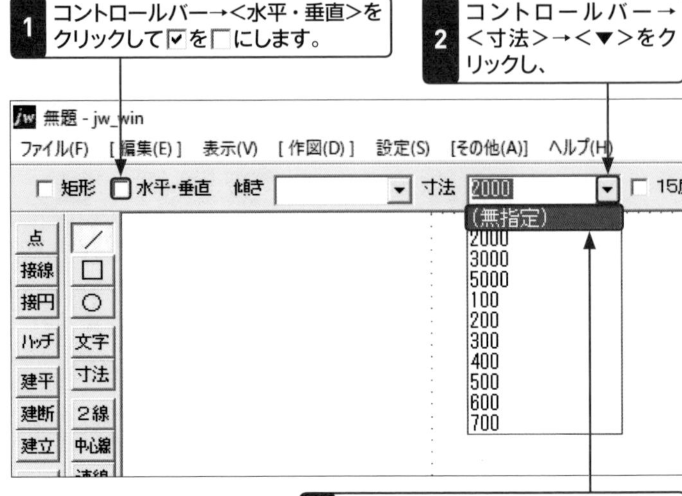
無題 - jw_win
ファイル(F) [編集(E)] 表示(V) [作図(D)] 設定(S) [その他(A)] ヘルプ(H)
矩形 水平・垂直 傾き 寸法 2000 15度
(無指定)
2000
3000
5000
100
200
300
400
500
600
700
点 接線 接円 ハッチ 建平 建断 建立
文字 寸法 2線 中心線

3 表示されるメニューから<（無指定）>をクリックして選択します。

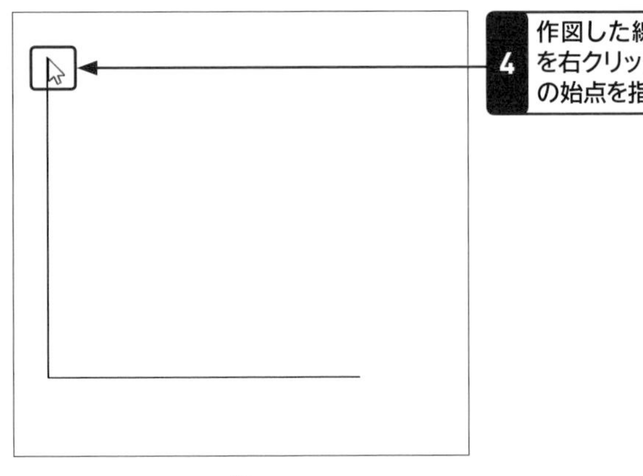

4 作図した線の端点部分を右クリックして、斜辺の始点を指示します。

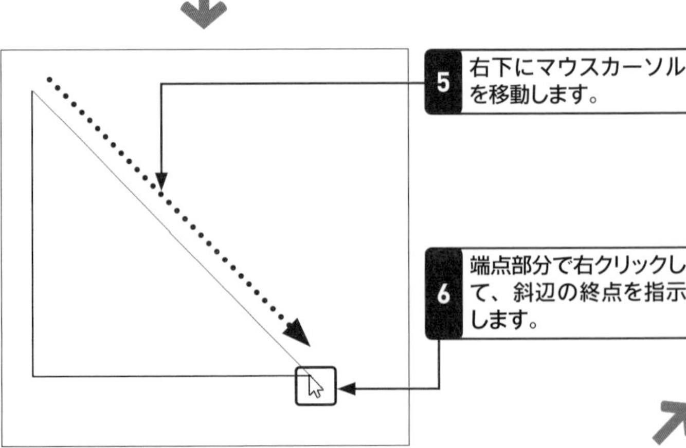

5 右下にマウスカーソルを移動します。

6 端点部分で右クリックして、斜辺の終点を指示します。

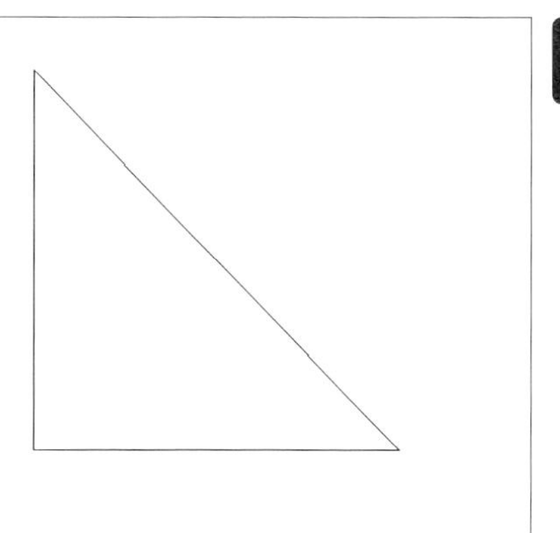

7 直角二等辺三角形が完成しました。

メモ 線の長さを確認する②

作図した直後であれば、ステータスバーからも線の長さと角度を確認できます。

始点を指示してください (L)free (R)Read [-45.000°] 2,828.427

ヒント 読取点について

Jw_cadでは図形の交点（2つの図形が交わる点）と端点（図形の端の点）を「読取点」と呼び、点の上を右クリックして指示することができます。ただし、交点や端点ではない図形の上の点や、円の中心点は別のコマンドを使用します。また、図形のない位置で右クリックすると図形がないので「点がありません」と表示されます。図形のない位置を指定する場合は、クリック（L）のfree＝自由点を使用します。

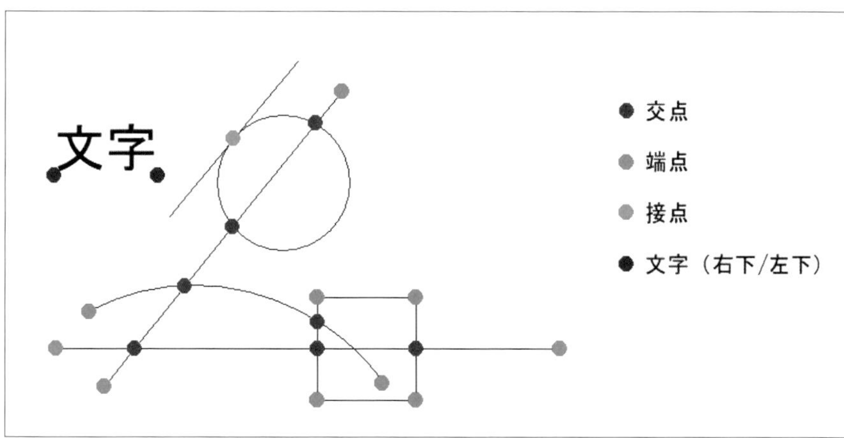
文字
交点
端点
接点
文字（右下/左下）

読取点（交点・端点）

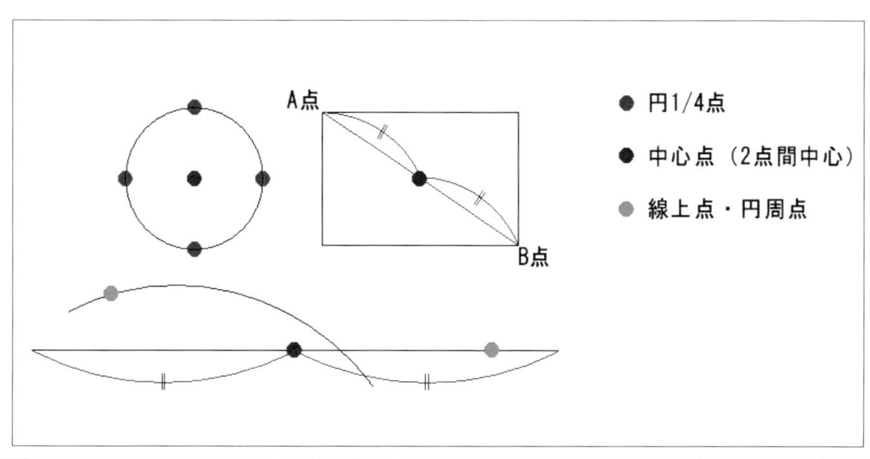
A点
B点
円1/4点
中心点（2点間中心）
線上点・円周点

特別な点

Section 15

長さと角度を指定して線を作図する

覚えておきたいキーワード
☑ 線（寸法）
☑ 線（傾き）
☑ 線角

長さと角度を指定して線を作図する方法を学習します。Jw_cadでは東西を基準に、反時計回りをプラス、時計回りをマイナスとして角度を考え、180度以上はマイナス記号を使って表現します。角度は今後もさまざまなコマンドで登場するので、しっかり理解しておきましょう。

メニュー	[作図]メニュー→[線]／[設定]メニュー→[角度取得]→[線角]		
ツールバー	[／](線)／[線角]		
ショートカット	H(線)	クロックメニュー	左AM1時・右AM1時(線)／右PM4時(線角度)／右PM8時(線角度マイナス)

1 正三角形を作図する

メモ 角度の考え方

Jw_cadでは東（または西）を0°として、反時計回りを＋（プラス）、時計回りを—（マイナス）に角度を考えます。

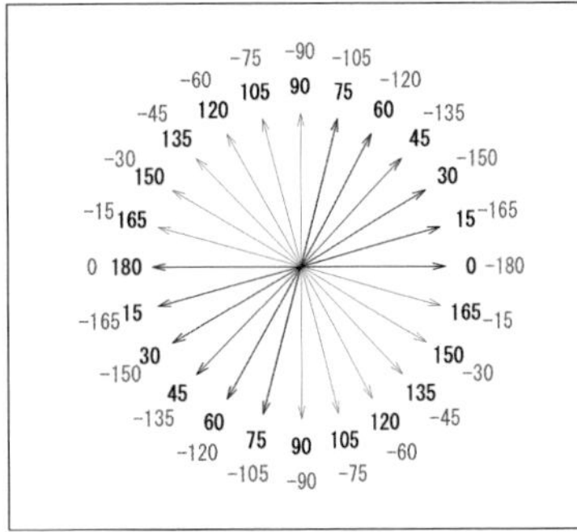

-75 -90 -105
-60 105 90 75 -120
-45 120 60 -135
135 45
-30 150 30 -150
-15 165 15 -165
0 180 0 -180
-165 15 165 -15
-150 30 150 -30
-135 45 135 -45
-120 60 120 -60
75 90 105
-105 -90 -75

メモ 前回値の使用

コントロールバー→<寸法>→<▼>をクリックして、前回使用した値(2000)が表示されている場合は、そちらを選択して使用することもできます。またJw_cadでは、前回の図面の編集状況により設定内容が異なります。たとえば初期状態では、☑になる場合でも□になっていることがあります。ここでの手順で前Sectionから続けて操作を行っている場合は、手順3の<水平・垂直>は□になっています。

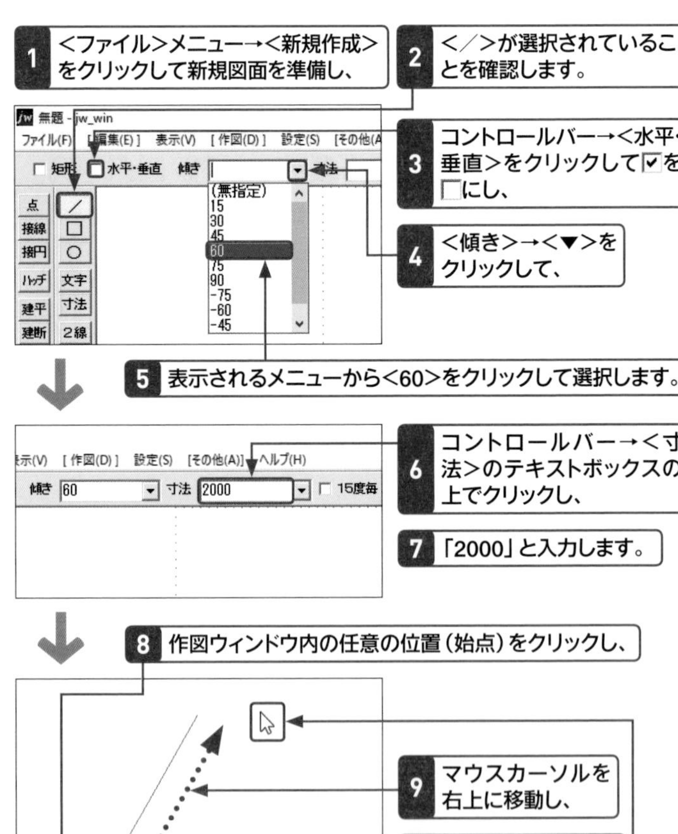

1 <ファイル>メニュー→<新規作成>をクリックして新規図面を準備し、
2 <／>が選択されていることを確認します。
無題 - jw_win
ファイル(F) [編集(E)] 表示(V) [作図(D)] 設定(S) [その他(A
矩形 水平・垂直 傾き 寸法
(無指定)
15
30
45
60
75
90
-75
-60
-45
点 接線 接円 ハッチ 建平 建断 文字 寸法 2線
3 コントロールバー→<水平・垂直>をクリックして☑を□にし、
4 <傾き>→<▼>をクリックして、
5 表示されるメニューから<60>をクリックして選択します。
表示(V) [作図(D)] 設定(S) [その他(A)] ヘルプ(H)
傾き 60 寸法 2000 15度毎
6 コントロールバー→<寸法>のテキストボックスの上でクリックし、
7 「2000」と入力します。
8 作図ウィンドウ内の任意の位置（始点）をクリックし、
9 マウスカーソルを右上に移動し、
10 60°の方向に赤い仮線を表示します。
11 方向を確認し、任意の位置（終点方向）をクリックします。

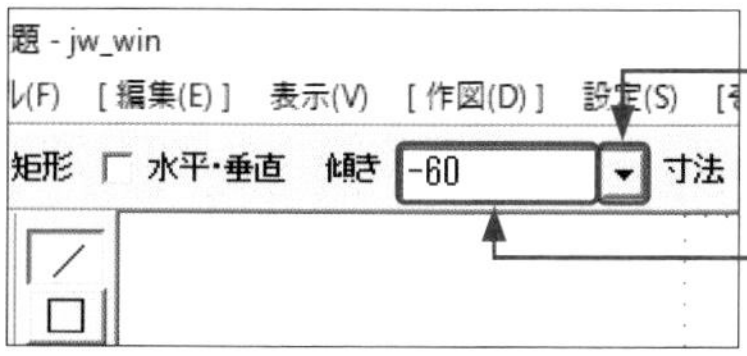

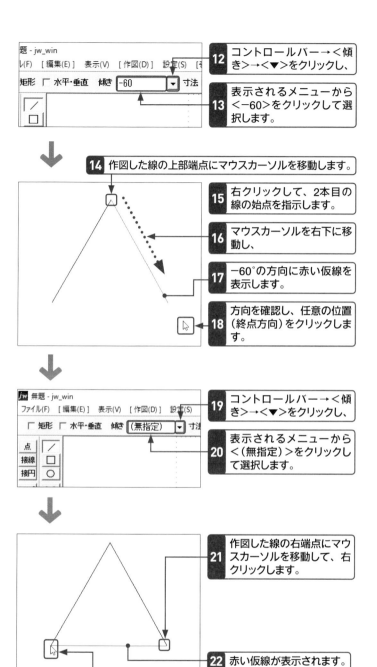

12 コントロールバー→＜傾き＞→＜▼＞をクリックし、

13 表示されるメニューから＜−60＞をクリックして選択します。

14 作図した線の上部端点にマウスカーソルを移動します。

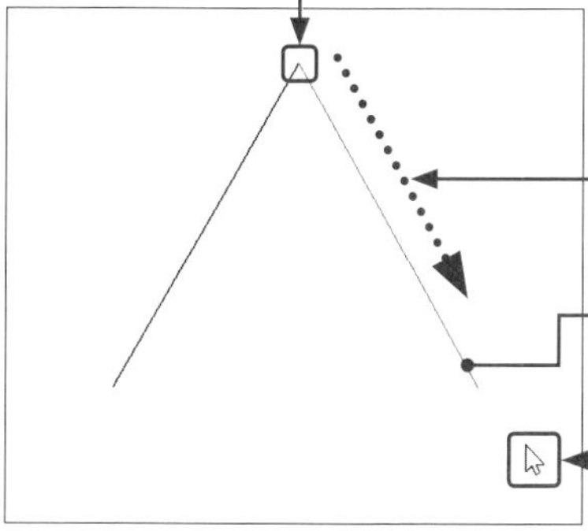

15 右クリックして、2本目の線の始点を指示します。

16 マウスカーソルを右下に移動し、

17 −60°の方向に赤い仮線を表示します。

18 方向を確認し、任意の位置（終点方向）をクリックします。

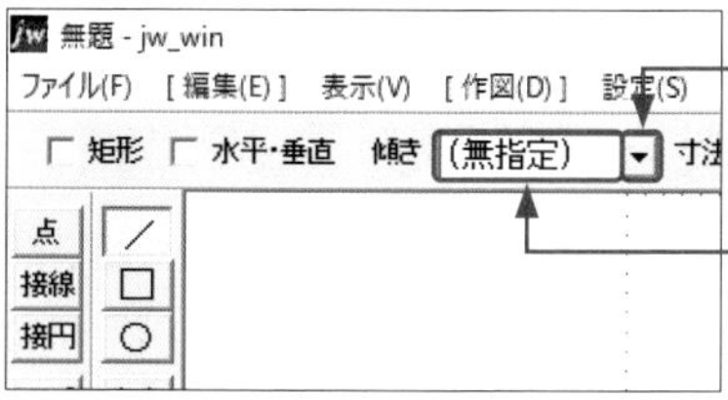

19 コントロールバー→＜傾き＞→＜▼＞をクリックし、

20 表示されるメニューから＜（無指定）＞をクリックして選択します。

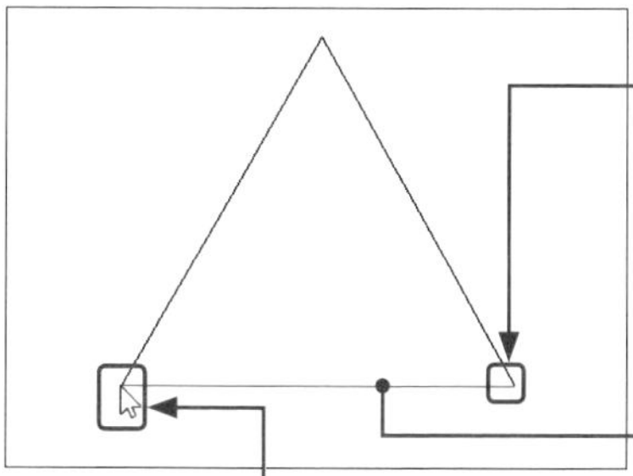

21 作図した線の右端点にマウスカーソルを移動して、右クリックします。

22 赤い仮線が表示されます。

23 左側の端点を右クリックして線をつなぎます。

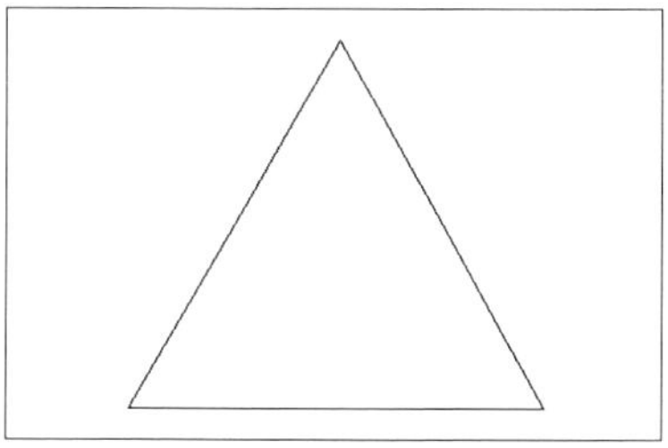

24 正三角形が完成しました。

メモ　15度の倍数の角度で作図する

コントロールバー→＜15度毎＞をクリックして□を☑にすると、15・30・45・60・75・90…といった具合に、15度の倍数の角度で作図することができます。＜／＞が選択されている状態で Shift キー＋ スペース キーを押して、＜15度毎＞の□と☑を切り替えることもできます。

ヒント　線の角度を確認する

作図した線の角度を確認したい場合は、ツールバーの＜線角＞をクリックし、角度を知りたい線の上をクリックして選択します。作図ウィンドウの左上に角度が表示されます。線コマンドなど、コントロールバーに角度（傾き）を入力する項目があるコマンドを実行中に、この＜線角＞をクリックすると、測定した角度が自動的に入力されます。

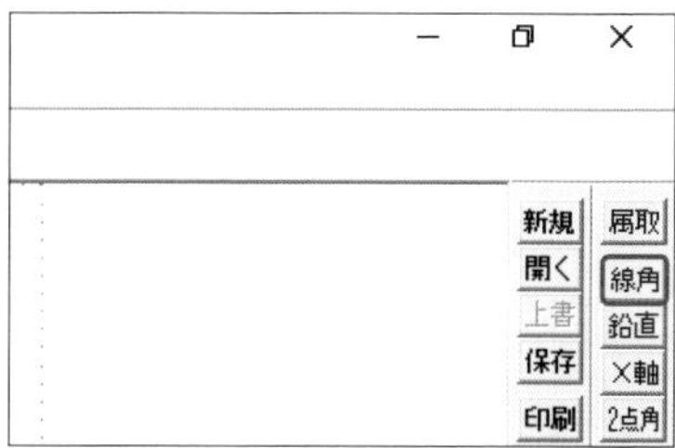
新規
開く
上書
保存
印刷
属取
線角
鉛直
X軸
2点角

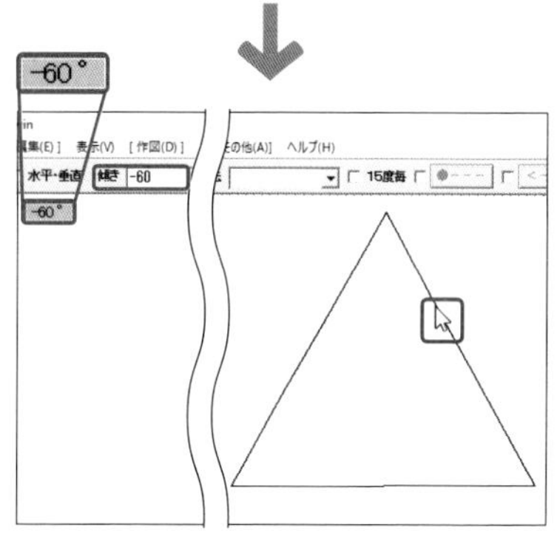
-60°
傾き -60
15度毎

Section 16

さまざまな線を作図する

覚えておきたいキーワード
☑ 線（矢印付き線）
☑ 線（寸法値）
☑ 線（点付き線）

線コマンドではコントロールバーの設定を使用することで、さまざまな線を作図することができます。ここでは､矢印記号と数値の付いた簡易的な寸法線と、階段やスロープなどの作図で使用できる始点に実点、終点に矢印が付いた線を作図する方法について学習します。

メニュー	[作図] メニュー→ [線]		
ツールバー	[／] (線)		
ショートカット	H (線)	クロックメニュー	左AM1時・右AM1時 (線)

1 寸法を作図する

メモ 矢印付き線について

線コマンドを実行時にコントロールバーの<<−−−>をクリックして□を☑にすると、矢印付きの線を作図することができます。ボタンをクリックするごとに<<−−−>（始点に矢印）⇒<−−−>>（終点に矢印）⇒<<−−>>（両端に矢印）と循環して矢印付き線を切り替えることができます。

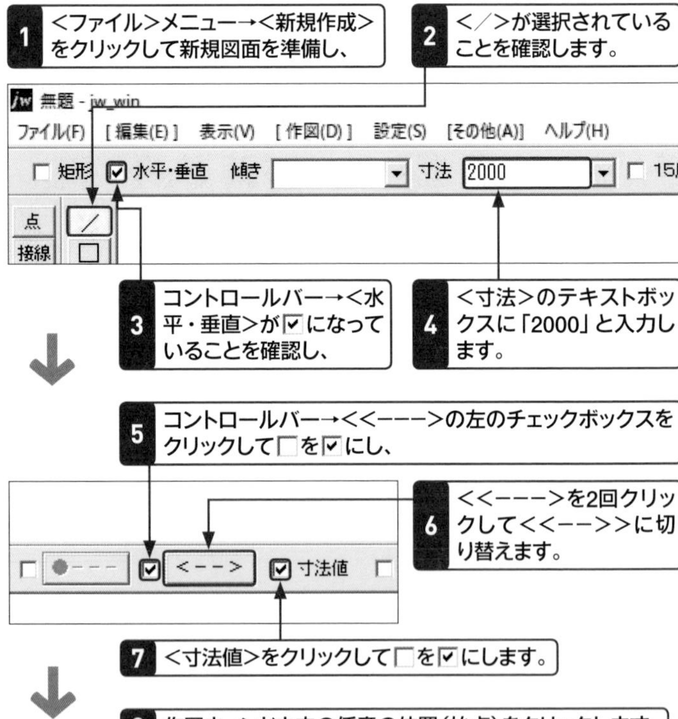
1 <ファイル>メニュー→<新規作成>をクリックして新規図面を準備し、
2 <／>が選択されていることを確認します。
無題 - jw_win
ファイル(F) [編集(E)] 表示(V) [作図(D)] 設定(S) [その他(A)] ヘルプ(H)
矩形 水平・垂直 傾き 寸法 2000 15度
点 接線
3 コントロールバー→<水平・垂直>が☑になっていることを確認し、
4 <寸法>のテキストボックスに「2000」と入力します。
5 コントロールバー→<<−−−>の左のチェックボックスをクリックして□を☑にし、
6 <<−−−>を2回クリックして<<−−>>に切り替えます。
●−−− <−−−> 寸法値
7 <寸法値>をクリックして□を☑にします。

キーワード 寸法値

線コマンドを実行時にコントロールバーの<寸法値>をクリックして□を☑にすると、作図した線の長さが自動的に表示されます。

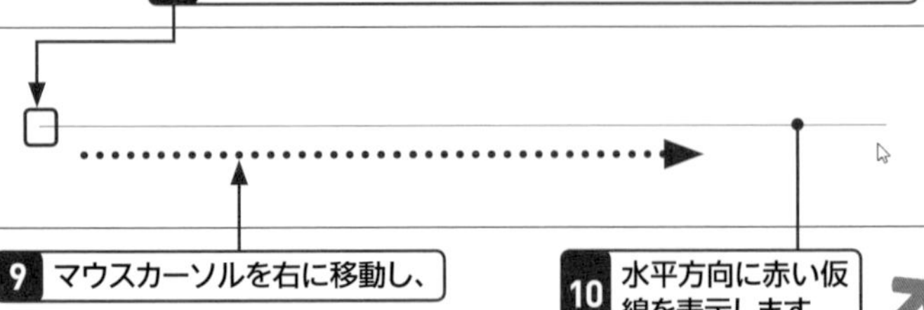
8 作図ウィンドウ内の任意の位置（始点）をクリックします。
9 マウスカーソルを右に移動し、
10 水平方向に赤い仮線を表示します。

11 方向を確認し、任意の位置（終点方向）をクリックします。

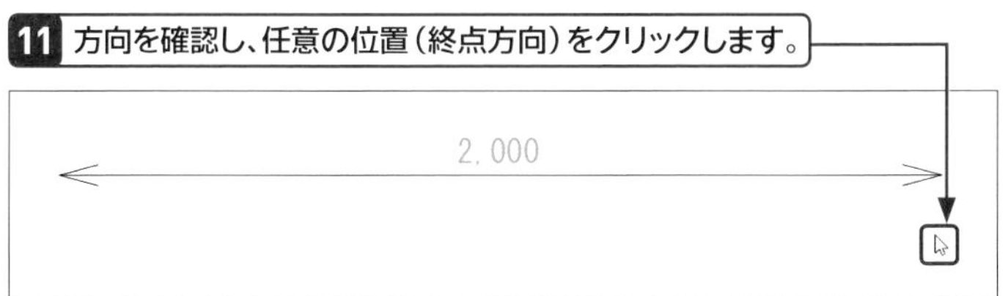
2,000

12 補助線なしの寸法が作図されます。

メモ 矢印と文字の大きさについて

矢印と文字の大きさ（種類）については、「寸法設定」ダイアログボックスで設定します（P.171参照）。

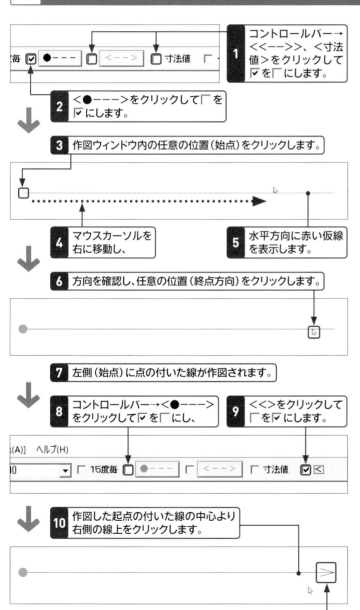

2 起点付き矢印を作図する

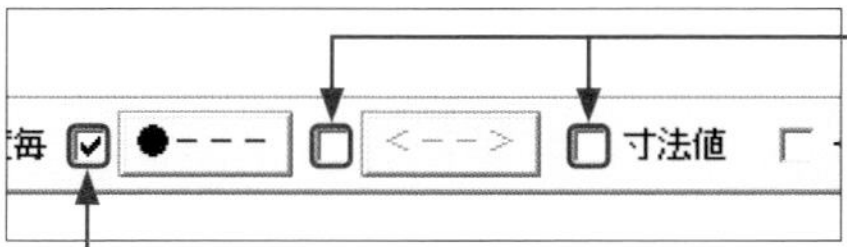

1 コントロールバー→<<-->>、<寸法値>をクリックして☑を☐にします。

2 <●--->をクリックして☐を☑にします。

3 作図ウィンドウ内の任意の位置（始点）をクリックします。

4 マウスカーソルを右に移動し、

5 水平方向に赤い仮線を表示します。

6 方向を確認し、任意の位置（終点方向）をクリックします。

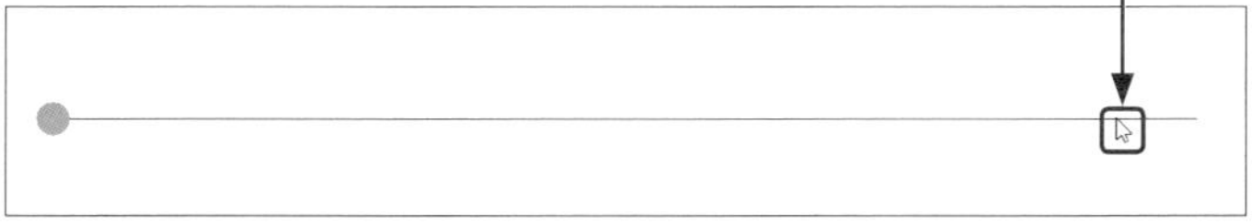

7 左側（始点）に点の付いた線が作図されます。

8 コントロールバー→<●--->をクリックして☑を☐にし、

9 <<>をクリックして☐を☑にします。

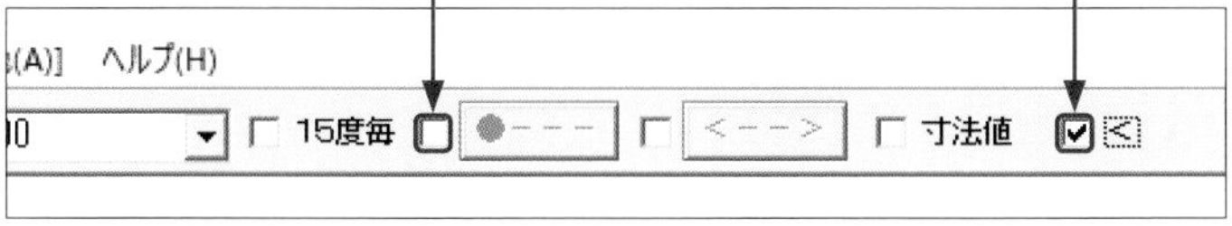

10 作図した起点の付いた線の中心より右側の線上をクリックします。

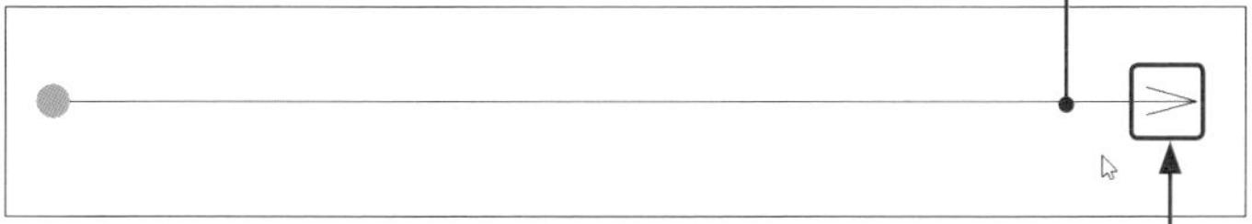

11 右端点部分に矢印が作図されます。

キーワード 点付き線について

線コマンドを実行時にコントロールバーの<●--->をクリックして☑にすると、点付きの線を作図することができます。ボタンをクリックするごとに<●---> (始点に点) ⇒<---●> (終点に点) ⇒<●--●> (両端に点) と循環して点付き線を切り替えることができます。

メモ 点の大きさの表示について

ツールバーの<基設>→「Jw_win」ダイアログボックス→<色・画面>タブで、<実点を指定半径で画面に描画（最大100ドット）>をクリックして☑にすると、プリンタ出力要素内の「点半径」が有効となり、線色別に点の半径を指定することができます。点の線色の設定についてはP.171で解説します。

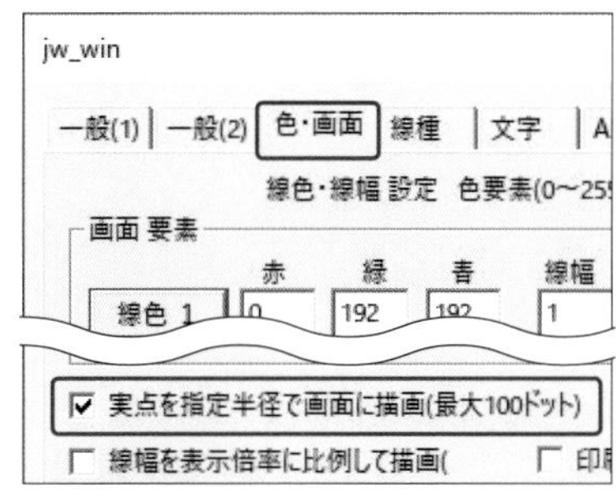
jw_win
一般(1)
一般(2)
色・画面
線種
文字
線色・線幅 設定 色要素(0～25
画面 要素
赤
緑
青
線幅
線色 1
192
192
1
実点を指定半径で画面に描画(最大100ドット)
線幅を表示倍率に比例して描画(

注意 「<」の使用について

コントロールバーの「<」（矢印）を使用したら、誤操作を防ぐためにチェックは外しておきましょう。

Section 17 2本の線を同時に作図する

覚えておきたいキーワード
☑ 2線
☑ 2線（包絡）
☑ 2線（留線）

ここでは、2本の平行線を同時に作図できる2線コマンドについて解説します。このコマンドは建築図面で壁を作図するときに使用され、Jw_cadの中でも特徴的なコマンドのひとつです。オプションを上手に組み合わせることで、大幅に編集時間を短縮することができます。

練習用ファイル	Sec17.jww		
メニュー	[作図] メニュー→ [2線]		
ツールバー	[2線]		
ショートカット	W	クロックメニュー	左PM10時

1 図面を開く

メモ 練習用ファイル

練習用ファイルは、任意の場所に保存してください。本書ではドキュメントフォルダーに保存していることを前提に解説を進めています（以降も同様）。なお、CD-ROMから直接図面ファイルを開いて作業することも可能です。

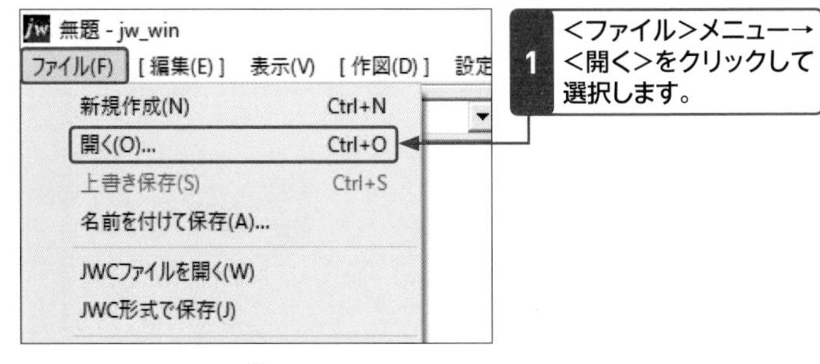
無題 - jw_win
ファイル(F)
[編集(E)]
表示(V)
[作図(D)]
設定
新規作成(N) Ctrl+N
開く(O)... Ctrl+O
上書き保存(S) Ctrl+S
名前を付けて保存(A)...
JWCファイルを開く(W)
JWC形式で保存(J)
1 <ファイル>メニュー→<開く>をクリックして選択します。

2 「開く」ダイアログボックスが表示されます。

3 練習用ファイルを保存している第2章フォルダーを開き、

4 <Sec17.jww> をクリックします。

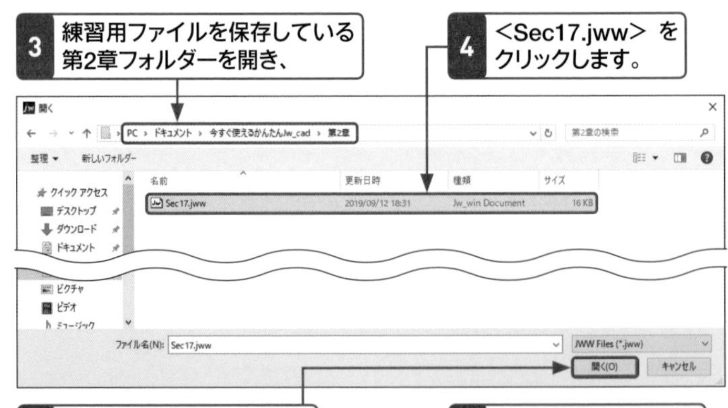
開く
PC › ドキュメント › 今すぐ使えるかんたんJw_cad › 第2章
第2章の検索
整理
新しいフォルダー
名前
更新日時
種類
サイズ
クイック アクセス
デスクトップ
ダウンロード
ドキュメント
Sec17.jww
2019/09/12 18:31
Jw_win Document
16 KB
ピクチャ
ビデオ
ミュージック
ファイル名(N): Sec17.jww
JWW Files (*.jww)
開く(O)
キャンセル

5 <開く>をクリックすると、

6 図面が表示されます。

練習用ファイルは上記の方法で開きますが、手順3の画面は練習用ファイルを保存している場所によって異なります。以降のSectionで開く練習用ファイルは、それぞれの環境にそって行ってください。

メモ コモンダイアログ設定

P.27の「jw_win（基本設定）」ダイアログボックスで「ファイル選択にコモンダイアログを使用する」を☑にしている場合、「開く」ダイアログボックスが表示されます。

2 内壁を作図する

1 ツールバーの<2線>をクリックし、

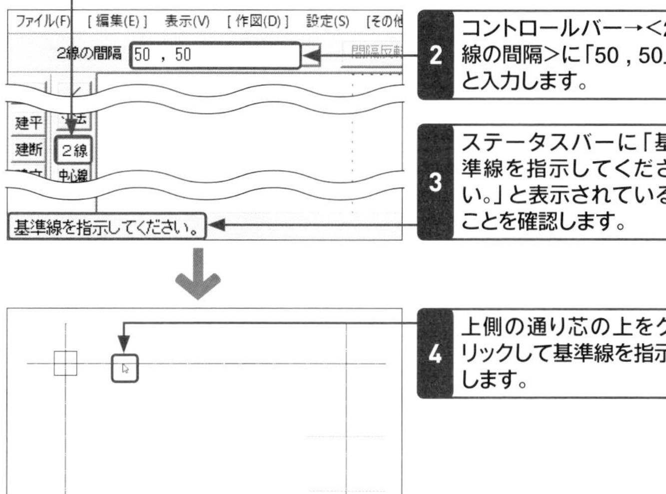
ファイル(F) [編集(E)] 表示(V) [作図(D)] 設定(S) [その他
2線の間隔 50 , 50
建平
建断 2線
中心線
基準線を指示してください。

2 コントロールバー→<2線の間隔>に「50 , 50」と入力します。

3 ステータスバーに「基準線を指示してください。」と表示されていることを確認します。

4 上側の通り芯の上をクリックして基準線を指示します。

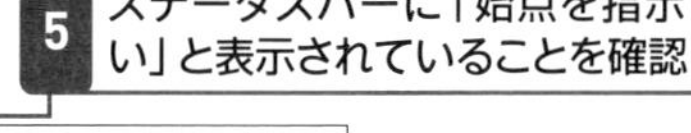
5 ステータスバーに「始点を指示してください」と表示されていることを確認します。

始点を指示してください (L)free (R)Read 基準線変

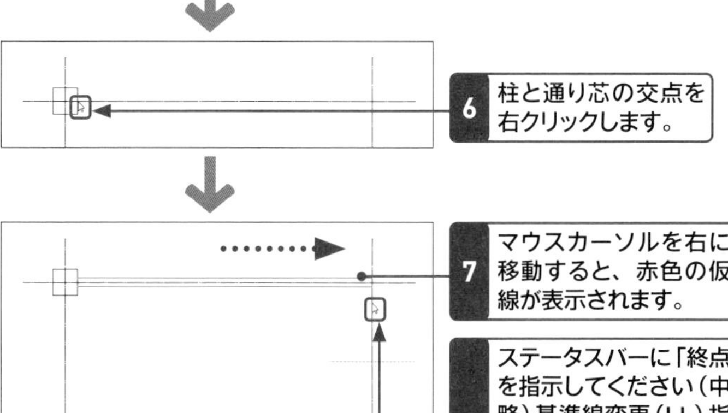

6 柱と通り芯の交点を右クリックします。

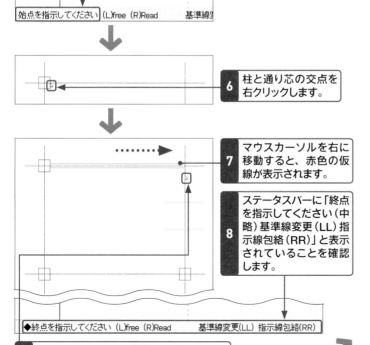

7 マウスカーソルを右に移動すると、赤色の仮線が表示されます。

8 ステータスバーに「終点を指示してください(中略)基準線変更(LL)指示線包絡(RR)」と表示されていることを確認します。

◆終点を指示してください (L)free (R)Read 基準線変更(LL) 指示線包絡(RR)

9 右側の通り芯の上でダブルクリックします。

メモ 数値の自動変換について

数値を入力する際に、たとえば「50,50」と入力すると、表示は「50 , 50」とスペースが入った状態で変換表示されますが、入力時にスペースは不要です。また、「50」とだけ入力して Enter キーを押すと、「50 , 50」に自動変換されます。なお、<2線>をクリックした段階で、前回使用していた数値が表示されている場合は、引き続き使用することができます。

ヒント 基準線の変更

2線の基準線(中心線)を変更する場合は、基準線となる線の上でダブルクリック(LL)します。2線コマンド実行中に続けて行うとコーナーが結合処理されます。

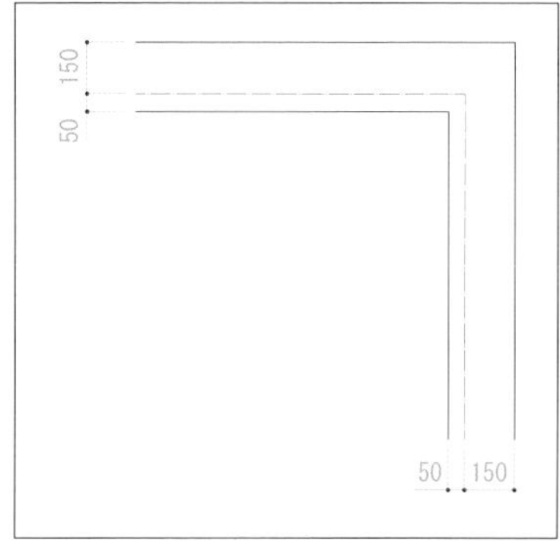
150
50
50
150

留線

留線（とめせん）とは、2線の始点または終点の2線間に作図される線のことで、壁に開口部を作成する際に利用すると便利です。<留線>は1回限り、<留線常駐>はチェックを外すまで有効となります。

留線あり

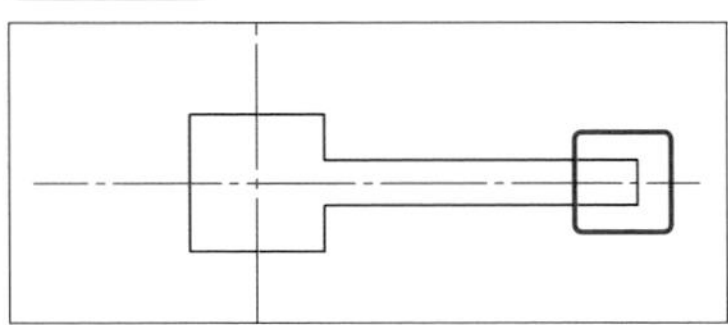

留線なし

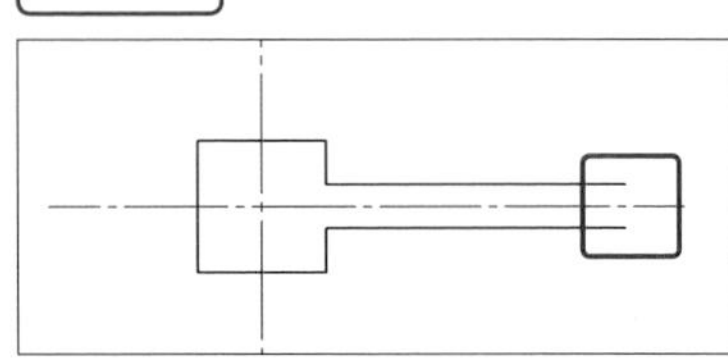

10 コントロールバー→<留線>をクリックして□を☑にします。

11 <留線出>→<▼>をクリックして、

12 表示されるメニューから<（無指定）>をクリックして選択します。

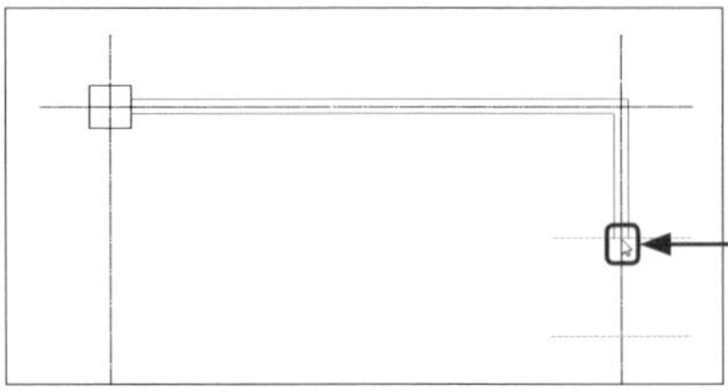

13 通り芯と上側の補助線（ピンクの線）の交点で右クリックします。

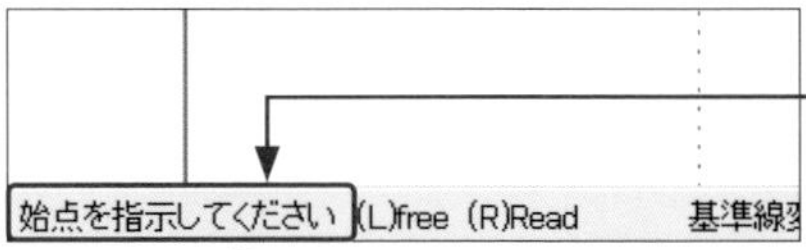

14 ステータスバーに「始点を指示してください」と表示されていることを確認し、

15 コントロールバー→<留線>をクリックして□を☑にします。

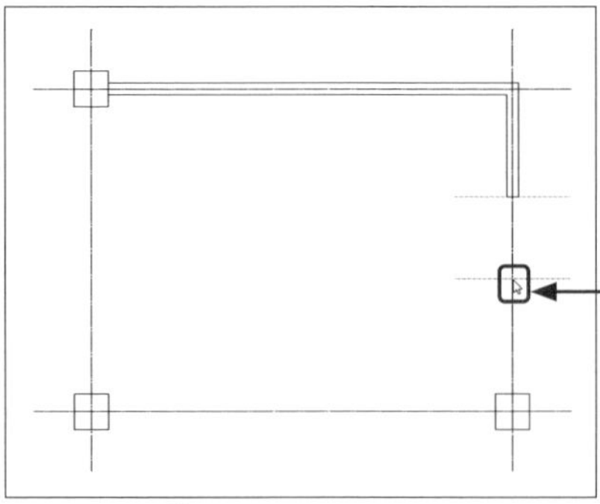

16 通り芯と下側の補助線（ピンクの線）の交点で右クリックします。

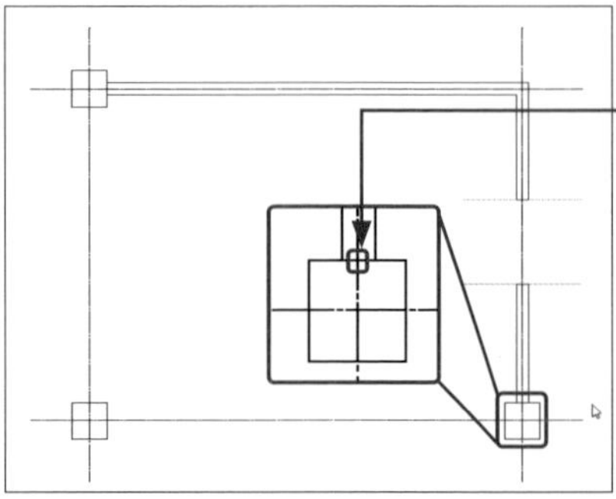

17 右下の柱の上の線と通り芯の交点を右クリックします。

18 内壁が完成しました。

メモ 留線出

コントロールバーの<留線>（または<留線常駐>）にチェックを入れた状態で、留線出に数値を入力すると、始点（または終点）から指定した数値分移動した位置に留線が作図されます。

留線にチェックを入れて、留線出「50」と入力された状態で終点を指示

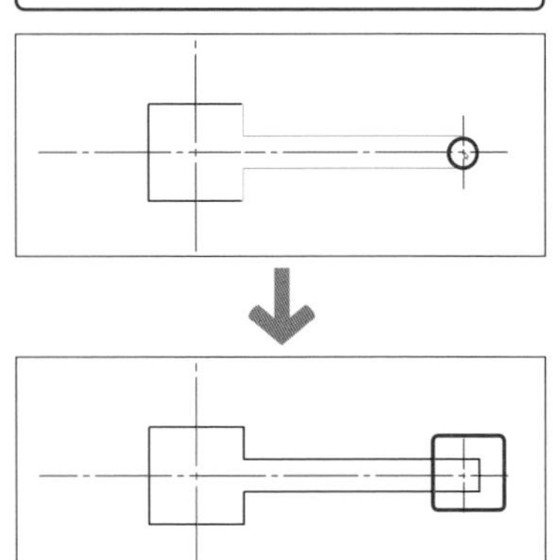

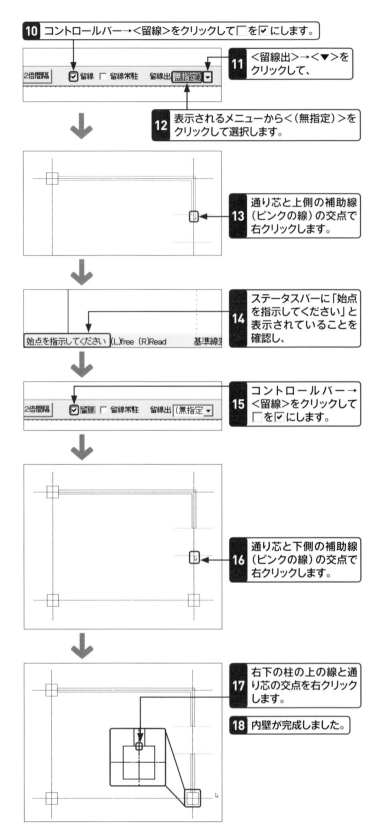

3 左側の外壁を作図する

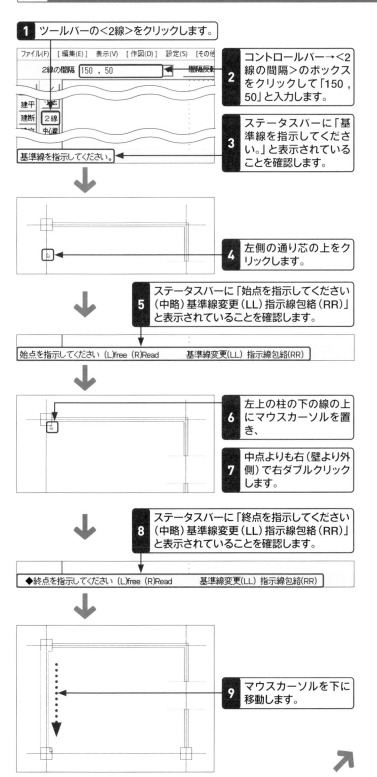

1 ツールバーの<2線>をクリックします。

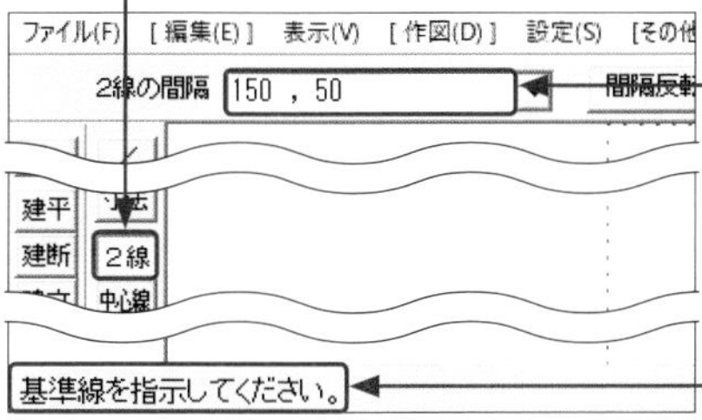

2 コントロールバー→<2線の間隔>のボックスをクリックして「150，50」と入力します。

3 ステータスバーに「基準線を指示してください。」と表示されていることを確認します。

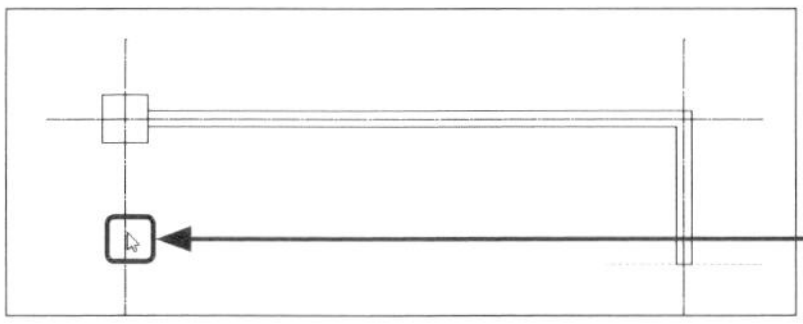

4 左側の通り芯の上をクリックします。

5 ステータスバーに「始点を指示してください（中略）基準線変更（LL）指示線包絡（RR）」と表示されていることを確認します。

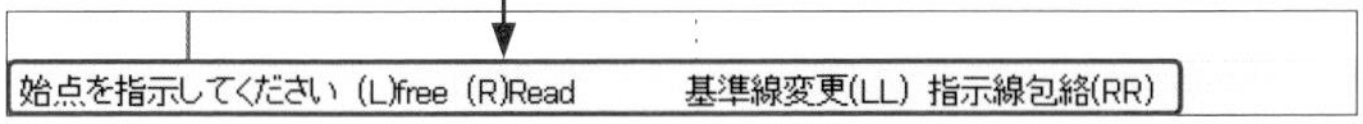

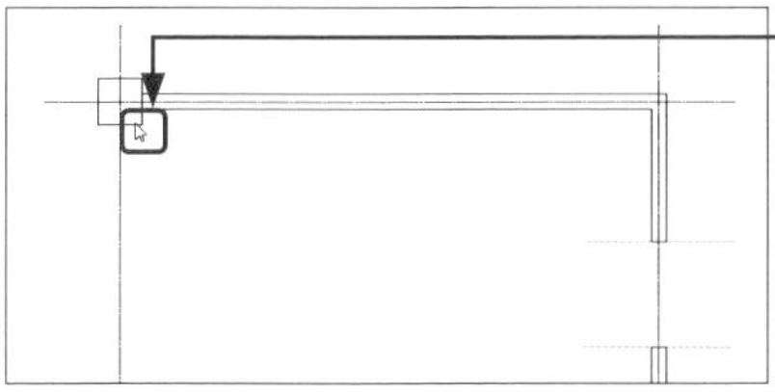

6 左上の柱の下の線の上にマウスカーソルを置き、

7 中点よりも右（壁より外側）で右ダブルクリックします。

8 ステータスバーに「終点を指示してください（中略）基準線変更（LL）指示線包絡（RR）」と表示されていることを確認します。

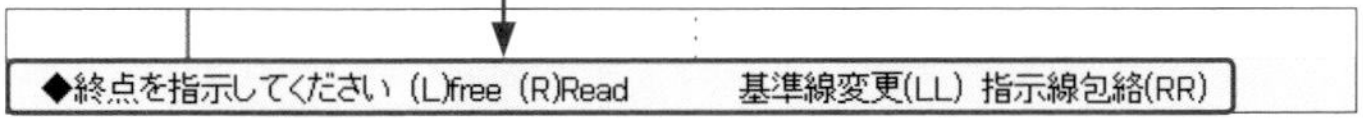

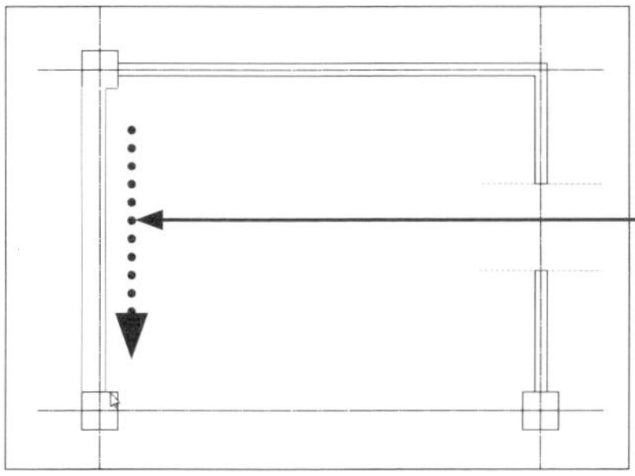

9 マウスカーソルを下に移動します。

メモ 指示線包絡について

始点（または終点）を指示する際に、包絡（結合）処理したい線の上で右ダブルクリック（RR）します。この際、2線に対して残す線の上を選択します。

包絡処理NG

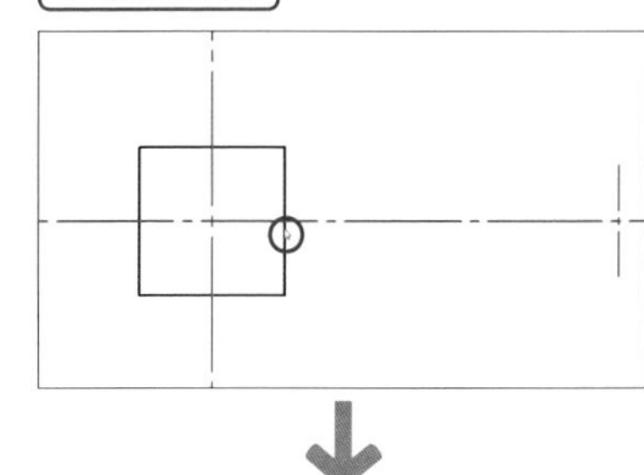

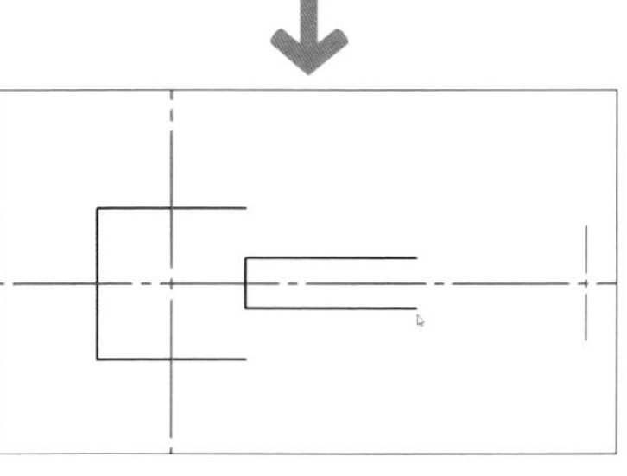

包絡処理OK

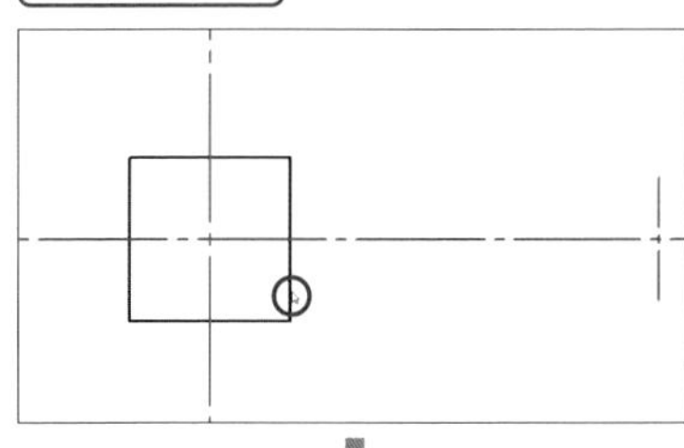

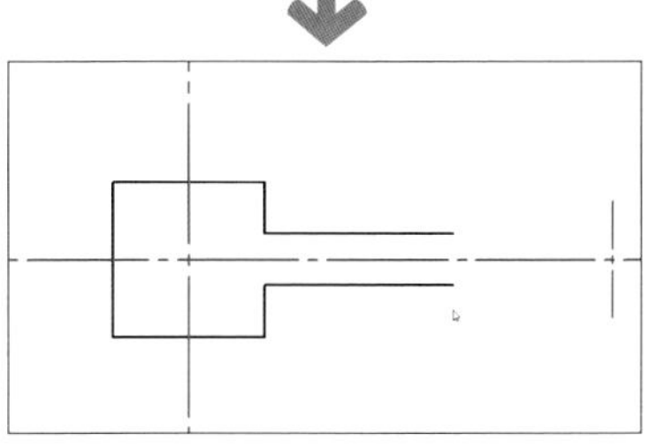

メモ 包絡処理について

柱と壁の包絡処理は、包絡コマンドを使用することもできます。包絡コマンドの詳細については、P.118のSec.37を参照してください。

10 左下の柱までマウスカーソルを移動します。
11 左下の柱の上の線の上にマウスカーソルを置き、
12 中点よりも右（壁より外）で右ダブルクリックします。

4 下側の外壁を作図する

メモ 2線の間隔

設定された2線の間隔は、基準線作図時の始終点により方向が異なります。たとえば、2線の間隔を「150, 50」に設定し、左を始点に作図された基準線と右を始点に作図された基準線で2線を作図した場合、結果が異なります。間隔を入れ替えたい場合は<間隔反転>をクリックします（P.61のメモ「2線の間隔反転について」参照）。

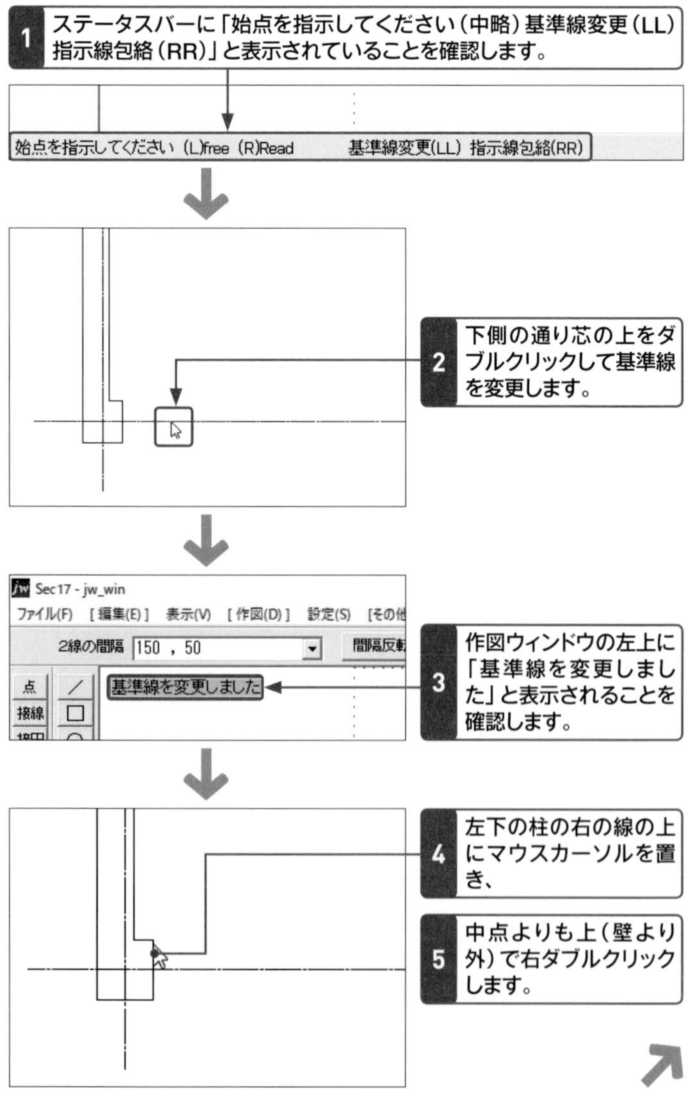
1 ステータスバーに「始点を指示してください（中略）基準線変更（LL）指示線包絡（RR）」と表示されていることを確認します。
始点を指示してください (L)free (R)Read 基準線変更(LL) 指示線包絡(RR)
2 下側の通り芯の上をダブルクリックして基準線を変更します。
Sec17 - jw_win
ファイル(F) [編集(E)] 表示(V) [作図(D)] 設定(S)
2線の間隔 150 , 50
点
接線
基準線を変更しました
3 作図ウィンドウの左上に「基準線を変更しました」と表示されることを確認します。
4 左下の柱の右の線の上にマウスカーソルを置き、
5 中点よりも上（壁より外）で右ダブルクリックします。

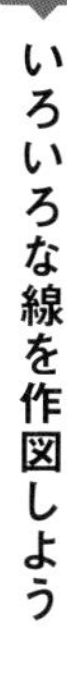
第2章 いろいろな線を作図しよう

6 ステータスバーに「終点を指示してください」と表示されていることを確認します。

◆終点を指示してください (L)free (R)Read 基準線変更(LL) 指示線包絡(RR)

7 マウスカーソルを右に移動します。

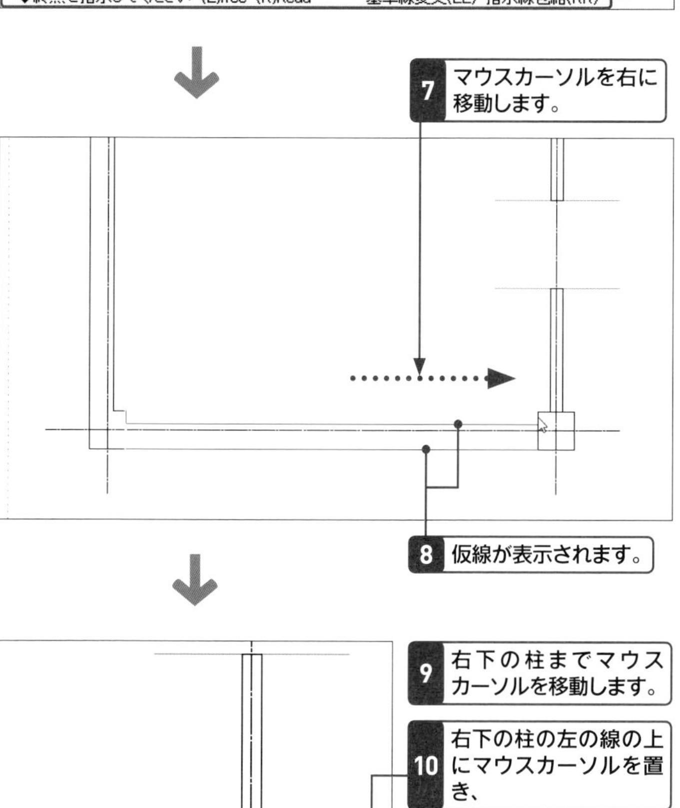

8 仮線が表示されます。

9 右下の柱までマウスカーソルを移動します。

10 右下の柱の左の線の上にマウスカーソルを置き、

11 中点よりも上（壁より外）で右ダブルクリックします。

12 下側の外壁が完成しました。

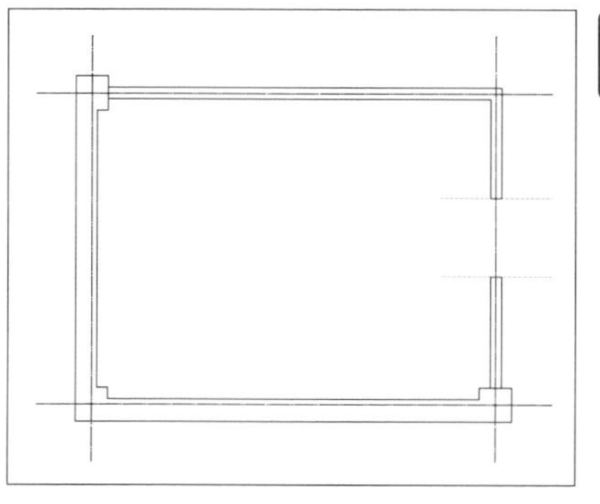

メモ 間違えたときは

間違えたときは[Esc]キーを押すか、ツールバーの<戻る>をクリックします。

メモ 2線の間隔反転について

基準線の始点を基準に間隔が設定されます。間隔を入れ替えて表示したい場合はオプションバー→<間隔反転>をクリックします。

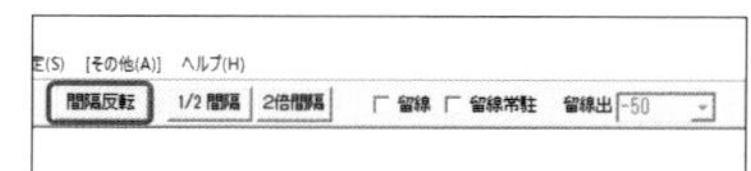
間隔反転
1/2 間隔
2倍間隔
留線
留線常駐
留線出

Section 18

分割線を作図する

覚えておきたいキーワード
- ☑ 分割線
- ☑ 分割（等距離分割）
- ☑ 分割（割付）

ここでは、すでに描かれている図形を使って、分割線を作図する方法を学習します。分割コマンドには、分割数を指定して全体を等分割する「等距離分割」と、指定した距離で分割線を作成する「割付」があります。このコマンドを使用すると、数百本単位の等間隔の線を一瞬で作図することができます。

練習用ファイル	Sec18.jww
メニュー	[編集] メニュー→[分割]
ツールバー	[分割]

1 指定した個数で分割線を作図する

キーワード 等距離分割

等距離分割とは、2つの図形の間を指定した個数で等分割することをいいます。ここでは3000の線間を7等分するので、3000÷7＝428.57…で分割されます。等距離分割を使うと、このような割り切れない数値でも近似値を使って分割してくれます。

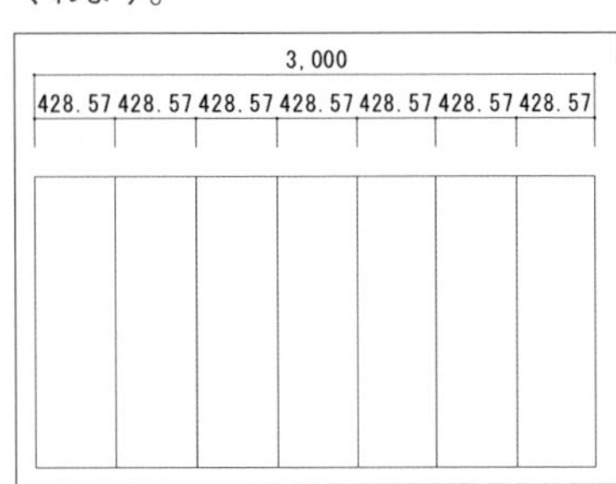
3,000
428.57 428.57 428.57 428.57 428.57 428.57 428.57

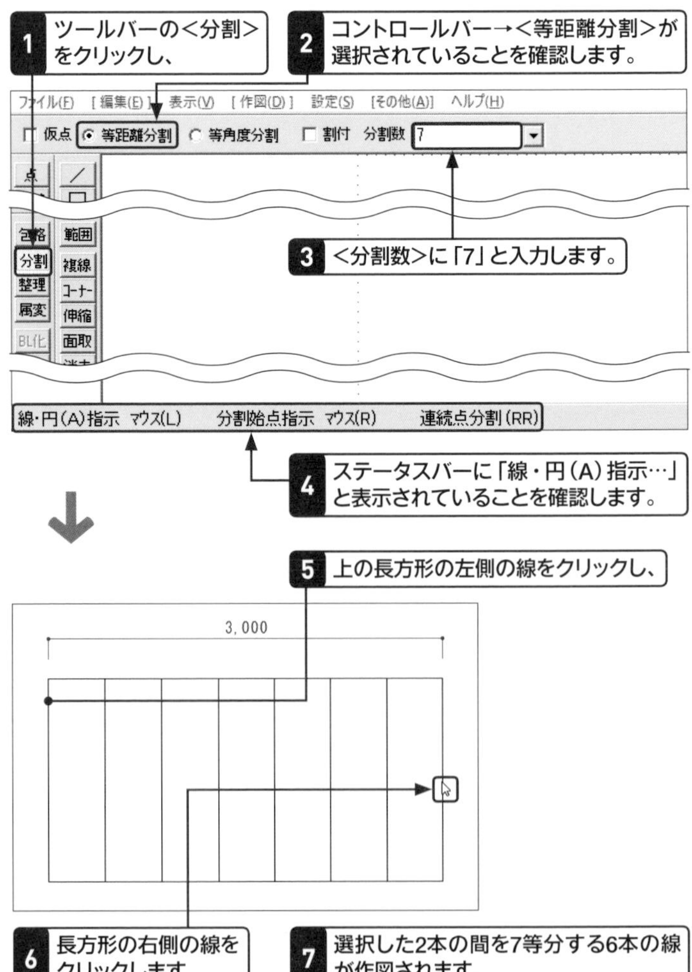
1 ツールバーの<分割>をクリックし、
2 コントロールバー→<等距離分割>が選択されていることを確認します。
3 <分割数>に「7」と入力します。
4 ステータスバーに「線・円（A）指示…」と表示されていることを確認します。
5 上の長方形の左側の線をクリックし、
6 長方形の右側の線をクリックします。
7 選択した2本の間を7等分する6本の線が作図されます。
仮点 等距離分割 等角度分割 割付 分割数 7
範囲 分割 複線 整理 コーナー 属変 伸縮 BL化 面取
線・円(A)指示 マウス(L) 分割始点指示 マウス(R) 連続点分割(RR)
3,000

2 指定した間隔で分割線を作図する

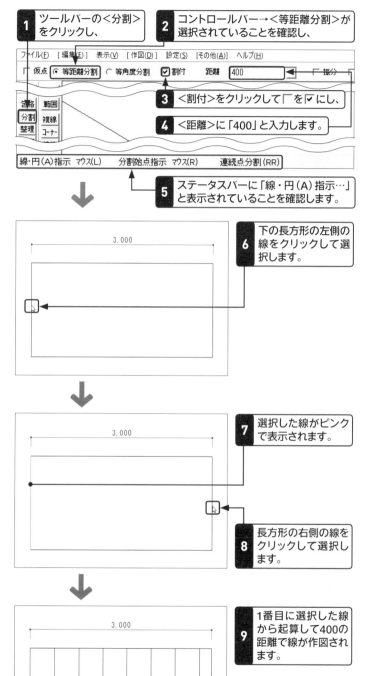

1 ツールバーの<分割>をクリックし、

2 コントロールバー→<等距離分割>が選択されていることを確認し、

ファイル(F) [編集(E)] 表示(V) [作図(D)] 設定(S) [その他(A)] ヘルプ(H)

仮点 等距離分割 等角度分割 割付 距離 400 振分

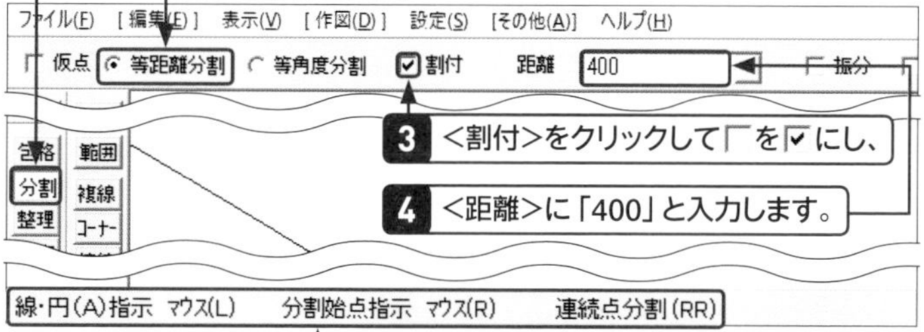

3 <割付>をクリックして☐を☑にし、

4 <距離>に「400」と入力します。

線・円(A)指示 マウス(L) 分割始点指示 マウス(R) 連続点分割(RR)

5 ステータスバーに「線・円(A)指示…」と表示されていることを確認します。

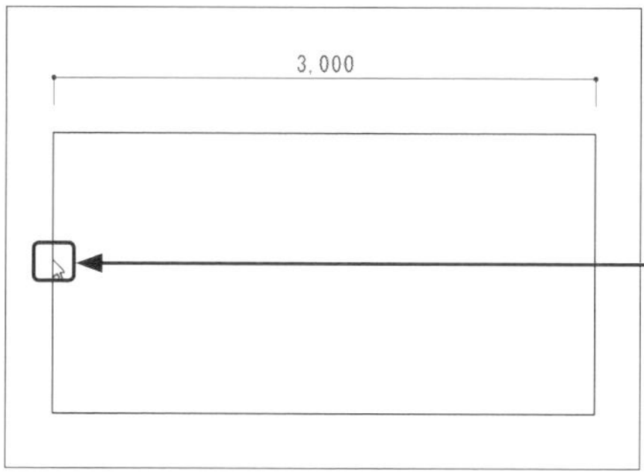

3,000

6 下の長方形の左側の線をクリックして選択します。

3,000

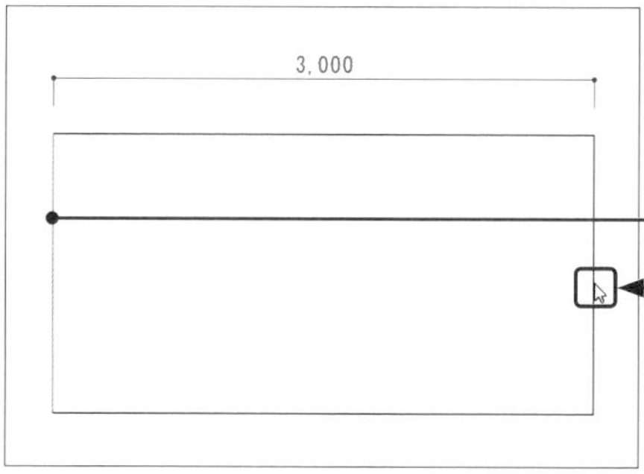

7 選択した線がピンクで表示されます。

8 長方形の右側の線をクリックして選択します。

3,000

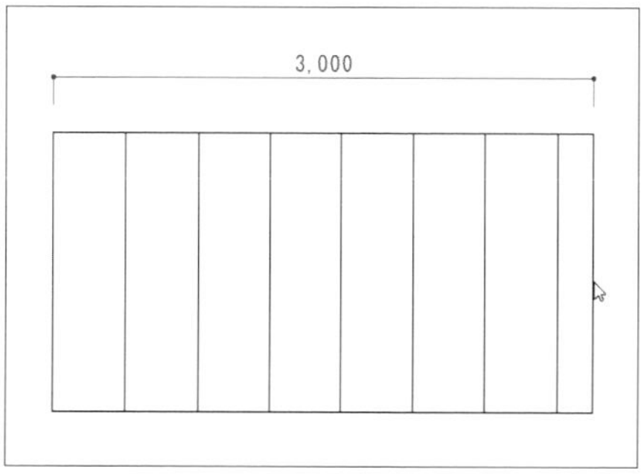

9 1番目に選択した線から起算して400の距離で線が作図されます。

メモ 割付

分割コマンドで<割付>にチェックを入れると、指定した距離で分割線を作図することができます。指定した距離に満たない場合は、終点側で処理されます。中心から左右に割付処理したい場合は、<振分>にチェックを入れて作成します。また<割付距離以下>にチェックを入れると、割り切れない場合、指定した数字に一番近い数値で等分割してくれます。

<割付>にチェックを入れた場合

3,000
400 400 400 400 400 400 400 200

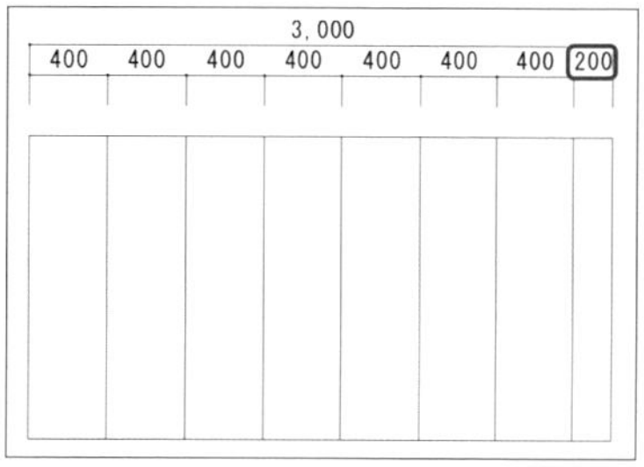

<割付>に加えて、<振分>にチェックを入れた場合

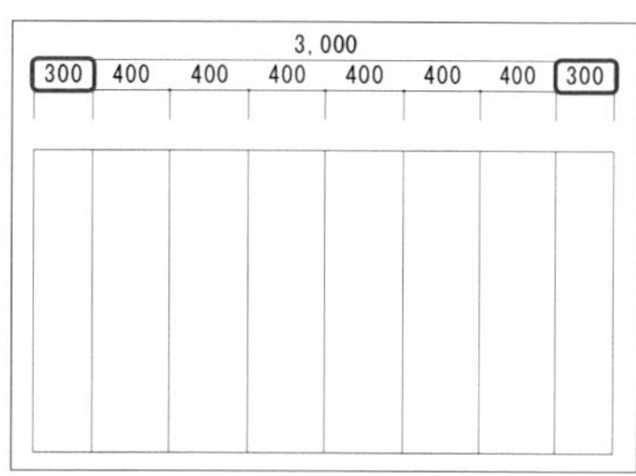
3,000
300 400 400 400 400 400 400 300

<割付>に加えて、<割付距離以下>にチェックを入れた場合

3,000
375 375 375 375 375 375 375 375

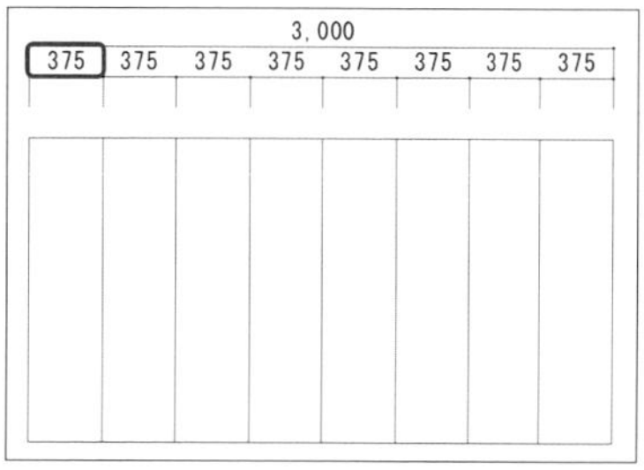

Section 19

線の勾配を指定する

覚えておきたいキーワード
- 寸法勾配
- 分数勾配
- 傾き

ここでは屋根勾配表示などで利用される「寸法勾配（例：3寸勾配）」と、スロープなどの勾配表示で利用される「分数勾配（例：1/20勾配）」を、線の「傾き」に入力して作図する方法について学習します。この方法を覚えておくと角度計算の手間を省くことができます。

練習用ファイル	Sec19.jww

1 3寸勾配の線を作図する

キーワード 寸法勾配

屋根の勾配を指示する場合に使用されるのが「寸法勾配」です。たとえば「3寸勾配」では、水平方向が10寸（一尺）移動したとき、垂直方向に3寸立ち上がった位置の勾配を示します。これをJw_CADで作図するには、コントロールバーの「傾き」または「回転」に「//（スラッシュ記号2つ）」と「3寸÷10寸」の計算結果「0.3」を合わせて「//0.3」と入力します。入力後にEnterキーを押して確定すると角度勾配（例：16.69924423°）に変換されます。

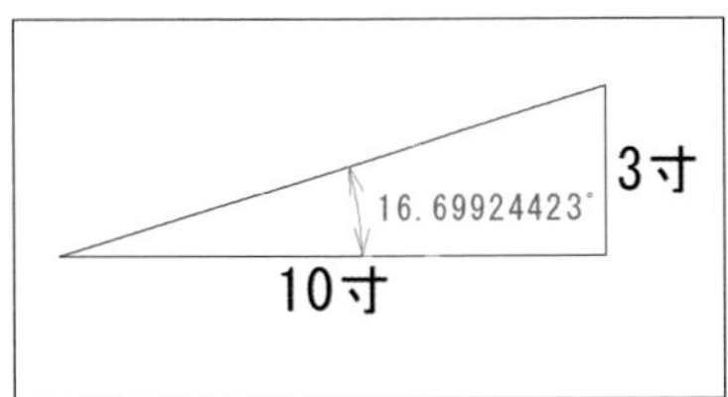
3寸
16.69924423°
10寸

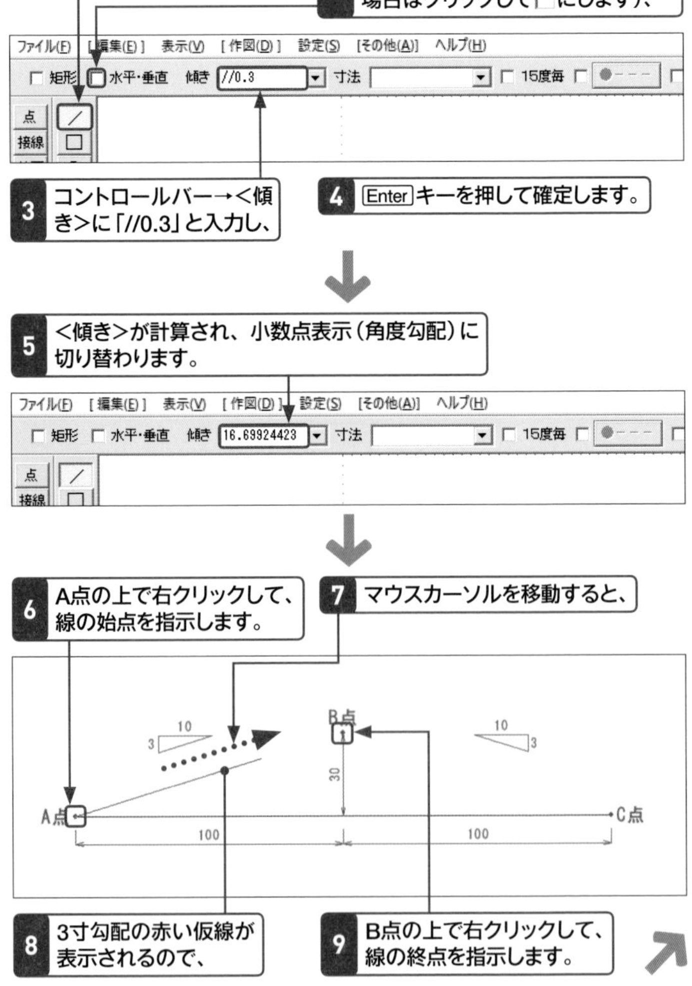
1 ツールバーの<／>（線）をクリックし、
2 コントロールバー→<水平・垂直>が☐であることを確認して（☑の場合はクリックして☐にします）、
3 コントロールバー→<傾き>に「//0.3」と入力し、
4 Enterキーを押して確定します。
5 <傾き>が計算され、小数点表示（角度勾配）に切り替わります。
6 A点の上で右クリックして、線の始点を指示します。
7 マウスカーソルを移動すると、
8 3寸勾配の赤い仮線が表示されるので、
9 B点の上で右クリックして、線の終点を指示します。
ファイル(F) [編集(E)] 表示(V) [作図(D)] 設定(S) [その他(A)] ヘルプ(H)
矩形 水平・垂直 傾き //0.3 寸法 15度毎
16.69924423
点 接線
A点 B点 C点
10 3 30 100 100

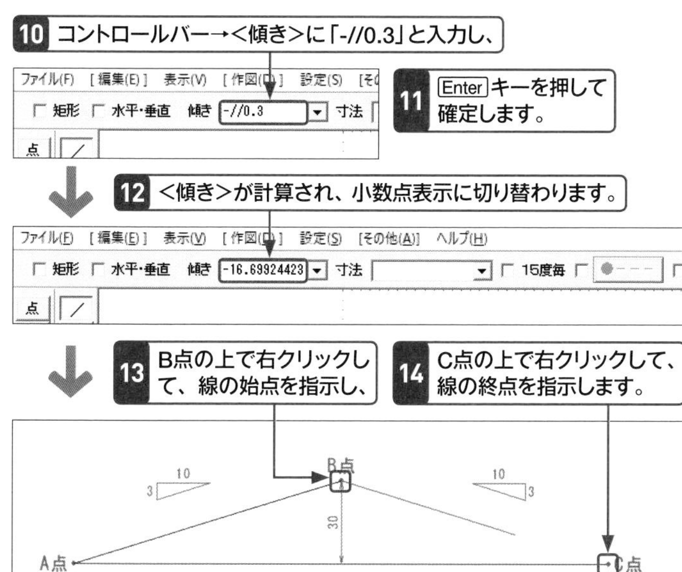
10 コントロールバー→<傾き>に「-//0.3」と入力し、
11 Enterキーを押して確定します。
12 <傾き>が計算され、小数点表示に切り替わります。
13 B点の上で右クリックして、線の始点を指示し、
14 C点の上で右クリックして、線の終点を指示します。
-//0.3
-16.69924423
B点
A点
C点
100
100

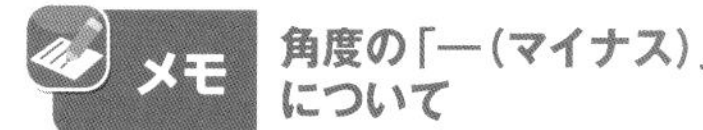
メモ

角度の「―（マイナス）」について

P.52のメモ「角度の考え方」でも解説したように、Jw_cadでは東（または西）を0°として、反時計回りを＋（プラス）、時計回りを―（マイナス）として角度を考えます。手順10以降はB点から右下、つまり東0°から時計回りに3寸勾配で角度を指定する必要があるため「―（マイナス）」が必要となります。

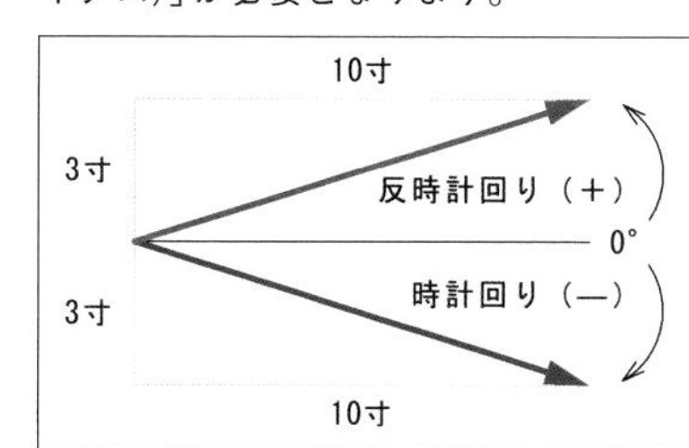
10寸
3寸
反時計回り（＋）
0°
3寸
時計回り（―）
10寸

2 5%勾配の線を作図する

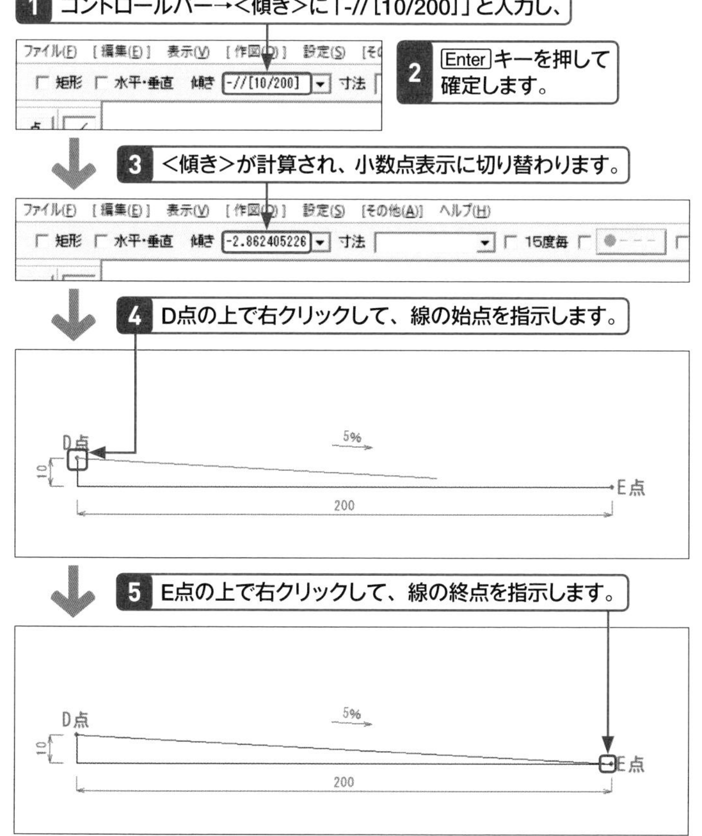
1 コントロールバー→<傾き>に「-//[10/200]」と入力し、
2 Enterキーを押して確定します。
3 <傾き>が計算され、小数点表示に切り替わります。
4 D点の上で右クリックして、線の始点を指示します。
5 E点の上で右クリックして、線の終点を指示します。
-//[10/200]
-2.862405226
D点
5%
E点
10
200

キーワード

分数勾配

スロープの傾斜やバルコニーや道路などの水（排水）勾配を指示する場合に使用されるのが「分数勾配」です。たとえば「1/20勾配」では、水平方法に20mm移動したとき、垂直方向に1mm立ち上がった位置の勾配を指します。「%」で勾配を表記する場合は、分数勾配の計算結果（例 1÷20=0.05）を「%」で表記します。これをJw_cadで作図するには、コントロールバーの「傾き」または「回転」に「//（スラッシュ記号2つ）」と「[1/20]」を合わせて「//[1/20]」と入力します。入力後にEnterキーを押して確定すると角度勾配（例：2.862405226°）に変換されます。

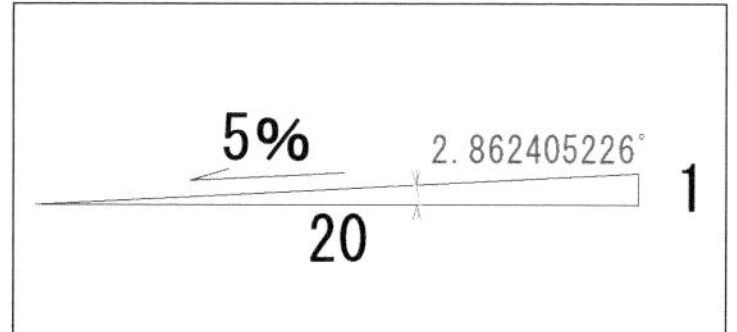
5%
2.862405226°
1
20

Section 20

鉛直線を作図する

覚えておきたいキーワード
☑ 線
☑ 鉛直
☑ 傾き

ここでは、既存の線に直角（90度）で交わる線（鉛直線）を作図する方法を解説します。製図の際に鉛直線を作図する場面は意外に多く、手描きの場合は神経を使いますが、鉛直コマンドを使うと面倒な計算なく角度を取得でき、かんたんに鉛直線を作図することができます。

練習用ファイル	Sec20.jww		
メニュー	「設定」メニュー→［角度取得］→［線鉛直角度］		
ツールバー	［鉛直］	クロックメニュー	右PM1時

第2章 いろいろな線を作図しよう

1 鉛直線を作図する

キーワード 鉛直

鉛直とは、図形どうしが直角（90°）で交点をなす位置関係を指します。この位置関係で作図された線を鉛直線と呼びます。

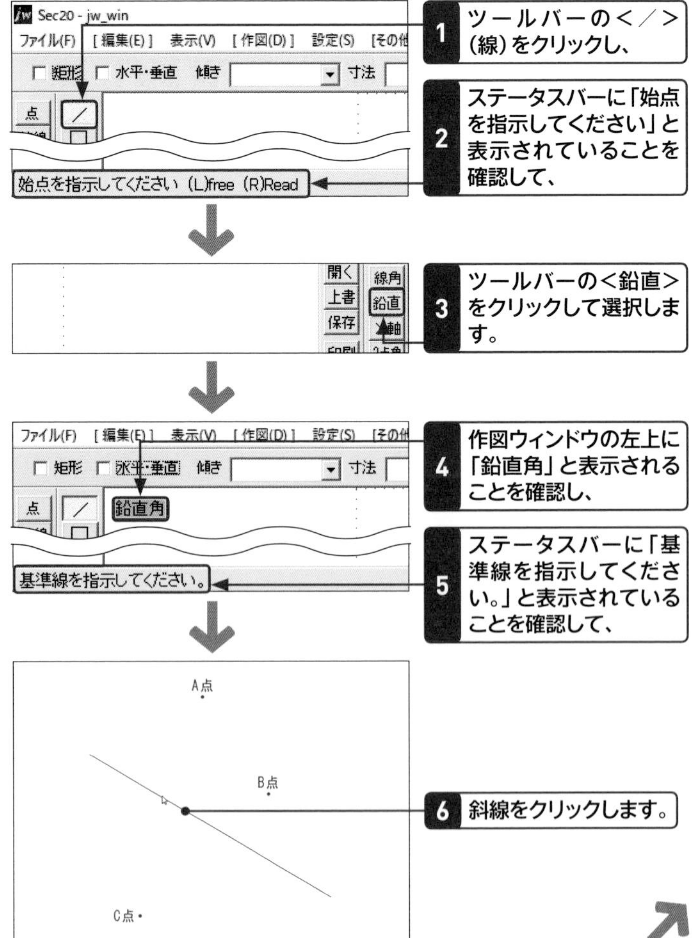

Sec20 - jw_win
ファイル(F) ［編集(E)］ 表示(V) ［作図(D)］ 設定(S)
矩形 水平・垂直 傾き 寸法
点
始点を指示してください (L)free (R)Read
開く 上書 保存 印刷
線角 鉛直
鉛直角
基準線を指示してください。
A点
B点
C点

1 ツールバーの<／>（線）をクリックし、

2 ステータスバーに「始点を指示してください」と表示されていることを確認して、

3 ツールバーの<鉛直>をクリックして選択します。

4 作図ウィンドウの左上に「鉛直角」と表示されることを確認し、

5 ステータスバーに「基準線を指示してください。」と表示されていることを確認して、

6 斜線をクリックします。

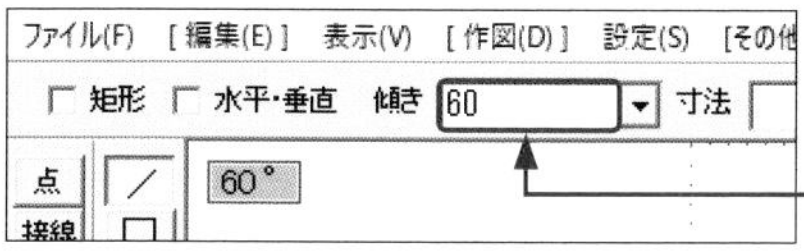

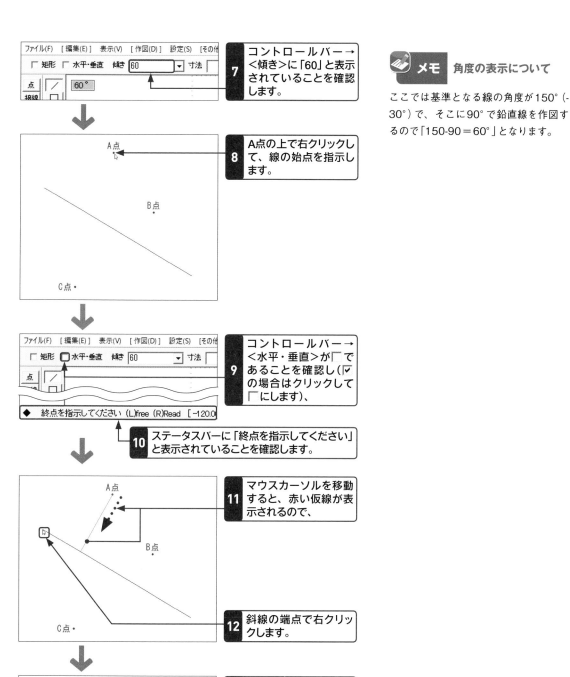

7 コントロールバー→<傾き>に「60」と表示されていることを確認します。

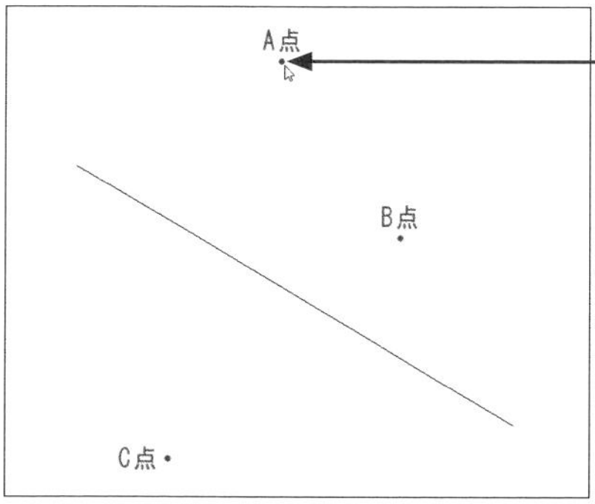

8 A点の上で右クリックして、線の始点を指示します。

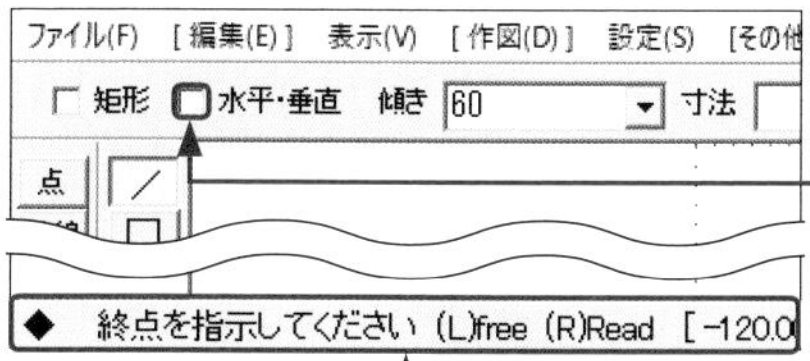

9 コントロールバー→<水平・垂直>が□であることを確認し(☑の場合はクリックして□にします)、

10 ステータスバーに「終点を指示してください」と表示されていることを確認します。

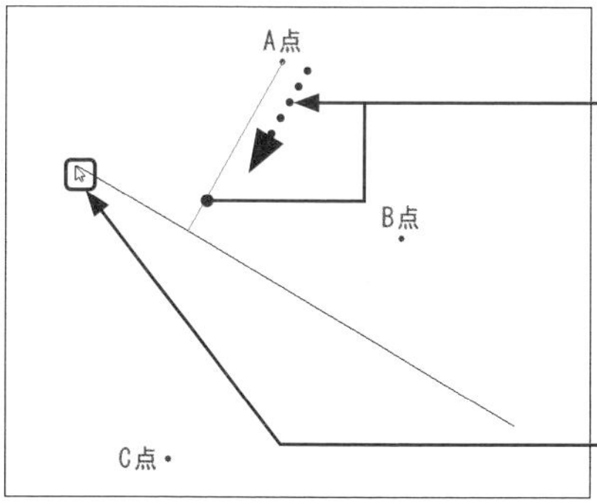

11 マウスカーソルを移動すると、赤い仮線が表示されるので、

12 斜線の端点で右クリックします。

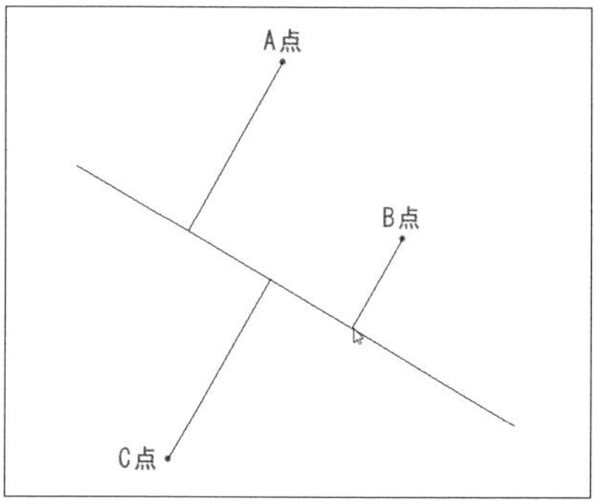

13 手順7〜12を繰り返して、B点とC点からも鉛直線を作図します。

メモ 角度の表示について

ここでは基準となる線の角度が150°(-30°)で、そこに90°で鉛直線を作図するので「150-90＝60°」となります。

メモ 鉛直線の終点について

斜線上の終点を指示する際、斜線上であればどの点を指示しても作図できます。ただし、右クリックで取得できる読取点である必要があります。読取点についてはP.51のヒント「読取点について」を参照してください。

Section 21

斜線を作図する(相対座標)

覚えておきたいキーワード
線
オフセット
軸角・目盛・オフセット 設定

ここまで、線の長さや角度を指定して線を作図する方法について学習してきました。ここでは、指定した点から水平方向と垂直方向の座標点を指定して斜線を作図する方法について解説します。座標の考え方は製図において非常に重要な要素なので、しっかり押さえておきましょう。

練習用ファイル	Sec21.jww		
メニュー	「設定」メニュー→[軸角・目盛・オフセット]	クロックメニュー	右AM6時

第2章 いろいろな線を作図しよう

1 座標を指定して斜線を作図する

キーワード オフセット

オフセットとは、指定した点を原点(0,0)とみなして、X座標とY座標と入力して点を指定する機能のことです。

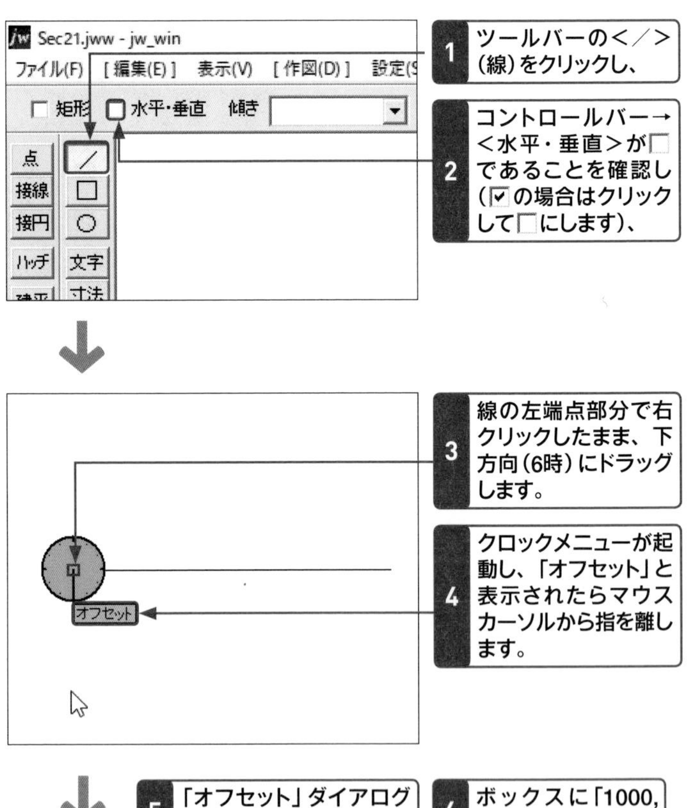

Sec21.jww - jw_win
ファイル(F) [編集(E)] 表示(V) [作図(D)] 設定(S
矩形 水平・垂直 傾き
点 接線 接円 ハッチ
文字 寸法
オフセット
1 ツールバーの<／>(線)をクリックし、
2 コントロールバー→<水平・垂直>が□であることを確認し(☑の場合はクリックして□にします)、
3 線の左端点部分で右クリックしたまま、下方向(6時)にドラッグします。
4 クロックメニューが起動し、「オフセット」と表示されたらマウスカーソルから指を離します。

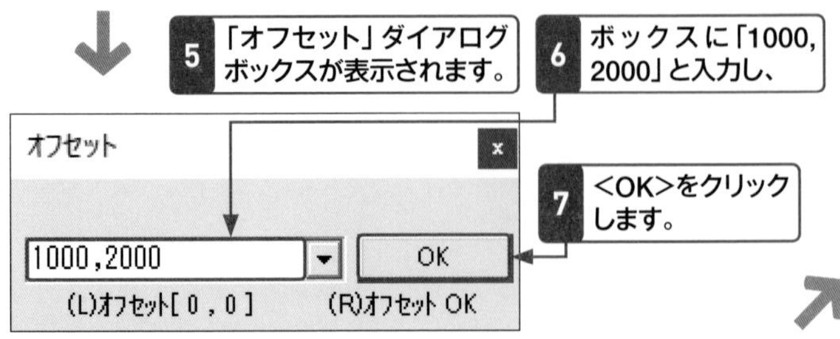

5 「オフセット」ダイアログボックスが表示されます。
6 ボックスに「1000,2000」と入力し、
7 <OK>をクリックします。
オフセット
1000,2000
OK
(L)オフセット[0 , 0]
(R)オフセット OK

メモ ショートカットキー

手順7で<OK>をクリックする代わりに、画面上で右クリック((R)オフセットOK)してもオフセットを確定することができます。

8 線の左端点を基点として右（X）方向に1000、上（Y）方向に2000の位置が始点として作図されます。

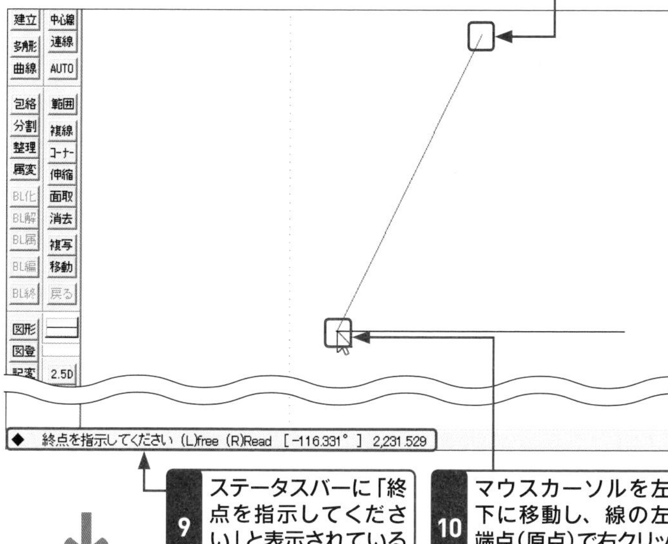

建立
中心線
多角形
連線
曲線
AUTO
包絡
範囲
分割
複線
整理
コーナー
属変
伸縮
BL化
面取
BL解
消去
BL属
複写
BL編
移動
BL終
戻る
図形
図登
記変
2.5D
◆ 終点を指示してください (L)free (R)Read [-116.331°] 2,231.529

9 ステータスバーに「終点を指示してください」と表示されていることを確認し、

10 マウスカーソルを左下に移動し、線の左端点（原点）で右クリックします。

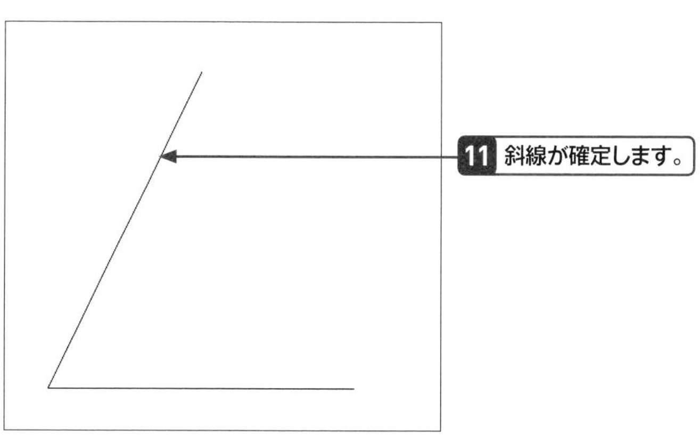

11 斜線が確定します。

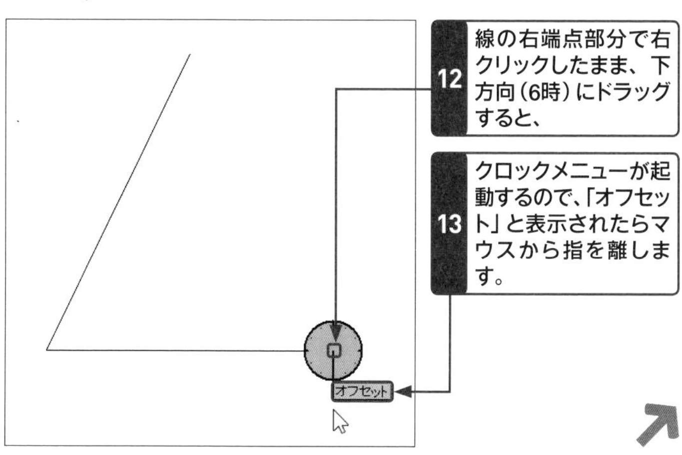

オフセット

12 線の右端点部分で右クリックしたまま、下方向（6時）にドラッグすると、

13 クロックメニューが起動するので、「オフセット」と表示されたらマウスから指を離します。

メモ 座標の考え方について

水平方向をX軸、垂直方向をY軸とし、2つの軸が直角に交わる点を原点とみなします。この原点（0,0）を基準に、水平方向は右方向を＋X、左方向を－X、垂直方向は上方向を＋Y、下方向を－Yとして表現します（XYともに入力時の＋記号は不要）。

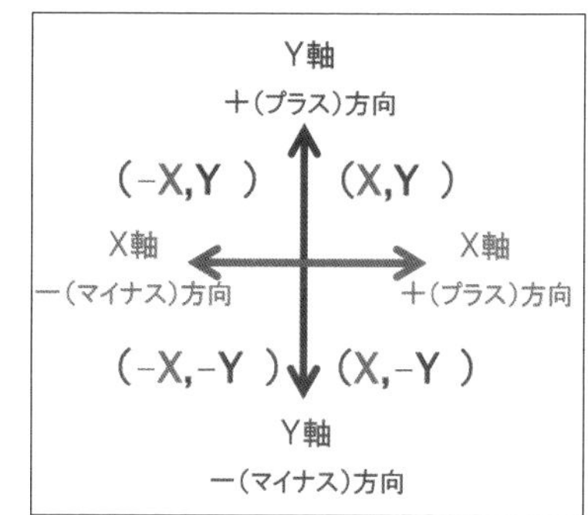

Y軸
＋（プラス）方向
（-X,Y ）
（X,Y ）
X軸
－（マイナス）方向
X軸
＋（プラス）方向
（-X,-Y ）
（X,-Y ）
Y軸
－（マイナス）方向

横方向（水平方向）がX座標、縦方向（垂直方向）がY座標

メモ　数値の入力について

座標や長さなどJw_cadで数値を入力する場合は半角で入力します。全角で入力した場合は、文字の下に波線が表示されます。全角で入力した数値を確定する場合は、Enterキーを2回押します。

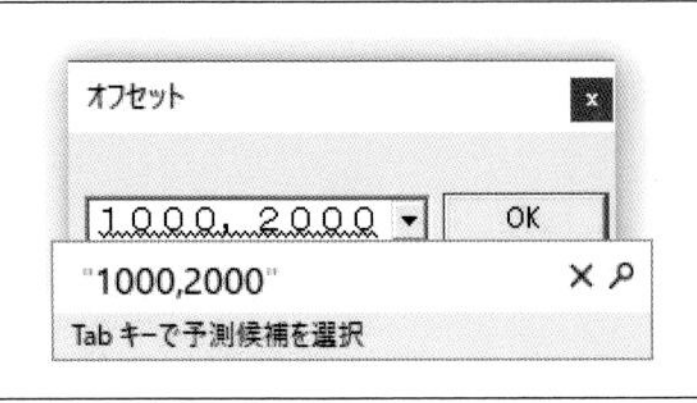
オフセット
1000, 2000
OK
"1000,2000"
Tab キーで予測候補を選択

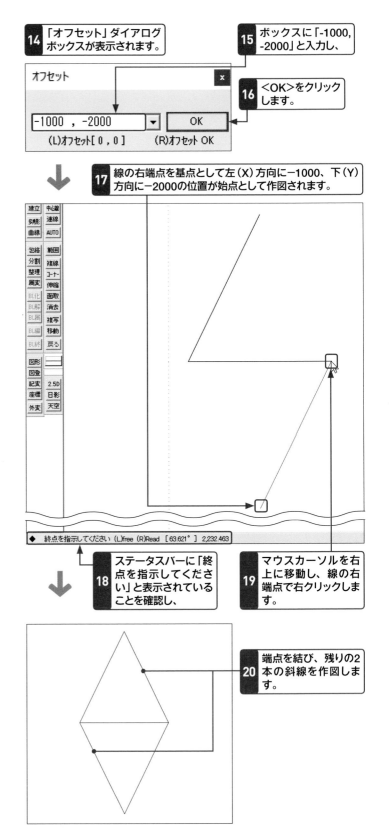

14 「オフセット」ダイアログボックスが表示されます。

15 ボックスに「-1000, -2000」と入力し、

16 <OK>をクリックします。

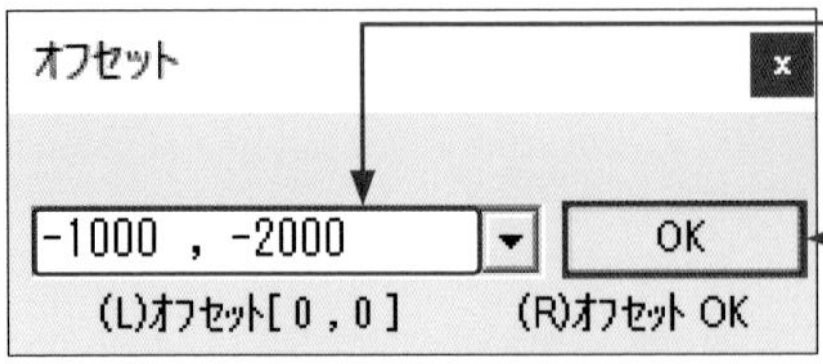

オフセット
-1000 , -2000
OK
(L)オフセット[0 , 0]
(R)オフセット OK

17 線の右端点を基点として左（X）方向に−1000、下（Y）方向に−2000の位置が始点として作図されます。

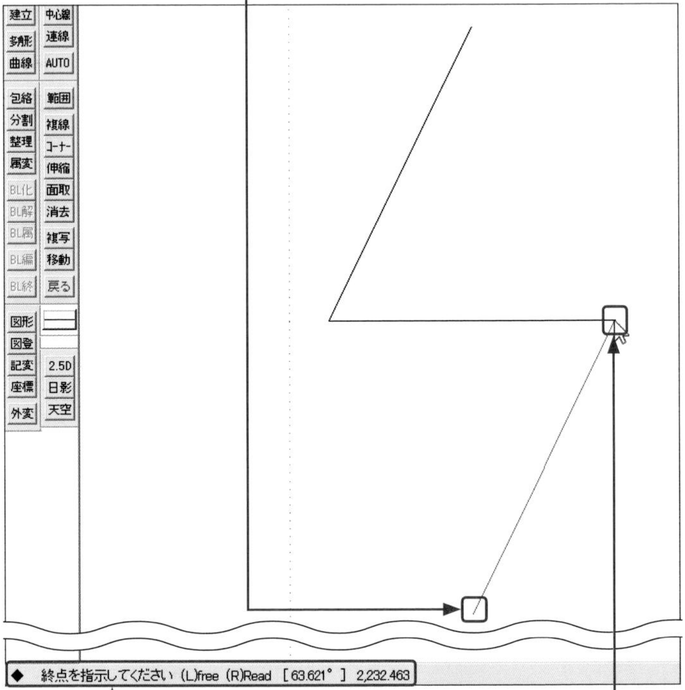

終点を指示してください (L)free (R)Read [63.621°] 2,232.463

18 ステータスバーに「終点を指示してください」と表示されていることを確認し、

19 マウスカーソルを右上に移動し、線の右端点で右クリックします。

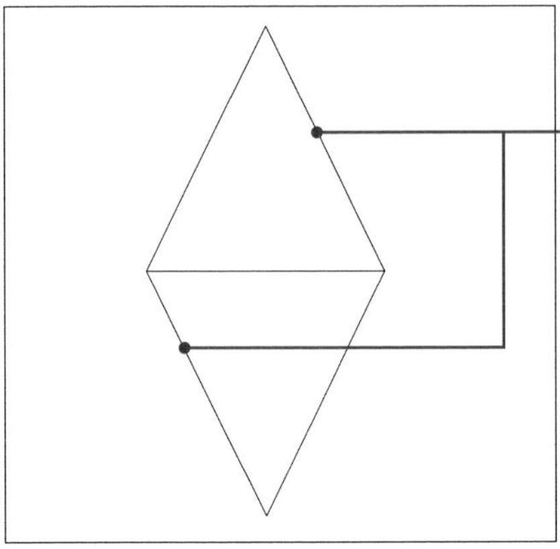

20 端点を結び、残りの2本の斜線を作図します。

ヒント　クロックメニューを使わずにオフセット設定する

「オフセット」ダイアログボックスは、クロックメニューを利用する以外にも呼び出すことができます。その際はあらかじめ、「軸角・目盛・オフセット 設定」ダイアログボックスを表示し、<オフセット常駐>にチェックを入れておきます。<オフセット1回指定>にチェックを入れると、1回のみオフセットを行うことができます。

1 ここでは、ツールバーの<／>（線）（線以外の円コマンドや移動コマンドなどでも利用できます）をクリックします。

2 ステータスバーの<∠0>（軸角）をクリックすると、

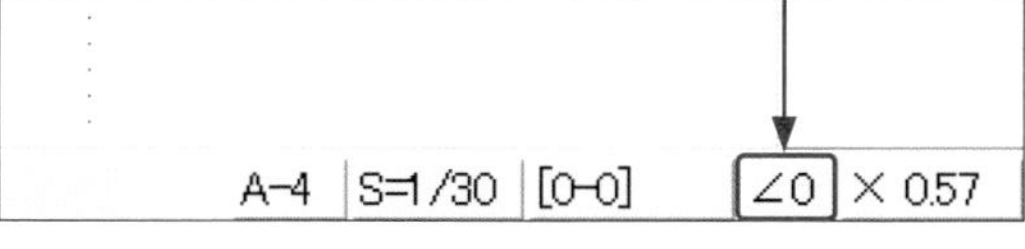

3 「軸角・目盛・オフセット 設定」ダイアログボックスが表示されます。

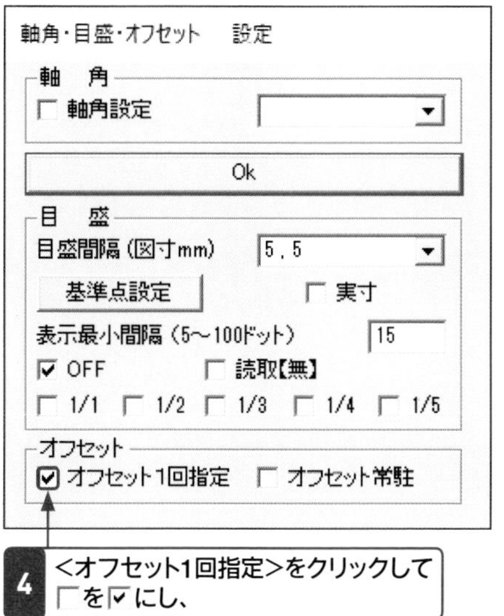

4 <オフセット1回指定>をクリックして□を☑にし、

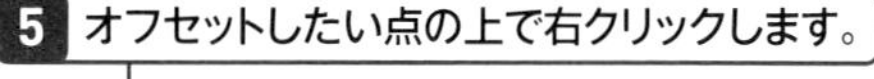

5 オフセットしたい点の上で右クリックします。

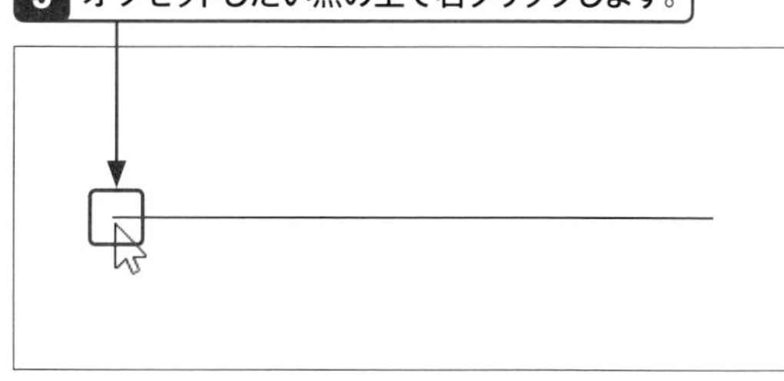

6 「オフセット」ダイアログボックスが表示されます。

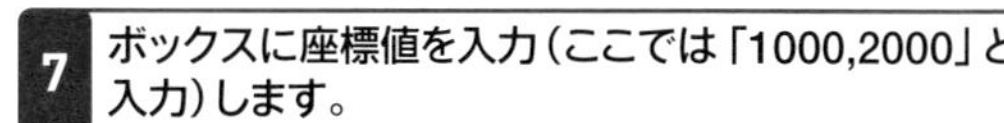

7 ボックスに座標値を入力（ここでは「1000,2000」と入力）します。

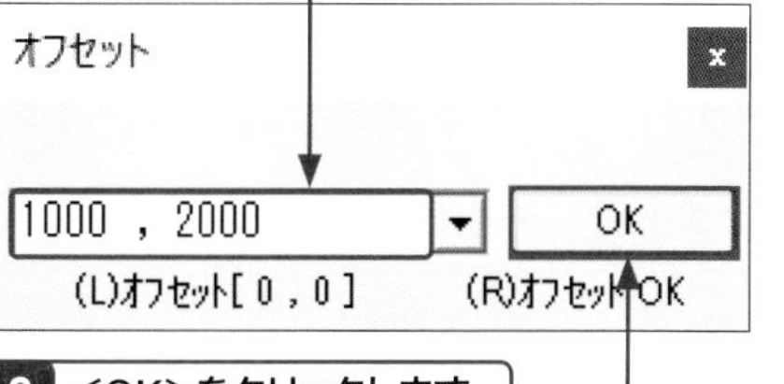

8 <OK>をクリックします。

9 終点で右クリックします。

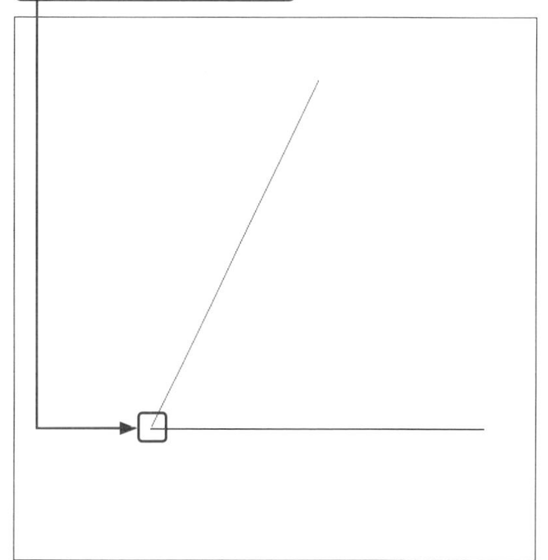

Section 22

接線を作図する

覚えておきたいキーワード
☑ 接線
☑ 円周点
☑ 円 1/4 点

円に接する線を「接線」といいます。ここでは、手描きでは難しい接線を、複雑な計算や補助線なしにかんたんに作図する方法について学習します。円を選択するときのコツや円周上の点を指示する方法も解説します。使用頻度は決して高くはありませんが、便利な機能なのでぜひ挑戦してみましょう。

練習用ファイル	Sec22.jww		
メニュー	[作図] メニュー→ [接線] ／ [設定] メニュー→ [線上点・交点取得] (円周上) ／ [設定] メニュー→ [円周 1/4 点取得]		
ツールバー	[接線]		
ショートカット	O ／ Shift ＋ R (接線)	クロックメニュー	右AM0時 (円周点／円 1/4 点)

1 円と円に接した接線を作図する

キーワード 接線

接線とは、円と接する点 (接点) を結んだ線を指します。接点は円と1点で接し、円と交わる交点とは異なります。

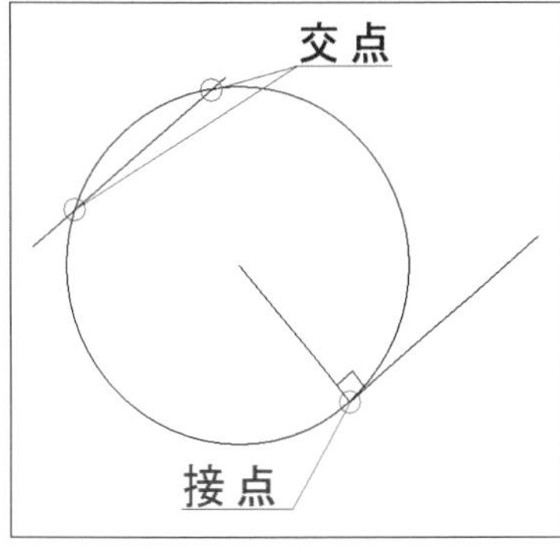

交点
接点

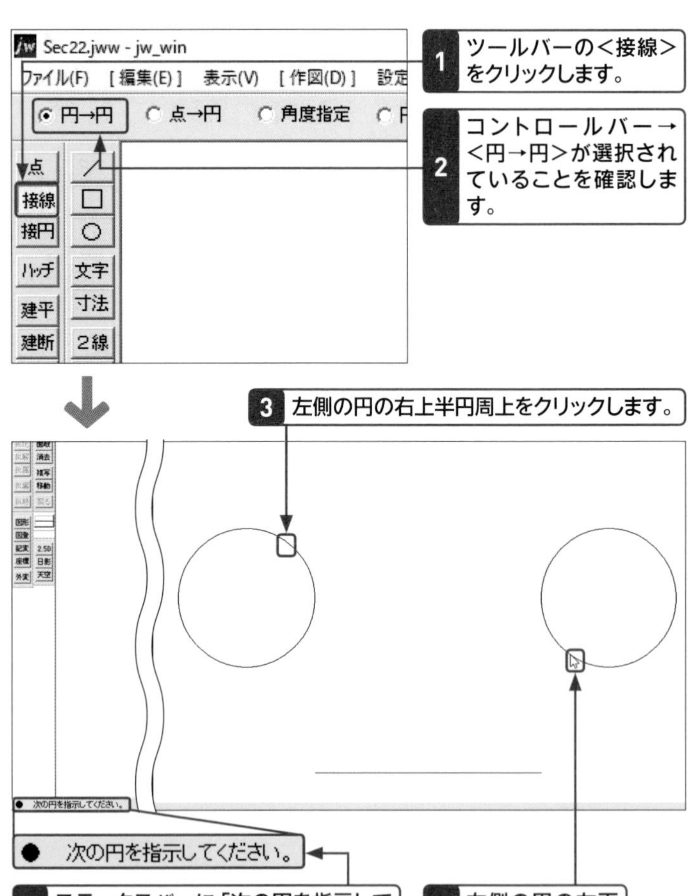

Sec22.jww - jw_win
ファイル(F) [編集(E)] 表示(V) [作図(D)] 設定
円→円
点→円
角度指定
点
接線
接円
ハッチ
文字
建平
寸法
建断
2線
次の円を指示してください。
1 ツールバーの<接線>をクリックします。
2 コントロールバー→<円→円>が選択されていることを確認します。
3 左側の円の右上半円周上をクリックします。
4 ステータスバーに「次の円を指示してください。」と表示されていることを確認します。
5 右側の円の左下半円周上をクリックします。

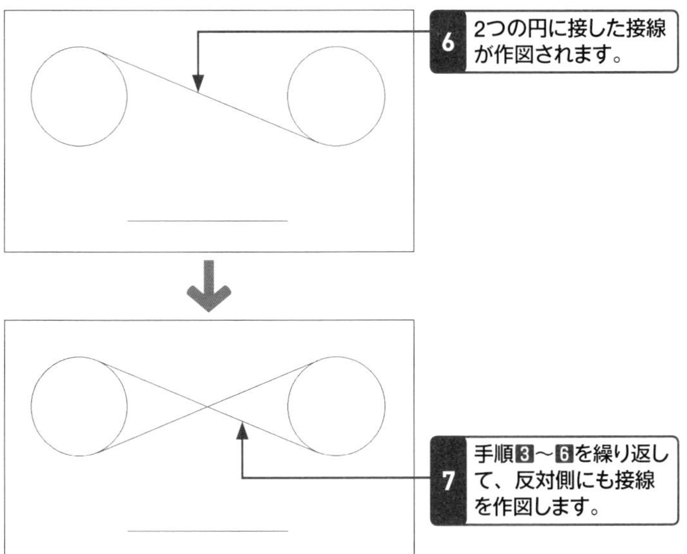
6 2つの円に接した接線が作図されます。
7 手順3～6を繰り返して、反対側にも接線を作図します。

メモ 円の選択位置について

円を選択する場合、接線が作図される向きを考えてクリックして選択する必要があります。接点自体は、接線の始点と終点を指示しないと確定しないので、円を選択する場合は、円を1/4分割して考え、接線を作図したい円周上をクリックして選択します。

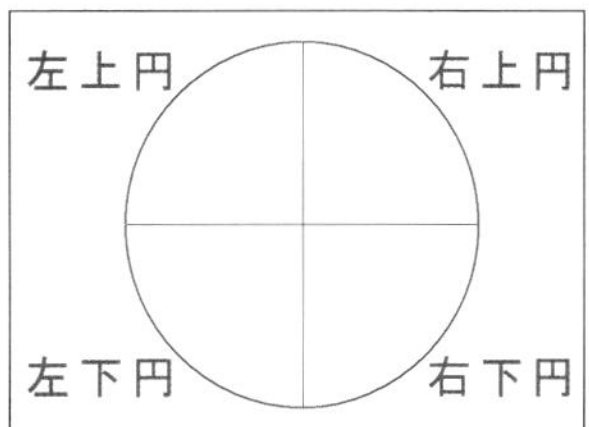
左上円
右上円
左下円
右下円

2 点と円を結んだ接線を作図する

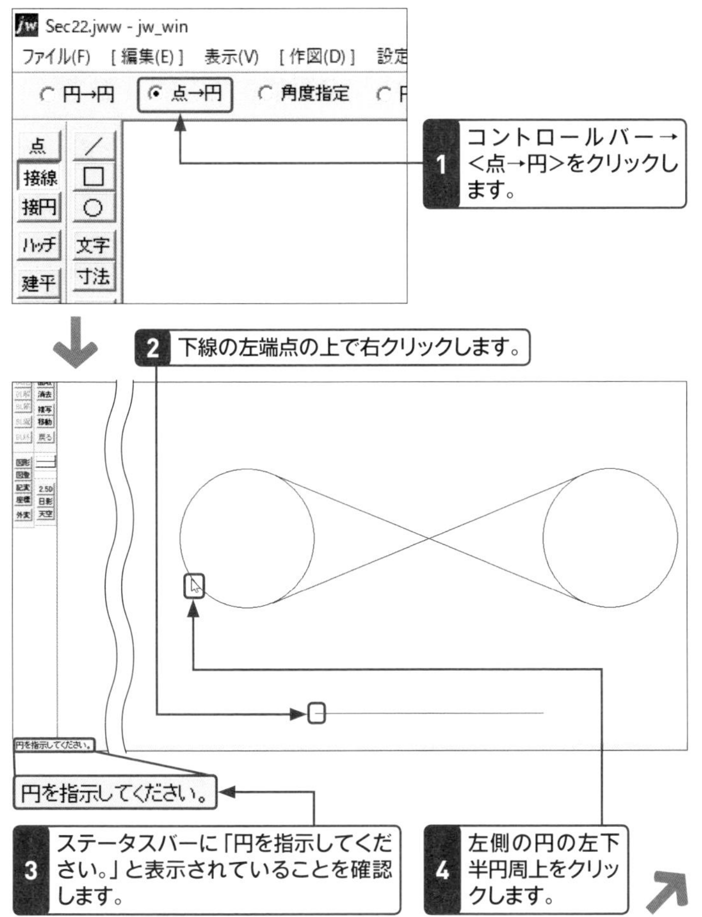
Sec22.jww - jw_win
ファイル(F) [編集(E)] 表示(V) [作図(D)] 設定
円→円
点→円
角度指定
点
接線
接円
ハッチ
建平
文字
寸法
1 コントロールバー→<点→円>をクリックします。
2 下線の左端点の上で右クリックします。
円を指示してください。
3 ステータスバーに「円を指示してください。」と表示されていることを確認します。
4 左側の円の左下半円周上をクリックします。

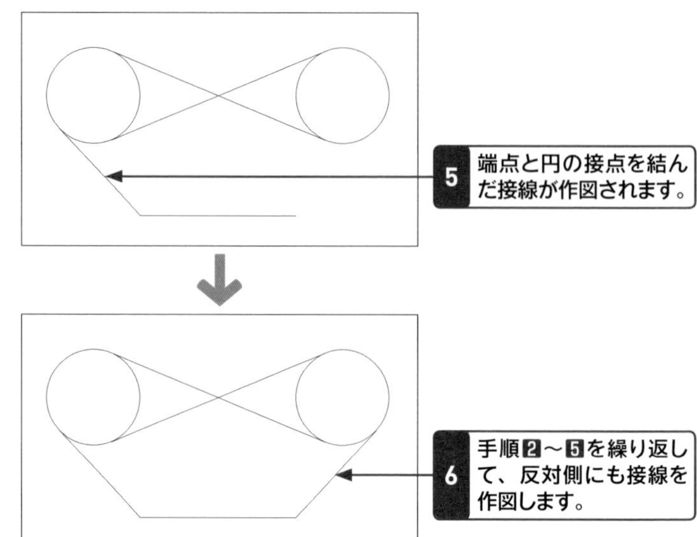
5 端点と円の接点を結んだ接線が作図されます。
6 手順2～5を繰り返して、反対側にも接線を作図します。

ステップアップ **円周上の点を指示する方法**

円周上の点を指示するには、任意のコマンド（例：線コマンド）を選択し、点を指示するタイミングで円周上で右クリックしながら上（0時）方向にドラッグします（鉛直・円周点）。

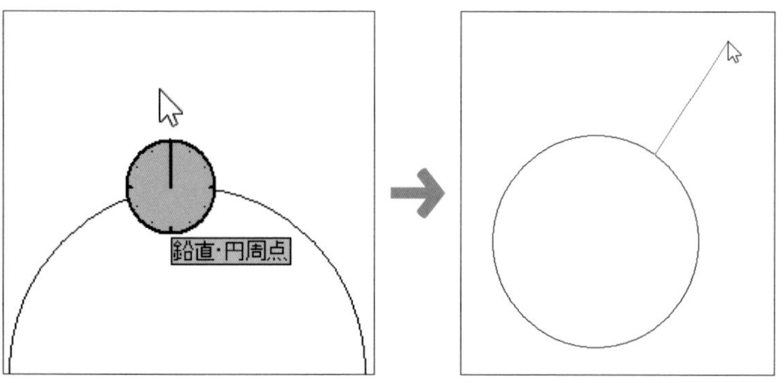
鉛直・円周点

線コマンドでコントロールバー→<水平・垂直>がチェックが入っている☑の状態で実行すると、円1/4点（0°／90°／180°／270°）の円周上の点を指示することができます。

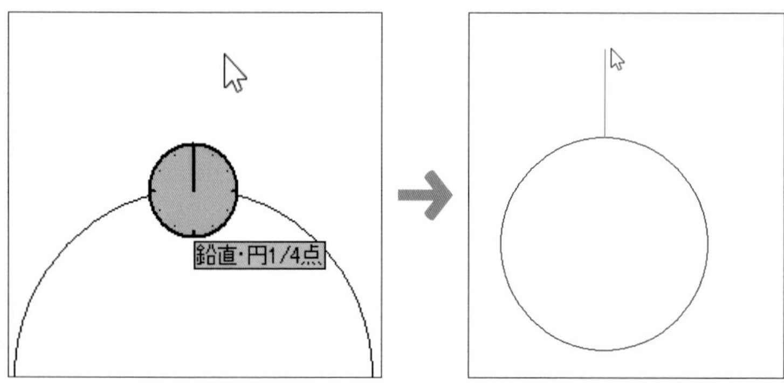
鉛直・円1/4点

Chapter 03

第3章

図形を作図／選択／変更しよう

Section 23 四角形を作図する
24 中心と半径を指定して円を作図する
25 円弧を作図する
26 正多角形を作図する
27 ハッチング（塗り潰し）を作図する
28 範囲を指定して図形や文字を選択する
29 選択した図形の線色や線種を変更する
30 線の色を指定して図形を選択する
31 図形をほかの図面に貼り付ける
32 よく使用する図形を貼り付け・登録する

Section 23

四角形を作図する

覚えておきたいキーワード
- 矩形
- 長方形
- 基準点

第3章では、線以外のさまざまな図形の作図方法や作図した図形の選択方法などを中心に、まずは長方形を作図するための□(矩形)コマンドから学習します。線に次いで使用頻度が高い基本コマンドのひとつです。ここでは対角点を指定する方法と寸法を指定して作図する方法を解説します。

練習用ファイル	Sec23.jww		
メニュー	[作図]メニュー→[矩形]		
ツールバー	[□(矩形)]		
ショートカット	B	クロックメニュー	左AM1時・右AM1時(線・矩形)／左PM1時(矩形)

第3章 図形を作図／選択／変更しよう

1 対角点を指定して四角形を作図する

メモ クロックメニューを使用した矩形コマンドの実行について

クロックメニューから「矩形コマンド」を呼び出すと「線コマンド」が選択されることがあります。これは、クロックメニューの左AM1時が「線」と「矩形」のショートカットキーになっており、互いに循環する仕様になっているためです。線コマンドが選択された場合は、再度クロックメニューから選択してください。

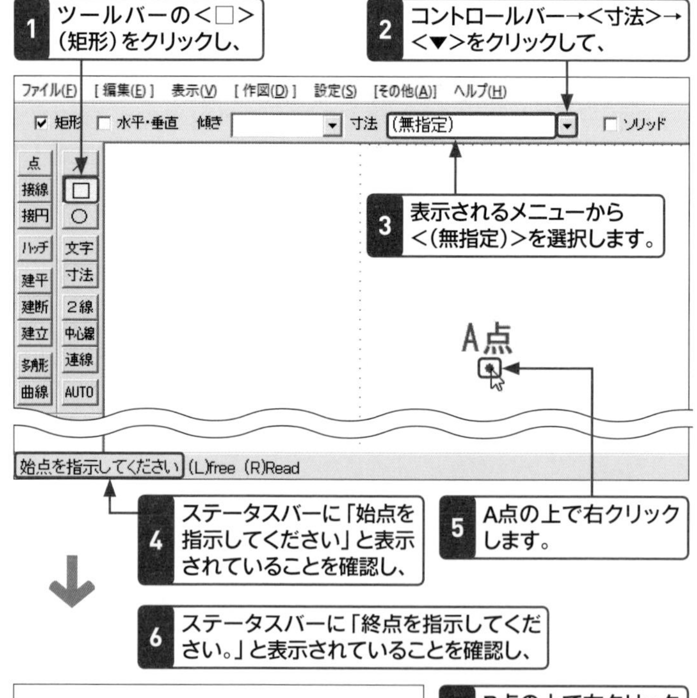

1 ツールバーの<□>(矩形)をクリックし、
2 コントロールバー→<寸法>→<▼>をクリックして、
ファイル(F) [編集(E)] 表示(V) [作図(D)] 設定(S) [その他(A)] ヘルプ(H)
矩形 水平・垂直 傾き 寸法 (無指定) ソリッド
点 接線 接円 ハッチ 建平 建断 建立 多角形 曲線
文字 寸法 2線 中心線 連線 AUTO
3 表示されるメニューから<(無指定)>を選択します。
A点
始点を指示してください (L)free (R)Read
4 ステータスバーに「始点を指示してください」と表示されていることを確認し、
5 A点の上で右クリックします。

6 ステータスバーに「終点を指示してください。」と表示されていることを確認し、

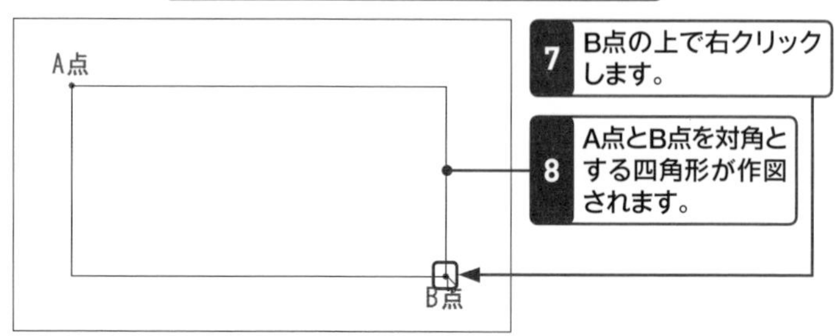

A点
B点
7 B点の上で右クリックします。
8 A点とB点を対角とする四角形が作図されます。

2 寸法を指定して四角形を作図する

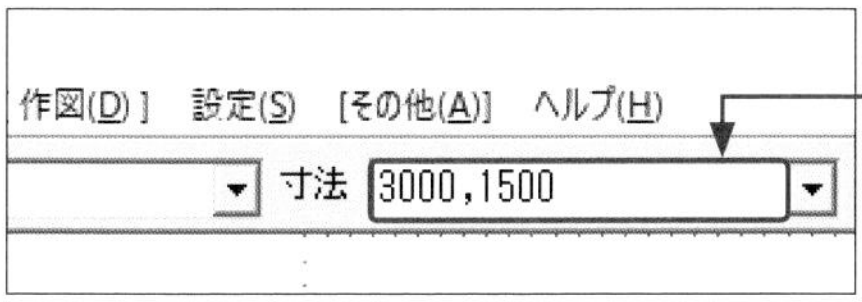

作図(D)］ 設定(S) ［その他(A)］ ヘルプ(H)

寸法 3000,1500

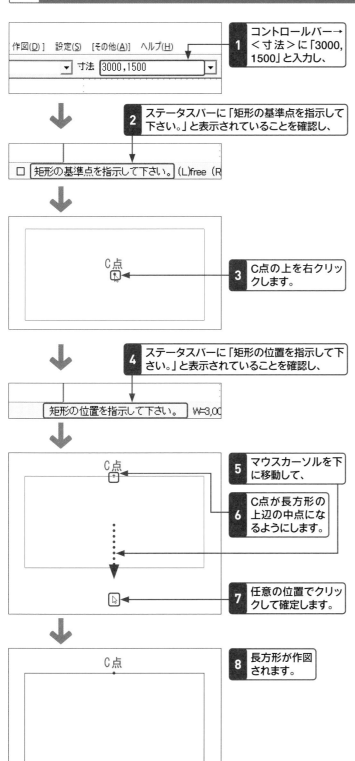

1 コントロールバー→＜寸法＞に「3000, 1500」と入力し、

2 ステータスバーに「矩形の基準点を指示して下さい。」と表示されていることを確認し、

矩形の基準点を指示して下さい。 (L)free (R

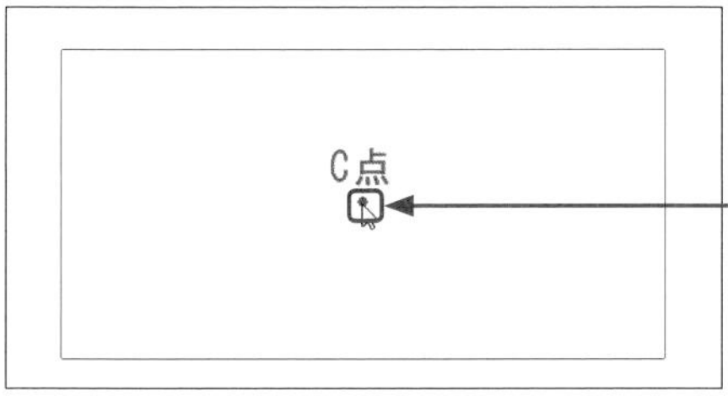

C点

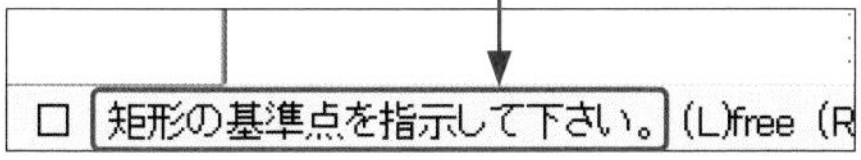

3 C点の上を右クリックします。

4 ステータスバーに「矩形の位置を指示して下さい。」と表示されていることを確認し、

矩形の位置を指示して下さい。 W=3,00

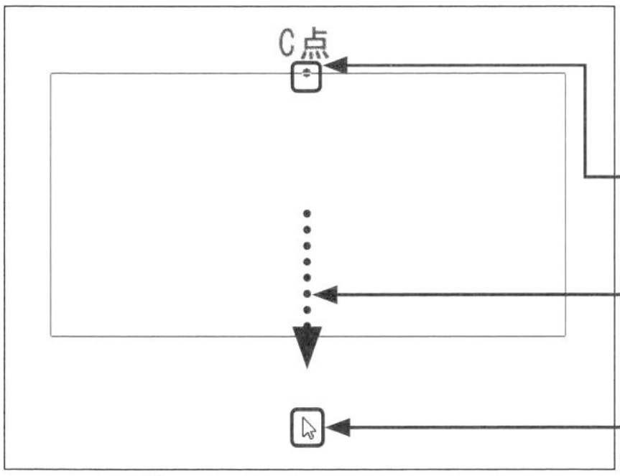

C点

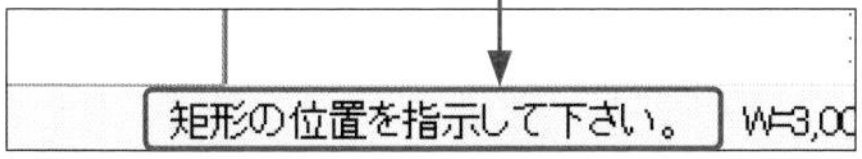

5 マウスカーソルを下に移動して、

6 C点が長方形の上辺の中点になるようにします。

7 任意の位置でクリックして確定します。

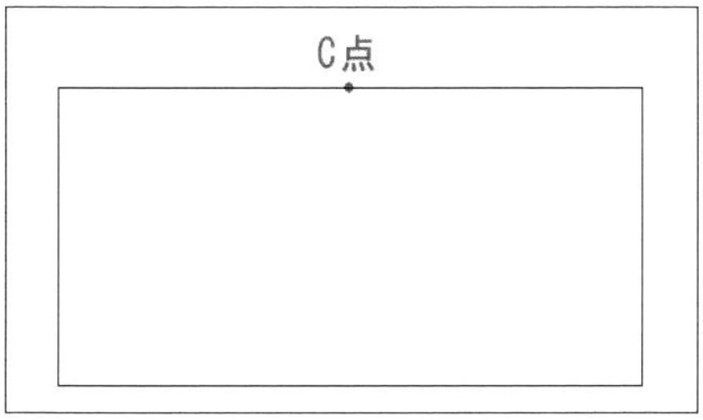

C点

8 長方形が作図されます。

メモ 長方形の幅（W）と高さ（H）について

P.69のメモ「座標の考え方について」でも解説したように、Jw_cadでは水平方向をX、垂直方向をYと考えます。したがって、長方形の幅（W）は水平（X）方向と、高さ（H）は垂直（Y）方向とそれぞれリンクしています。

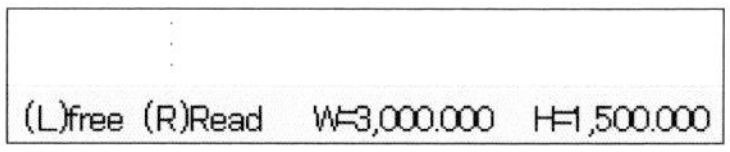

(L)free (R)Read W=3,000.000 H=1,500.000

メモ 矩形の基準点について

寸法を数値入力して作図する場合、長方形（矩形）を配置する基準点を指定します。基準点は長方形の中心を基準に9つの点を指定することができます。

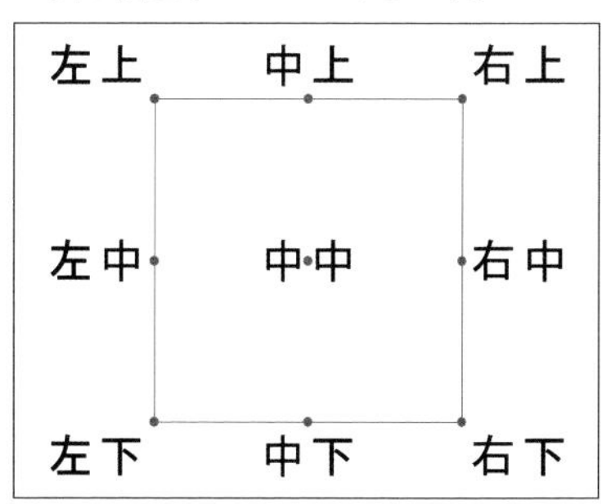
左上
中上
右上
左中
中中
右中
左下
中下
右下

メモ 対角点の指定に戻すには

寸法に数値を入力すると、連続して同じサイズの長方形を作図することができます。数値を使わずに、対角点の指示で長方形を作図する場合は、＜寸法＞→＜▼＞をクリックして、表示されるメニューから＜（無指定）＞をクリックして選択します。

Section 24

中心と半径を指定して円を作図する

覚えておきたいキーワード
- 円（半径）
- 円（直径）
- 円（多重円）

ここでは、円の基本的な作図方法について学習します。マウスカーソルで半径を指定して円を作図する方法と、半径を数値で入力して9つの配置点から基準点を選択し、好きな位置に円を作図する方法について学習します。また、直径を指定する方法や同心円を同時に作図する方法も解説します。

練習用ファイル	Sec24.jww		
メニュー	[作図] メニュー→[円弧]		
ツールバー	[○]		
ショートカット	Ⓔ(円・円弧)	クロックメニュー	左AM2時

1 中心を指定して円を作図する

メモ 直径の2点を指定して作成する場合

ここでは半径を指定していますが、2点を結んだ直径を持つ円を作図したい場合は、寸法が<空欄（無指定）>の状態で、コントロールバー→<基点>をクリックして<外側>に切り替えます。続いて、任意の2点をクリック（または右クリック）して直径を指定します。なお、ステータスバーには「中心点を指示してください。」と表示されますが、<外側>の状態で1点目を指定すると円周上の点が指定されます。

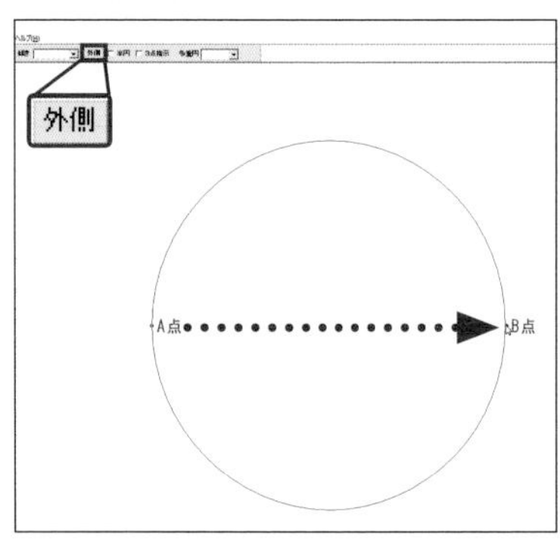
外側
A点
B点

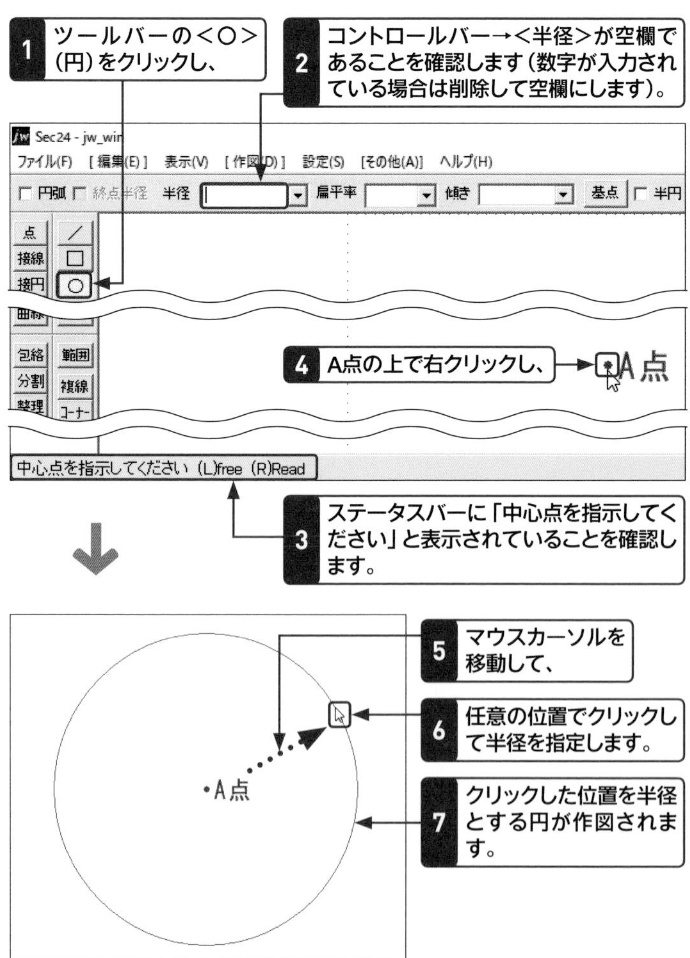
1 ツールバーの<○>(円)をクリックし、
2 コントロールバー→<半径>が空欄であることを確認します（数字が入力されている場合は削除して空欄にします）。
Sec24 - jw_win
ファイル(F) [編集(E)] 表示(V) [作図(D)] 設定(S) [その他(A)] ヘルプ(H)
円弧 終点半径 半径 扁平率 傾き 基点 半円
点 接線 接円 曲線 包絡 分割 整理 範囲 複線 コーナー
4 A点の上で右クリックし、
A点
中心点を指示してください (L)free (R)Read
3 ステータスバーに「中心点を指示してください」と表示されていることを確認します。
5 マウスカーソルを移動して、
6 任意の位置でクリックして半径を指定します。
A点
7 クリックした位置を半径とする円が作図されます。

2 半径を指定して円を作図する

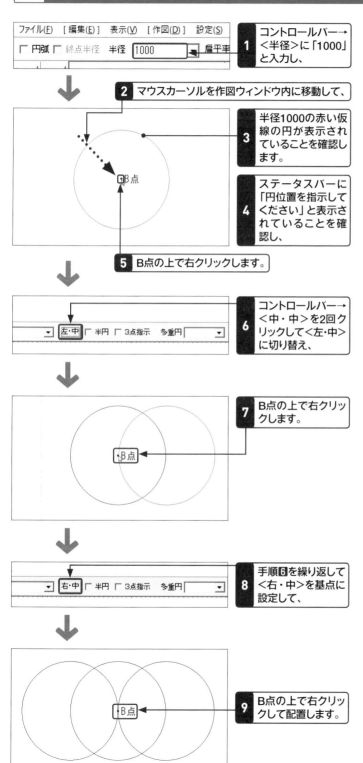

1 コントロールバー→<半径>に「1000」と入力し、

2 マウスカーソルを作図ウィンドウ内に移動して、

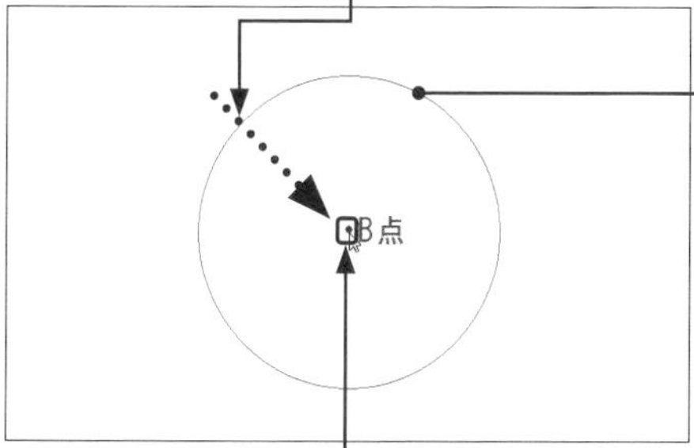

3 半径1000の赤い仮線の円が表示されていることを確認します。

4 ステータスバーに「円位置を指示してください」と表示されていることを確認し、

5 B点の上で右クリックします。

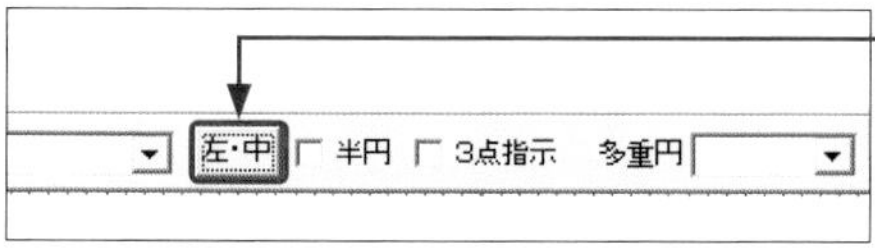

6 コントロールバー→<中・中>を2回クリックして<左・中>に切り替え、

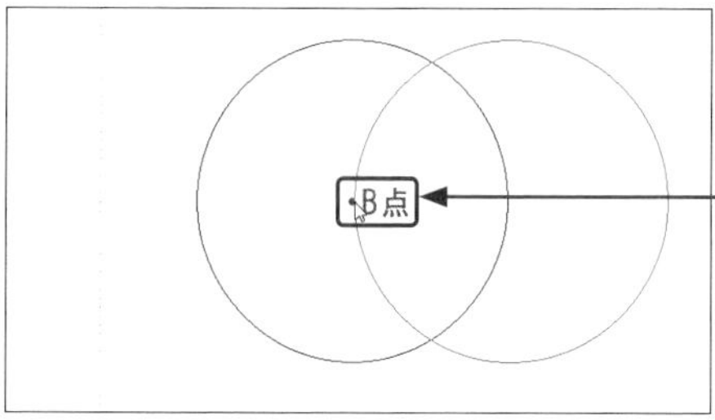

7 B点の上で右クリックします。

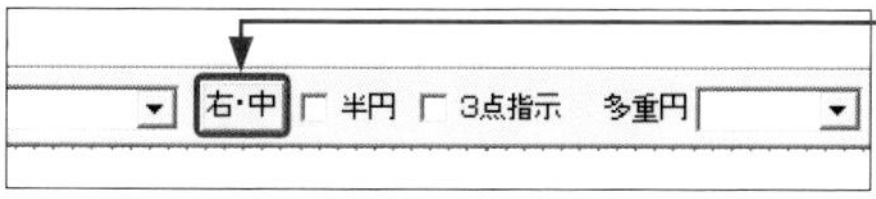

8 手順6を繰り返して<右・中>を基点に設定して、

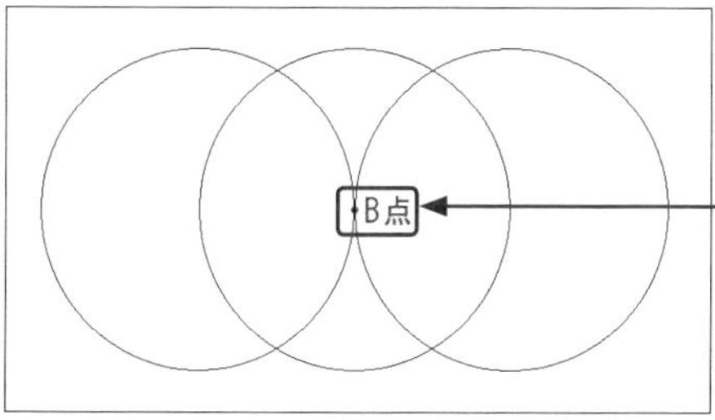

9 B点の上で右クリックして配置します。

メモ 円の基点について

半径を指定して作図する場合、円を配置する基点を指定します。基点は円の中心を基準に9つの点を指定することができます。

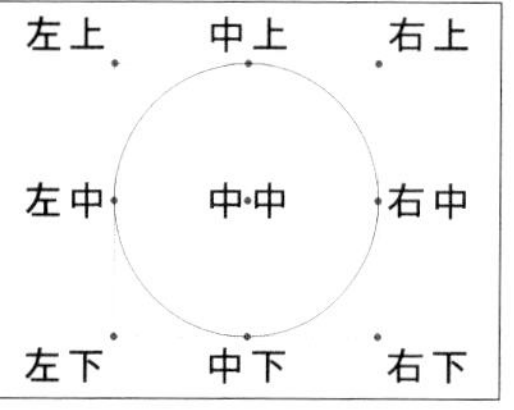
左上
中上
右上
左中
中中
右中
左下
中下
右下

ヒント 同心円を同時に作図する

コントロールバー→<多重円>→<▼>をクリックして表示されるメニューから数値を選択して円を作図すると、等間隔の同心円を同時に作図することができます。

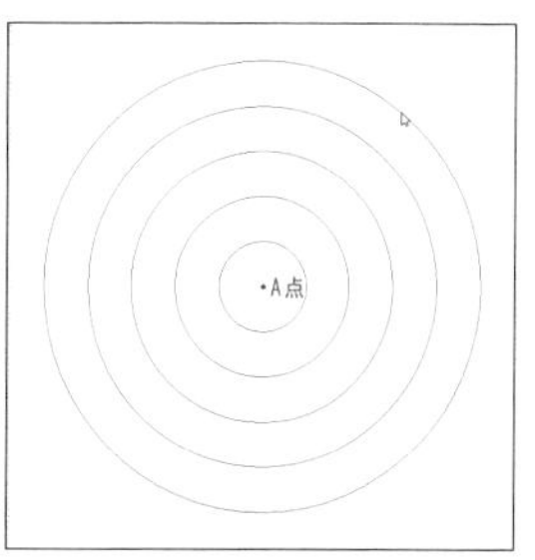

メモ 中心の指定に戻すには

半径に数値を入力すると、連続して同じサイズの円を作図することができます。数値を使わずに、中心からマウスカーソルで半径を指定して作図する場合は<半径>→<▼>をクリックして、表示されるメニューから<(無指定)>をクリックして選択します。

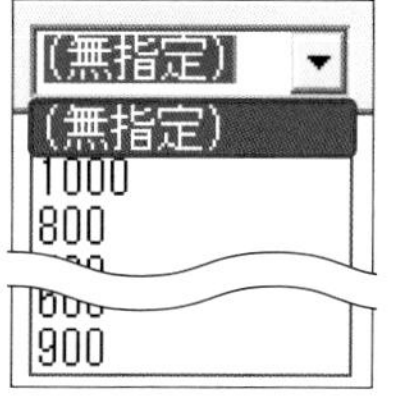
(無指定)
(無指定)
1000
800
900

Section 25

円弧を作図する

覚えておきたいキーワード
☑ 円（円弧）
☑ 円（3点指示）
☑ 円（半円）

ここでは、円弧の作図方法について学習します。円弧コマンドは、円コマンドの一部です。基本的な作図の考え方は円と同じで、半径と円周上の始点と終点を指定することで円弧を作図します。また、円周上の3点（始点・終点・通過点）を指定して円弧を作図する方法も解説します。

練習用ファイル	Sec25.jww		
メニュー	［作図］メニュー→［円弧］		
ツールバー	［○］		
ショートカット	Ⓔ（円・円弧）	クロックメニュー	左AM2時

第3章 図形を作図／選択／変更しよう

1 半径を指定して円弧を作図する

メモ 円コマンドと円弧について

Jw_cadでは、円弧を作図する場合は○コマンドを選択してからコントロールバー→<円弧>にチェックを入れることで、作図することができます。

メモ 円弧の向きについて

円弧の向きはマウスカーソルの移動で指定します。ここでは始点（B点）から反時計回りに円弧を作図しましたが、時計回りの方向に円弧を作図したい場合は下方向にマウスカーソルを移動させます。

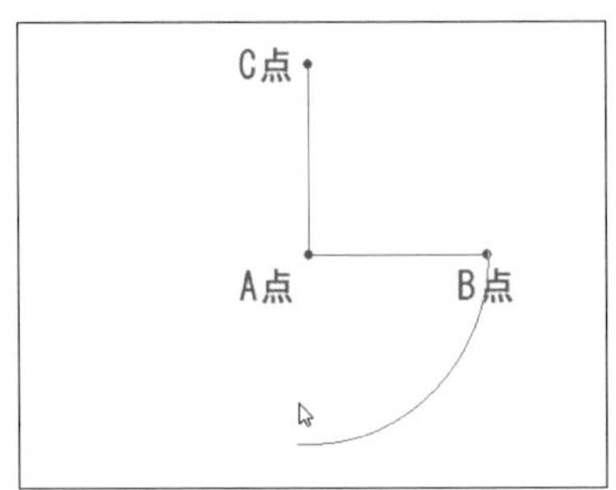

C点
A点
B点

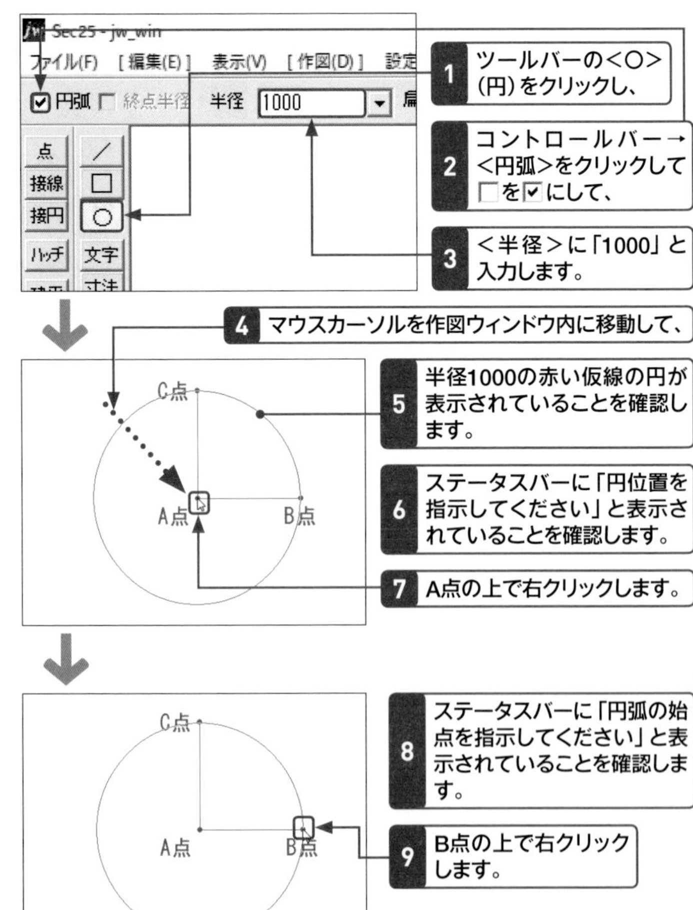

Sec25 - jw_win
ファイル(F) [編集(E)] 表示(V) [作図(D)] 設定
円弧 終点半径 半径 1000
点 接線 接円 ハッチ 文字 寸法
C点
A点
B点

1 ツールバーの<○>（円）をクリックし、

2 コントロールバー→<円弧>をクリックして□を☑にして、

3 <半径>に「1000」と入力します。

4 マウスカーソルを作図ウィンドウ内に移動して、

5 半径1000の赤い仮線の円が表示されていることを確認します。

6 ステータスバーに「円位置を指示してください」と表示されていることを確認します。

7 A点の上で右クリックします。

8 ステータスバーに「円弧の始点を指示してください」と表示されていることを確認します。

9 B点の上で右クリックします。

10 ステータスバーに「終点を指示してください」と表示されていることを確認します。

C点
A点
B点

11 マウスカーソルを上方向に移動します。

12 赤い仮線の円弧が表示されていることを確認します。

13 C点の上で右クリックします。

2 円周上の3点を指定して円弧を作図する

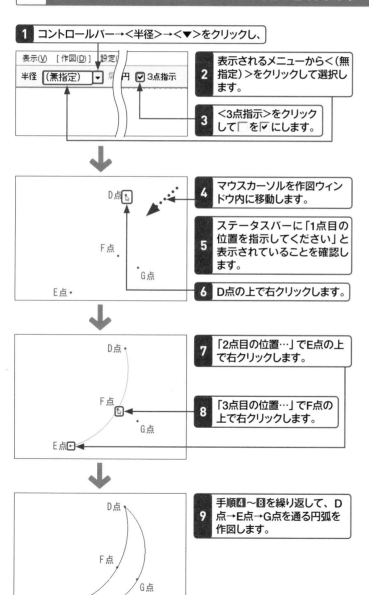

1 コントロールバー→<半径>→<▼>をクリックし、

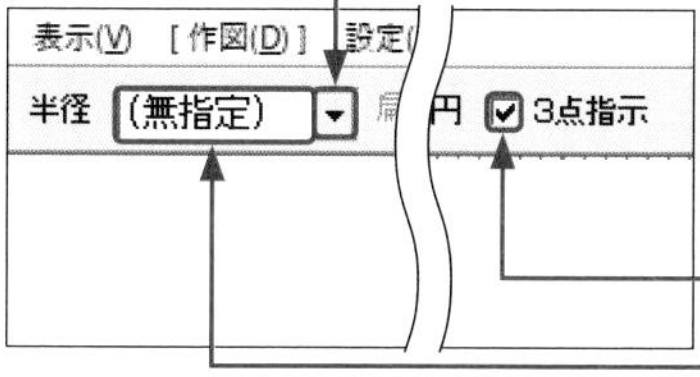

2 表示されるメニューから<(無指定)>をクリックして選択します。

3 <3点指示>をクリックして□を☑にします。

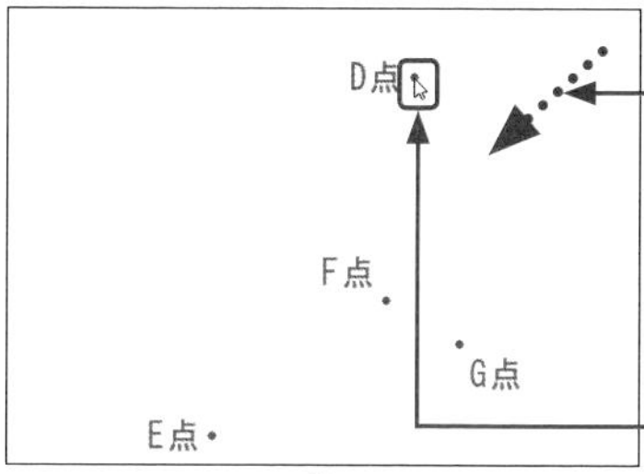

4 マウスカーソルを作図ウィンドウ内に移動します。

5 ステータスバーに「1点目の位置を指示してください」と表示されていることを確認します。

6 D点の上で右クリックします。

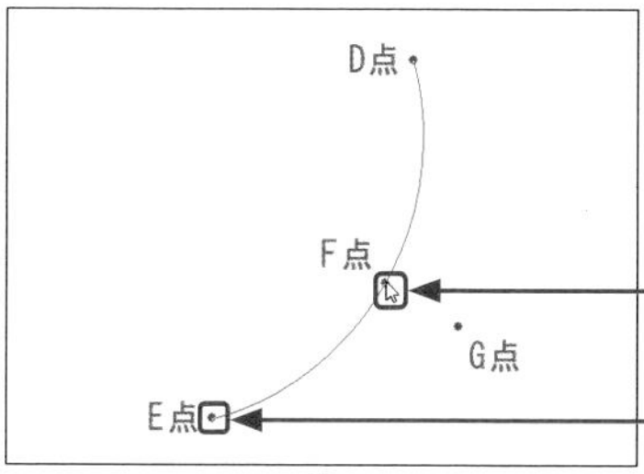

7 「2点目の位置…」でE点の上で右クリックします。

8 「3点目の位置…」でF点の上で右クリックします。

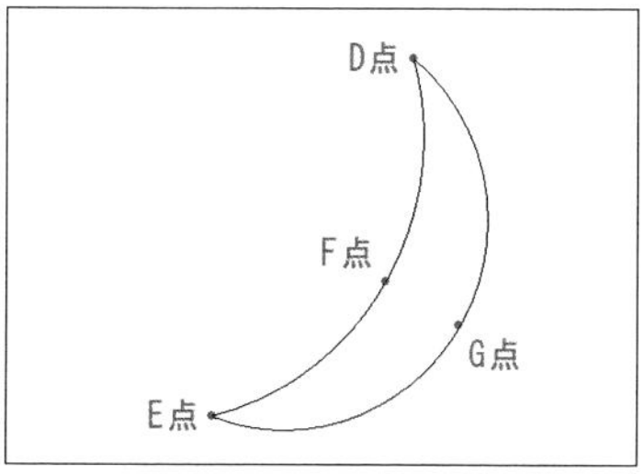

9 手順4～8を繰り返して、D点→E点→G点を通る円弧を作図します。

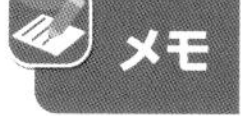

メモ 円弧と線の交点の表示について

線の端点と円弧の端点を結ぶ際に、右クリックで読取点を取得したにも関わらず、円弧の端点がはみ出したような表示になることがあります。これは一時的な表示エラーです。交点部分を拡大表示して、はみ出していなければデータ上は問題ありません。

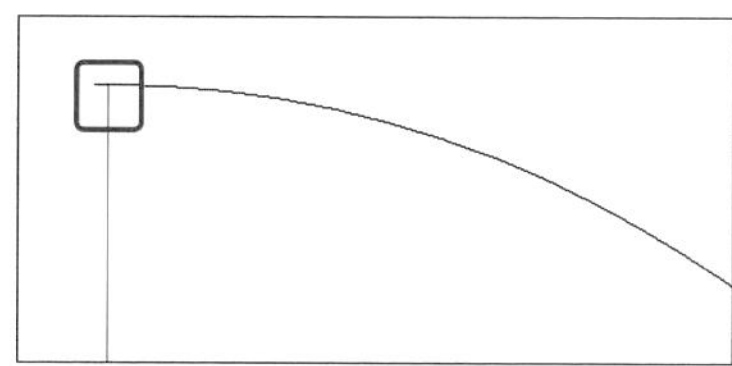

メモ 半円を作図する

半円を作図したい場合は、コントロールバー→<半円>にチェックを入れて、直径にあたる2点を指定します。赤い仮半円が表示されるので、作図したい方向にマウスカーソルを移動してクリックして確定します。

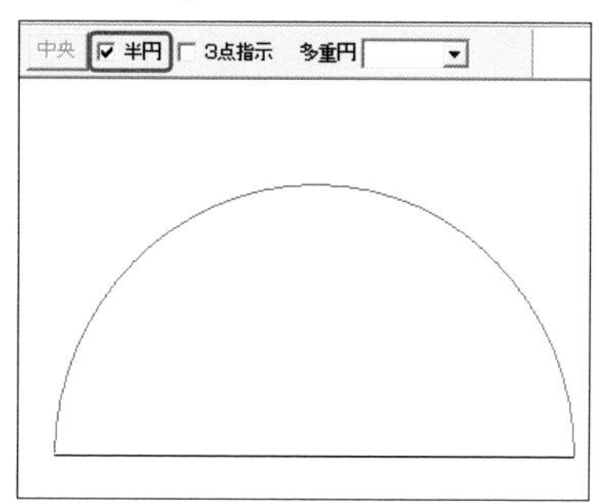
中央
半円
3点指示
多重円

Section 26

正多角形を作図する

覚えておきたいキーワード
- ☑ 多角形（頂点指定）
- ☑ 多角形（辺指定）
- ☑ 多角形（辺寸法指定）

ここでは、正多角形（すべての辺と角度が等しい図形）の作図方法について解説します。正多角形の作図方法には「中心から頂点を指定（内接）」「中心から辺までの高さを指定（外接）」「多角形の斜辺長さを指定」などがあります。多角形のソリッド図形についてはP.84のSec.27で解説します。

練習用ファイル	Sec26.jww
メニュー	[作図] メニュー→[多角形]
ツールバー	[多角形]
ショートカット	Shift + W

1 半径1000mmの円に内接する正五角形を作図する

メモ 基準の設定について

ここでは、多角形の中心を基準に作図しましたが、基準はコントロールバーより以下のように設定できます。

中心 中央 任意

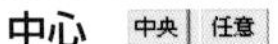

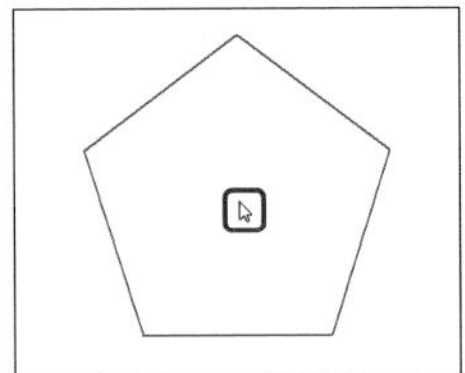

頂点 頂点 任意

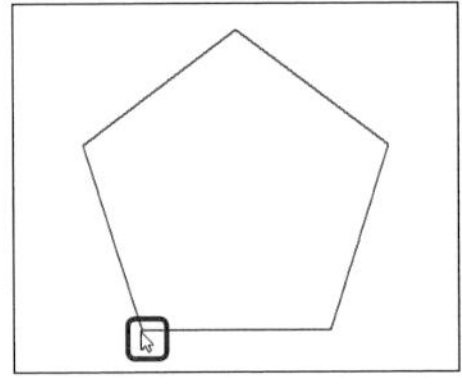

辺 辺 任意

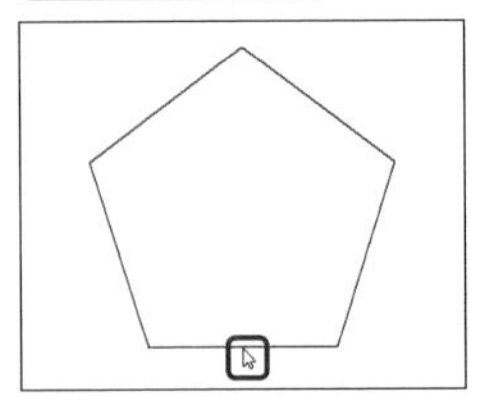

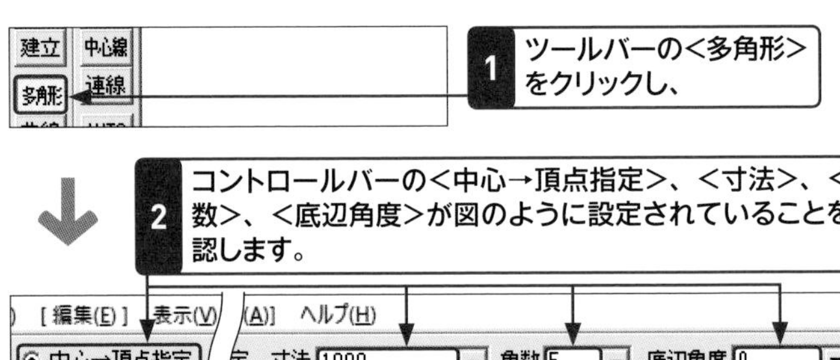
建立
中心線
多角形
連線
[編集(E)]
表示(V)
(A)]
ヘルプ(H)
中心→頂点指定
寸法 1000
角数 5
底辺角度 0

1 ツールバーの<多角形>をクリックし、

2 コントロールバーの<中心→頂点指定>、<寸法>、<角数>、<底辺角度>が図のように設定されていることを確認します。

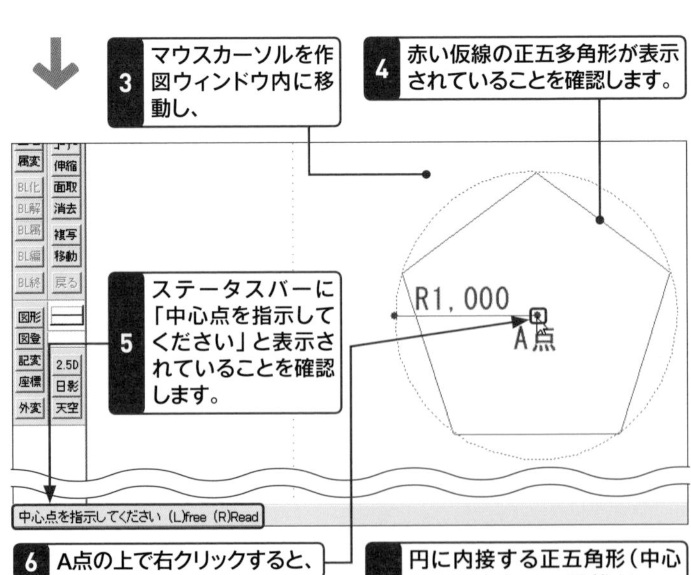
属変
伸縮
面取
消去
複写
移動
戻る
図形
図登
記変
座標
外変
2.5D
日影
天空
R1, 000
A点
中心点を指示してください (L)free (R)Read

3 マウスカーソルを作図ウィンドウ内に移動し、

4 赤い仮線の正五多角形が表示されていることを確認します。

5 ステータスバーに「中心点を指示してください」と表示されていることを確認します。

6 A点の上で右クリックすると、

7 円に内接する正五角形（中心から頂点までの距離が1000mm）が作図されます。

2 半径1000mmの円に外接する正五角形を作図する

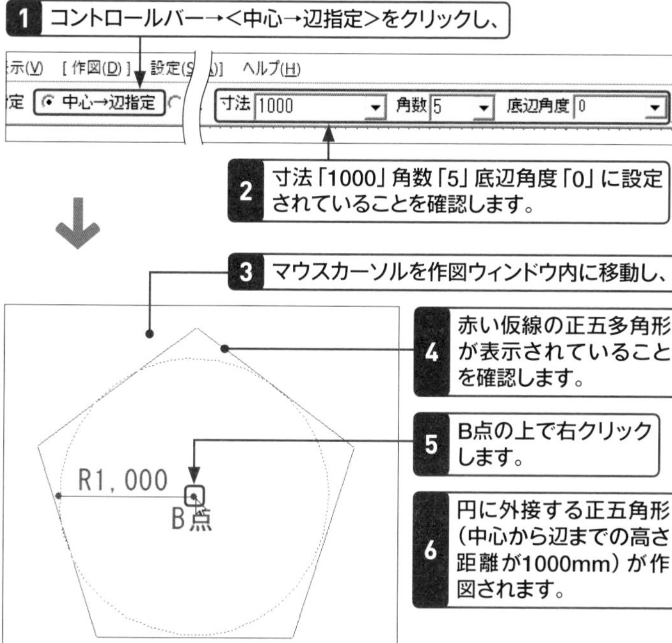
1 コントロールバー→<中心→辺指定>をクリックし、
2 寸法「1000」角数「5」底辺角度「0」に設定されていることを確認します。
3 マウスカーソルを作図ウィンドウ内に移動し、
4 赤い仮線の正五多角形が表示されていることを確認します。
5 B点の上で右クリックします。
6 円に外接する正五角形（中心から辺までの高さ距離が1000mm）が作図されます。
R1,000
B点

メモ 底辺角度について

底辺角度を設定すると、水平方向を0°を基準として、指定した角度に傾けた状態で多角形が作図できます。

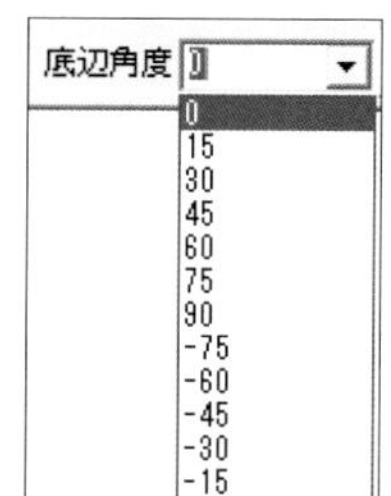
底辺角度
0
15
30
45
60
75
90
-75
-60
-45
-30
-15

3 1辺の長さが1000mmの正五角形を作図する

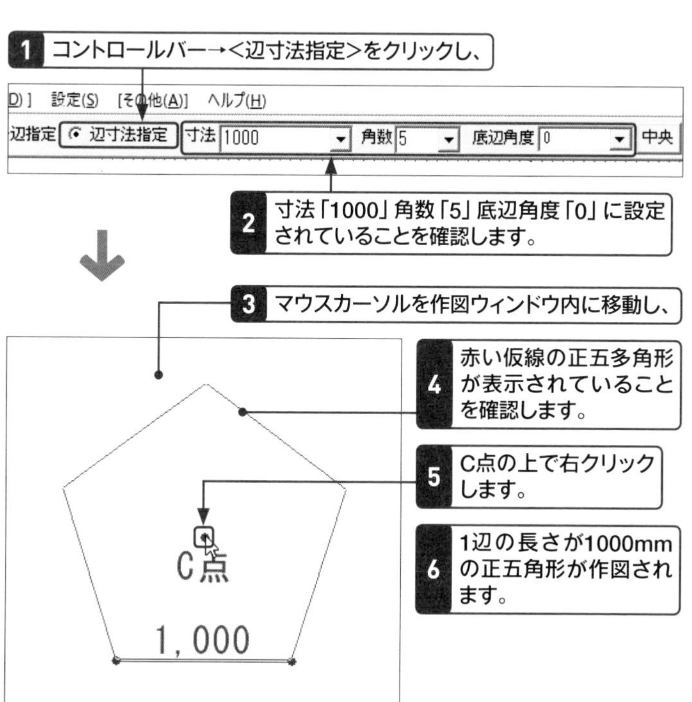
1 コントロールバー→<辺寸法指定>をクリックし、
2 寸法「1000」角数「5」底辺角度「0」に設定されていることを確認します。
3 マウスカーソルを作図ウィンドウ内に移動し、
4 赤い仮線の正五多角形が表示されていることを確認します。
5 C点の上で右クリックします。
6 1辺の長さが1000mmの正五角形が作図されます。
C点
1,000

ヒント マウス操作で寸法を指定する

コントロールバー→<寸法>→<▼>で<無指定>をクリックして選択すると、任意の場所をクリック→マウスカーソルの移動→クリック操作で多角形の寸法の長さを指定することができます。

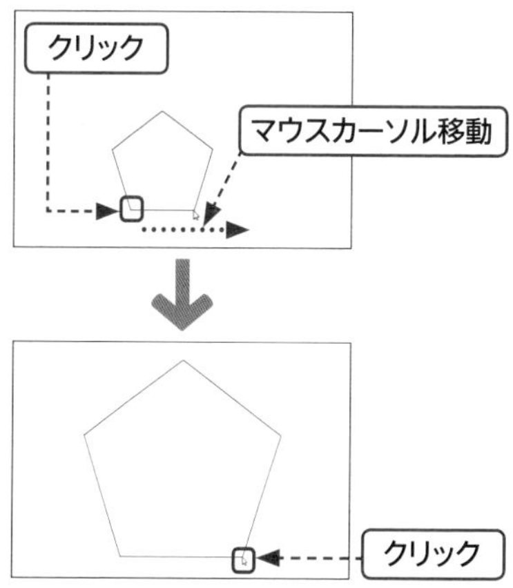
クリック
マウスカーソル移動
クリック

Section 27

ハッチング（塗り潰し）を作図する

覚えておきたいキーワード
☑ ハッチ
☑ 多角形（ソリッド図形）
☑ 多角形（円・連続線指示）

ここでは、ハッチコマンドを使用して格子状の床を作成し、多角形コマンドの「ソリッド図形」を使用して躯体壁の内側を塗り潰しする方法について解説します。どちらのコマンドもコントロールバーの設定項目が多いので、よく確認しながら進めてください。

練習用ファイル	Sec27.jww		
メニュー	[作図]メニュー→[ハッチ]／[作図]メニュー→[多角形]		
ツールバー	[ハッチ]／[多角形]		
ショートカット	X[ハッチ]／Shift＋W[多角形]	クロックメニュー	左PM7時（ハッチ）

1 格子状のハッチングを作成する

キーワード ハッチ（ハッチング）

ハッチ（ハッチング）とは、指定した領域を一定間隔の線（または同じ図形）で埋めることを指します。

メモ 実寸について

ハッチングのピッチ（間隔）を指定する際に、<実寸>にチェックを入れると、指定したピッチで作図されます。一方<実寸>のチェックを外して作図すると指定したピッチで印刷されます。そのため、用紙の縮尺により作図時はピッチは異なります。

例：S=1/30でピッチ10で作図した場合

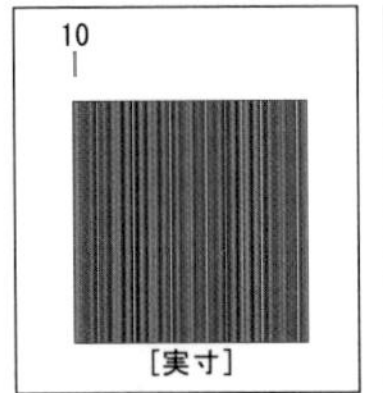
10
[実寸]

作図時：10mm
印刷時：10mmx1/30=0.3mm

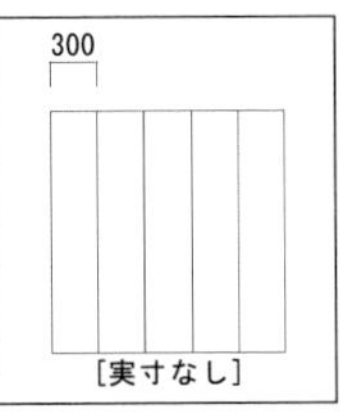
300
[実寸なし]

作図時：300mm
印刷時：300mmx1/30=10mm

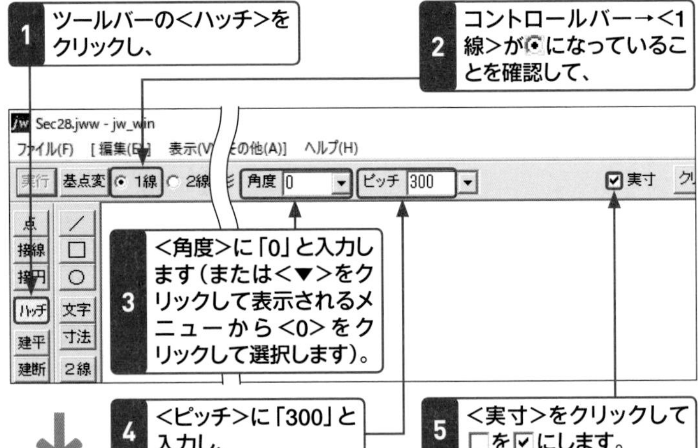
1 ツールバーの<ハッチ>をクリックし、
2 コントロールバー→<1線>が◉になっていることを確認して、
3 <角度>に「0」と入力します（または<▼>をクリックして表示されるメニューから<0>をクリックして選択します）。
4 <ピッチ>に「300」と入力し、
5 <実寸>をクリックして□を☑にします。

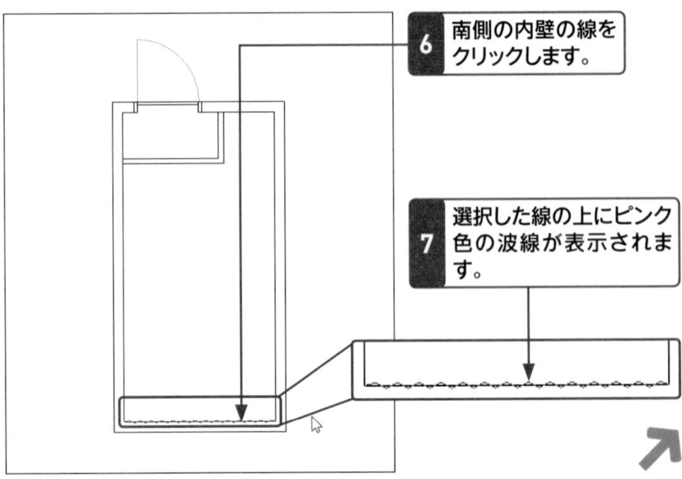
6 南側の内壁の線をクリックします。
7 選択した線の上にピンク色の波線が表示されます。

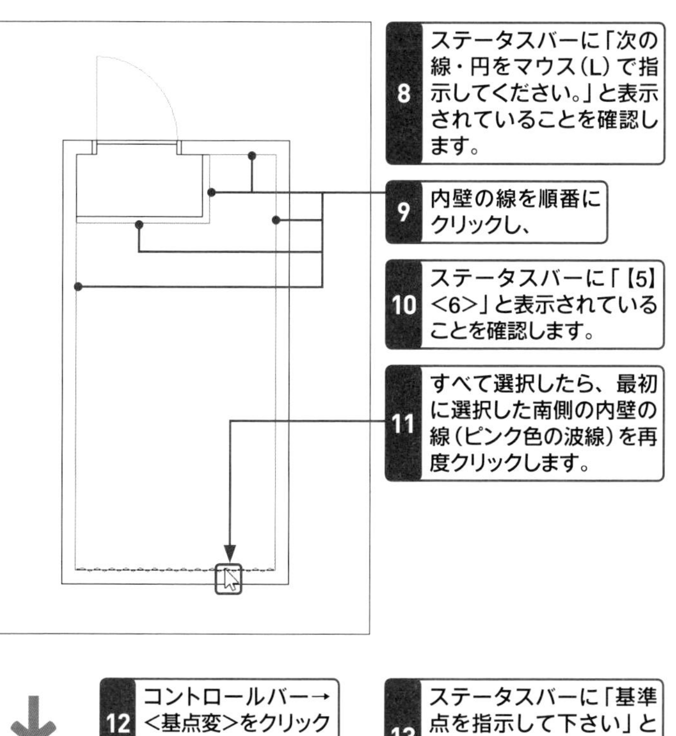

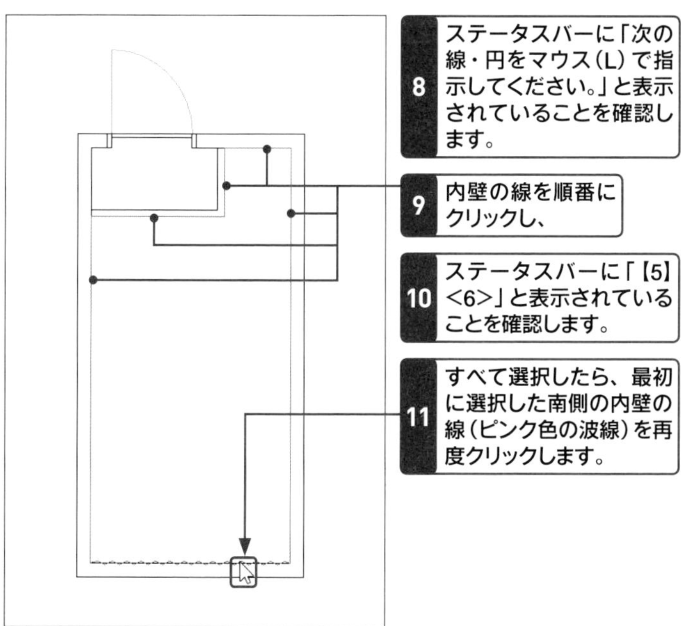

8 ステータスバーに「次の線・円をマウス（L）で指示してください。」と表示されていることを確認します。

9 内壁の線を順番にクリックし、

10 ステータスバーに「【5】<6>」と表示されていることを確認します。

11 すべて選択したら、最初に選択した南側の内壁の線（ピンク色の波線）を再度クリックします。

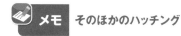

12 コントロールバー→<基点変>をクリックし、

13 ステータスバーに「基準点を指示して下さい」と表示されていることを確認し、

Sec28.jww - jw_win
ファイル(F) [編集(E)] 表示(V) [作図(D)] 設定(S)
実行
基点変
1線 2線 3線
図形
基準点を指示して下さい (L)free (R)Read

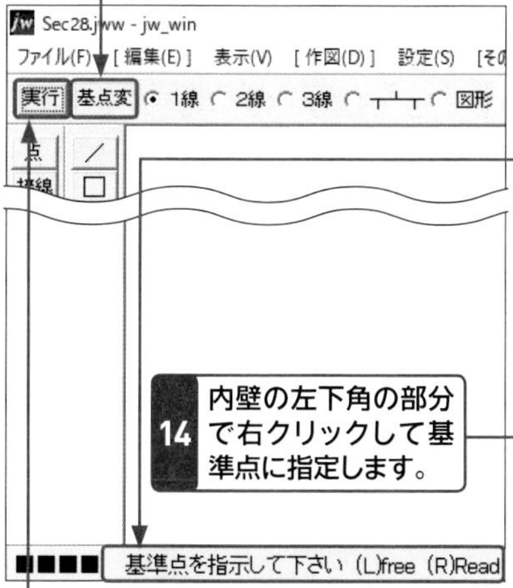

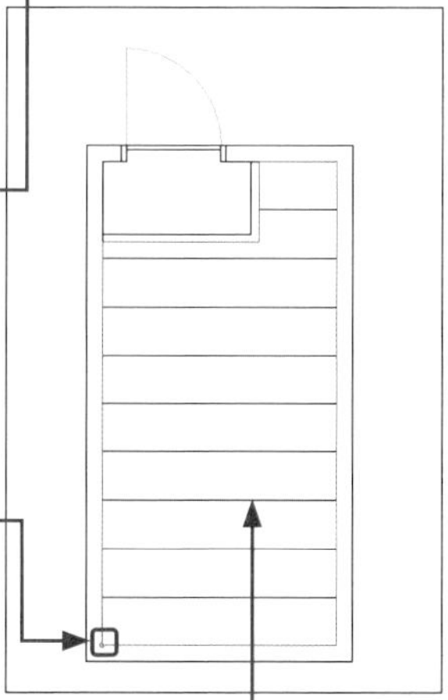

14 内壁の左下角の部分で右クリックして基準点に指定します。

15 コントロールバー→<実行>をクリックします。

16 水平方向にハッチングが作図されます。

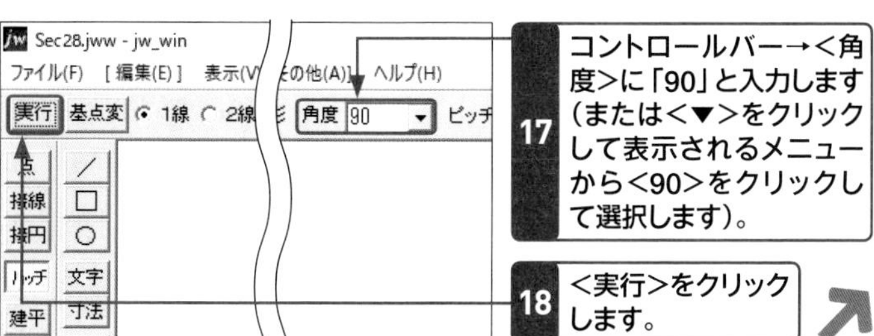

Sec28.jww - jw_win
ファイル(F) [編集(E)] 表示(V) その他(A) ヘルプ(H)
実行
基点変
1線 2線
角度 90
ピッチ
点
接線
接円
ハッチ
建平
文字
寸法

17 コントロールバー→<角度>に「90」と入力します（または<▼>をクリックして表示されるメニューから<90>をクリックして選択します）。

18 <実行>をクリックします。

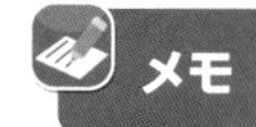

メモ　そのほかのハッチング

ハッチコマンドを選択して、コントロールバーから<2線><3線><馬目地>を選択することで、さまざまなハッチングを作成することができます。

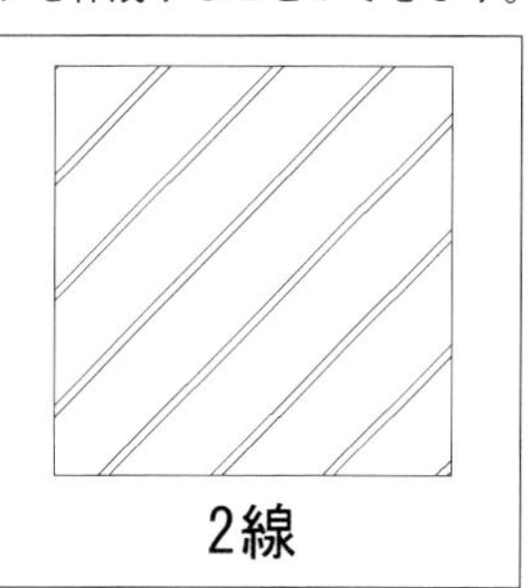

2線

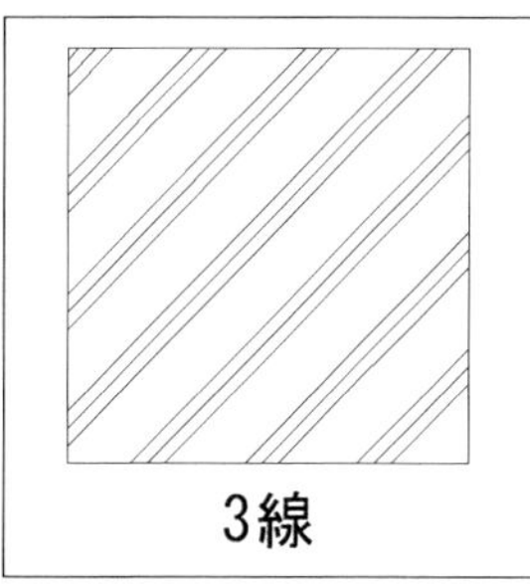

3線

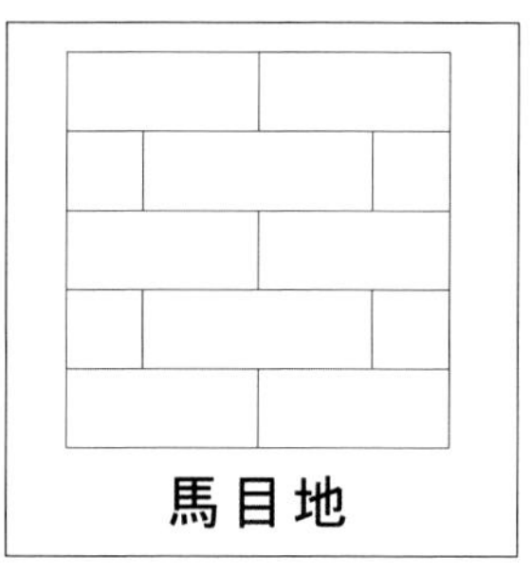

馬目地

メモ

ハッチング範囲について

選択されたハッチング範囲は、コントロールバー→<クリアー>をクリックするか、ほかのコマンドを選択するまで継続して使用することができます。

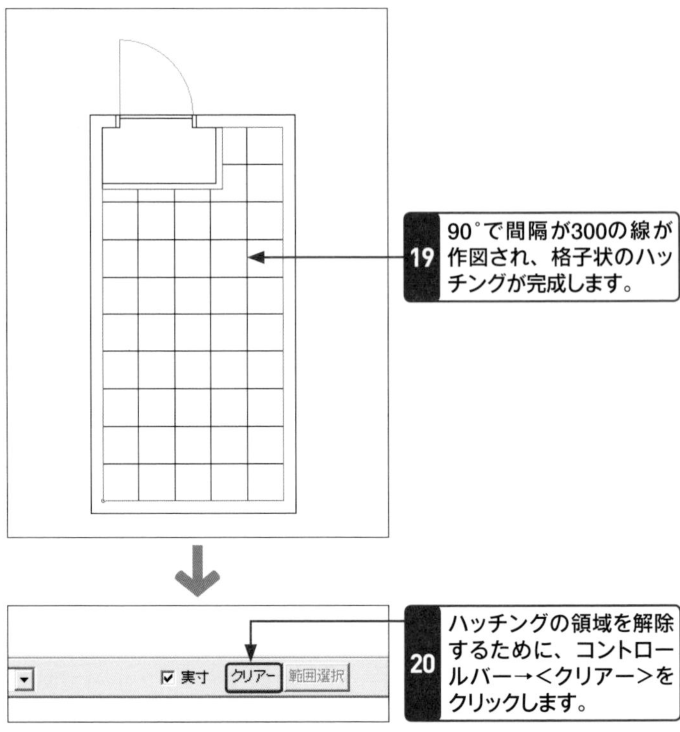
19 90°で間隔が300の線が作図され、格子状のハッチングが完成します。
実寸
クリアー
範囲選択
20 ハッチングの領域を解除するために、コントロールバー→<クリアー>をクリックします。

2 壁に塗り潰しを作図する

メモ

塗り潰し（ソリッド図形）

ハッチングが線の集合体なのに対して、塗り潰し（ソリッド図形）は、面のようなイメージで作成されます（厳密には2DCADで面は作成できません）。Jw_cadでは多角形の一種して作成されます。

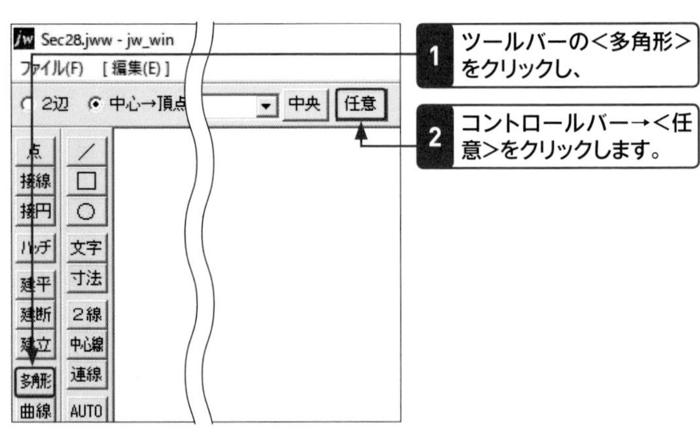
Sec28.jww - jw_win
ファイル(F) [編集(E)]
2辺 中心→頂点 中央 任意
点 接線 接円 ハッチ 建平 建断 建立 多角形 曲線
文字 寸法 2線 中心線 連線 AUTO
1 ツールバーの<多角形>をクリックし、
2 コントロールバー→<任意>をクリックします。

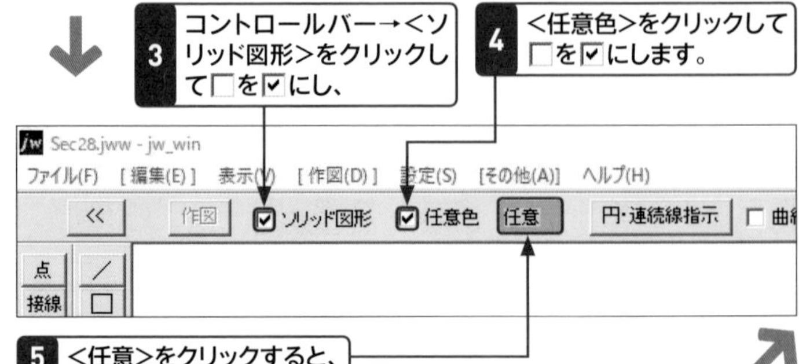
3 コントロールバー→<ソリッド図形>をクリックして□を☑にし、
4 <任意色>をクリックして□を☑にします。
Sec28.jww - jw_win
ファイル(F) [編集(E)] 表示(V) [作図(D)] 設定(S) [その他(A)] ヘルプ(H)
<< 作図 ソリッド図形 任意色 任意 円・連続線指示 曲線
点 接線
5 <任意>をクリックすると、

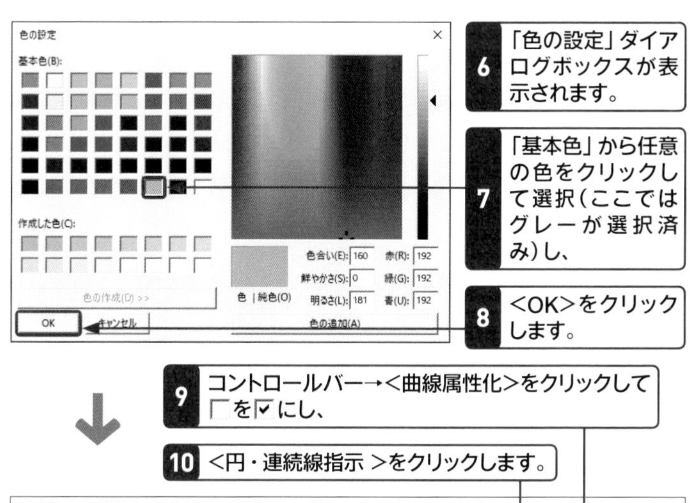

6 「色の設定」ダイアログボックスが表示されます。

7 「基本色」から任意の色をクリックして選択（ここではグレーが選択済み）し、

8 ＜OK＞をクリックします。

9 コントロールバー→＜曲線属性化＞をクリックして□を☑にし、

10 ＜円・連続線指示＞をクリックします。

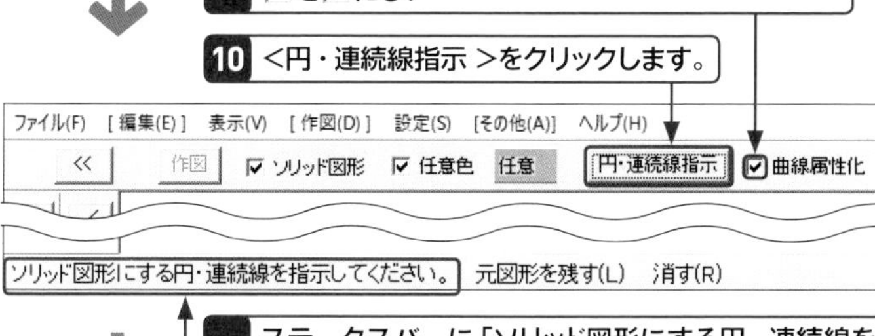

11 ステータスバーに「ソリッド図形にする円・連続線を指示してください。」と表示されていることを確認し、

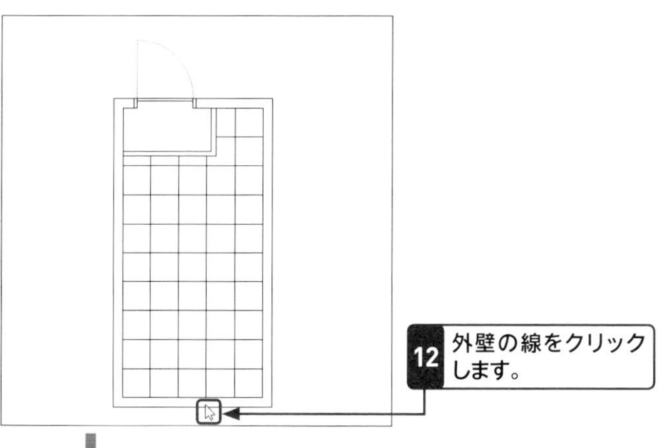

12 外壁の線をクリックします。

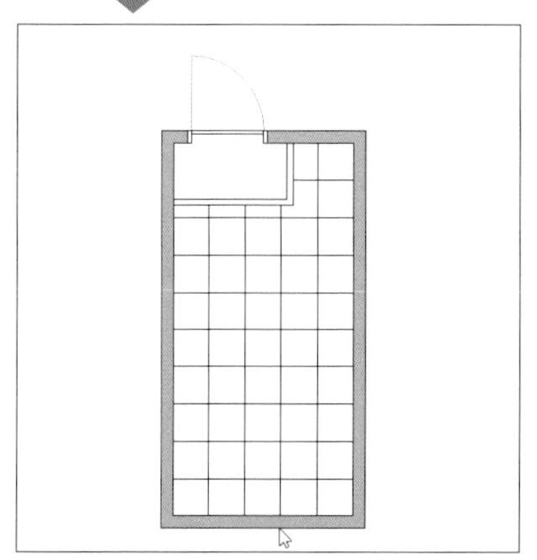

13 壁の内側が指定した任意色で塗り潰されます。

メモ 曲線属性化

通常、塗り潰し（ソリッド図形）は分割した状態で作成されます。＜曲線属性化＞にチェックを入れて作成すると、ひとつのソリッド図形として編集することができます。

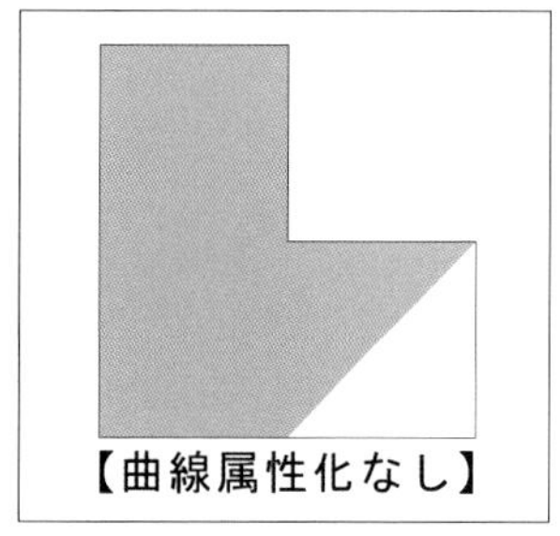

【曲線属性化なし】

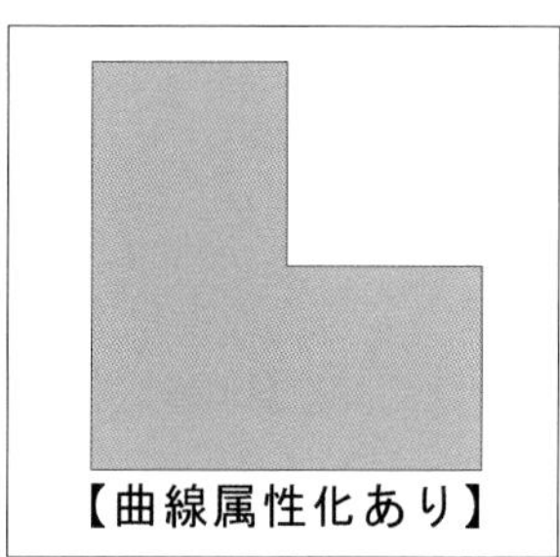

【曲線属性化あり】

ステップアップ ソリッド図形の領域が選択できない場合

手順10で連続線を選択した際に「計算できません」「4線以上の場合、線が交差した図形は作図できません」と表示されて、領域が選択できない場合があります。その場合は、手順10でステータスバーに「始点を指示してください」と表示されていることを確認します。「ソリッド図形にする…」と表示されている場合は、コントロールバー→＜円・連続線指示＞をクリックして切り替えます。塗り潰し（ソリッド図形）を作成した領域の変化点（角）を順番に右クリックで指定して1周します。領域のすべての変化点（角）を右クリックで指定したら、最初に右クリックした点の上を再度右クリックします。「同一点です」と表示されるので、コントロールバー→＜作図＞をクリックして、塗り潰し（ソリッド図形）を作図します。

Section 28

範囲を指定して図形や文字を選択する

覚えておきたいキーワード
☑ 範囲
☑ 除外範囲
☑ 範囲枠交差線選択

図面が複雑になると、いかに効率よく編集する図形や文字を選択するかが作業時間短縮の鍵となります。ここでは、範囲を指定してまとめて図形や文字を選択する方法について解説します。また、枠と交差した図形を選択する「範囲枠交差線選択」についても学びます。

練習用ファイル	Sec28.jww		
メニュー	[編集]メニュー→[範囲選択]		
ツールバー	[範囲]		
ショートカット	Y	クロックメニュー	左AM4時

1 指定した範囲に含まれる図形を選択する

キーワード 範囲選択

範囲選択は、指定した範囲に含まれる図形や文字を一括選択できる機能です。選択した図形や文字は「移動」「複写」「消去」などのコマンドを続けて選択することで使用できます。

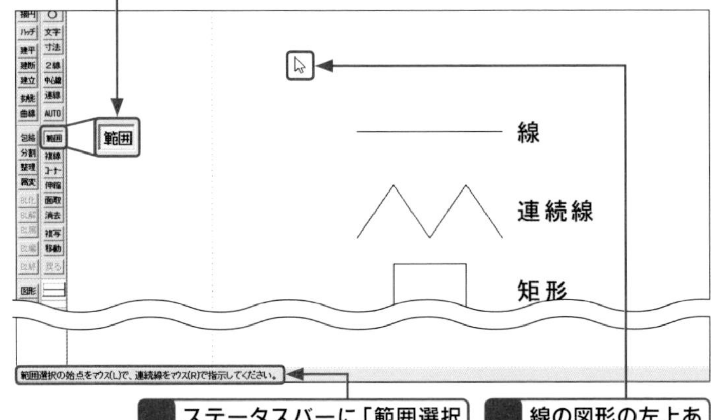
1 ツールバーの<範囲>をクリックし、
範囲
線
連続線
矩形
範囲選択の始点をマウス(L)で、連続線をマウス(R)で指示してください。
2 ステータスバーに「範囲選択の始点をマウス(L)で…」と表示されていることを確認して、
3 線の図形の左上あたりでクリックします。

4 ステータスバーに「選択範囲の終点を指示して下さい…」と表示されていることを確認し、

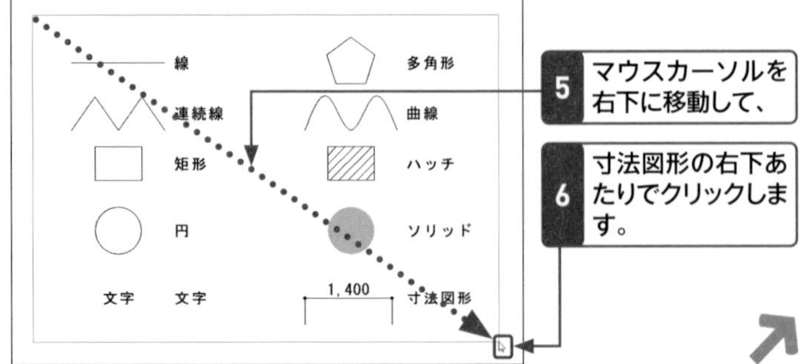
線
多角形
連続線
曲線
矩形
ハッチ
円
ソリッド
文字 文字
1,400
寸法図形
5 マウスカーソルを右下に移動して、
6 寸法図形の右下あたりでクリックします。

第3章 図形を作図／選択／変更しよう

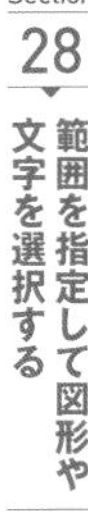

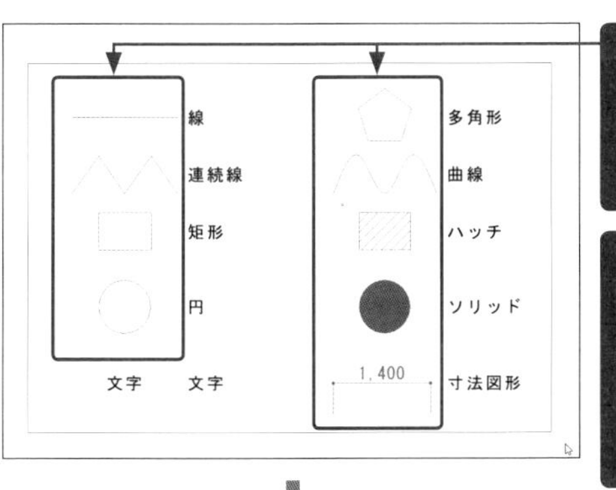
線
多角形
連続線
曲線
矩形
ハッチ
円
ソリッド
文字　文字
1,400
寸法図形

7 選択した範囲(赤色の枠線)の内側に含まれる文字を除く図形が選択されます。

8 Esc キーを押して、終点の選択をキャンセルして、いったん選択を解除します(始点位置は継続されます)。

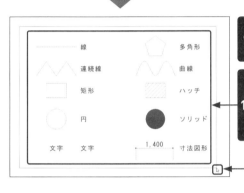

9 同じ位置(寸法図形の右下)で右クリックすると、

10 選択した範囲(赤色の枠線)の内側に含まれる文字を含む図形が選択されます。

メモ　選択範囲の終点の指示について

「範囲選択」で図形を選択する場合、終点をクリックで指定すると文字を除く図形のみが選択されます。右クリックで指定すると文字を含む図形が選択されます。

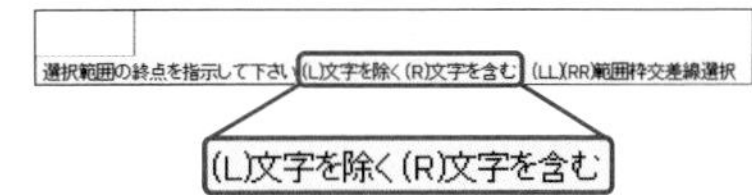
選択範囲の終点を指示して下さい (L)文字を除く(R)文字を含む (LL)(RR)範囲枠交差線選択
(L)文字を除く(R)文字を含む

2 指定した範囲の図形を除外する

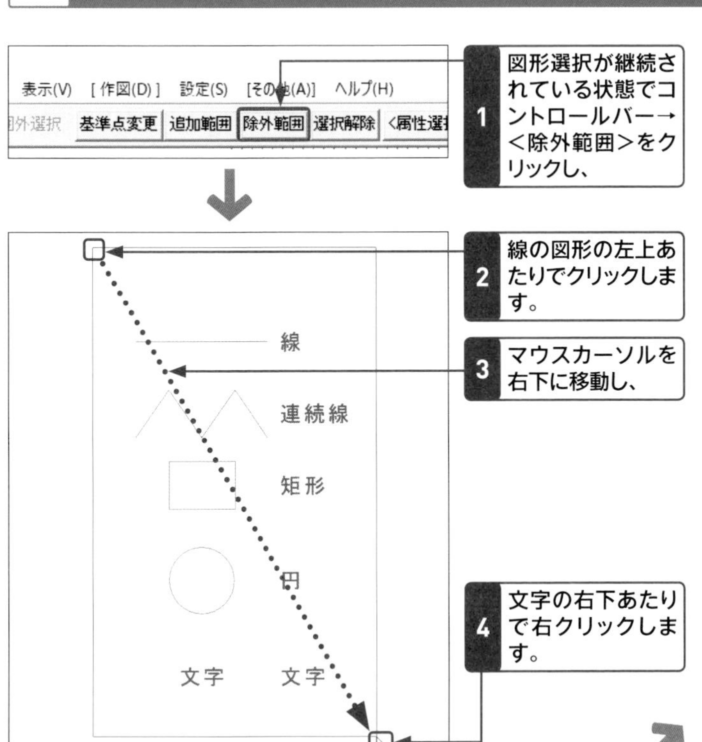
表示(V)　[作図(D)]　設定(S)　[その他(A)]　ヘルプ(H)
基準点変更　追加範囲　除外範囲　選択解除　<属性選択
線
連続線
矩形
円
文字　文字

1 図形選択が継続されている状態でコントロールバー→<除外範囲>をクリックし、

2 線の図形の左上あたりでクリックします。

3 マウスカーソルを右下に移動し、

4 文字の右下あたりで右クリックします。

メモ　除外範囲選択について

ここでは、範囲選択された図形から除外(選択解除)したい図形を一括選択する方法について学習します。そのほかにも「追加範囲」は図形を一括選択して追加したい場合に使用し、「選択解除」は選択をすべて解除したい場合に使用します。

追加・除外図形の指定について

図形や文字を個別に選択セットに追加または除外したい場合は、線、円、点はクリックで指定し、文字は右クリックで指定します。また連続線は[Shift]キーを押しながら右クリックで指定すると、ひと固まりとして選択できます。

追加・除外図形指示　線・円・点(L)、文字(R)、連続線[Shift]+(R)

5 選択した範囲（赤色の枠線）の内側に含まれる文字を含む図形が除外されます。

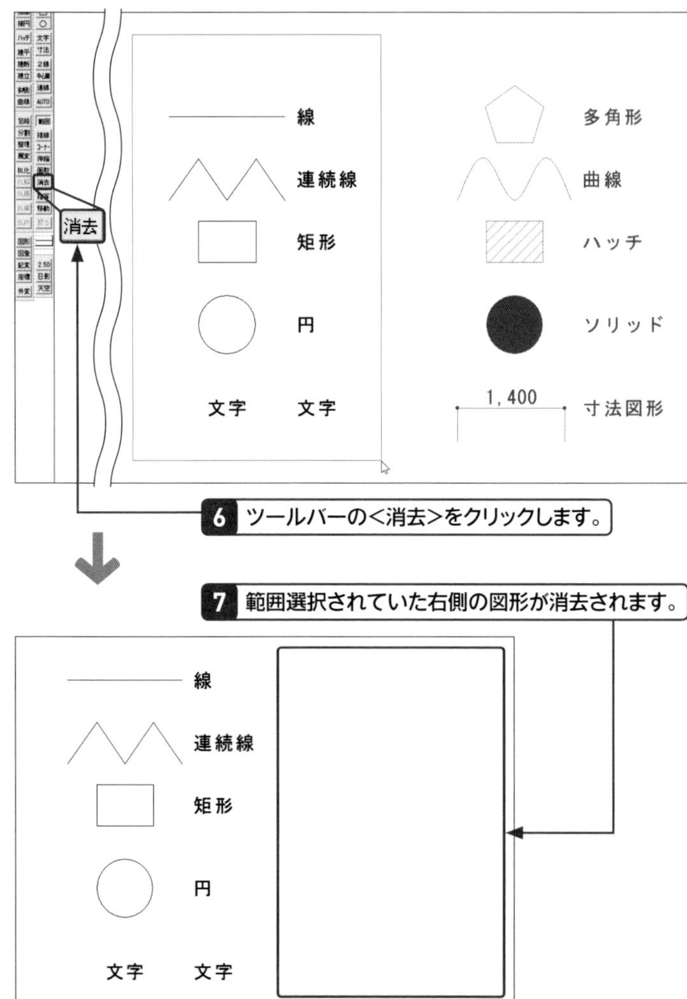
消去
線
連続線
矩形
円
文字
文字
多角形
曲線
ハッチ
ソリッド
1, 400
寸法図形
線
連続線
矩形
円
文字
文字

6 ツールバーの<消去>をクリックします。

7 範囲選択されていた右側の図形が消去されます。

3 範囲枠交差線選択を行う

1 線の図形部を拡大表示します。

範囲
線

2 ツールバーの<範囲>をクリックします。

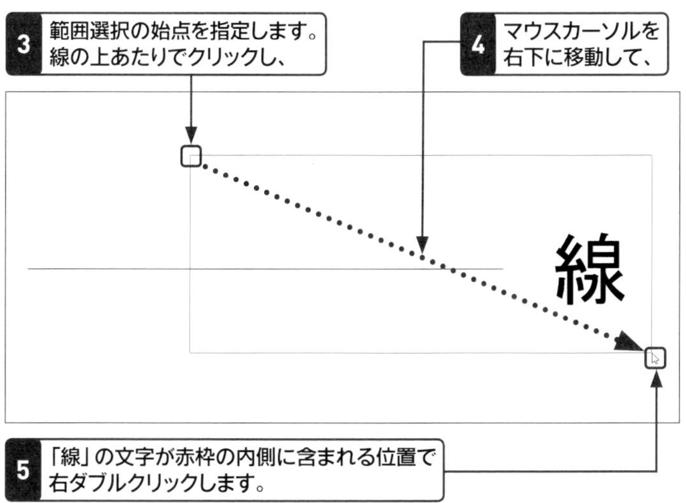
3 範囲選択の始点を指定します。線の上あたりでクリックし、
4 マウスカーソルを右下に移動して、
線
5 「線」の文字が赤枠の内側に含まれる位置で右ダブルクリックします。

6 線の図形と文字が選択されます。

線

7 ツールバーの<消去>をクリックします。

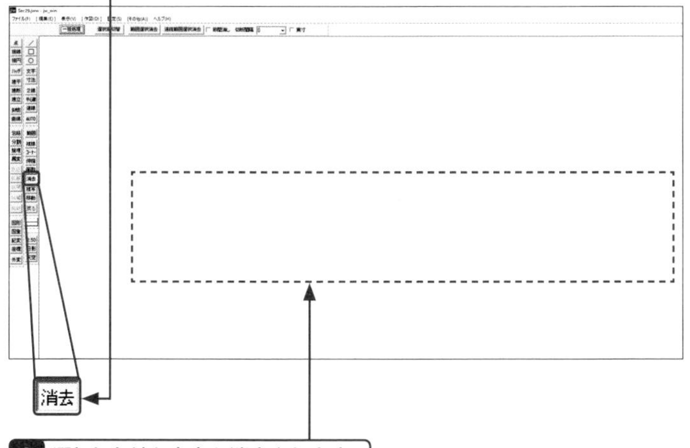
消去

8 選択した線と文字が消去されます。

キーワード 範囲枠交差線選択

選択範囲の終点を指定する際にダブルクリック（LL）、または右ダブルクリック（RR）すると、範囲枠交差線選択が起動します。終点をダブルクリック（LL）すると、範囲枠（赤枠）に含まれる図形および枠と交差する図形が選択でき、終点で右ダブルクリック（RR）すると、範囲枠（赤枠）に含まれる図形および文字と、枠と交差する図形が選択できます。

選択範囲の終点を指示して下さい (L)文字を除く (R)文字を含む (LL)(RR)範囲枠交差線選択

(LL)(RR)範囲枠交差線選択

メモ 消去コマンドから範囲選択する場合

範囲コマンドを使用せずに、ツールバー→<消去>コマンドを実行した場合、コントロールバー→<範囲選択消去>をクリックして選択すると、範囲選択できます。

選択順切替 | 範囲選択消去 | 連続範囲選択消去

Section 29

選択した図形の線色や線種を変更する

覚えておきたいキーワード
- 範囲（属性変更）
- 範囲（指定［線色］に変更）
- 範囲（指定 線種 に変更）

Section 28では範囲コマンドについて学習しました。ここでは、範囲選択した図形を、指定した属性（線色・線種）に一括変更する「属性変更」について解説します。この機能はレイヤの移動や文字種の変更など、さまざまな場面で利用できるのでぜひ習得しましょう。

練習用ファイル	Sec29.jww		
メニュー	［編集］メニュー→［範囲選択］		
ツールバー	［範囲］		
ショートカット	Y	クロックメニュー	左AM4時

第3章 図形を作図／選択／変更しよう

1 選択した図形の線色を一括変更する

キーワード 属性

属性とは、図形の線種や線色、レイヤ、図形の種類（寸法・ハッチなど）の情報を示します。

1 ツールバーの<範囲>をクリックし、

2 コントロールバー→<全選択>をクリックします。

ファイル(F) [編集(E)] 表示(V) [作図(D)] 設定(S) [その他(A)] ヘルプ(H)
切取り選択 範囲外選択 基準点変更 前範囲 全選択 選択解除 <属性選択>

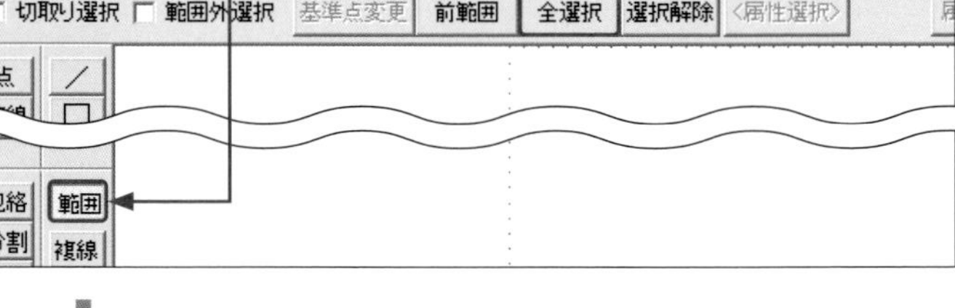
点
／
包絡
範囲
分割
複線

3 図面上のすべての図形が選択されます。

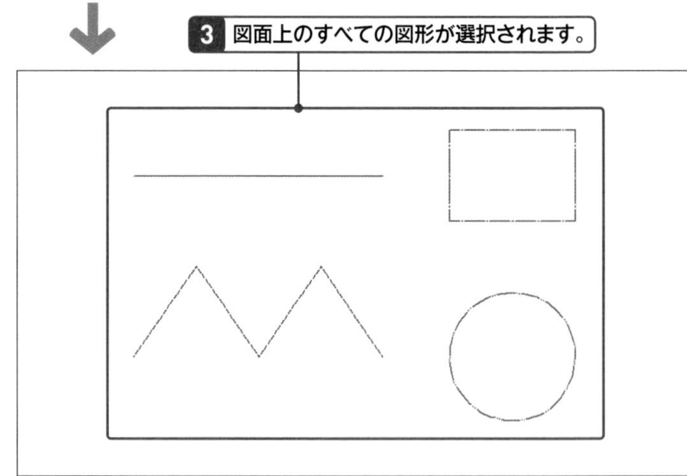

メモ 属性変更

「属性変更」を利用すると、選択した図形を指定した属性に一括変更することができます。

4 コントロールバー→<属性変更>をクリックします。

除外範囲 選択解除 <属性選択> 属性変更

文字位置・集計 選択図形登録

5 「属性変更」ダイアログボックスが表示されます。

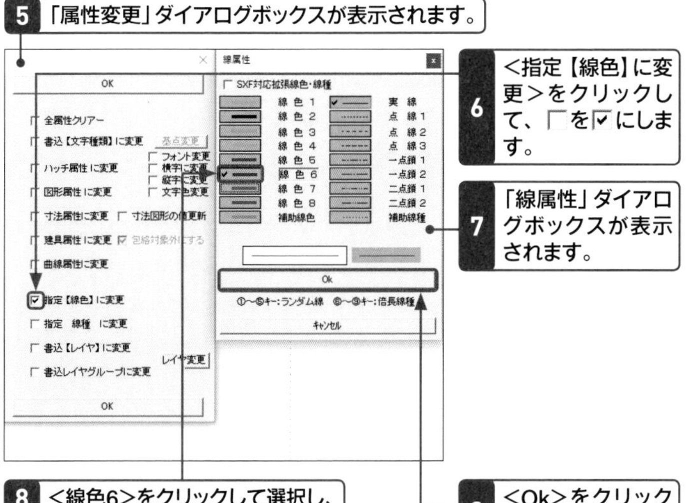

6 <指定【線色】に変更>をクリックして、□を☑にします。

7 「線属性」ダイアログボックスが表示されます。

8 <線色6>をクリックして選択し、

9 <Ok>をクリックします。

メモ　変更できる図形の種類

線種や線色を変更できるのは、線や円、矩形のみで、線属性でコントロールされない文字は変更対象外になります。

2 選択した図形の線種を一括変更する

1 <指定 線種 に変更>をクリックして、□を☑にします。

2 「線属性」ダイアログボックスが表示されます。

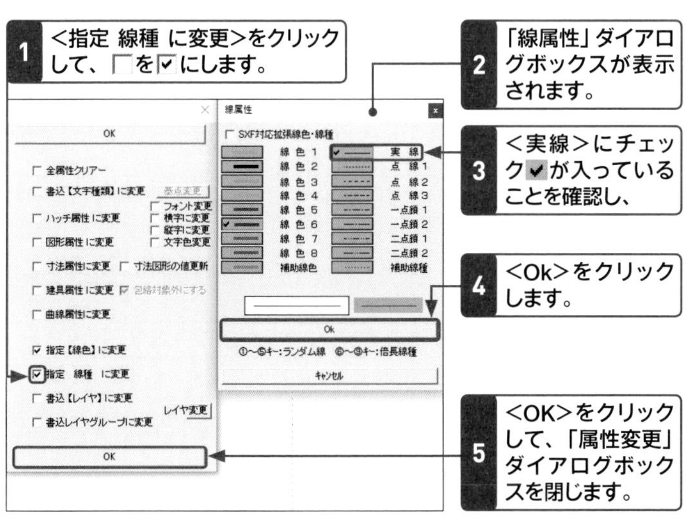

3 <実線>にチェック✔が入っていることを確認し、

4 <Ok>をクリックします。

5 <OK>をクリックして、「属性変更」ダイアログボックスを閉じます。

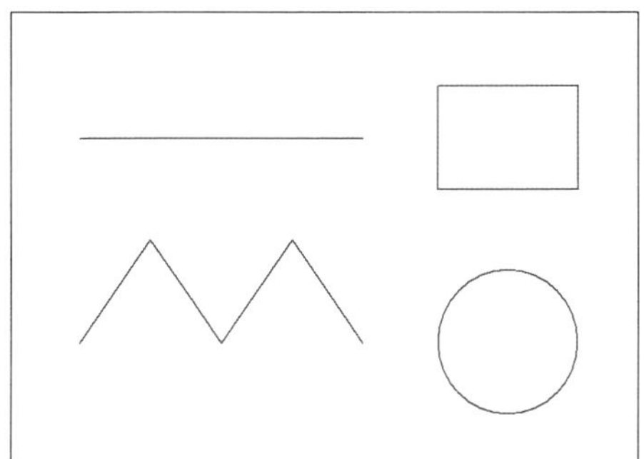

6 選択されていたすべての図形が「線色6（青色）」の「実線」に変更されました。

Section 30 線の色を指定して図形を選択する

覚えておきたいキーワード
- ☑ 範囲（属性選択）
- ☑ 範囲（指定［線色］指定）
- ☑ 消去

ここでは範囲コマンドのオプションを利用して、範囲コマンドで選択した図形の中から、指定した属性（線色）に合致する図形だけを抜粋選択する「属性選択」について学習します。「属性変更」と合わせて使用すれば、より効率的に編集作業を進めることができます。

練習用ファイル	Sec30.jww		
メニュー	［編集］メニュー→［範囲選択］		
ツールバー	［範囲］		
ショートカット	Y	クロックメニュー	左AM4時

1 指定した線色の図形のみ選択する

メモ 属性選択と属性変更

選択した図形の中から、指定した属性（線種や線色）の図形のみを抜粋したい場合は「属性選択」を利用し、選択している図形を指定した属性に変更したい場合は「属性変更」を利用します（P.92参照）。

1 ツールバーの<範囲>をクリックし、

2 コントロールバー→<全選択>をクリックします。

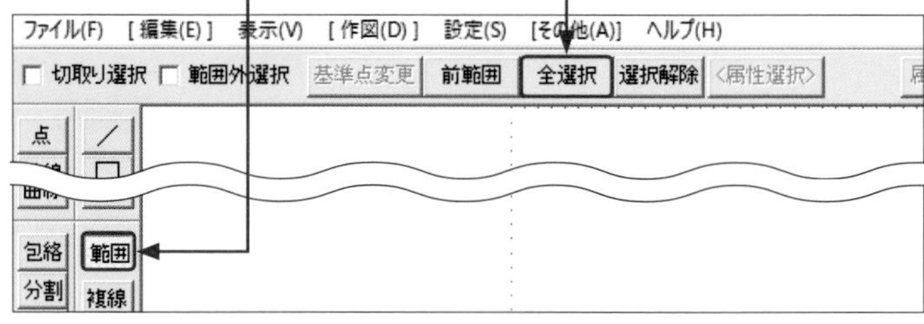
ファイル(F)
[編集(E)]
表示(V)
[作図(D)]
設定(S)
[その他(A)]
ヘルプ(H)
切取り選択
範囲外選択
基準点変更
前範囲
全選択
選択解除
<属性選択>
点
包絡
範囲
分割
複線

3 図面上のすべての図形が選択されます。

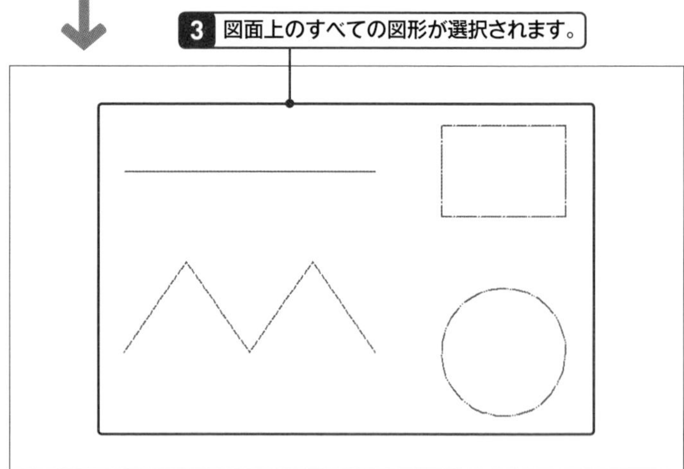

4 コントロールバー→<属性選択>をクリックします。

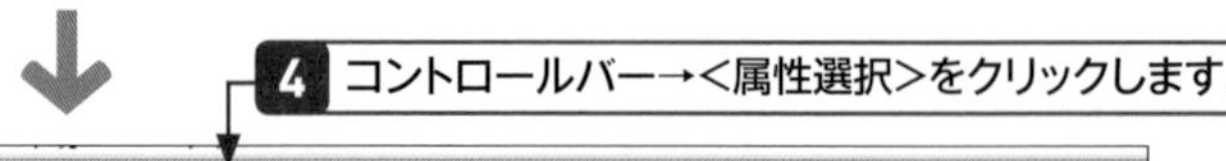
除外範囲
選択解除
<属性選択>
属性変更
文字位置・集計
選択図形登録

5 「属性変更」ダイアログボックスが表示されます。

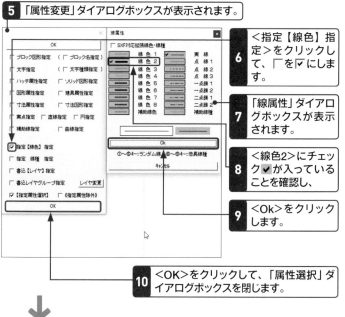

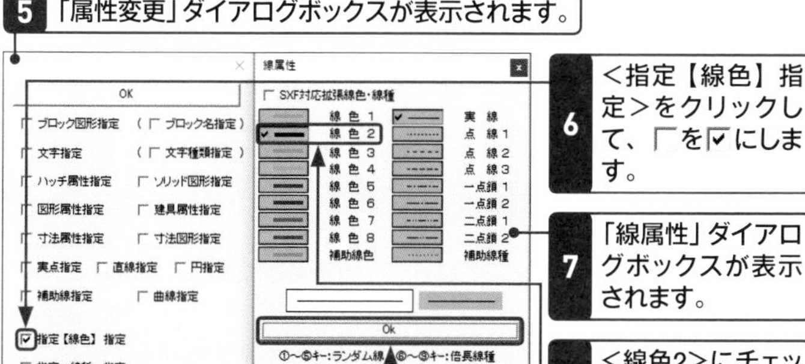

6 <指定【線色】指定>をクリックして、□を☑にします。

7 「線属性」ダイアログボックスが表示されます。

8 <線色2>にチェック✔が入っていることを確認し、

9 <Ok>をクリックします。

10 <OK>をクリックして、「属性選択」ダイアログボックスを閉じます。

11 <線色2>で作図された図形のみが選択されます。

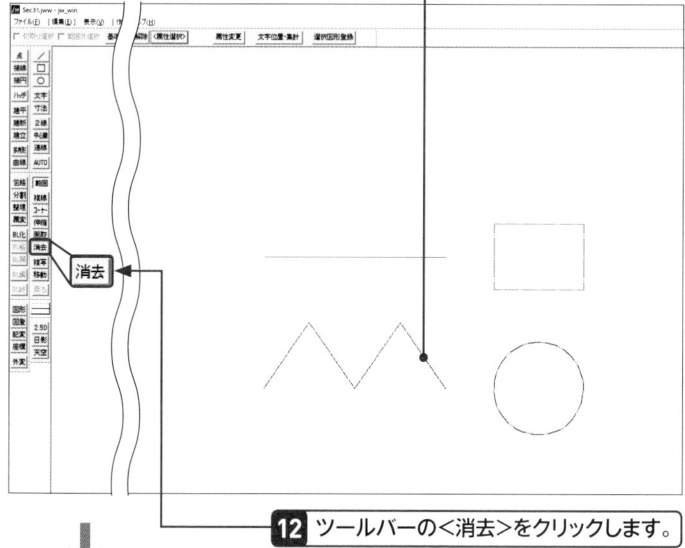
消去

12 ツールバーの<消去>をクリックします。

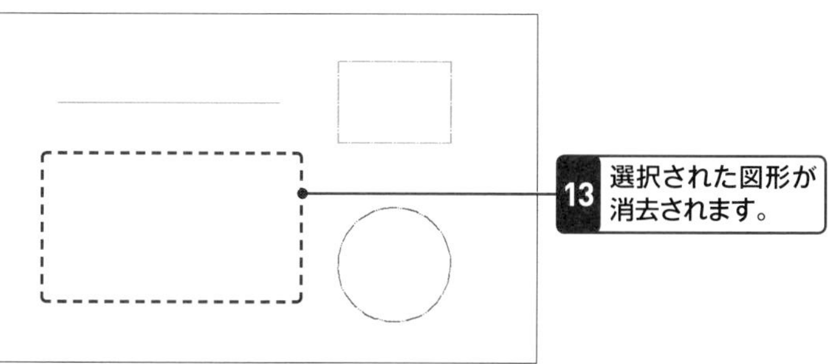

13 選択された図形が消去されます。

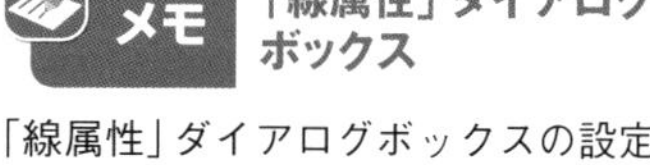

メモ 「線属性」ダイアログボックス

「線属性」ダイアログボックスの設定は、属性変更実行時の書き込み線種および線色に依存します。

メモ ほかのコマンドとの併用

範囲コマンドで選択した図形は、移動や複写、消去などのコマンドを選択することで、引き続き利用することができます。

Section 31

図形をほかの図面に貼り付ける

覚えておきたいキーワード
- ☑ 範囲
- ☑ (クリップボード)コピー
- ☑ (クリップボード) 貼り付け

作図した図形をほかの図面で利用することは、図面間の整合性や時間短縮を図る意味でもとても有効です。そこで、ここではクリップボードコピーの機能を利用して、ほかの図面に図形を貼り付ける方法を学習します。実務にすぐ生かせるテクニックなのでぜひマスターしましょう。

練習用ファイル	Sec31.jww／建築図面.jww		
メニュー	[編集]メニュー→[範囲選択]／[編集]メニュー→[コピー]／[編集]メニュー→[貼り付け]		
ツールバー	[範囲]		
ショートカット	Y(範囲)／Ctrl+C(クリップボードにコピー)／Ctrl+V(クリップボードより貼り付け)	クロックメニュー	左AM4時

第3章 図形を作図／選択／変更しよう

1 クリップボードにコピーする

キーワード クリップボードにコピーする

「クリップボード」とはソフトに依存せず、パソコン内に一時的にデータを保存することができる領域を指します(パソコン内に恒久的に保存する「名前を付けて保存」とは異なります)。複写コマンドが同じ図面内の図形をコピーするのに対して、ほかの図面に図形を複写したい場合は(クリップボードに) コピーコマンドを使用します。

1 第3章フォルダーにある「建築図面.jww」を開きます。

2 ツールバーの<範囲>をクリックします。

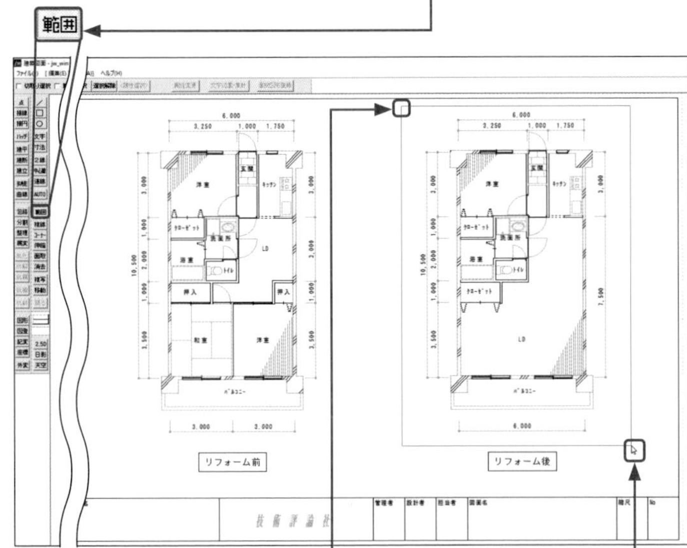
範囲
リフォーム前
リフォーム後

3 右側の間取り図(リフォーム後)を選択できる任意の点を始点としてクリックします。

4 マウスカーソルを移動し、任意の位置で右クリック(文字含む)して終点を指定します。

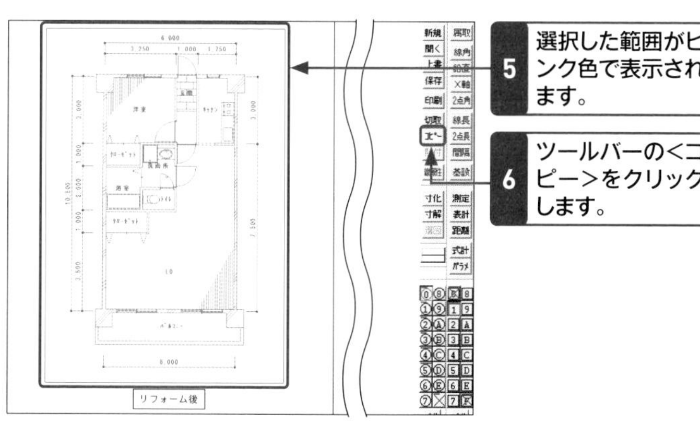
リフォーム後
5 選択した範囲がピンク色で表示されます。
6 ツールバーの<コピー>をクリックします。

2 ほかの図面にクリップボードから貼り付ける

1 ツールバーの<開く>をクリックして「Sec31.jww」を開きます(この際「建築図面.jww」を保存する必要はありません)。

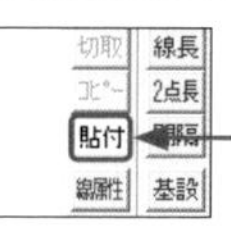
2 ツールバーの<貼付>をクリックします。

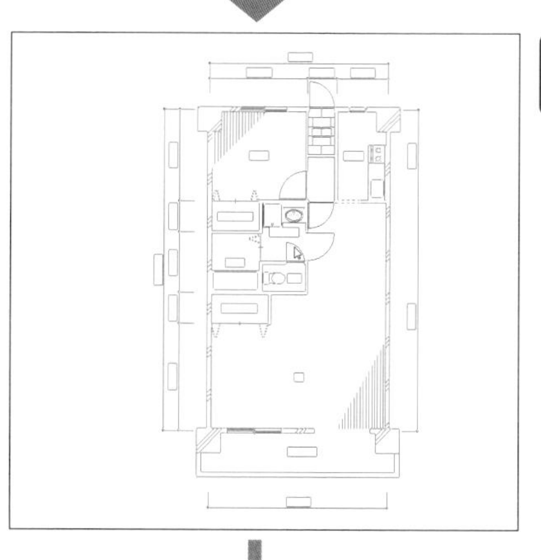
3 赤い仮表示の図形が表示されます。

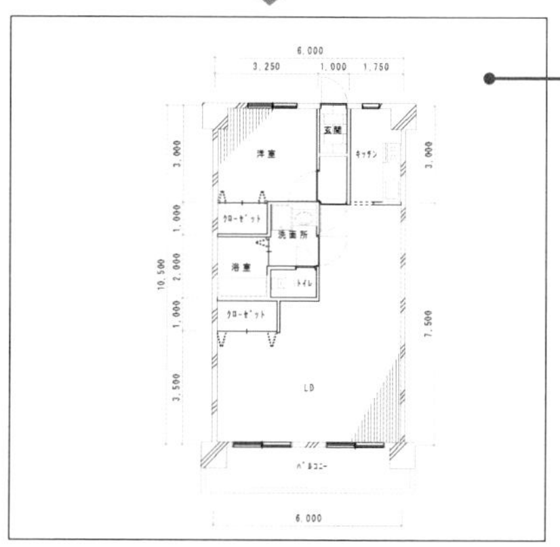
4 画面上の任意の位置をクリックして、貼り付けます。
5 貼り付けを終了したい場合は、ほかのコマンドを選択して図形選択を解除します。

注意 縮尺に注意!

図面間で図形の貼り付けを行う場合、貼り付け先の図面の縮尺をコピー元の図面と同じ縮尺に設定しておきます。縮尺が異なる図面に貼り付けた場合、図形は自動的に拡大または縮小されます。ただし、既定では文字の大きさは変わらないので注意が必要です。

建築図面.jww

A-4 S=1/100 [1-5]寸法 ∠0 × 0.57

Sec31.jww

A-4 S=1/100 [0-0] ∠0 × 0.57

注意 貼り付けを選択しても図形が表示されないときは

手順2で貼り付けを行う際に、図形が表示されないことがあります。その場合は、再度「建築図面.jww」を開いてもう一度クリップボードにコピーし、「建築図面.jww」で<貼り付け>を選択して図形が表示されることを確認してから、「Sec31.jww」の図面に貼り付けます。

Section 32 よく使用する図形を貼り付け・登録する

覚えておきたいキーワード
- 図形
- 図形登録
- JWS

ここでは「図形ファイル」を使って、あらかじめ登録されている図形(キッチン)を図面に貼り付ける方法と、自分が作成した図形を「図形ファイル」としてパソコンに登録する方法について学習します。頻繁に利用する図形は登録しておくと、作業時間の短縮となりとても便利です。

練習用ファイル	Sec32.jww
メニュー	[その他]メニュー→[図形]/[その他]メニュー→[図形登録]
ツールバー	[図形]/[図登]
ショートカット	Z(図形)

第3章 図形を作図/選択/変更しよう

1 図形ファイルを読み込む

キーワード 図形ファイル

Jw_cadでは、建具や設備などの「図形ファイル」と呼ばれる部品が登録されています。また、自分で作成した図形も「図形ファイル(.jws)」としてパソコンに登録して、繰り返し利用することができます。

メモ 図形の基点について

図形上に表示されている赤い点が図形の配置点を示しています。<03キッチン-180-L>は左側、<04-キッチン180-R>は右側に基点が設定されています。

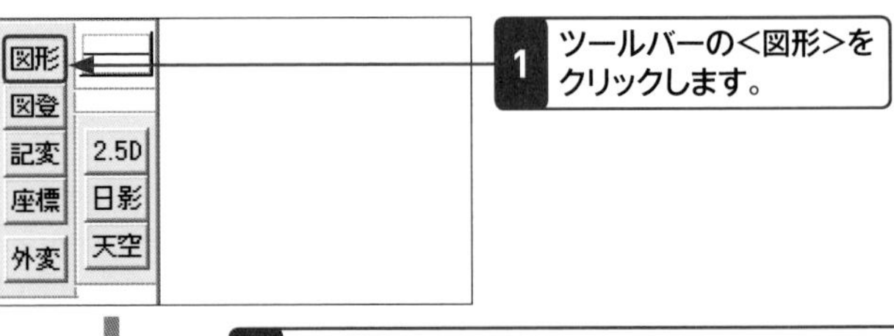

図形
図登
記変
2.5D
座標
日影
外変
天空

1 ツールバーの<図形>をクリックします。

2 「ファイル選択」ダイアログボックスが表示されます。

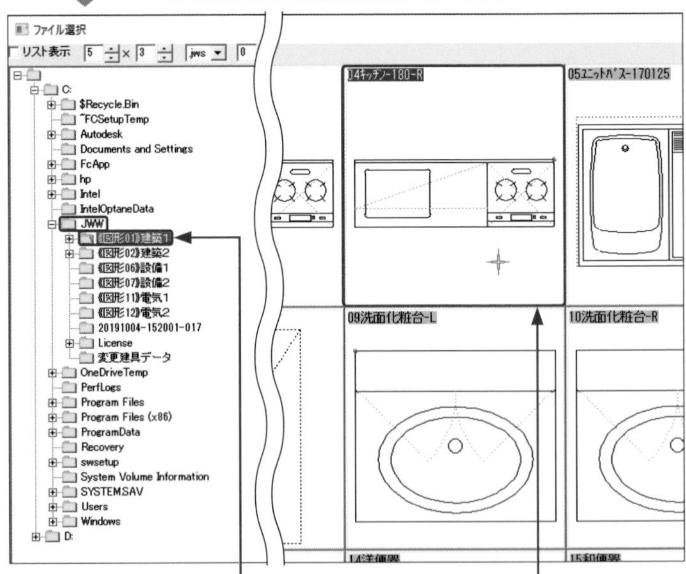

ファイル選択
リスト表示
04キッチン-180-R
05ユニットバス-170125
09洗面化粧台-L
10洗面化粧台-R
C:
$Recycle.Bin
Autodesk
Documents and Settings
FcApp
hp
Intel
IntelOptaneData
JWW
《図形01》建築1
《図形02》建築2
《図形06》設備1
《図形07》設備2
《図形11》電気1
《図形12》電気2
20191004-152001-017
License
変更建具データ
OneDriveTemp
PerfLogs
Program Files
Program Files (x86)
ProgramData
Recovery
swsetup
System Volume Information
SYSTEMSAV
Users
Windows
D:

3 <JWW>→<《図形01》建築1>が選択されているのを確認し、

4 右側のサムネイル一覧より<04キッチン-180-R>の上でダブルクリックして選択します。

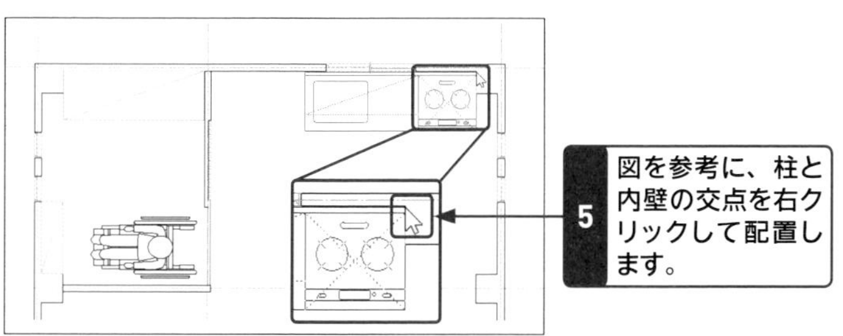

5 図を参考に、柱と内壁の交点を右クリックして配置します。

2 図形を登録する

1 ツールバーの<図登>をクリックします。

2 左下にある車いすの図形の左上を始点としてクリックします。

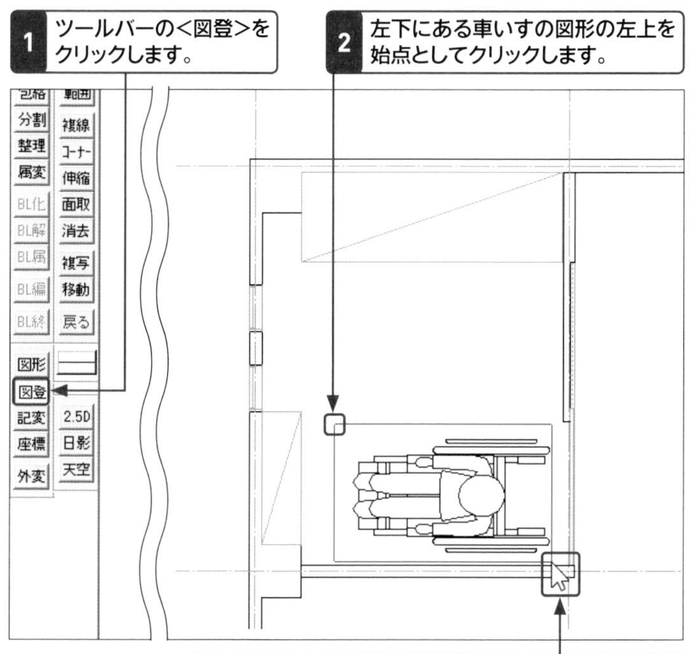

3 マウスカーソルを右下に移動し、車いすの図形がすべて含まれる位置を終点としてクリックします。

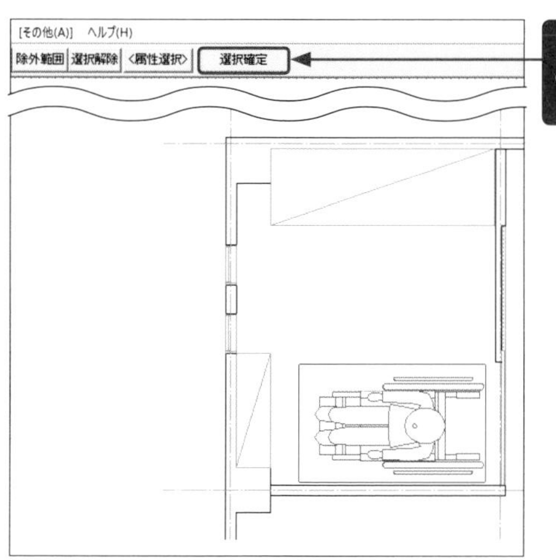

4 コントロールバー→<選択確定>をクリックします。

メモ 基準点変更について

図形登録で図形を範囲選択すると赤点が表示されます。これが図形貼り付けの際の基点（配置点）となります。自分で設定したい場合は、コントロールバー→<基準点変更>より設定することができます。

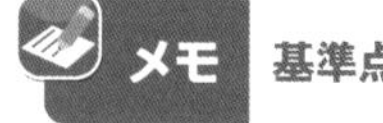
基準点変更

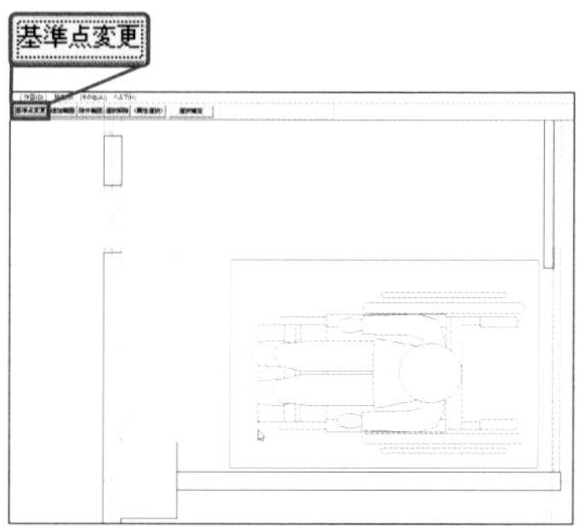

キーワード 拡張子「.jws」

図形ファイルのデータはDOS版の「.jwk」形式とWindows版の「.jws」形式のいずれかで保存できます。現在では、Windows版の「.jws」での保存が推奨されています。

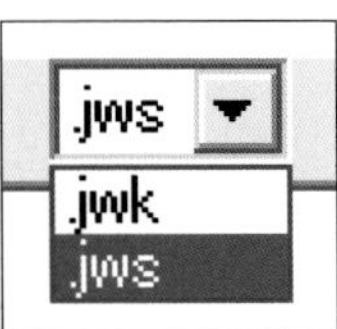
.jws
.jwk
.jws

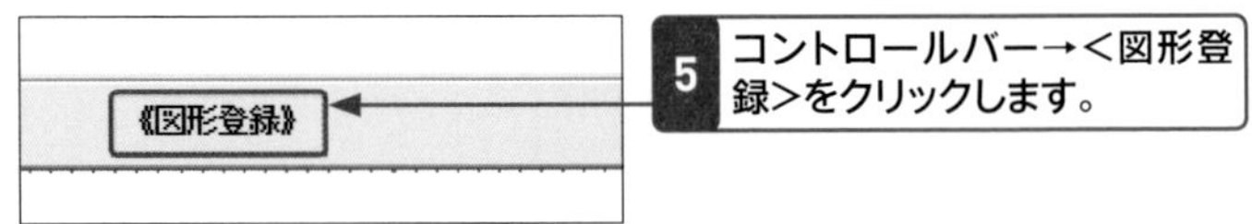
《図形登録》

5 コントロールバー→<図形登録>をクリックします。

6 「ファイル選択」ダイアログボックスが表示されます。

7 <JWW>→<《図形01》建築1>→<《図形》人物>のフォルダーをクリックして選択します。

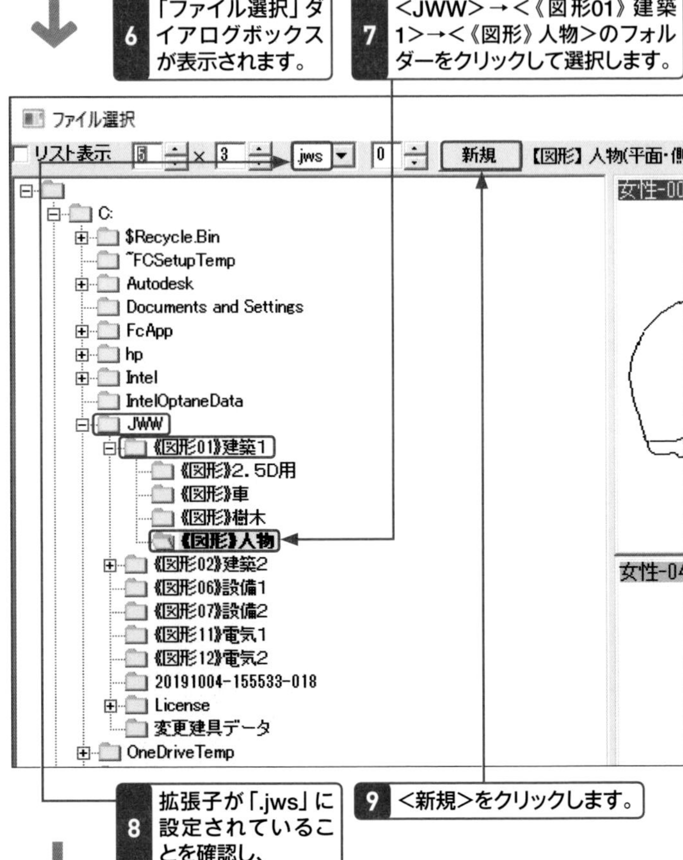
ファイル選択
リスト表示
jws
新規
【図形】人物(平面・側
C:
$Recycle.Bin
~FCSetupTemp
Autodesk
Documents and Settings
FcApp
hp
Intel
IntelOptaneData
JWW
《図形01》建築1
《図形》2.5D用
《図形》車
《図形》樹木
《図形》人物
《図形02》建築2
《図形06》設備1
《図形07》設備2
《図形11》電気1
《図形12》電気2
20191004-155533-018
License
変更建具データ
OneDriveTemp

8 拡張子が「.jws」に設定されていることを確認し、

9 <新規>をクリックします。

10 新規作成ダイアログボックスが表示されます。

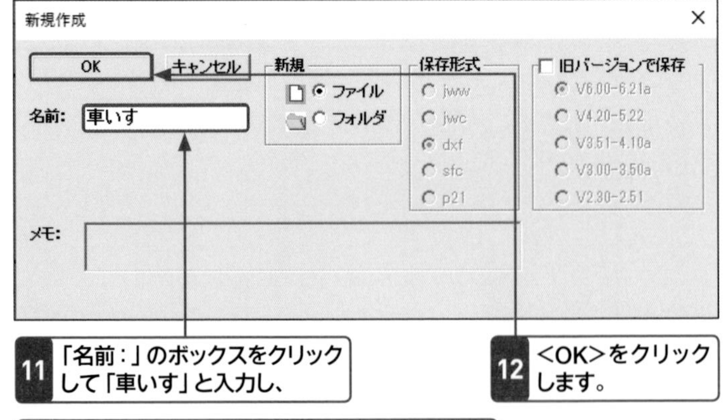
新規作成
OK
キャンセル
新規
ファイル
フォルダ
保存形式
jww
jwc
dxf
sfc
p21
旧バージョンで保存
V6.00-6.21a
V4.20-5.22
V3.51-4.10a
V3.00-3.50a
V2.30-2.51
名前:
車いす
メモ:

11 「名前：」のボックスをクリックして「車いす」と入力し、

12 <OK>をクリックします。

13 「ファイル選択」ダイアログボックスが閉じて、作図ウィンドウに戻ります。

3 登録した図形を貼り付ける

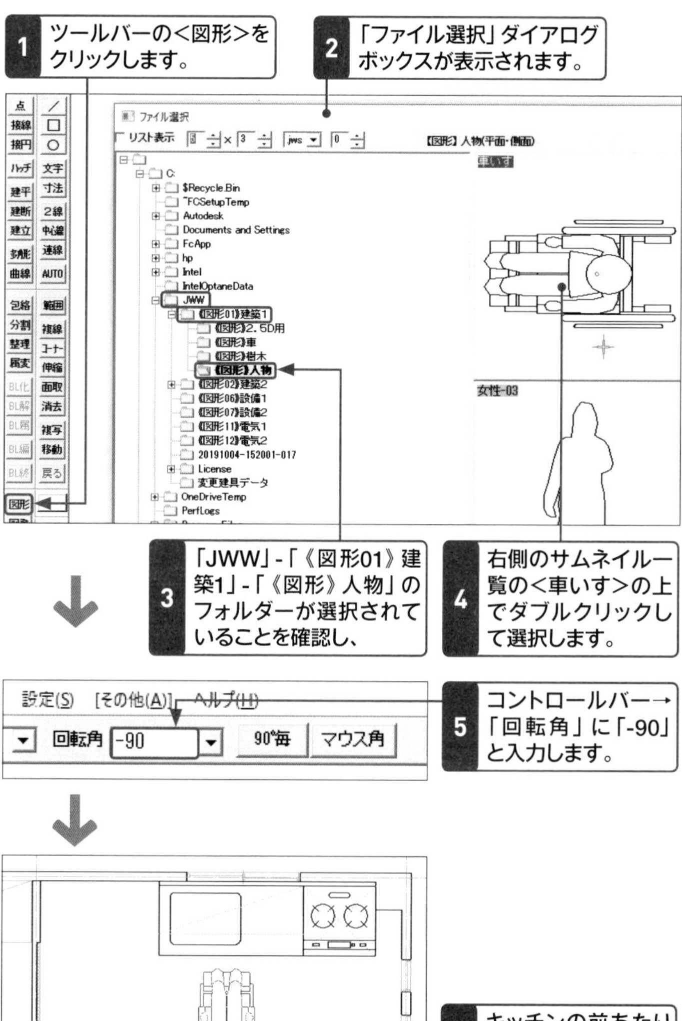

1 ツールバーの<図形>をクリックします。

2 「ファイル選択」ダイアログボックスが表示されます。

3 「JWW」-「《図形01》建築1」-「《図形》人物」のフォルダーが選択されていることを確認し、

4 右側のサムネイル一覧の<車いす>の上でダブルクリックして選択します。

5 コントロールバー→「回転角」に「-90」と入力します。

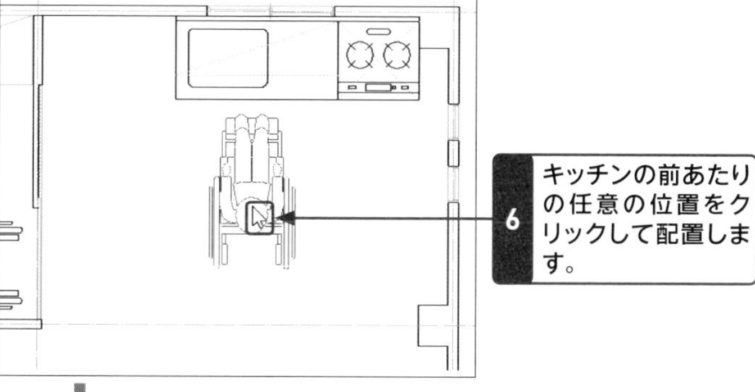

6 キッチンの前あたりの任意の位置をクリックして配置します。

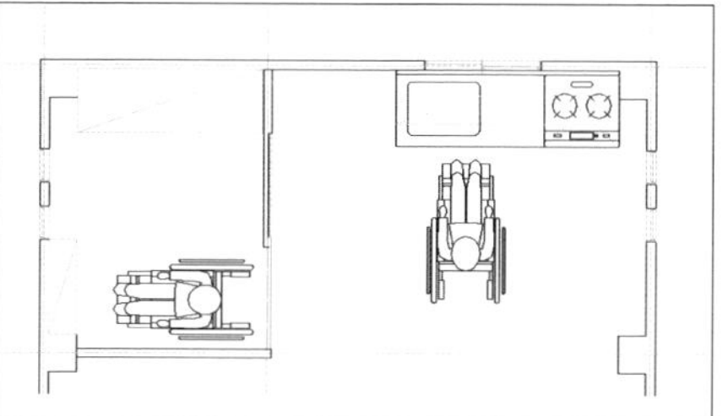

7 図形コマンドを終了したい場合は、ほかのコマンドを選択して図形選択を解除します。

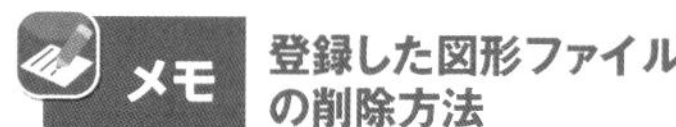

メモ 登録した図形ファイルの削除方法

登録した図形ファイルは各パソコン単位で保存されます。登録した図形ファイルを削除したい場合は、エクスプローラーなどから登録した図面ファイルがあるJWWフォルダーを開き（ここでは、PC＞Windows（C）＞JWW）、保存したフォルダーからファイルを選択して削除します。ただし図形ファイルからは削除されますが、すでに図面に貼り付けた図形自体は削除されません。

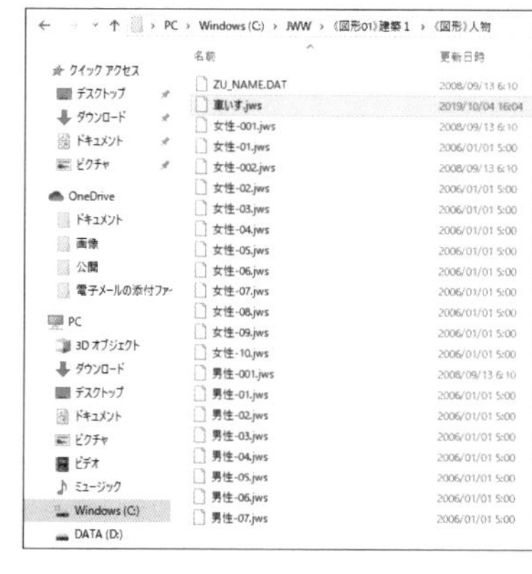

ステップアップ 図面（キャプチャーした画像）をExcelに貼り付ける

企画書や計算書に図面を掲載する場合もあります。その場合は、図面を画像としてキャプチャーし、Excel（そのほかのOffice製品も同様）などに貼り付けます。ここでは、Excelを例にその方法を解説します。なお、線の太さを反映したい場合は、事前に<基設>→<色・画面>タブの<線幅を表示倍率に比例して描画>にチェックを入れておきます。操作手順としては、まずJw_cadで貼り付けたい図面を開き、作図ウィンドウを最大化してキーボードのPrintScreen（プリントスクリーン）キーを押します。その後、Excelに切り替えて<ホーム>タブ→<貼り付け>をクリックして貼り付けます。ディスプレイの解析度により、貼り付けられる画像の大きさが異なるので、Excelシートの表示倍率を調整し、画像を選択時に表示される<図の形式>タブ→<サイズ>パネル→<トリミング>をクリックし、境界線をドラッグして不要な部分をトリミングします。

Jw_cadで図面を開き、作図ウィンドウを最大化しておきます。

1 PrintScreenキーを押し、

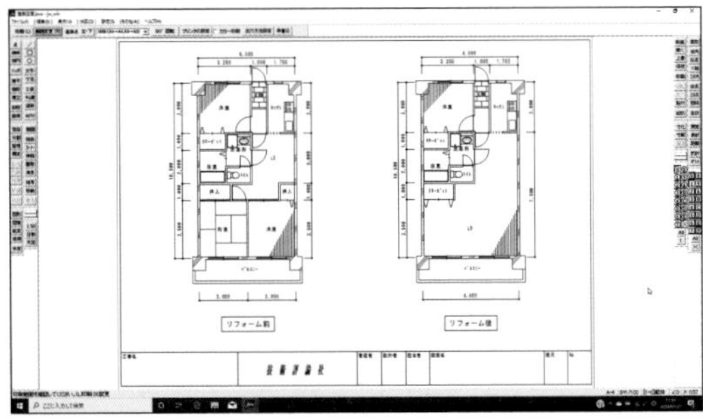

2 Excelを起動します。

3 <貼り付け>→<貼り付け>をクリックします。

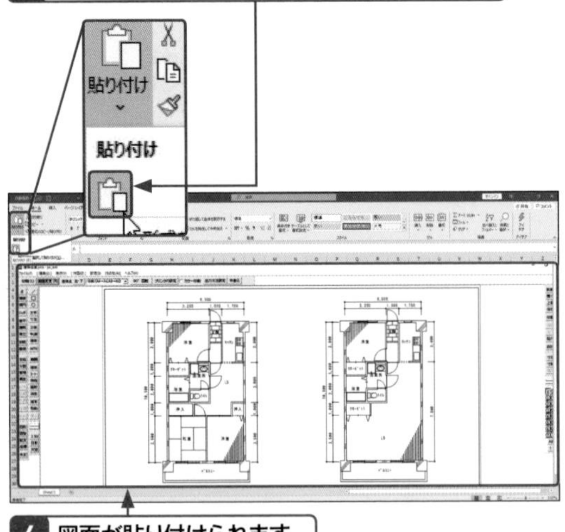
貼り付け
貼り付け

4 図面が貼り付けられます。

5 <図の形式>（あるいは<書式>）をクリックし、

6 <トリミング>をクリックして、

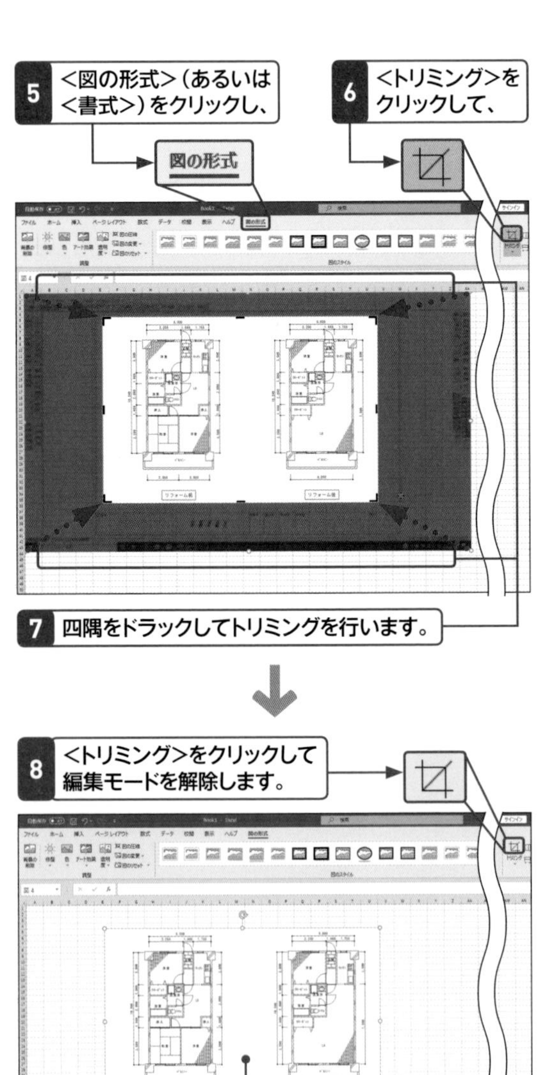
図の形式

7 四隅をドラックしてトリミングを行います。

8 <トリミング>をクリックして編集モードを解除します。

9 トリミングされた図面が貼り付けられました。

Chapter 04

第4章

作図した図形を編集しよう

Section 33 線や円、２点の間を消去する
34 線を縮める
35 線を伸ばす
36 コーナー（角）をつなぐ／１本の線に結合する
37 複数の線をまとめて包絡処理する
38 図形全体を伸ばす／縮める
39 図形を移動／複写する
40 図形を回転複写する
41 角度を取得して図形を配置する
42 図形を拡大／縮小する
43 図形を反転する
44 線を平行方向に複写する

Section 33

線や円、2点の間を消去する

覚えておきたいキーワード
- 消去
- 消去（部分消し）
- 消去（節間消し）

第4章では作図した図形の編集方法について学習します。このSectionでは作図した図形を消去したり、線上の2点を指示して間を消去したりする方法について学習します。編集系のコマンドの中でも特に使用頻度の高い重要コマンドなので、必ず操作をマスターしてください。

練習用ファイル	Sec33.jww		
メニュー	[編集]メニュー→[消去]		
ツールバー	[消去]		
ショートカット	D／Shift＋O／（図形選択後）Deleteキー	クロックメニュー	左AM10時（部分消し）／右AM10時（図形消去）

1 図形を消去する

キーワード 消去コマンド

消去コマンドは、図形を消去（削除）します。図形全体を消去するだけでなく、線や円の任意の点を指定して部分的に消去したり、切断したりすることもできます。

メモ 範囲を指定して選択する場合

範囲を指定して選択する場合は、コントロールバー→<範囲選択消去>をクリックします。また、ツールバー→<範囲>で選択したあとに、ツールバー→<消去>をクリックして、消去することもできます。範囲指定の方法については、P.88のSec.28を参照してください。

(D)]　設定(S)　[その他(A)]　ヘルプ(H)
選択順切替
範囲選択消去
連続範囲選択消去

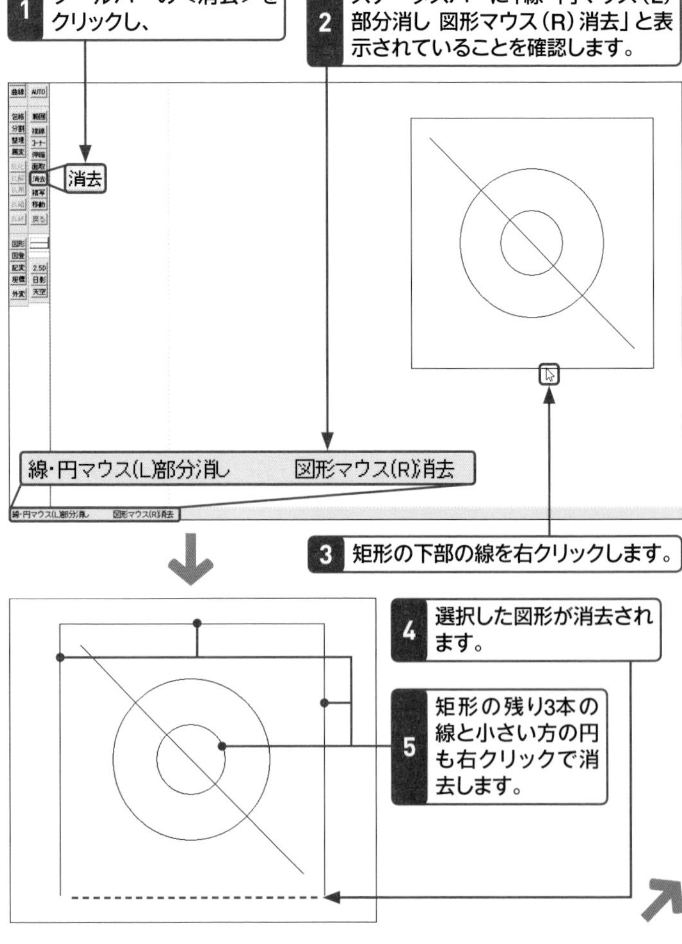

1 ツールバーの<消去>をクリックし、
2 ステータスバーに「線・円マウス(L)部分消し 図形マウス(R)消去」と表示されていることを確認します。
消去
線・円マウス(L)部分消し　図形マウス(R)消去
3 矩形の下部の線を右クリックします。
4 選択した図形が消去されます。
5 矩形の残り3本の線と小さい方の円も右クリックで消去します。

第4章 作図した図形を編集しよう

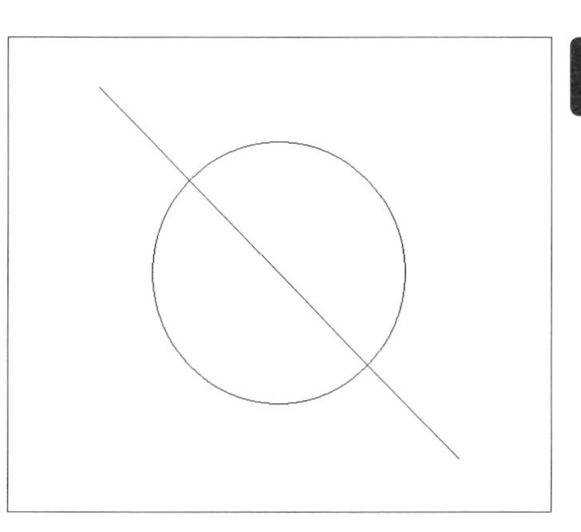

6 選択した図形が消去されます。

メモ 間違えた場合は

間違えた場合はEscキーを押して操作を元に戻します。

2 指定した2点の間の線を消去する

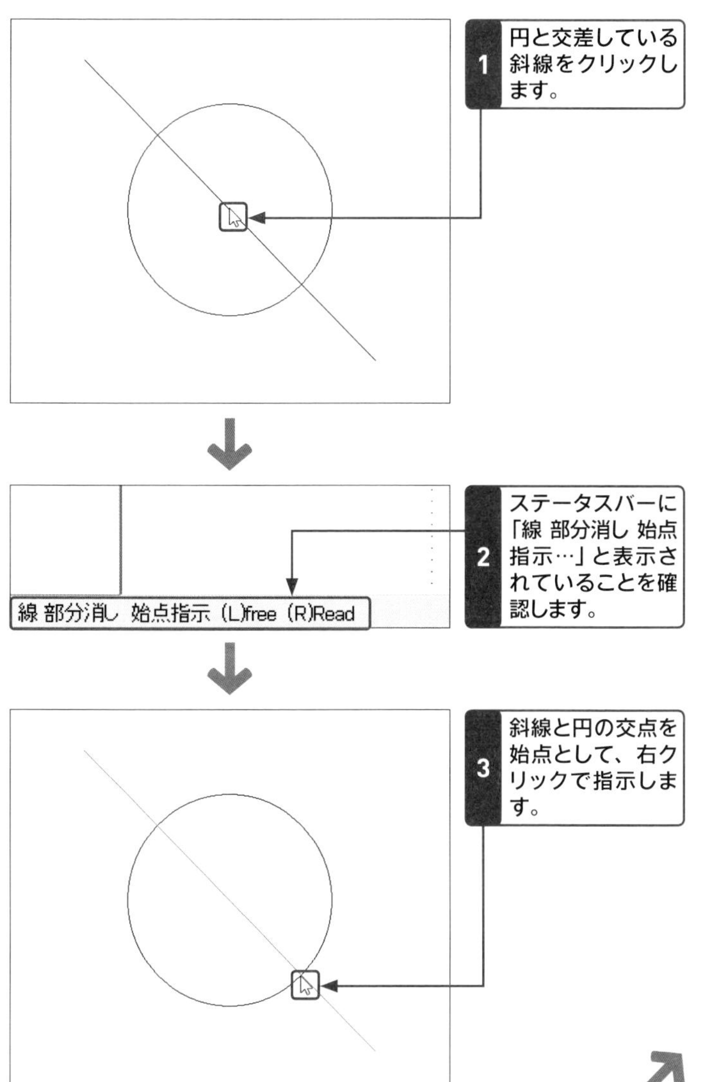
1 円と交差している斜線をクリックします。
線 部分消し 始点指示 (L)free (R)Read
2 ステータスバーに「線 部分消し 始点指示…」と表示されていることを確認します。
3 斜線と円の交点を始点として、右クリックで指示します。

メモ 同一点で線を切断したい場合

線を同一点で切断したい場合は、消去コマンドで線をクリックして<線 部分消し>を実行します。始点と同じ点を終点として指示することで、線を切断することができます。

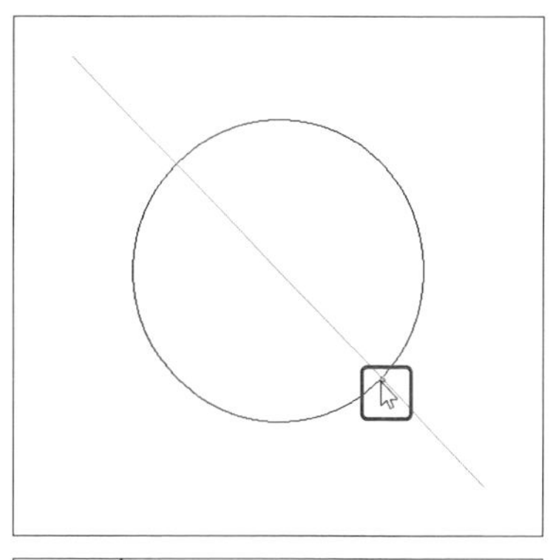
線 部分消し ◆終点指示 (L)free (R)Read (同一点で切断)

メモ 節間（せっかん）消し

2つの点の間にある図形を消去したい場合は「節間消し」を使うこともできます。<消去>コマンド→コントロールバー→<節間消し>をクリックして□を☑にし、削除したい2点間の線上をクリックします。ただし、この設定は使用後も継続されるので、作業が終わったら必ずチェックを外しておきます。

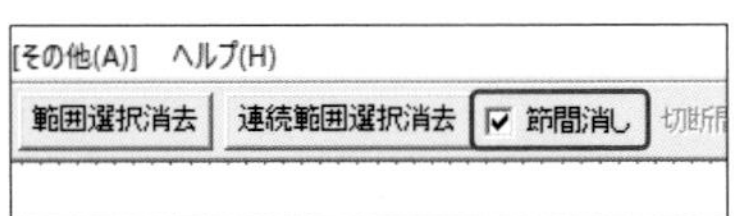
[その他(A)] ヘルプ(H)
範囲選択消去
連続範囲選択消去
節間消し
切断間

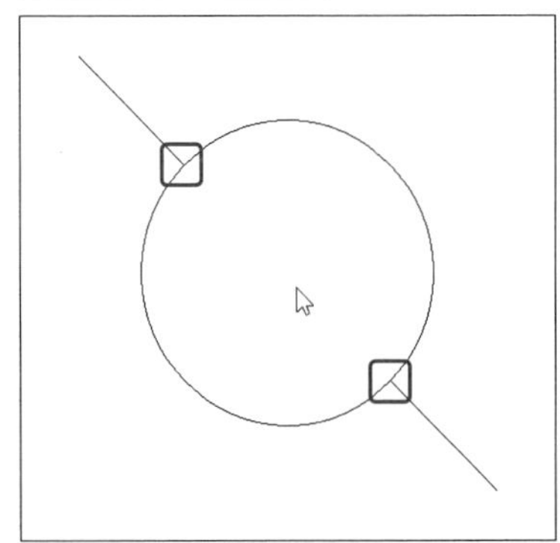

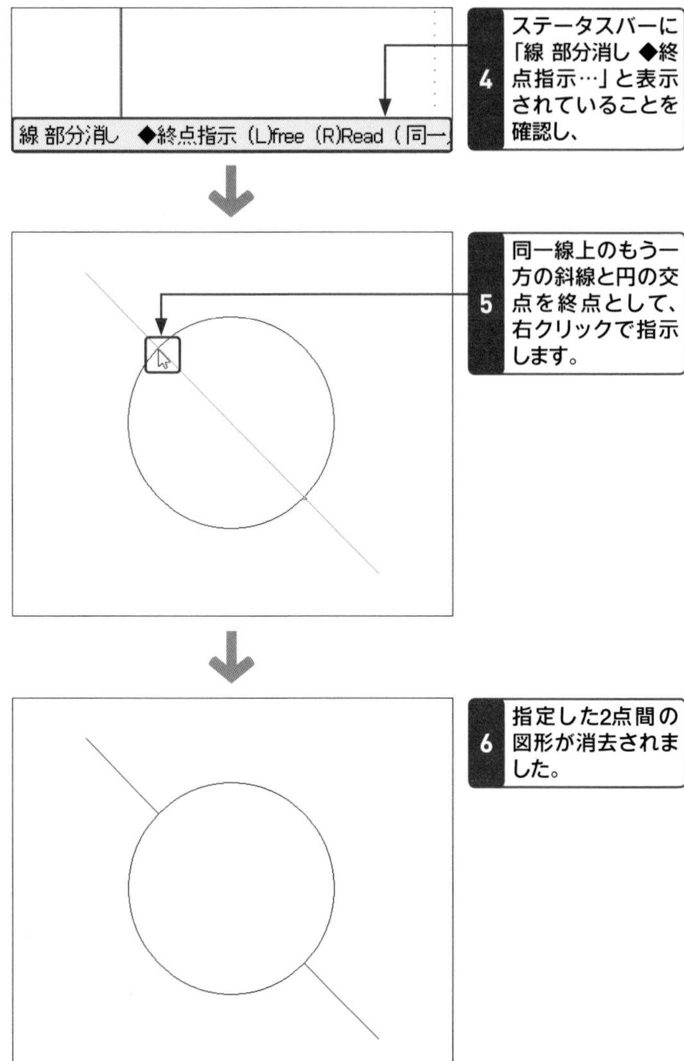
線 部分消し ◆終点指示 (L)free (R)Read (同一

4 ステータスバーに「線 部分消し ◆終点指示…」と表示されていることを確認し、

5 同一線上のもう一方の斜線と円の交点を終点として、右クリックで指示します。

6 指定した2点間の図形が消去されました。

3 指定した2点の間の円弧を消去する

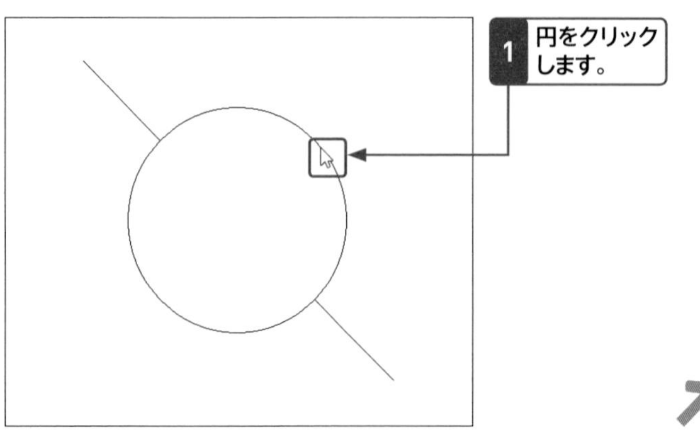

1 円をクリックします。

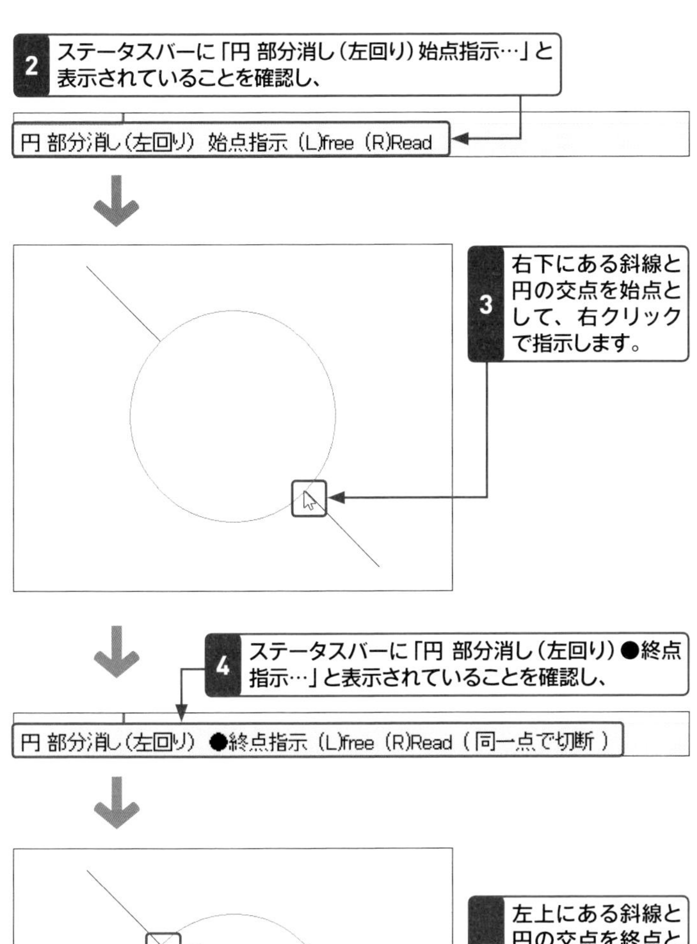
円 部分消し(左回り) 始点指示 (L)free (R)Read

2 ステータスバーに「円 部分消し(左回り)始点指示…」と表示されていることを確認し、

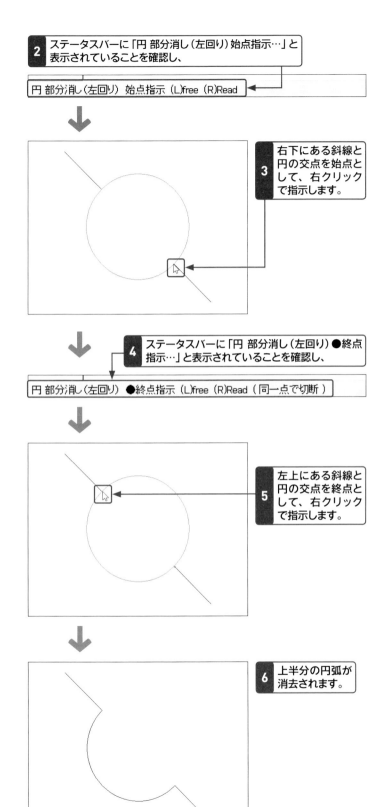

3 右下にある斜線と円の交点を始点として、右クリックで指示します。

4 ステータスバーに「円 部分消し(左回り)●終点指示…」と表示されていることを確認し、

円 部分消し(左回り) ●終点指示 (L)free (R)Read (同一点で切断)

5 左上にある斜線と円の交点を終点として、右クリックで指示します。

6 上半分の円弧が消去されます。

メモ 円 部分消しの向きについて

円を部分消ししたい場合は、消去する円弧部分を反時計回りに指示する必要があります。始点を基準に左回りとなるので、同じ2点でも始点と終点の指示が逆になると、消去される円弧部分も逆になります。

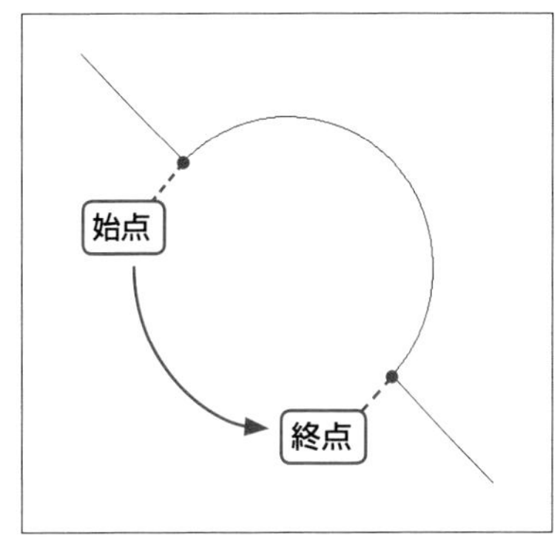
円 部分消し(左回り) 始点指示
始点
終点

Section 34
線を縮める

覚えておきたいキーワード
- 伸縮
- 伸縮（基準線）
- 伸縮（伸縮線）

不要な図形を削除する方法として消去コマンドを学習しました。ここでは、伸縮コマンドを利用して必要な図形は残したまま、基準線まで線や円を縮める方法や、点を指定して長さを調整する方法について学習します。さまざまな編集方法を覚えることで、多角的な製図が可能となります。

練習用ファイル	Sec34.jww		
メニュー	[編集]メニュー→[伸縮]		
ツールバー	[伸縮]		
ショートカット	T／Shift+M	クロックメニュー	左AM8時（伸縮線）／右AM8時（基準線）

1 基準線まで線を縮める

キーワード 伸縮コマンド

伸縮コマンドを使用すると、線を伸ばしたり、縮めたりすることができます。線の不要な部分を消去して縮める方法として、消去コマンドがあります。図形の状況から、より効率のよいコマンドを選択して作図できるようにしましょう。

注意 赤丸の記号が表示される場合

手順3で右クリックした位置に赤丸の記号が表示される場合は、「線切断」が実行されています。その場合は、Escキーなどを押して、赤丸が表示される前の状態に戻してから、再度右ダブルクリックで選択し直します。

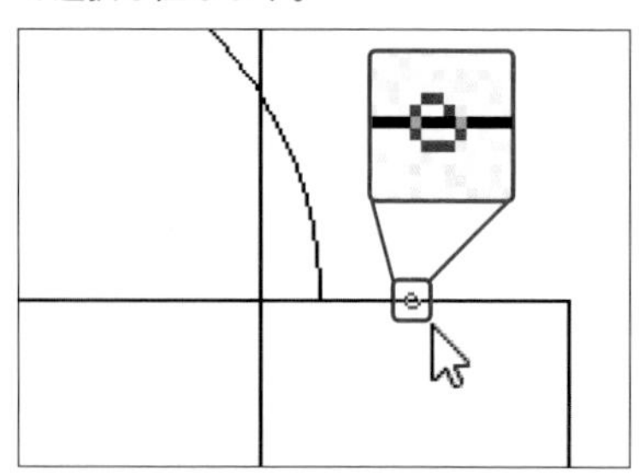

1 ツールバーの＜伸縮＞をクリックします。

2 ステータスバーに「指示点までの伸縮線（L）線切断（R）基準線変更（RR）」と表示されていることを確認し、

伸縮
指示点までの伸縮線(L) 線切断(R) 基準線指定(RR)

3 上側の水平線を右ダブルクリック（RR）します。

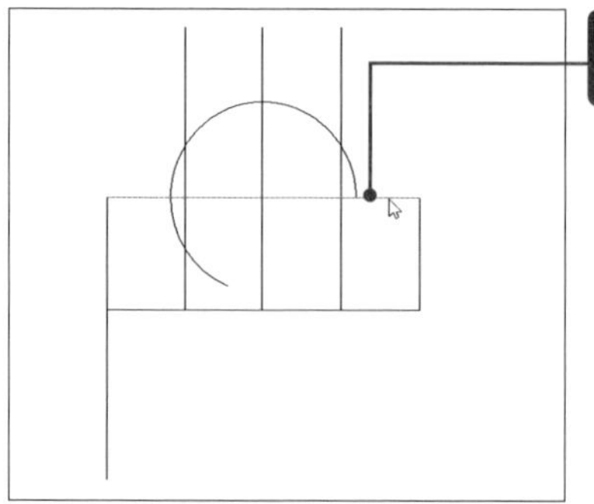

4 選択した線がピンク色で表示されます。

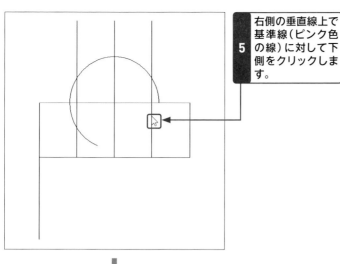

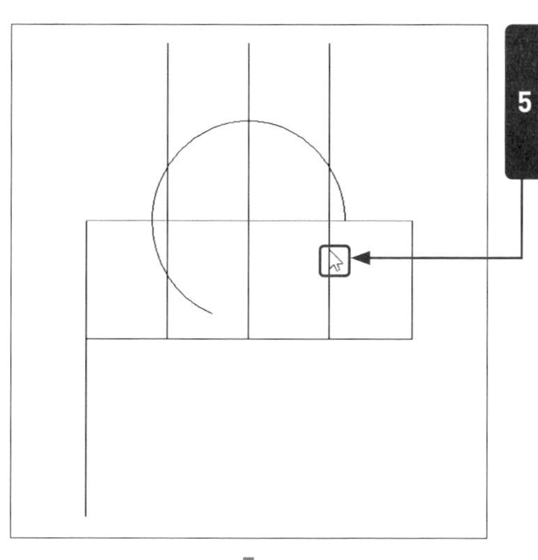

5 右側の垂直線上で基準線（ピンク色の線）に対して下側をクリックします。

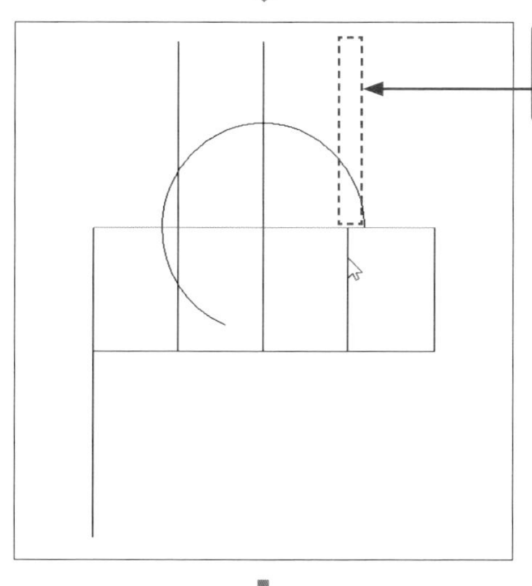

6 基準線に対して上側の線が縮み（消去され）ます。

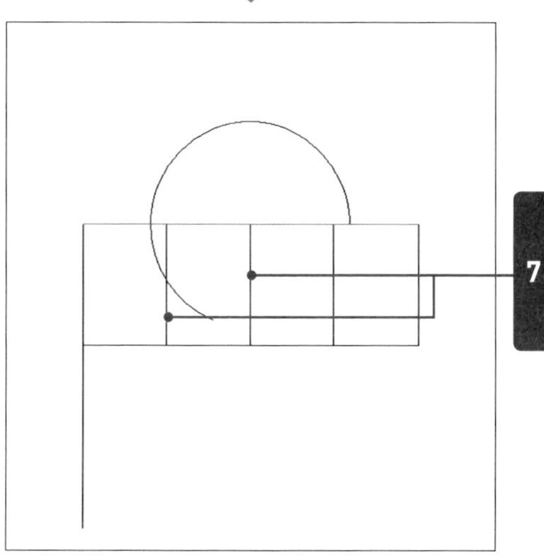

7 左側にある残り2本の垂直線も同じように、基準線より下をクリックして縮めます。

メモ 伸縮線の選択方法について

基準線まで線や円を縮める場合は、基準線に対して残す方の図形上をクリックして選択します。

メモ 間違えた場合は

間違えた場合はEscキーを押して操作を元に戻します。

2 基準線まで円弧を縮める

メモ 円を縮める場合

伸縮コマンドで編集ができるのは線と円弧のみです。閉じている円は編集することができません。伸縮コマンド実行中に円を選択すると、ステータスバーに「円です。切断で弧にしてください。」と表示されます。閉じた円を編集したい場合は消去コマンドの部分消しを利用するか、伸縮コマンドの線切断（右クリック）で円周上の任意の点で切断し、円弧にしてから編集します。

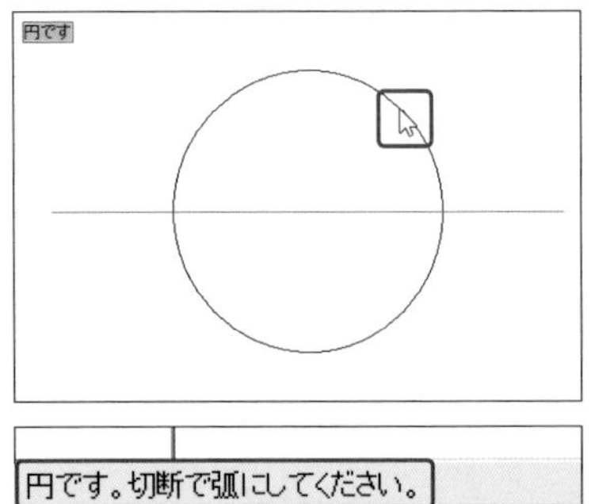
円です
円です。切断で弧にしてください。

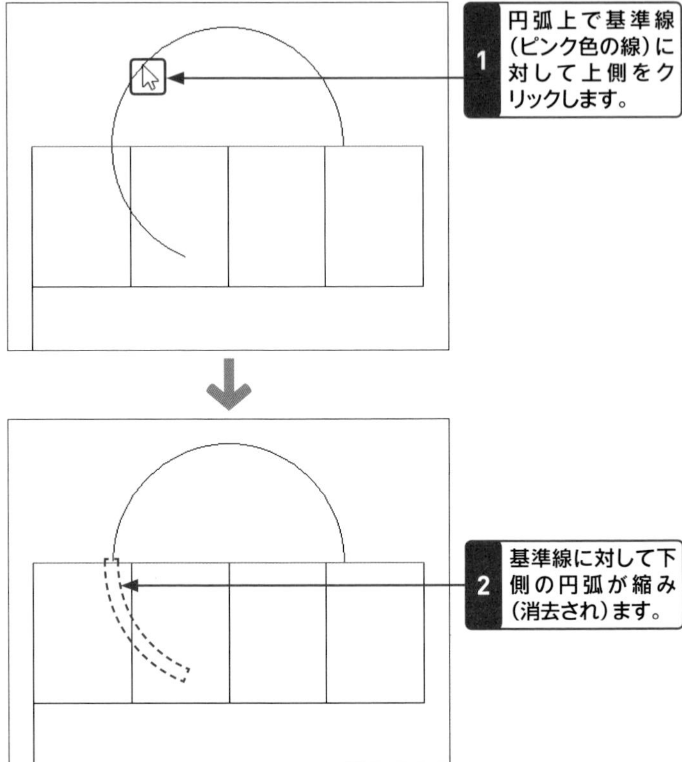
1 円弧上で基準線（ピンク色の線）に対して上側をクリックします。
2 基準線に対して下側の円弧が縮み（消去され）ます。

3 伸縮点を指定して縮める

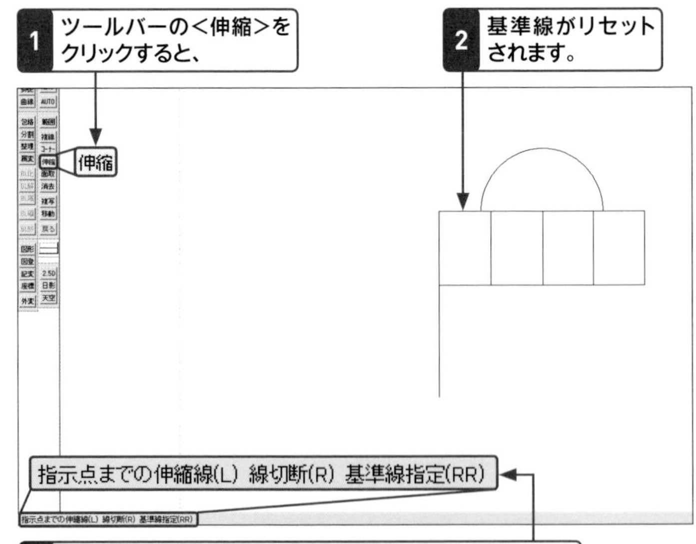
1 ツールバーの<伸縮>をクリックすると、
2 基準線がリセットされます。
伸縮
指示点までの伸縮線(L) 線切断(R) 基準線指定(RR)
3 ステータスバーに「指示点までの伸縮線（L）線切断（R）基準線指定（RR）」と表示されていることを確認します。

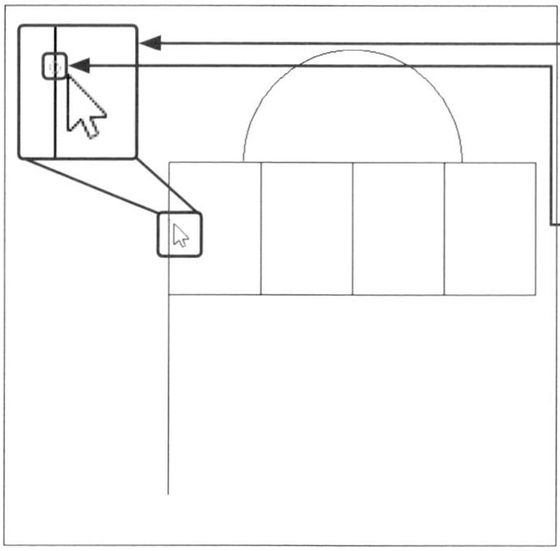

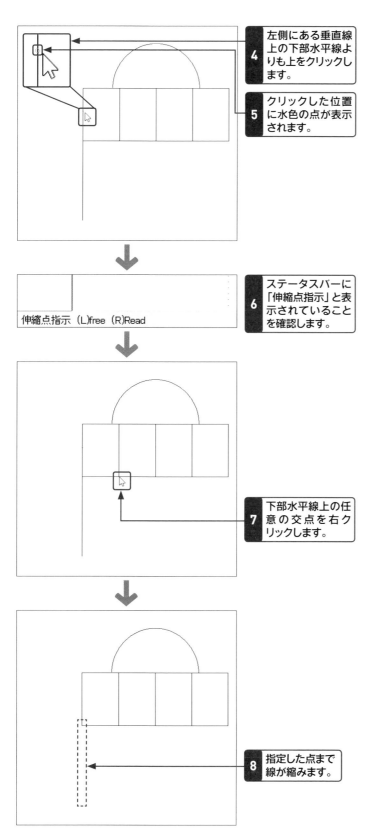

4 左側にある垂直線上の下部水平線よりも上をクリックします。

5 クリックした位置に水色の点が表示されます。

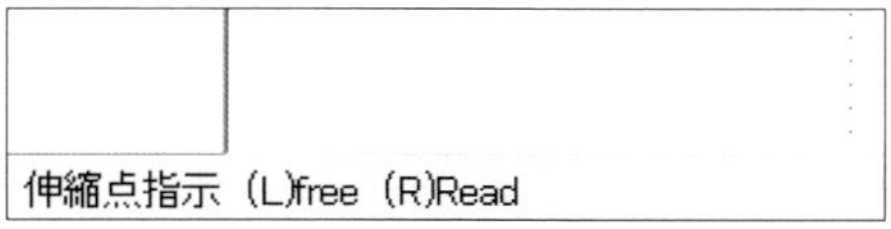

伸縮点指示 (L)free (R)Read

6 ステータスバーに「伸縮点指示」と表示されていることを確認します。

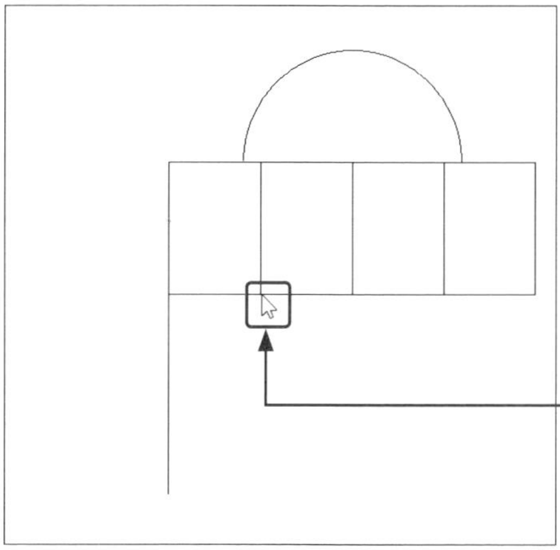

7 下部水平線上の任意の交点を右クリックします。

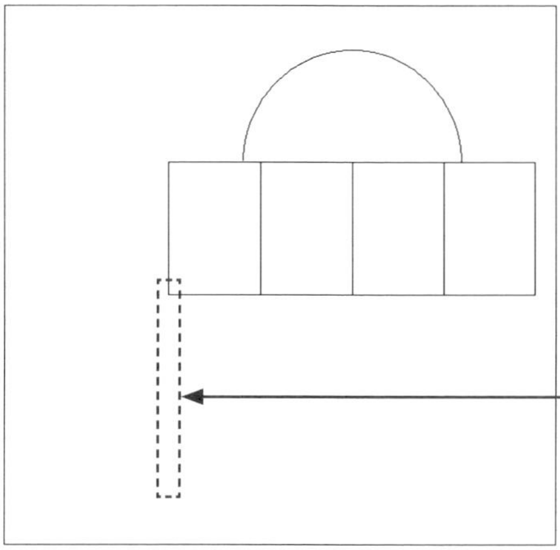

8 指定した点まで線が縮みます。

メモ 円弧を伸縮点で編集する場合

円弧を伸縮点で編集する場合、反時計回りに考えて円弧上の残す方をクリックし、円弧の中心と伸縮点として指示した点を結んだ線と円弧の交点まで伸縮されます。

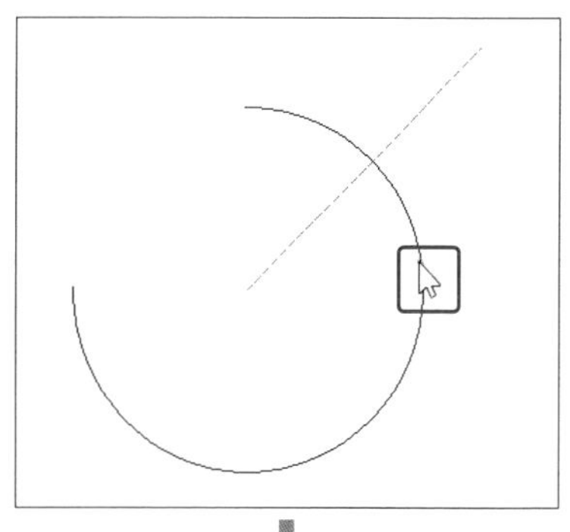

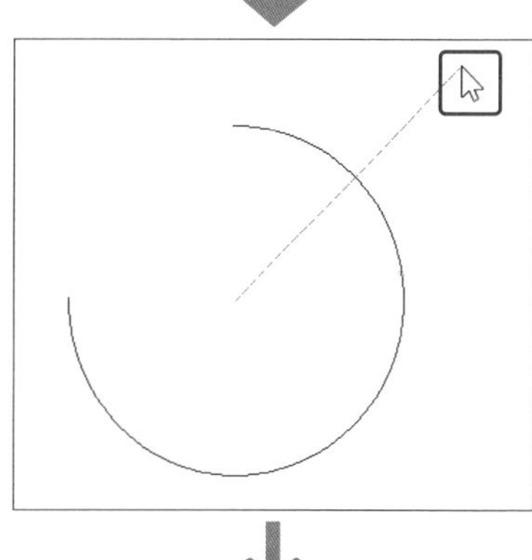

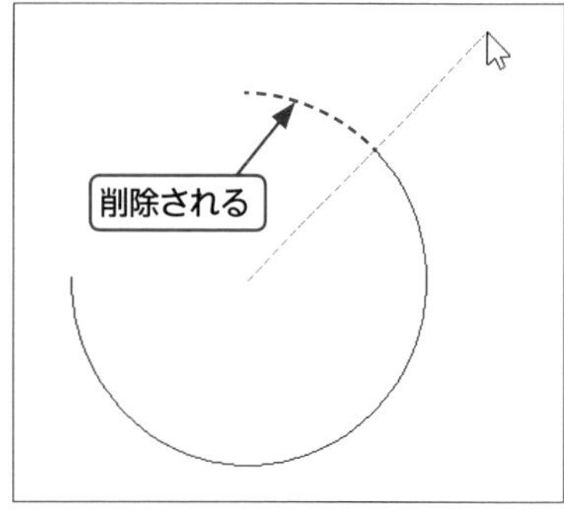
削除される

Section 35

線を伸ばす

覚えておきたいキーワード
☑ 伸縮
☑ 基準線
☑ 伸縮線

ここでは、作図した線を伸ばす方法について学習します。線を追加することなく、1本の線として伸ばすことで、移動や複写などその後の編集作業が格段に楽になります。基準線を指定して交点まで伸ばす方法と、指定した点まで角度を保持したまま伸ばす方法について学習します。

練習用ファイル	Sec35.jww		
メニュー	[編集]メニュー→[伸縮]		
ツールバー	[伸縮]		
ショートカット	T／Shift+M	クロックメニュー	左AM8時(伸縮線)／右AM8時(基準線)

1 基準線まで線を伸ばす

注意 赤丸の記号が表示される場合

手順2で右ダブルクリックした位置に赤丸の記号が表示される場合は、「線切断」が実行されています。その場合は、Escキーなどを押して、赤丸が表示される前の状態に戻してから、再度右ダブルクリックで選択し直します。

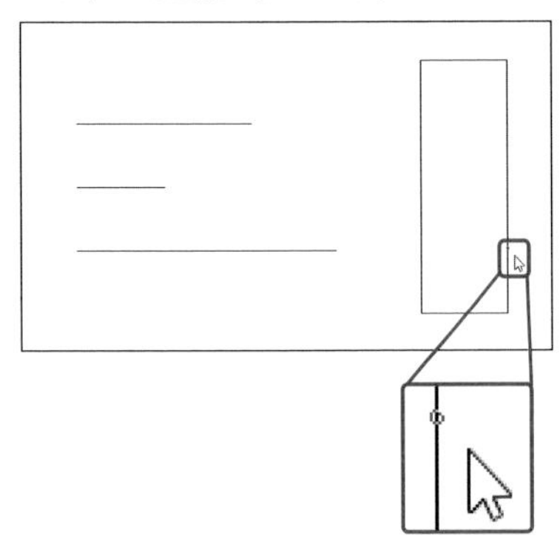

1 ツールバーの<伸縮>をクリックし、

2 右側の垂直線を右ダブルクリック(RR)します。

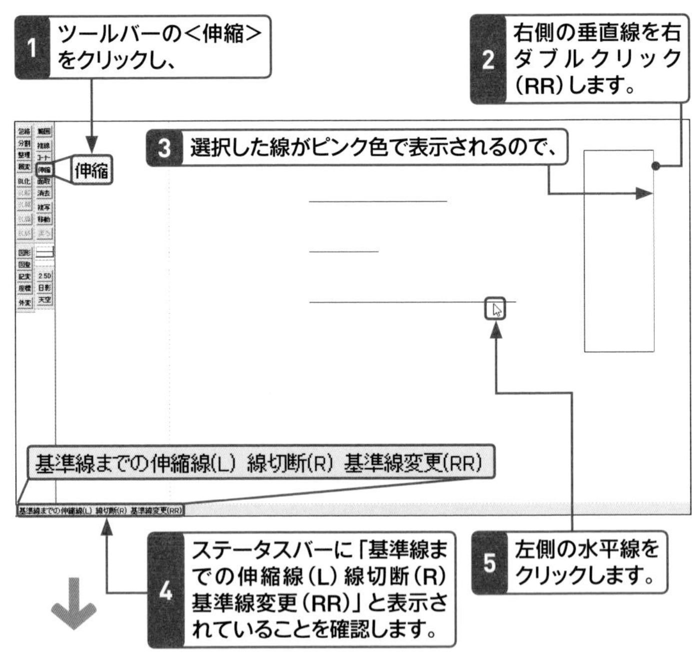
伸縮
基準線までの伸縮線(L) 線切断(R) 基準線変更(RR)

3 選択した線がピンク色で表示されるので、

4 ステータスバーに「基準線までの伸縮線(L) 線切断(R) 基準線変更(RR)」と表示されていることを確認します。

5 左側の水平線をクリックします。

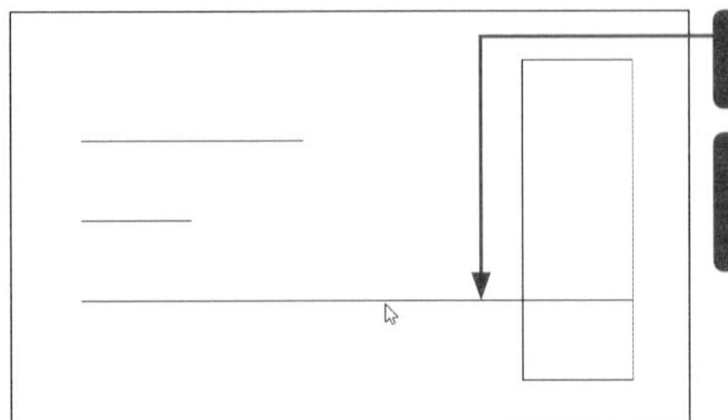

6 基準線まで線が伸びます。

7 ほかの水平線もクリックして基準線まで伸ばします。

第4章 作図した図形を編集しよう

2 伸縮点を指定して伸ばす

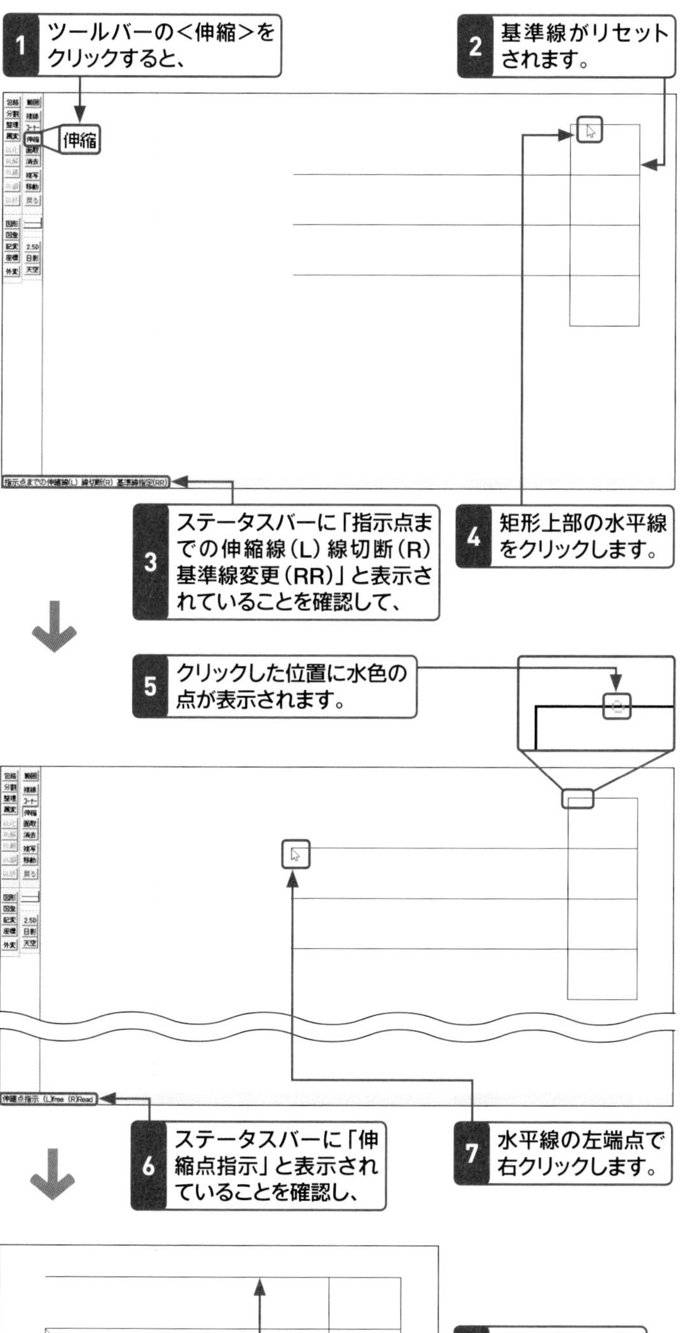
1 ツールバーの<伸縮>をクリックすると、
伸縮
2 基準線がリセットされます。
3 ステータスバーに「指示点までの伸縮線(L) 線切断(R) 基準線変更(RR)」と表示されていることを確認して、
4 矩形上部の水平線をクリックします。
5 クリックした位置に水色の点が表示されます。
6 ステータスバーに「伸縮点指示」と表示されていることを確認し、
7 水平線の左端点で右クリックします。
8 指定した点まで線が伸びます。

メモ 基準線について

基準線に設定できるのは1本のみです。基準線を切り替える場合は、再度右ダブルクリックで選択します。

メモ 伸縮点について

伸縮コマンドを使用して線を伸ばす際、線の角度は保持されます。そのため、伸縮点は線を水平または垂直方向に延長した際の交点となります。

Section 36

コーナー（角）をつなぐ／1本の線に結合する

覚えておきたいキーワード
- コーナー
- 伸縮
- 結合

コーナーコマンドを利用すると、2つの線または円弧の交点を基準に角を作成することができます。2つの図形を同時に伸縮できるので、1本ずつ処理するより時間が短縮できます。また、同一線上にある線どうしをコーナー処理すると、1本の線として結合することもできます。

練習用ファイル	Sec36.jww		
メニュー	［編集］メニュー→［コーナー処理］		
ツールバー	［コーナー］		
ショートカット	Ⓥ	クロックメニュー	―

1 交差する線の角を編集する

キーワード コーナーコマンド

コーナーコマンドは、2つの線または円弧（円は対象外）の交点を基準に、図形を伸縮してコーナー（角）を編集作図するコマンドです。2つの図形を同時に伸縮処理できるため、利便性の高いコマンドのひとつです。

1 ツールバーの<コーナー>をクリックし、

2 ステータスバーに「線（A）指示（L） 線切断（R）」と表示されていることを確認して、

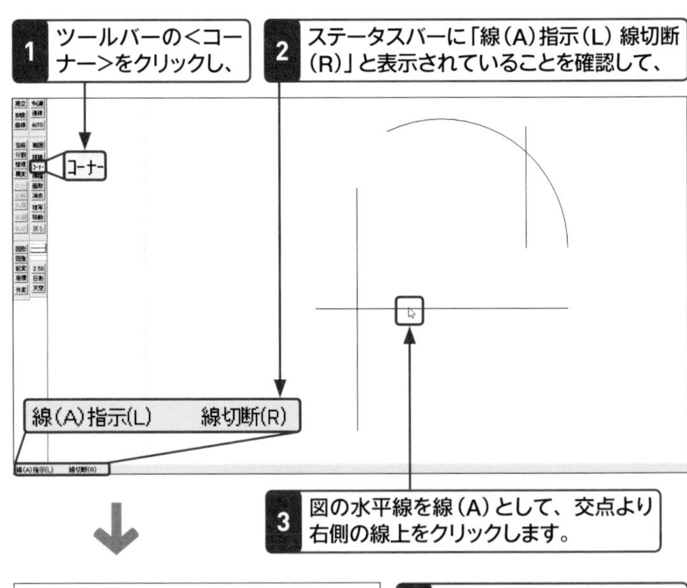

コーナー
線(A)指示(L)　線切断(R)

3 図の水平線を線（A）として、交点より右側の線上をクリックします。

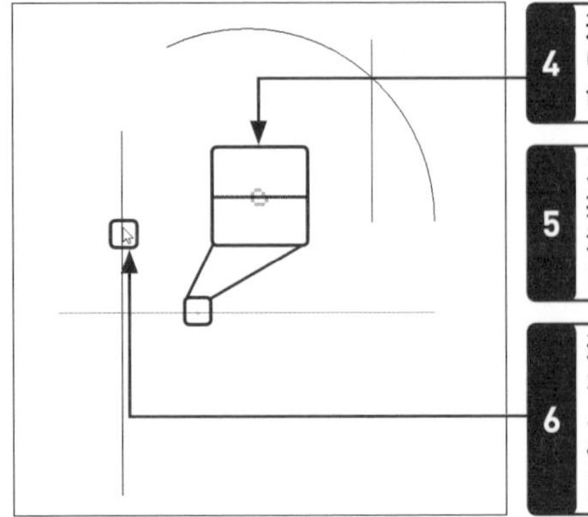

4 選択した線がピンク色になり、クリックした位置に水色の点が表示されます。

5 ステータスバーに「線【B】指示（L） 線切断（R）」と表示されていることを確認し、

6 選択した水平線と交わる垂直線を線【B】として、交点より上側の線上をクリックして選択します。

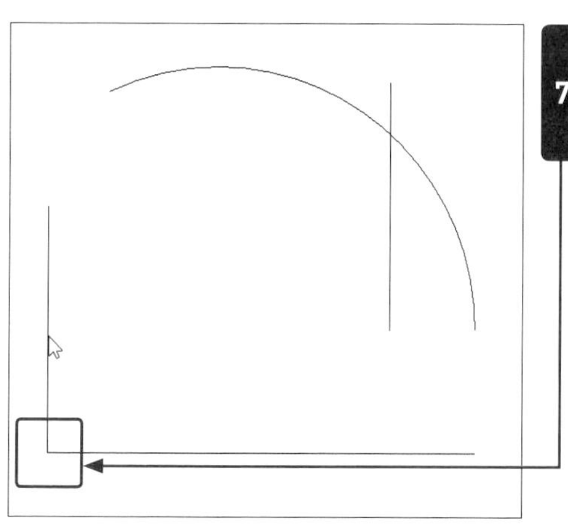

7 2つの線の交点を基準に選択した線が縮んで角（コーナー）ができます。

2 線を伸縮して角をつなぐ

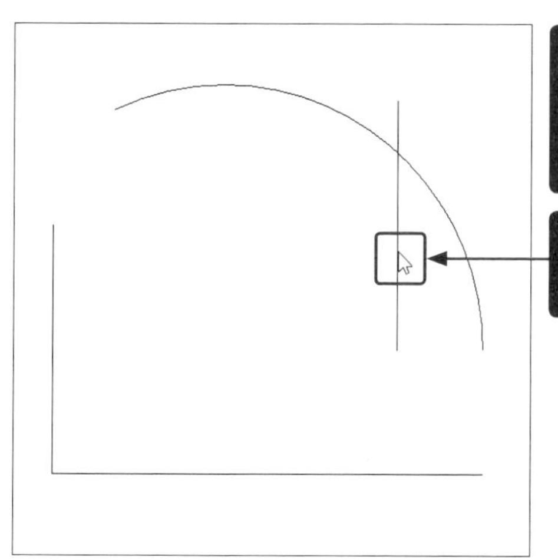

1 ステータスバーに「線（A）指示（L）線切断（R）」と表示されていることを確認します。

2 右側の垂直線を線（A）としてクリックします。

メモ 線や円弧の選択方法

交点に対してはみ出している部分を縮めてコーナーを作成する際は、必ず交点に対して残す方を選択します。選択した位置には水色の点が表示されるので、間違えて選択した場合はEscキーを押して元に戻してから、再度選択し直します。

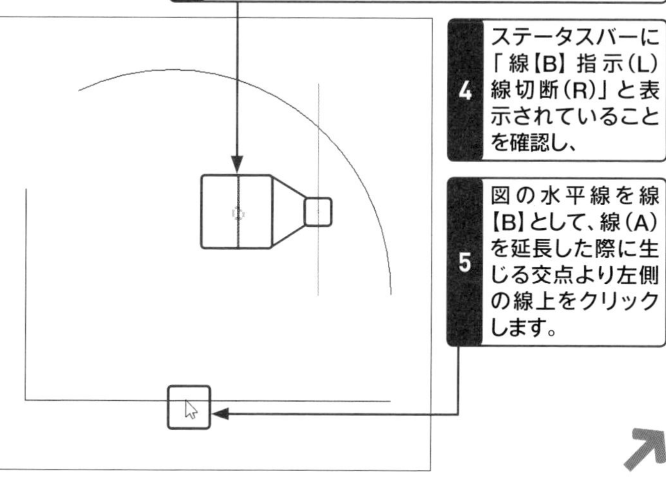

3 選択した線がピンク色になり、クリックした位置に水色の点が表示されます。

4 ステータスバーに「線【B】指示（L）線切断（R）」と表示されていることを確認し、

5 図の水平線を線【B】として、線（A）を延長した際に生じる交点より左側の線上をクリックします。

メモ 図形が交差していない場合

編集する図形どうしが交差していなくても、延長して交点が発生する位置関係（＝平行以外）であれば、コーナーを作成することができます。図形が交差していない場合は、仮想延長した交点の位置を基準に図形を選択します。

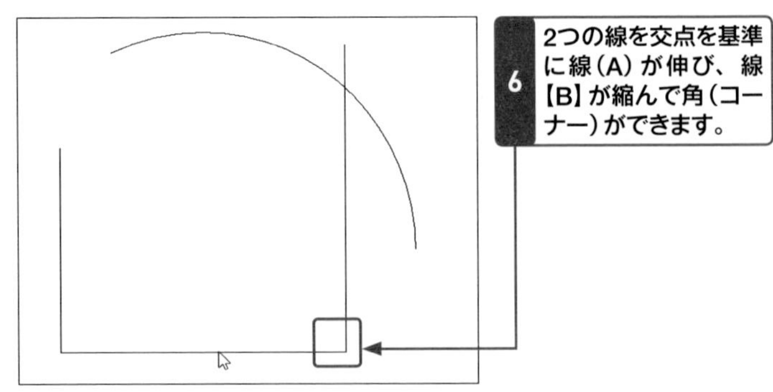
6
2つの線を交点を基準に線（A）が伸び、線【B】が縮んで角（コーナー）ができます。

3 円弧と線をコーナー処理する

メモ 円の場合

円をコーナー処理することはできません。円をコーナー処理する場合は、コーナーコマンドの線切断（右クリック）で円周上の任意の点で切断して円弧にしてから編集します。

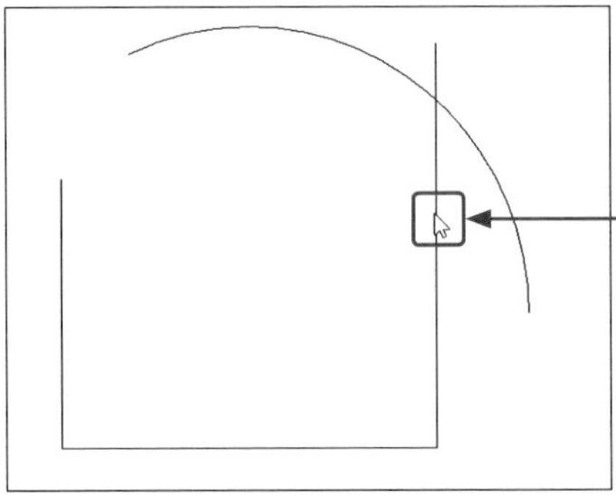

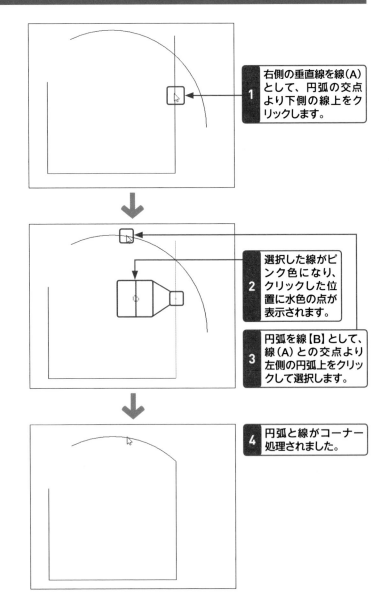

1 右側の垂直線を線（A）として、円弧の交点より下側の線上をクリックします。

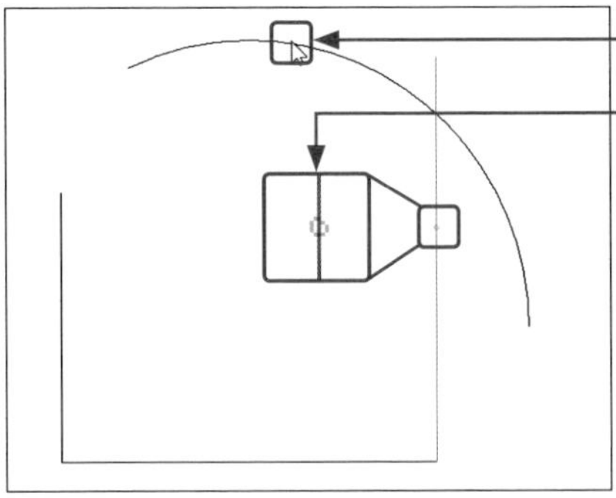

2 選択した線がピンク色になり、クリックした位置に水色の点が表示されます。

3 円弧を線【B】として、線（A）との交点より左側の円弧上をクリックして選択します。

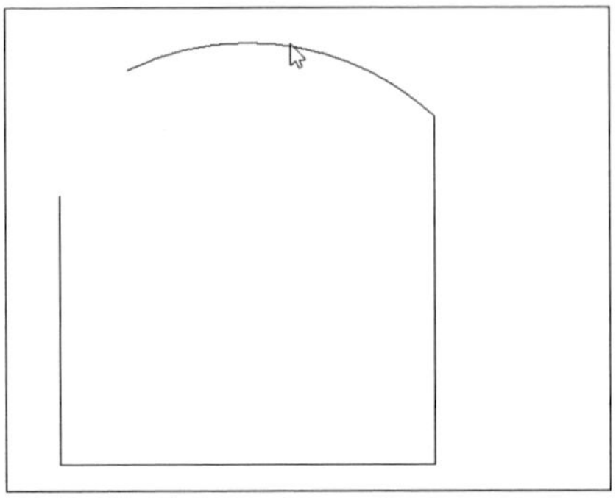

4 円弧と線がコーナー処理されました。

4 線と円弧を伸ばしてコーナー処理する

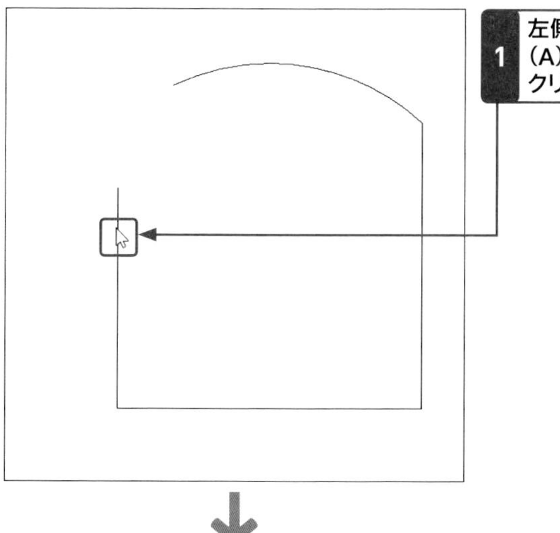

1 左側の垂直線を線（A）として線上をクリックします。

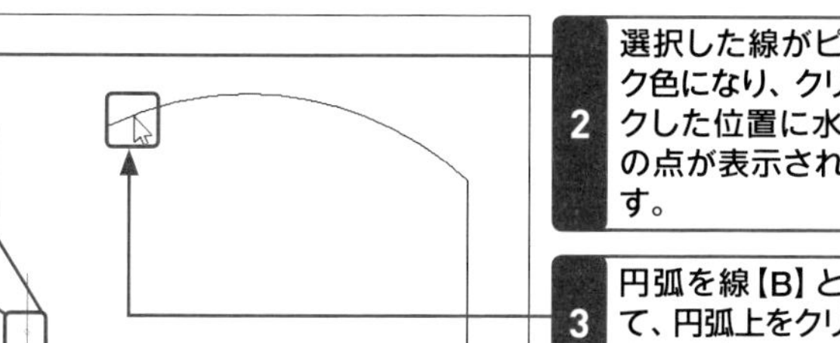

2 選択した線がピンク色になり、クリックした位置に水色の点が表示されます。

3 円弧を線【B】として、円弧上をクリックします。

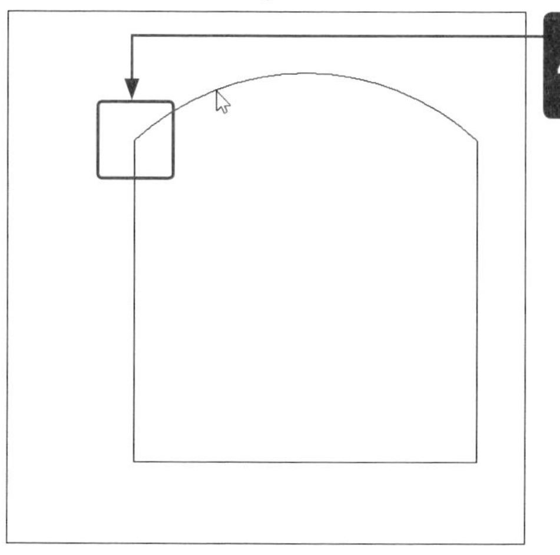

4 線と円弧が伸びて角（コーナー）ができます。

メモ 伸縮コマンドを使用した場合

ここでの作業を伸縮コマンドを利用して行った場合、下図のように2回伸縮を行う必要があります。

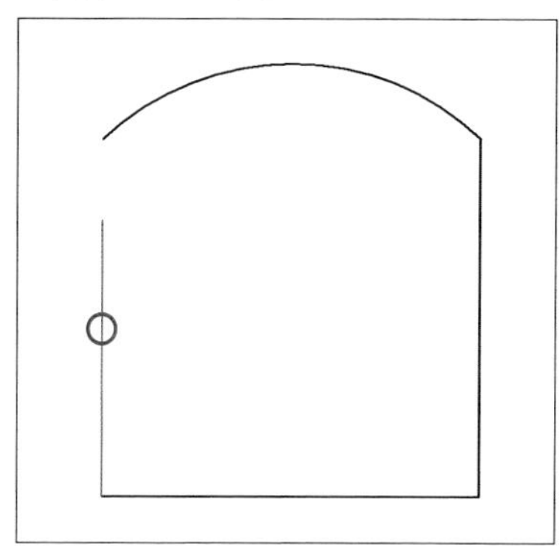

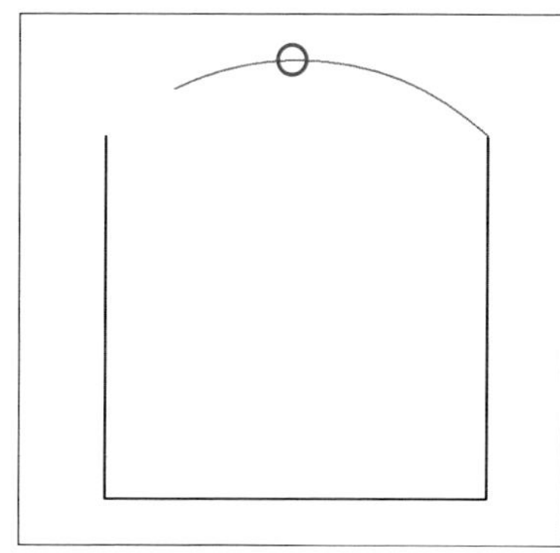

ステップアップ 同一線上の２つの線を１本の線に結合する

コーナーコマンドを使って、同一線上の2つの線をコーナー処理すると、1本の線に結合することができます。ただし、線が同一線上にあり、同じ線種・線色・レイヤである必要があります。

Section 37 複数の線をまとめて包絡処理する

覚えておきたいキーワード
☑ 包絡
☑ 包絡（中間消去）
☑ 伸縮

「包絡」はコーナー、伸縮、消去を併せ持った機能で、建築図面などで柱や壁を一体化する際や、壁に開口部を開ける際などに大変重宝します。ただし、選択の方法によっては意図しない処理結果となることもあるので、法則をよく理解した上で使用するようにしましょう。

練習用ファイル	Sec37.jww		
メニュー	[編集] メニュー→ [包絡処理]		
ツールバー	[包絡]		
ショートカット	Q／Shift＋Y	クロックメニュー	左AM3時

1 上下の線を処理する

キーワード 包絡

包絡（ほうらく）コマンドは、Jw_cadの中でも特徴的なコマンドのひとつで、コーナー、伸縮、消去を統合したような機能です。RCの建築図面で柱と壁と一体化（包絡処理）する場合や壁に建具の開口部を開ける場合などに重宝します。ただし、包絡できるのは、同じ線種・線色・レイヤの線のみです。

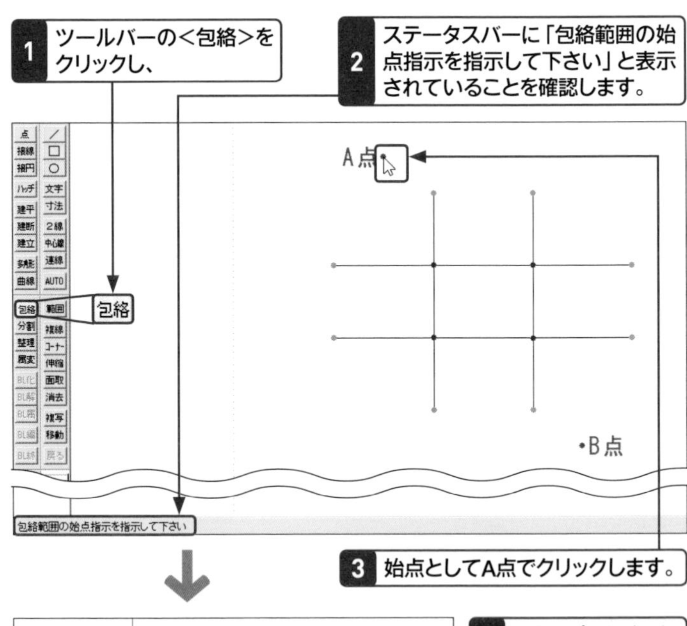

1 ツールバーの<包絡>をクリックし、
2 ステータスバーに「包絡範囲の始点指示を指示して下さい」と表示されていることを確認します。
A点
•B点
包絡
包絡範囲の始点指示を指示して下さい
3 始点としてA点でクリックします。

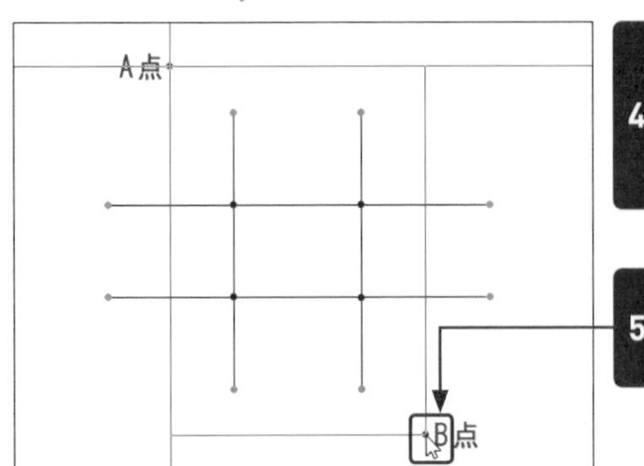

A点
B点
4 ステータスバーに「包絡範囲の終点を指示して下さい…」と表示されていることを確認し、
5 終点としてB点をクリックして範囲選択します。

注意 範囲選択に使用する点について

AからHまでの点は、範囲選択の目安のための点です。したがって、選択時に右クリックしないようにしてください。

6 交点を基準に上下の線が消去されます。

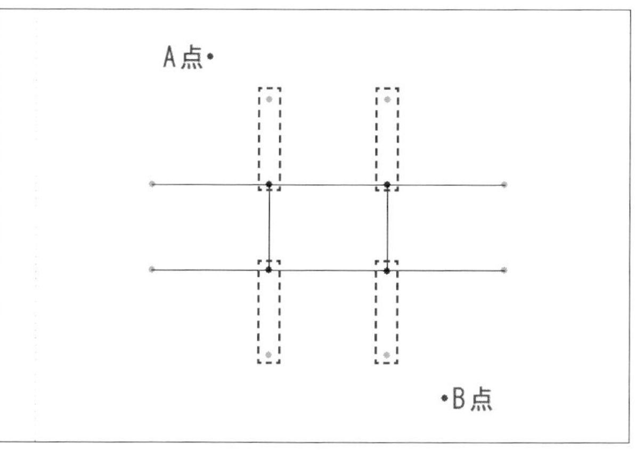
A点•
•B点

メモ 範囲選択について（A点とB点）

包絡の範囲を選択する際、処理する線の端点（水色）と交点（青色）が含まれるかで結果が異なります。A点とB点を範囲指定した場合、上下の端点と4つの交点は含まれますが、左右の端点は含まれていません。この場合、上下の端点が処理対象となり交点までの線が処理（消去）されます。

2 上下左右の線を処理する

1 始点としてC点をクリックし、

2 終点としてD点をクリックして範囲選択します。

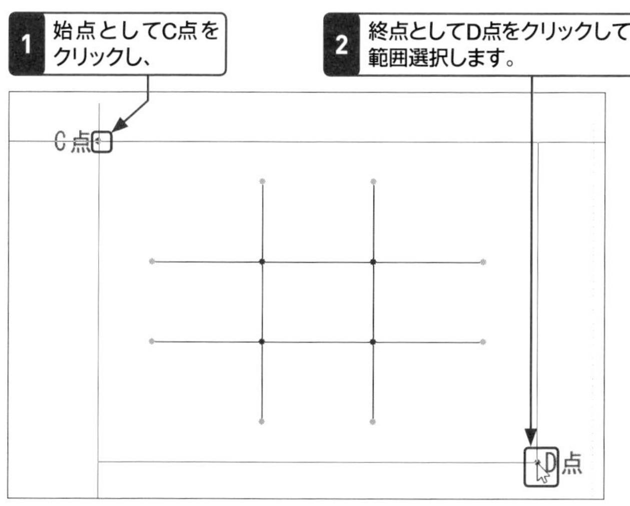
C点
D点

3 交点を基準に上下左右の線が消去されます。

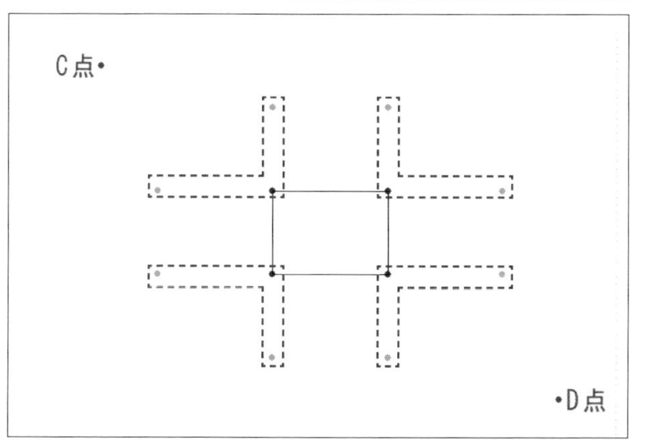
C点•
•D点

メモ 範囲選択について（C点とD点）

C点とD点を範囲指定した場合、上下左右の端点と4つの交点が含まれます。この場合、上下左右の端点が処理対象となり交点までの線が処理（消去）されます。

3 交点間の線を処理する

メモ 範囲選択について（E点とF点）

E点とF点を範囲指定した場合、4本の線の交点は含まれますが、上下左右の端点は含まれません。この場合、交点のみが処理対象となり交点間の線が処理（消去）されます。

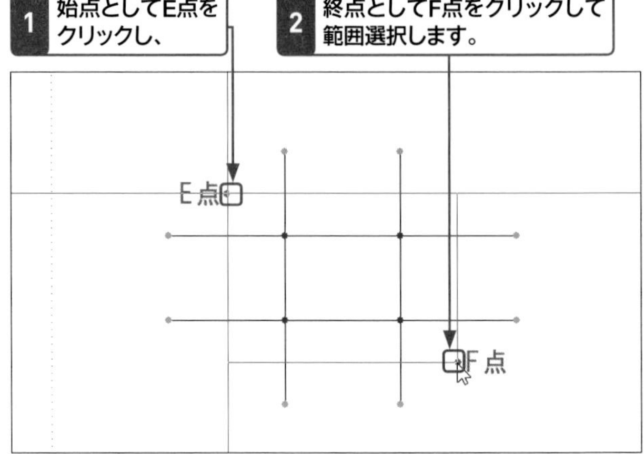
1 始点としてE点をクリックし、
2 終点としてF点をクリックして範囲選択します。
E点
F点

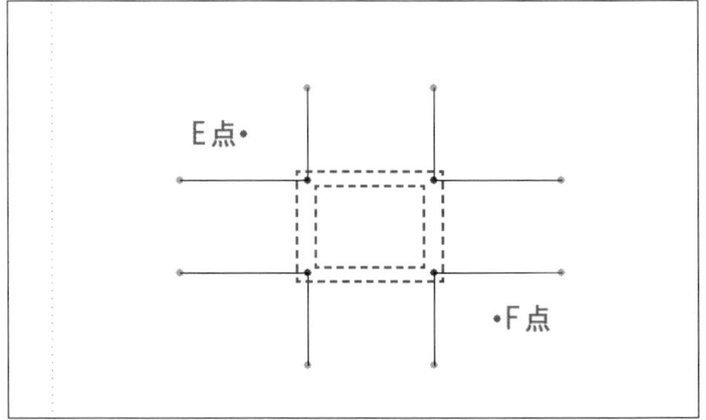
3 交点を基準に交点間の線が消去されます。
E点
F点

4 はみ出した線と交点間の線を処理する

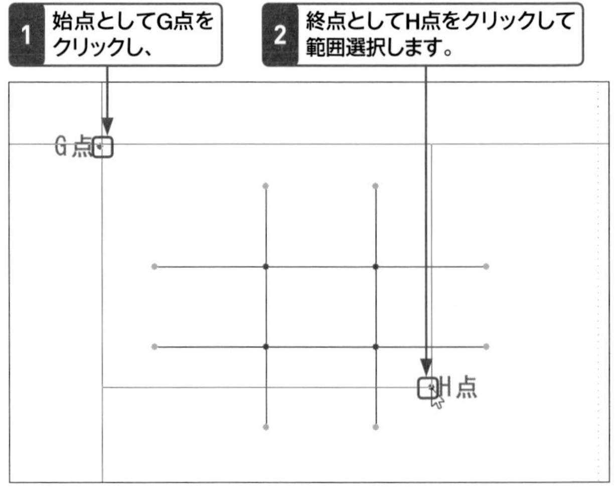
1 始点としてG点をクリックし、
2 終点としてH点をクリックして範囲選択します。
G点
H点

3 交点を基準に端点が選択された線と、交点間の線が消去されます。

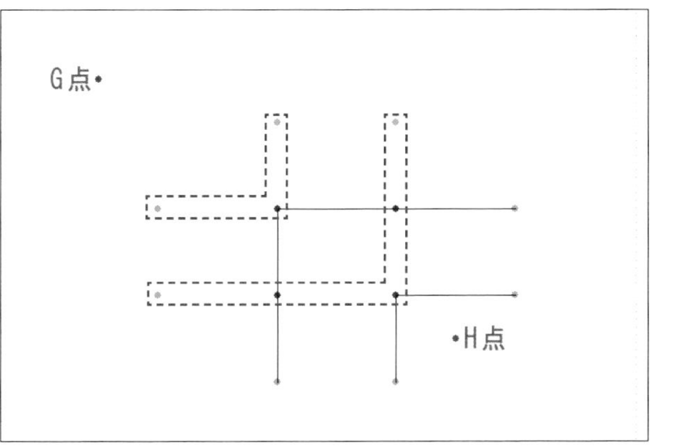
G点
H点

メモ 範囲選択について（G点とH点）

G点とH点を範囲指定した場合、4本の線の交点と、上と左の端点が処理対象となります。この場合、上と左の線はもっとも近い交点まで消去され、4つの交点間の線も同時に消去されます。

5 2つの線の中間の線を消去する

1 始点としてA点をクリックし、

2 ステータスバーに「包絡範囲の終点を指示して下さい（中略）（Shift+L）（L←）中間消去」と表示されていることを確認します。

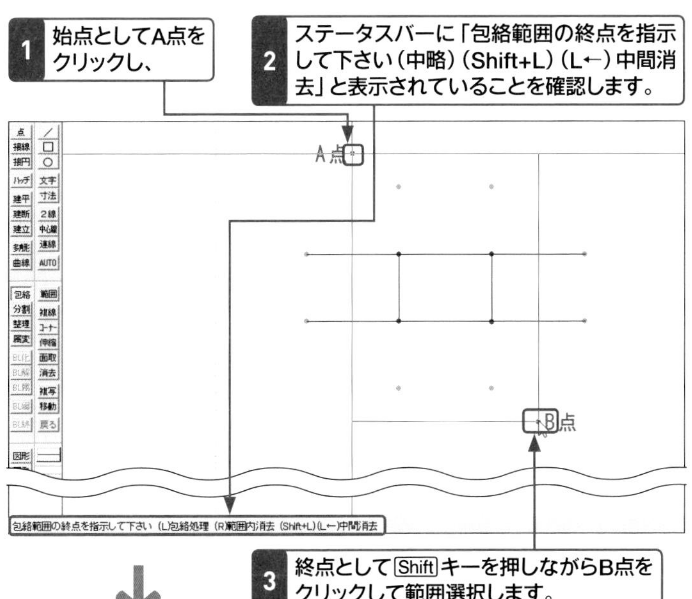
A点
B点
包絡範囲の終点を指示して下さい (L)包絡処理 (R)範囲内消去 (Shift+L)(L←)中間消去

3 終点としてShiftキーを押しながらB点をクリックして範囲選択します。

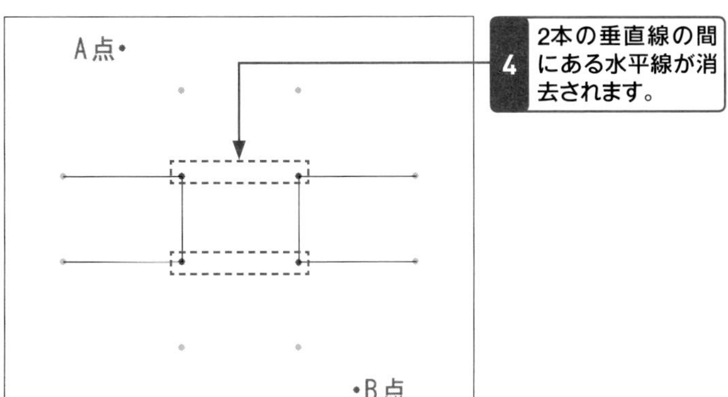
A点
B点

4 2本の垂直線の間にある水平線が消去されます。

メモ 中間消去

包絡コマンドで範囲を指定する際に、終点をShiftキーを押しながらクリック（または左9時方向にドラッグ）すると、中間消去が実行されて、2本の線間が消去されます。

メモ 包絡処理できる線種について

今回は実線（線種1）のみを包絡処理しましたが、実線以外の線種を包絡処理する場合は、コントロールバーより対象となる線種にチェックを入れて作業します。

ファイル(F)　[編集(E)]　表示(V)　[作図(D)]　設

☑ 実線　☐ 点線　☐ 鎖線　☐ 補助線

点　接線　接円

Section 38

図形全体を伸ばす／縮める

覚えておきたいキーワード
- パラメ
- パラメトリック変形
- ストレッチ

ここでは、パラメトリック変形を学習します。ほかのCADではストレッチと呼ばれている機能で、選択した範囲の図形を移動および伸縮します。図形の長さを変更したりや建具の位置を移動したりする場合など、知っておくと作図効率がとてもよくなる機能なのでぜひ習得しましょう。

練習用ファイル	Sec38.jww		
メニュー	[その他]メニュー→[パラメトリック変形]		
ツールバー	[パラメ]		
ショートカット	P	クロックメニュー	—

1 椅子の幅を広げる

キーワード パラメトリック変形

パラメトリック変形は移動と伸縮を同時に行うことができる機能で、ほかのCADではストレッチと呼ばれているコマンドです。選択範囲に完全に含まれる図形は移動し、選択範囲と交差する図形は伸縮します。

1 ツールバーの<パラメ>をクリックし、

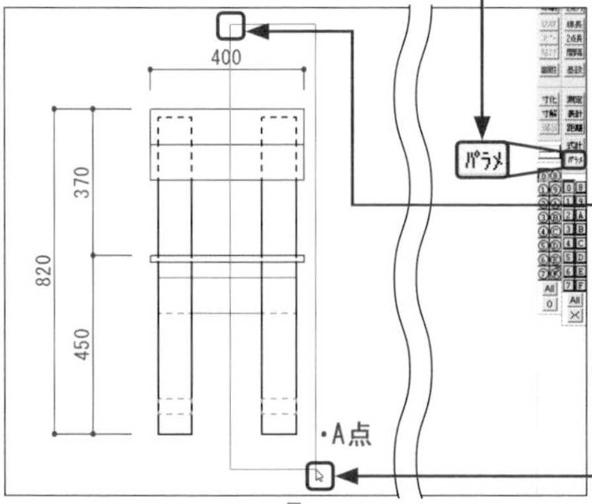

2 選択範囲の始点として、上部寸法と交差する図の位置をクリックし、

3 右下にマウスを移動して、椅子の右側半分が含まれる位置を終点としてクリックします（A点が含まれないように注意します）。

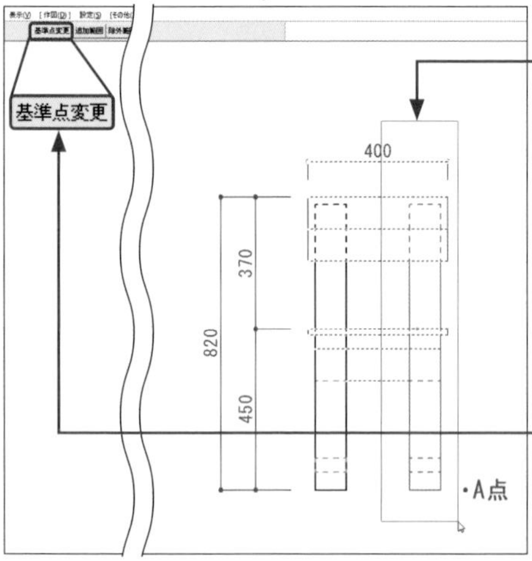

パラメ
400
370
820
450
・A点

4 選択した範囲がピンク色に表示されるので、

5 コントロールバー→<基準点変更>をクリックします。

基準点変更
400
370
820
450
・A点

メモ 選択表示について

手順4で、実線で表示された図形は「移動」、破線で表示された図形は「伸縮」として、それぞれ処理されます。

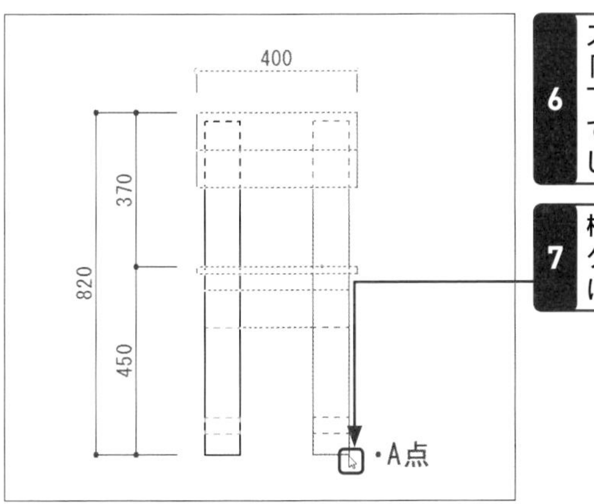
400
370
820
450
・A点

6 ステータスバーに「基準点を指示して下さい」と表示されていることを確認し、

7 椅子の右下の角を右クリックして基準点にします。

8 ステータスバーに「移動先の点を指示して下さい」と表示されていることを確認し、

9 マウスカーソルを右に移動し、A点の上で右クリックします。

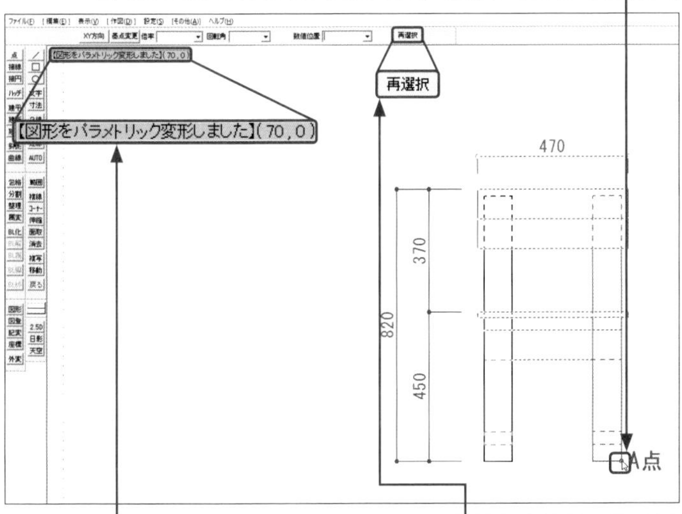
【図形をパラメトリック変形しました】(70，0)
再選択
470
370
820
450
A点

10 作図ウィンドウの左上に「【図形をパラメトリック変形しました】(70，0)と表示されるので、

11 コントロールバー→<再選択>をクリックして、選択を解除しておきます。

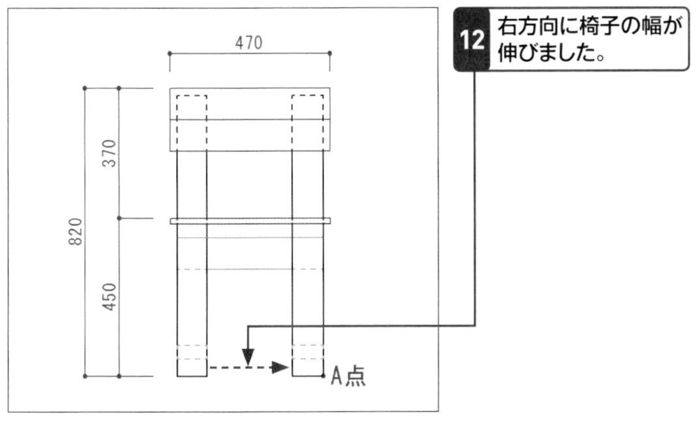
470
370
820
450
A点

12 右方向に椅子の幅が伸びました。

メモ 図形選択時のショートカットキーの追加について

Version 8.21より図形選択時のショートカットキーが追加されました。手順4のタイミングで、Enterキーを押すと<範囲確定>、ShiftキーとEnterキーを同時に押すと<基準点変更>（手順5）が実行できます。

Enter-範囲確定 ShiftEnter-基点変更

メモ 座標の考え方

Jw_cadでは水平方向をX、垂直方向をYとみなして座標を設定します。ここでの場合、基準点から右にA点まで水平方向70mm、垂直方向は移動なし（0mm）となるので、座標値は「70,0」となります。座標の考え方については、P.124のメモ「数値位置について」を参照してください。

2 距離を指定して座面の高さを上げる

メモ 基準点について

数値位置でパラメトリック変形の方向と距離を指定する場合は、特に基準点を変更(指示)する必要はありません。

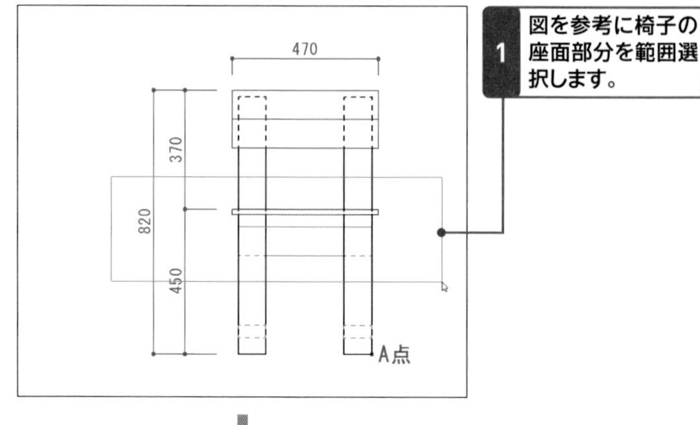
470
370
820
450
A点

1 図を参考に椅子の座面部分を範囲選択します。

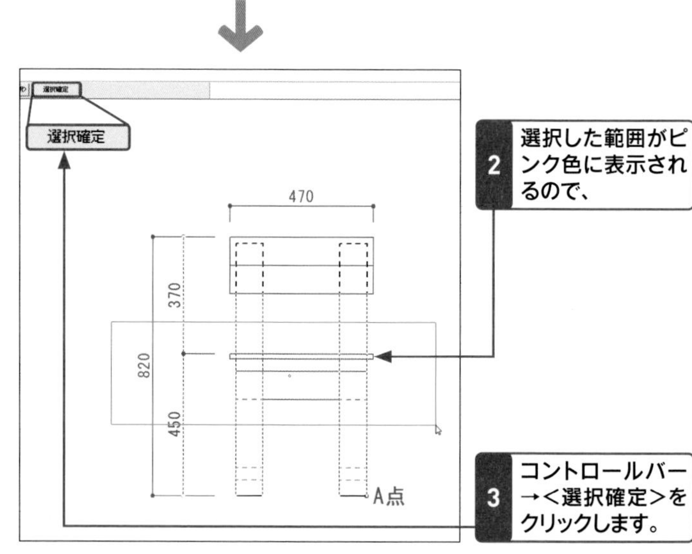
選択確定
470
370
820
450
A点

2 選択した範囲がピンク色に表示されるので、

3 コントロールバー→<選択確定>をクリックします。

メモ 数値位置について

数値位置を指定してパラメトリック変形を行う場合、相対座標値を入力します。横方向(水平方向)がX座標、縦方向(垂直方向)がY座標となります。

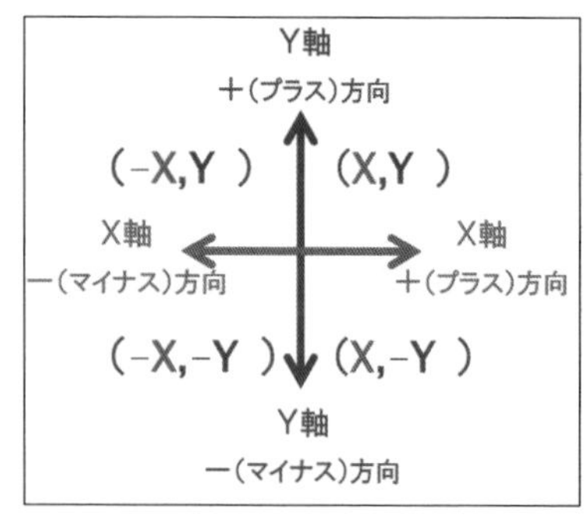
Y軸
+(プラス)方向
(−X,Y)
(X,Y)
X軸
−(マイナス)方向
X軸
+(プラス)方向
(−X,−Y)
(X,−Y)
Y軸
−(マイナス)方向

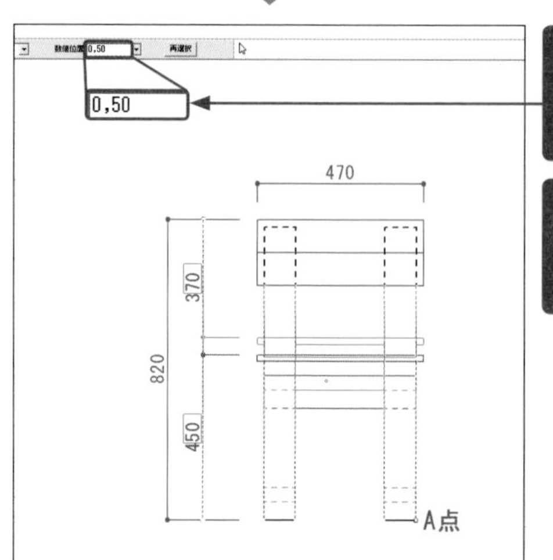
0,50
470
370
820
450
A点

4 コントロールバー→<数値位置>に「0,50」と入力します。

5 Enterキーを押して(または作図ウィンドウ内をクリックして)確定します。

6 作図ウィンドウの左上に「【図形をパラメトリック変形しました】(0 , 50)と表示されます。

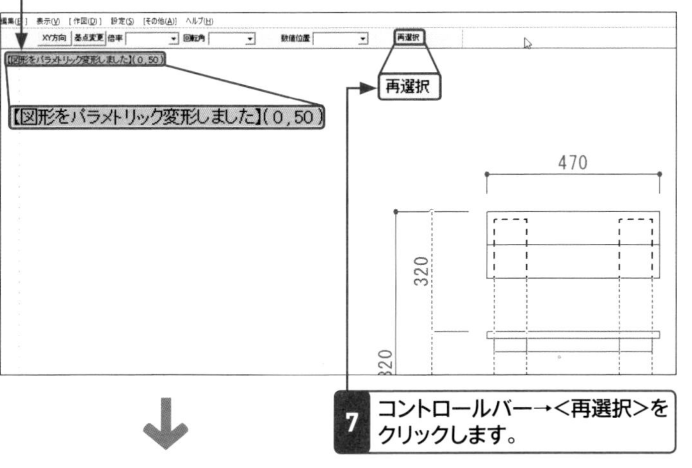
再選択
【図形をパラメトリック変形しました】(0 , 50)
470
320

7 コントロールバー→<再選択>をクリックします。

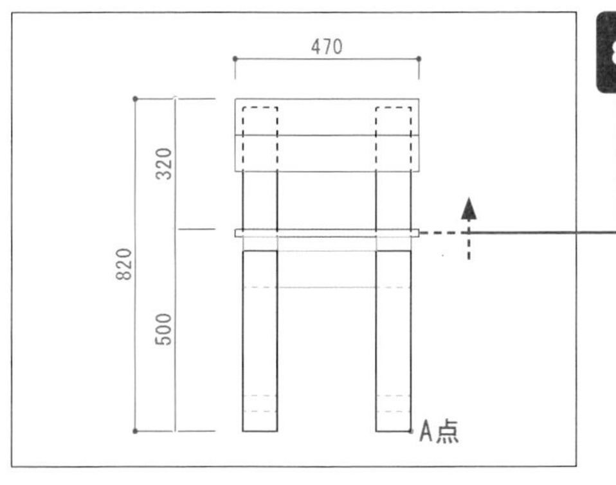
470
320
820
500
A点

8 座面が上方向に50 mm上りました。

メモ 再選択について

パラメトリック変形が終了したらコントロールバー→<再選択>をクリックして選択を解除しておきます。選択が継続されている状態のまま、Enterキーまたは作図ウィンドウ内をクリックすると、パラメトリック変形が再度実行されます。

メモ パラメトリック変形の選択範囲について

「パラメトリック変形」では選択範囲に完全に含まれる図形は移動し、選択範囲と交差する図形は伸縮します。選択範囲によって図形の動きが異なるので注意が必要です。

例：数値位置「0,-1000」でパラメトリック変形した場合

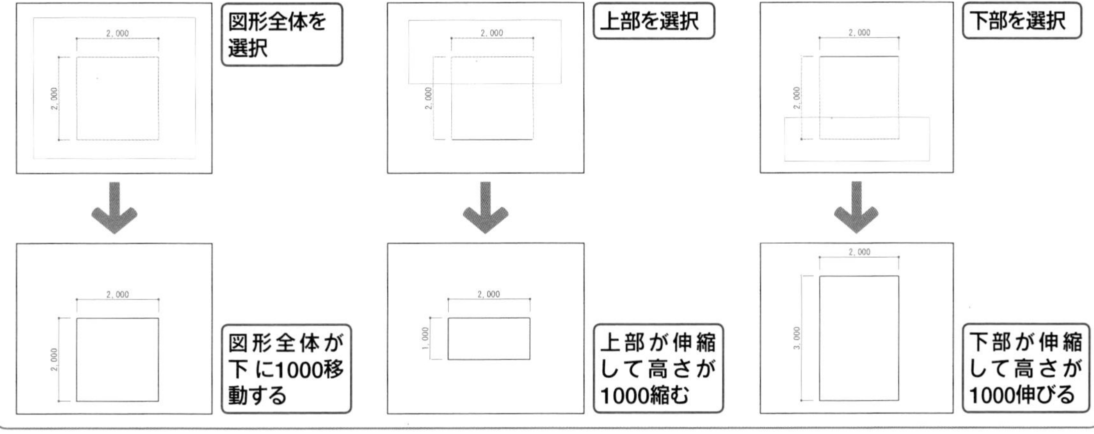
図形全体を選択
上部を選択
下部を選択
図形全体が下に1000移動する
上部が伸縮して高さが1000縮む
下部が伸縮して高さが1000伸びる

Section 39

図形を移動／複写する

覚えておきたいキーワード
☑ 移動
☑ 複写
☑ 基準点

ここでは、作図した図形を移動、複写する方法について解説します。基準点を指定してマウスで移動先を指示する方法と、X方向とY方向の座標値を入力して数値で指示する方法があります。どちらもCAD編集には欠かせない重要な操作なので、しっかり覚えましょう。

練習用ファイル	Sec39.jww		
メニュー	[編集]メニュー→[図形移動]／[編集]メニュー→[図形複写]		
ツールバー	[移動][複写]		
ショートカット	M／Shift＋Q(移動)／C(複写)	クロックメニュー	左AM7時／右AM7時(複写・移動)

1 基準点を指定してマウスで図形を移動する

キーワード 移動と複写

元の図形を切り取り、違う位置に貼り付けするのが「移動」で、元の図形を残したまま貼り付けるのが「複写」です。移動と複写は、元の図形の処理が異なるだけで操作方法は同じになります。

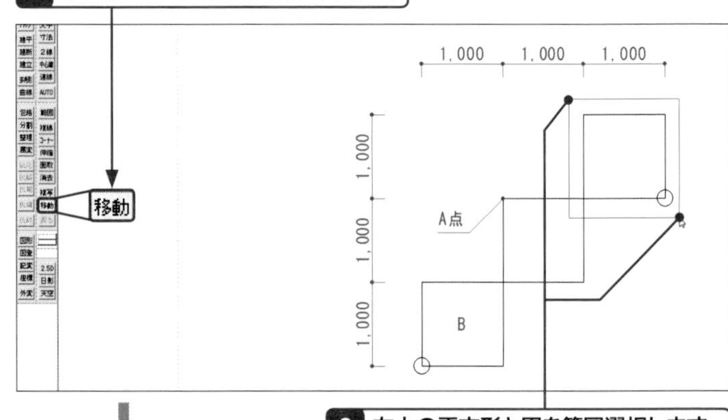

1 ツールバーの<移動>をクリックし、
移動
1,000
1,000
1,000
A点
B
2 右上の正方形と円を範囲選択します。

メモ 基準点について

図形を選択すると赤い点が表示され、Jw_cadによって自動的に基準点が設定されます。マウスを使って移動や複写を行う場合は、コントロールバー→<基準点変更>(選択確定後は<基点変更>)をクリックするか、Shiftキーと Enterキーを同時に押す(選択確定後は Enterキーのみ※いずれもVersion 8.21以降)と、基準点を設定し直します。

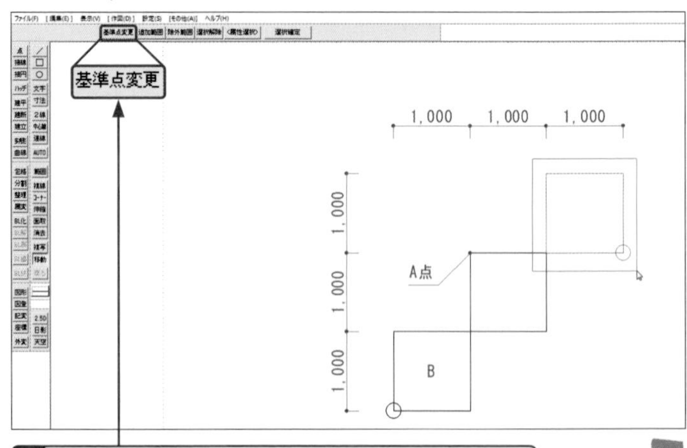

基準点変更
1,000
1,000
1,000
A点
B
3 コントロールバー→<基準点変更>をクリックします。

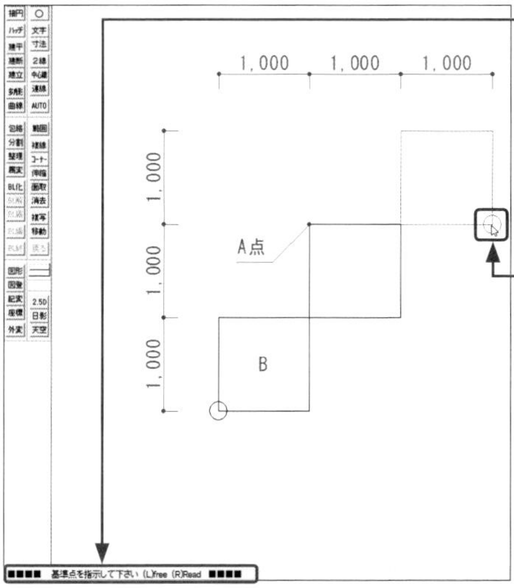

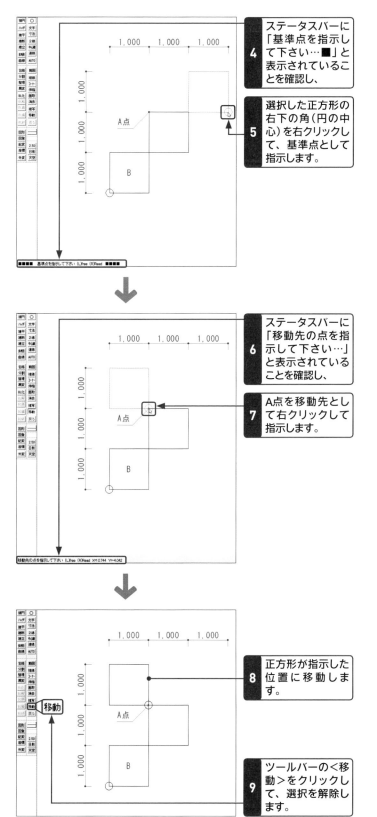

4 ステータスバーに「基準点を指示して下さい…■」と表示されていることを確認し、

5 選択した正方形の右下の角(円の中心)を右クリックして、基準点として指示します。

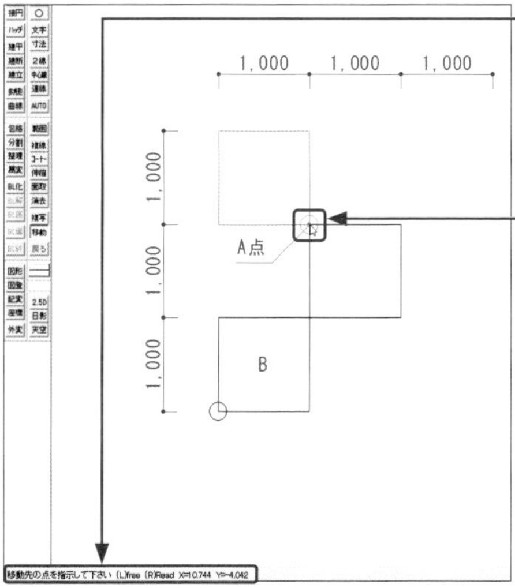

6 ステータスバーに「移動先の点を指示して下さい…」と表示されていることを確認し、

7 A点を移動先として右クリックして指示します。

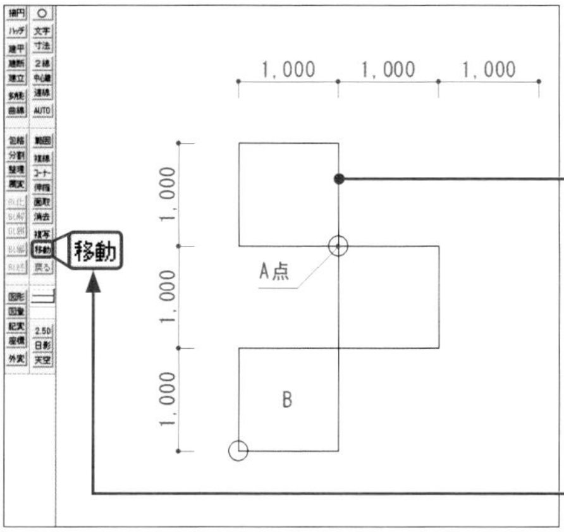

8 正方形が指示した位置に移動します。

9 ツールバーの<移動>をクリックして、選択を解除します。

注意　方向について

移動(または複写)コマンドで図形を選択確定後、コントロールバー→<任意方向>をクリックすると、クリックするごとに<任意方向>→<X方向>→<Y方向>→<XY方向>に切り替わり、マウス移動の方向を固定することができます。

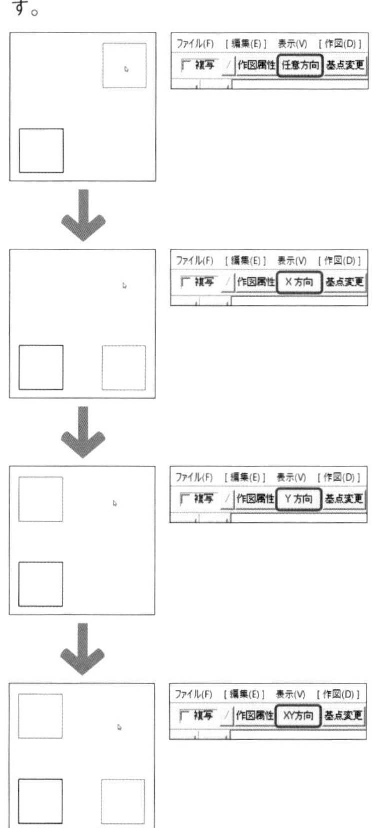
ファイル(F)　[編集(E)]　表示(V)　[作図(D)]
複写
作図属性
任意方向
基点変更
X方向
Y方向
XY方向

メモ　選択解除について

移動後も図形の選択は継続されます。選択を解除したい場合は、ツールバー→<移動>をクリックするか、または別のコマンドを選択します。ただし、移動コマンドで選択中の図形は、複写コマンドを実行しても選択が継続されるので、その場合は再度「複写」のコマンドをクリックします。

2 距離を指定して図形と文字を複写する

移動コマンドから複写コマンドに切り替える場合

移動コマンドを実行し、選択確定後にコントロールバー→<複写>にチェックを入れることで、複写コマンドに切り替えることができます。

ファイル(F) [編集(E)] 表示(V) [作図(D)]
☑ 複写 / 作図属性 任意方向 基点変更

1 ツールバーの<複写>をクリックし、

2 左下の正方形と円を選択できる任意の位置を始点としてクリックします。

3 ステータスバーに「選択範囲の終点を指示して下さい (L)文字を除く(R)文字を含む…」と表示されていることを確認し、

4 正方形と円を囲む範囲までマウスカーソルを移動し、終点となる任意の位置で右クリックします。

選択範囲の終点を指示して下さい (L)文字を除く(R)文字を含む (LL)(RR)範囲枠交差線選択

文字を含む範囲選択について

文字を選択する場合は、範囲選択で終点を指示する際に右クリックします。

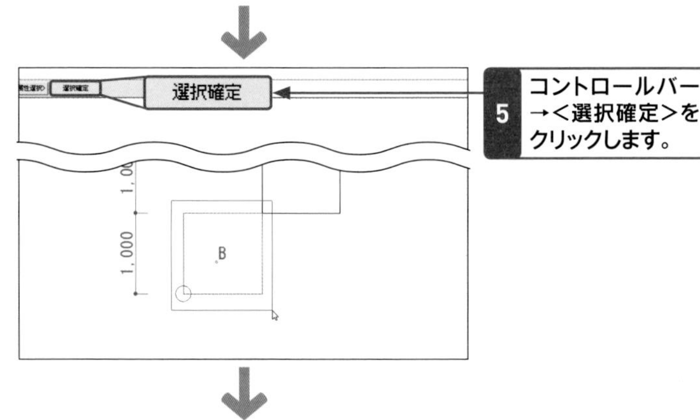
選択確定
1,000
B

5 コントロールバー→<選択確定>をクリックします。

数値位置を指定して複写（または移動）する場合

元の図形の位置を原点として、複写先（または移動先）の位置を座標として数値入力することもできます。数値位置を使用する場合は、特に基準点を指示する必要はありません。座標の考え方については、P.69のメモ「座標の考え方について」を参照してください。

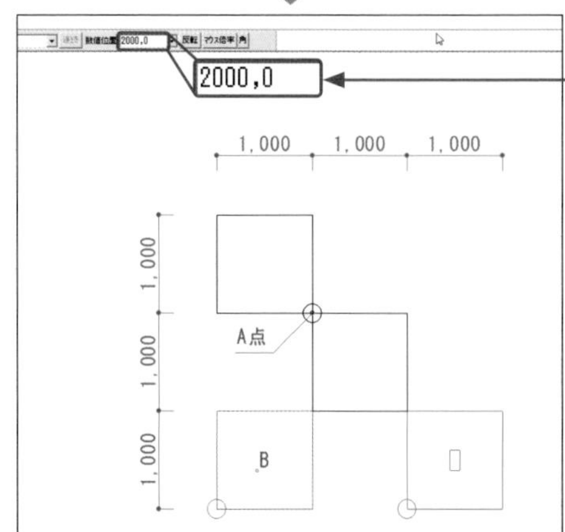
2000,0
1,000
1,000
1,000
A点
B

6 コントロールバー→<数値位置>に「2000,0」と入力し、

7 Enterキーを押して確定します。

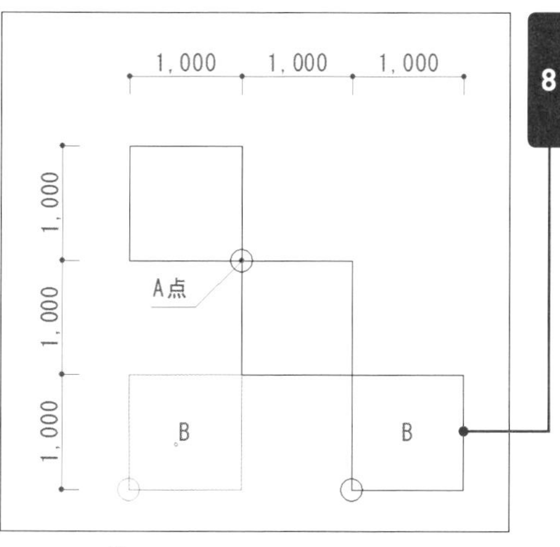
1,000
1,000
1,000
A点
B
B

8 正方形が水平右方向に2000mm移動した位置に複写されました。

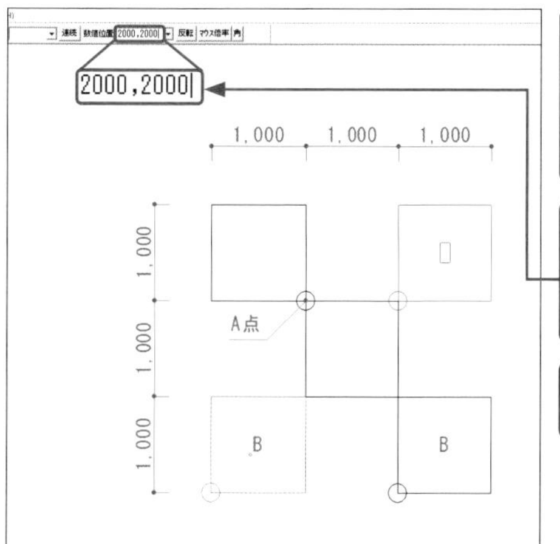
2000,2000
1,000
1,000
1,000
A点
B
B

9 手順8の図形選択（矩形と円と文字「B」）が継続されていることを確認し、

10 コントロールバー→＜数値位置＞に「2000,2000」と入力し、

11 Enterキーを押して確定します。

12 正方形が水平右方向に2000mm、垂直上方向に2000mm移動した位置に複写されました。

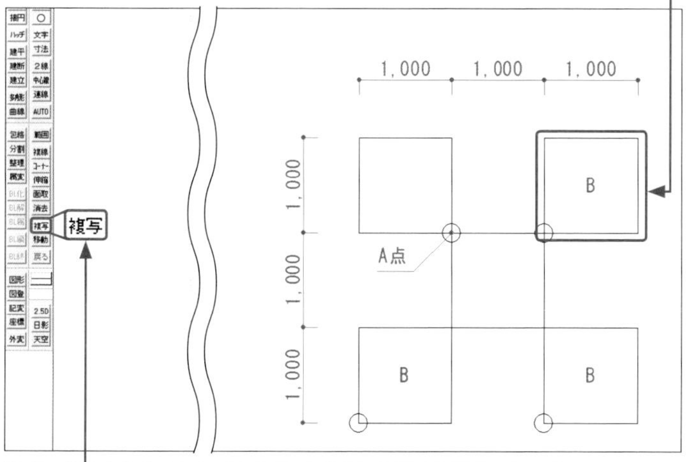
複写
1,000
1,000
1,000
A点
B
B
B

13 ツールバーの＜複写＞をクリックして、選択を解除します。

メモ 図形選択時のショートカットキーの追加について

Version 8.21より図形選択時のショートカットキーが追加されました。手順4のタイミングで、Enterキーを押すと＜範囲確定＞（P.128手順5）、ShiftキーとEnterキーを同時に押すと＜基準点変更（基点変更）＞（P.126手順3）が実行できます。

Enter-範囲確定 ShiftEnter-基点変更

メモ 斜めの移動について

X座標とY座標を指示することで、斜め方向に複写（または移動）することができます。

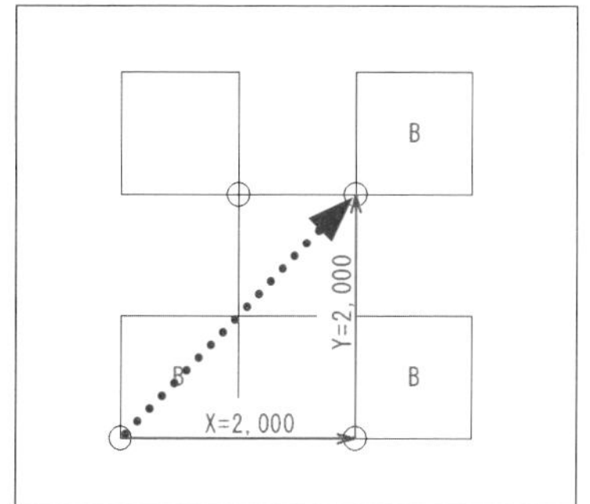
B
B
B
Y=2,000
X=2,000

Section 40

図形を回転複写する

覚えておきたいキーワード
- ☑ 複写（回転角）
- ☑ 複写（連続）
- ☑ 整理（文字角度整理）

Jw_cadで図形を回転処理する場合は、「移動」または「複写」のコマンドを使用します。「連続」の機能を使うと同じ方向と同じ角度で連続して複写（または移動）を行うことができます。また、角度の異なる文字を一斉に同じ角度に整える機能（整理）についても解説します。

練習用ファイル	Sec40.jww		
メニュー	[編集] メニュー→[図形複写] ／[編集] メニュー→[データ整理]		
ツールバー	[複写] ／[整理]		
ショートカット	Ⓒ（複写）	クロックメニュー	左AM7時／右AM7時（複写・移動）

1 図形を回転複写する

キーワード 回転複写

Jw_cadでは、移動コマンドまたは複写コマンドの「回転角」を使用して図形を回転します。複写コマンドの「連続」の機能を使うことで、図形を連続して回転させながら複写することができます。これを回転複写といいます。

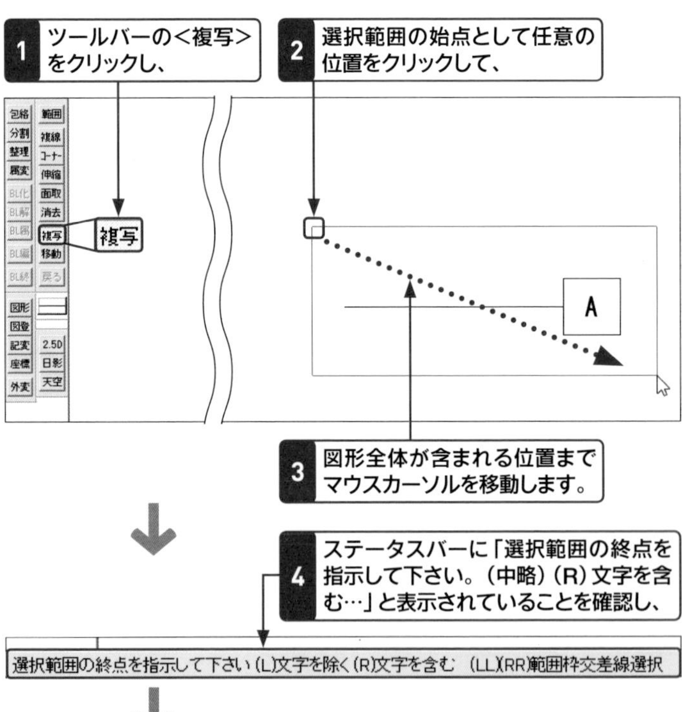

1 ツールバーの<複写>をクリックし、
2 選択範囲の始点として任意の位置をクリックして、
複写
A
3 図形全体が含まれる位置までマウスカーソルを移動します。
4 ステータスバーに「選択範囲の終点を指示して下さい。（中略）（R）文字を含む…」と表示されていることを確認し、
選択範囲の終点を指示して下さい (L)文字を除く(R)文字を含む (LL)(RR)範囲枠交差線選択

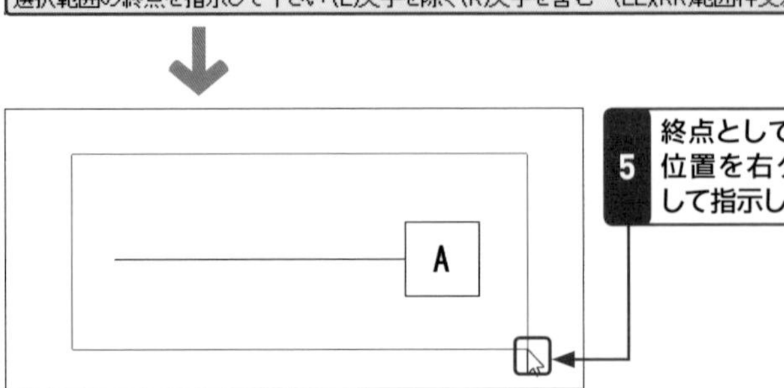

A
5 終点として任意の位置を右クリックして指示します。

メモ コントロールバーの表示について

P.131手順10の「回転角」はディスプレイの設定によって「回転」と表示されることがありますが、操作には影響しません。

6 選択した図形がピンク色に表示されるので、

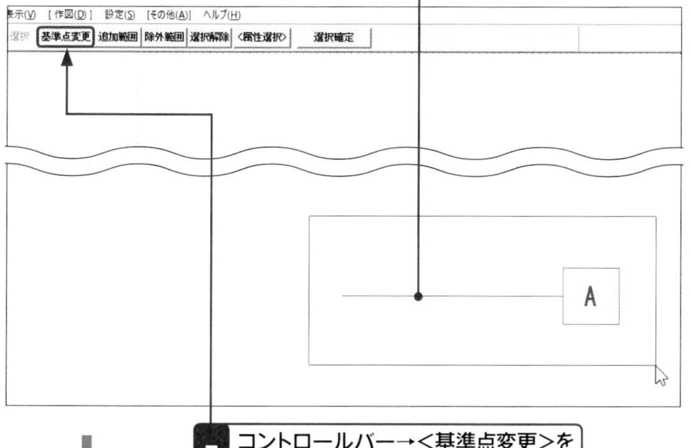
表示(V) [作図(D)] 設定(S) [その他(A)] ヘルプ(H)
選択 基準点変更 追加範囲 除外範囲 選択解除 〈属性選択〉 選択確定
A

7 コントロールバー→<基準点変更>をクリックします。

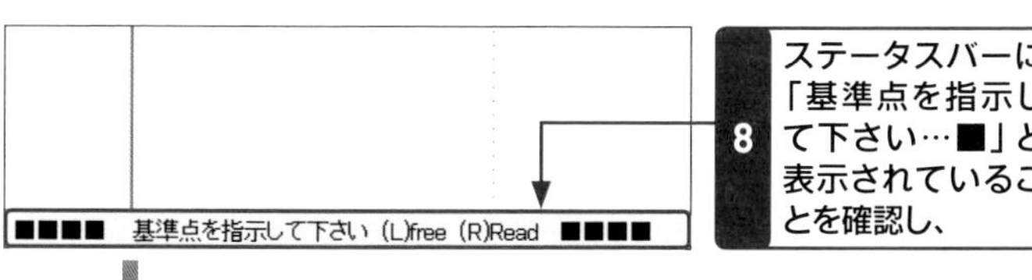
■■■■ 基準点を指示して下さい (L)free (R)Read ■■■■

8 ステータスバーに「基準点を指示して下さい…■」と表示されていることを確認し、

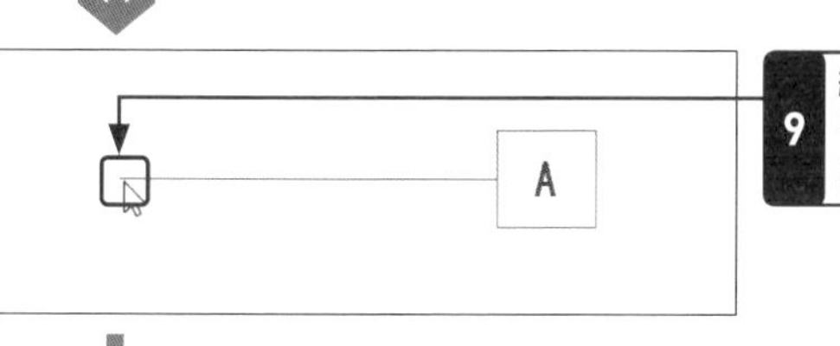
A

9 線の左端点を右クリックして基準点に指定します。

10 コントロールバー→<回転角>に「45」と入力し、

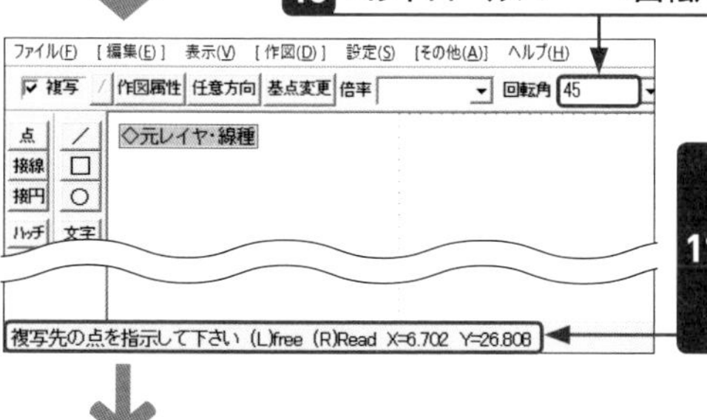
ファイル(F) [編集(E)] 表示(V) [作図(D)] 設定(S) [その他(A)] ヘルプ(H)
複写 作図属性 任意方向 基点変更 倍率 回転角 45
点 接線 接円 ハッチ 文字
◇元レイヤ・線種
複写先の点を指示して下さい (L)free (R)Read X=6.702 Y=26.808

11 ステータスバーに「複写先の点を指示して下さい」と表示されていることを確認し、

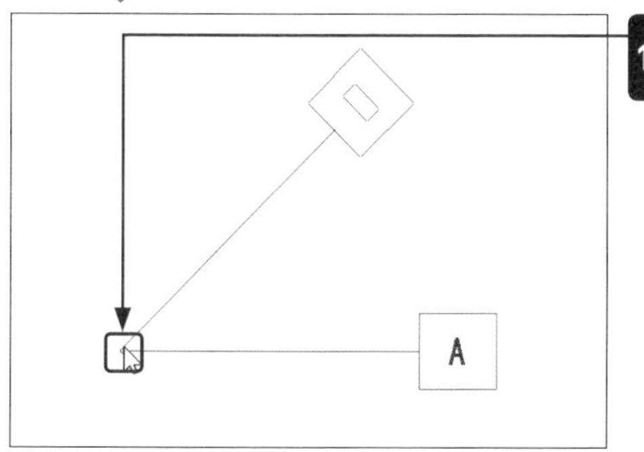
A

12 線の左端点を右クリックします。

メモ 図形選択時のショートカットキーの追加について

Version 8.21より図形選択時のショートカットキーが追加されました。手順**6**のタイミングで、Enterキーを押すと<範囲確定>、ShiftキーとEnterキーを同時に押すと<基準点変更(基点変更)>(手順**7**)が実行できます。

Enter-範囲確定 ShiftEnter-基点変更

メモ 基準点について

手順**9**で指示する基準点が、図形を回転する際の中心点(回転軸)となります。

メモ 角度について

Jw_cadをでは反時計回りを+(プラス)、時計回りを—(マイナス)に角度を設定します。

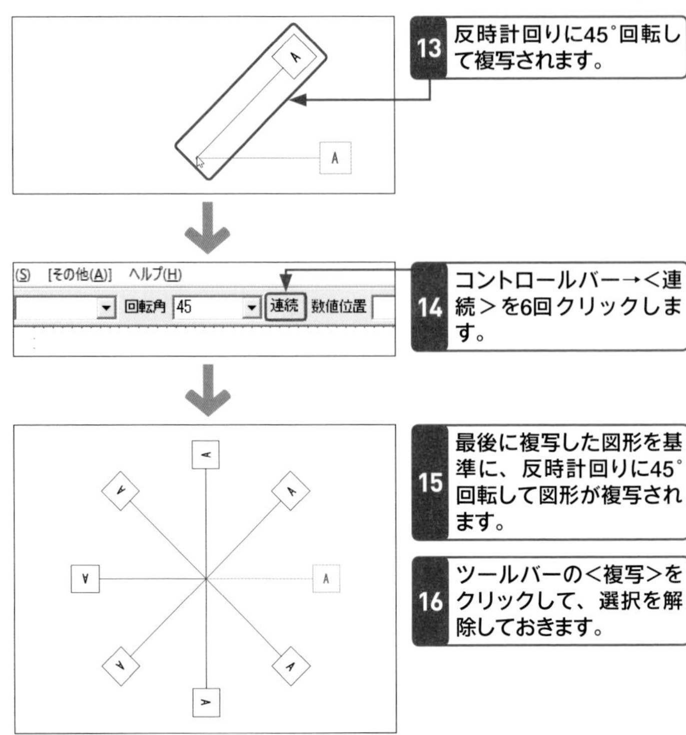
13 反時計回りに45°回転して複写されます。
(S) [その他(A)] ヘルプ(H)
回転角 45 連続 数値位置
14 コントロールバー→<連続>を6回クリックします。
15 最後に複写した図形を基準に、反時計回りに45°回転して図形が複写されます。
16 ツールバーの<複写>をクリックして、選択を解除しておきます。

2 文字の向きを整える

メモ 整理について

整理は、作図した図形データを整理することができる機能です。文字の角度を統一する「文字角度整理」や、重複した線や文字を1つのデータにまとめる「重複整理」などがあります。

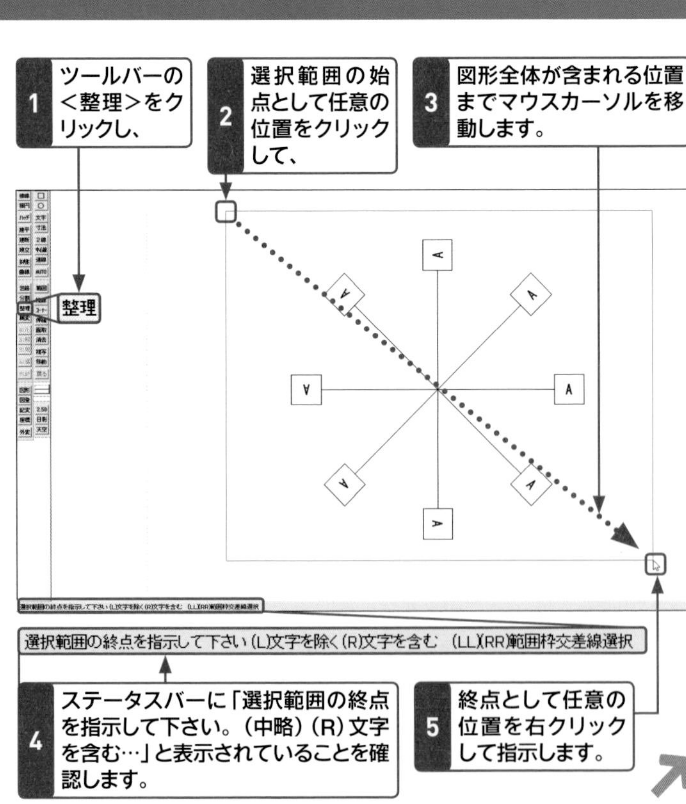
1 ツールバーの<整理>をクリックし、
2 選択範囲の始点として任意の位置をクリックして、
3 図形全体が含まれる位置までマウスカーソルを移動します。
整理
選択範囲の終点を指示して下さい (L)文字を除く (R)文字を含む (LL)(RR)範囲枠交差線選択
4 ステータスバーに「選択範囲の終点を指示して下さい。(中略)(R)文字を含む…」と表示されていることを確認します。
5 終点として任意の位置を右クリックして指示します。

6 選択した図形がピンク色に表示されます。

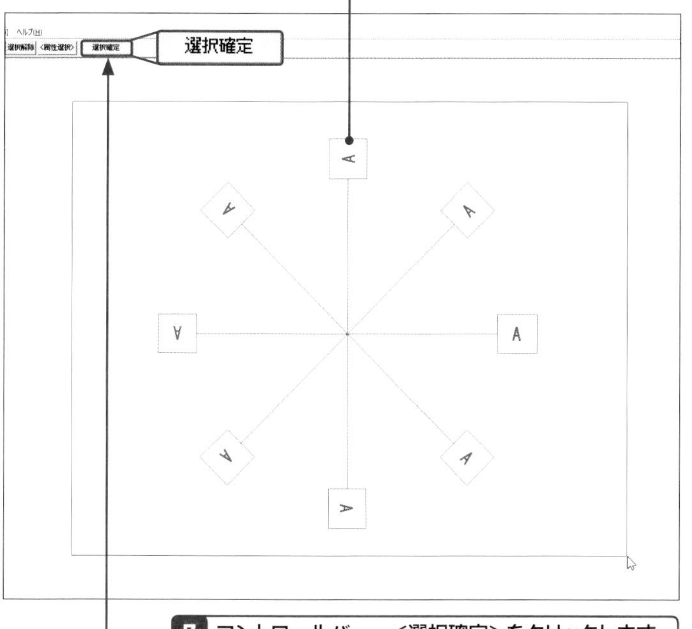
選択確定

7 コントロールバー→<選択確定>をクリックします。

8 コントロールバー→<文字角度整理>をクリックします。

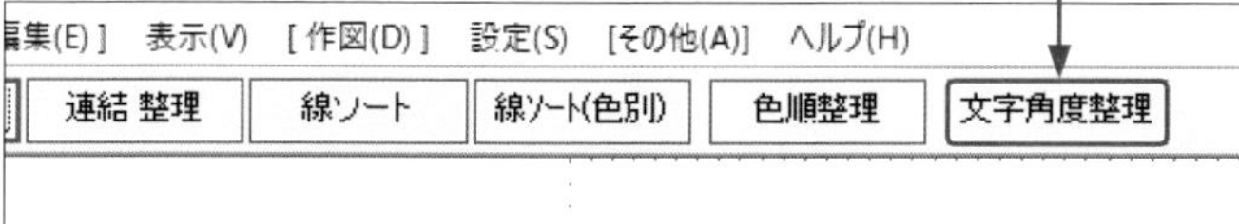
集(E)] 表示(V) [作図(D)] 設定(S) [その他(A)] ヘルプ(H)
連結 整理
線ソート
線ソート(色別)
色順整理
文字角度整理

9 文字の向きが水平に整理されます。

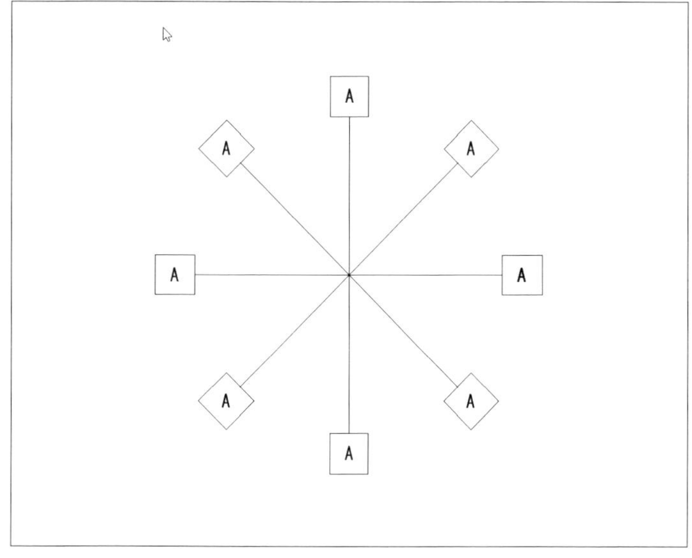

メモ 文字の向きについて

文字の向きは図面の軸角を基準に統一されます（例：軸角を30°に設定して<文字角度整理>を実行した場合）。

軸角・目盛・オフセット 設定
軸 角
軸角設定
30
Ok
目 盛
目盛間隔（図寸mm）
5.5
基準点設定
実寸
表示最小間隔（5～100ドット）
15
OFF
読取【無】
1/1 1/2 1/3 1/4 1/5
オフセット
オフセット1回指定
オフセット常駐

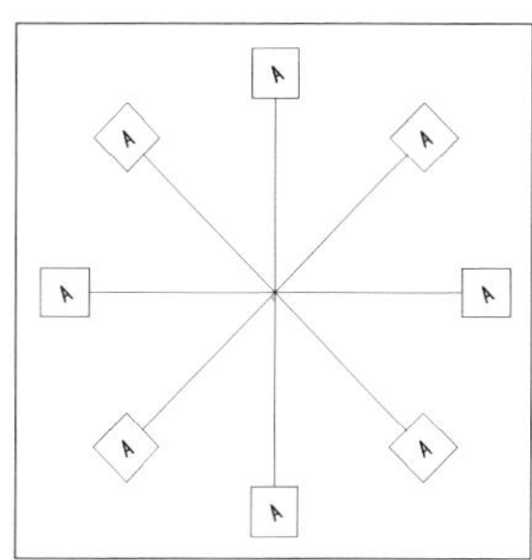

ステップアップ 線を連結する

同一直線上にある複数の線を1本にまとめるには、<整理コマンド>を実行し、対象となる図形を選択したら、コントロールバー→<連結整理>をクリックします。すると、画面の左上に「-4」のように数字が表示されます。これは結合によって削除された図形の数です。つまり、8本だった線が結合されて4本減ったということで、画像上の変化はありません。

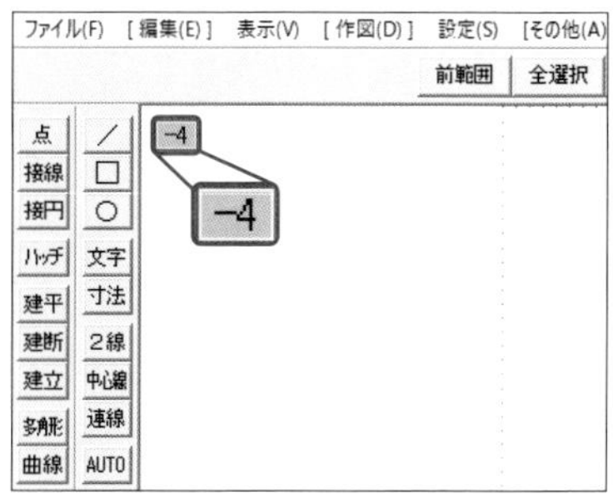
ファイル(F) [編集(E)] 表示(V) [作図(D)] 設定(S) [その他(A)]
前範囲
全選択
-4
−4

Section 41

角度を取得して図形を配置する

覚えておきたいキーワード
- 移動
- 線角
- 2点角

ここでは、すでに作図されている図形から角度を取得して、図形を回転する方法について解説します。「線角」や「2点角」を使用すると角度を数値入力せずに図形から角度を取得することができます。回転する基点(回転軸)をどこに設定するかによって結果が異なるので注意しましょう。

練習用ファイル	Sec41.jww		
メニュー	[編集]メニュー→[図形移動]/[設定]メニュー→[角度取得]→[線角度][2点間角度]		
ツールバー	[移動]/[線角]/[2点角]	ショートカット	M/Shift+Q(移動)
クロックメニュー	左AM7時/右AM7時(複写・移動)/右PM4時(線角度+)右PM8時(線角度−)/右PM2時(2点間角)		

1 線の角度を取得して図形を回転移動する

メモ 線角・2点角

Sec.40では、角度を数値入力して回転する方法について学習しました。ここでは、すでに作図されている図形から、線角コマンドおよび、2点角コマンドを使用して角度を読み取り、図形に合わせて回転させる方法について学習します。

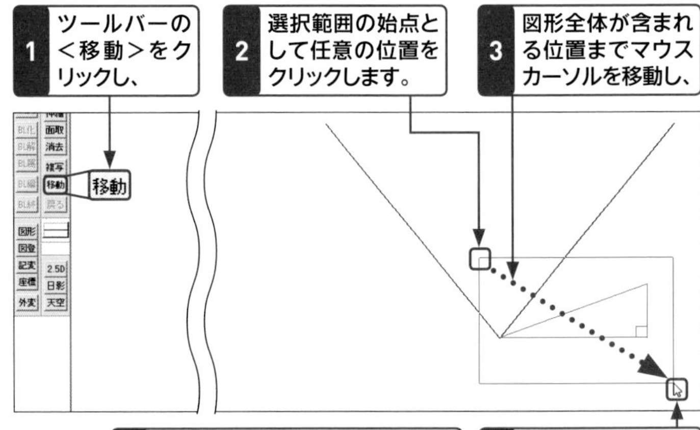
1 ツールバーの<移動>をクリックし、
2 選択範囲の始点として任意の位置をクリックします。
3 図形全体が含まれる位置までマウスカーソルを移動し、
移動
4 ステータスバーに「選択範囲の終点を指示して下さい(中略)(R)文字を含む…」と表示されていることを確認したら、
5 終点として任意の位置をクリックして指示します。

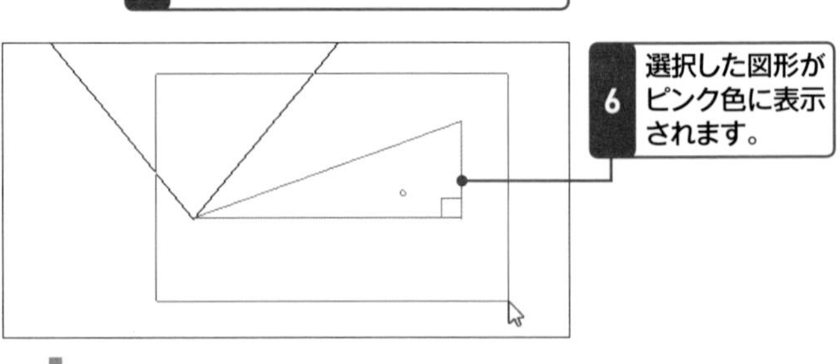
6 選択した図形がピンク色に表示されます。

メモ 図形選択時のショートカットキーの追加について

Version 8.21より図形選択時のショートカットキーが追加されました。手順6のタイミングで、Enterキーを押すと<範囲確定>、ShiftキーとEnterキーを同時に押すと<基準点変更(基点変更)>(手順7)が実行できます。

Enter-範囲確定 ShiftEnter-基点変更

7 コントロールバー→<基準点変更>をクリックします。

表示(V) [作図(D)] 設定(S) [その他(A)] ヘルプ(H)
基準点変更 追加範囲 除外範囲 選択解除 <属性

8 ステータスバーに「基準点を指示して下さい…■」と表示されていることを確認し、

■■■■　基準点を指示して下さい (L)free (R)Read　■■■■

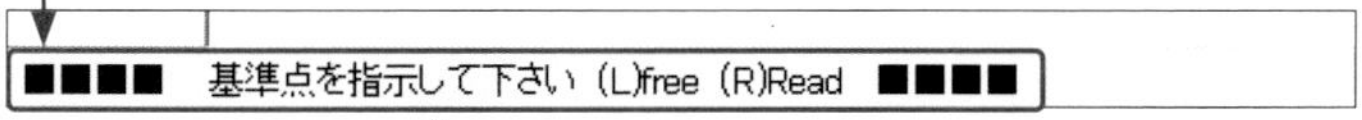

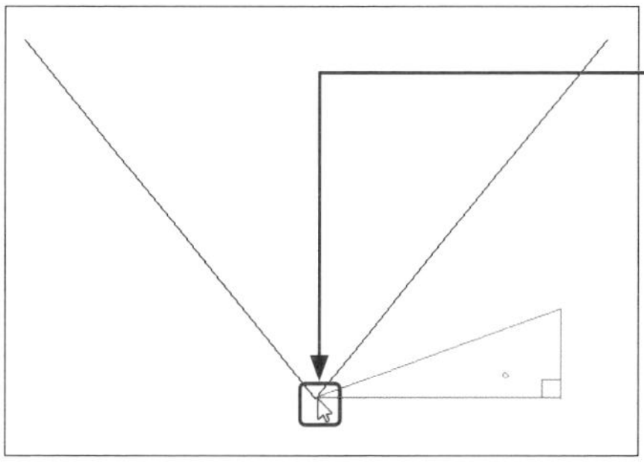

9 三角形の左側の角を右クリックして基準点に指示します。

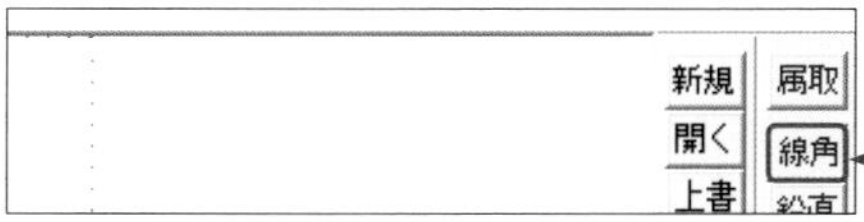

10 ツールバーの＜線角＞をクリックし、

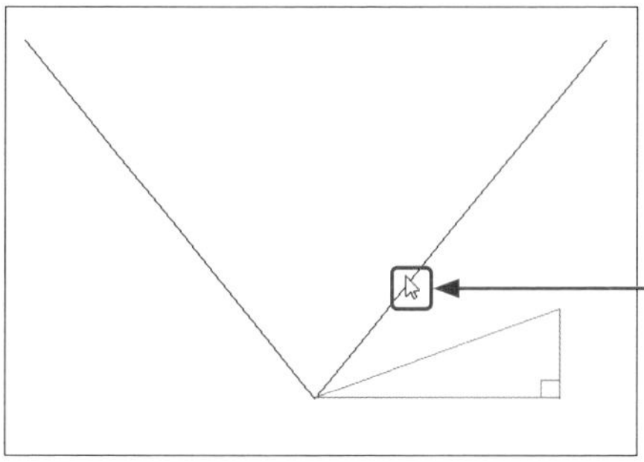

新規　属取
開く　線角
上書　鉛直

11 ステータスバーに「基準線を指示してください。」と表示されていることを確認して、

12 右側の斜線の線上をクリックします。

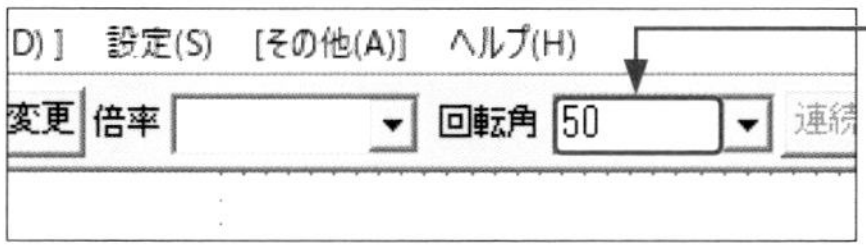

D)]　設定(S)　[その他(A)]　ヘルプ(H)
変更　倍率　回転角 50　連続

13 コントロールバー→＜回転角＞に「50」と自動入力されたことを確認し、

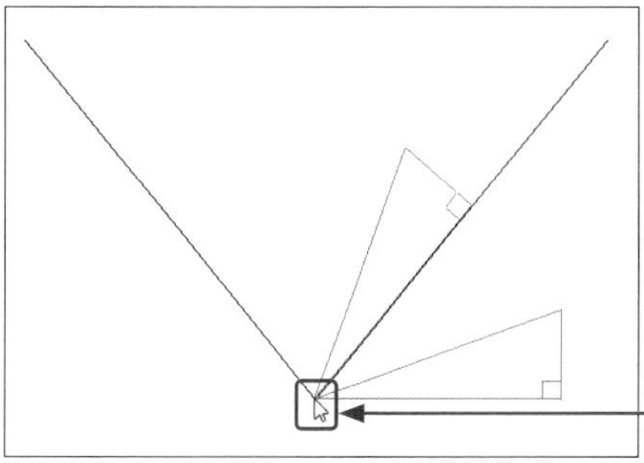

14 ステータスバーに「移動先の点を指示して下さい」と表示されていることを確認します。

15 斜線の交点を移動先として右クリックします。

メモ　基準点について

手順**9**で指示する基準点が、図形を回転する際の中心点（回転軸）となります。

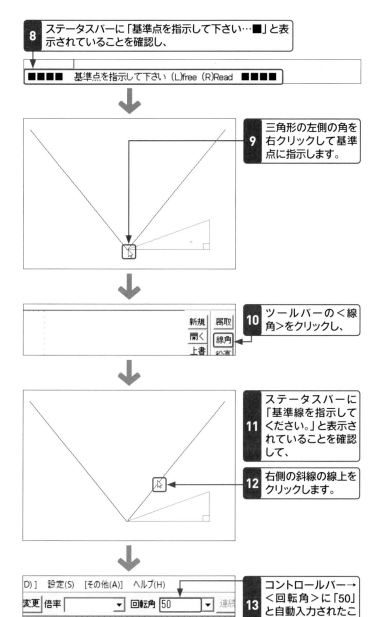

キーワード　線角コマンド

線角コマンドでは、作図されている図形の角度を取得することができます。作図や編集のコマンドと合わせて使用します。

メモ　線の角度について

Jw_cadでは東（または西）を0°とみなし、反時計回りを＋（プラス）、時計回りを—（マイナス）とし角度が設定されています。

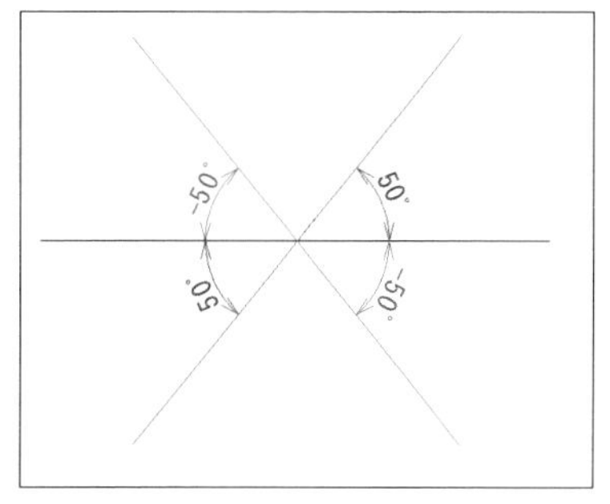
-50°
50°
50°
-50°

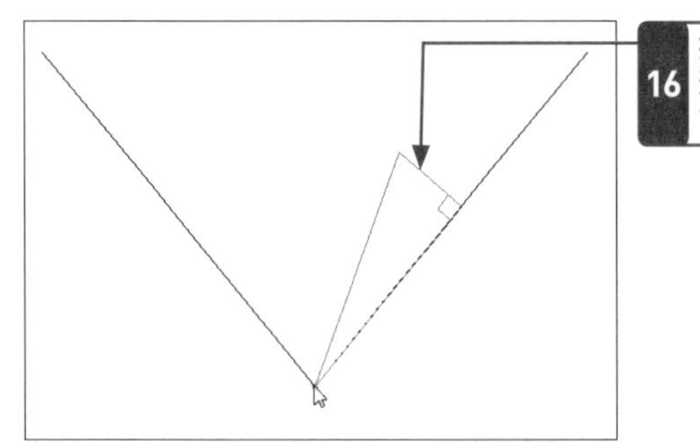

16 指定した角度に三角形が回転移動します。

2 図形間の角度を取得して図形を回転複写する

キーワード 2点角コマンド

中心点と2つの点を指定することで、間の角度を取得することができます。作図や編集のコマンドと合わせて使用します。

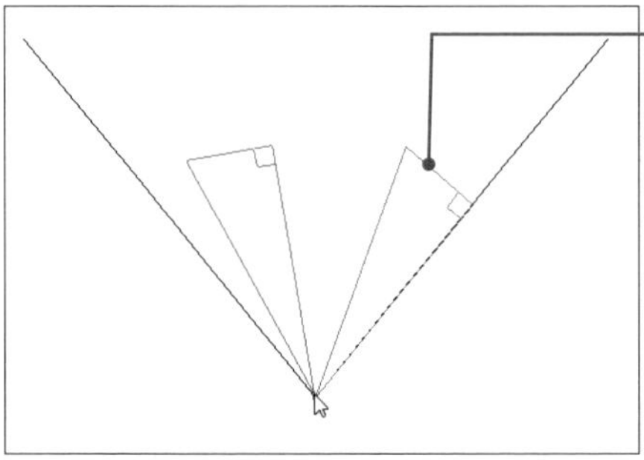

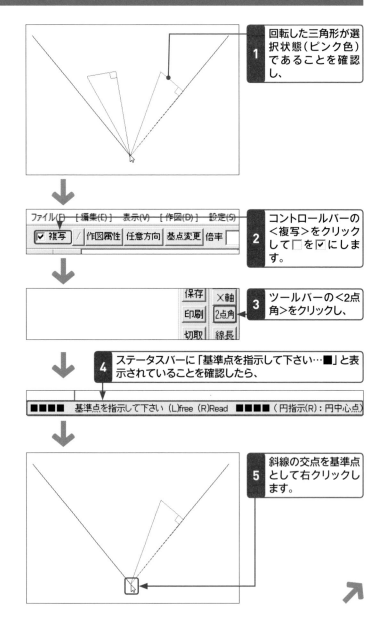

1 回転した三角形が選択状態(ピンク色)であることを確認し、

2 コントロールバーの<複写>をクリックして□を☑にします。

3 ツールバーの<2点角>をクリックし、

4 ステータスバーに「基準点を指示して下さい…■」と表示されていることを確認したら、

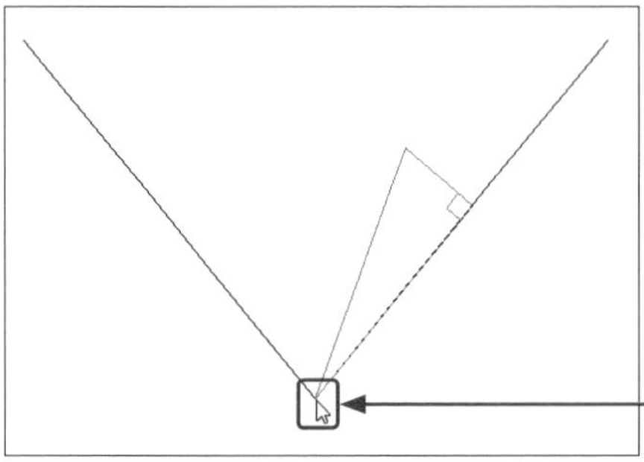

5 斜線の交点を基準点として右クリックします。

6 ステータスバーに「2点間角度▼基準点指示▲」と表示されていることを確認し、

2点間角度 ▼基準点指示▲ (L)free (R)Read

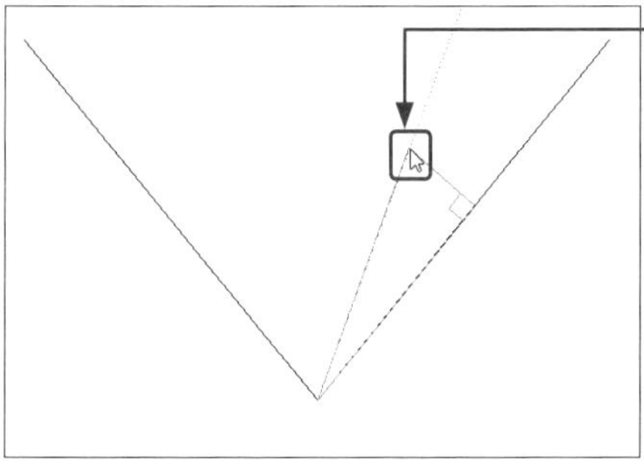

7 三角形の左上の角を右クリックして指示します。

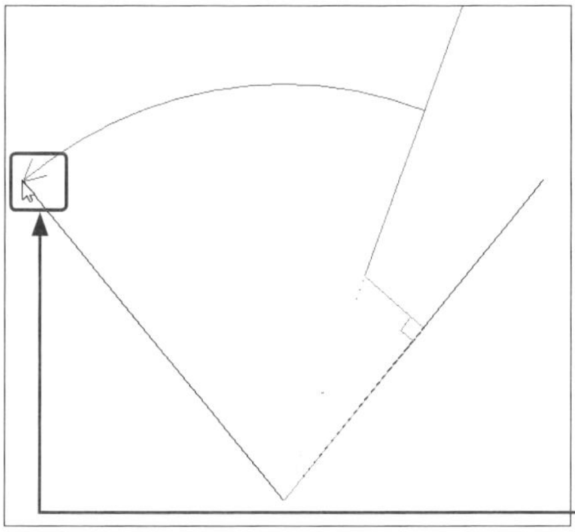

8 ステータスバーに「角度点 指示」と表示されていることを確認し、

9 左側の斜線の上端点で右クリックします。

10 指定した角度に図形が回転します。

11 ステータスバーに「複写先の点を指示して下さい」と表示されていることを確認し、

整理 コーナー 属変 伸縮 BL化 面取 BL解 消去 BL属 複写 BL編 移動 BL終 図形 図登 記変 2.5D 座標 日影 外変 天空

移動

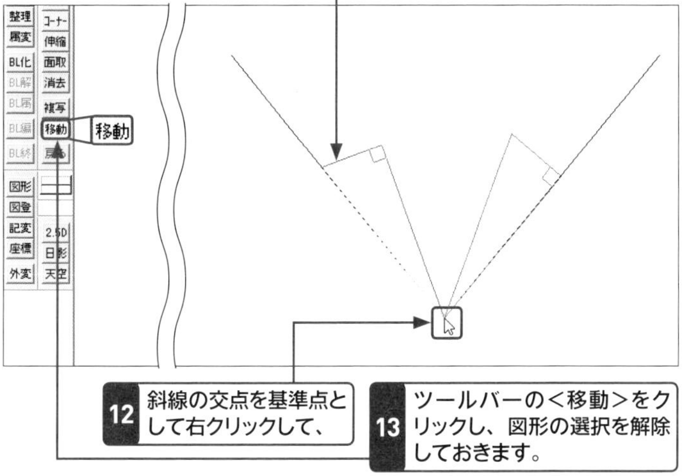

12 斜線の交点を基準点として右クリックして、

13 ツールバーの<移動>をクリックし、図形の選択を解除しておきます。

メモ 角度の方向について

基準点を基準に、反時計回りが＋（プラス）、時計回りが—（マイナス）で角度が設定されます。

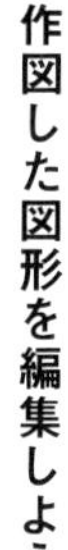
第4章 作図した図形を編集しよう

Section 42

図形を拡大／縮小する

覚えておきたいキーワード
- ☑ 拡大・縮小
- ☑ 複写（倍率）
- ☑ 移動（マウス倍率）

Jw_cadで図形を拡大縮小する場合は、「移動」または「複写」のコマンドにある「倍率」を使用します。縦と横の倍率を変えることで縦横比の異なる変形した拡大／縮小処理も可能です。また、数値入力ではなくマウスで長さを指示する「マウス倍率」についても解説します。

練習用ファイル	Sec42.jww		
メニュー	[編集]メニュー→[図形移動]／[編集]メニュー→[図形複写]		
ツールバー	[移動][複写]		
ショートカット	M／Shift＋Q（移動）／C（複写）	クロックメニュー	左AM7時／右AM7時（複写・移動）

1 図形を拡大複写する

キーワード 倍率

Jw_cadでは移動コマンドまたは複写コマンドの「倍率」を使用して図形を拡大または縮小します。X座標とY座標の倍率を指示することで、さまざまな拡大／縮小処理を行うことができます。

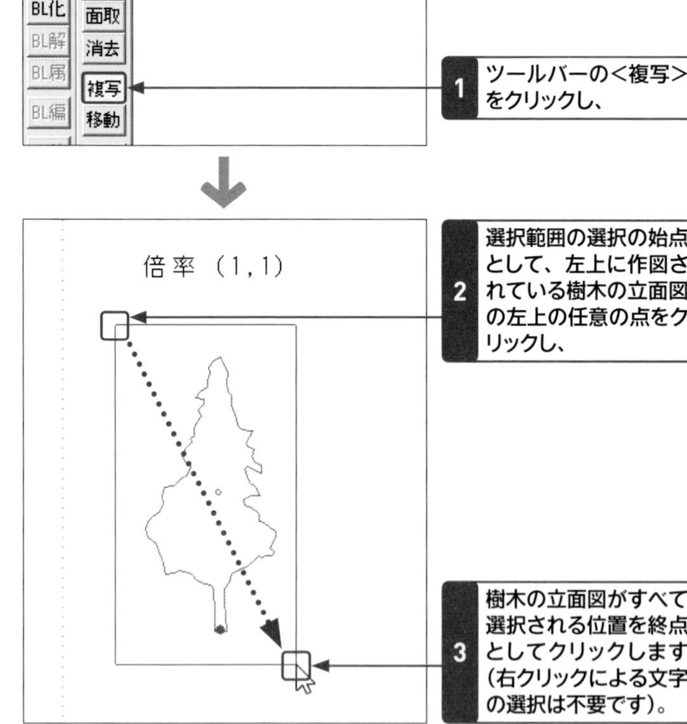
BL化
面取
BL解
消去
BL属
複写
BL編
移動
倍率 （1，1）

1 ツールバーの<複写>をクリックし、

2 選択範囲の選択の始点として、左上に作図されている樹木の立面図の左上の任意の点をクリックし、

3 樹木の立面図がすべて選択される位置を終点としてクリックします（右クリックによる文字の選択は不要です）。

メモ 図形選択時のショートカットキーの追加について

Version 8.21より図形選択時のショートカットキーが追加されました。手順4のタイミングで、Enterキーを押すと<範囲確定>、ShiftキーとEnterキーを同時に押すと<基準点変更(基点変更)>（手順4）が実行できます。

Enter-範囲確定 ShiftEnter-基点変更

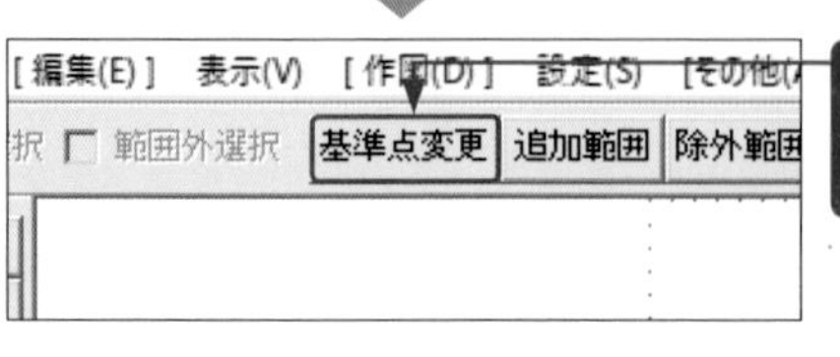
[編集(E)] 表示(V) [作図(D)] 設定(S) [その他
範囲外選択 基準点変更 追加範囲 除外範囲

4 コントロールバー→<基準点変更>をクリックします。

第4章 作図した図形を編集しよう

5 ステータスバーに「基準点を指示して下さい…■」と表示されていることを確認し、

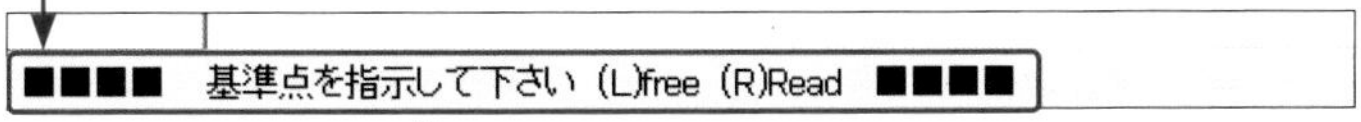

■■■■　基準点を指示して下さい (L)free (R)Read ■■■■

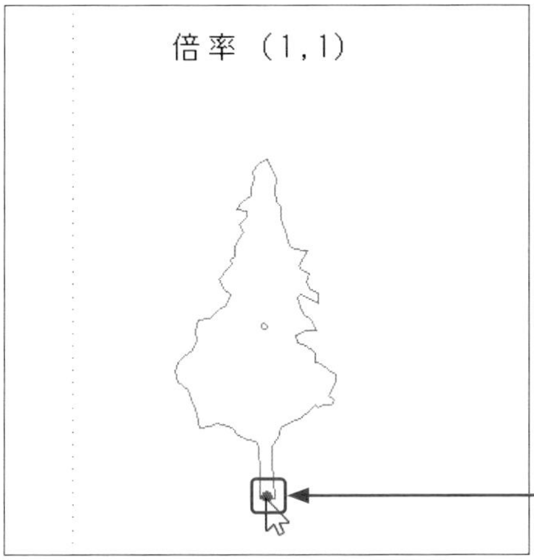

倍率 (1,1)

6 樹木の下部の点を右クリックして基準点として指示します。

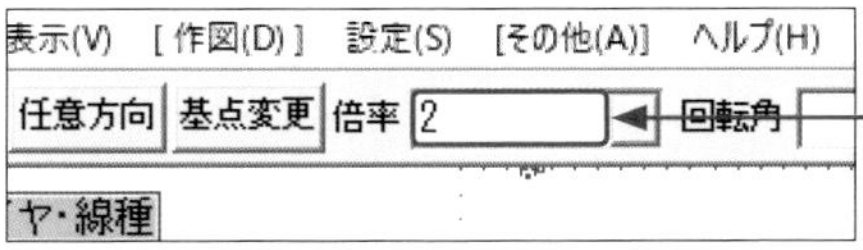

表示(V) [作図(D)] 設定(S) [その他(A)] ヘルプ(H)

任意方向 基点変更 倍率 2 回転角

7 コントロールバー→<倍率>に「2」と入力し、Enterキーを押します。

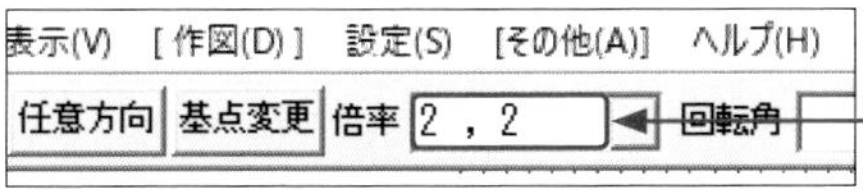

表示(V) [作図(D)] 設定(S) [その他(A)] ヘルプ(H)

任意方向 基点変更 倍率 2 , 2 回転角

8 「2,2」に自動変換されるので、

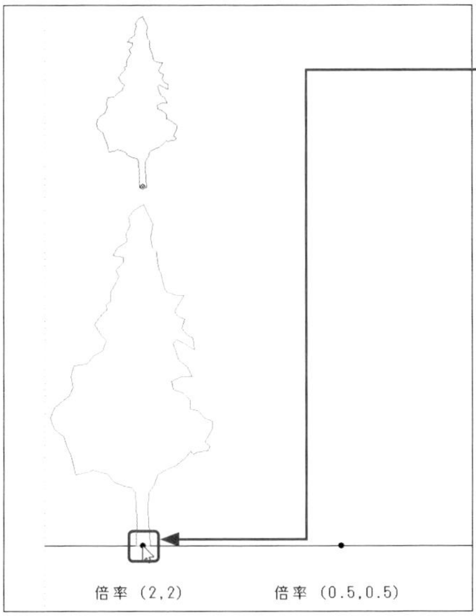

倍率 (2,2)　倍率 (0.5,0.5)

9 複写先として「倍率(2,2)」の上の点を右クリックして貼り付けます。

10 複写元(倍率「1，1」)と比較して2倍に拡大されます。

メモ　数値の自動変換について

カンマで区切られた数値を入力する際に、「2」と1つだけ入力してEnterキーを押すと、「2，2」に自動変換されます。

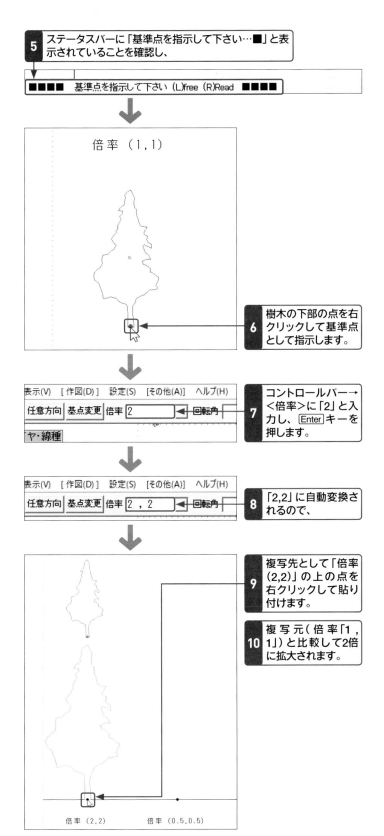

2 図形を縮小複写する

縮小の数値について

縮小したい場合は、元の図形の大きさを「1」とみなして、少数値で入力します。ただし、分数で入力してEnterキーで確定することによって、少数値に変換することもできます。

1 図形選択が継続されている状態で、コントロールバー→<倍率>に「0.5」と入力し、Enterキーを押します。

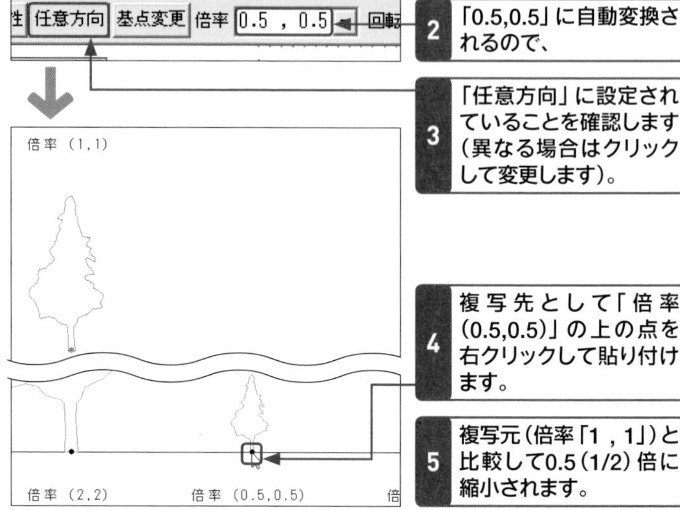
任意方向
基点変更
倍率
0.5 , 0.5
倍率 (1,1)
倍率 (2,2)
倍率 (0.5,0.5)

2 「0.5,0.5」に自動変換されるので、

3 「任意方向」に設定されていることを確認します（異なる場合はクリックして変更します）。

4 複写先として「倍率(0.5,0.5)」の上の点を右クリックして貼り付けます。

5 複写元（倍率「1，1」）と比較して0.5（1/2）倍に縮小されます。

3 縦の比率を変えて複写する

縦横比の変更

倍率に入力する数値は「X,Y」で入力します。「X」は水平（横）方向、「Y」は垂直（縦）方向になります。XとYの値を調整することで、縦横の拡大（または縮小）の比率を変えることができます。

1 図形選択が継続されている状態で、コントロールバー→<倍率>に「1，2」と入力し、Enterキーを押します。

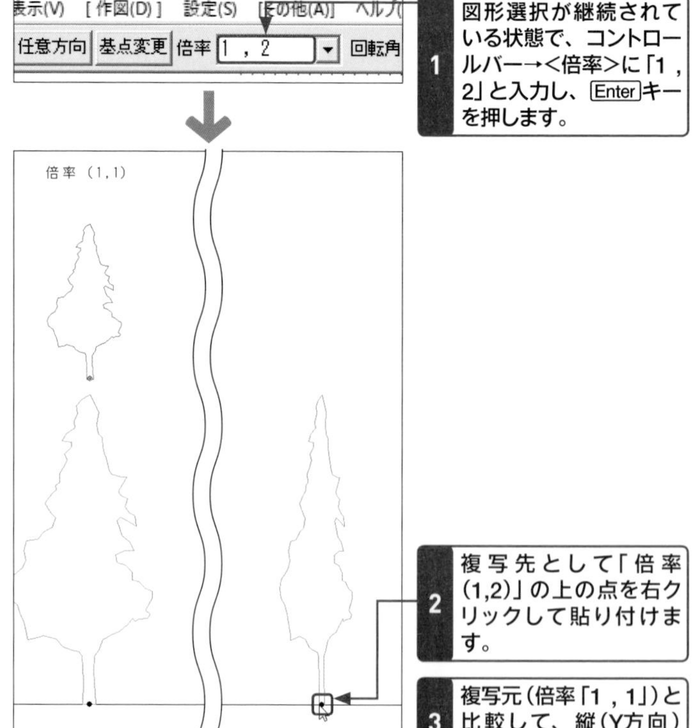
表示(V)
[作図(D)]
設定(S)
任意方向
基点変更
倍率
1 , 2
回転角
倍率 (1,1)
倍率 (2,2)
倍率 (1,2)

2 複写先として「倍率(1,2)」の上の点を右クリックして貼り付けます。

3 複写元（倍率「1，1」）と比較して、縦（Y方向）に2倍拡大されます。

4 横の比率を変えて複写する

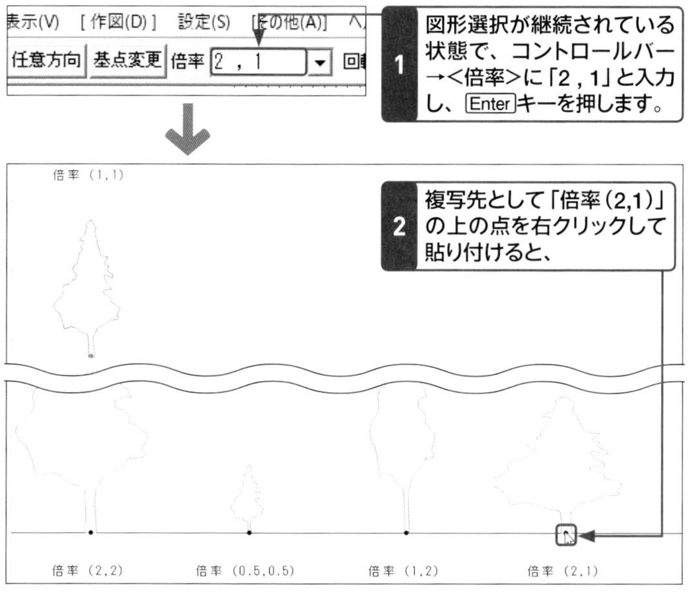
表示(V) [作図(D)] 設定(S) [その他(A)]
任意方向 基点変更 倍率 2 , 1
倍率 (1,1)
倍率 (2,2)
倍率 (0.5,0.5)
倍率 (1,2)
倍率 (2,1)

1 図形選択が継続されている状態で、コントロールバー→<倍率>に「2 , 1」と入力し、Enterキーを押します。

2 複写先として「倍率(2,1)」の上の点を右クリックして貼り付けると、

3 複写元（倍率「1 , 1」）と比較して、横（X方向）に2倍拡大されます。

5 マウスで倍率を指示して拡大移動する

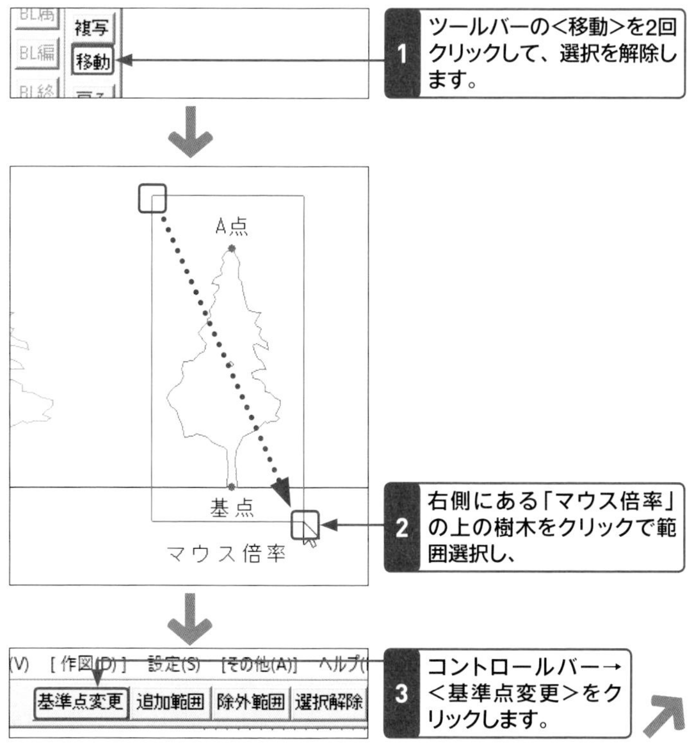
複写
移動
A点
基点
マウス倍率
[作図(D)] 設定(S) [その他(A)] ヘルプ
基準点変更 追加範囲 除外範囲 選択解除

1 ツールバーの<移動>を2回クリックして、選択を解除します。

2 右側にある「マウス倍率」の上の樹木をクリックで範囲選択し、

3 コントロールバー→<基準点変更>をクリックします。

ヒント マウス倍率で拡大／縮小する

移動コマンドまたは複写コマンドの<マウス倍率>をクリックして、マウス倍率を利用すると、マウスで点を指定することで、図形を拡大または縮小することができます。

メモ 元図形の対角位置

「基準点」から「元図形の対角位置」までの距離が「元図形の長さ」として登録されます。

メモ 図形対角位置

「基準点」から「 図形対角位置」までの距離が「拡大後の長さ」として登録されます。

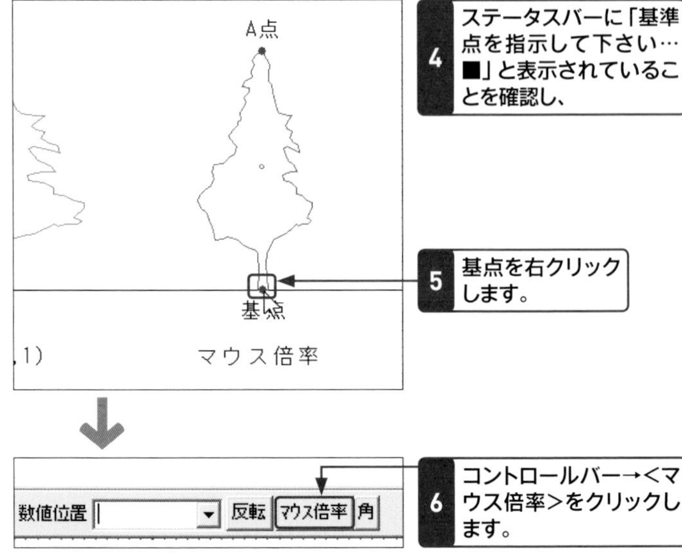
A点
基点
,1)
マウス倍率

4 ステータスバーに「基準点を指示して下さい…■」と表示されていることを確認し、

5 基点を右クリックします。

数値位置 反転 マウス倍率 角

6 コントロールバー→<マウス倍率>をクリックします。

7 ステータスバーに「マウス倍率 元図形の対角位置を指示してください。」と表示されていることを確認し、

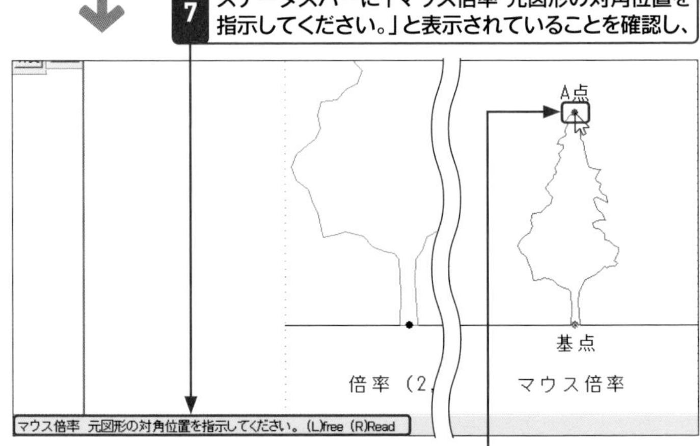
A点
基点
倍率（2
マウス倍率
マウス倍率 元図形の対角位置を指示してください。(L)free (R)Read

8 A点を右クリックして指示します。

9 ステータスバーに「移動先の点を指示して下さい」と表示されていることを確認し、

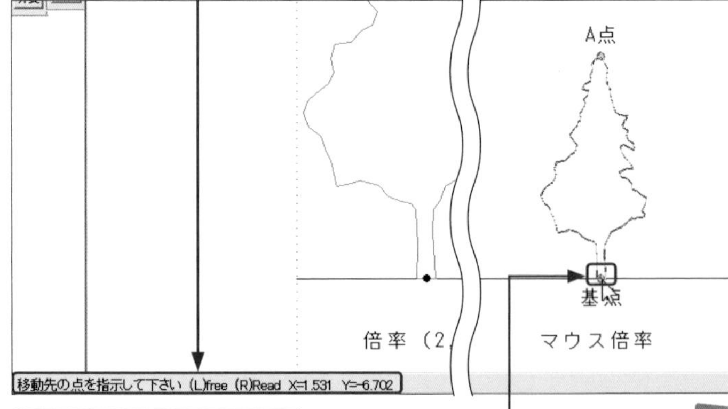
A点
基点
倍率（2
マウス倍率
移動先の点を指示して下さい (L)free (R)Read X=1.531 Y=-6.702

10 基点を右クリックします。

11 ステータスバーに「マウス倍率 図形対角位置を指示してください」と表示されていることを確認し、

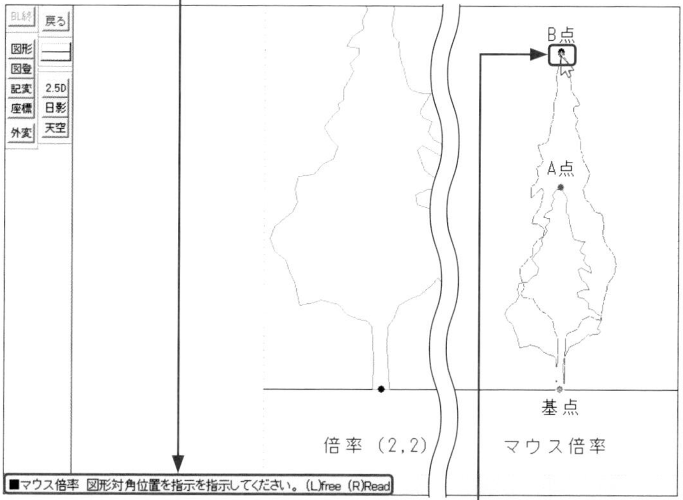

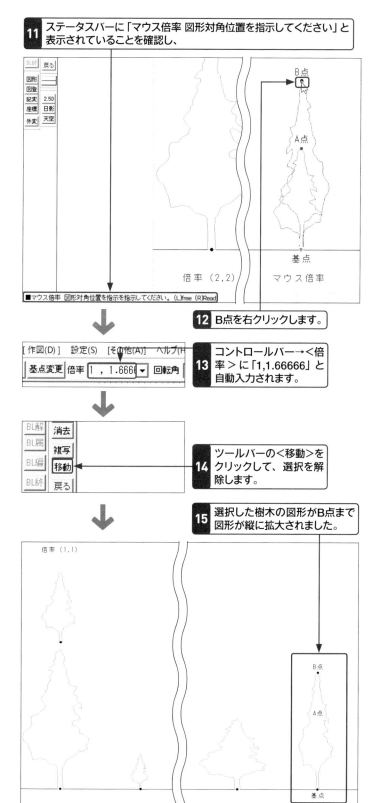

12 B点を右クリックします。

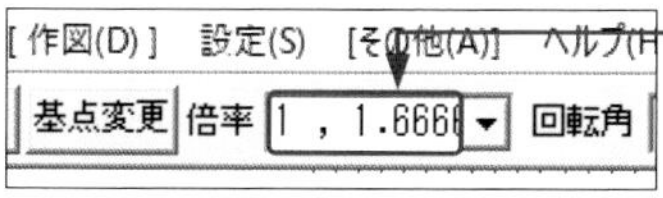

13 コントロールバー→<倍率>に「1,1.66666」と自動入力されます。

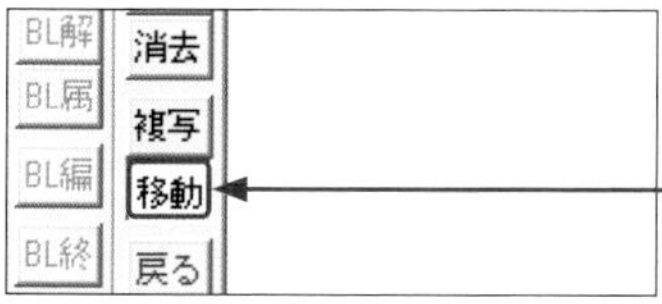

14 ツールバーの<移動>をクリックして、選択を解除します。

15 選択した樹木の図形がB点まで図形が縦に拡大されました。

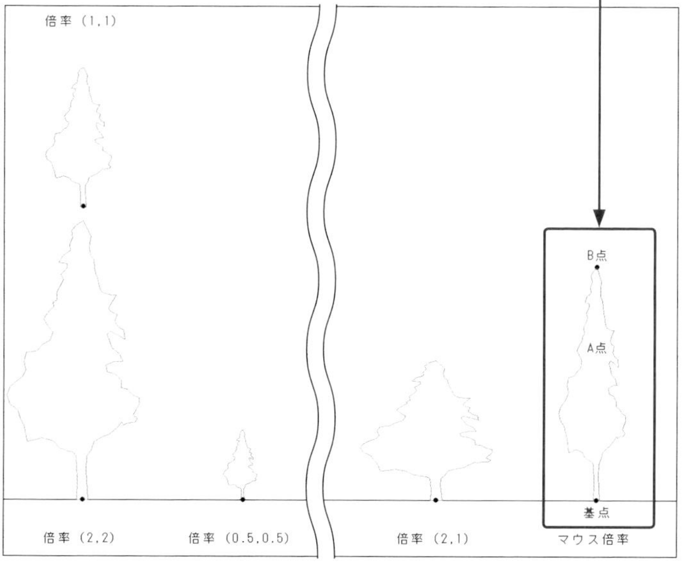

ステップアップ マウス倍率の考え方について

「マウス倍率」の機能を使用すると、倍率を自動計算してくれます。考え方としては、手順**7**の「元図形の対角位置を指示してください。」で基点からA点までの距離（L=1500）を元図形の長さとして指示します。

次に手順**11**「マウス倍率 図形対角位置を指示していください」で基点からB点までの距離（L=2500）を拡大後の長さとして指示します。2500÷1500＝1.66666…が倍率として自動計算されて、拡大処理が行われます。

また、手順**6**で<マウス倍率>を選択後、コントロールバー→<作図属性>をクリックして表示される「作図属性設定」ダイアログボックスで<マウス倍率のときXY等倍>にチェックを入れて指定すると、縦横等倍率に拡大縮小できます。

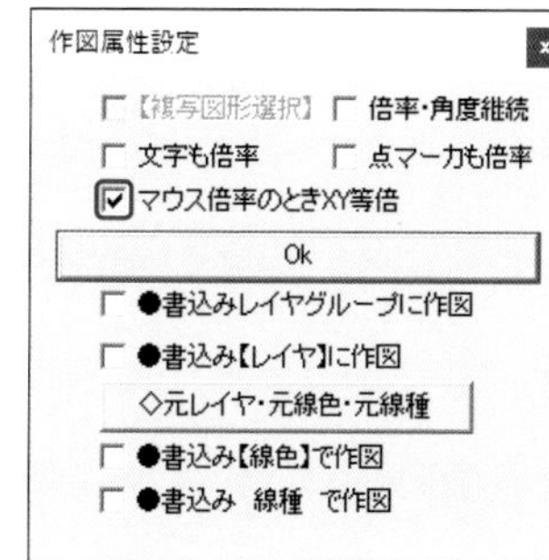
作図属性設定
【複写図形選択】
倍率・角度継続
文字も倍率
点マーカも倍率
マウス倍率のときXY等倍
Ok
●書込みレイヤグループに作図
●書込み【レイヤ】に作図
◇元レイヤ・元線色・元線種
●書込み【線色】で作図
●書込み 線種 で作図

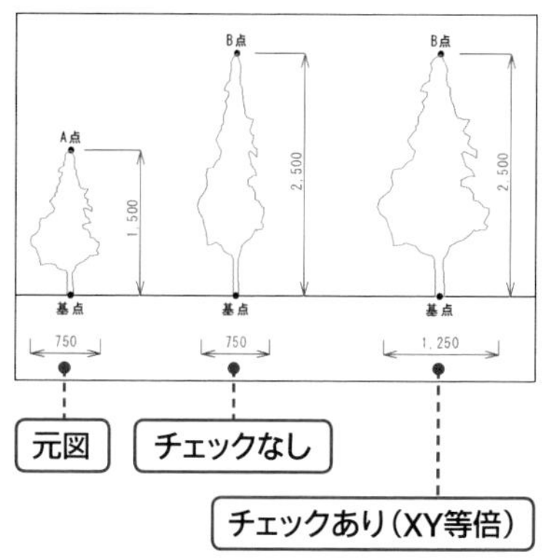
A点
B点
1,500
2,500
基点
750
1,250
元図
チェックなし
チェックあり（XY等倍）

Section 43

図形を反転する

覚えておきたいキーワード
- ☑ 複写・移動（反転）
- ☑ 複写・移動（倍率）
- ☑ 複写・移動（文字方向補正）

上下左右が対称（シンメトリー）な図形を作図する場合、反転複写を使用することで、作図時間を半分に短縮することができます。ここでは、基準線を指示して線対称に反転する方法と、倍率を指定してXY方向に反転する方法について解説します。

練習用ファイル	Sec43.jww		
メニュー	[編集] メニュー→ [図形移動] ／ [編集] メニュー→ [図形複写]		
ツールバー	[移動] [複写]		
ショートカット	M／Shift+Q（移動）／C（複写）	クロックメニュー	左AM7時／右AM7時（複写・移動）

1 図形と文字を反転複写する

メモ 反転

基準線を指定することで、図形を上下左右の線対称に反転移動（または反転複写）することができます。

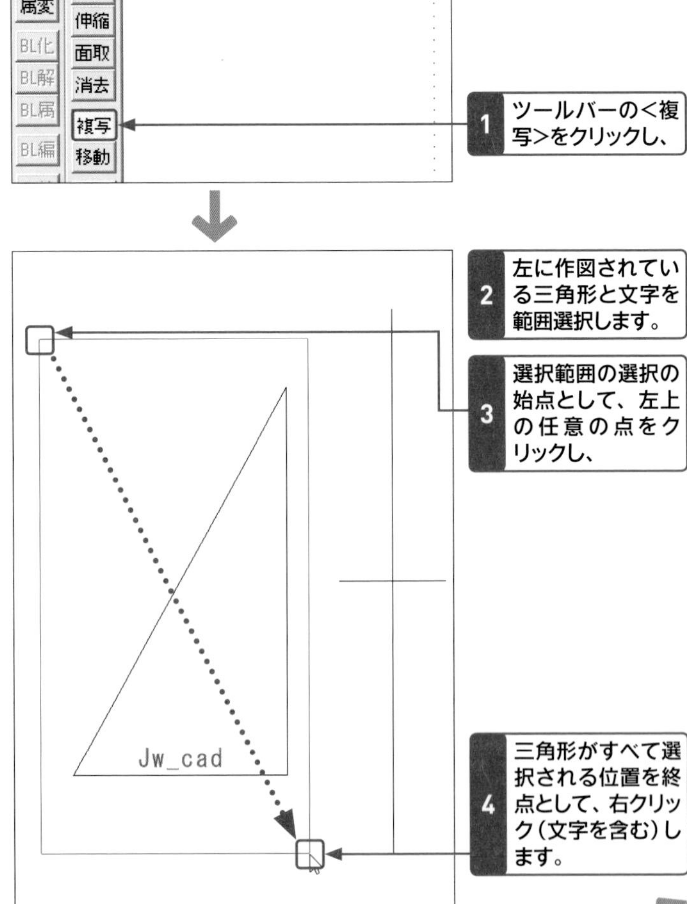
属変
伸縮
BL化
面取
BL解
消去
BL属
複写
BL編
移動
1 ツールバーの<複写>をクリックし、
2 左に作図されている三角形と文字を範囲選択します。
3 選択範囲の選択の始点として、左上の任意の点をクリックし、
Jw_cad
4 三角形がすべて選択される位置を終点として、右クリック（文字を含む）します。

メモ 基準点変更について

基準線を使った反転の場合、基準点を変更する必要はありません。

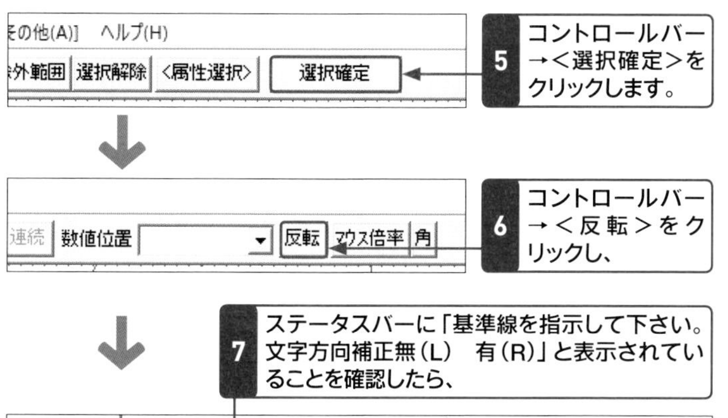
その他(A)]　ヘルプ(H)
外範囲
選択解除
<属性選択>
選択確定
連続
数値位置
反転
マウス倍率
角

5 コントロールバー→＜選択確定＞をクリックします。

6 コントロールバー→＜反転＞をクリックし、

7 ステータスバーに「基準線を指示して下さい。文字方向補正無(L)　有(R)」と表示されていることを確認したら、

基準線を指示してください。　文字方向補正無(L)　有(R)

8 三角形の右に作図されている垂直線をクリックします。

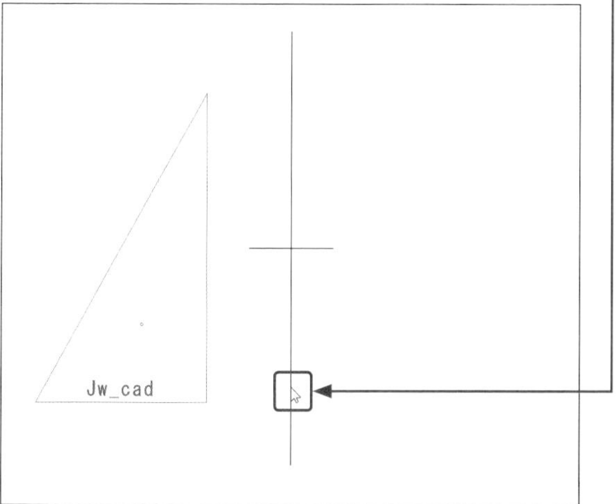
Jw_cad

9 選択した垂直線を基準に図形が反転複写されます(ただし、文字は反転されません)。

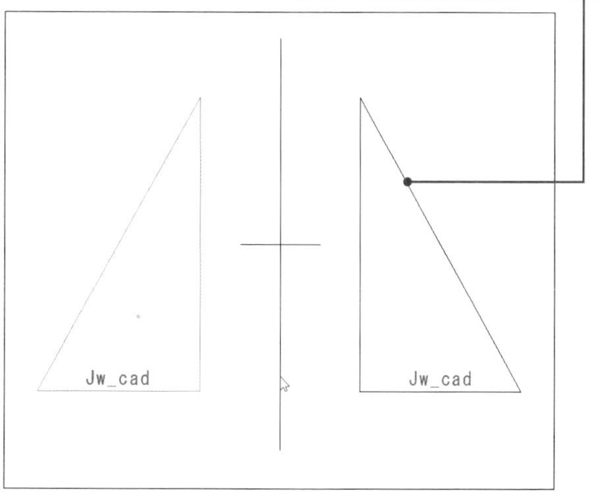
Jw_cad
Jw_cad

メモ　図形選択時のショートカットキーの追加について

Version 8.21より図形選択時のショートカットキーが追加されました。手順5のタイミングで、Enterキーを押すと＜範囲確定＞(手順5)、ShiftキーとEnterキーを同時に押すと＜基準点変更(基点変更)＞が実行できます。

Enter-範囲確定　ShiftEnter-基点変更

キーワード　文字方向補正

「文字方向補正」については、P.147のステップアップの中の「文字方向補正」を参照してください。

メモ 基準線の長さについて

反転に使用する「基準線」は角度を取得するためなので、基準線の長さは反転結果に影響しません。

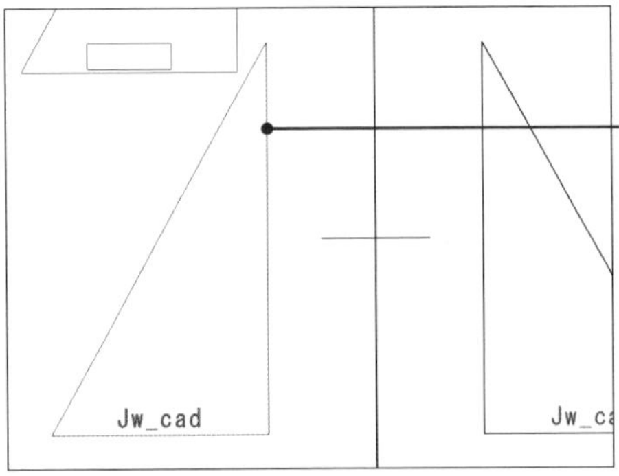

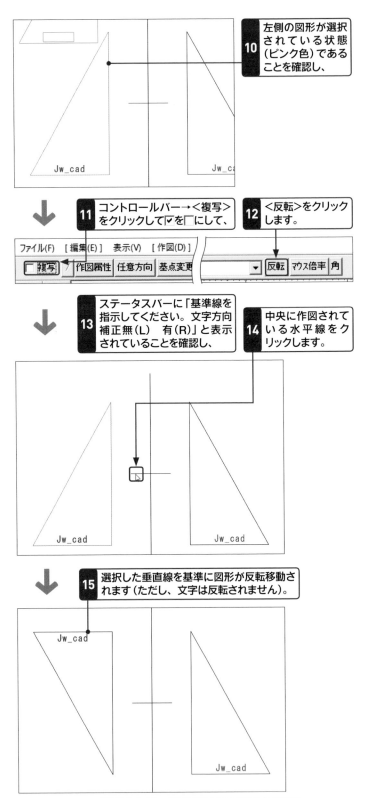

10 左側の図形が選択されている状態(ピンク色)であることを確認し、

Jw_cad

11 コントロールバー→<複写>をクリックして☑を□にして、

12 <反転>をクリックします。

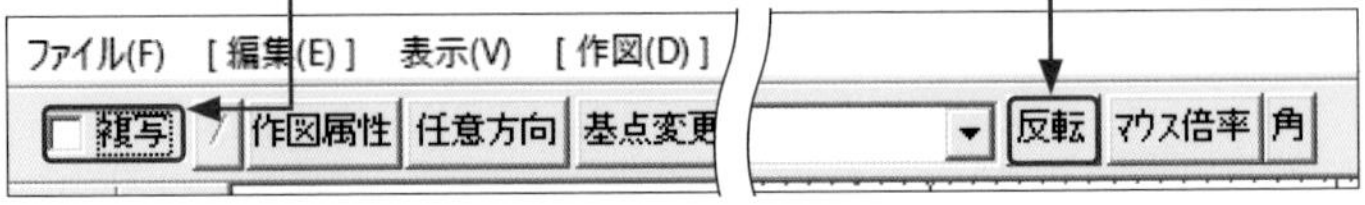

ファイル(F) [編集(E)] 表示(V) [作図(D)]
複写 作図属性 任意方向 基点変更 反転 マウス倍率 角

13 ステータスバーに「基準線を指示してください。文字方向補正無(L) 有(R)」と表示されていることを確認し、

14 中央に作図されている水平線をクリックします。

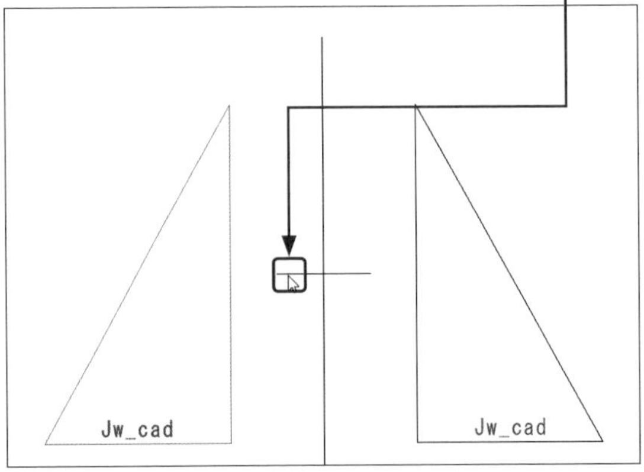

Jw_cad

15 選択した垂直線を基準に図形が反転移動されます(ただし、文字は反転されません)。

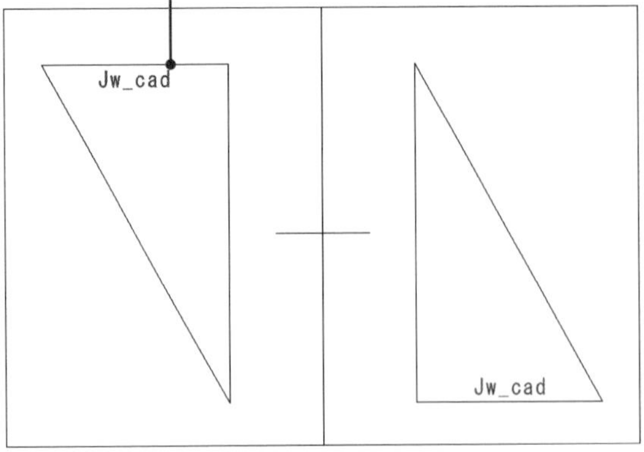

Jw_cad

16 ツールバーの<複写>をクリックして、選択を解除します。

ステップアップ

数値倍率による反転／文字方向補正について

数値倍率による反転

図形の反転は、移動コマンドまたは複写コマンドの「倍率」を使用することでも行えます。その際は、まず移動（または複写）のコマンドを実行し、図形を選択します。選択確定後にコントロールバー→<倍率>に任意の倍率を入力します。

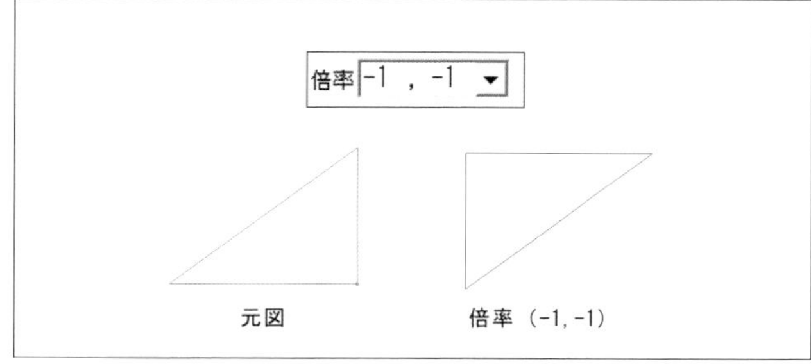
倍率 -1 , -1
元図
倍率（-1, -1）

倍率に「－（マイナス）記号」を入力することで反転します。X値をマイナスに設定すると左右（水平）方向に、Y値をマイナスに設定すると上下（垂直）方向に、それぞれ反転します。

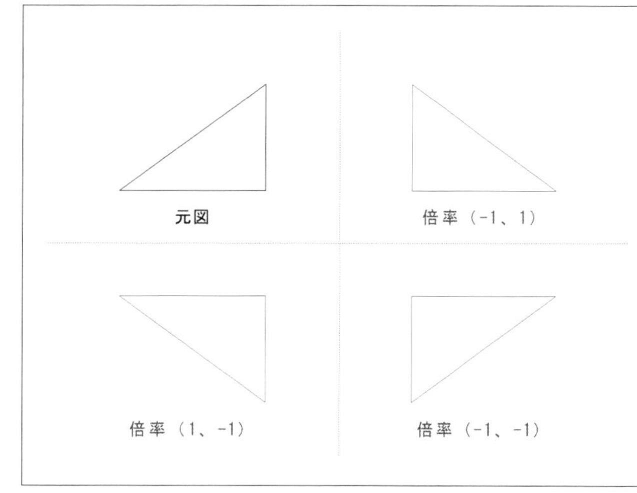
元図
倍率（-1、1）
倍率（1、-1）
倍率（-1、-1）

文字方向補正

「文字方向補正」は、回転コマンドなどで文字も一緒に回転してしまい、上下左右が反転して読めない角度になってしまったときに、正しい向きに整える場合などに使用します。

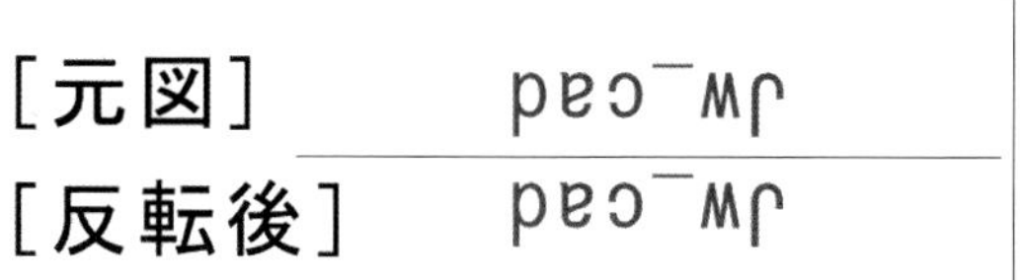
[元図]
[反転後]

文字方向補正　無

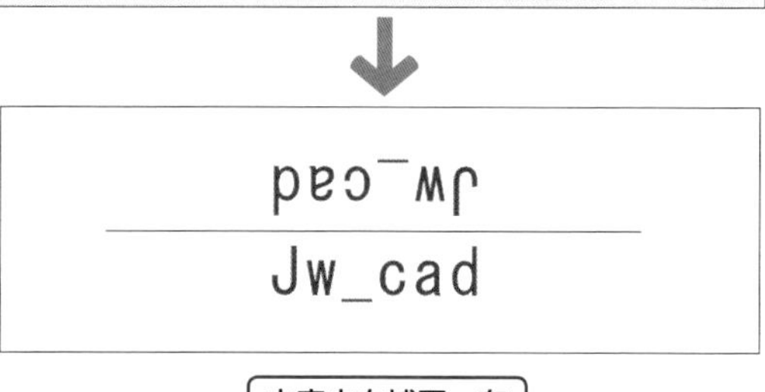
基準線を指示してください。 文字方向補正無(L)　有(R)
Jw_cad

文字方向補正　有

Section 44

線を平行方向に複写する

覚えておきたいキーワード
複線
複線（端点指定）
コーナー

ここでは、数値と方向を指定して平行な線を作図する複線コマンドの使用方法について解説します。図面を作図・編集する際に欠かせないコマンドであり、位置出しなどの補助線を作図するときも頻繁に利用するので必ず覚えておきましょう。

練習用ファイル	Sec44.jww		
メニュー	[編集]メニュー→[複線]		
ツールバー	[複線]		
ショートカット	F（複線）	クロックメニュー	左AM11時・右AM11時（複線）

1 線を複線する

キーワード 複線

すでに作図されている図形を平行複写（コピー）する機能が「複線」です。ここでは、数値を設定して平行線を作図する方法について解説します。

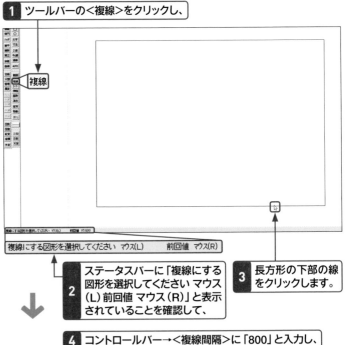

1 ツールバーの<複線>をクリックし、

複線

複線にする図形を選択してください マウス(L)　前回値 マウス(R)

2 ステータスバーに「複線にする図形を選択してください マウス(L) 前回値 マウス(R)」と表示されていることを確認して、

3 長方形の下部の線をクリックします。

4 コントロールバー→<複線間隔>に「800」と入力し、

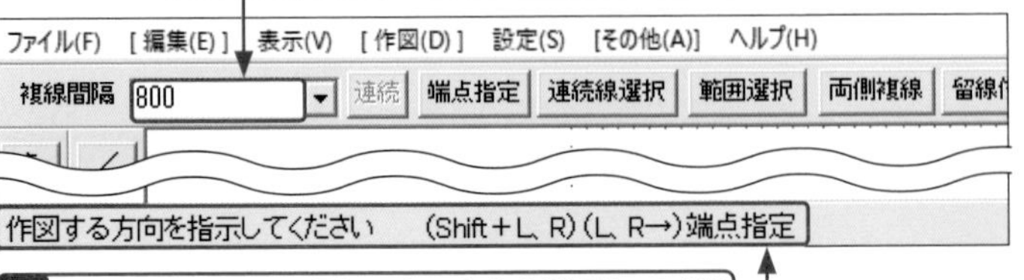

ファイル(F) [編集(E)] 表示(V) [作図(D)] 設定(S) [その他(A)] ヘルプ(H)
複線間隔 800
連続
端点指定
連続線選択
範囲選択
両側複線
作図する方向を指示してください　(Shift+L、R)(L、R→)端点指定

5 ステータスバーに「作図する方向を指示してください…」と表示されていることを確認して、

6 選択した線より上にマウスカーソルを移動し、上方向に赤い仮線が表示されている状態で任意の場所をクリックします。

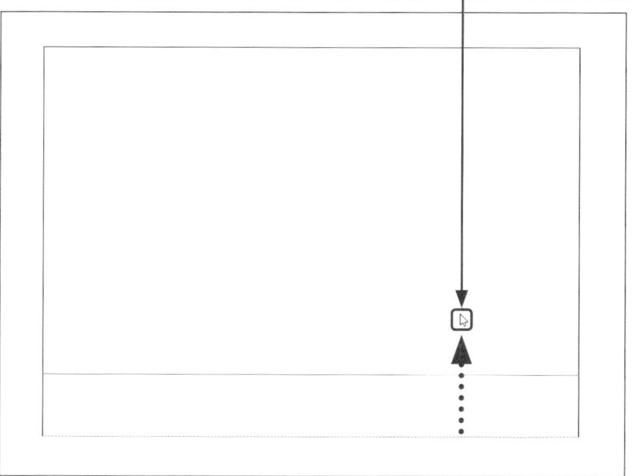

7 平行方向に距離800で線が平行複写されます。

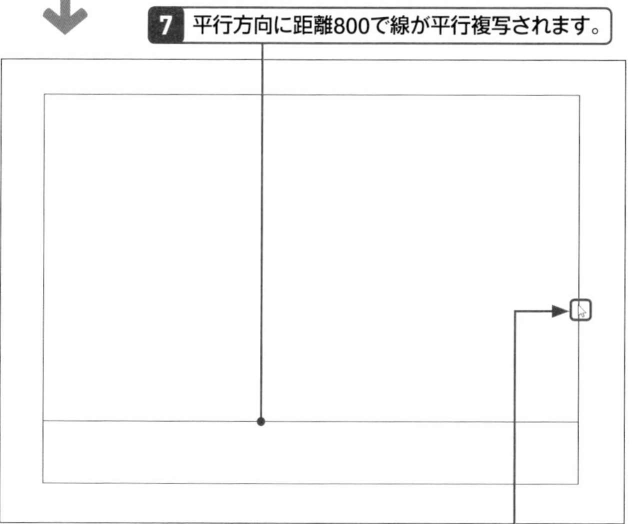

8 引き続き、長方形の右の線をクリックします。

9 コントロールバー→<複線間隔>に「2000」と入力し、

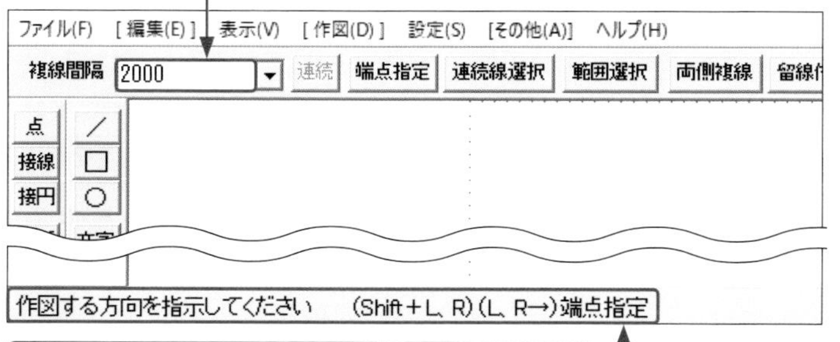

ファイル(F) [編集(E)] 表示(V) [作図(D)] 設定(S) [その他(A)] ヘルプ(H)
複線間隔 2000
連続
端点指定
連続線選択
範囲選択
両側複線
点
接線
接円
作図する方向を指示してください (Shift+L、R)(L、R→)端点指定

10 ステータスバーに「作図する方向を指示してください…」と表示されていることを確認して、

メモ　作図する方向について

手順**6**で作図ウィンドウ内にマウスカーソルを戻すと、マウス位置により、選択した図形を中心として上または下に赤い仮線が表示されます。これは平行図形が必ず2方向に発生するためです。そのため、手順**6**のタイミングでどちらの平行線を利用するかを選択します。

メモ　前回値を使用する場合

直前に使用した複線間隔と同じ数値で、複線を行う場合は手順**8**で表示されるステータスバーの「複線にする図形を選択してください」で右クリックで図形を選択すると、前回と同じ複線間隔を利用することができます。

複線にする図形を選択してください マウス(L)
前回値 マウス(R)

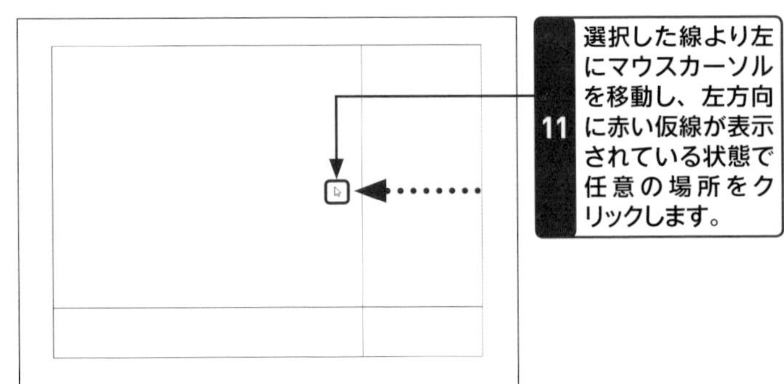
11 選択した線より左にマウスカーソルを移動し、左方向に赤い仮線が表示されている状態で任意の場所をクリックします。

2 不要な線をコーナー処理する

メモ　コーナー処理

Sec.36で学習したコーナーコマンドを使用して、不要な線を削除します。Sec.33で学習した消去コマンドや、Sec.34で学習した伸縮コマンドを利用しても同じように編集できます。

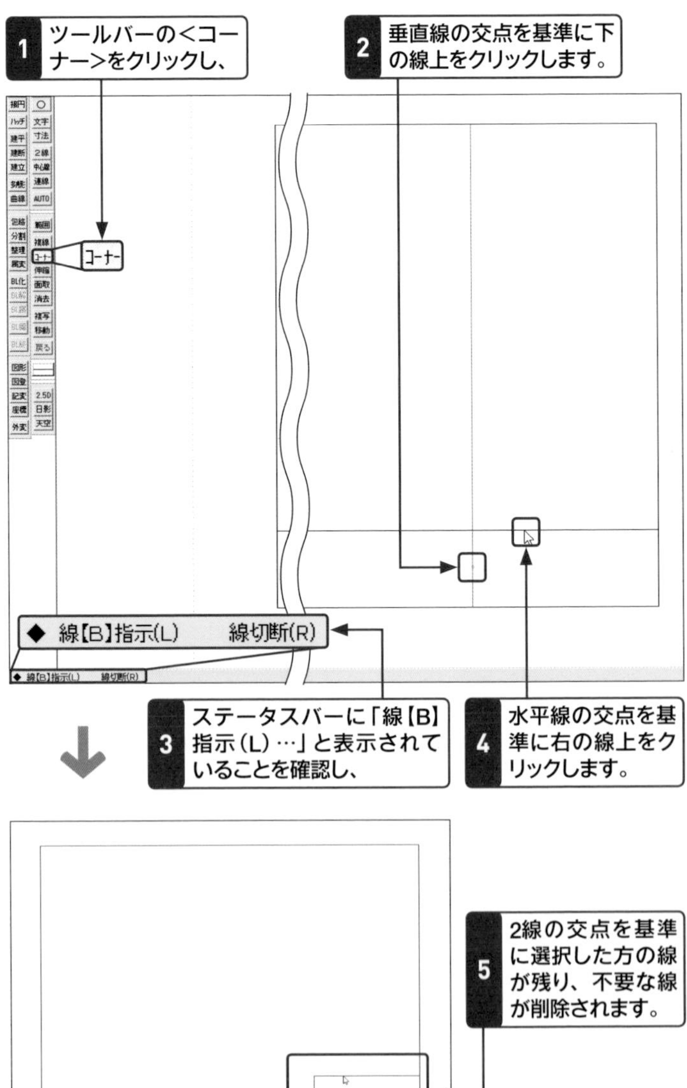
1 ツールバーの<コーナー>をクリックし、
2 垂直線の交点を基準に下の線上をクリックします。
コーナー
◆ 線【B】指示(L)　線切断(R)
3 ステータスバーに「線【B】指示(L)…」と表示されていることを確認し、
4 水平線の交点を基準に右の線上をクリックします。
5 2線の交点を基準に選択した方の線が残り、不要な線が削除されます。

3 表題欄の罫線を連続複線で作図する

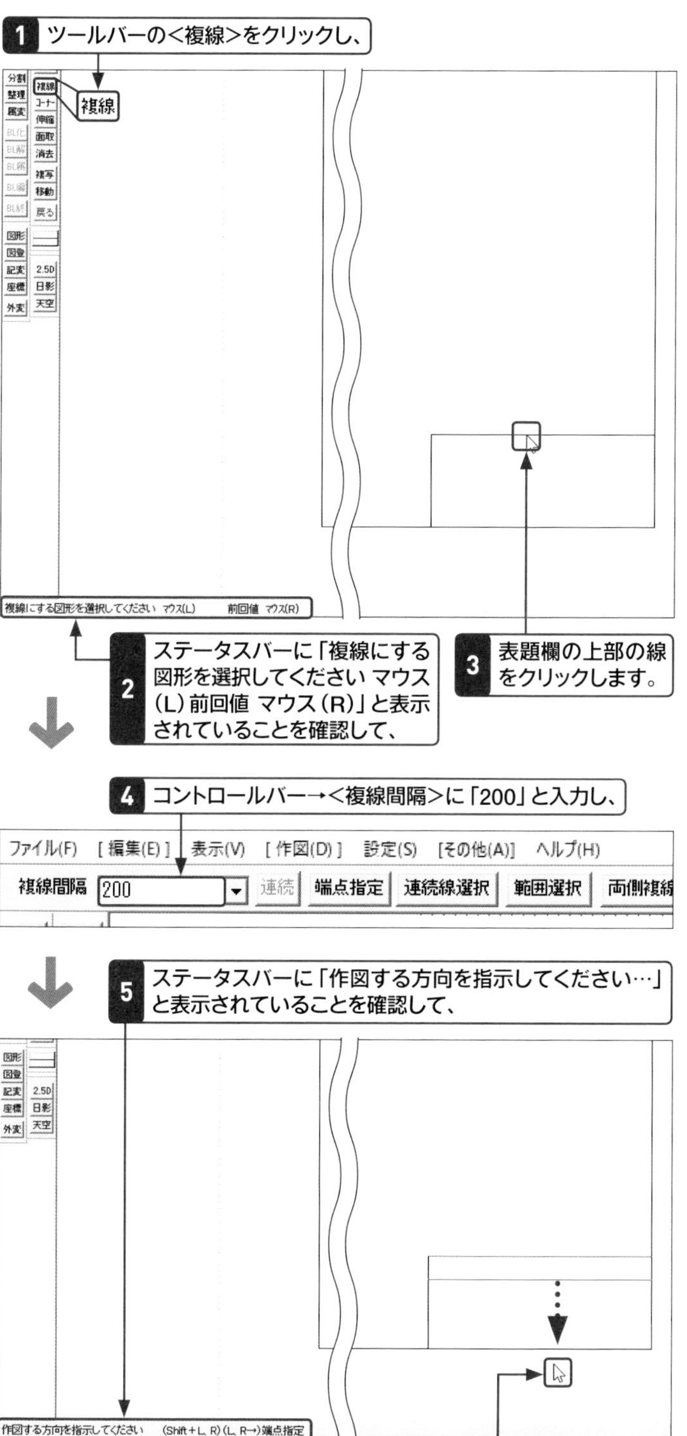
1 ツールバーの<複線>をクリックし、
複線
複線にする図形を選択してください マウス(L) 前回値 マウス(R)
2 ステータスバーに「複線にする図形を選択してください マウス(L) 前回値 マウス(R)」と表示されていることを確認して、
3 表題欄の上部の線をクリックします。
4 コントロールバー→<複線間隔>に「200」と入力し、
ファイル(F) [編集(E)] 表示(V) [作図(D)] 設定(S) [その他(A)] ヘルプ(H)
複線間隔 200 連続 端点指定 連続線選択 範囲選択 両側複線
5 ステータスバーに「作図する方向を指示してください…」と表示されていることを確認して、
作図する方向を指示してください (Shift+L, R) (L, R→) 端点指定
6 選択した線より下にマウスカーソルを移動し、下方向に赤い仮線が表示されている状態で任意の場所をクリックします。

メモ 連続複線を行う

複線コマンドを実行（複線間隔と作図する方向を確定）した直後に、コントロールバー→<連続>をクリックすると、直前に編集した複線を基準に同じ間隔、同じ方向に連続して複線を行うことができます。

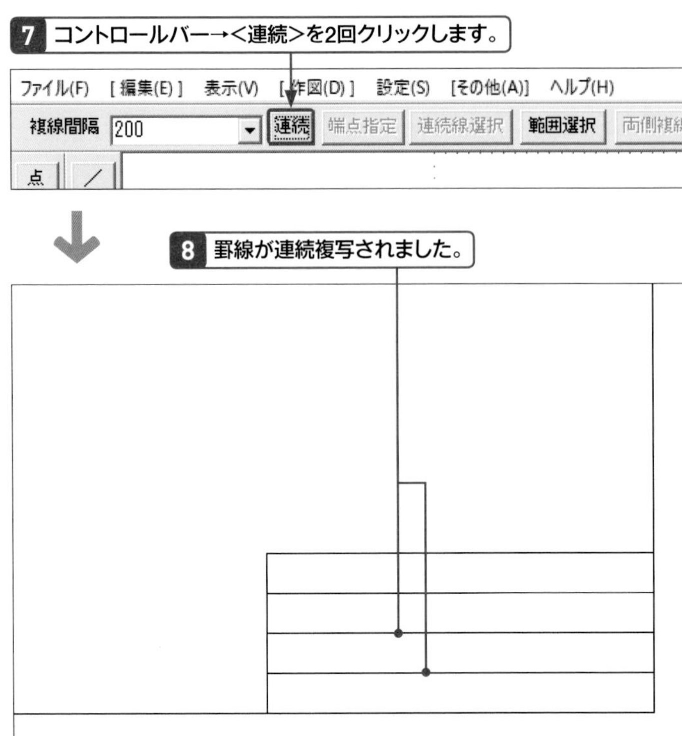
7 コントロールバー→<連続>を2回クリックします。
ファイル(F) [編集(E)] 表示(V) [作図(D)] 設定(S) [その他(A)] ヘルプ(H)
複線間隔 200 連続 端点指定 連続線選択 範囲選択 両側複線
点
8 罫線が連続複写されました。

4 長さを指定して複線する

キーワード 端点指定

通常、複線コマンドで作成された図形は、選択時の図形と同じ長さで複製されます。端点指定を使用すると、必要な長さを指定して複線を作成することができます。

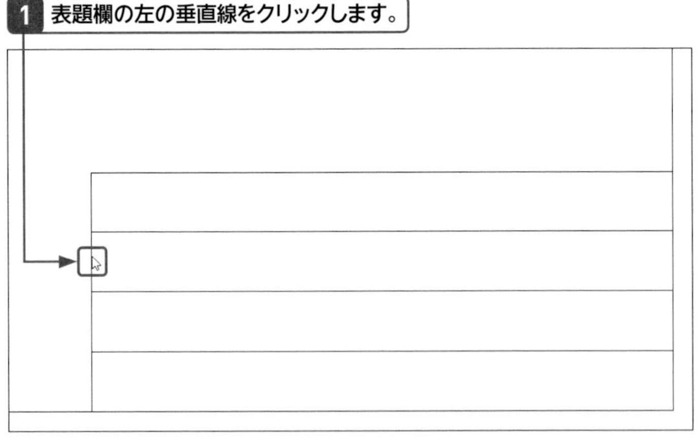
1 表題欄の左の垂直線をクリックします。

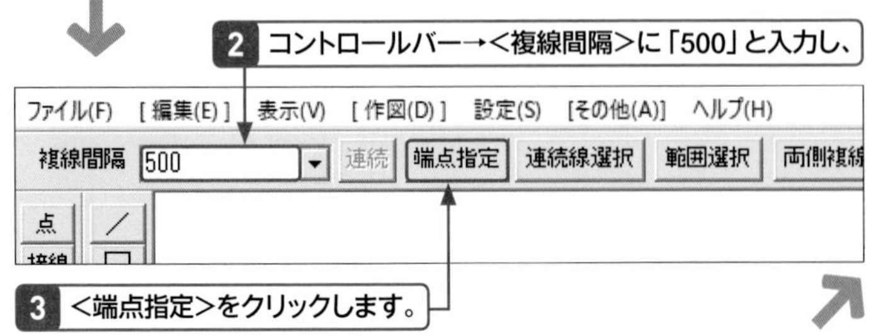
2 コントロールバー→<複線間隔>に「500」と入力し、
ファイル(F) [編集(E)] 表示(V) [作図(D)] 設定(S) [その他(A)] ヘルプ(H)
複線間隔 500 連続 端点指定 連続線選択 範囲選択 両側複線
点
3 <端点指定>をクリックします。

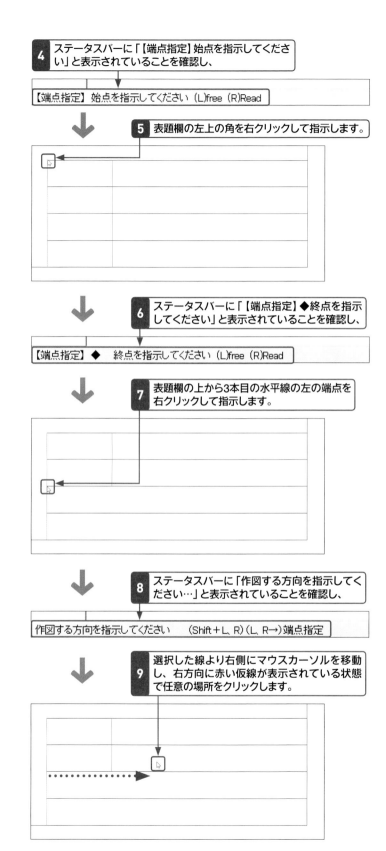

4 ステータスバーに「【端点指定】始点を指示してください」と表示されていることを確認し、

【端点指定】 始点を指示してください (L)free (R)Read

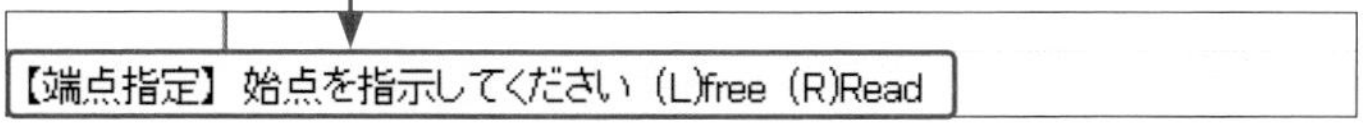

5 表題欄の左上の角を右クリックして指示します。

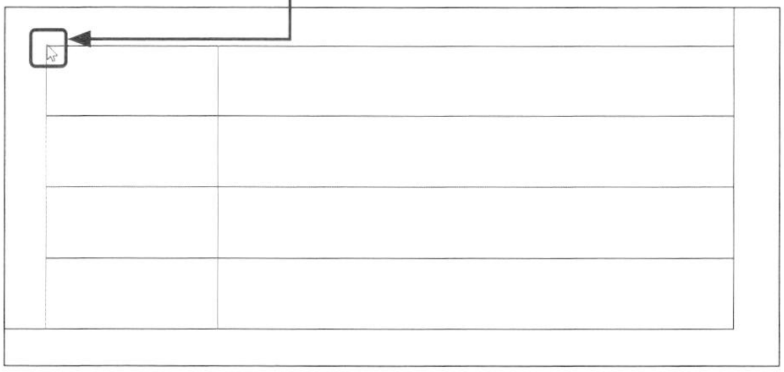

6 ステータスバーに「【端点指定】◆終点を指示してください」と表示されていることを確認し、

【端点指定】 ◆ 終点を指示してください (L)free (R)Read

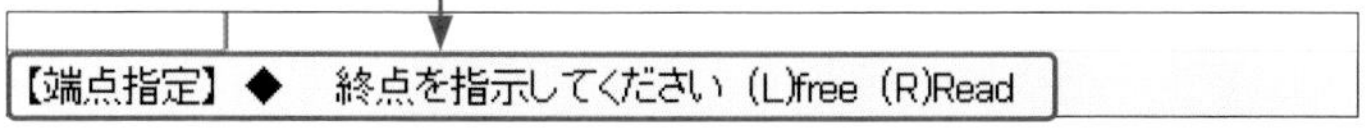

7 表題欄の上から3本目の水平線の左の端点を右クリックして指示します。

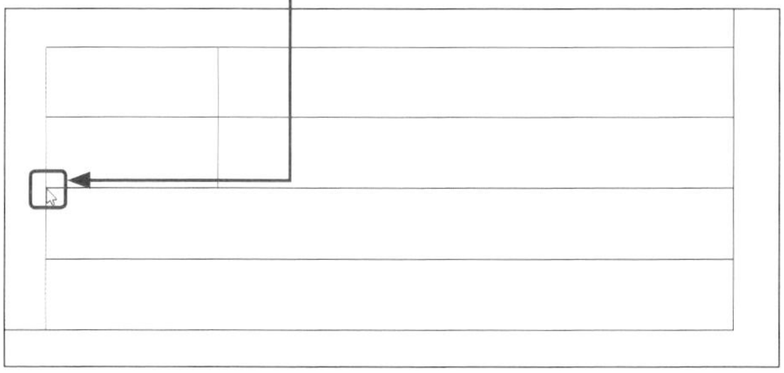

8 ステータスバーに「作図する方向を指示してください…」と表示されていることを確認し、

作図する方向を指示してください (Shift+L、R)(L、R→)端点指定

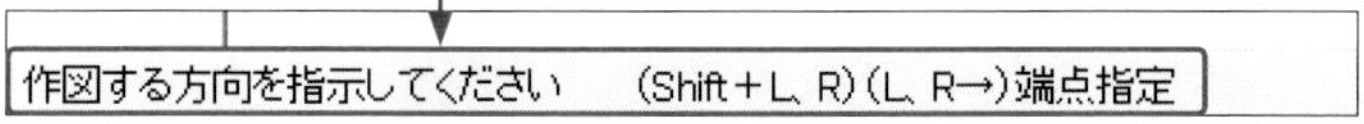

9 選択した線より右側にマウスカーソルを移動し、右方向に赤い仮線が表示されている状態で任意の場所をクリックします。

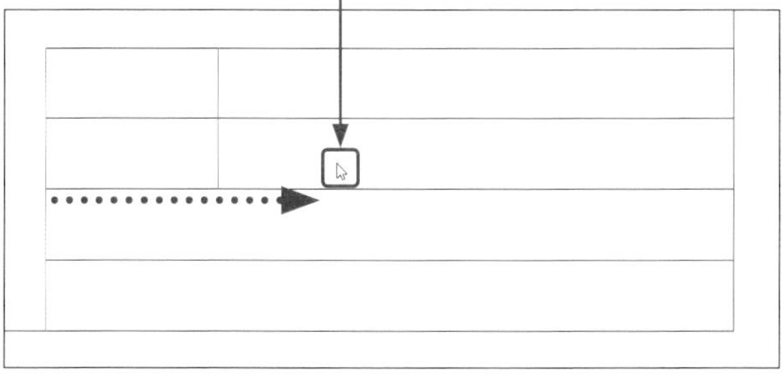

作図する方向について

端点指定を指示する際に、赤い仮線が反対側（左側）に表示されることがあります。最終的な作図の方向は手順**9**のタイミングで決定するので、それ以前の仮線表示は作図結果には影響しません。

クロックメニューを使って端点指定を実行する場合

ここでは、コントロールバー→<端点指定>からコマンドを選択しましたが、マウスを使って端点指定を選択することもできます。前ページの手順**3**のタイミングで、Shiftキーを押しながら手順**5**の点（端点指定の始点）を右クリックします。また、クロックメニューを使って実行する場合は、端点指定の始点の上で右クリックしながら右（3時）方向にドラッグします。

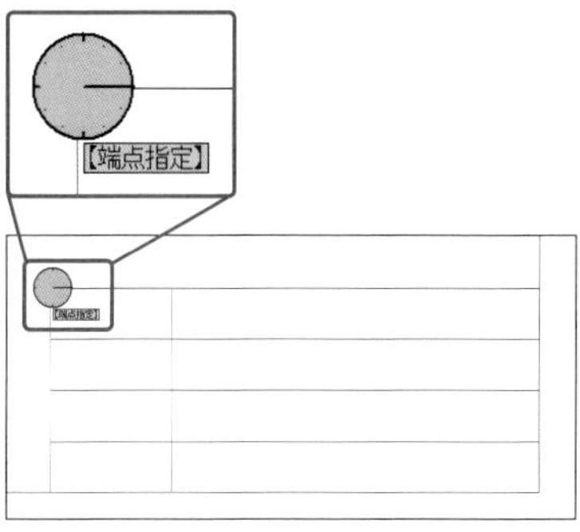
【端点指定】

5 連続線を一斉に複線する

メモ 連続線を選択する

Jw_cadでは、端点（始点または終点）が一致している連続した線を「連続線」として選択することができます。

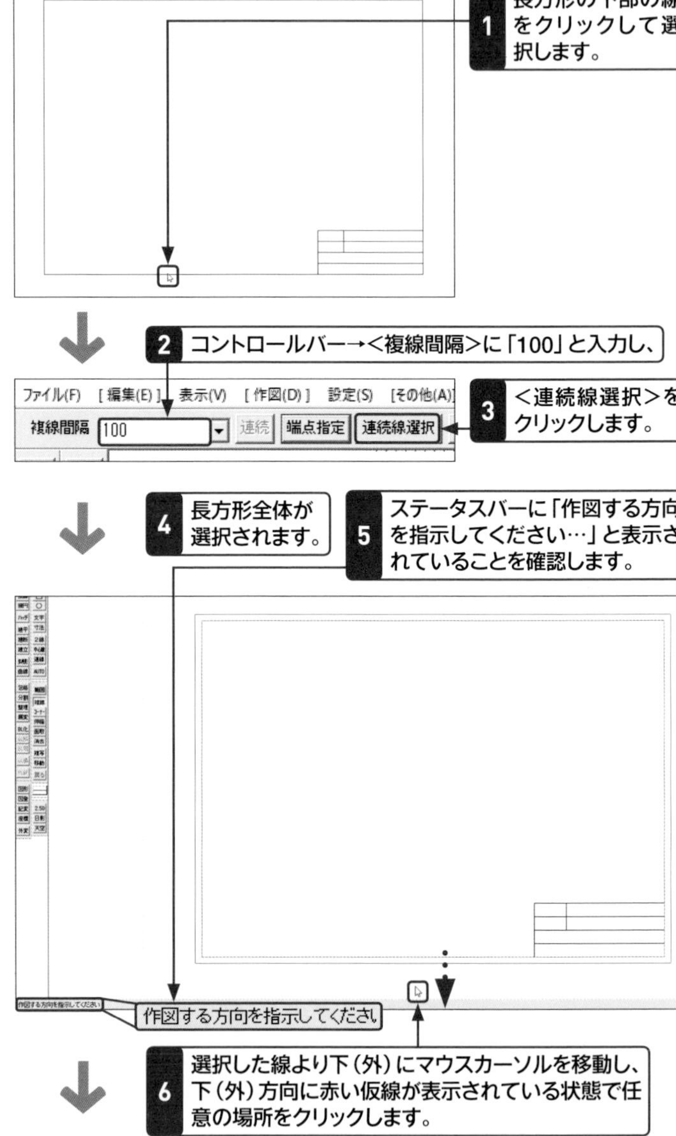
1 長方形の下部の線をクリックして選択します。
2 コントロールバー→<複線間隔>に「100」と入力し、
ファイル(F) [編集(E)] 表示(V) [作図(D)] 設定(S) [その他(A)]
複線間隔 100 連続 端点指定 連続線選択
3 <連続線選択>をクリックします。
4 長方形全体が選択されます。
5 ステータスバーに「作図する方向を指示してください…」と表示されていることを確認します。
作図する方向を指示してください
6 選択した線より下（外）にマウスカーソルを移動し、下（外）方向に赤い仮線が表示されている状態で任意の場所をクリックします。

7 連続線が複線できました。

メモ 複線された図形の線種・線色・レイヤについて

複線で作成された図形は、現在の書込み線種・線色で、現在の書込みレイヤに作図されます。レイヤについてはP.196のSec.56を参照してください。また、複線作成時に元の図形を削除したい場合はコントロールバーの<移動>にチェックを入れます。この際、複線した図形を、現在の書込みレイヤではなく、削除した図形と同じレイヤに作図したい場合は<元レイヤ>にチェックを入れます。

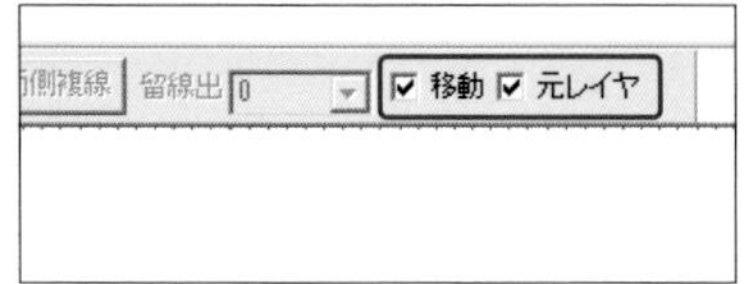
両側複線 留線出 0 移動 元レイヤ

Chapter 05

第5章

文字や寸法を作成しよう

Section 45 文字を作図して配置する

46 文字を変更／移動する

47 文字を複写する

48 文字種を変更する

49 引出線を記入する

50 長さ寸法（水平・垂直・斜辺）を作図する

51 半径・直径・角度寸法を作図する

52 面積表（外部変形）を作成する

53 図面を印刷する（PDF）

Section 45

文字を作図して配置する

覚えておきたいキーワード
☑ 文字（書込み文字種）
☑ 文字（文字基点設定）
☑ 中心点・A点

第5章では文字と寸法の作成方法と印刷について学習します。まずこのSectionでは、基本となる文字の新規作成方法について学習します。入力した文字は矩形と同じように9つの基点を基準に配置します。また、線の中点（中心点）を指示する「中心点・A点」についても解説します。

練習用ファイル	Sec45.jww		
メニュー	[作図] メニュー→ [文字] ／ [設定] メニュー→ [中心点取得]		
ツールバー	[文字]		
ショートカット	A（文字）	クロックメニュー	左AM0時（文字）／右AM3時（中心点／2点間中心）

1 文字を新規で作図して配置する

メモ 文字入力

Jw_cadで文字を入力する場合は、あらかじめ登録された「文字種」から文字の大きさを選択して作図します。ここで指定する文字の大きさ（幅、高さ、間隔）は印刷後の数値を指定します。したがって、レイヤの縮尺により、同じ文字種でも文字の大きさが異なりますので注意しましょう。

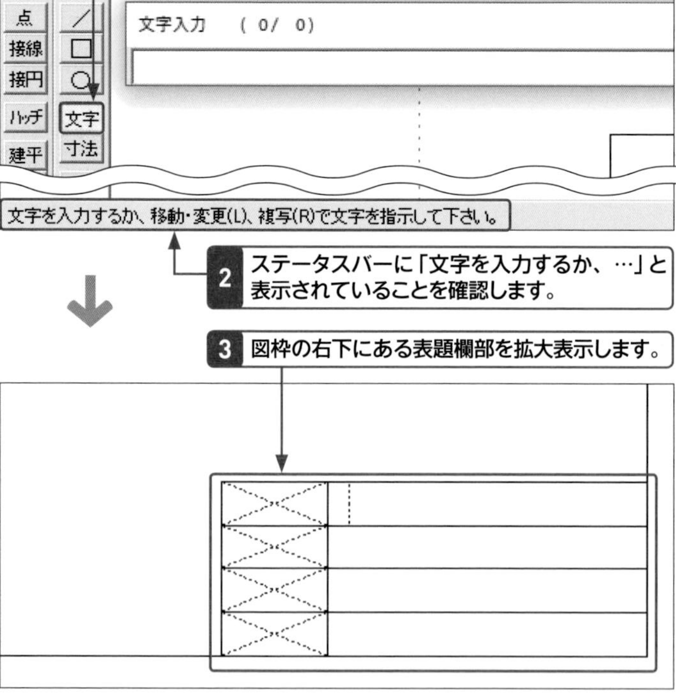
1 ツールバーの<文字>をクリックし、
点
接線
接円
ハッチ
建平
文字
寸法
文字入力 (0/ 0)
文字を入力するか、移動・変更(L)、複写(R)で文字を指示して下さい。
2 ステータスバーに「文字を入力するか、…」と表示されていることを確認します。
3 図枠の右下にある表題欄部を拡大表示します。
4 コントロールバー→＜[3] W=3 H=3 D=0.5 (2)＞（書込み文字種変更）をクリックします。
ファイル(F) [編集(E)] 表示(V) [作図(D)] 設定(S) [その他(A)] ヘルプ(H)
[3] W=3 H=3 D=0.5 (2)
水平
垂直
角度
範囲選択

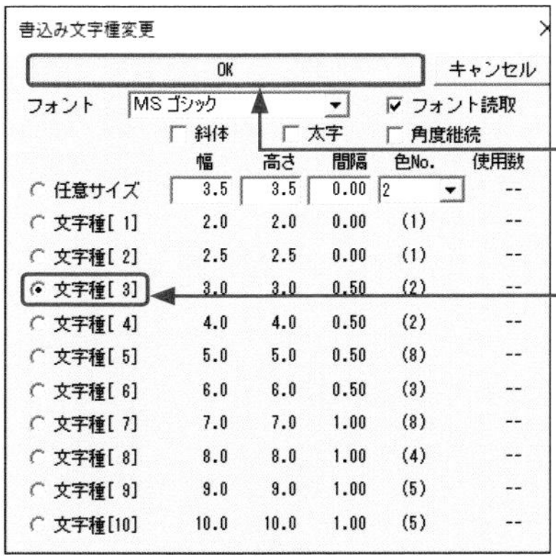

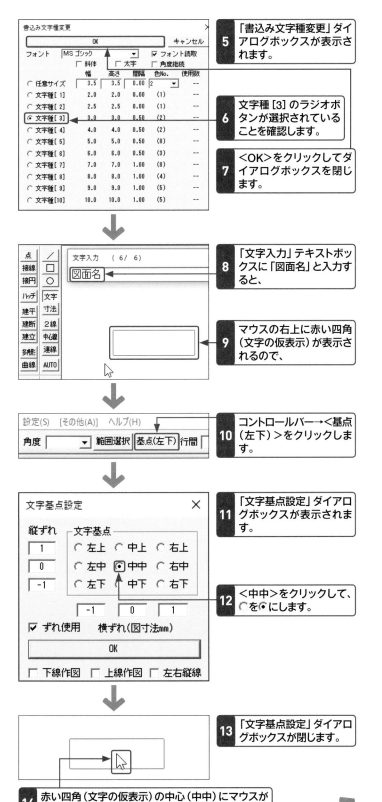

5 「書込み文字種変更」ダイアログボックスが表示されます。

6 文字種 [3] のラジオボタンが選択されていることを確認します。

7 <OK>をクリックしてダイアログボックスを閉じます。

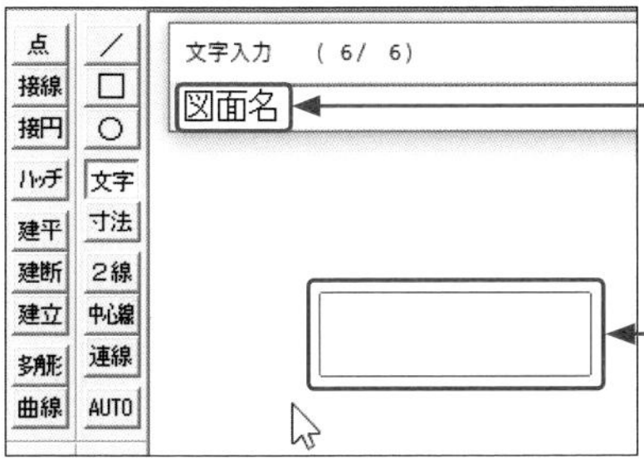

8 「文字入力」テキストボックスに「図面名」と入力すると、

9 マウスの右上に赤い四角(文字の仮表示)が表示されるので、

10 コントロールバー→<基点(左下)>をクリックします。

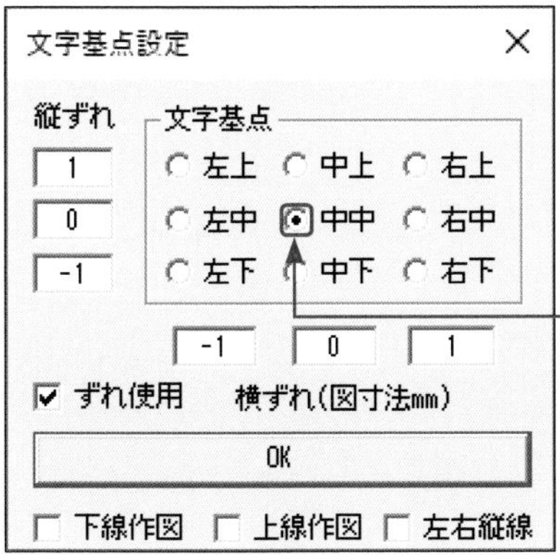

11 「文字基点設定」ダイアログボックスが表示されます。

12 <中中>をクリックして、○を◉にします。

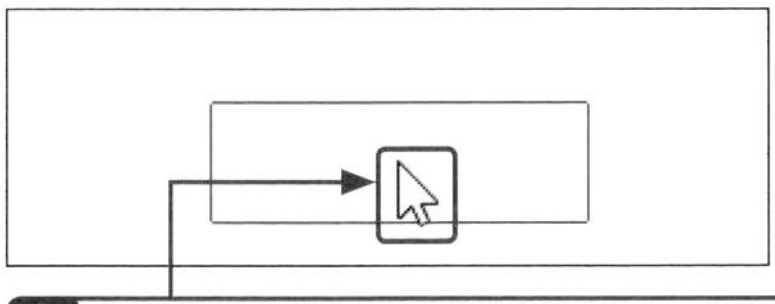

13 「文字基点設定」ダイアログボックスが閉じます。

14 赤い四角(文字の仮表示)の中心(中中)にマウスが表示されていることを確認します。

メモ 文字種について

「書込み文字種変更」ダイアログボックスに表示される文字の大きさはツールバー→<基設>→「Jw_win」ダイアログボックス→「文字」タブで調整できます(「基本設定」の詳細については、P.26のSec.05を参照)。設定数値は印刷後の高さを示しています。

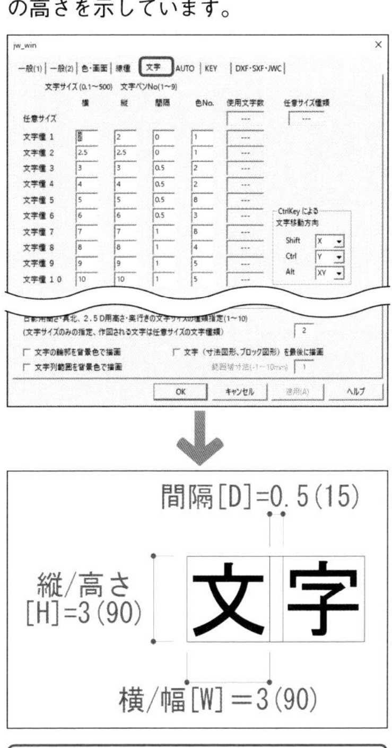
間隔[D]=0.5(15)
縦/高さ
[H]=3(90)
文字
横/幅[W]=3(90)

() 内の数値は、S=1/30で作図した場合の実寸値

補助線について

今回はマスの中心位置を出すために対角線を補助線として作図しましたが、2点間の中点を指示したい場合は、「中心点・A点」（P.159のヒント「中心点・A 点」参照）でも指示できます。

15 ステータスバーに「文字の位置を指示して下さい」と表示されていることを確認し、

16 表題欄の左上のマスにマウスを移動して、補助線の交点を右クリックして指示します。

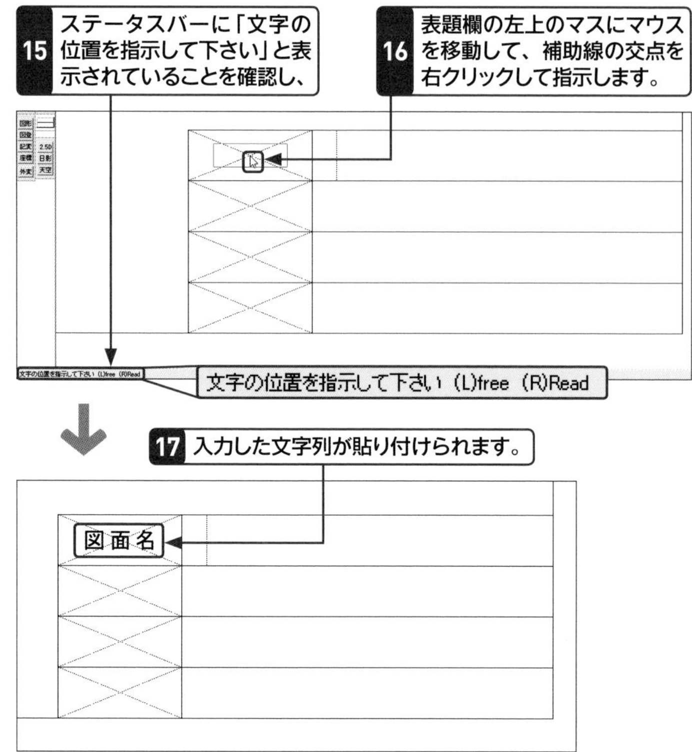
文字の位置を指示して下さい (L)free (R)Read
図面名

17 入力した文字列が貼り付けられます。

2 基点を変更・文字を作図して配置する

メモ 文字基点設定について

文字を配置する際に、9つの配置点から選択することができます。「ずれ使用」にチェックを入れて「縦ずれ」「横ずれ」を設定すると文字基点から文字までの距離を調整することができます。数値は印刷後の距離になります。

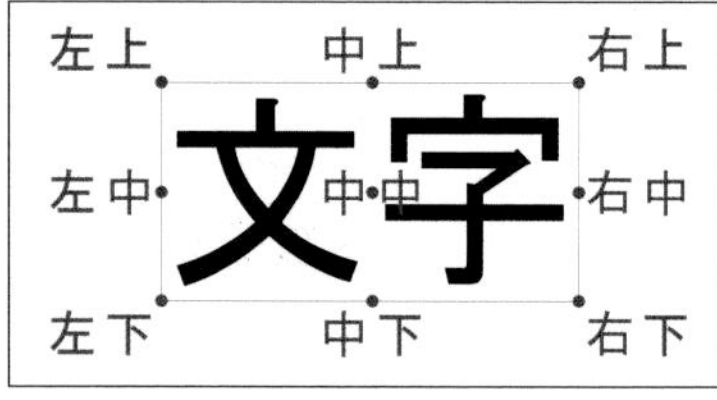
左上
中上
右上
左中
文字
中中
右中
左下
中下
右下

1 「文字入力」テキストボックスに「○○邸新築工事」と入力し、

2 コントロールバー→<基点(中中)>をクリックします。

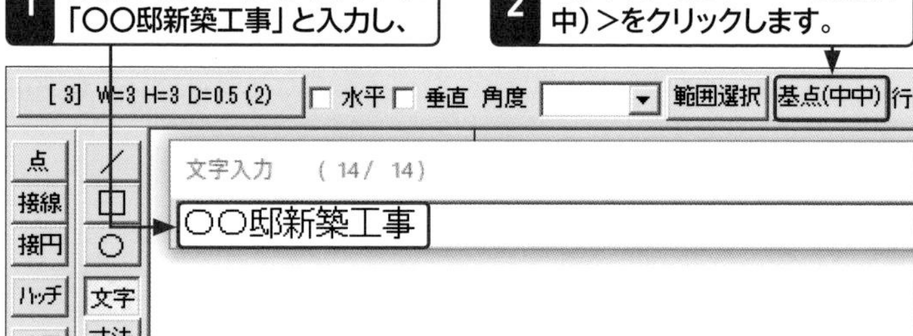
[3] W=3 H=3 D=0.5 (2)
水平
垂直
角度
範囲選択
基点(中中)
点
接線
接円
ハッチ
建平
文字
寸法
文字入力 (14/ 14)
○○邸新築工事

3 「文字基点設定」ダイアログボックスが表示されるので、

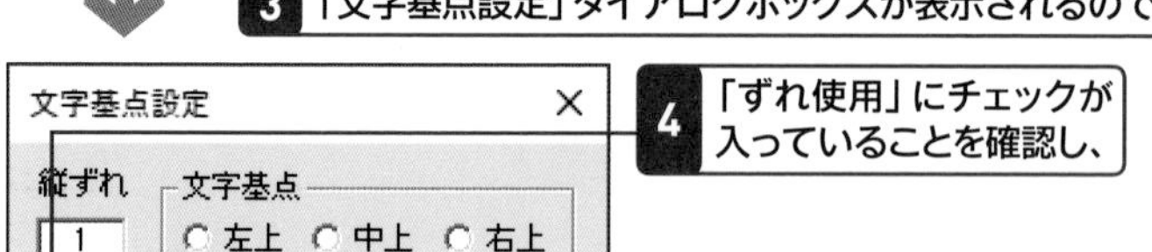
文字基点設定
縦ずれ
文字基点
左上
中上
右上
左中
中中
右中
左下
中下
右下
1
0
-1
ずれ使用
横ずれ(図寸法mm)
OK
下線作図
上線作図
左右縦線

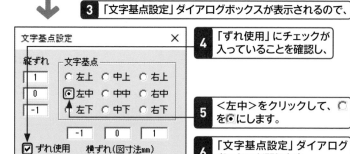

4 「ずれ使用」にチェックが入っていることを確認し、

5 <左中>をクリックして、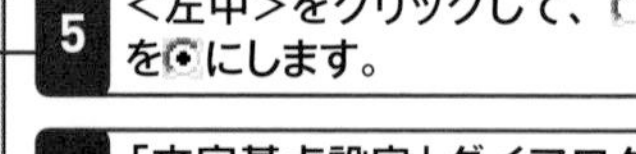を◉にします。

6 「文字基点設定」ダイアログボックスが閉じます。

7 赤い四角（文字の仮表示）の左側中心（左中）にマウスが表示されていることを確認し、

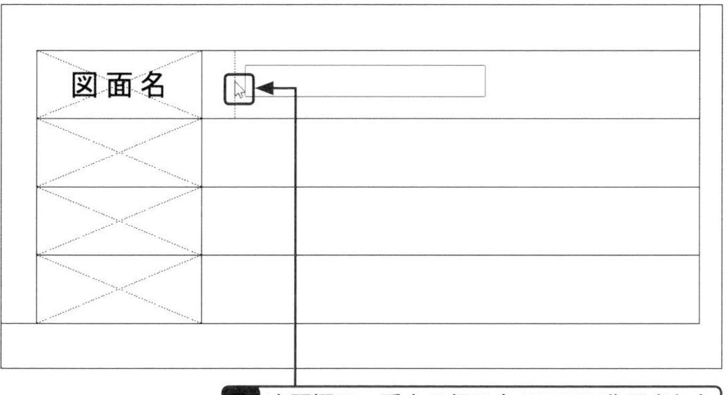
図面名

8 表題欄の一番上の行の右のマスに作図された補助線の線上にマウスを移動します。

9 線上で右クリックしたまま右（3時）方向にドラッグすると、

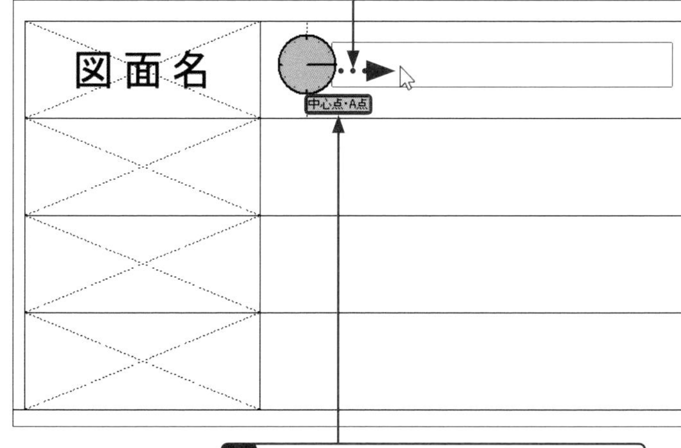
図面名
中心点・A点

10 クロックメニューが起動し「中心点・A点」が表示されます。

11 マウスのボタンから指を離します。

12 入力した文字列が貼り付けられます。

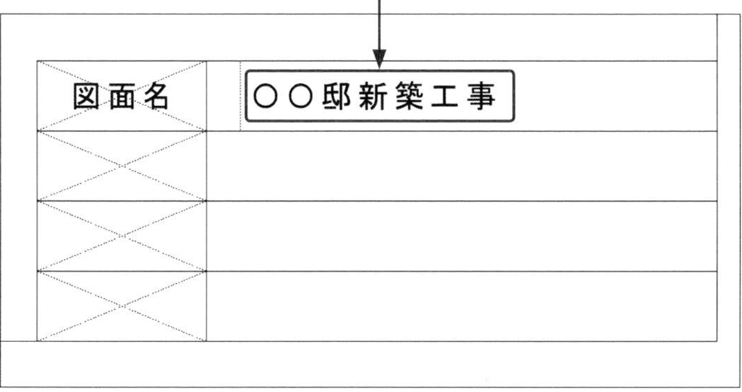
図面名
○○邸新築工事

ヒント 中心点・A点

線の中点や円の中心点、指定した2点間の中点を指示したい場合は「中心点・A点」を使用します。線の中点、または円の中心点を指示したい場合は、図形の線上（または円周上）で右クリックしたまま右（3時）方向にドラッグします。

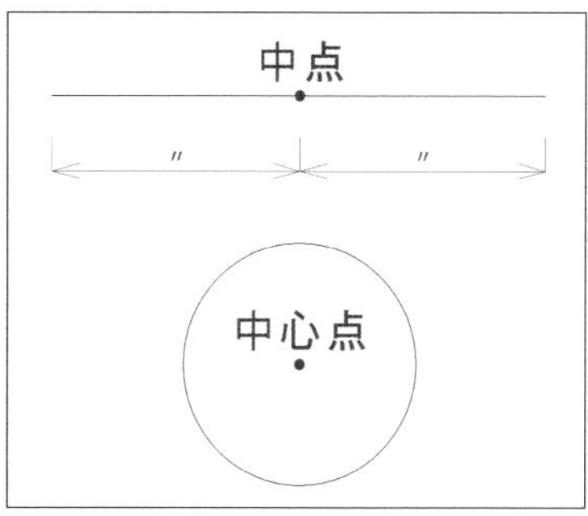
中点
中心点

メモ クロックメニューの起動

手順8の操作がうまく行えない場合は、右ドラッグ操作がうまくできてない可能性があります。P.32の「右ドラッグ」を参照してください。

メモ 「中心点・A点」をメニューバーから実行する場合

手順8でクロックメニューを使用せずに「中心点・A点」を実行するには、＜設定＞メニュー→＜中心点取得＞をクリックして選択します。ステータスバーに「線・円指示で線・円の中心点…」と表示されていることを確認して、補助線をクリックして選択し、補助線の中心点（中点）を取得します。

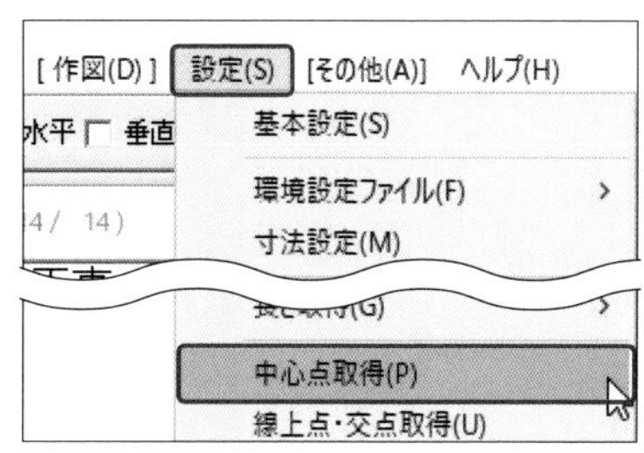
[作図(D)]
設定(S)
[その他(A)]
ヘルプ(H)
水平
垂直
基本設定(S)
環境設定ファイル(F)
寸法設定(M)
中心点取得(P)
線上点・交点取得(U)

Section 46
文字を変更／移動する

覚えておきたいキーワード
- 文字
- 文字（移動）
- 文字（変更）

ここでは作成された文字の内容を変更したり、位置を移動したりする方法について学習します。図形を移動する方法として「移動コマンド」を学習しましたが、文字は「文字コマンド」で移動することもできます。応用的な操作として、文字修正と移動を同時に行う方法も解説します。

練習用ファイル	Sec46.jww		
メニュー	[作図] メニュー→ [文字]		
ツールバー	[文字]		
ショートカット	A (文字)	クロックメニュー	左AM0時 (文字)

1 文字を変更する

メモ 文字の移動・変更

文字を移動したり、変更（修正）する場合も「文字コマンド」を利用します。文字の移動に関しては、P.126のSec.39で学習した「移動コマンド」を使用する方法もあります。

1 ツールバーの<文字>をクリックします。

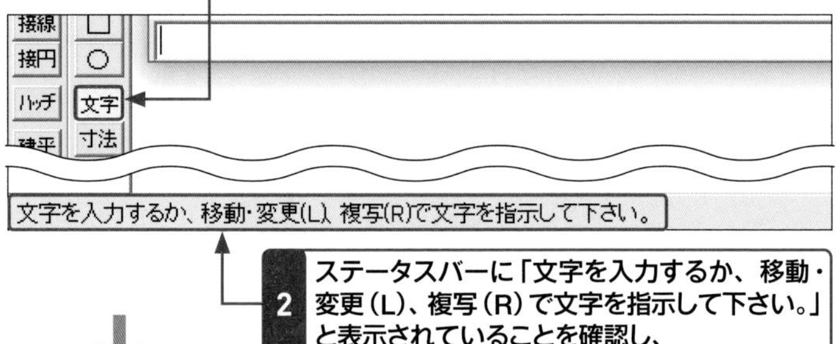
接線
接円
ハッチ
文字
寸法
建平
文字を入力するか、移動・変更(L)、複写(R)で文字を指示して下さい。

2 ステータスバーに「文字を入力するか、移動・変更（L）、複写（R）で文字を指示して下さい。」と表示されていることを確認し、

3 図枠の右下にある表題欄部を拡大表示します。

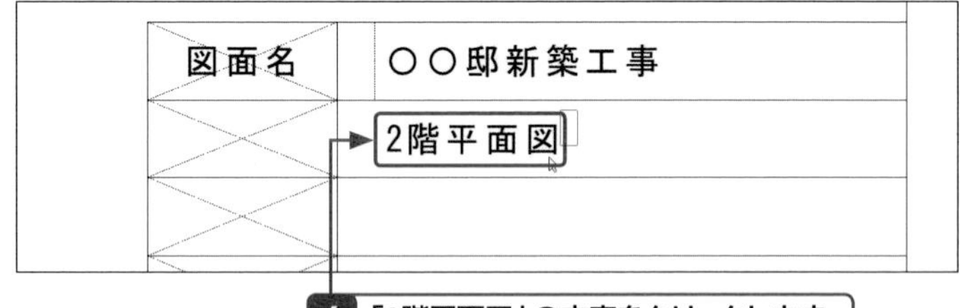
図面名
○○邸新築工事
2階平面図

4 「2階平面図」の文字をクリックします。

5 「文字入力」テキストボックスが「文字変更・移動」テキストボックスに更新されて、選択した文字が表示されるので、

文字変更・移動 (0/ 9)
2階平面図
MS ゴシック
フォント読取

6 テキストボックスに表示された文字列（2階平面図）をクリックします。

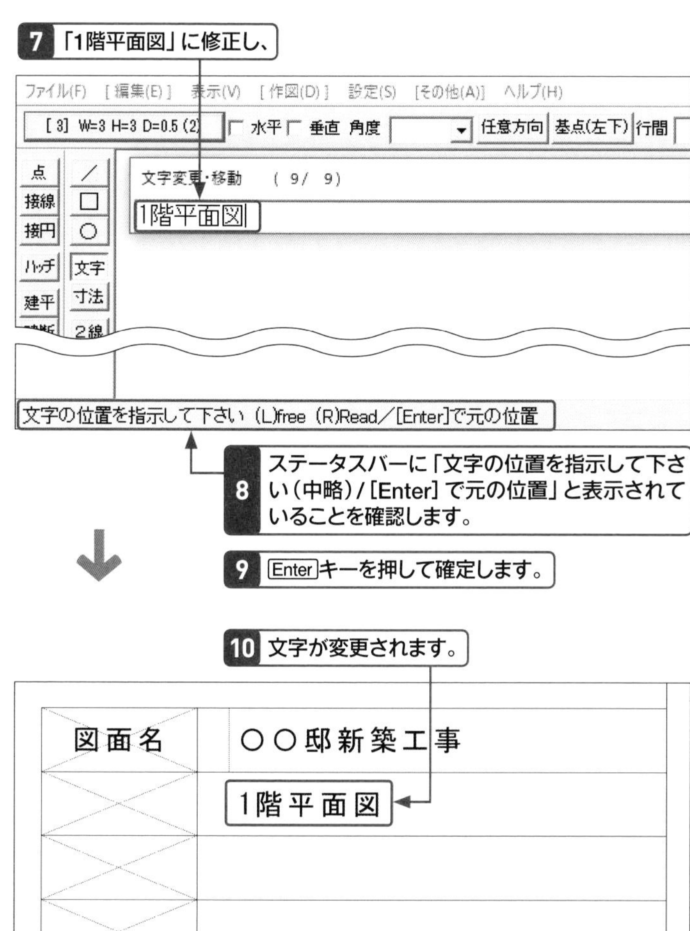

7 「1階平面図」に修正し、
ファイル(F) [編集(E)] 表示(V) [作図(D)] 設定(S) [その他(A)] ヘルプ(H)
[3] W=3 H=3 D=0.5 (2)
水平 垂直 角度 任意方向 基点(左下) 行間
点 接線 接円 ハッチ 建平 文字 寸法 2線
文字変更・移動 (9/ 9)
1階平面図
文字の位置を指示して下さい (L)free (R)Read／[Enter]で元の位置
8 ステータスバーに「文字の位置を指示して下さい(中略)/[Enter]で元の位置」と表示されていることを確認します。
9 Enterキーを押して確定します。
10 文字が変更されます。
図面名
○○邸新築工事
1階平面図

> **メモ　文字の変更のみの場合**
>
> 文字の変更のみで、文字の位置を移動しない場合は、手順8でEnterキーを押すことで、移動なしで変更することができます。

2 文字を移動する

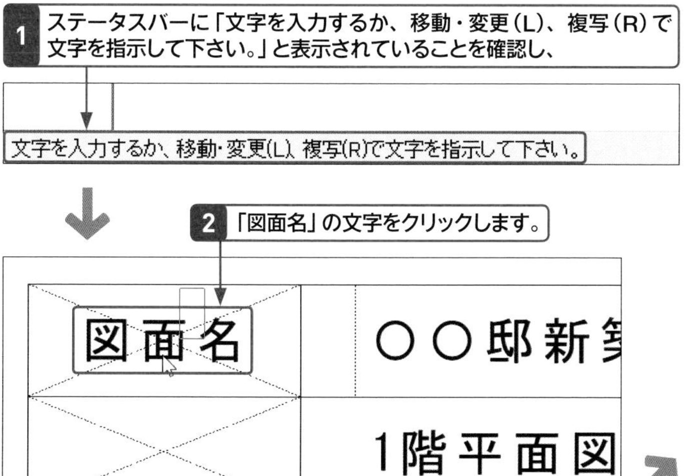

1 ステータスバーに「文字を入力するか、移動・変更(L)、複写(R)で文字を指示して下さい。」と表示されていることを確認し、
文字を入力するか、移動・変更(L)、複写(R)で文字を指示して下さい。
2 「図面名」の文字をクリックします。
図面名
○○邸新築
1階平面図

メモ 文字基点の設定について

文字を移動する際の「基点」は、文字選択時にコントロールバー→<基点>で設定されている基点で選択されます。文字作成時の基点とは異なるので注意しましょう。文字の基点の考え方についてはP.156のSec.45を参照してください。

メモ 基点について

前回のSec.45から引き続いて図面を開くと、前の図面の設定を引き継ぎ、手順 4 の基点が「基点(左中)」になっています。

メモ 文字編集時の移動方向について

Version 8.21より文字編集の移動方向をキーボードとマウスで指定できるようになりました。

「X方向」：Ctrlキー＋カーソル移動
「Y方向」：Shiftキー＋カーソル移動
「XY方向」：Altキー＋カーソル移動

なお、これらのキーボードの割り当ては「基本設定」ダイアログボックス→<文字>タブより変更することができます。

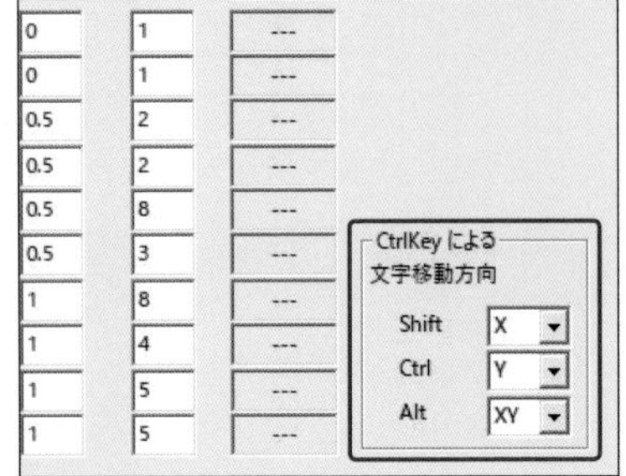
CtrlKey による
文字移動方向
Shift X
Ctrl Y
Alt XY

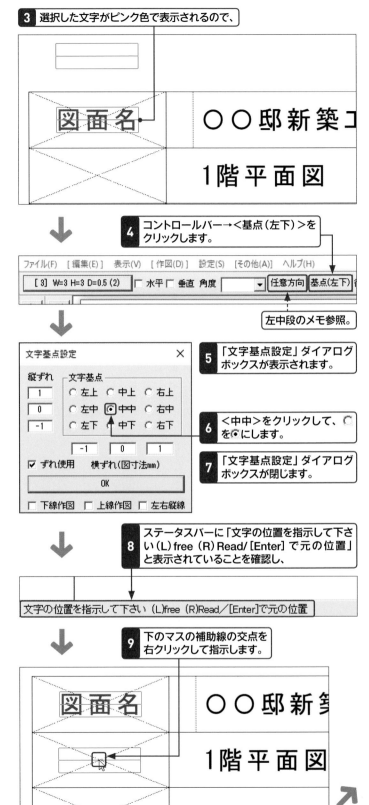

3 選択した文字がピンク色で表示されるので、

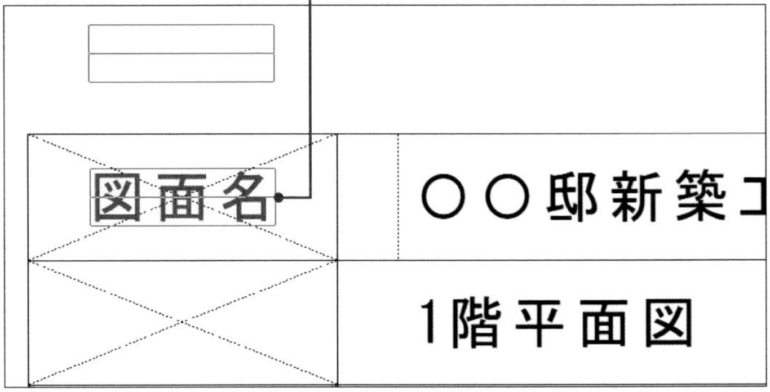

図面名　〇〇邸新築工　1階平面図

4 コントロールバー→<基点(左下)>をクリックします。

ファイル(F) [編集(E)] 表示(V) [作図(D)] 設定(S) [その他(A)] ヘルプ(H)
[3] W=3 H=3 D=0.5 (2)　水平　垂直　角度　任意方向　基点(左下)

左中段のメモ参照。

5 「文字基点設定」ダイアログボックスが表示されます。

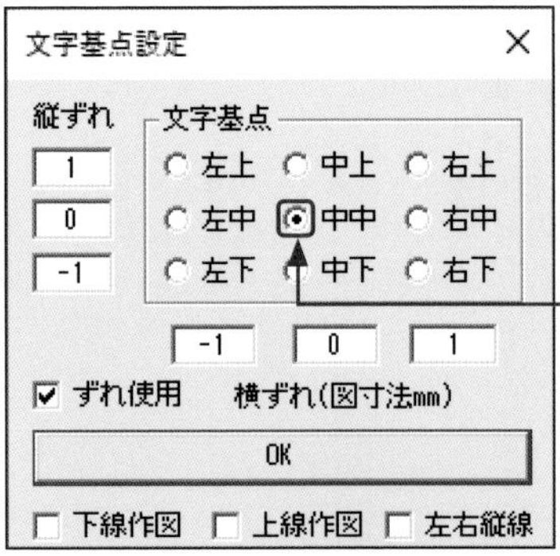

文字基点設定
縦ずれ　文字基点
1　左上　中上　右上
0　左中　中中　右中
-1　左下　中下　右下
-1　0　1
ずれ使用　横ずれ(図寸法mm)
OK
下線作図　上線作図　左右縦線

6 <中中>をクリックして、○を◉にします。

7 「文字基点設定」ダイアログボックスが閉じます。

8 ステータスバーに「文字の位置を指示して下さい (L) free (R) Read/ [Enter] で元の位置」と表示されていることを確認し、

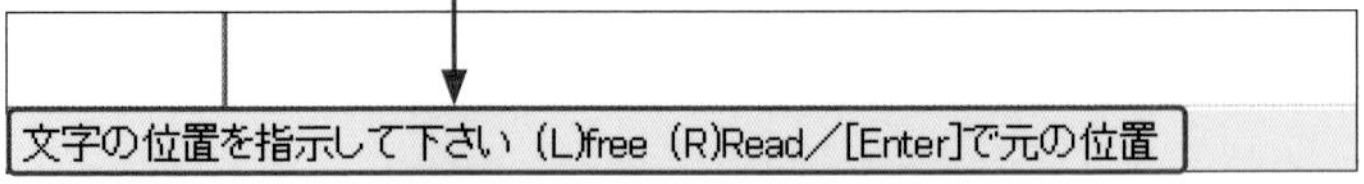

文字の位置を指示して下さい (L)free (R)Read／[Enter]で元の位置

9 下のマスの補助線の交点を右クリックして指示します。

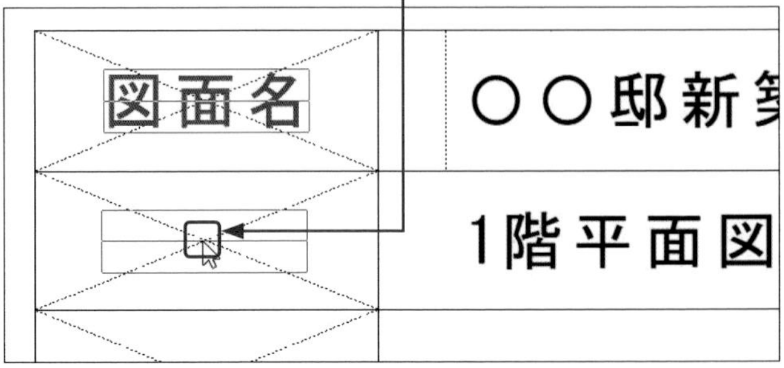

図面名　〇〇邸新築　1階平面図

10 文字が指定した位置に移動します。

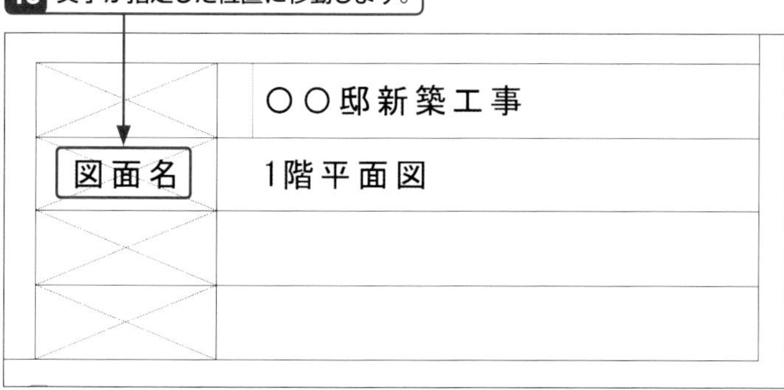
○○邸新築工事
図面名
1階平面図

ステップアップ 文字を変更して移動する場合

文字の変更と移動は、同時に行うことができます。手順は以下の通りです。

1 ツールバーの<文字>をクリックして、

文字

文字

2 変更移動する文字をクリックします。

3 「文字変更・移動」テキストボックスに選択した文字が表示されるので（ここでは「文字」）、

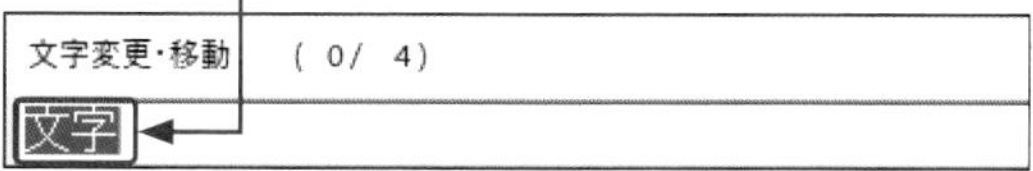
文字変更・移動 (0/ 4)
文字

4 「文字変更・移動」テキストボックスの文字を修正します（ここでは「MOJI」）。

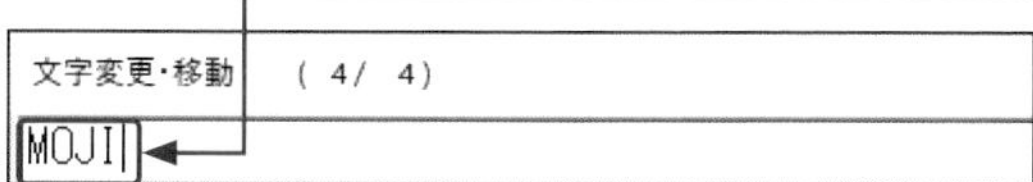
文字変更・移動 (4/ 4)
MOJI

5 続いて、移動先の点をクリック（または右クリック）で指示すると、

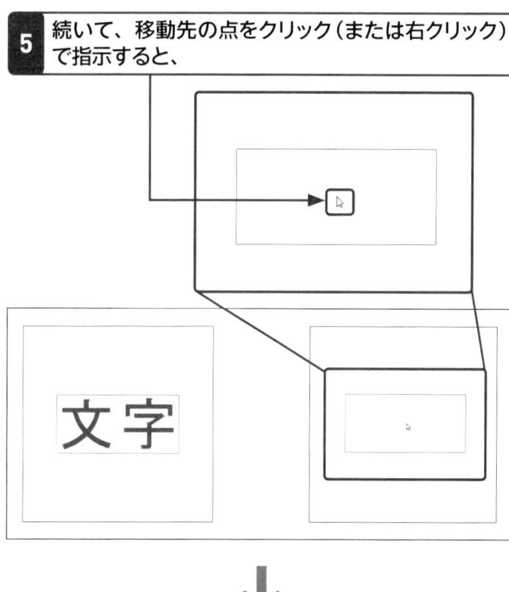
文字

6 修正した文字内容で、指定した位置に文字が移動します。

MOJI

Section 47

文字を複写する

覚えておきたいキーワード
☑ 文字（複写）
☑ 文字（変更）
☑ 複写

ここでは文字コマンドの複写機能について学習します。図形を複写する方法として複写コマンドを学習しましたが、文字コマンドを使用すると複写だけでなく、文字の変更も同時に行うことができます。状況に応じて、コマンドを上手に使い分けられるようになりましょう。

練習用ファイル	Sec47.jww		
メニュー	[作図] メニュー→[文字]		
ツールバー	[文字]		
ショートカット	A（文字）	クロックメニュー	左AM0時（文字）

1 文字を複写する

メモ 文字の複写

文字を複写する場合も文字コマンドを利用します。文字の複写に関しては、P.130のSec.40で学習した「複写コマンド」を使用する方法もあります。

1 ツールバーの<文字>をクリックします。

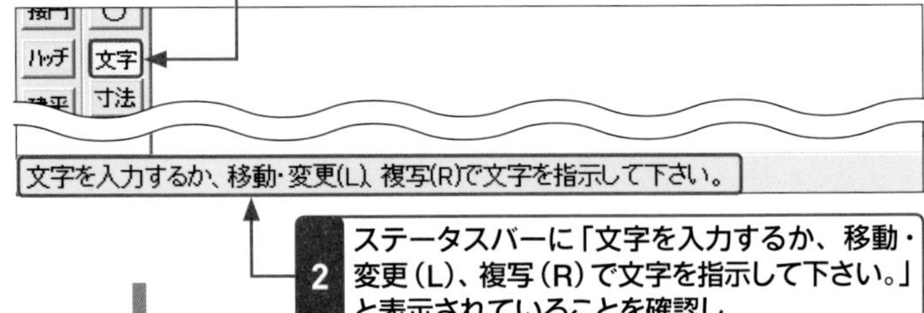
ハッチ
文字
寸法
文字を入力するか、移動・変更(L)、複写(R)で文字を指示して下さい。

2 ステータスバーに「文字を入力するか、移動・変更（L）、複写（R）で文字を指示して下さい。」と表示されていることを確認し、

3 図枠の右下にある表題欄部を拡大表示し、

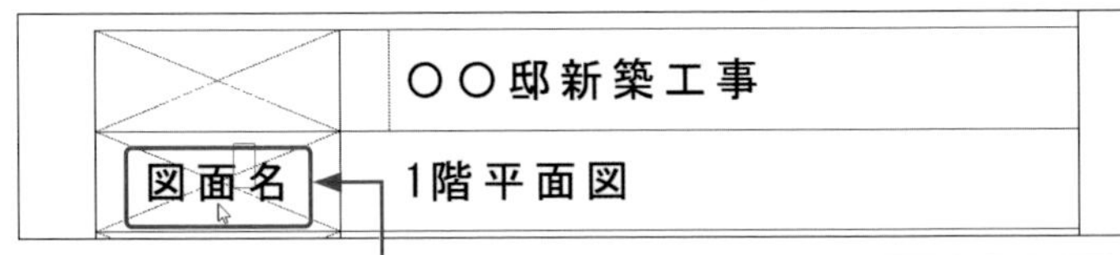
○○邸新築工事
図面名
1階平面図

4 「図面名」の文字を右クリックして選択します。

5 「文字入力」テキストボックスが「文字変更・複写」テキストボックスに更新されて、選択した文字が表示されます。

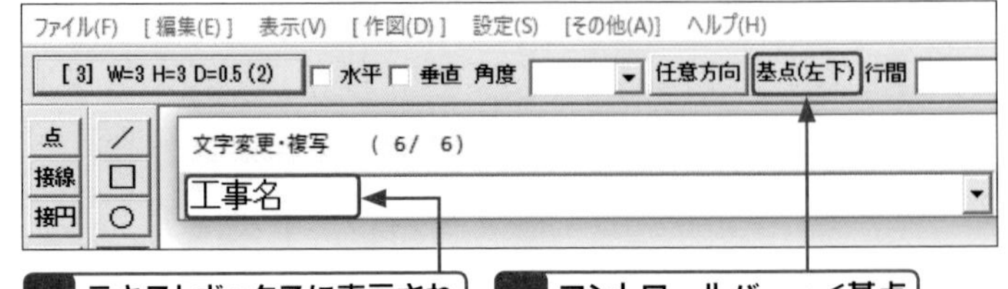
ファイル(F) [編集(E)] 表示(V) [作図(D)] 設定(S) [その他(A)] ヘルプ(H)
[3] W=3 H=3 D=0.5 (2)
水平
垂直
角度
任意方向
基点(左下)
行間
点
接線
接円
文字変更・複写 (6/ 6)
工事名

6 テキストボックスに表示された文字を「工事名」に変更し、

7 コントロールバー→<基点（左下）>をクリックします。

メモ 複写のみの場合

文字の内容を変更せずに、文字の複写だけ行う場合は、手順6を行わず手順7に進みます。

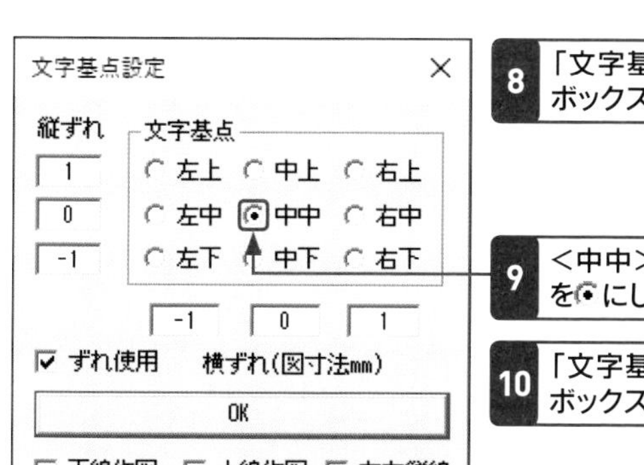
文字基点設定
縦ずれ
文字基点
1
0
-1
左上 中上 右上
左中 中中 右中
左下 中下 右下
-1 0 1
ずれ使用 横ずれ(図寸法mm)
OK
下線作図 上線作図 左右縦線

8 「文字基点設定」ダイアログボックスが表示されます。

9 <中中>をクリックして、○を◉にします。

10 「文字基点設定」ダイアログボックスが閉じます。

11 ステータスバーに「文字の位置を指示して下さい(L) free (R) Read」と表示されていることを確認します。

文字の位置を指示して下さい (L)free (R)Read

12 上のマスの補助線の交点を右クリックして指示します。

○○邸新築工事
図面名
1階平面図

13 変更した文字が指定した位置に複写されます。

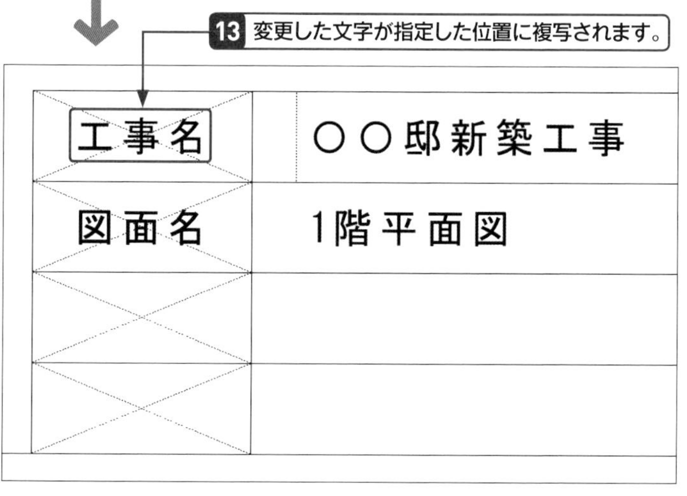
工事名
○○邸新築工事
図面名
1階平面図

メモ 基点について

前回のSec.46から引き続いて図面を開くと、前の図面の設定を引き継ぎ、手順7の基点が「基点(中中)」になっています。その場合は、手順8～10の設定は不要です。

メモ 複写コマンドを使用する場合

複写コマンドを使用して文字を複写する場合、選択範囲を指示する際に必ず終点を右クリックして「文字を含む」にします。文字の基点だけでは、複写先が指定しずらい場合は、複写コマンドの基点変更を利用します。ただし、複写コマンドでは文字の内容の変更はできないので、複写後文字コマンドで変更します。

Section 48

文字種を変更する

覚えておきたいキーワード
☑ 文字
☑ 文字（文字種）
☑ 文字（任意サイズ）

作成した文字の文字種を変更して、文字の大きさや間隔を調整します。文字の大きさや間隔は「文字種」でコントロールされています。文字種に設定されているサイズ以外で文字を作成・修正したい場合は「任意サイズ」を利用することで既定以外のサイズを設定することができます。

練習用ファイル	Sec48.jww		
メニュー	［作図］メニュー→［文字］		
ツールバー	［文字］		
ショートカット	A（文字）	クロックメニュー	左AM0時（文字）

1 文字種を変更する

メモ 文字種の変更について

文字の大きさは、書込み文字種でコントロールされます。文字ごとに変更する場合は、文字コマンドから「書込み文字種変更」で変更し、文字種の大きさを変更したい場合は「基本設定」ダイアログボックスから変更します（P.157のメモ「文字種について」参照）。

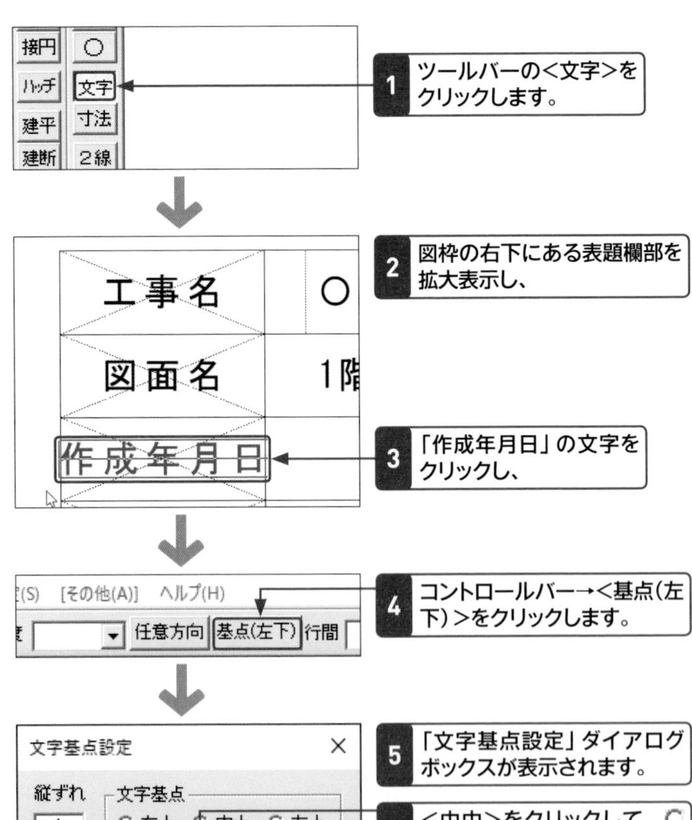
接円
○
ハッチ
文字
建平
寸法
建断
2線
工事名
図面名
1階
作成年月日
[その他(A)]
ヘルプ(H)
任意方向
基点(左下)
行間

1 ツールバーの<文字>をクリックします。

2 図枠の右下にある表題欄部を拡大表示し、

3 「作成年月日」の文字をクリックし、

4 コントロールバー→<基点(左下)>をクリックします。

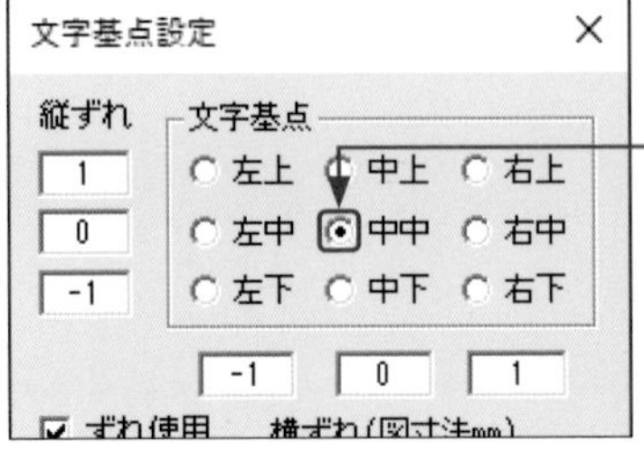
文字基点設定
縦ずれ
文字基点
左上
中上
右上
左中
中中
右中
左下
中下
右下
1
0
-1
-1
0
1
ずれ使用

5 「文字基点設定」ダイアログボックスが表示されます。

6 <中中>をクリックして、○を◉にします。

7 「文字基点設定」ダイアログボックスが閉じます。

メモ 基点について

前回のSec.47から引き続いて図面を開くと、前の図面の設定を引き継ぎ、手順4の基点が「基点（中中）」になっています。その場合は、手順5～7の設定は不要です。

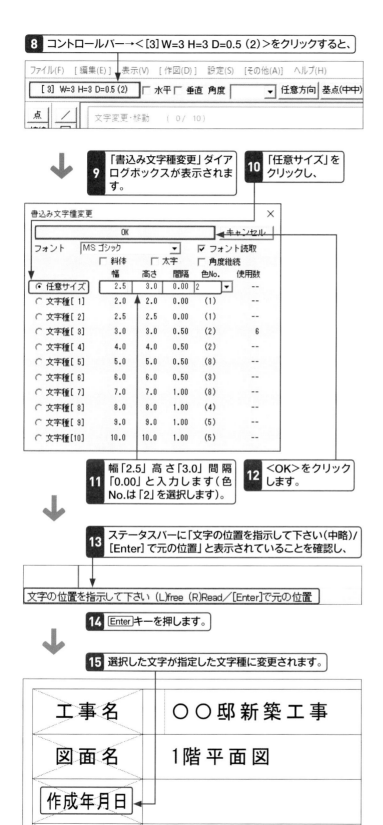

8 コントロールバー→<[3] W=3 H=3 D=0.5 (2)>をクリックすると、

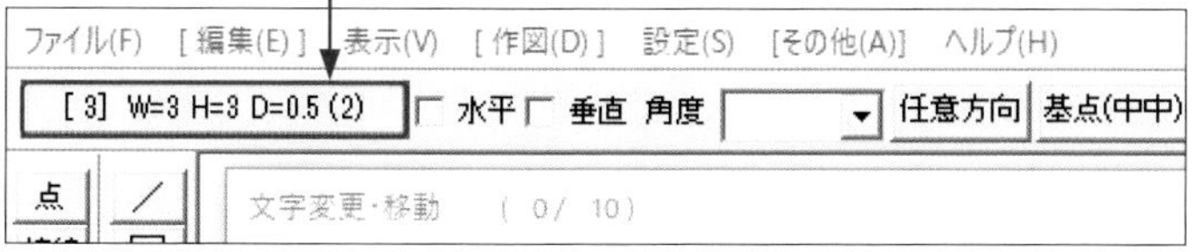

ファイル(F) [編集(E)] 表示(V) [作図(D)] 設定(S) [その他(A)] ヘルプ(H)

[3] W=3 H=3 D=0.5 (2) 水平 垂直 角度 任意方向 基点(中中)

点 文字変更・移動 (0/ 10)

9 「書込み文字種変更」ダイアログボックスが表示されます。

10 「任意サイズ」をクリックし、

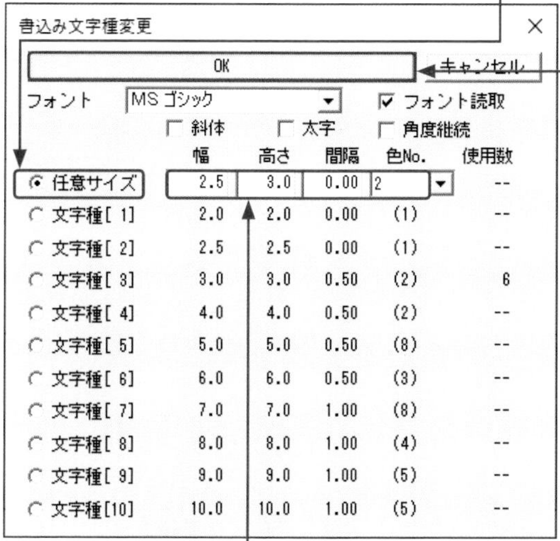

書込み文字種変更

OK キャンセル

フォント MS ゴシック フォント読取

斜体 太字 角度継続

	幅	高さ	間隔	色No.	使用数
任意サイズ	2.5	3.0	0.00	2	--
文字種[1]	2.0	2.0	0.00	(1)	--
文字種[2]	2.5	2.5	0.00	(1)	--
文字種[3]	3.0	3.0	0.50	(2)	6
文字種[4]	4.0	4.0	0.50	(2)	--
文字種[5]	5.0	5.0	0.50	(8)	--
文字種[6]	6.0	6.0	0.50	(3)	--
文字種[7]	7.0	7.0	1.00	(8)	--
文字種[8]	8.0	8.0	1.00	(4)	--
文字種[9]	9.0	9.0	1.00	(5)	--
文字種[10]	10.0	10.0	1.00	(5)	--

11 幅「2.5」高さ「3.0」間隔「0.00」と入力します（色No.は「2」を選択します）。

12 <OK>をクリックします。

13 ステータスバーに「文字の位置を指示して下さい(中略)/[Enter]で元の位置」と表示されていることを確認し、

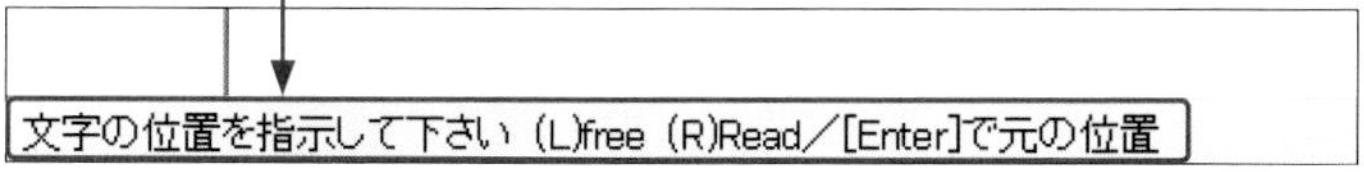

文字の位置を指示して下さい (L)free (R)Read／[Enter]で元の位置

14 Enterキーを押します。

15 選択した文字が指定した文字種に変更されます。

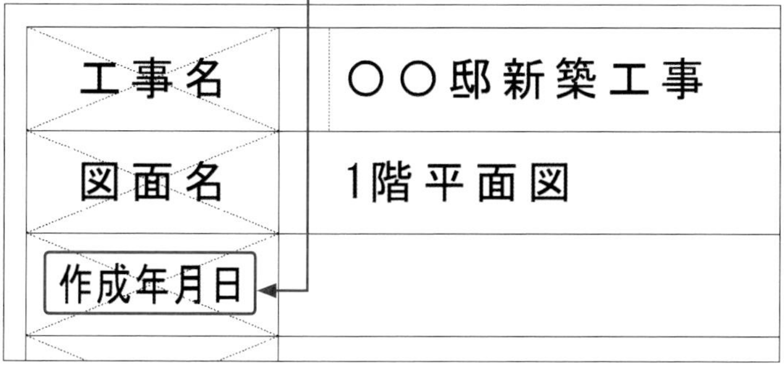

工事名	○○邸新築工事
図面名	1階平面図
作成年月日	

メモ 任意サイズについて

文字種にないサイズを設定したい場合は「任意サイズ」を使用します。

メモ フォントについて

選択した文字のフォントを変更する場合は、「書込み文字種変更」ダイアログボックス→「フォント」リストから選択するか、「文字変更・移動」テキストボックスのフォントリストから選択変更します。複数の文字のフォントを一斉に変更したい場合は「属性変更」を使用します（P.92のSec.29参照）。

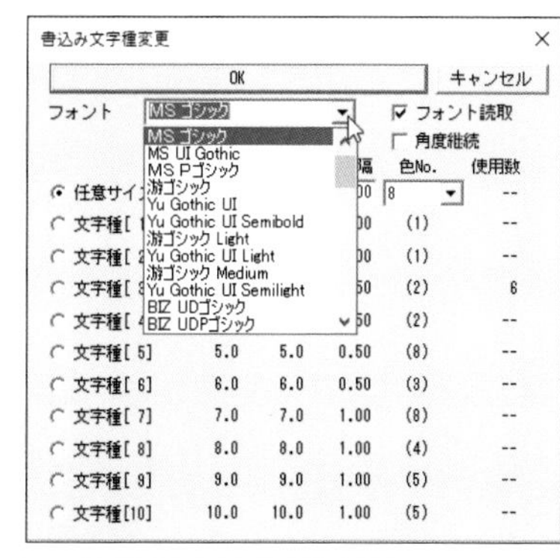
書込み文字種変更
OK
キャンセル
フォント
フォント読取
角度継続
MS ゴシック
MS UI Gothic
MS Pゴシック
游ゴシック
Yu Gothic UI
Yu Gothic UI Semibold
游ゴシック Light
Yu Gothic UI Light
游ゴシック Medium
Yu Gothic UI Semilight
BIZ UDゴシック
BIZ UDPゴシック

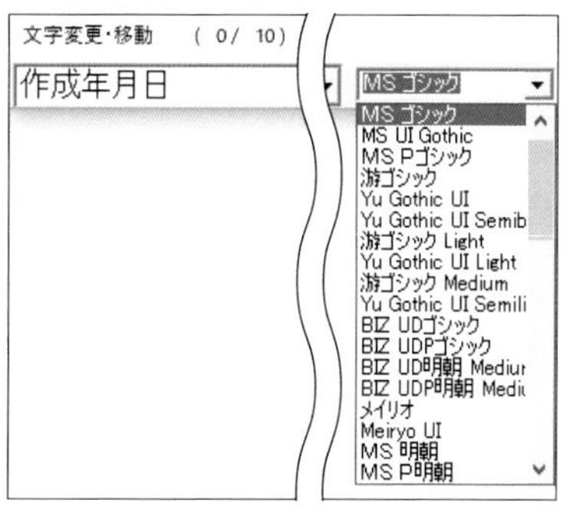
文字変更・移動 (0/ 10)
作成年月日
MS ゴシック
MS UI Gothic
MS Pゴシック
游ゴシック
Yu Gothic UI
游ゴシック Light
Yu Gothic UI Light
游ゴシック Medium
BIZ UDゴシック
BIZ UDPゴシック
メイリオ
Meiryo UI
MS 明朝
MS P明朝

Section 49 引出線を記入する

覚えておきたいキーワード
☑ 線（矢印付き線）
☑ 文字（下線作図）
☑ 引出線

「引出線」とは材料や注記などの情報を、矢印と文字で表すものです（寸法線の「引出線」とは異なります）。Jw_cadには引出線コマンドはありませんが、線コマンドの「矢印付き線」と、文字コマンドの「下線付き」の機能を利用することで、引出線を作成することができます。

練習用ファイル	Sec49.jww		
メニュー	［作図］メニュー→［線］／［作図］メニュー→［文字］		
ツールバー	［／］（線）／［文字］		
ショートカット	Ⓗ（線）／Ⓐ（文字）	クロックメニュー	左AM1時（線）／左AM0時（文字）

1 矢印付き線を作図する

メモ 矢印付き線について

線コマンドを実行時にコントロールバーの<<———>にチェックを入れると矢印付きの線を作図することができます。ボタンをクリックするごとに「<———（始点に矢印）」⇒「———>（終点に矢印）」⇒「<——>（両端に矢印）」と循環切り替えします。矢印の大きさの設定については、P.171を参照してください。

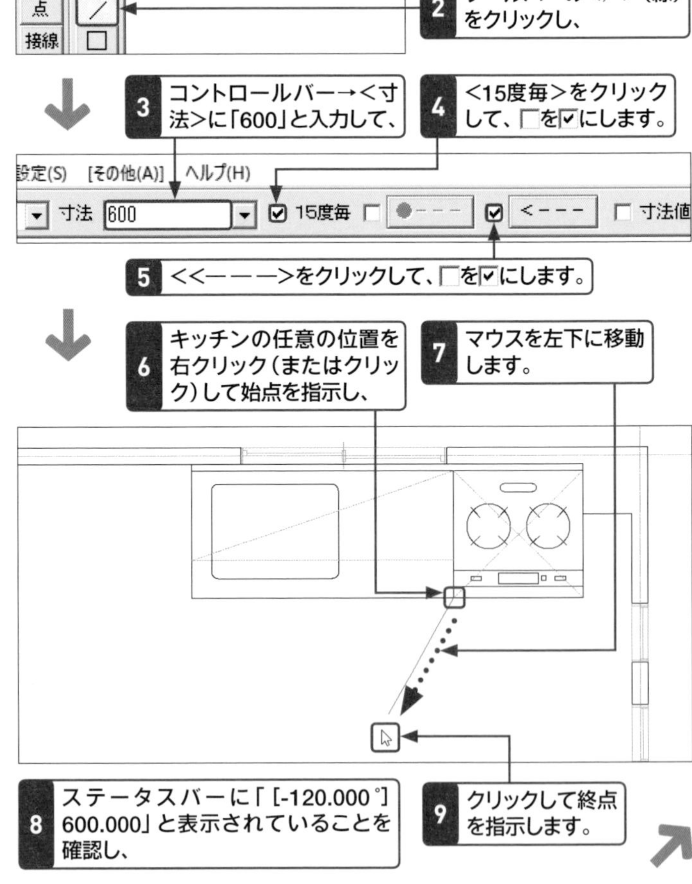

1 キッチンを拡大表示します。
2 ツールバーの<／>（線）をクリックし、
点
接線
3 コントロールバー→<寸法>に「600」と入力して、
4 <15度毎>をクリックして、□を☑にします。
設定(S) [その他(A)] ヘルプ(H)
寸法 600
15度毎
<---
寸法値
5 <<———>をクリックして、□を☑にします。
6 キッチンの任意の位置を右クリック（またはクリック）して始点を指示し、
7 マウスを左下に移動します。
8 ステータスバーに「[-120.000°] 600.000」と表示されていることを確認し、
9 クリックして終点を指示します。

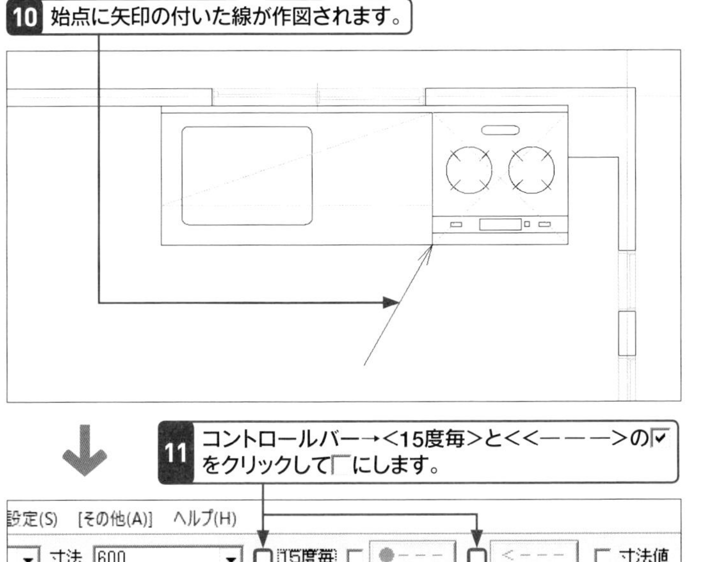
設定(S) [その他(A)] ヘルプ(H)
寸法 600
15度毎
寸法値

10 始点に矢印の付いた線が作図されます。

11 コントロールバー→<15度毎>と<<———>の☑をクリックして☐にします。

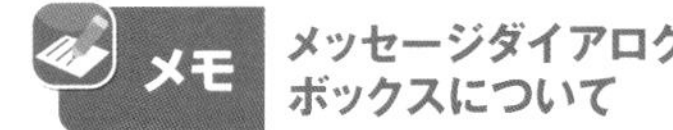

メッセージダイアログボックスについて

今回のような「矢印付き線」(または点付き線)を作成時に以下のようなメッセージダイアログボックスが表示されることがあります。操作には影響しませんので<OK>ボタンをクリックしてダイアログボックスを閉じます。

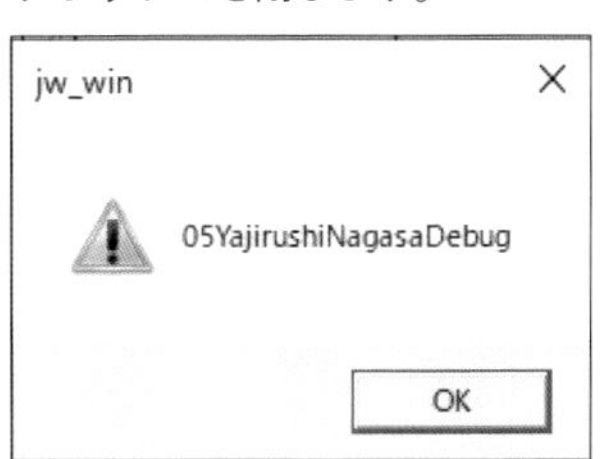
jw_win
05YajirushiNagasaDebug
OK

2 下線付き文字を作図する

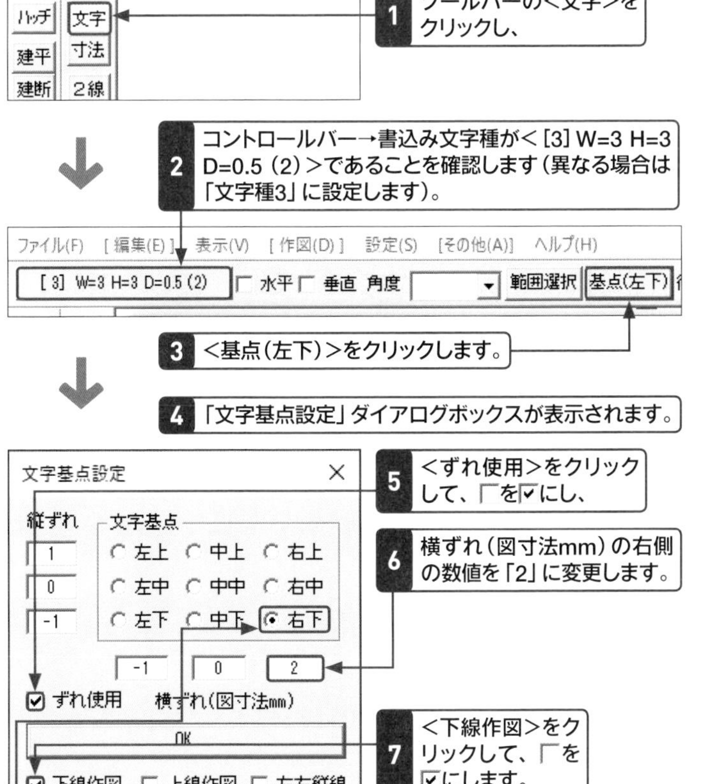
ハッチ
文字
建平
寸法
建断
2線
ファイル(F) [編集(E)] 表示(V) [作図(D)] 設定(S) [その他(A)] ヘルプ(H)
[3] W=3 H=3 D=0.5 (2)
水平
垂直
角度
範囲選択
基点(左下)
文字基点設定
縦ずれ
文字基点
左上
中上
右上
左中
中中
右中
左下
中下
右下
1
0
-1
-1
0
2
ずれ使用
横ずれ(図寸法mm)
OK
下線作図
上線作図
左右縦線

1 ツールバーの<文字>をクリックし、

2 コントロールバー→書込み文字種が<[3] W=3 H=3 D=0.5 (2)>であることを確認します(異なる場合は「文字種3」に設定します)。

3 <基点(左下)>をクリックします。

4 「文字基点設定」ダイアログボックスが表示されます。

5 <ずれ使用>をクリックして、☐を☑にし、

6 横ずれ(図寸法mm)の右側の数値を「2」に変更します。

7 <下線作図>をクリックして、☐を☑にします。

8 <右下>をクリックして、○を◉にします。

メモ 基点について

前のSec.48から引き続いて図面を開くと、前の図面の設定を引き継ぎ、手順**3**の基点が「基点(中中)」になっています。

下線の設定について

<下線作図>にチェックを入れると文字の下部に自動的に下線が作図されます。この下線の線色と線種は「線属性」の設定が反映されます。

注意 文字基点設定について

手順11で文字を作図したら、コントロールバー→＜下線(右下)＞をクリックして「文字基点設定」ダイアログボックスを表示し、横ずれ(図寸法mm)の右側の数値を「1」に戻し、下線作図のチェックを外しておきます。

他(A)] ヘルプ(H)
範囲選択
下線(右下)
行間

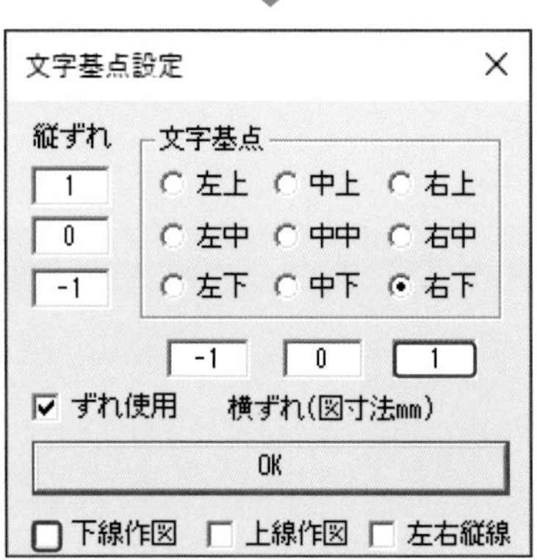
文字基点設定
縦ずれ
1
0
-1
文字基点
左上 中上 右上
左中 中中 右中
左下 中下 右下
-1
0
1
ずれ使用
横ずれ(図寸法mm)
OK
下線作図
上線作図
左右縦線

9 「文字基点設定」ダイアログボックスが閉じます。

10 文字入力テキストボックスのフォントが「MS Pゴシック」であることを確認します（異なる場合はリストから「MS Pゴシック」に切り替えます）。

MS Pゴシック

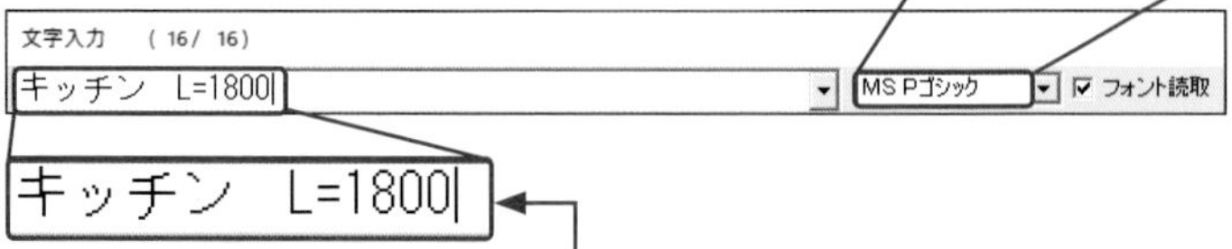

文字入力 (16/ 16)
キッチン L=1800
MS Pゴシック
フォント読取

キッチン L=1800

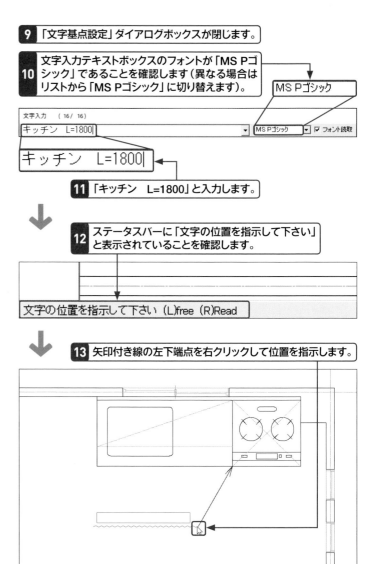

11 「キッチン L=1800」と入力します。

12 ステータスバーに「文字の位置を指示して下さい」と表示されていることを確認します。

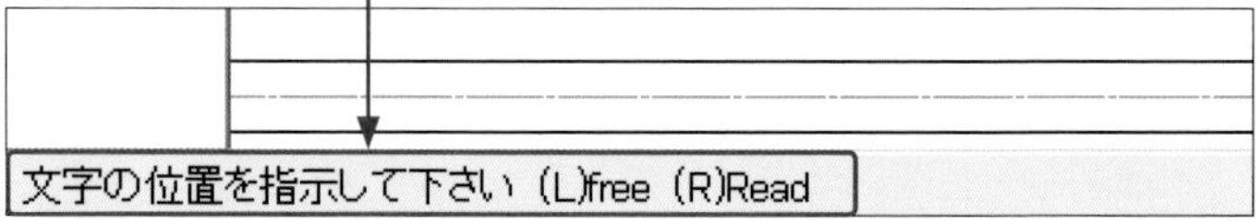

文字の位置を指示して下さい (L)free (R)Read

13 矢印付き線の左下端点を右クリックして位置を指示します。

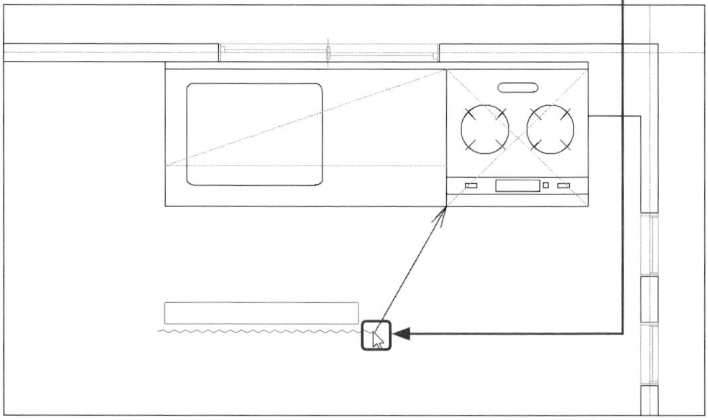

14 下線付き文字が作図されます。

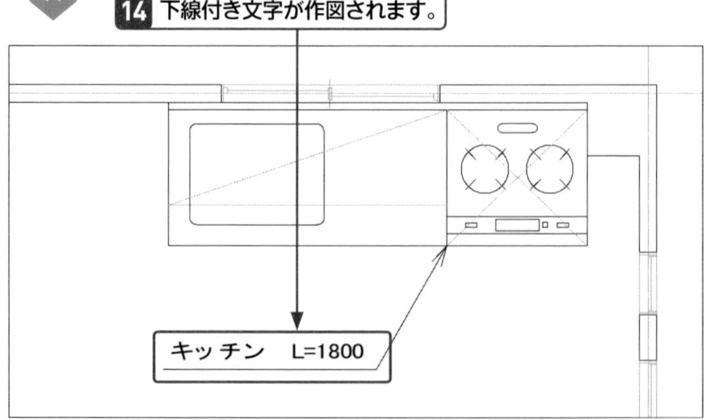
キッチン L=1800

15 左上の「注意」を参考にして設定を元に戻しておきます。

メモ 寸法・引出線（矢印・点）の設定について

寸法線の色、寸法値の文字の大きさ、矢印のサイズなど、寸法に関するさまざまな設定は、「寸法設定」ダイアログボックスで行います。「寸法設定」ダイアログボックスは、ツールバーの<寸法>をクリックし、コントロールバー→<設定>をクリックして表示します。なお、寸法の設定はあくまでも作成時のみ有効であり、作成後に設定を変更してもすでに作成されている寸法線は影響を受けません。

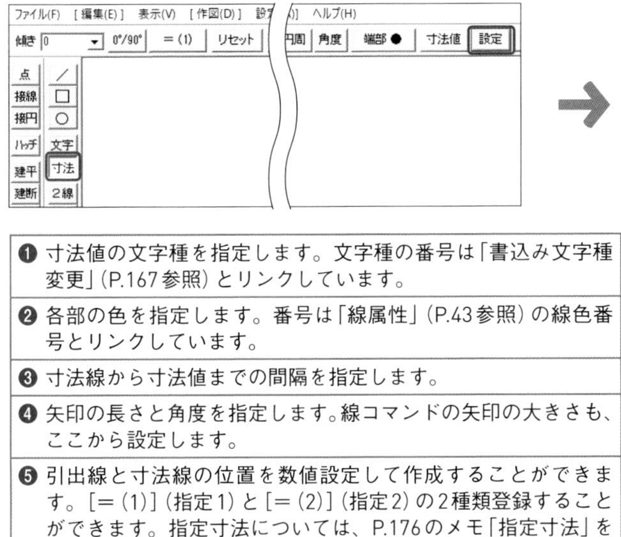

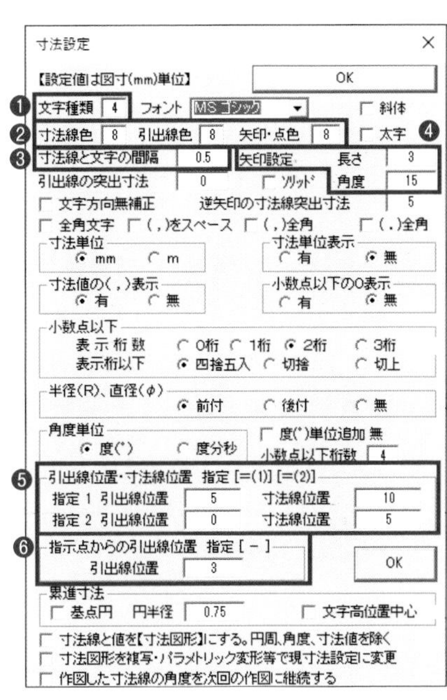

❶ 寸法値の文字種を指定します。文字種の番号は「書込み文字種変更」（P.167参照）とリンクしています。
❷ 各部の色を指定します。番号は「線属性」（P.43参照）の線色番号とリンクしています。
❸ 寸法線から寸法値までの間隔を指定します。
❹ 矢印の長さと角度を指定します。線コマンドの矢印の大きさも、ここから設定します。
❺ 引出線と寸法線の位置を数値設定して作成することができます。[＝(1)]（指定1）と[＝(2)]（指定2）の2種類登録することができます。指定寸法については、P.176のメモ「指定寸法」を参照してください。
❻ 寸法線位置は固定したまま、引出線の始点を指示した点から、指定した数値分離した位置で作図することができます（P.179のメモ「指示点からの引出線位置について」を参照）。

寸法は、以下のようなさまざまな要素から成り立っています。

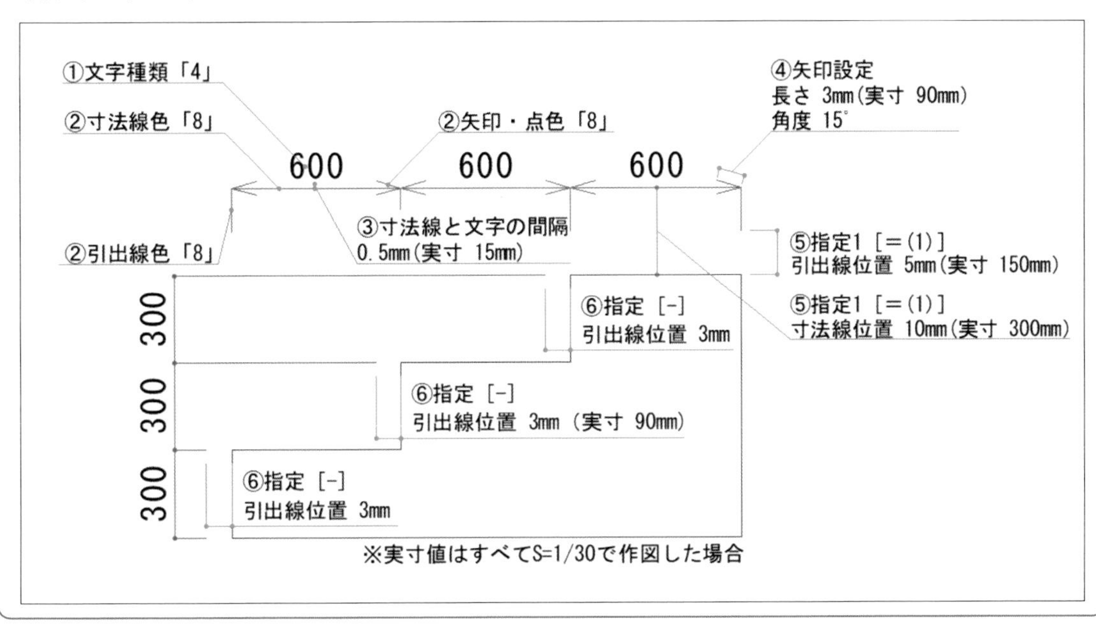
①文字種類「4」
②寸法線色「8」
②矢印・点色「8」
④矢印設定
長さ 3mm（実寸 90mm）
角度 15°
600
600
600
②引出線色「8」
③寸法線と文字の間隔
0.5mm（実寸 15mm）
⑤指定1 [＝(1)]
引出線位置 5mm（実寸 150mm）
⑤指定1 [＝(1)]
寸法線位置 10mm（実寸 300mm）
⑥指定 [-]
引出線位置 3mm
⑥指定 [-]
引出線位置 3mm （実寸 90mm）
⑥指定 [-]
引出線位置 3mm
300
300
300
※実寸値はすべてS=1/30で作図した場合

Section 50

長さ寸法（水平・垂直・斜辺）を作図する

覚えておきたいキーワード
- 寸法設定
- 寸法（傾き）
- 寸法（指示寸法）

ここでは、寸法の設定方法および水平・垂直・平行（斜辺）寸法の作図方法について解説します。CADの寸法は作図されている図形から数値を読み取り作成されます。寸法は製作物の品質を左右するとても重要な要素です。正確な寸法が作成できるように繰り返し練習しましょう。

練習用ファイル	Sec50.jww		
メニュー	[作図]メニュー→[寸法]		
ツールバー	[寸法]		
ショートカット	S／Shift＋G	クロックメニュー	左PM11時

1 作成する寸法について

Sec.50とSec.51ではさまざまな寸法線の作図方法について学習します。作図に入る前に、寸法の名称と役割について確認しておきます。

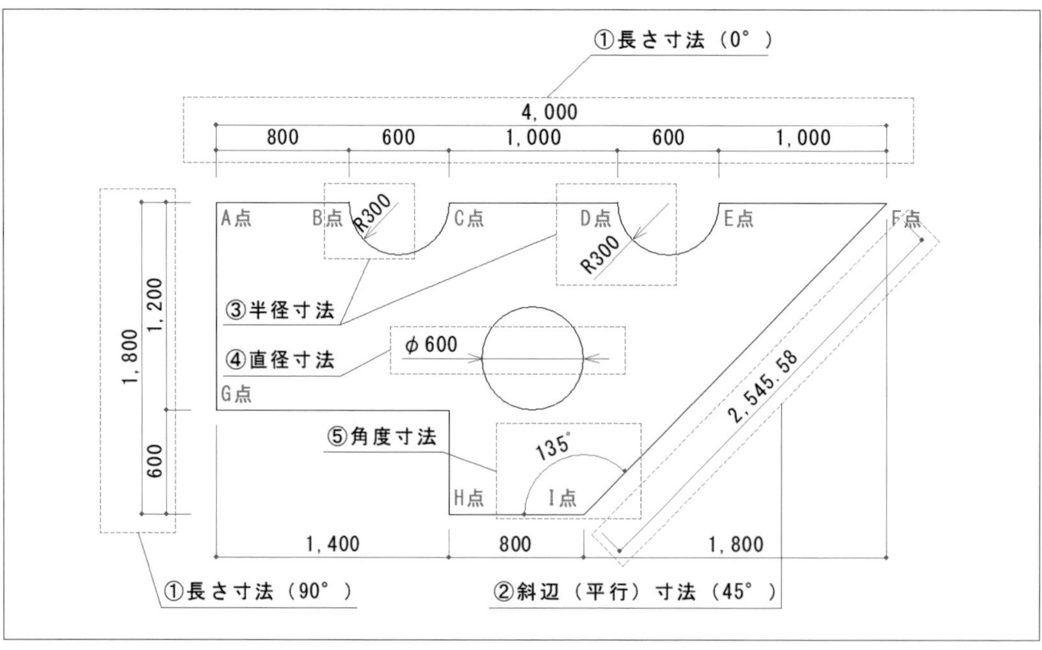
①長さ寸法（0°）
4,000
800
600
1,000
600
1,000
A点
B点
C点
D点
E点
F点
R300
R300
③半径寸法
④直径寸法
φ600
1,800
1,200
600
G点
⑤角度寸法
135°
H点
I点
2,545.58
1,400
800
1,800
①長さ寸法（90°）
②斜辺（平行）寸法（45°）

①長さ寸法	指定して2点間の水平または垂直方向の距離を表示します。
②斜辺（平行）寸法	指定した2点間の斜辺長さを表示します。
③半径寸法	円または円弧の半径値を表示します。
④直径寸法	円または円弧の直径値を表示します。
⑤角度寸法	指定した2本の線の間の角度を表示します。

2 位置を指定して長さ寸法を作図する

1 ツールバーの<寸法>をクリックし、

2 コントロールバー→<傾き>が「0」であることを確認して、

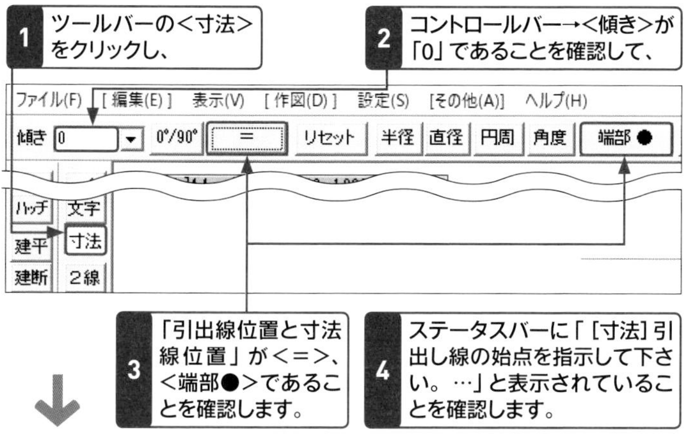
ファイル(F) [編集(E)] 表示(V) [作図(D)] 設定(S) [その他(A)] ヘルプ(H)
傾き 0
0°/90°
=
リセット
半径
直径
円周
角度
端部●
ハッチ 文字
建平 寸法
建断 2線

3 「引出線位置と寸法線位置」が<=>、<端部●>であることを確認します。

4 ステータスバーに「[寸法]引出し線の始点を指示して下さい。…」と表示されていることを確認します。

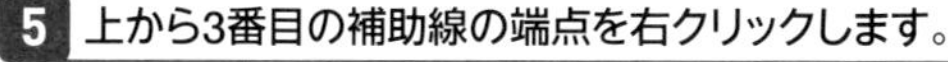

5 上から3番目の補助線の端点を右クリックします。

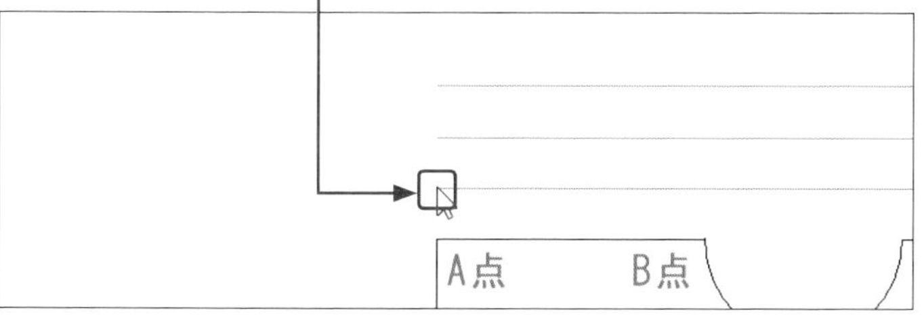
A点
B点

6 引出し線に指示した点を基準に赤い無限長の点線が表示されます。

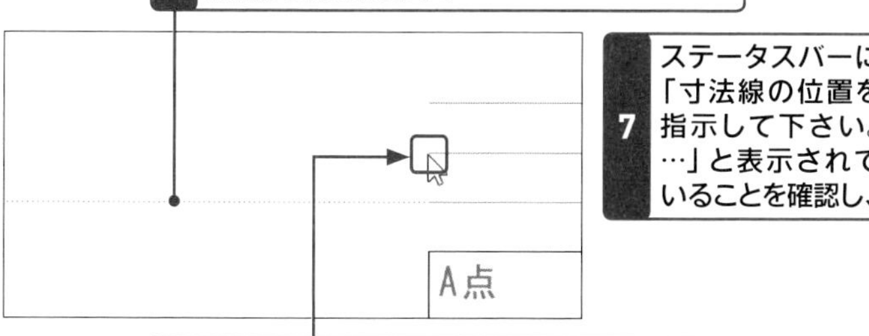
A点

7 ステータスバーに「寸法線の位置を指示して下さい。…」と表示されていることを確認し、

8 上から2番目の補助線の端点を右クリックします。

9 寸法線に指示した点を基準に赤い無限長の点線が表示されます。

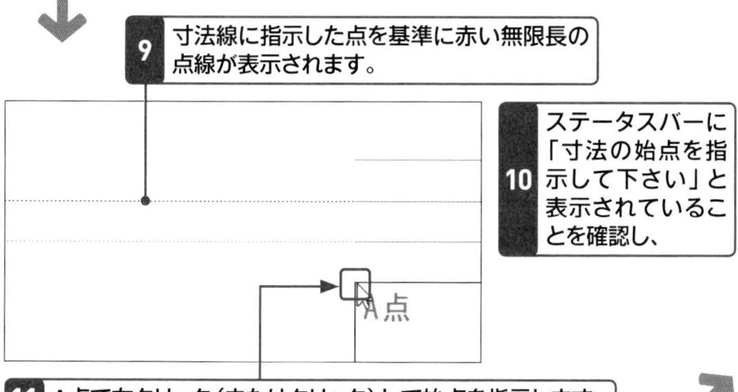
A点

10 ステータスバーに「寸法の始点を指示して下さい」と表示されていることを確認し、

11 A点で右クリック（またはクリック）して始点を指示します。

メモ 寸法の傾きについて

水平（横）方向の寸法を作成する場合は傾き「0°」、垂直（縦）方向の寸法を作成する場合は「90°」に設定して作成します。

メモ 引出線と寸法線の位置について

引出線と寸法線の位置を作図ウィンドウでクリック指示して寸法を作成する場合は、引出線タイプ<=>で作成します。

メモ 寸法の始点について

Jw_cadの寸法線は図形の点から数値を読取り作成されるため、図形（端点や交点、中心点）のない場所を指示して寸法を作図することはできません。寸法の始点終点を指示する際、図形の点がある場所であれば「クリック」「右クリック」のどちらでも使用することができます（連続入力の終点は右クリック）。

メモ 寸法の連続入力について

手順16のように直列方向に連続して寸法を作成する場合は、右クリックで次の点を指示します。間を空けて寸法を作成する場合は、次の点をクリックで指示します。

例：C点［クリック］→D点［クリック（右クリック）］→E点［クリック］→F点［クリック（右クリック）］の順で作成した場合。

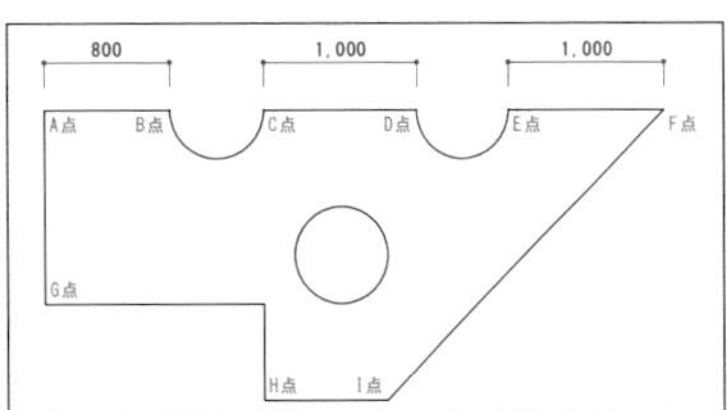
800
1,000
1,000
A点
B点
C点
D点
E点
F点
G点
H点
I点

12 ステータスバーに「寸法の終点を指示して下さい。」と表示されていることを確認し、

● 寸法の終点を指示して下さい。

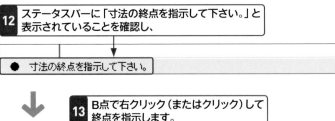

13 B点で右クリック（またはクリック）して終点を指示します。

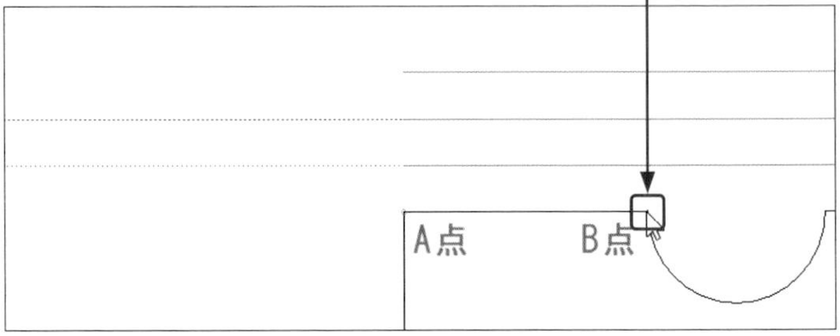

A点 B点

14 A点とB点の間の寸法が作図されます。

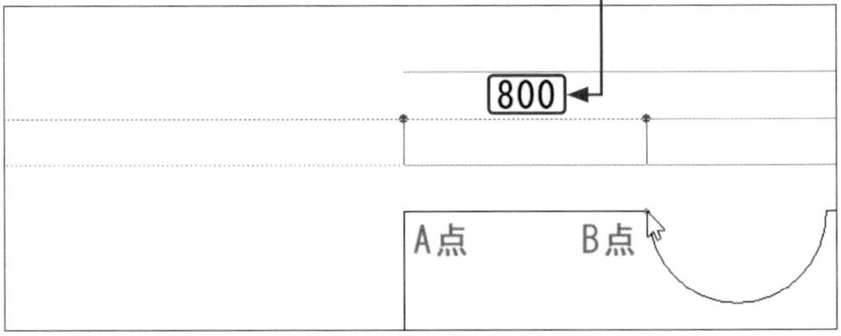

800

A点 B点

15 ステータスバーに「寸法の始点はマウス（L）、連続入力の終点はマウス（R）で指示して下さい。」と表示されていることを確認します。

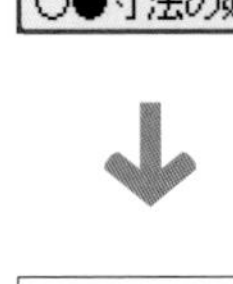

○●寸法の始点はﾏｳｽ(L)、連続入力の終点はﾏｳｽ(R)で指示して下さい。

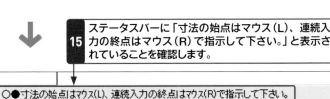

16 C点からF点までを順に右クリックして連続寸法を作図し、

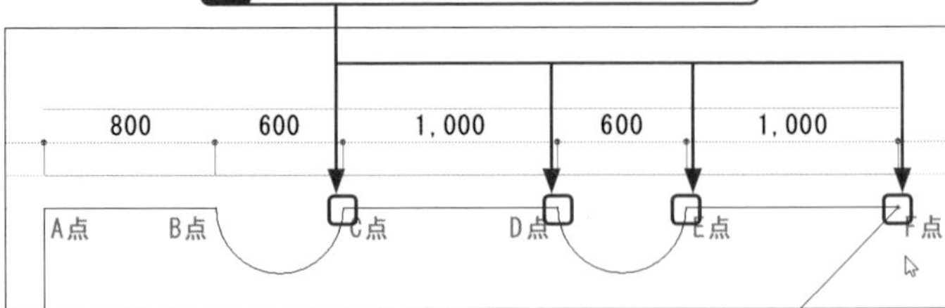
800
600
1,000
600
1,000
A点
B点
C点
D点
E点
F点

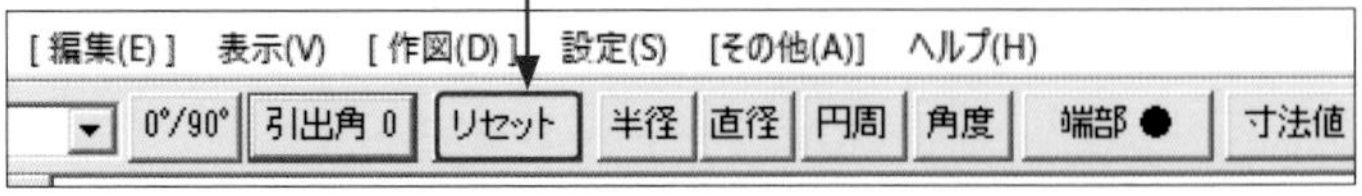

メモ リセットについて

＜リセット＞をクリックすることで、設定された引出線と寸法線の位置がリセット（解除）されます。

17 コントロールバー→＜リセット＞をクリックします。

［編集(E)］ 表示(V) ［作図(D)］ 設定(S) ［その他(A)］ ヘルプ(H)

0°/90° 引出角 0 リセット 半径 直径 円周 角度 端部● 寸法値

3 全体寸法を作図する

1 ステータスバーに「［寸法］引出し線の始点を指示して下さい。…」と表示されていることを確認し、

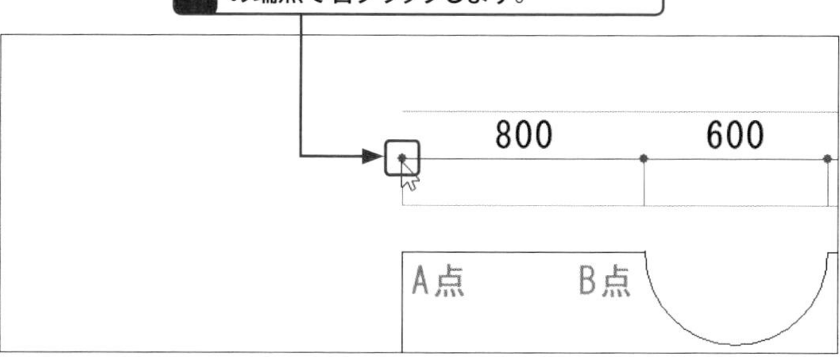
[寸法] 引出し線の始点を指示して下さい。(L)free (R)Read
800
600
A点
B点

2 上から2番目の補助線（「800」の寸法）の端点で右クリックします。

3 引出し線に指示した点を基準に赤い無限長の点線が表示されます。

4 ステータスバーに「寸法線の位置を指示して下さい。…」と表示されていることを確認し、

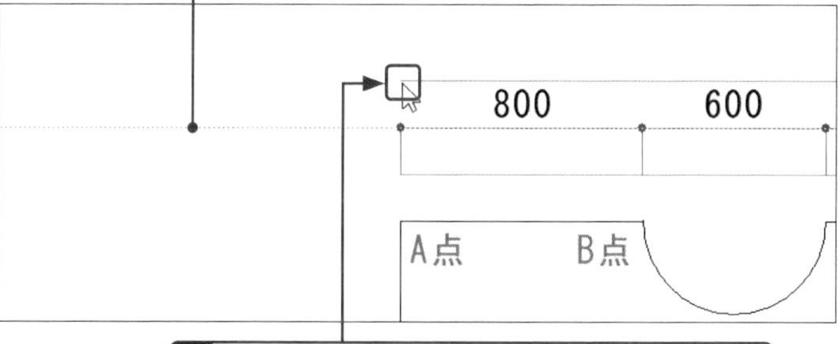
800
600
A点
B点

5 上から1番目の補助線の端点を右クリックします。

6 寸法線に指示した点を基準に赤い無限長の点線が表示されます。

7 ステータスバーに「寸法の始点を指示して下さい」と表示されていることを確認し、

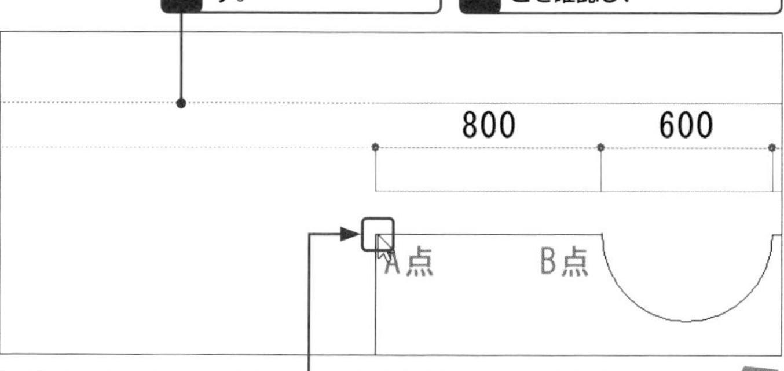
800
600
A点
B点

8 A点で右クリック（またはクリック）して始点を指示します。

メモ 並列寸法について

並列寸法を作成する場合は、引出線と寸法線の位置を調整して作成します。

注意 寸法の設定について

寸法作成時に書籍と寸法形状（寸法線の色や寸法値の大きさなど）が異なる場合は、いったんJw_cadを終了してから再度図面を開き直して作業してください。

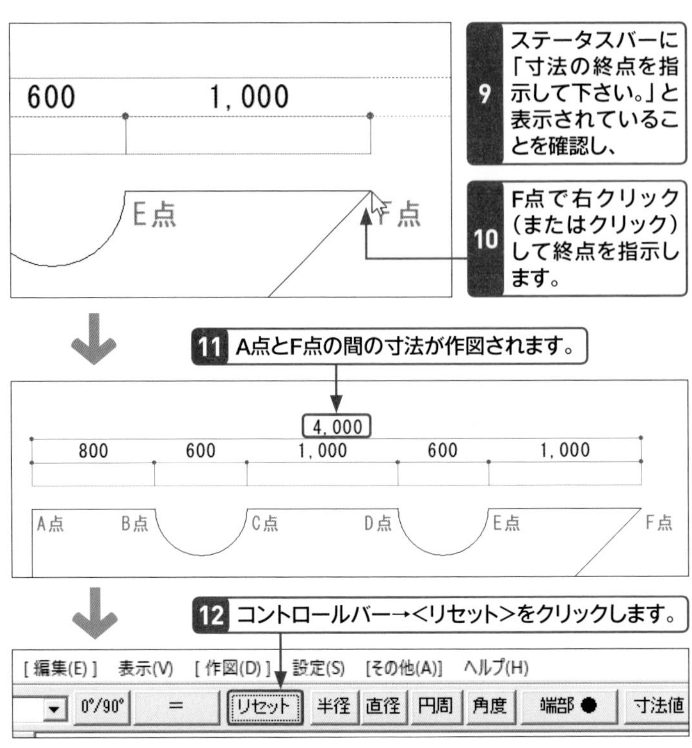
600
1,000
E点
F点
9 ステータスバーに「寸法の終点を指示して下さい。」と表示されていることを確認し、
10 F点で右クリック(またはクリック)して終点を指示します。
11 A点とF点の間の寸法が作図されます。
4,000
800
600
1,000
600
1,000
A点
B点
C点
D点
E点
F点

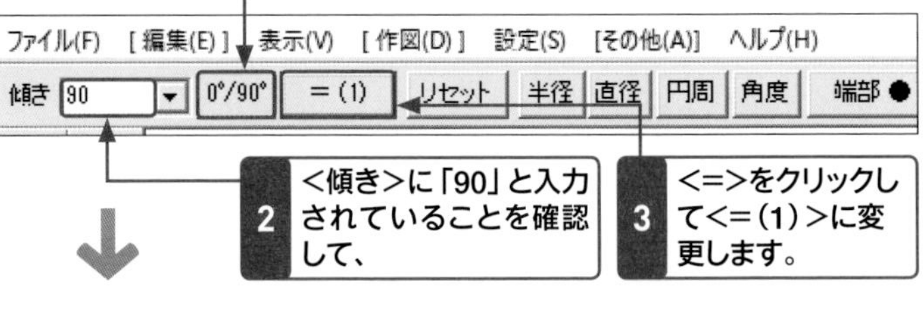
12 コントロールバー→<リセット>をクリックします。
[編集(E)] 表示(V) [作図(D)] 設定(S) [その他(A)] ヘルプ(H)
0°/90° = リセット 半径 直径 円周 角度 端部● 寸法値

4 指定寸法を使用して連続寸法を作図する

メモ 指定寸法

「寸法設定」ダイアログボックス→「引出線位置・寸法線位置　指定[=(1)][=(2)]」で、設定された数値を使用して寸法を作図することができます。設定の詳細については、P.171のメモ「寸法・引出線(矢印・点)の設定について」を参照してください。

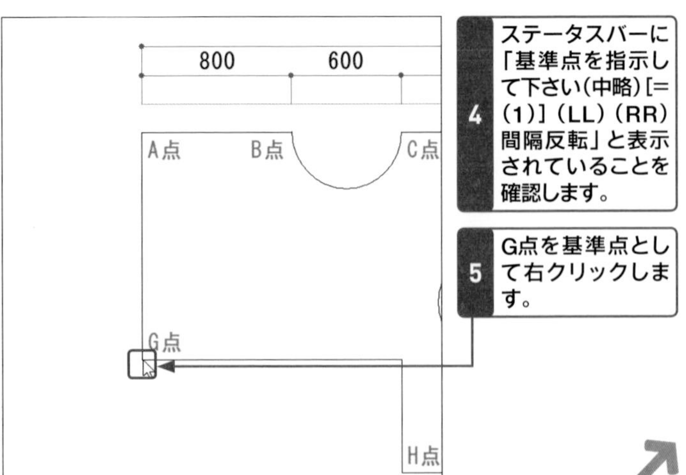
1 コントロールバー→<0°/90°>をクリックし、
ファイル(F) [編集(E)] 表示(V) [作図(D)] 設定(S) [その他(A)] ヘルプ(H)
傾き 90 0°/90° =(1) リセット 半径 直径 円周 角度 端部●
2 <傾き>に「90」と入力されていることを確認して、
3 <=>をクリックして<=(1)>に変更します。
800
600
A点
B点
C点
G点
H点
4 ステータスバーに「基準点を指示して下さい(中略)[=(1)](LL)(RR)間隔反転」と表示されていることを確認します。
5 G点を基準点として右クリックします。

6 右側に引出線と寸法線の基準線が表示されます。

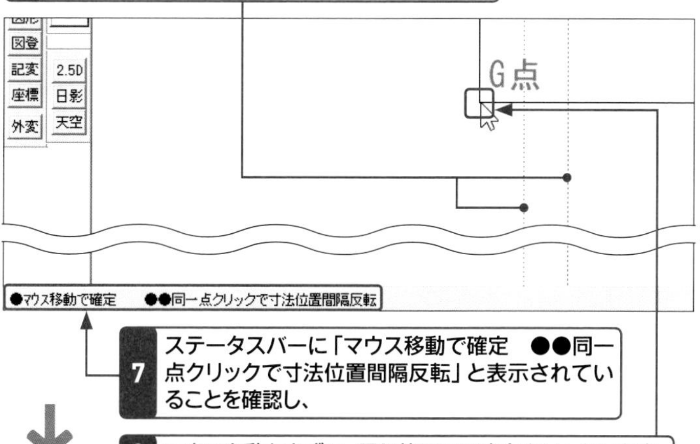
図登
記変
2.5D
座標
日影
外変
天空
G点
●マウス移動で確定　●●同一点クリックで寸法位置間隔反転

7 ステータスバーに「マウス移動で確定　●●同一点クリックで寸法位置間隔反転」と表示されていることを確認し、

8 マウスを動かさずに、同じ位置で再度右クリックします。

9 左側に引出線と寸法線の基準線が反転します。

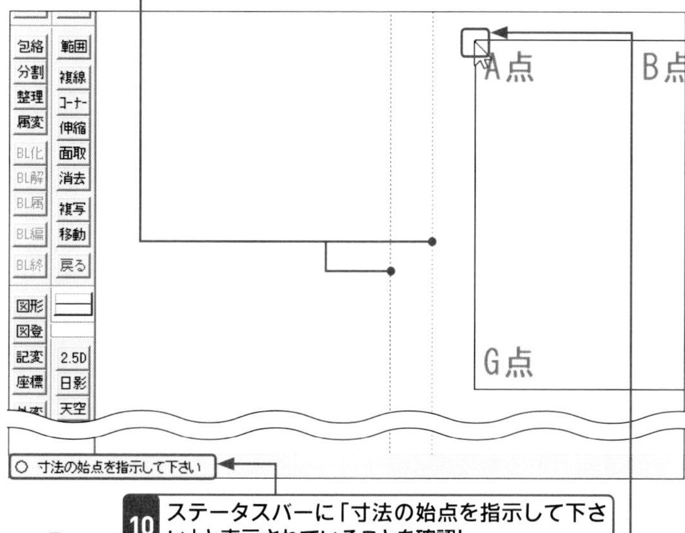
包絡
範囲
分割
複線
整理
コーナー
属変
伸縮
BL化
面取
BL解
消去
BL属
複写
BL編
移動
BL終
戻る
図形
図登
記変
2.5D
座標
日影
天空
A点
B点
G点
○ 寸法の始点を指示して下さい

10 ステータスバーに「寸法の始点を指示して下さい」と表示されていることを確認し、

11 A点で右クリック（またはクリック）して始点を指示します。

A点
B点
C点
1,200
G点
600
H点

12 ステータスバーに「寸法の終点を指示して下さい。」と表示されていることを確認し、

13 G点→H点の順に右クリックして連続寸法を作図します。

14 コントロールバー→<リセット>をクリックします。

注意　寸法位置間隔反転について

傾きが「90」（P.176手順2）で、指定寸法作成すると基準線は右側に表示されます。左側に作成したい場合は、基準点を再度クリック（または右クリック）します。ただし、最初の基準点を指定したタイミングでマウスを少しでも移動させると、位置が確定して手順9に進んでしまいます。その場合は、Escキーを押して手順5からやり直します。

5 指定寸法を使用して全体寸法を作成する

メモ

引出線の重複について

全体寸法を作図する際に、先に作図した寸法の引出線と重複を避けるために、全体寸法は既存寸法の引出線の端部から作図します。

1 ステータスバーに「基準点を指示して下さい(中略)(LL)(RR)間隔反転」と表示されていることを確認し、

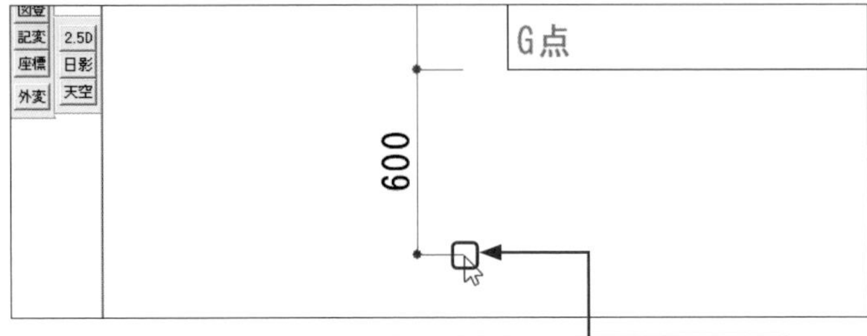
図登
記変
座標
外変
2.5D
日影
天空
G点
600

2 「600」の寸法の引出線の端点を右クリックします。

3 右側に引出線と寸法線の基準線が表示されます。

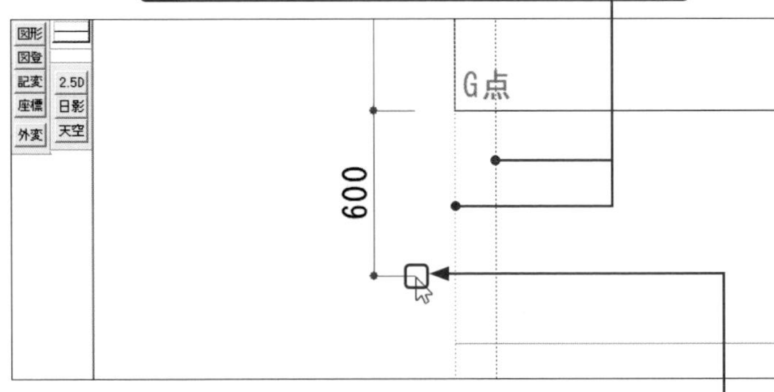
図形
図登
記変
座標
外変
2.5D
日影
天空
G点
600

4 ステータスバーに「マウス移動で確定　●●同一点クリックで寸法位置間隔反転」と表示されていることを確認し、

5 マウスを動かさずに、同じ位置で再度右クリックします。

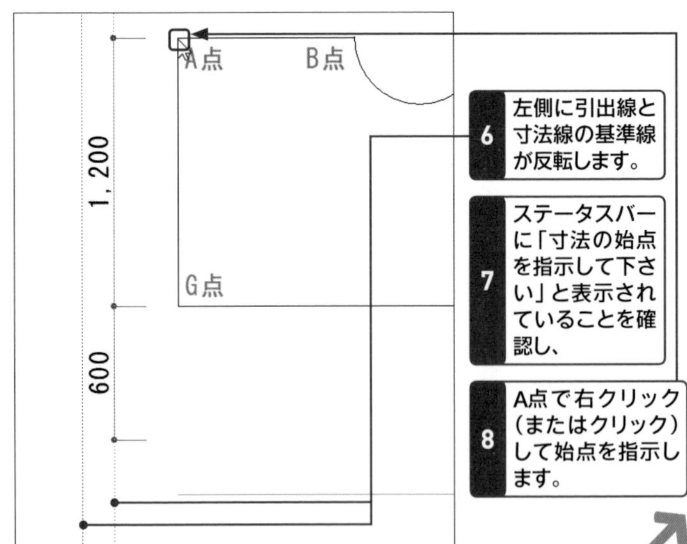
A点
B点
1,200
G点
600

6 左側に引出線と寸法線の基準線が反転します。

7 ステータスバーに「寸法の始点を指示して下さい」と表示されていることを確認し、

8 A点で右クリック(またはクリック)して始点を指示します。

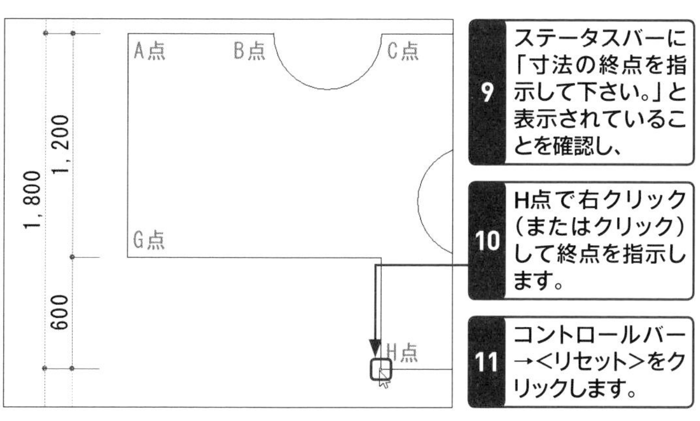
A点
B点
C点
G点
H点
1, 800
1, 200
600

9 ステータスバーに「寸法の終点を指示して下さい。」と表示されていることを確認し、

10 H点で右クリック（またはクリック）して終点を指示します。

11 コントロールバー→<リセット>をクリックします。

6 引出線間隔を利用して寸法を作成する

1 コントロールバー→<0°/90°>をクリックし、

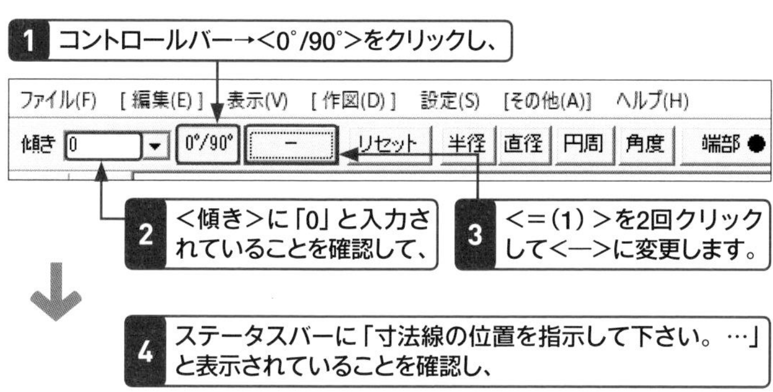
ファイル(F)
[編集(E)]
表示(V)
[作図(D)]
設定(S)
[その他(A)]
ヘルプ(H)
傾き
0
0°/90°
−
リセット
半径
直径
円周
角度
端部

2 <傾き>に「0」と入力されていることを確認して、

3 <=(1)>を2回クリックして<—>に変更します。

4 ステータスバーに「寸法線の位置を指示して下さい。…」と表示されていることを確認し、

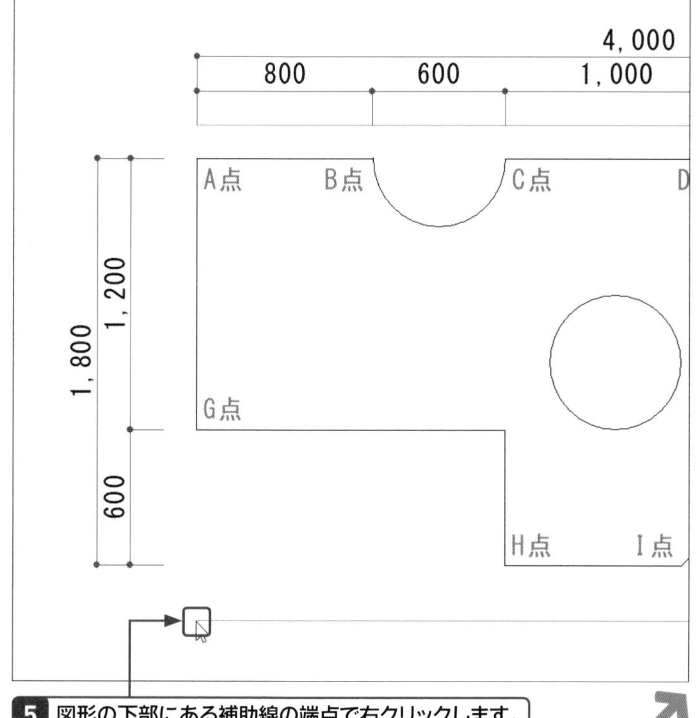
4, 000
800
600
1, 000
A点
B点
C点
D
G点
H点
I点
1, 800
1, 200
600

5 図形の下部にある補助線の端点で右クリックします。

メモ 指示点からの引出線位置について

「寸法設定」ダイアログボックス→「指示点からの引出線位置 指定[−]」で設定された「引出線位置」の数値を利用すると、引出線ごとに始点の位置を指示することができます。設定の詳細については、P.171のメモ「寸法・引出線（矢印・点）の設定について」を参照してください。

メモ 引出線タイプの切り替えについて

「引出線タイプ」は「=」（引出線・寸法線位置指示）→「=(1)」（指定1）→「=(2)」（指定2）→「−」（指示点からの引出線指示）の4種類あり、クリックするごとに切り替わり循環する設定になっています。

ステップアップ 寸法図形

「寸法設定」ダイアログボックス（P.171のメモ「寸法・引出線（矢印・点）の設定について」参照）→<寸法線と値を【寸法図形】にする。円周、角度、寸法値を除く>にチェックを入れて作図すると、「寸法図形」として作図することができます。「寸法図形」では、寸法線と寸法値の数値がリンクしており、パラメトリック変形などで寸法線の長さを変更すると、自動的に寸法値も更新されます（P.122のSec.38参照）。ただし、寸法値と寸法線が一体化しているため、寸法図形内の文字や線を個別に編集することはできません。寸法図形を解除したい場合は「寸解コマンド」、寸法図形ではない寸法を寸法図形に変換したい場合は「寸化コマンド」を使用します。

- [x] 寸法線と値を【寸法図形】にする。円周、角度、寸法値を除く
- [ ] 寸法図形を複写・パラメトリック変形等で現寸法設定に変更
- [ ] 作図した寸法線の角度を次回の作図に継続する

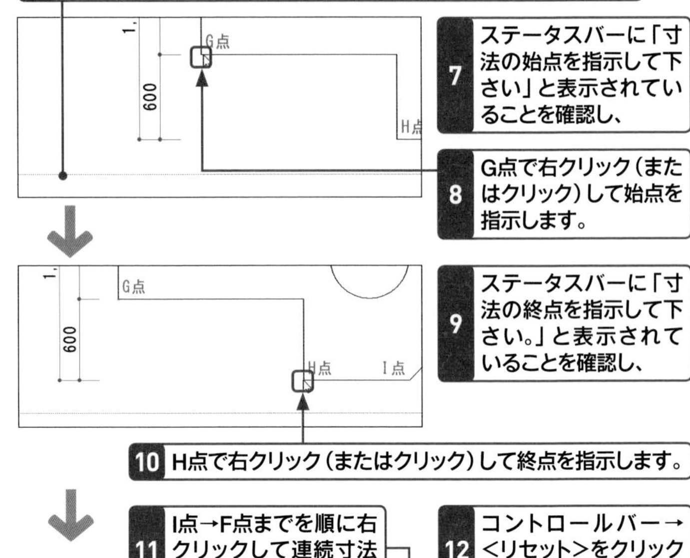
6 寸法線に指示した点を基準に赤い無限長の点線が表示されます。
7 ステータスバーに「寸法の始点を指示して下さい」と表示されていることを確認し、
8 G点で右クリック（またはクリック）して始点を指示します。
9 ステータスバーに「寸法の終点を指示して下さい。」と表示されていることを確認し、
10 H点で右クリック（またはクリック）して終点を指示します。
11 I点→F点までを順に右クリックして連続寸法を作図します。
12 コントロールバー→<リセット>をクリックします。
A点
B点
C点
D点
E点
F点
G点
H点
I点
600
1,200
1,800
1,400
800

7 図形と平行な寸法（斜辺寸法）を作成する

メモ 斜辺寸法について

角度を数値で指定する場合は傾きに直接入力し、図形に平行な寸法を作成する場合は「線角コマンド」などで角度を取得します。

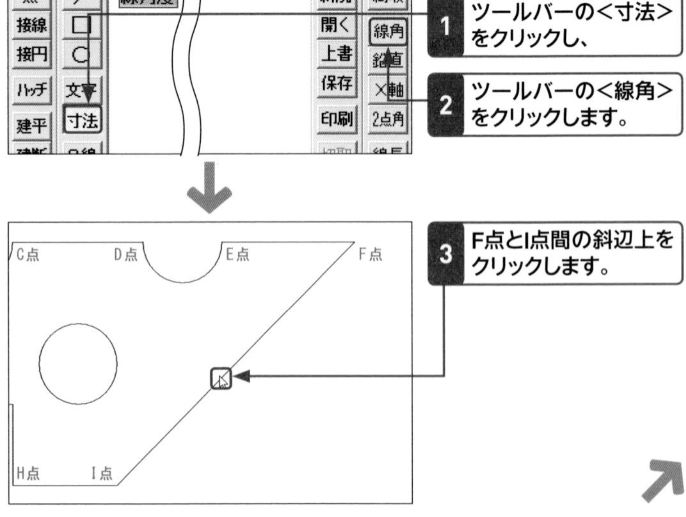
1 ツールバーの<寸法>をクリックし、
2 ツールバーの<線角>をクリックします。
3 F点とI点間の斜辺上をクリックします。
接線
接円
ﾊｯﾁ
建平
文字
寸法
開く
上書
保存
印刷
線角
鉛直
×軸
2点角
C点
D点
E点
F点
H点
I点

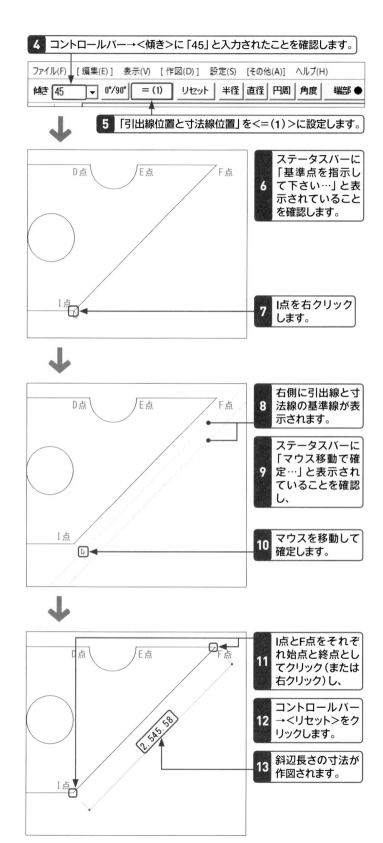

4 コントロールバー→<傾き>に「45」と入力されたことを確認します。

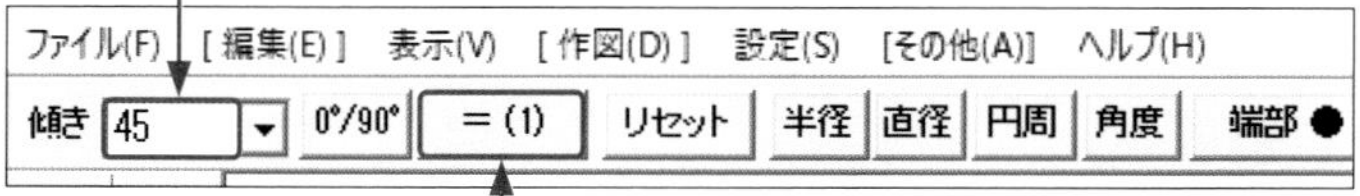

ファイル(F) [編集(E)] 表示(V) [作図(D)] 設定(S) [その他(A)] ヘルプ(H)
傾き 45 0°/90° ＝(1) リセット 半径 直径 円周 角度 端部●

5 「引出線位置と寸法線位置」を<＝(1)>に設定します。

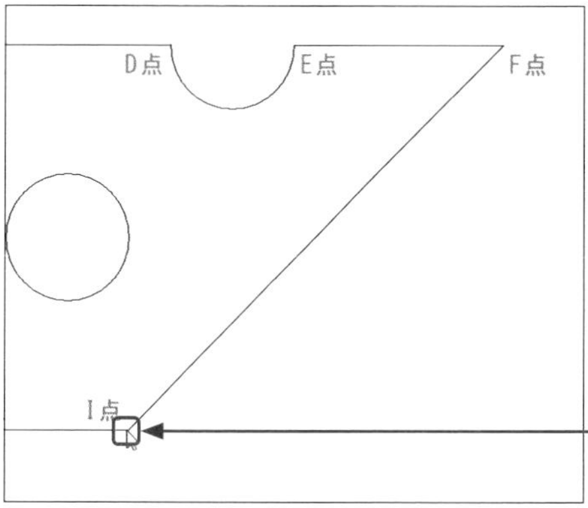

D点 E点 F点 I点

6 ステータスバーに「基準点を指示して下さい…」と表示されていることを確認します。

7 I点を右クリックします。

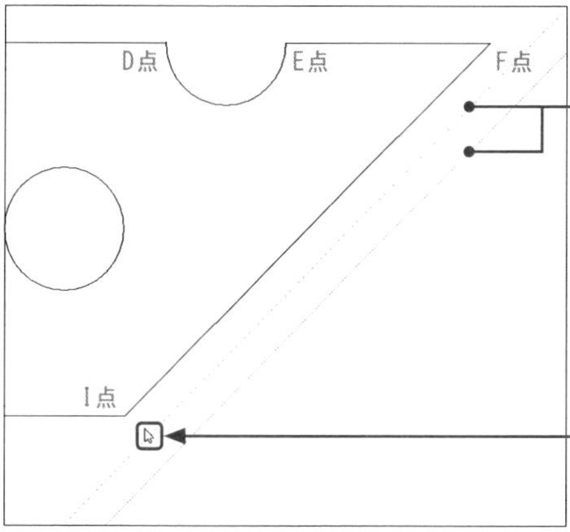

D点 E点 F点 I点

8 右側に引出線と寸法線の基準線が表示されます。

9 ステータスバーに「マウス移動で確定…」と表示されていることを確認し、

10 マウスを移動して確定します。

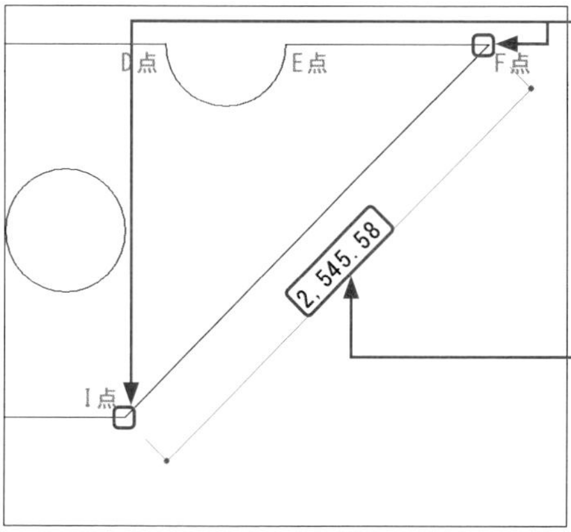

D点 E点 F点 I点 2,545.58

11 I点とF点をそれぞれ始点と終点としてクリック（または右クリック）し、

12 コントロールバー→<リセット>をクリックします。

13 斜辺長さの寸法が作図されます。

ステップアップ 点のサイズについて

点のサイズは「基本設定」ダイアログボックス→<色・画面>タブ→<プリンタ出力要素>→<点半径>の設定が反映されます。「実点を指定半径で画面に描画」「実点を指定半径(mm)で出力」にそれぞれチェックを入れることで、指定された点半径で表示および印刷できます。

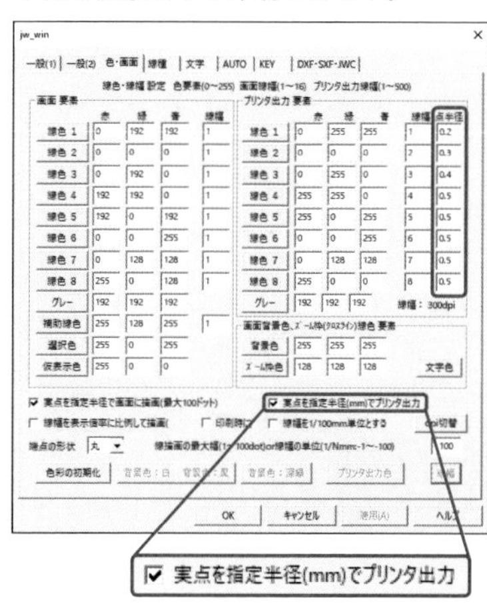
jw_win
実点を指定半径(mm)でプリンタ出力

Section 51 半径・直径・角度寸法を作図する

覚えておきたいキーワード
- ☑ 寸法（半径）
- ☑ 寸法（直径）
- ☑ 寸法（角度）

ここでは、円や円弧の半径寸法および直径寸法、2つの線の間の角度寸法を作図する方法について学習します。半径寸法では「R」記号、直列寸法では「φ」記号が自動的に入力されます。また、寸法線の端部の記号（矢印・点）を切り替えて作図する方法も併せて解説します。

練習用ファイル	Sec51.jww		
メニュー	［作図］メニュー→［寸法］		
ツールバー	［寸法］		
ショートカット	S／Shift＋G	クロックメニュー	左PM11時

1 半径寸法を作図する

キーワード 半径寸法

半径寸法では、円弧の半径を表す寸法を作図します。寸法値の前（または後ろ）に半径を表す「R」が自動的に入力されます。記号の位置および入力の有無については「寸法設定」ダイアログボックス→「半径（R）、直径（φ）」で設定します（P.171のメモ「寸法・引出線（矢印・点）の設定について」参照）。

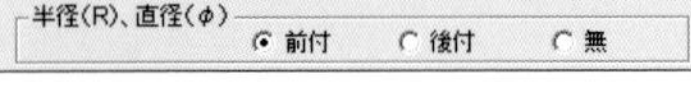
半径(R)、直径(φ)
前付
後付
無

メモ 傾きの設定

手順3で傾きの値を入力していますが、＜▼＞をクリックして表示されるメニューから選択することもできます。

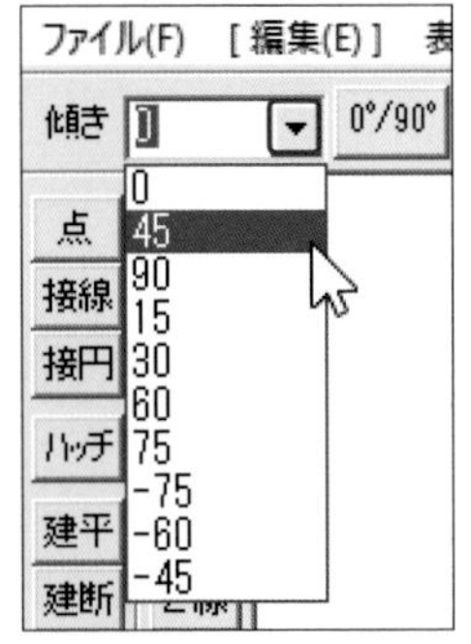
ファイル(F)
[編集(E)]
傾き
0°/90°
0
45
90
15
30
60
75
-75
-60
-45
点
接線
接円
ハッチ
建平
建断

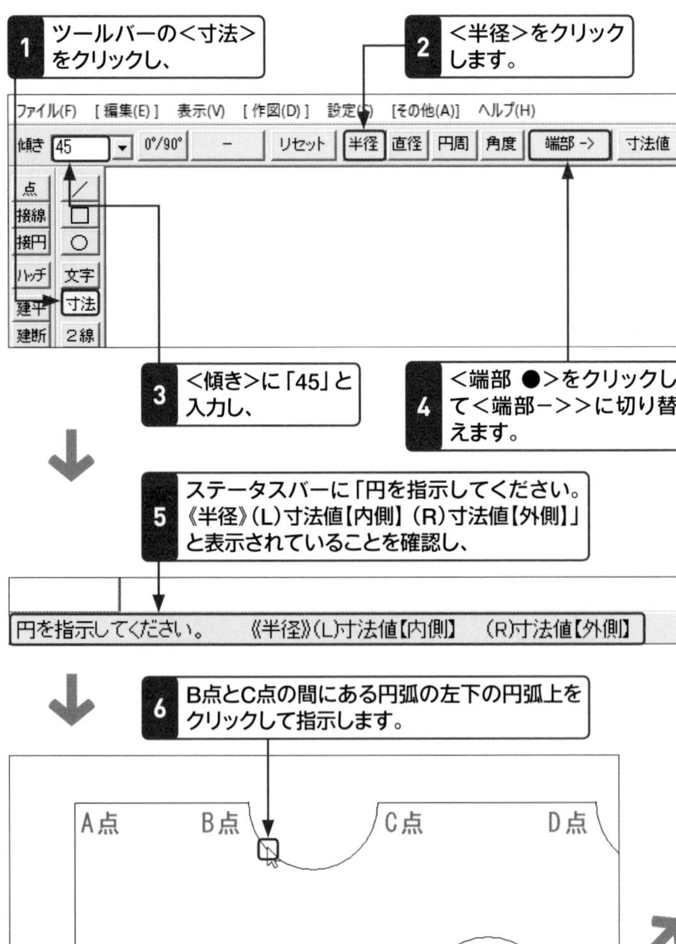
1 ツールバーの＜寸法＞をクリックし、
2 ＜半径＞をクリックします。
ファイル(F) [編集(E)] 表示(V) [作図(D)] 設定(S) [その他(A)] ヘルプ(H)
傾き 45 0°/90° － リセット 半径 直径 円周 角度 端部 -> 寸法値
点 接線 接円 ハッチ 建平 建断 文字 寸法 2線
3 ＜傾き＞に「45」と入力し、
4 ＜端部 ●＞をクリックして＜端部－>＞に切り替えます。
5 ステータスバーに「円を指示してください。《半径》(L)寸法値【内側】(R)寸法値【外側】」と表示されていることを確認し、
円を指示してください。 《半径》(L)寸法値【内側】 (R)寸法値【外側】
6 B点とC点の間にある円弧の左下の円弧上をクリックして指示します。
A点
B点
C点
D点

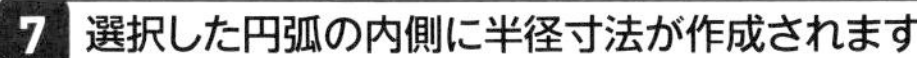
7 選択した円弧の内側に半径寸法が作成されます。

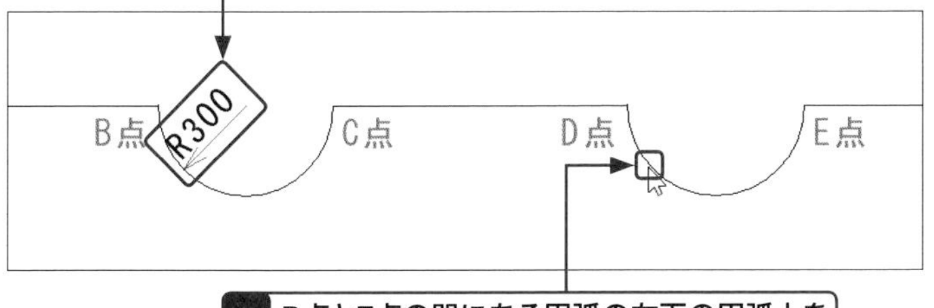
R300
B点
C点
D点
E点

8 D点とE点の間にある円弧の左下の円弧上を右クリックして指示します。

9 選択した円弧の外側に半径寸法が作成されます。

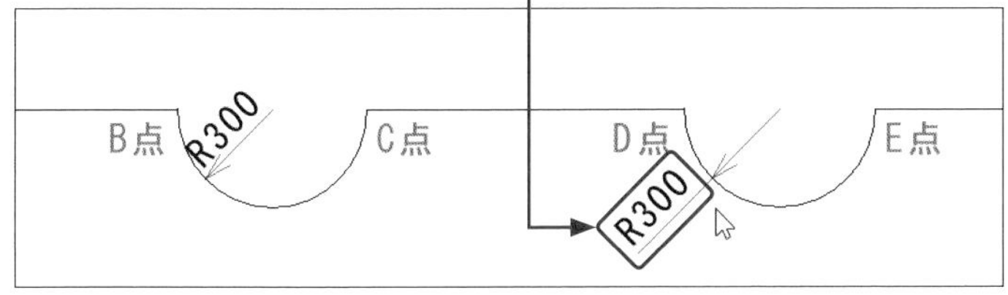
B点
R300
C点
D点
R300
E点

10 コントロールバー→<リセット>をクリックします。

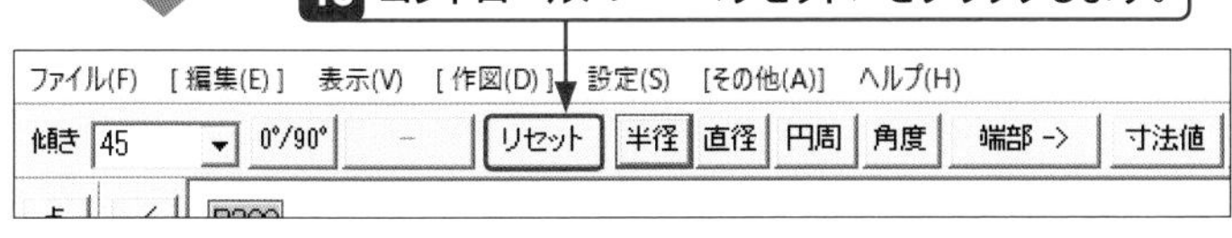
ファイル(F) [編集(E)] 表示(V) [作図(D)] 設定(S) [その他(A)] ヘルプ(H)
傾き 45
0°/90°
リセット
半径
直径
円周
角度
端部 ->
寸法値

メモ 矢印について

寸法線の端部記号は寸法コマンド→コントロールバー→<端部>をクリックして切り替えることができます。<端部●>(点)→<端部－>>(内向き矢印)→<端部－<>(外向き矢印)の3種類あり、クリックするごとに切り替わり循環する設定になっています。

メモ 半径寸法の位置について

半径寸法の位置は、円(または円弧)を指示する際にクリックした位置に依存します。

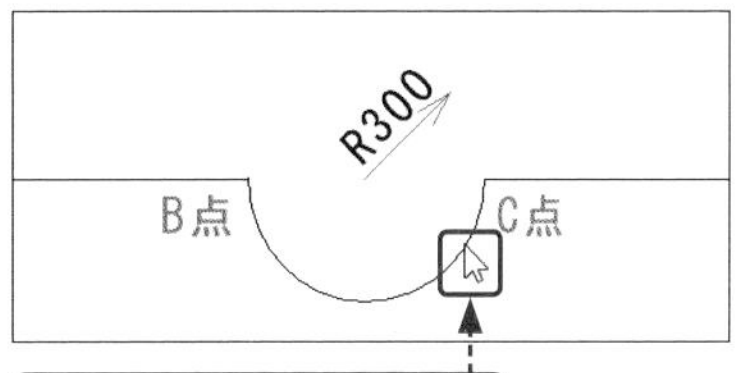
R300
B点
C点

手順7で右下の円弧上をクリックして指示した場合

2 直径寸法を作図する

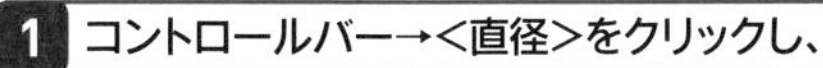
1 コントロールバー→<直径>をクリックし、

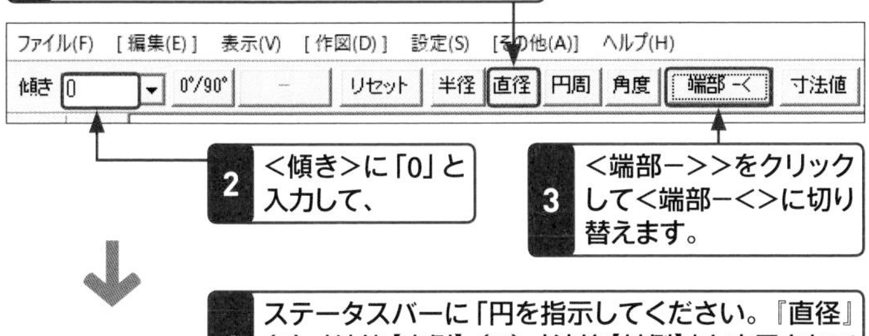
ファイル(F) [編集(E)] 表示(V) [作図(D)] 設定(S) [その他(A)] ヘルプ(H)
傾き 0
0°/90°
リセット
半径
直径
円周
角度
端部 -<
寸法値
2 <傾き>に「0」と入力して、
3 <端部－>>をクリックして<端部－<>に切り替えます。

4 ステータスバーに「円を指示してください。『直径』(L)寸法値【内側】(R)寸法値【外側】」と表示されていることを確認し、

A点 B点 R300 C点 D点 R300 E点 G点

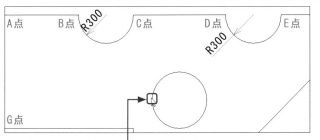

5 中心部にある円の円周上の左側を右クリックします。

キーワード 直径寸法

直径寸法では、円の直径を表す寸法を作図します。寸法値の前(または後ろ)に直径を表す「φ」が自動的に入力されます(記号の位置および入力の有無についてはP.182のキーワード「半径寸法」参照)。

φ 600

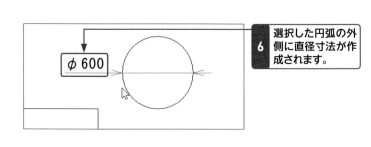

6 選択した円弧の外側に直径寸法が作成されます。

3 角度寸法を作図する

メモ 2線角度

ここでは、2つの線の間の角度寸法を作成します。選択する際に、作成したい角度に対して右側（左回り）を1本目に選択します。

1 コントロールバー→<角度>をクリックし、

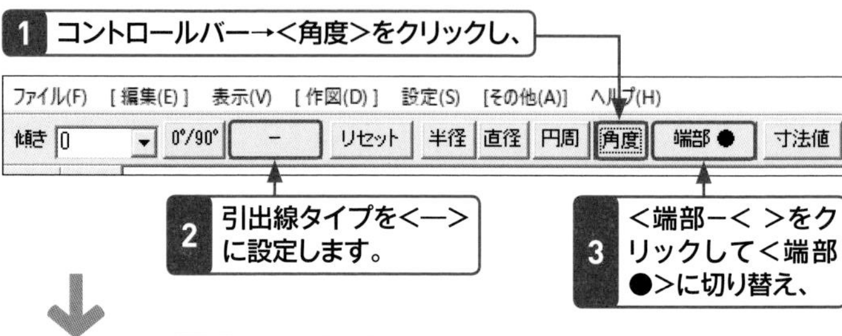
ファイル(F) [編集(E)] 表示(V) [作図(D)] 設定(S) [その他(A)] ヘルプ(H)
傾き 0 0°/90° − リセット 半径 直径 円周 角度 端部● 寸法値

2 引出線タイプを<—>に設定します。

3 <端部−< >をクリックして<端部●>に切り替え、

4 ステータスバーに「原点を指示してください（中略）2線角度（LL）線指示」と表示されていることを確認し、

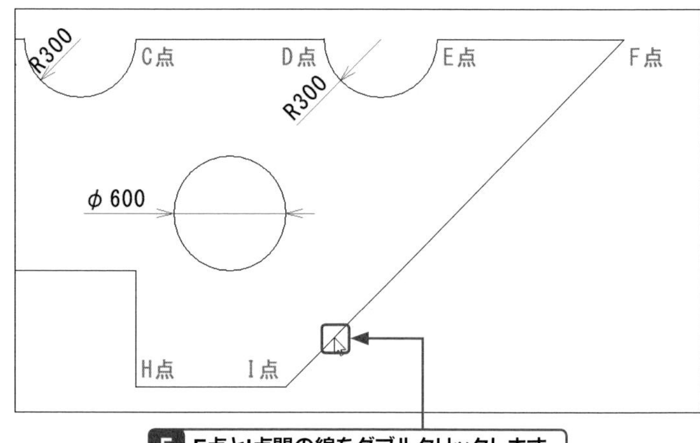
R300
C点
D点
E点
F点
R300
φ 600
H点
I点

5 F点とI点間の線をダブルクリックします。

6 ステータスバーに「【2線角度】2線目を指示してください（左回り）。」と表示されていることを確認し、

【2線角度】 2線目を指示してください(左回り)。

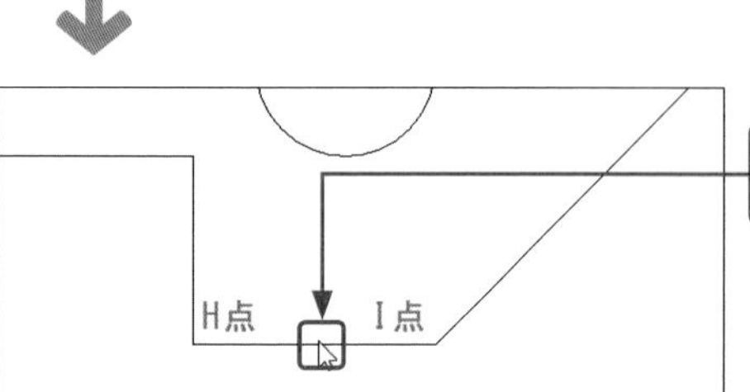
H点
I点

7 H点とI点間の線をクリックします。

キーワード 角度寸法

角度寸法では、指定した2点間または2線間の角度を表す寸法を作図します。角度の表示は「寸法設定」ダイアログボックスで「度」と「度分秒」の2種類から選択できます（P.171のメモ「寸法・引出線（矢印・点）の設定について」参照）。

角度単位
◉ 度(°) ○ 度分秒

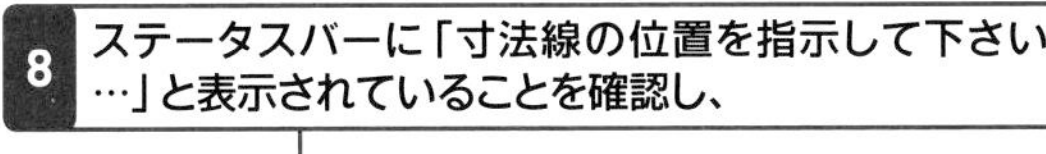
8 ステータスバーに「寸法線の位置を指示して下さい。…」と表示されていることを確認し、

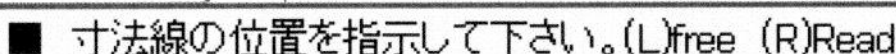
■ 寸法線の位置を指示して下さい。(L)free (R)Read

9 角度寸法線を作図する任意の位置をクリックして指示します。

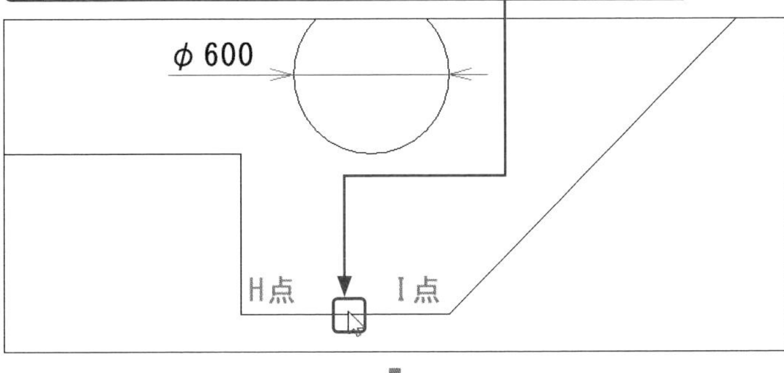
φ 600
H点
I点

10 角度寸法が作図されます。

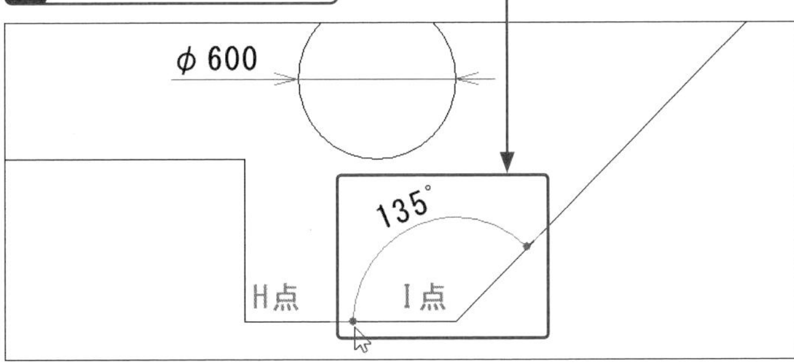
φ 600
135°
H点
I点

ステップアップ 弧長寸法を作図する

円弧の寸法は弧長寸法と呼び、以下の方法で作成することができます。まず、ツールバーの<寸法>をクリックし、コントロールバーの<円周>をクリックします。続いて円をクリックして選択したら、引出線の始点を指示し、寸法線の位置を指示します(引出線タイプが<=>の場合)。その後は、左回りに寸法の始点→終点の順番に円周上の点をクリックしていけば作図できます。

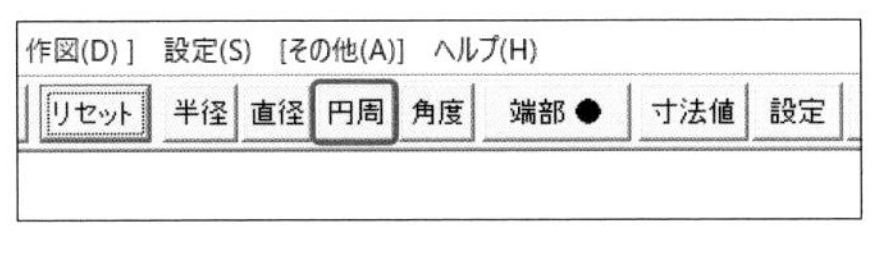
作図(D)] 設定(S) [その他(A)] ヘルプ(H)
リセット 半径 直径 円周 角度 端部 ● 寸法値 設定

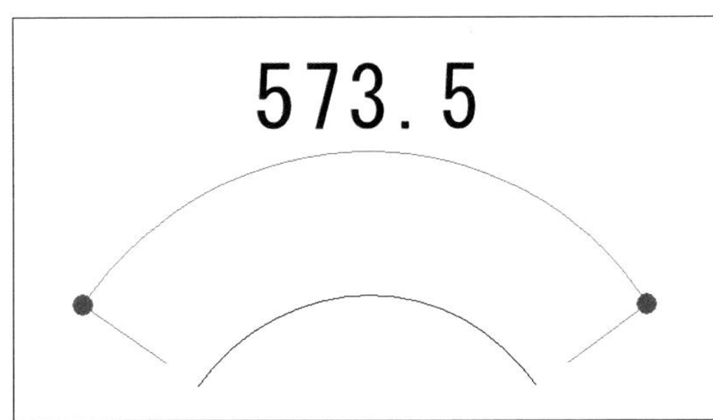
573.5

Section 52

面積表（外部変形）を作成する

覚えておきたいキーワード
☑ 外部変形
☑ 三斜計算
☑ コマンド入力

Jw_cadには「三斜計算」を自動的に行う機能があります。「三斜」とは土地を三角形に分割し、全体の面積を求める手法です。敷地の図形をあらかじめ作図しておくことで、その図形から三角形を判別し、敷地の三斜面積を自動的に計算して表を作成することができます。

練習用ファイル	Sec52.jww		
メニュー	[その他]メニュー→[外部変形]		
ツールバー	[外変]		
ショートカット	G	クロックメニュー	—

1 外部変形を使用して面積表を作成する

キーワード 外部変形

「外部変形」とはJw_cadインストール時に添付されている外部プログラムです。今回使用する「三斜計算」プログラムは、選択した図形の中の三角形から底辺と高さを算出して、面積表を自動作成する機能です。

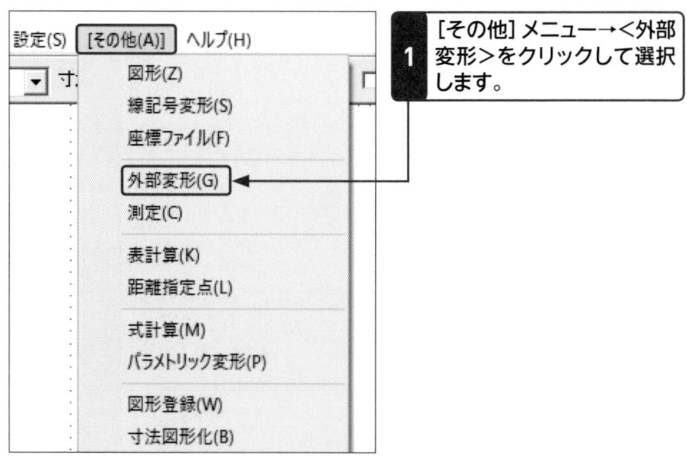

1 [その他]メニュー→<外部変形>をクリックして選択します。

2 「ファイル選択」ダイアログボックスが表示されるので、

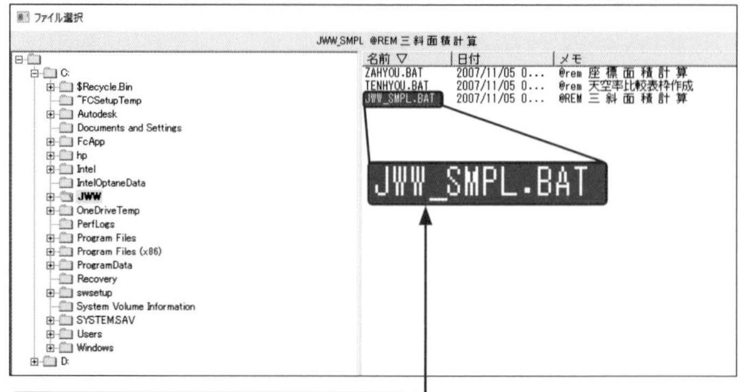
JWW_SMPL.BAT

3 右のファイル一覧から「JWW_SMPL.BAT」をダブルクリックして選択します。

メモ プログラムの読み込みについて

手順3でファイルをダブルクリックで読み込むと、作図ウィンドウの左上に「【三斜計算】三角形を選択（三角形の辺200まで）」と表示されます（選択範囲の始点を指示したタイミングで表示は消えます）。

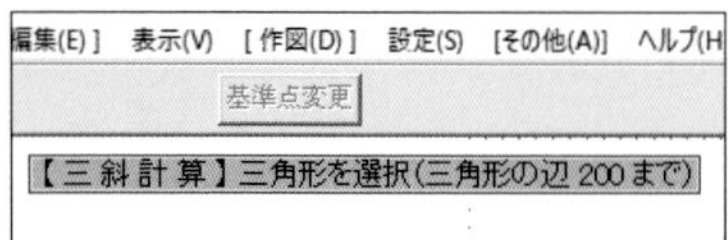

第5章 文字や寸法を作成しよう

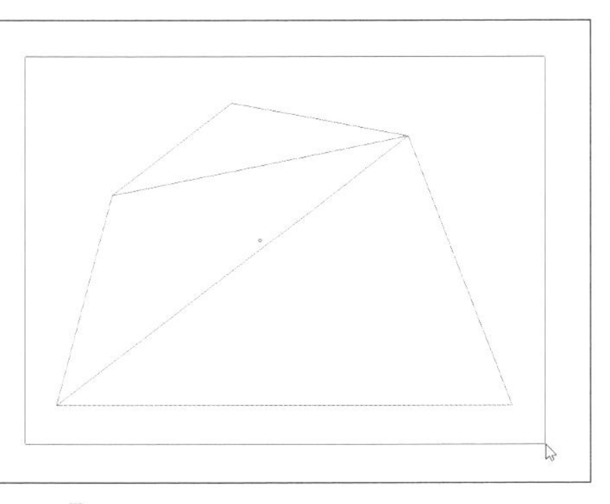

4 面積を求める図形がすべて含まれるように図形を範囲選択します。

5 コントロールバー→<選択確定>をクリックします。

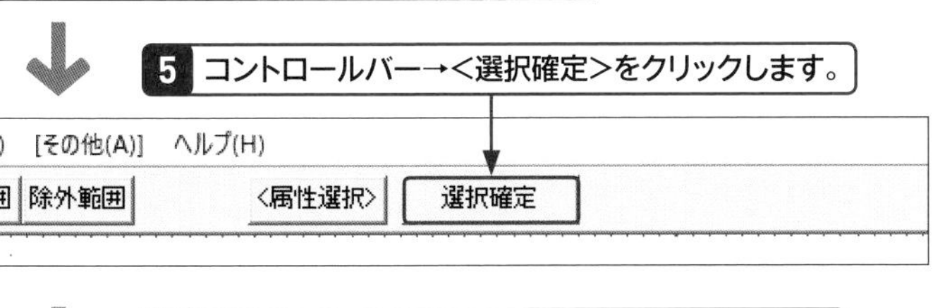
(S) [その他(A)] ヘルプ(H)
範囲
除外範囲
<属性選択>
選択確定

6 コントロールバーに「数値書き込み位置指示…」と表示されていることを確認します。

(S) [その他(A)] ヘルプ(H)
数値書き込み位置指示 (L)free (R)Read

7 「敷地面積表」の下の任意の位置をクリックします。

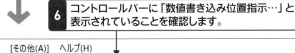

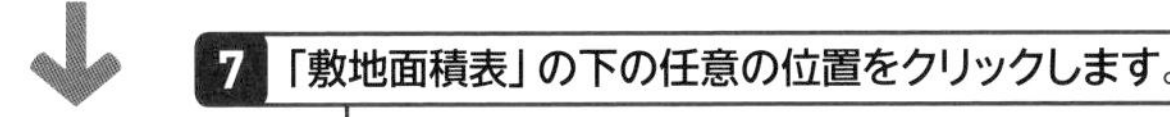

敷地面積表

8 Enterキー（またはクリック）を3回押して設定を進めます。

(S) [その他(A)] ヘルプ(H)
コマンド入力－＞ /m4

9 コントロールバー→「コマンド入力－>」に「/m4」と入力してEnterキーで確定します。

10 面積表と区分番号、三角形の底辺の数値と高さの線が自動的に生成されます。

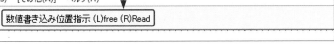

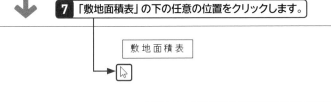

敷地面積表

番号	底　辺	高　さ	倍　面　積	面　積
1	9.70	2.10	20.3700	10.18500
2	14.11	4.20	59.2620	29.63100
3	14.69	8.45	124.1305	62.06525
合　計				101.88125
敷地面積				101.88 m²

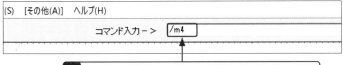

メモ 設定項目について

手順7の後の設定項目の詳細については以下の通りです。

初期番号指定(1～8001 無指定:1):

初期番号指定（1～8001）：三斜の区分番号を指定します。無指定（Enterキー）の場合は「1」となります。

レイヤ指定(0～F 無指定:書込レイヤ):

レイヤ指定（0～F）：表や数値を書込むレイヤを指定します。無指定（Enterキー）の場合は「現在の書込みレイヤ」となります（レイヤについてはP.196からのSec.56～57参照）。

小数点以下有効桁数(0～3 無指定:2):

小数点以下有効桁数（0～3）:表や底辺、高さ数値の小数点以下の表示を指定します。無指定（Enterキー）の場合は「2（小数点第2まで表示）」となります。

メモ コマンド入力について

コントロールバー→<コマンド入力－>>で「/m（数値）」を入力すると、表や長さに使用する文字種を指定することができます（ここでは「文字種4」を指定）。

Section 53 図面を印刷する（PDF）

覚えておきたいキーワード
- ☑ 基設（線幅）
- ☑ 基設（線種ピッチ）
- ☑ 印刷

ここでは、印刷方法について学習します。今回はWindows 10から標準装備された「Microsoft Print to PDF」を使ってPDFに出力する方法を学習します。通常のプリンタで印刷する場合も操作方法は同じです。思い通りの表示で印刷できるように、設定をよく確認しながら進めましょう。

練習用ファイル	Sec53.jww		
メニュー	[設定]→[基本設定]／[ファイル]→[印刷]		
ツールバー	[基設]／[印刷]		
ショートカット	Ctrl＋P／F8（印刷）	クロックメニュー	―

1 線幅を設定する

メモ 線幅について

Jw_cadの線幅は線色ごとに設定することができます。手順4で「線幅を1/100mm単位とする」にチェックを入れると、線の太さを数値で指定することができます。たとえば、線幅を「8」に設定すると、「0.08mm」になります。

メモ 線種のピッチ

P.189の「点線の印刷間隔を設定する」の手順2でプリンタ出力時のピッチの数値を変更することで、点線や一点鎖の印刷間隔を調整することができます。数値が大きいと間隔は広くなり、小さいと間隔は狭くなります。

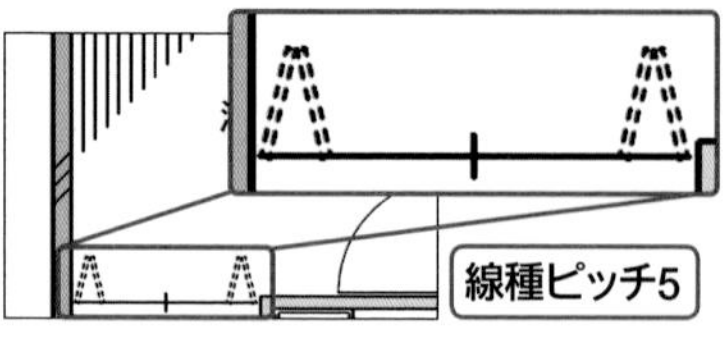
線種ピッチ5

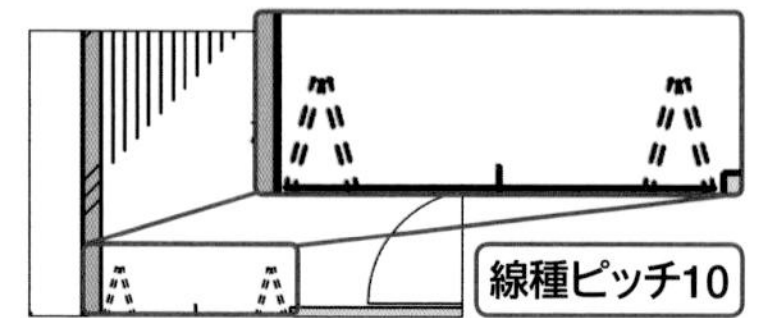
線種ピッチ10

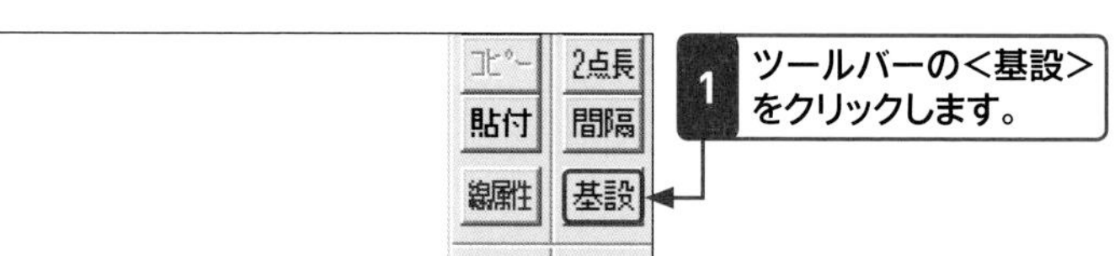
コピー
2点長
貼付
間隔
線属性
基設

1 ツールバーの<基設>をクリックします。

2 「jw_win」ダイアログボックスが表示されるので、

3 <色・画面>タブをクリックし、

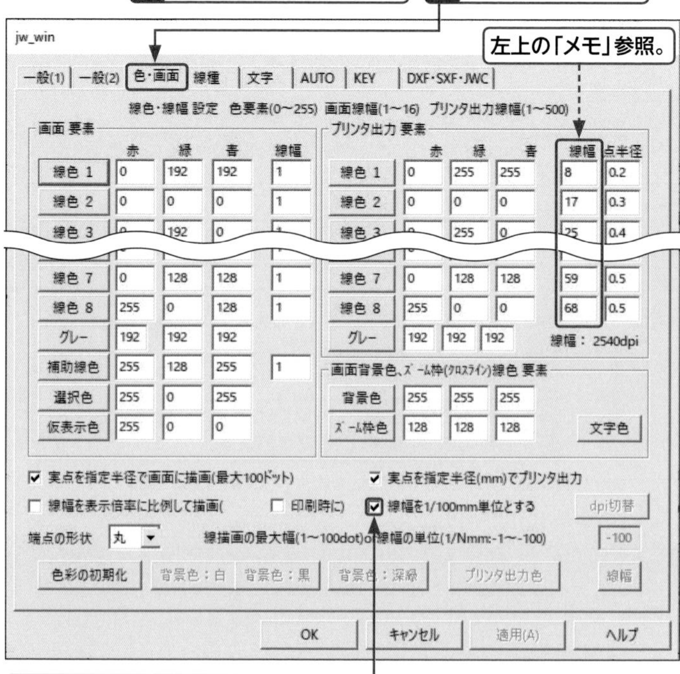
jw_win
一般(1)
一般(2)
色・画面
線種
文字
AUTO
KEY
DXF・SXF・JWC
線色・線幅 設定 色要素(0～255) 画面線幅(1～16) プリンタ出力線幅(1～500)
画面 要素
プリンタ出力 要素
線幅：2540dpi
画面背景色、ズーム枠(クロスライン)線色 要素
実点を指定半径で画面に描画(最大100ドット)
実点を指定半径(mm)でプリンタ出力
線幅を表示倍率に比例して描画(
印刷時に)
線幅を1/100mm単位とする
OK
キャンセル
適用(A)
ヘルプ

左上の「メモ」参照。

4 「線幅を1/100mm単位とする」をクリックして☐を☑にします。

2 点線の印刷間隔を設定する

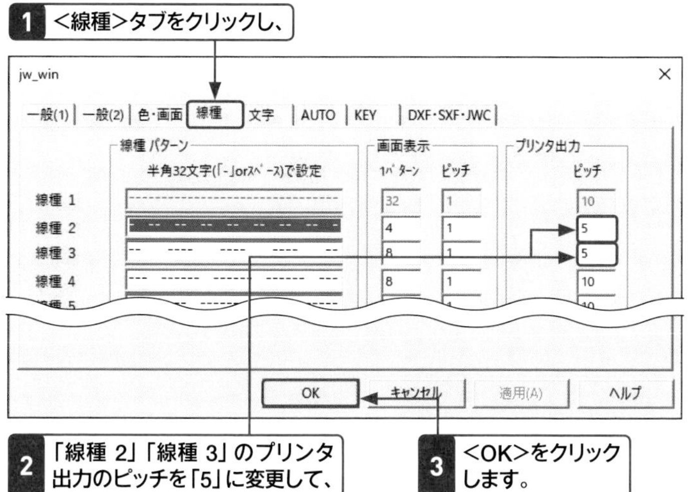
1 <線種>タブをクリックし、
jw_win
一般(1)
一般(2)
色・画面
線種
文字
AUTO
KEY
DXF・SXF・JWC
線種 パターン
半角32文字(「-」orスペース)で設定
画面表示
1パターン
ピッチ
プリンタ出力
ピッチ
線種 1
線種 2
線種 3
線種 4
OK
キャンセル
適用(A)
ヘルプ
2 「線種 2」「線種 3」のプリンタ出力のピッチを「5」に変更して、
3 <OK>をクリックします。

キーワード Microsoft Print to PDF

「Microsoft Print to PDF」は、Windows 10から標準装備されおり、Adobe Acrobatなどをインストールしていなくても、データをPDFに変換して保存(出力)することができます。

3 印刷(PDF出力)する

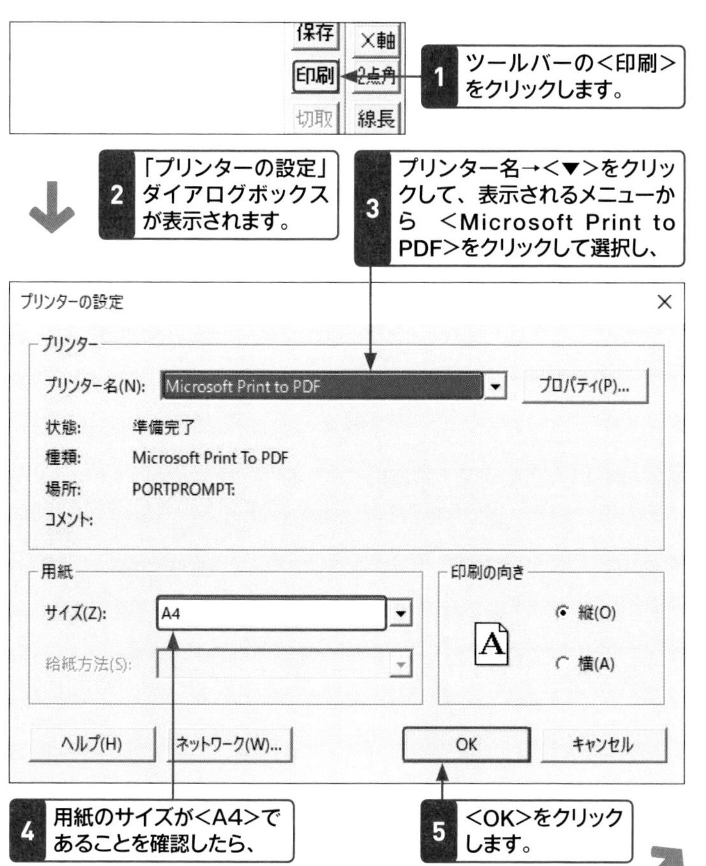
保存
X軸
印刷
2点角
切取
線長
1 ツールバーの<印刷>をクリックします。
2 「プリンターの設定」ダイアログボックスが表示されます。
3 プリンター名→<▼>をクリックして、表示されるメニューから <Microsoft Print to PDF>をクリックして選択し、
プリンターの設定
プリンター
プリンター名(N):
Microsoft Print to PDF
プロパティ(P)...
状態:
準備完了
種類:
Microsoft Print To PDF
場所:
PORTPROMPT:
コメント:
用紙
サイズ(Z):
A4
給紙方法(S):
印刷の向き
縦(O)
横(A)
ヘルプ(H)
ネットワーク(W)...
OK
キャンセル
4 用紙のサイズが<A4>であることを確認したら、
5 <OK>をクリックします。

メモ 「プリンターの設定」ダイアログボックスについて

Version 8.20より「印刷」ダイアログボックスが「プリンターの設定」ダイアログボックスに仕様変更がされました。

メモ　カラー印刷

カラーで印刷する場合はコントロールバー→<カラー印刷>にチェックを入れます。

プリンタの設定　☑カラー印刷　出力方法設定

ファイル(F)　[編集(E)]　表示(V)　[作図(D)]　設定(S)　[その他(A)]
印刷(L)　範囲変更(R)　基準点　左・下　100%(A4→A4,A3→A3)
点
接線
接円
ハッチ
文字

6 コントロールバー→<印刷(L)>をクリックします。

7 「印刷結果を名前を付けて保存」ダイアログボックスが表示されるので、

8 保存場所を設定し、

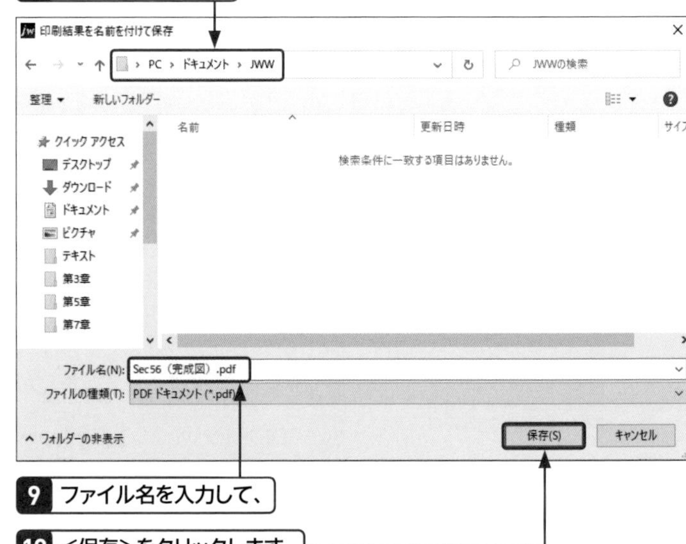
印刷結果を名前を付けて保存
PC › ドキュメント › JWW
JWWの検索
整理
新しいフォルダー
名前
更新日時
種類
クイック アクセス
デスクトップ
ダウンロード
ドキュメント
ピクチャ
テキスト
第3章
第5章
第7章
検索条件に一致する項目はありません。
ファイル名(N): Sec56（完成図）.pdf
ファイルの種類(T): PDF ドキュメント (*.pdf)
フォルダーの非表示
保存(S)
キャンセル

9 ファイル名を入力して、

10 <保存>をクリックします。

11 PDFとして図面が保存されます。

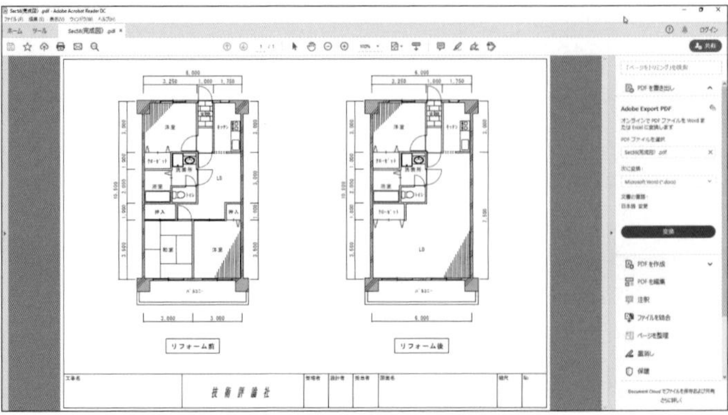
リフォーム前
リフォーム後
技術評論社

メモ　印刷時の線幅について

線幅が個別に設定（P.43のステップアップ「線幅を個別に指定する場合」参照）されている図面を印刷する場合、個別に設定された線幅が優先された状態で印刷されます。

メモ　PDFの向きについて

出力したPDFの図面の向きは、各アプリの回転機能を利用して調整してください。

表示(V)　ウィンドウ(W)　ヘルプ(H)
表示を回転(V)
右90°回転(C)　Shift+Ctrl+;
左90°回転(W)　Shift+Ctrl+-
ページナビゲーション(N)
ページ表示(P)
ズーム(Z)
ツール(T)
表示切り替え(S)
表示テーマ(H)
閲覧モード(D)　Ctrl+H
フルスクリーンモード(F)　Ctrl+L
トラッカー(K)...
読み上げ(A)

Chapter 06

第6章

DIYで使える家具の図面を作成しよう

Section 54 製図の表現方法を知る
55 用紙サイズ・線（太さ・種類）／尺度を知る
56 レイヤについて知る
57 レイヤグループの尺度とレイヤ名を設定する
58 側面図の外形線を作図する①
59 側面図の外形線を作図する②
60 側面図の寸法を作図する
61 正面図の外形線を作図する
62 正面図の隠線を編集する
63 アイソメ図を作成する

Section 54

製図の表現方法を知る

覚えておきたいキーワード
- 平行投影
- 透視投影
- 三面図

第6章～8章ではここまで学んだ操作を使って、実際の図面を作図する方法について学習します。Sec.54～55では、実際の作図に入る前に、知っておきたい製図の基礎知識について解説します。製図のルールを知ることで、よりわかりやすい図面が作図できるようになります。

第6章では「DIYで使える家具の図面」、第7章では「マンションリフォームの平面図」、第8章では「展開図」を作図します。ここまで学習してきた基本コマンドを使って、実際の図面を作図していきましょう。

1 投影法の種類

2次元CADでは、立体（3D）で作成する製作物（家具や建物や機械など）を紙の平面上（2D）に表現します。そして、その図面を見た人が全員同じ解釈をして、同じ製作物が復元できるように作図する必要があります。そのため、製図にはさまざまなルールがあり、その基本となるのが「投影法」です。投影法とは立体の影を平面に投影させて、そこから各面の情報を平面に写し取る手法です。投影法には「平行投影」と「透視投影」があります。

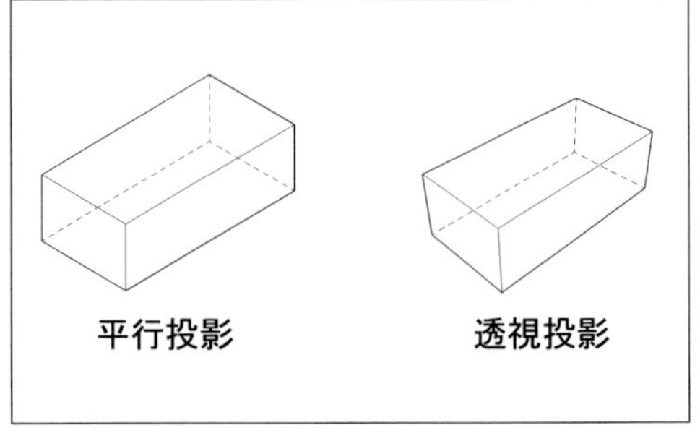
平行投影
透視投影

2 平行投影とは

「平行投影」とは、立体の面を遠近関係なく、実際の数値を元に作図する手法で、数値の正確さが必要な平面図や立面図など、実際の現場で使用される図面に用いられます。
正投影法（平面図など）、等角投影法（アイソメ図など）、斜投影法（キャビネット図など）があります。

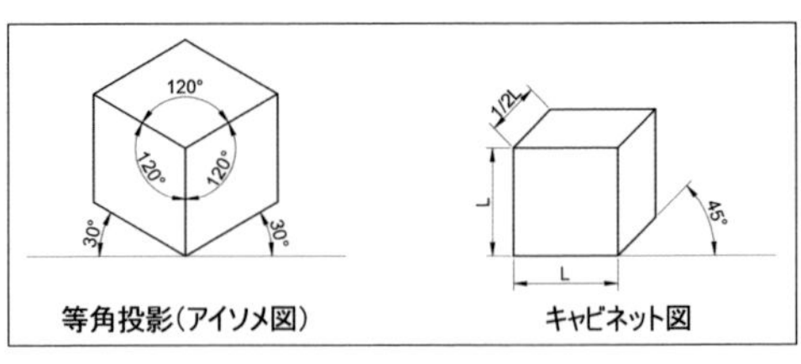
120°
120°
120°
30°
30°
1/2L
L
L
45°
等角投影（アイソメ図）
キャビネット図

メモ 2.5D機能について

2.5Dコマンドを使用するとJw_cadでも、「透視図」「鳥瞰図」「アイソメ図」を作図することができます。作図方法についてはP.242のSec.63で解説します。

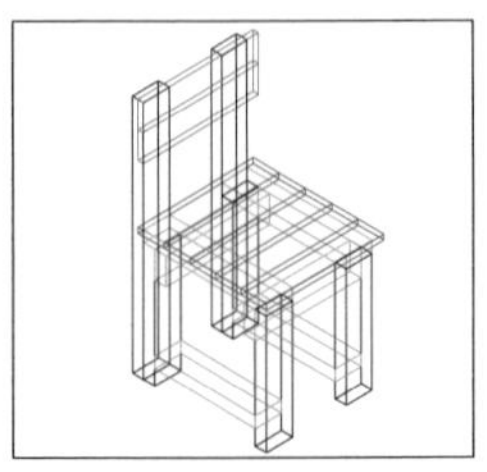

3 透視投影とは

「透視投影」とは、遠近法を用いて作図する手法で、人間の視点で見た状態に近い作図が可能です。パース図などがこれにあたります。完成形をイメージしやすい反面、実際に製作する際に必要な数値や位置関係を正確に把握するのは難しいため、製作用の製図では通常使用しません。

4 投影図について

通常、製作用の図面を作成する場合は正投影で作図します。立体を厳密に表現するには、6面分の図面が必要となりますが、通常は「平面図」「正面図」「右側面図」の3面分を作図することで、立体形状を復元するのに必要な情報を表現することができます。

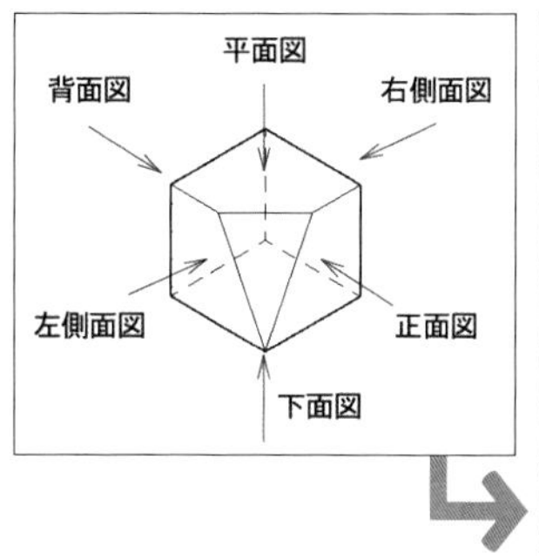
平面図
背面図
右側面図
左側面図
正面図
下面図

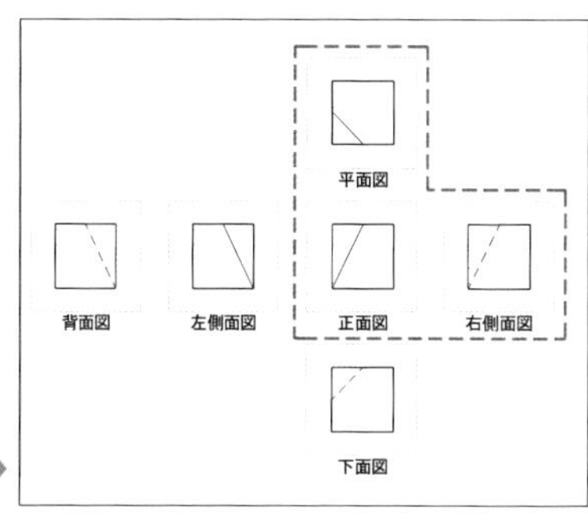
平面図
背面図
左側面図
正面図
右側面図
下面図

5 三面図について

家具などの図面を作図する場合には、「平面図」「正面図」「側面図」の3つの図形を描きます。「正面図」を基準に、上に「平面図」、右に「（右）側面図」を配置します。それぞれの面から直角方向に見たときに、実際に見える稜線を実線で描き、面で隠れている部分の稜線はかくれ線（破線）で描きます（※ただし、建築図面では通常躯体のかくれ線は作図しません）。

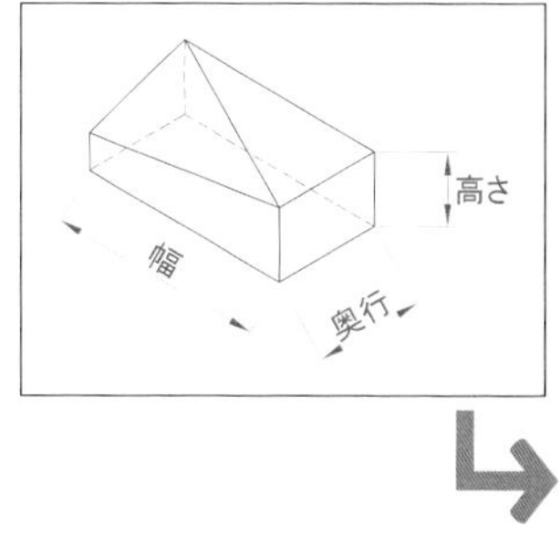
高さ
幅
奥行

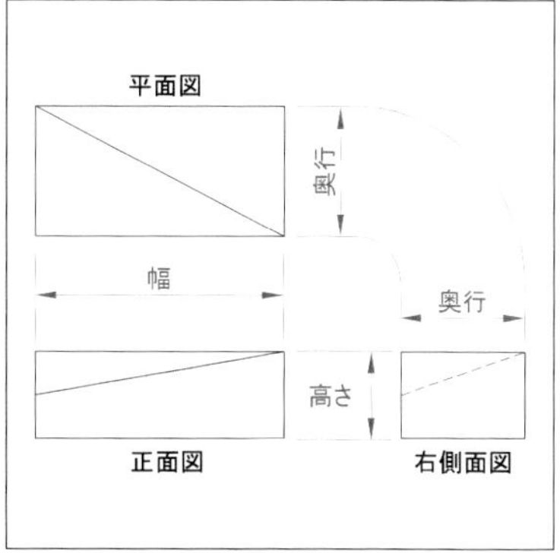
平面図
奥行
幅
奥行
高さ
正面図
右側面図

メモ 建築図面について

建築で「平面図」とは床から1.5m付近で水平方向で切断した図面を表し、建物の正面および側面は「立面図」として作図します。また、室内の天井の高さなどを表現するために、建物を垂直方向に切断したものを「断面図」と呼びます。建築図面の詳細についてはP.248のSec.64を参照してください。

Section 55 用紙サイズ・線（太さ・種類）／尺度を知る

覚えておきたいキーワード
- ☑ 用紙サイズ
- ☑ 尺度
- ☑ 線属性

ここでは、製図に必要な用紙サイズや尺度について学習します。Jw_cadで製図を行う際はまず「用紙サイズ」と「尺度」を決めるところから始まります。そして、実際に作成したい3次元の物体を、決められた線の太さや線種などを使って2次元（平面）で表現します。

1 用紙サイズについて

P.41でも解説したように、Jw_cadではA列サイズから用紙を選択して作図します。A列サイズはA-0（841mm × 1189mm）を基準とし、用紙を半分にしたサイズで設定されています（A-1の場合は、594mm × 841mm ※小数点以下切り捨て）。A-2サイズ以上の図面を印刷するにはプロッタと呼ばれる大型印刷機が必要となるため、建築や土木の業務用の図面以外の場合は、一般的にはA-4またはA-3を使用します。

また、印刷時に拡大／縮小機能を使用することにより、作図時の用紙サイズ以外の大きさ（B列含む）で印刷することもできます。

なお、プリンタやプロッタには「印刷可能領域」があり、たとえばA-4サイズで作図しても、用紙の際（きわ）には余白部分が発生するため、用紙サイズ目一杯に作図することは通常しません。

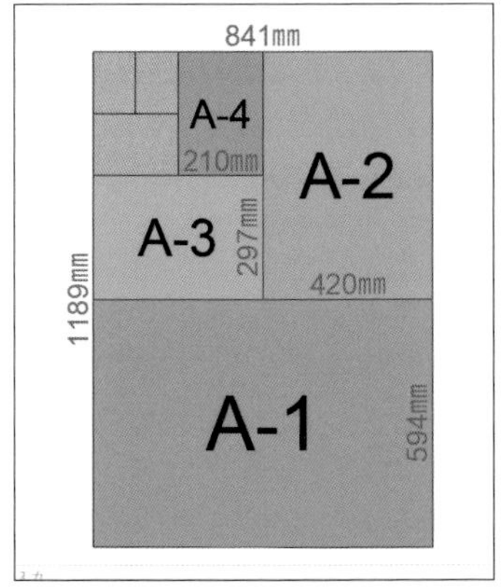
841mm
A-4
210mm
A-2
A-3
297mm
420mm
1189mm
A-1
594mm

2 尺度について

指定した用紙サイズ内に対象物を作図するために、図面上では図形を縮小して表現します。この比率を「縮尺」といいます。縮尺は「S=1/X」のように分数（または対比）で表示します。また逆に、拡大して作図することを「倍尺」といい、この場合「S=X/1」のように分子に比率を表示します。尺度を設定する際には、まず用紙サイズを決めてから、その用紙サイズと図形の大きさを元に目安の尺度を計算して設定します。

Jw_cadでは、手描きと同じように最初に用紙サイズと尺度を決めてから作図を始めます。尺度はレイヤグループ単位で設定し、1つの図面の中に複数の尺度で作図することができます。作図したい長さを入力すると、レイヤグループの尺度に合わせて自動計算された長さで作図されます。レイヤグループについてはP.250のSec.65を参照してください。

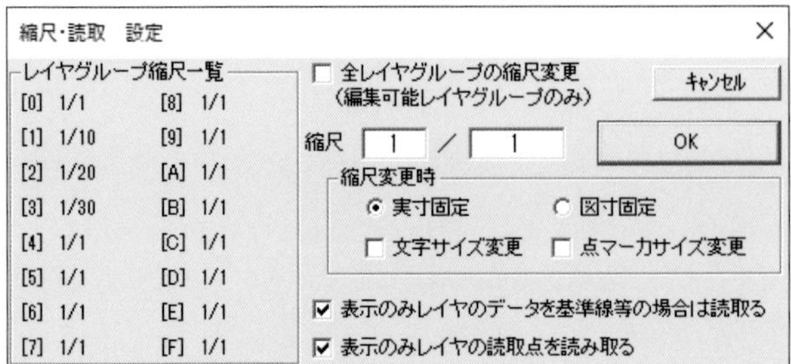
縮尺・読取 設定
レイヤグループ縮尺一覧
[0] 1/1 [8] 1/1
[1] 1/10 [9] 1/1
[2] 1/20 [A] 1/1
[3] 1/30 [B] 1/1
[4] 1/1 [C] 1/1
[5] 1/1 [D] 1/1
[6] 1/1 [E] 1/1
[7] 1/1 [F] 1/1
全レイヤグループの縮尺変更
（編集可能レイヤグループのみ）
キャンセル
縮尺 1 / 1
OK
縮尺変更時
実寸固定
図寸固定
文字サイズ変更
点マーカサイズ変更
表示のみレイヤのデータを基準線等の場合は読取る
表示のみレイヤの読取点を読み取る

なお、Jw_cadでは、作図後でも尺度を変更することで、図形を拡大／縮小することができます。ただし、文字や寸法の位置がずれることがあるので、尺度の変更には注意が必要です。

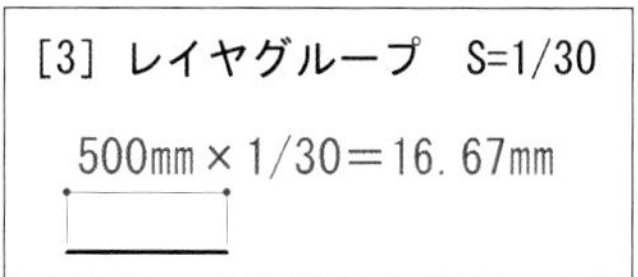
[1] レイヤグループ　S=1/10
500mm × 1/10＝50mm
[2] レイヤグループ　S=1/20
500mm × 1/20＝25mm
[3] レイヤグループ　S=1/30
500mm × 1/30＝16.67mm

3 線種と線の太さについて

製図では、線の太さや線種を使って図形の位置関係や意味を表現します。たとえば、断面形状や構造物の外形線などを作図する場合は「太い実線」、背後に隠れている図形を作図する場合は「細い破線」などのように、作図する図形の意味を考えながら線種や太さを選択します。

Jw_cadでは、通常線の太さは線色で設定します。また、線種を選択する際は、「線属性」ダイアログボックスから選択します。点線1や点線2のように番号の付いた線種は、線間の長さや間隔が異なります。間隔の調整は「基本設定」ダイアログボックス→＜線種＞の「ピッチ」で調整することができます。

印刷時の線の太さの設定に関してはP.188のSec.53を参照してください。

線の種類	定義	用途
────	太い実線	外形線・断面線
────	細い実線	寸法線
-------	細い破線	かくれ線（隠線）
─・─	細い一点鎖線	中心線・基準線
─・・─	細い二点鎖線	想像線（敷地境界線など）

線属性
SXF対応拡張線色・線種
線色1
線色2
線色3
線色4
線色5
線色6
線色7
線色8
補助線色
実線
点線1
点線2
点線3
一点鎖1
一点鎖2
二点鎖1
二点鎖2
補助線種
線幅(1/100mm単位) 0:基本幅(25)
Ok
①～⑤キー:ランダム線　⑥～⑨キー:倍長線種
キャンセル

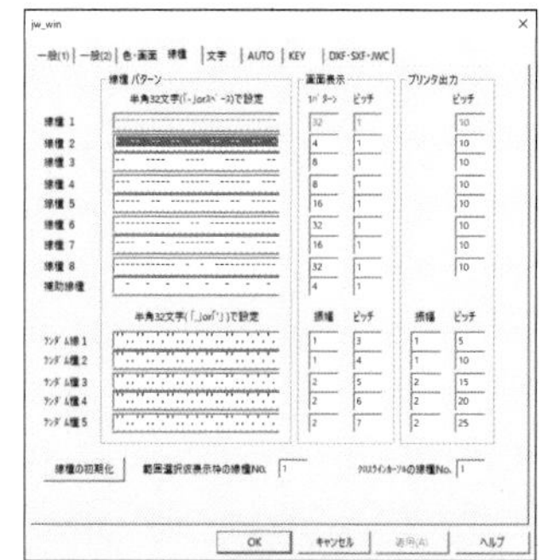

4 寸法補助記号について

直径や半径の寸法を示すときに、数値の前（または後ろ）に「φ」や「R」の記号を挿入します。これを寸法補助記号といいます。

なお、作成した寸法値に記号を追加する場合は、＜寸法＞コマンド→コントロールバー＜寸法値＞を実行し、修正する寸法値を右ダブルクリックして表示されるダイアログボックスで入力します。

記号		用途
φ	ふぁい	円および円弧の直径
R	あーる	円および円弧の半径
Sφ	えすふぁい	球の直径
SR	えすあーる	球の半径
□	かく	正方形状の一辺の長さ
⌒	えんこ	円弧の長さ（弧長）
t	てぃー	厚さ
C	しー	45° の面取り

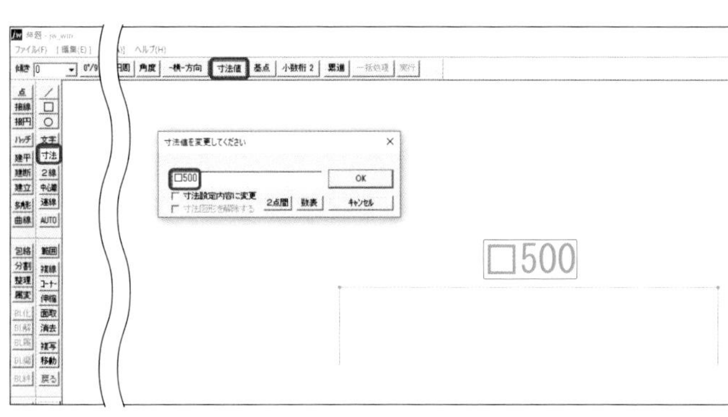
寸法値
寸法値を変更してください
□500
OK
キャンセル
□500

Section 56 レイヤについて知る

覚えておきたいキーワード
- レイヤ（画層）
- レイヤグループバー
- レイヤバー

CADを使いこなす上でマスターしておきたい機能のひとつに「レイヤ（画層）」があります。レイヤはデータを分類するほか、Jw_cadにおいては尺度の設定にも関わる重要な機能です。特に業務でJw_cadを使う場合は必ず必要となる知識なので、しっかり理解しておきましょう。

練習用ファイル	Aマンション平面例.jww

1 レイヤ（画層）とは

レイヤ（Layer）は「層」や「地層」という意味で、CADにおいてはデータを区分する際に使用します。図面は、複数のレイヤが重なって構成されています。たとえば、図形、寸法、図枠のようにレイヤを分けて作図します。ただし実際には、2次元CADにはZ軸＝高さ（厚み）の概念はないので、レイヤに重なり（上下）の関係性はありません。また、複数のレイヤに図形を同時に作図（転写）することはできません。

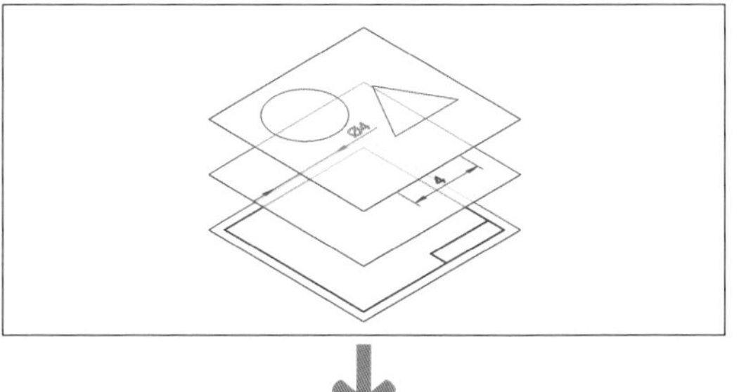
Ø4
4

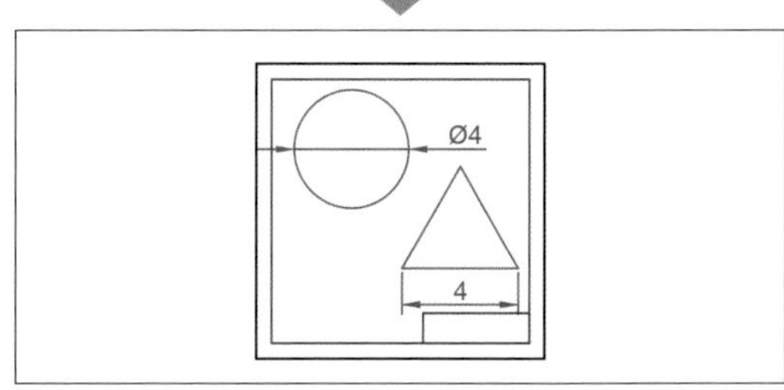
Ø4
4

2 Jw_cadのレイヤについて

Jw_cadでは、「レイヤグループ」という「0」～「F」までの16のグループがあり、各グループには16枚のレイヤが収められています。つまり、Jw_cadでは16レイヤ×16グループ＝256枚のレイヤを使用して作図することができます。作図する際の尺度の設定は「レイヤグループ」単位で行います。レイヤグループごとの尺度を設定することで、同じ図面の中で複数の尺度の図形を作図することができます。

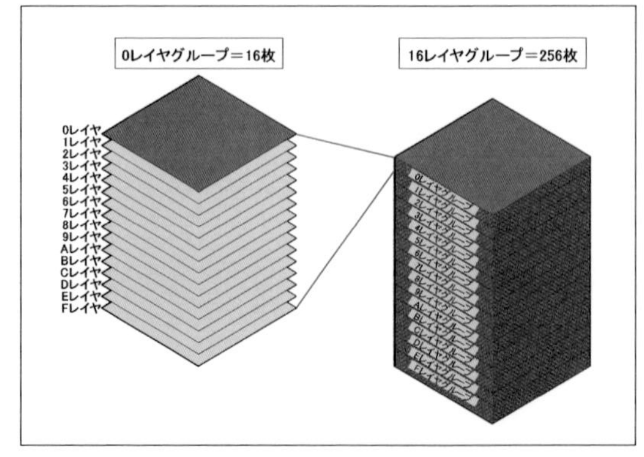
0レイヤグループ＝16枚
16レイヤグループ＝256枚
0レイヤ
1レイヤ
2レイヤ
3レイヤ
4レイヤ
5レイヤ
6レイヤ
7レイヤ
8レイヤ
9レイヤ
Aレイヤ
Bレイヤ
Cレイヤ
Dレイヤ
Eレイヤ
Fレイヤ

3 レイヤグループ一覧を表示する

新規
属取
開く
線角
上書
鉛直
保存
X軸
1 ツールバーの<開く>をクリックし、
2 PC→Windows(C:)ドライブ→「JWW」→「Aマンション平面例」を開きます。
3 レイヤグループバー→<0>の□が赤色で表示されていることを確認し、
4 <0>を右クリックします。

5 「レイヤグループ一覧」ダイアログボックスが表示されます。

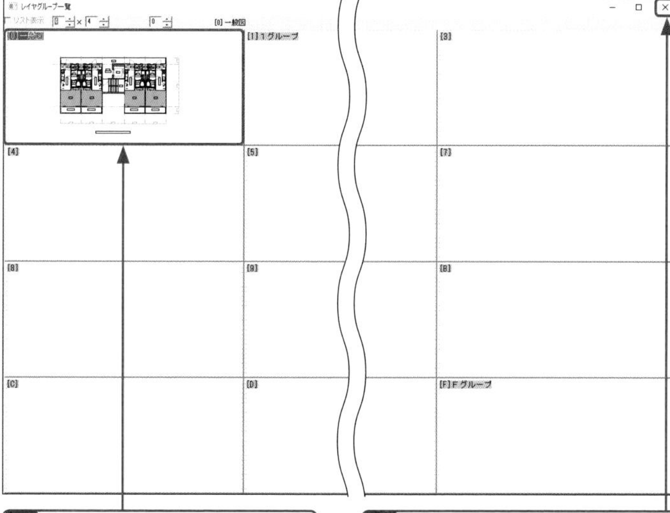
レイヤグループ一覧
[1] 1グループ
[3]
[4]
[5]
[7]
[8]
[9]
[C]
[D]
[F] F グループ

6 「[0] 一般図」グループに作図されていることを確認し、

7 ×<閉じる>をクリックしてダイアログボックスを閉じます。

注意 サンプル図面の保存場所について

今回使用する図面はJw_cadインストール時に添付されているサンプル図面「Aマンション平面例.jww」です。インストールフォルダー（「JWW」フォルダー）に収納されています（ここでは、「Windows(C:)」→「JWW」フォルダー内）。

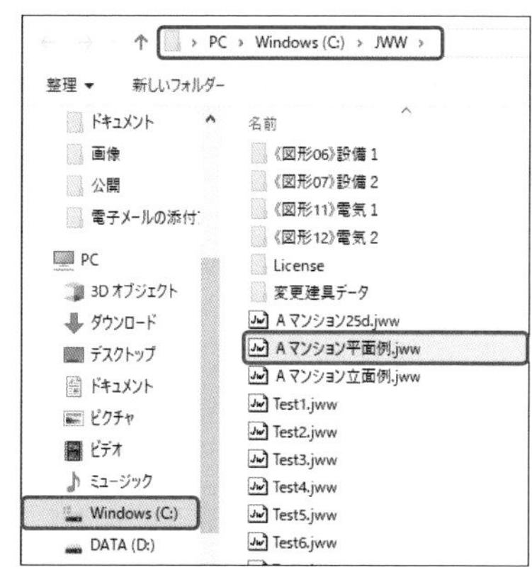
PC › Windows (C:) › JWW ›
整理
新しいフォルダー
ドキュメント
画像
公開
電子メールの添付
PC
3D オブジェクト
ダウンロード
デスクトップ
ドキュメント
ピクチャ
ビデオ
ミュージック
Windows (C:)
DATA (D:)
名前
《図形06》設備1
《図形07》設備2
《図形11》電気1
《図形12》電気2
License
変更建具データ
A マンション25d.jww
A マンション平面例.jww
A マンション立面例.jww
Test1.jww
Test2.jww
Test3.jww
Test4.jww
Test5.jww
Test6.jww

4 レイヤ一覧を表示する

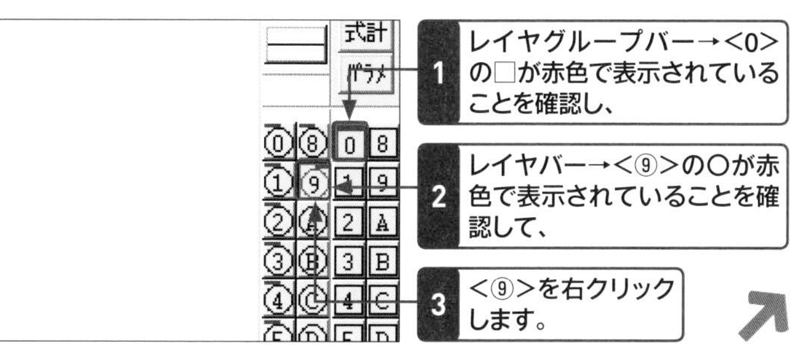
1 レイヤグループバー→<0>の□が赤色で表示されていることを確認し、
2 レイヤバー→<⑨>の○が赤色で表示されていることを確認して、
3 <⑨>を右クリックします。

メモ 「レイヤ設定」ダイアログボックス

ここではレイヤバーを利用しましたが、画面右下のステータスバーにある「書込みレイヤ」(例:[0-9] 図面) をクリックして表示される「レイヤ設定」ダイアログボックスを使っても、設定することができます。

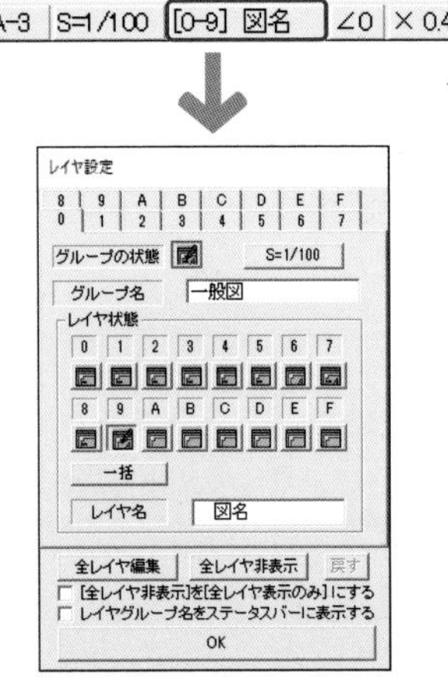

4 「レイヤ一覧([0] グループ)」ダイアログボックスが表示されます。

5 レイヤ分けされた状態で作図されていることを確認し、

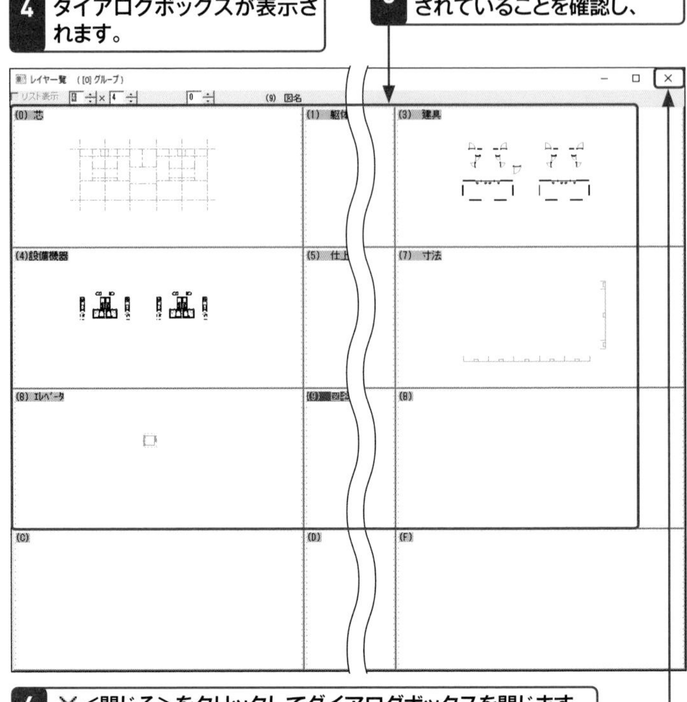

6 ×<閉じる>をクリックしてダイアログボックスを閉じます。

5 レイヤを非表示にする

注意 間違えて右クリックしてしまった場合

手順2 で間違えて右クリックしてしまった場合は、<⑨>を右クリックして書込みレイヤに切り替えてから、再度<⑥>(黒色の円表示)をクリックします。

1 図形を拡大しておきます。

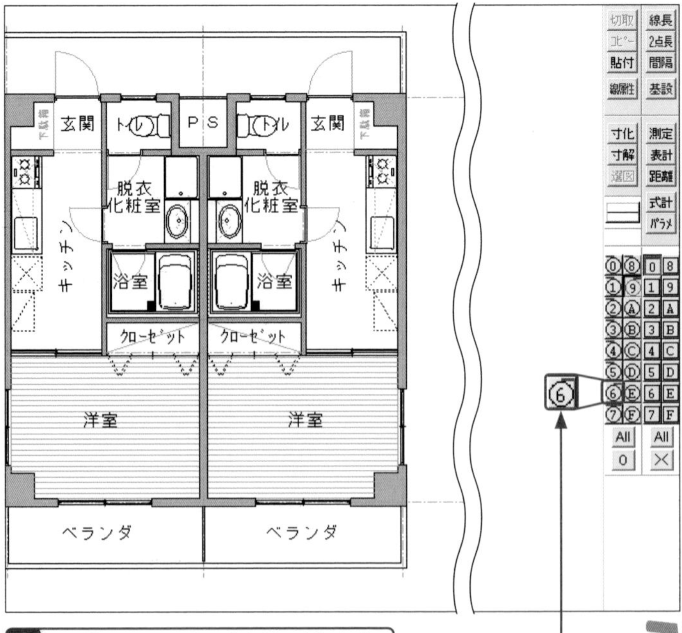

2 レイヤバー→<⑥>をクリックします。

メモ 非表示レイヤについて

「非表示」に設定されたレイヤバー(またはレイヤグループバー)の文字は非表示になります。レイヤ上に作図された図形や文字は、作図ウィンドウ上に表示されず、印刷もされません。

3 クリックした位置のレイヤバーの文字(⑥)が非表示に切り替わります。

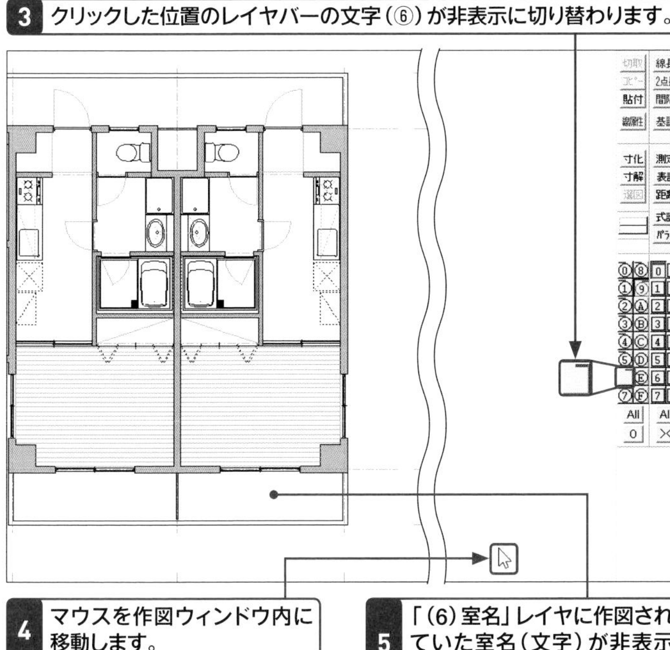

4 マウスを作図ウィンドウ内に移動します。

5 「(6)室名」レイヤに作図されていた室名(文字)が非表示になります。

6 レイヤを表示のみにする

1 レイヤバー→▢(⑥が表示されていた位置)をクリックします。

2 クリックした位置のレイヤバーの文字が「6」に切り替わります。

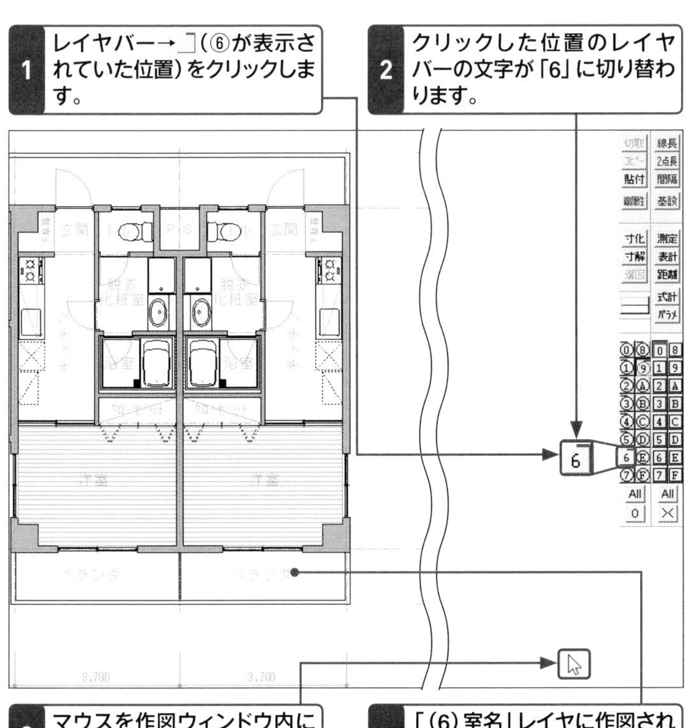

3 マウスを作図ウィンドウ内に移動します。

4 「(6)室名」レイヤに作図されていた室名(文字)が薄く表示されます。

メモ 表示のみのレイヤについて

「表示のみ」に設定されたレイヤバー(またはレイヤグループバー)は、文字のみで表示されます。レイヤ上に作図された図形や文字は、作図ウィンドウ上にグレー表示されますが、編集(移動や削除など)はできません。ただし、基準点の指定や基準線として選択することは可能です。印刷時もグレー表示のまま印刷されます(「カラー印刷」の場合)。

7 レイヤを編集可能にする

キーワード 編集可能レイヤ

「編集可能」に設定されたレイヤバーの文字は丸付き文字で表示されます（レイヤグループバーでは黒色四角囲み文字）。レイヤ上に作図された図形や文字は、作図ウィンドウ上に作図時に設定した線色で表示され、編集（移動や削除など）することができます。また、作図ウィンドウ内の表示と同じ状態で印刷されます。

1 レイヤバー→<6>をクリックします。
2 クリックした位置のレイヤバーの文字が「⑥」に切り替わります。

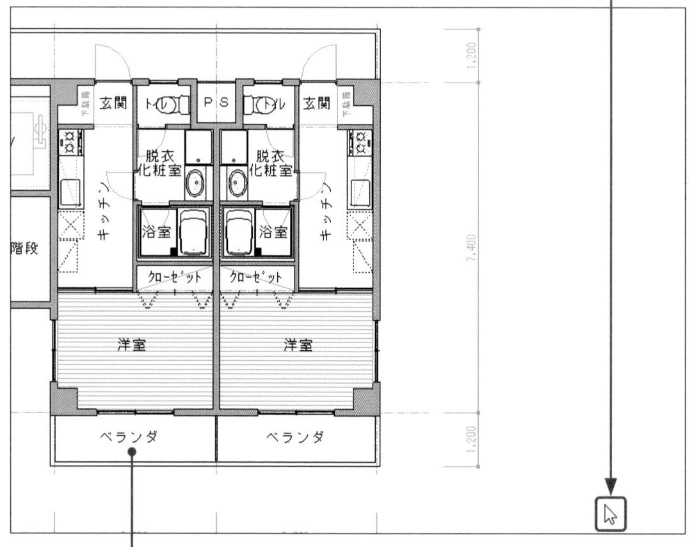
3 マウスを作図ウィンドウ内に移動します。
玄関
トイレ
PS
脱衣 化粧室
キッチン
浴室
階段
クローゼット
洋室
ベランダ
4 「(6)室名」レイヤに作図されていた室名（文字）が表示されます。

8 書込みレイヤにする

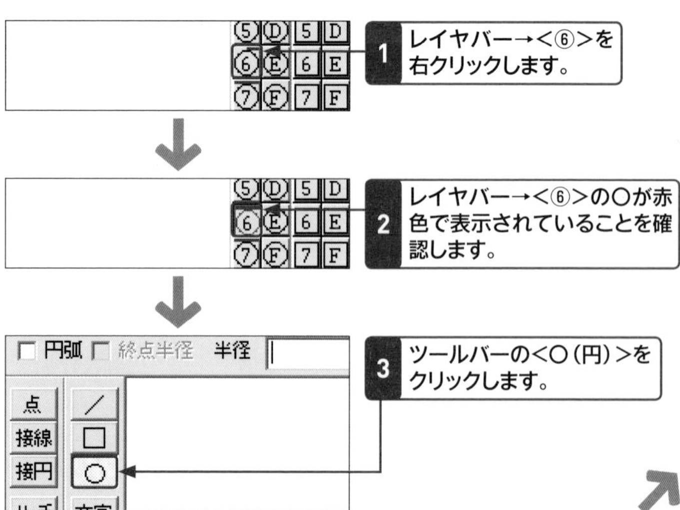
1 レイヤバー→<⑥>を右クリックします。
2 レイヤバー→<⑥>の○が赤色で表示されていることを確認します。
円弧
終点半径
半径
点
接線
接円
3 ツールバーの<○(円)>をクリックします。

4 任意の位置に円を作図します。

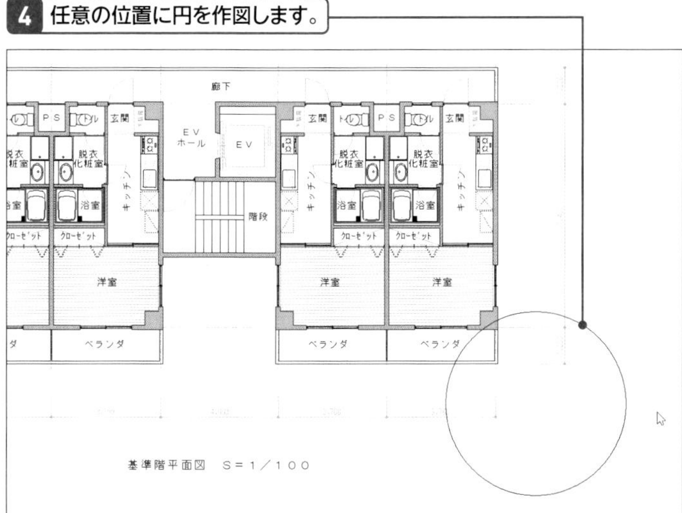
廊下
玄関
PS
EV
ホール
脱衣
化粧室
キッチン
浴室
階段
クローゼット
洋室
ベランダ
基準階平面図　S＝1／100

メモ　書込みレイヤ

「書込み」に設定されたレイヤバーの文字は赤色の円と文字で表示されます（レイヤグループバーでは赤色四角囲み文字）。書込みレイヤは図形を作図・編集することができるレイヤです。ただし、複数のレイヤを同時に書込み状態にすることはできません。ほかのレイヤを書込みレイヤに変更すると、書込みレイヤだったレイヤは「編集可能」レイヤに切り替わります。また、書込みレイヤに設定されているレイヤを「非表示」「表示のみ」に切り替えることはできません。

9 書込みレイヤ以外を非表示にする

1 レイヤバー→<All>をクリックします。

2 レイヤバーの<⑥>レイヤ以外の文字が一斉に非表示になります。

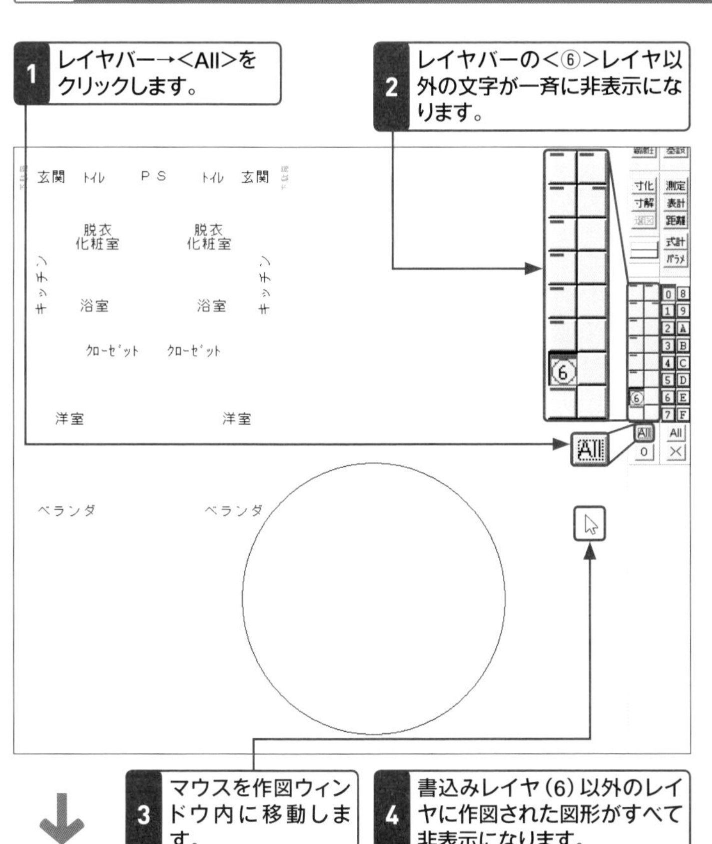
玄関
トイレ
PS
脱衣
化粧室
キッチン
浴室
クローゼット
洋室
ベランダ
寸化
測定
寸解
表計
距離
式計
パラメ
All
0

3 マウスを作図ウィンドウ内に移動します。

4 書込みレイヤ（6）以外のレイヤに作図された図形がすべて非表示になります。

5 ×<閉じる>をクリックして図面を閉じます（※保存はしません）。

キーワード　Allボタン

レイヤバー（レイヤグループバー）の<All>をクリックすると、書込みレイヤ（レイヤグループ）以外のレイヤを一斉に切り替えることができます。クリックごとに「非表示」→「表示のみ」→「編集可能」を循環して切り替えます。また、<All>を右クリックすることで、書込みレイヤ（レイヤグループ）以外のレイヤ（レイヤグループ）を一斉に「編集可能」に切り替えることができます。

Section 57 レイヤグループの尺度とレイヤ名を設定する

覚えておきたいキーワード
- ☑ レイヤグループ
- ☑ レイヤ名
- ☑ レイヤ一覧

第6章では、DIY用の椅子の側面図、正面図、アイソメ図を作図します。このSectionでは、側面図を作図するレイヤグループの尺度とレイヤ名を設定します。データを管理し、図面を理解する上で「レイヤ」はとても重要な機能です。このタイミングでしっかり押さえておきましょう。

練習用ファイル	Sec57.jww

1 レイヤグループの尺度を設定する

尺度について

Jw_cadでは、レイヤグループごとに尺度を設定することができます。ここでは、以下のように設定します。
[0] 平面図レイヤグループを「S=1/10」
[1] 側面図レイヤグループを「S=1/10」
[2] 正面図レイヤグループを「S=1/10」
[F] 図枠レイヤグループを「S=1/1」

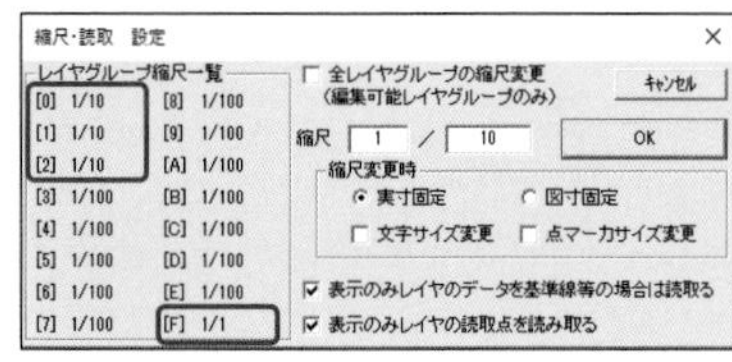

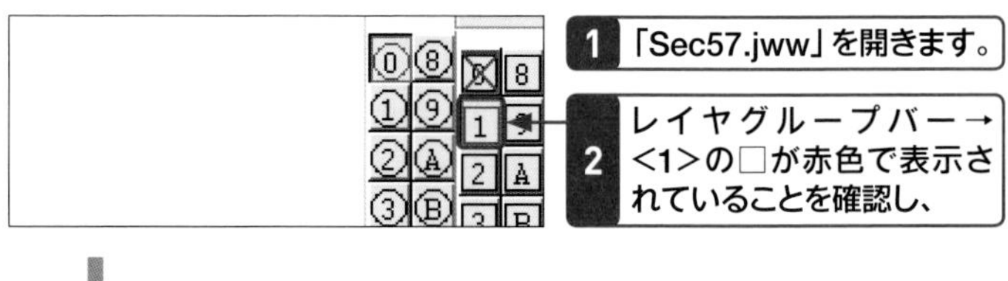

1 「Sec57.jww」を開きます。

2 レイヤグループバー→<1>の□が赤色で表示されていることを確認し、

3 ステータスバー→<S=1/100>（縮尺）をクリックします。

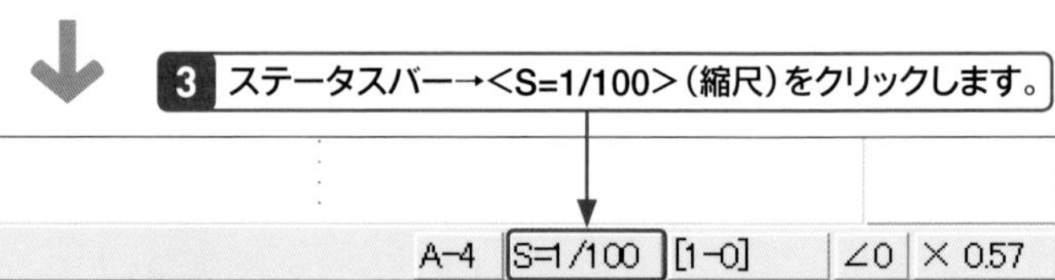
A-4
S=1/100
[1-0]
∠0
× 0.57

4 「縮尺・読取　設定」ダイアログボックスが表示されるので、

5 縮尺の分母を「10」に変更し、

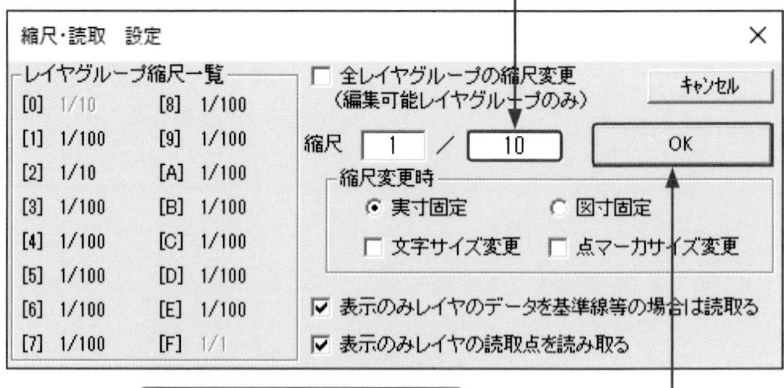
縮尺・読取　設定
レイヤグループ縮尺一覧
[0] 1/10　[8] 1/100
[1] 1/100　[9] 1/100
[2] 1/10　[A] 1/100
[3] 1/100　[B] 1/100
[4] 1/100　[C] 1/100
[5] 1/100　[D] 1/100
[6] 1/100　[E] 1/100
[7] 1/100　[F] 1/1
全レイヤグループの縮尺変更
（編集可能レイヤグループのみ）
キャンセル
縮尺 1 / 10
OK
縮尺変更時
実寸固定
図寸固定
文字サイズ変更
点マーカサイズ変更
表示のみレイヤのデータを基準線等の場合は読取る
表示のみレイヤの読取点を読み取る

6 <OK>をクリックします。

7 ステータスバーの尺度設定が「S=1/10」に変更されたことを確認します。

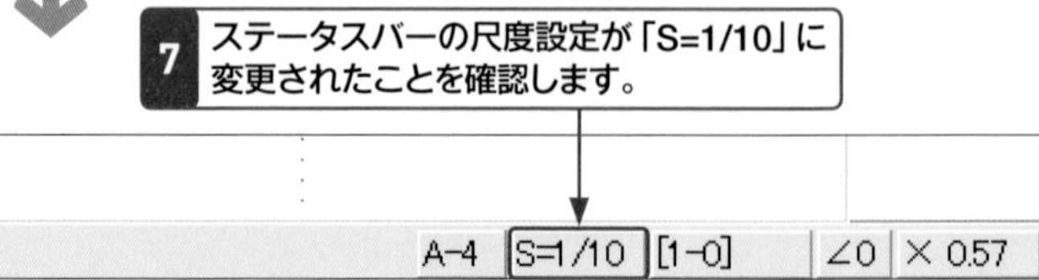
A-4
S=1/10
[1-0]
∠0
× 0.57

ステータスバーの尺度表示

ステータスバーに表示される尺度は、現在の書込みレイヤグループの尺度が表示されます。

2 レイヤ名を設定する

1 レイヤバー→<0>を右クリックします。

2 「レイヤ一覧（［1］グループ）」ダイアログボックスが表示されるので、

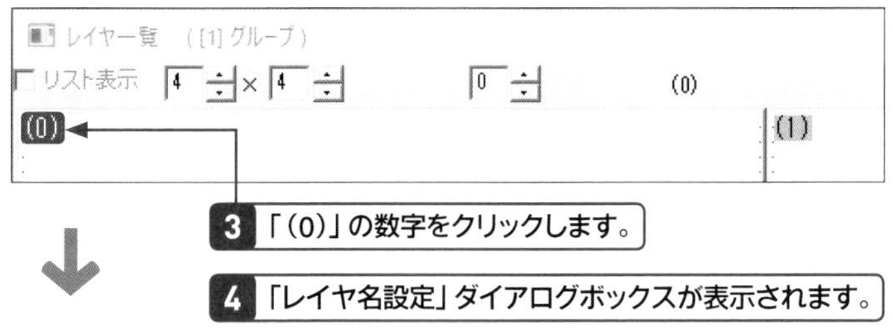

レイヤ一覧 （[1] グループ）
リスト表示
(0)
(1)

3 「(0)」の数字をクリックします。

4 「レイヤ名設定」ダイアログボックスが表示されます。

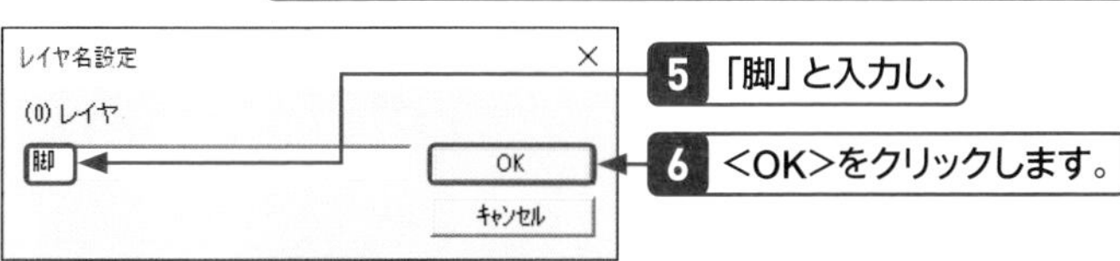

レイヤ名設定
(0) レイヤ
脚
OK
キャンセル

5 「脚」と入力し、

6 <OK>をクリックします。

7 手順3〜6を繰り返して、(1)〜(6)および(F)にそれぞれレイヤ名を設定します。

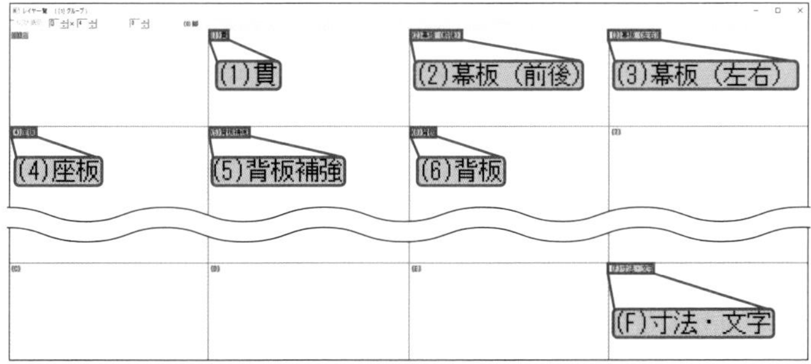

(1)貫
(2)幕板（前後）
(3)幕板（左右）
(4)座板
(5)背板補強
(6)背板
(F)寸法・文字

8 ×<閉じる>をクリックしてダイアログボックスを閉じます。

メモ レイヤ名の表示について

登録したレイヤ名は、対象のレイヤを書込み状態にした際に、ステータスバーに表示されます。書込みレイヤには「［レイヤグループ番号ーレイヤ番号］ レイヤ名」が表示されます。

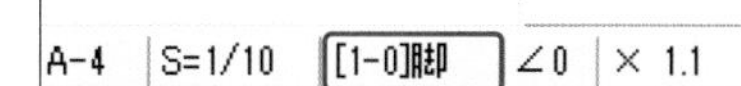

A-4
S=1/10
[1-0]脚
∠0
× 1.1

キーワード プロテクトレイヤ

今回の図面には「［0］平面図レイヤグループ」と「［F］図枠レイヤグループ」をプロテクトレイヤグループとして設定しています。そのため、プロテクトされたレイヤ（グループ）は表示の切り替えやデータの変更、書込みなどができません。解除する場合は、Ctrl と Shift キーを同時に押しながら、レイヤバーの文字をクリックします。プロテクトレイヤの詳細については、P.251のメモ「プロテクトレイヤについて」を参照してください。

ステップアップ 「レイヤ（グループ）一覧」ダイアログボックスについて

「レイヤ（グループ）一覧」ダイアログボックス内のサムネイル領域（レイヤ名上以外）をクリックするごとに、「編集可能」→「非表示」→「表示のみ」を切り替えることができます。「書込みレイヤ」に切り替える場合のみ、サムネイル領域を右クリックします。

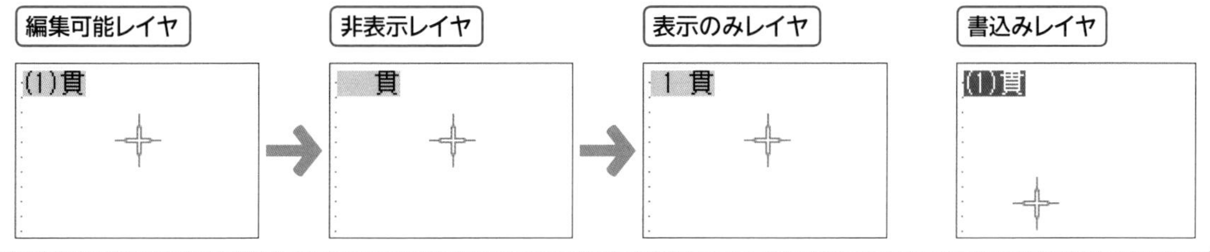

編集可能レイヤ
(1)貫
非表示レイヤ
貫
表示のみレイヤ
1 貫
書込みレイヤ
(1)貫

Section 58 側面図の外形線を作図する①

覚えておきたいキーワード
☑ 属性取得
☑ 矩形
☑ レイヤ

ここでは、1x4および2x4の木材を使用した椅子の設計図を作図します。まず矩形（長方形）を組み合わせて側面図を作図します。Sec.57で設定した画層に、線色を指定して部材の位置関係を確認しながら作図することで、全体のイメージをつかんでいきましょう。

練習用ファイル	Sec58.jww		
メニュー	［設定］メニュー→［属性取得］		
ツールバー	［属取］		
ショートカット	Tab	クロックメニュー	左PM6時

1 背板補強を作図する

メモ　側面図について

このSectionでは、まず矩形（長方形）を組み合わせて側面図を作図します。

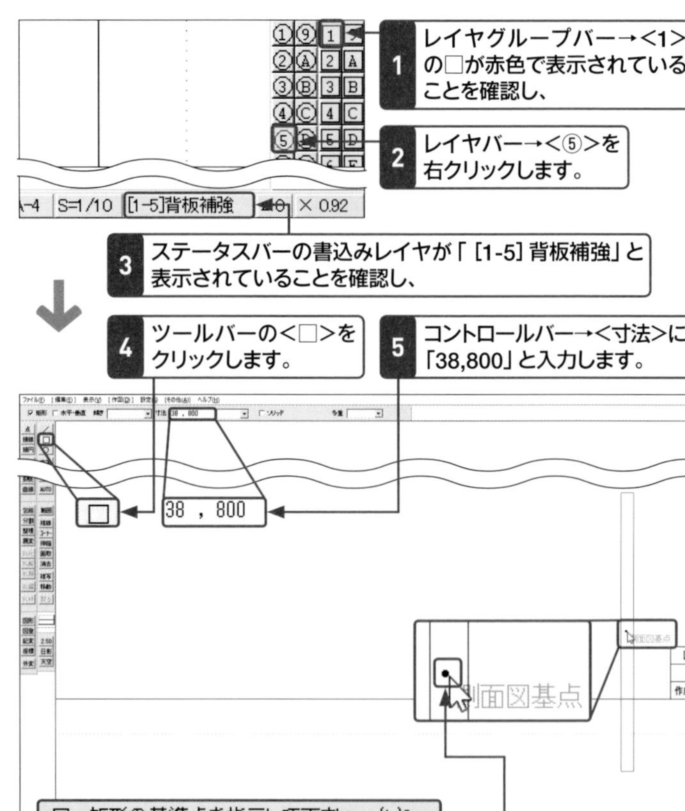
1 レイヤグループバー→<1>の□が赤色で表示されていることを確認し、
2 レイヤバー→<⑤>を右クリックします。
[1-5]背板補強
3 ステータスバーの書込みレイヤが「［1-5］背板補強」と表示されていることを確認し、
4 ツールバーの<□>をクリックします。
5 コントロールバー→<寸法>に「38,800」と入力します。
38 , 800
側面図基点
□ 矩形の基準点を指示して下さい。(L)free
6 ステータスバーに「矩形の基準点を指示して下さい。」と表示されていることを確認します。
7 「側面図基点」の点を右クリックします。

メモ　作図するパーツについて

ここでは「背板補強」部分を作図します。

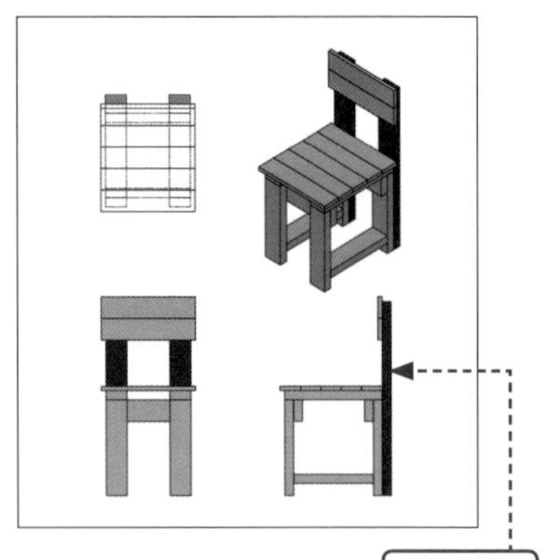
背板補強

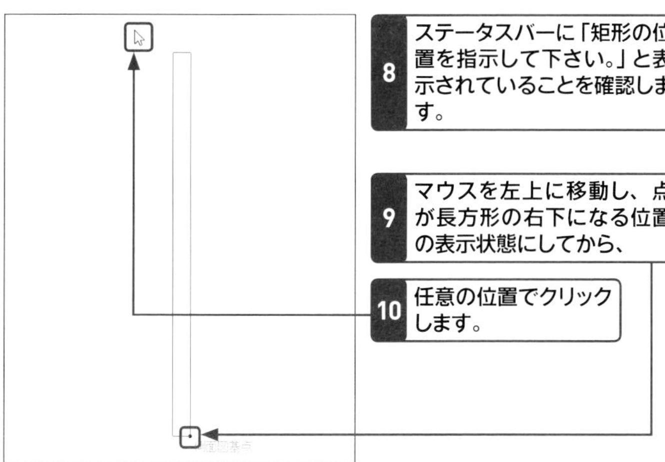
8 ステータスバーに「矩形の位置を指示して下さい。」と表示されていることを確認します。
9 マウスを左上に移動し、点が長方形の右下になる位置の表示状態にしてから、
10 任意の位置でクリックします。

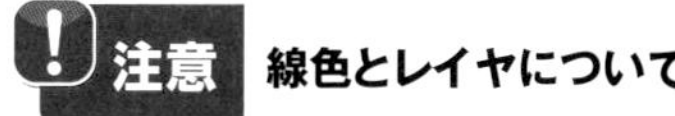
注意 線色とレイヤについて

今回は編集しやすいように、パーツごとに線色とレイヤを切り替えて作図します。ただし、印刷する場合は線色で線の太さが異なるので、基本設定で線幅を調整するようにしてください(P.188参照)。

2 後ろ脚を作図する

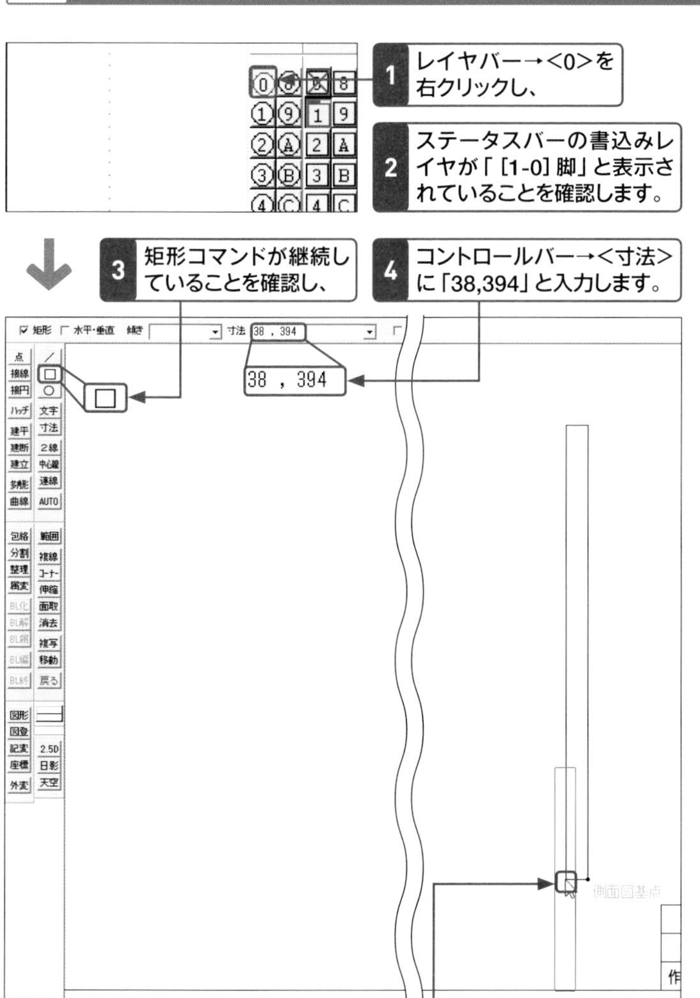
1 レイヤバー→<0>を右クリックし、
2 ステータスバーの書込みレイヤが「[1-0] 脚」と表示されていることを確認します。
3 矩形コマンドが継続していることを確認し、
4 コントロールバー→<寸法>に「38,394」と入力します。
38 , 394

5 背板補強材の左下の角を右クリックします。

メモ 作図するパーツについて

ここでは「後ろ脚」部分を作図します。

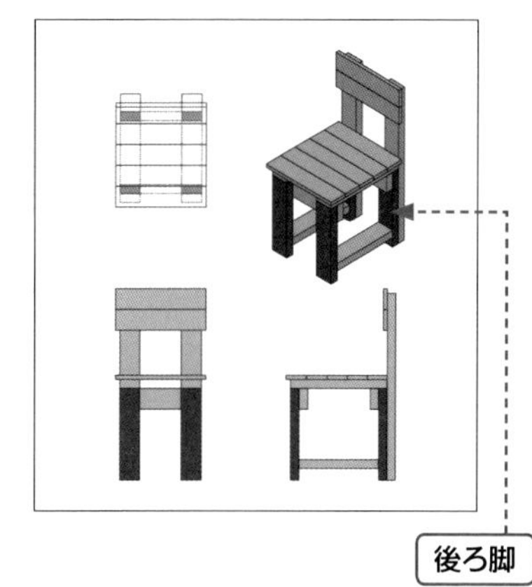
後ろ脚

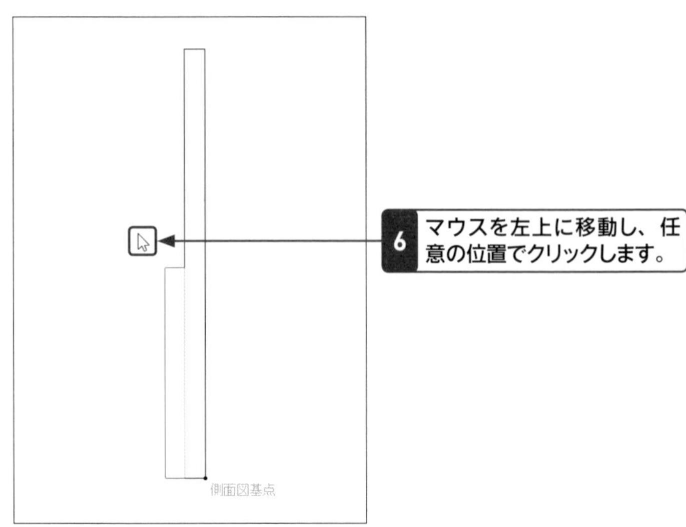
側面図基点
6 マウスを左上に移動し、任意の位置でクリックします。

3 幕板（左右）を作図する

メモ 作図するパーツについて

ここでは「幕板（左右）」部分を作図します。

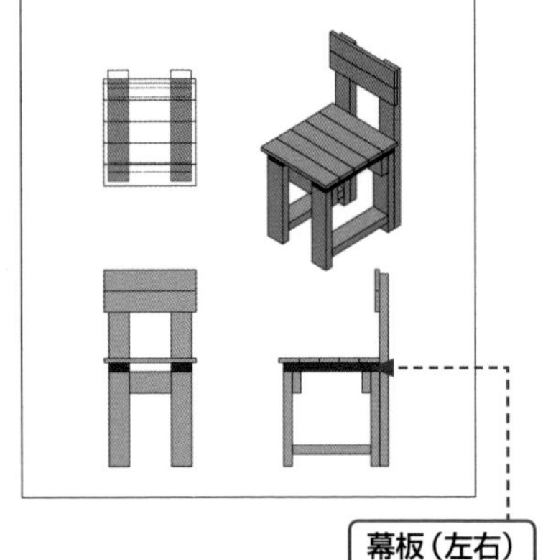
幕板（左右）

1 レイヤバー→<③>を右クリックします。

2 ステータスバーの書込みレイヤが「［1-3］幕板（左右）」と表示されていることを確認します。

3 <—>（線属性）をクリックします。

4 「線属性」ダイアログボックスが表示されます。

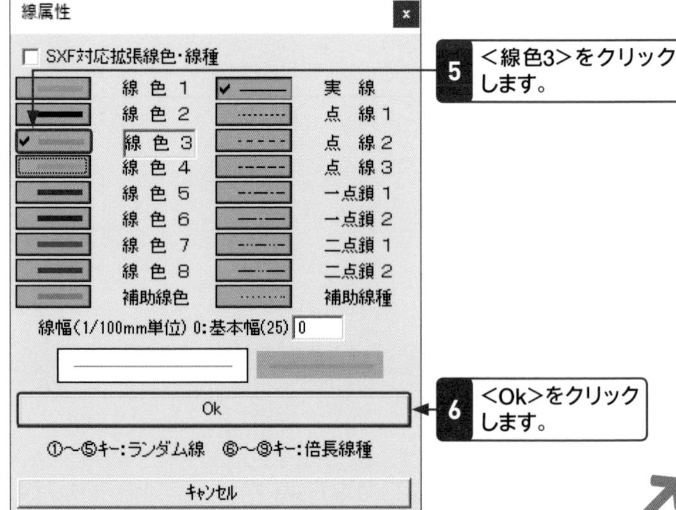
線属性
SXF対応拡張線色・線種
線色1
線色2
線色3
線色4
線色5
線色6
線色7
線色8
補助線色
実線
点線1
点線2
点線3
一点鎖1
一点鎖2
二点鎖1
二点鎖2
補助線種
線幅(1/100mm単位) 0:基本幅(25)
Ok
①～⑤キー:ランダム線 ⑥～⑨キー:倍長線種
ｷｬﾝｾﾙ

5 <線色3>をクリックします。

6 <Ok>をクリックします。

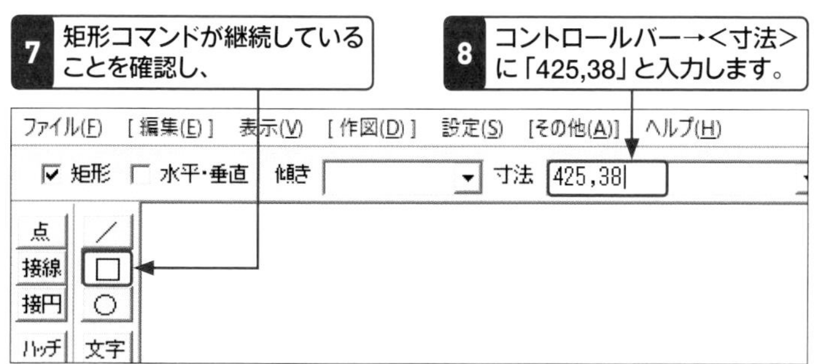
7 矩形コマンドが継続していることを確認し、
8 コントロールバー→<寸法>に「425,38」と入力します。
ファイル(F) [編集(E)] 表示(V) [作図(D)] 設定(S) [その他(A)] ヘルプ(H)
矩形 水平・垂直 傾き 寸法 425,38
点 接線 接円 ハッチ 文字

メモ 作図するレイヤを間違ってしまった場合

作図するレイヤを間違えてしまった場合は、「範囲コマンド」の「属性変更」を使って、書込みレイヤに図形を移動することができます。操作の詳細については、P.92のSec.29を参照してください。

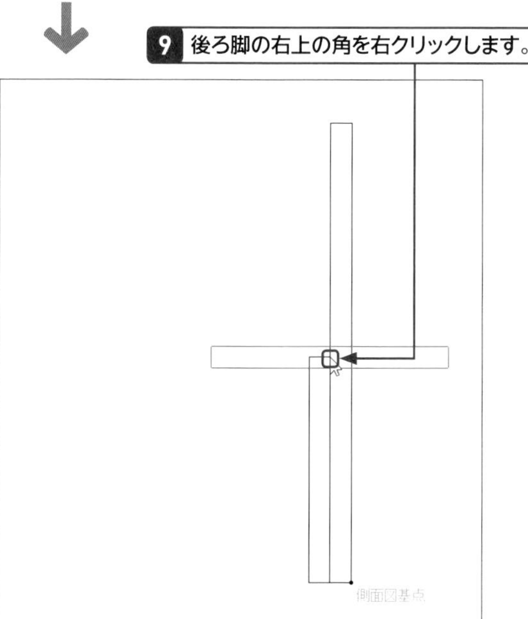
9 後ろ脚の右上の角を右クリックします。
側面図基点

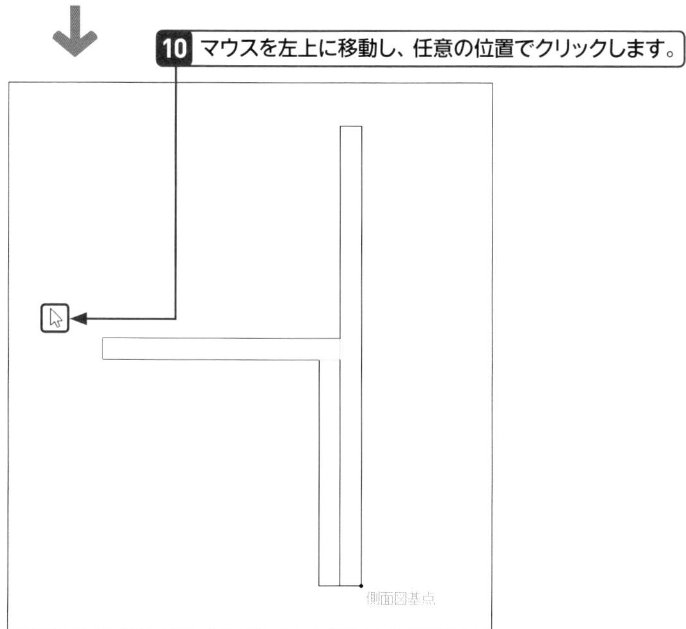
10 マウスを左上に移動し、任意の位置でクリックします。
側面図基点

4 前脚を作図する

キーワード　属性取得

属性取得コマンド(<属取>)を使用すると、選択した図形の「書込みレイヤ」「線色」「線種」に変更されます。図形の上でクリックしながら下方向にドラッグ(クロックメニュー「左PM6時」)でも取得できます。

メモ　線属性の確認

線属性は線属性のボタン表示で確認でき、線の色は標準で9種類用意されています。ボタンで確認しづらい場合は、ボタンをクリックして表示される「線属性」ダイアログボックスで確認してください。

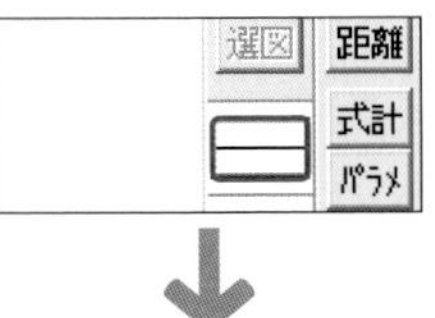
選図
距離
式計
ﾊﾟﾗﾒ

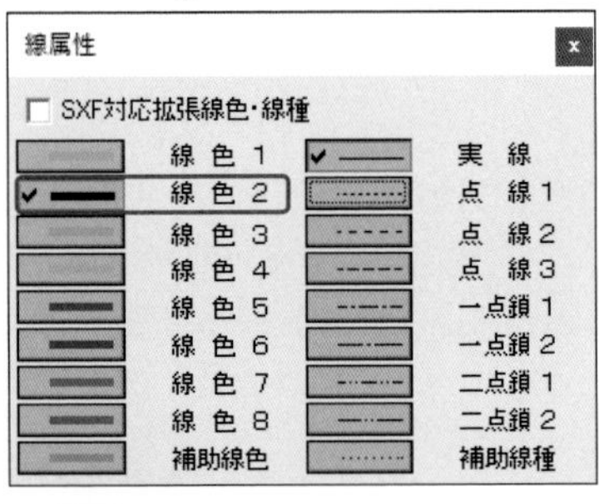
線属性
SXF対応拡張線色・線種
線 色 1
線 色 2
線 色 3
線 色 4
線 色 5
線 色 6
線 色 7
線 色 8
補助線色
実 線
点 線 1
点 線 2
点 線 3
一点鎖 1
一点鎖 2
二点鎖 1
二点鎖 2
補助線種

メモ　作図するパーツについて

ここでは「前脚」部分を作図します。

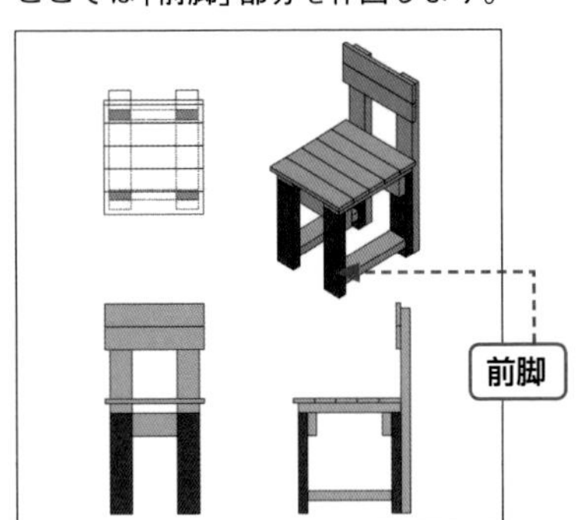
前脚

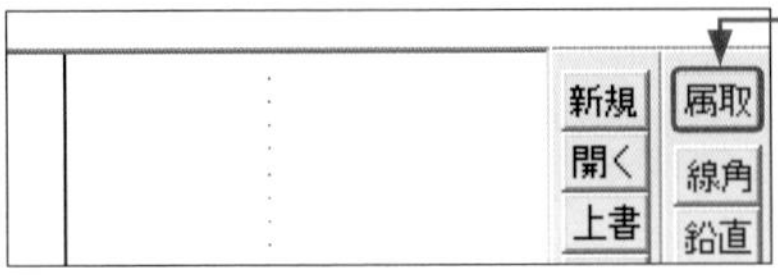

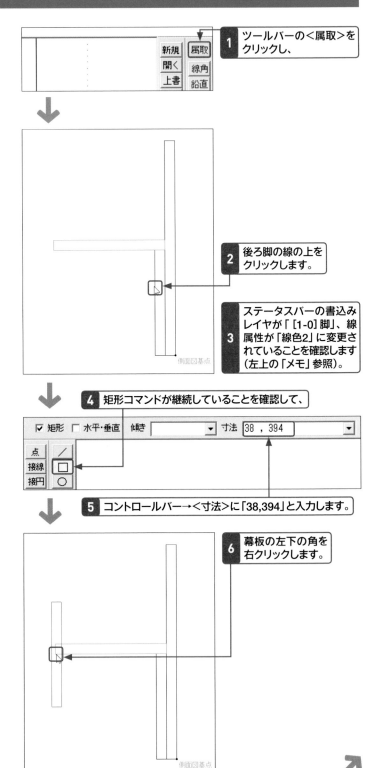

1 ツールバーの<属取>をクリックし、

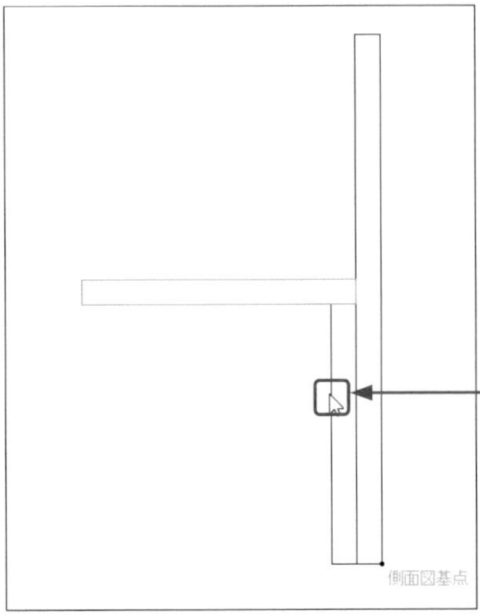

2 後ろ脚の線の上をクリックします。

3 ステータスバーの書込みレイヤが「[1-0] 脚」、線属性が「線色2」に変更されていることを確認します(左上の「メモ」参照)。

4 矩形コマンドが継続していることを確認して、

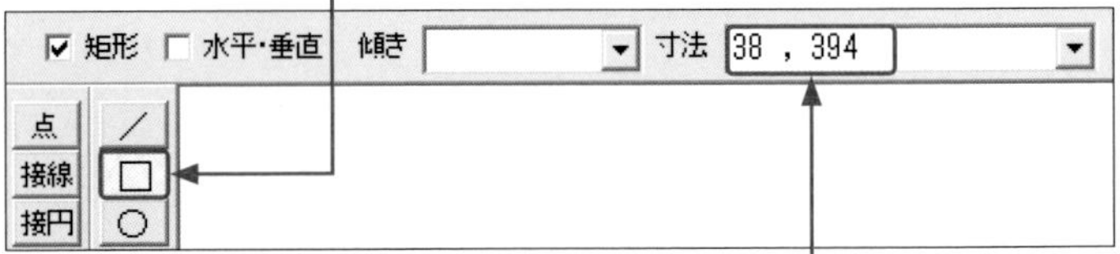

5 コントロールバー→<寸法>に「38,394」と入力します。

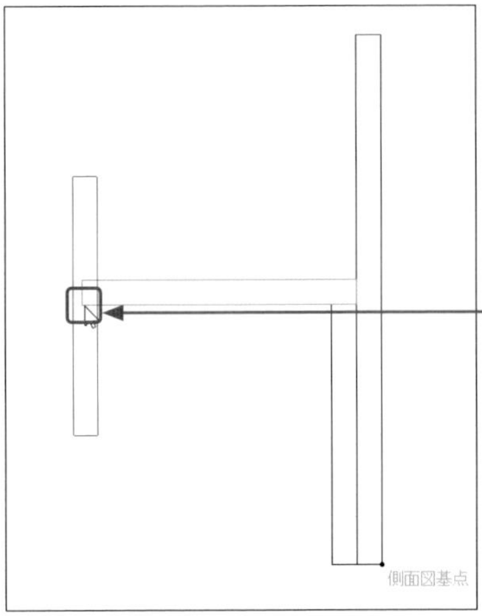

6 幕板の左下の角を右クリックします。

7 マウスを右下に移動し、任意の位置でクリックします。

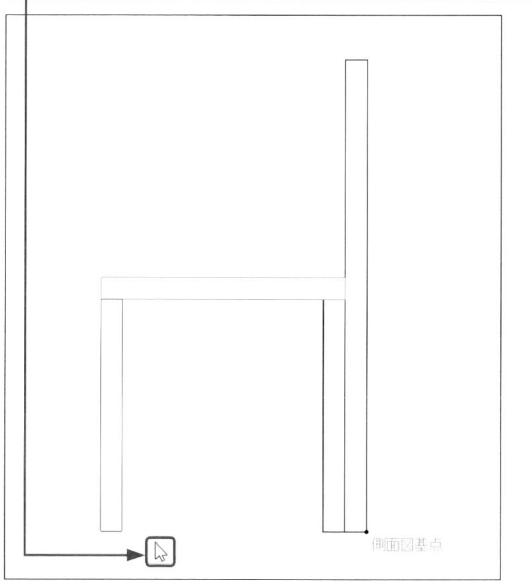
側面図基点

メモ 寸法の履歴

P.208手順**5**で、コントロールバー→<寸法>の<▼>をクリックして、履歴のプルダウンリストよりP.205手順**4**で入力した「38, 394」をクリックして選択することもできます。

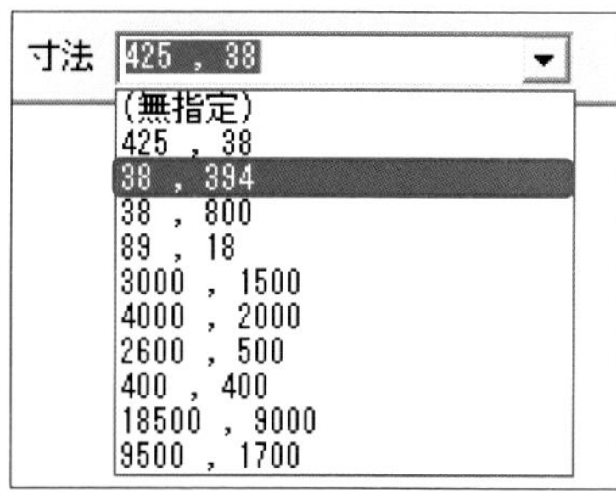
寸法
425 , 38
(無指定)
425 , 38
38 , 394
38 , 800
89 , 18
3000 , 1500
4000 , 2000
2600 , 500
400 , 400
18500 , 9000
9500 , 1700

5 幕板（前後）を作図する

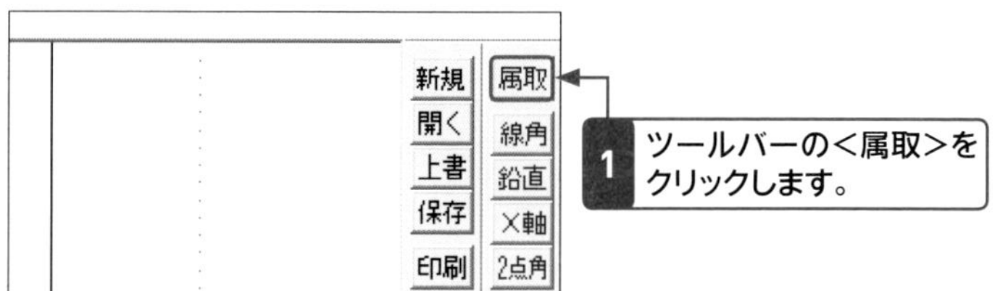
新規
開く
上書
保存
印刷
属取
線角
鉛直
X軸
2点角

1 ツールバーの<属取>をクリックします。

2 幕板（左右）の線をクリックします。

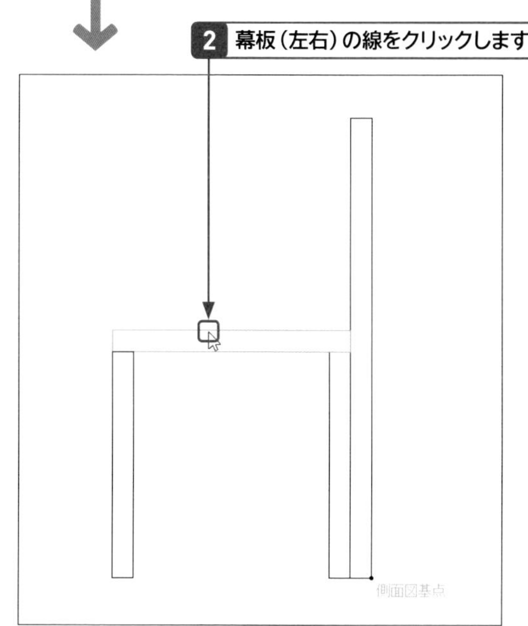
側面図基点

メモ 作図するパーツについて

ここでは「幕板（前後）」部分を作図します。

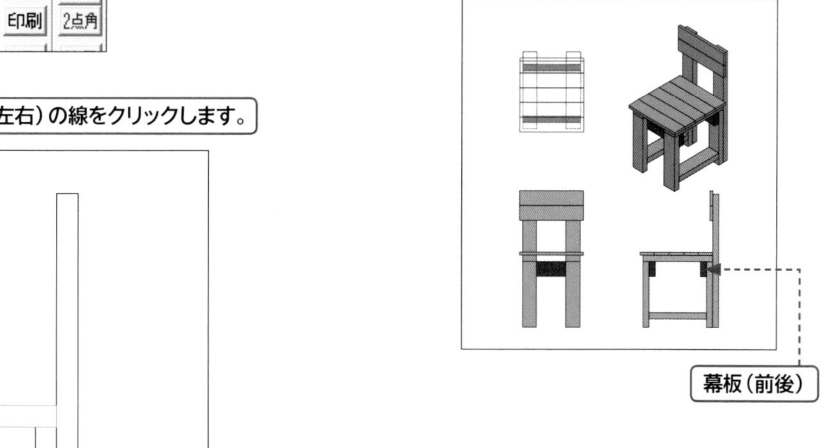
幕板（前後）

キーワード 幕板

幕板は、横に長い板の総称として使われます。今回のように家具の場合は、脚と脚の間に取り付けた板を示し、建築では水平に取り付けられた幅広の板などを指します。

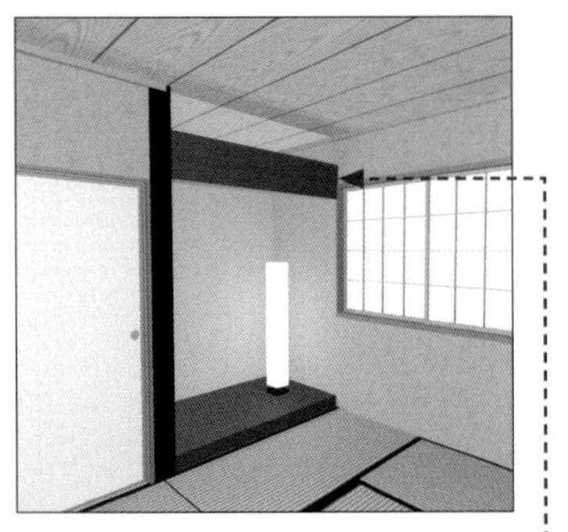
幕板

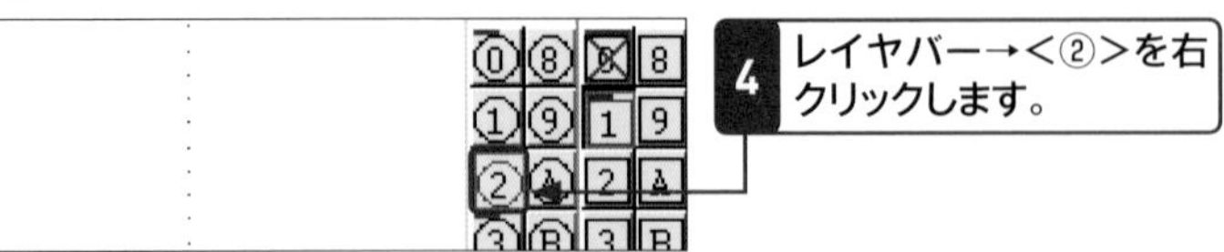
3 線属性が「線色3」に変更されていることを確認します。
4 レイヤバー→<②>を右クリックします。

5 ステータスバーの書込みレイヤが「[1-2] 幕板(前後)」と表示されていることを確認します。
6 矩形コマンドが継続していることを確認し、

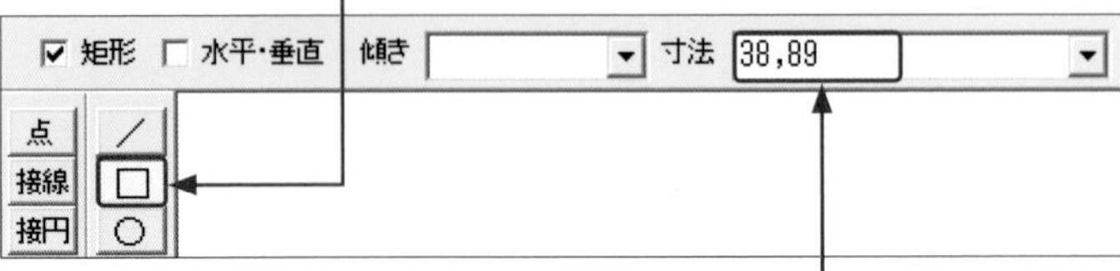
矩形
水平・垂直
傾き
寸法
38,89
点
接線
接円
7 コントロールバー→<寸法>に「38,89」と入力します。

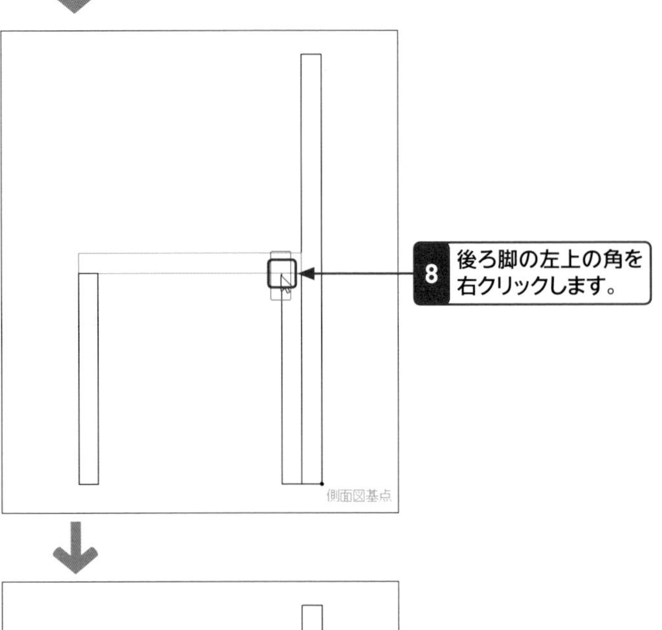
8 後ろ脚の左上の角を右クリックします。
側面図基点

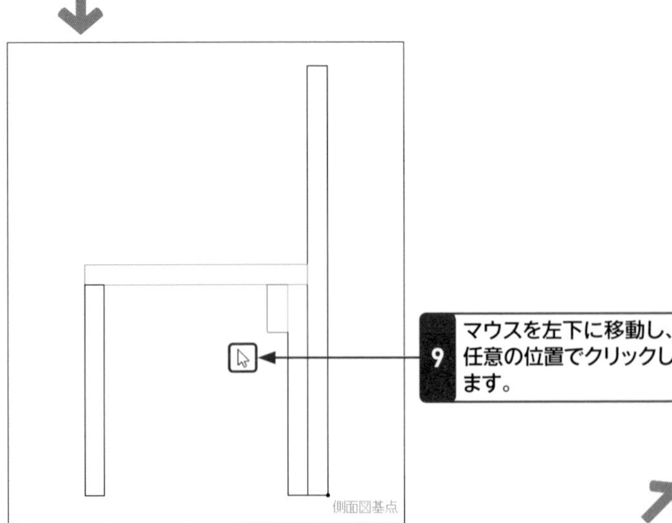
9 マウスを左下に移動し、任意の位置でクリックします。
側面図基点

10 前脚の右上の角を右クリックします。

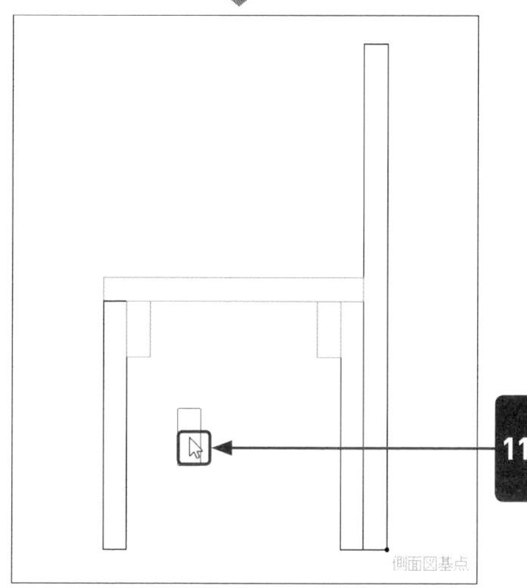
側面図基点

11 マウスを右下に移動し、任意の位置でクリックします。

6 座板を作図する

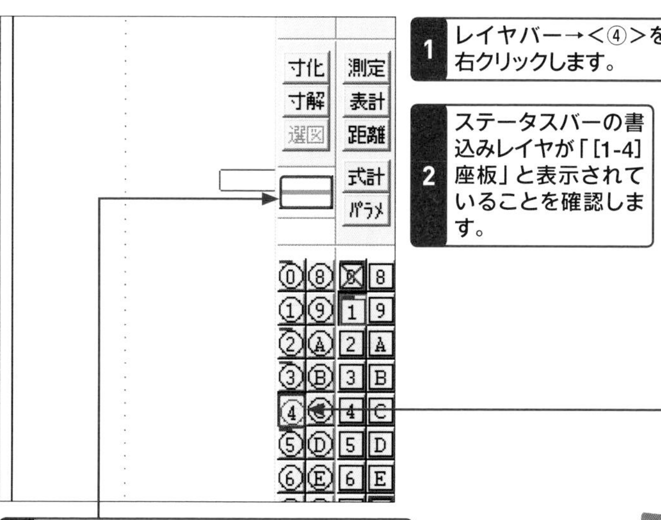
寸化
測定
寸解
表計
選図
距離
式計
パラメ

1 レイヤバー→<④>を右クリックします。

2 ステータスバーの書込みレイヤが「[1-4]座板」と表示されていることを確認します。

3 <—>（線属性ボタン）をクリックします。

メモ 作図するパーツについて

ここでは「座板」部分を作図します。

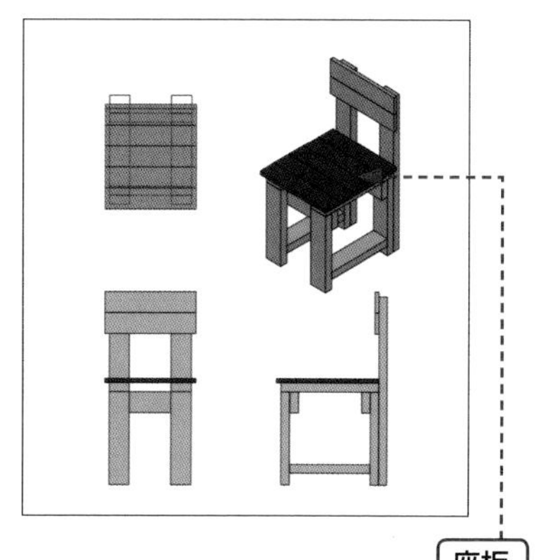
座板

メモ レイヤバーの表示について

レイヤ(グループ)に図形が作図されると、レイヤ(グループ)バーの文字の上部にピンク色の線が表示されます。左側の線が「図形」、右側の線が「文字」を表しています。

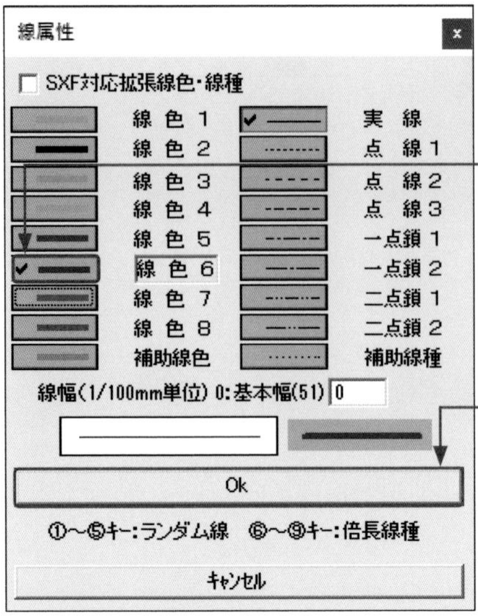

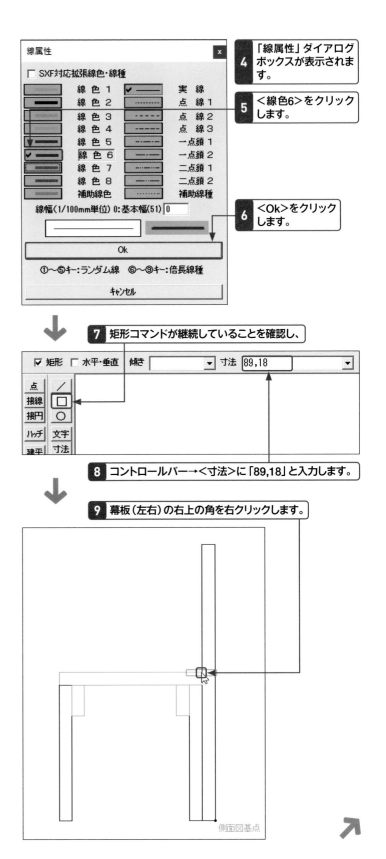

4 「線属性」ダイアログボックスが表示されます。

5 <線色6>をクリックします。

6 <Ok>をクリックします。

線属性
SXF対応拡張線色・線種
線色1
線色2
線色3
線色4
線色5
線色6
線色7
線色8
補助線色
実線
点線1
点線2
点線3
一点鎖1
一点鎖2
二点鎖1
二点鎖2
補助線種
線幅(1/100mm単位) 0:基本幅(51) 0
Ok
①〜⑤キー:ランダム線 ⑥〜⑨キー:倍長線種
ｷｬﾝｾﾙ

7 矩形コマンドが継続していることを確認し、

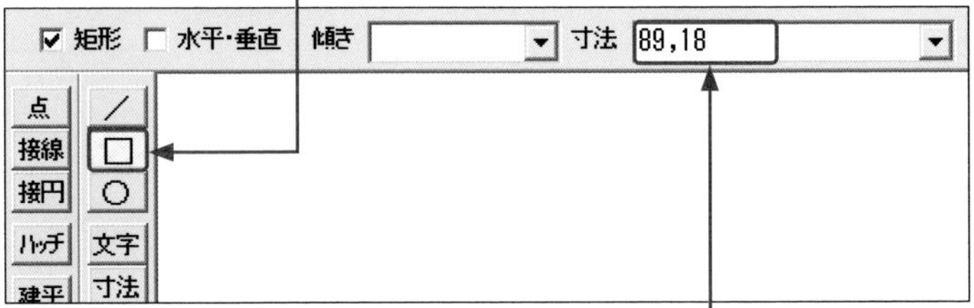

8 コントロールバー→<寸法>に「89,18」と入力します。

矩形
水平・垂直
傾き
寸法 89,18
点
接線
接円
ﾊｯﾁ
建平
文字
寸法

9 幕板(左右)の右上の角を右クリックします。

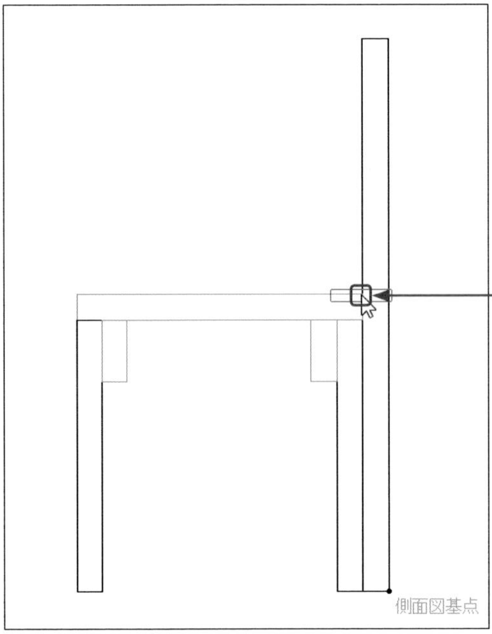

側面図基点

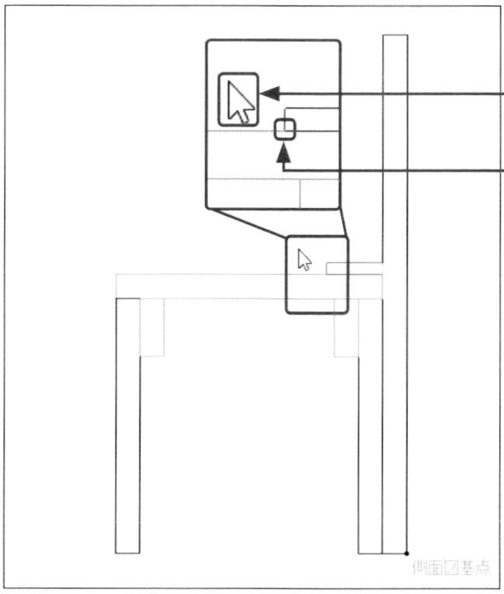

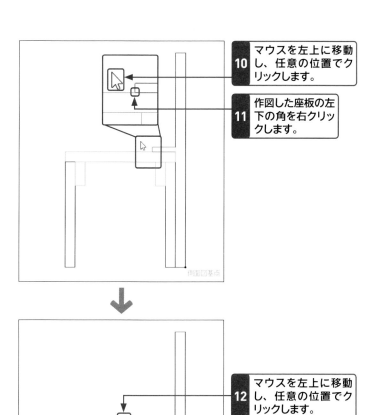

10 マウスを左上に移動し、任意の位置でクリックします。

11 作図した座板の左下の角を右クリックします。

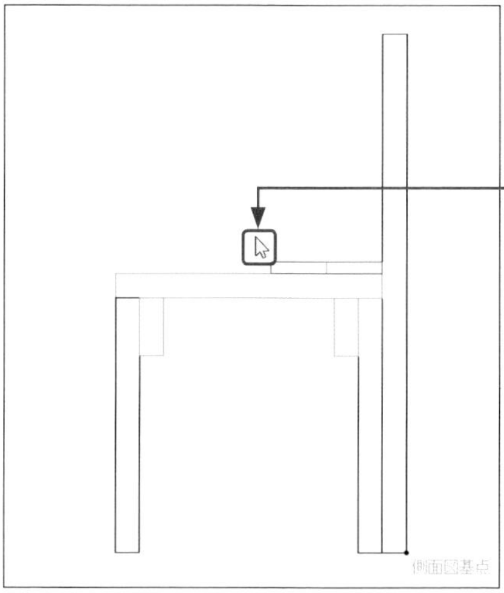

12 マウスを左上に移動し、任意の位置でクリックします。

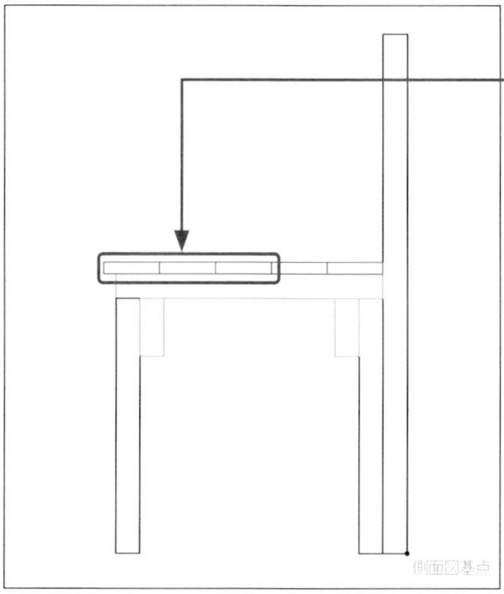

13 手順11～12を繰り返して、残り3枚の座板も同じように作図します。

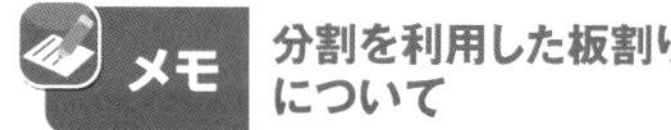

メモ 分割を利用した板割りについて

ここでは長方形のパーツを並べて座面を作成しましたが、作図後に分割コマンドを利用して、板を分割することもできます。分割コマンドの詳細については、P.62のSec.18を参照してください。下図は分割数5で座面を分割した一例です。

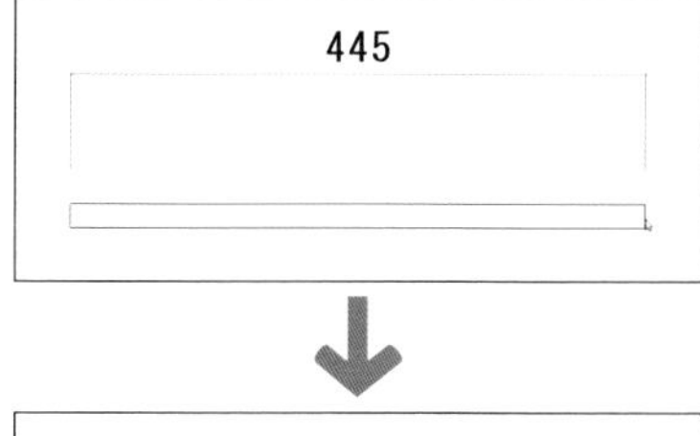
445

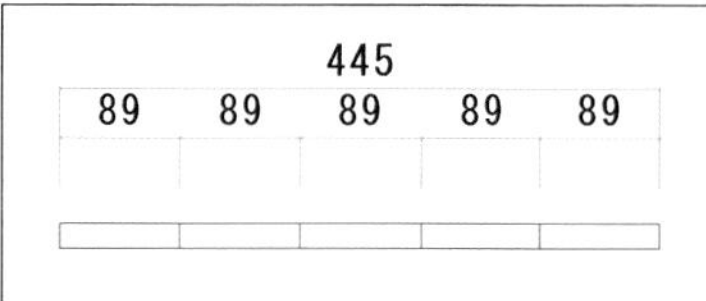
445
89
89
89
89
89

Section 59 側面図の外形線を作図する②

覚えておきたいキーワード
オフセット
クロックメニュー
軸角・目盛・オフセット

ここでは側面図の「貫」と「背板」部分を作図します。位置を指定して図形を配置したい場合はオフセットコマンドを使用します。オフセットは、指定した基準点から「X(水平)座標」と「Y(垂直)座標」を数値で入力することで、離れた位置に図形を配置することができます。

練習用ファイル	Sec59.jww		
メニュー	[設定]メニュー→[軸角・目盛・オフセット]	クロックメニュー	右AM6時

1 貫を作図する

メモ 作図するパーツについて

ここでは「貫」部分を作図します。

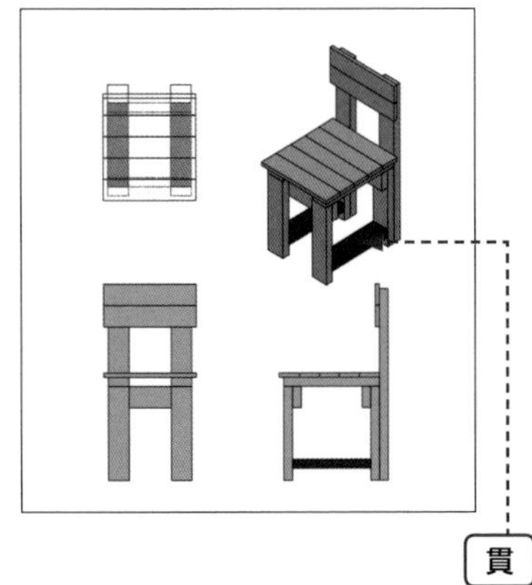
貫

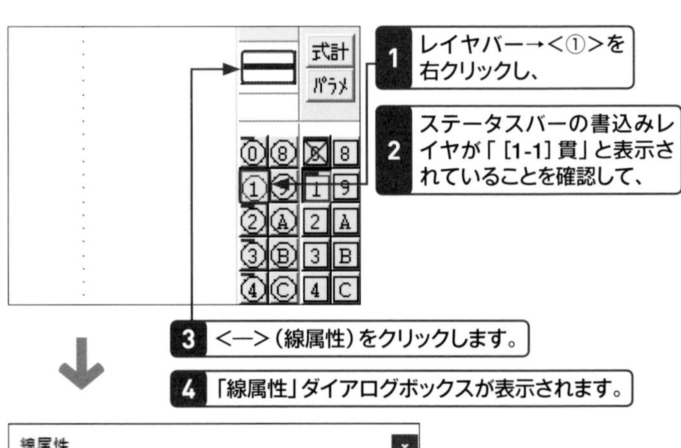
式計
ﾊﾟﾗﾒ

1 レイヤバー→<①>を右クリックし、

2 ステータスバーの書込みレイヤが「[1-1]貫」と表示されていることを確認して、

3 <―>(線属性)をクリックします。

4 「線属性」ダイアログボックスが表示されます。

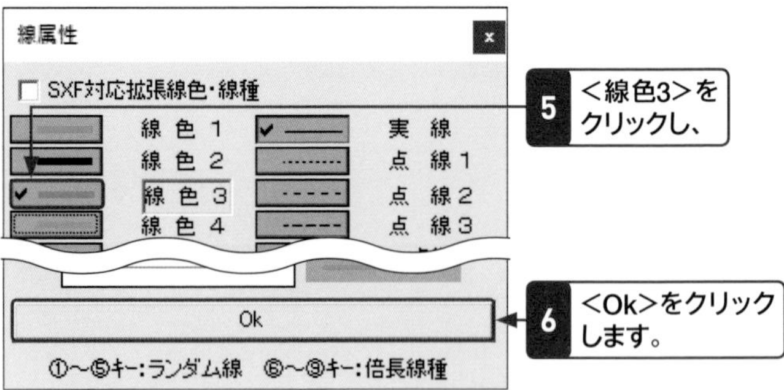
線属性
SXF対応拡張線色・線種
線色1
線色2
線色3
線色4
実線
点線1
点線2
点線3
Ok
①～⑤キー:ランダム線 ⑥～⑨キー:倍長線種

5 <線色3>をクリックし、

6 <Ok>をクリックします。

7 ツールバーの<□>をクリックし、

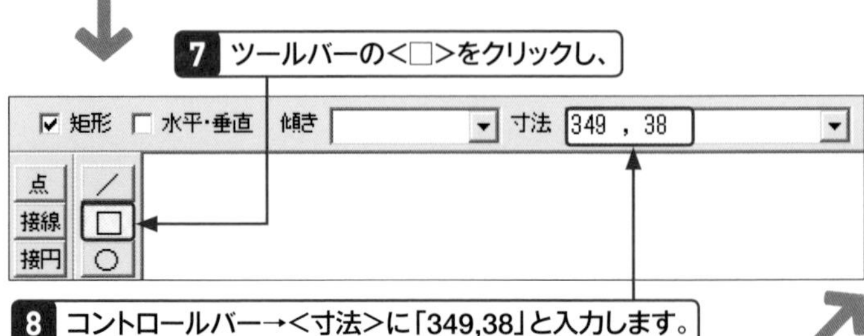
矩形
水平・垂直
傾き
寸法
349 , 38
点
接線
接円

8 コントロールバー→<寸法>に「349,38」と入力します。

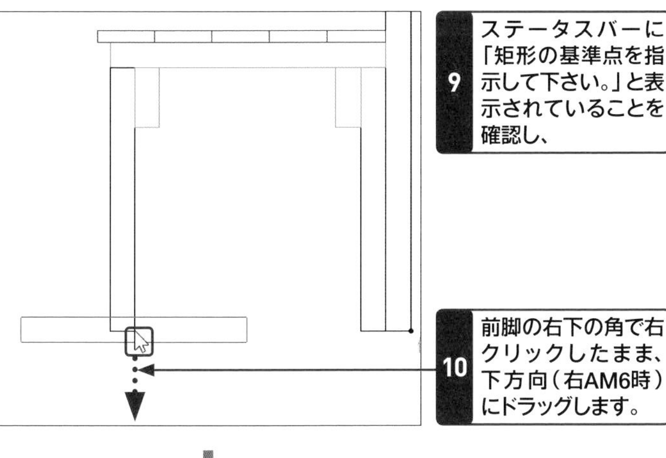

9 ステータスバーに「矩形の基準点を指示して下さい。」と表示されていることを確認し、

10 前脚の右下の角で右クリックしたまま、下方向（右AM6時）にドラッグします。

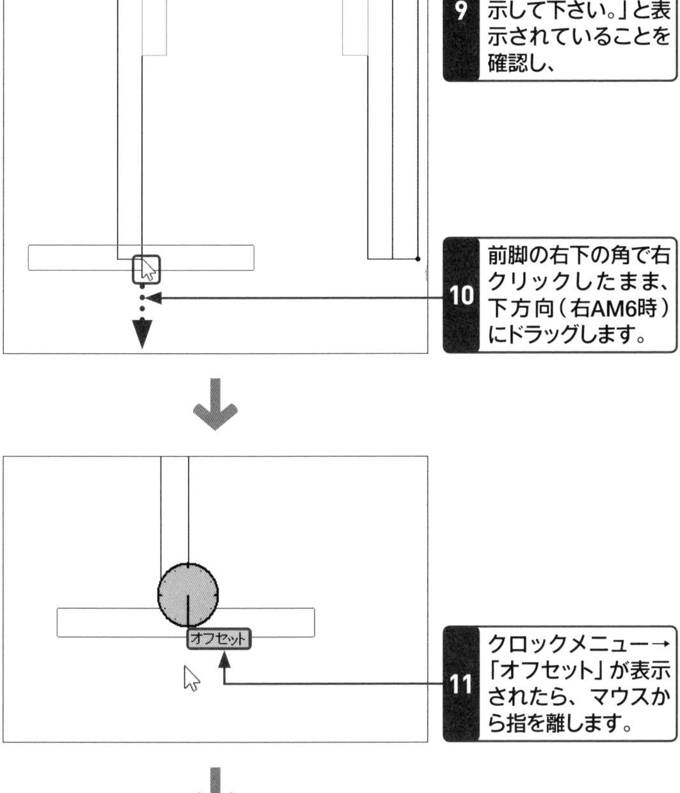
オフセット

11 クロックメニュー→「オフセット」が表示されたら、マウスから指を離します。

12 「オフセット」ダイアログボックスが表示されるので、

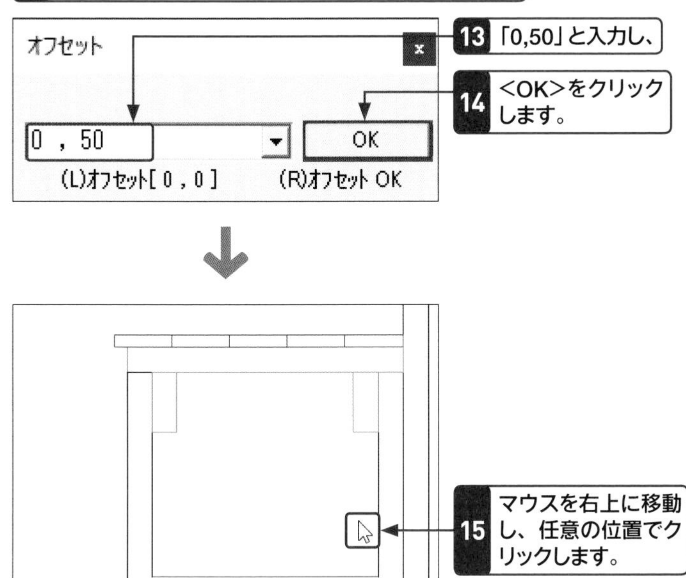
オフセット
0 , 50
OK
(L)オフセット[0 , 0]
(R)オフセット OK

13 「0,50」と入力し、

14 <OK>をクリックします。

15 マウスを右上に移動し、任意の位置でクリックします。

メモ オフセット値について

オフセットコマンドを利用すると、指定した基準点から「水平方向」と「垂直方向」を入力して点を指示することができます。ここでは、前脚の右下の角を基準に上方向に50の位置に貫を配置するため、オフセットの値を「0,50」に設定しています。オフセットの詳細についてはP.68のSec.21を参照してください。

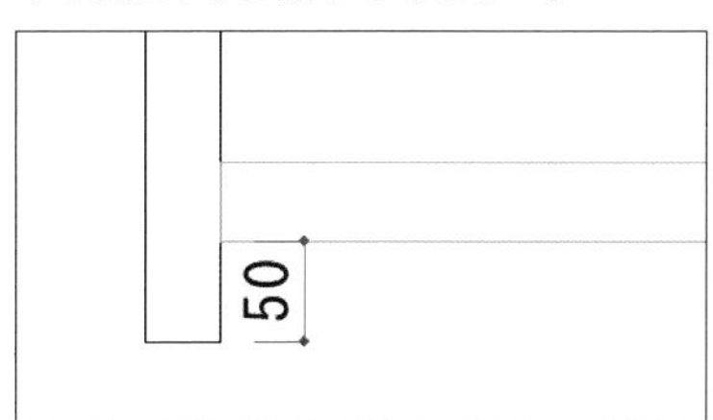
50

注意 「オフセット」ダイアログボックスの表示について

作図ウィンドウと図形の表示状態によって、「オフセット」のダイアログボックスが画面の外に表示されることがあります。その際は一度コマンドをキャンセルして、画面表示を移動させてから再度実行します。

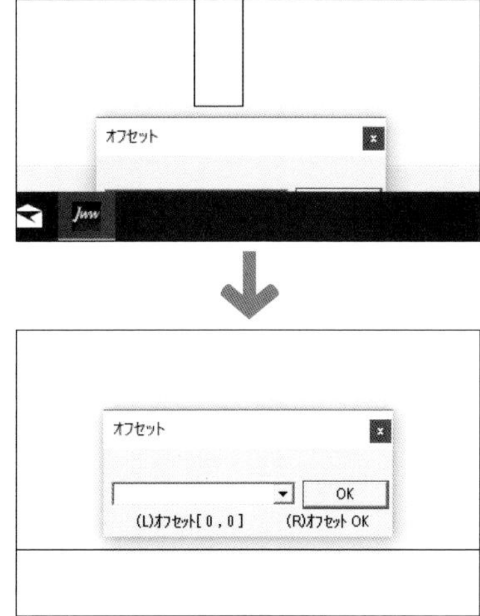
オフセット
オフセット
OK
(L)オフセット[0 , 0]
(R)オフセット OK

2 上段の背板を作図する

作図するパーツについて

ここでは「背板」部分を作図します。

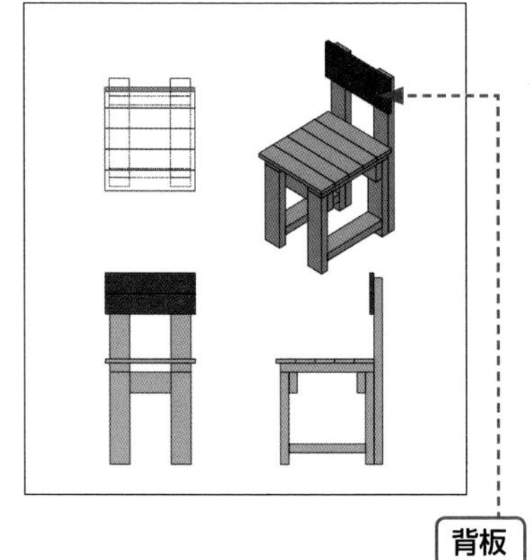

背板

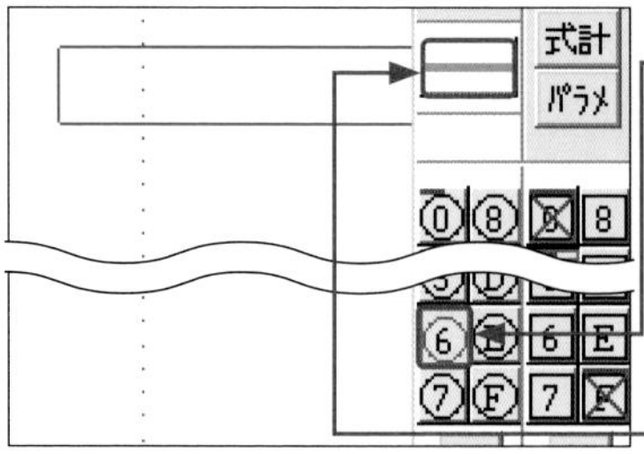

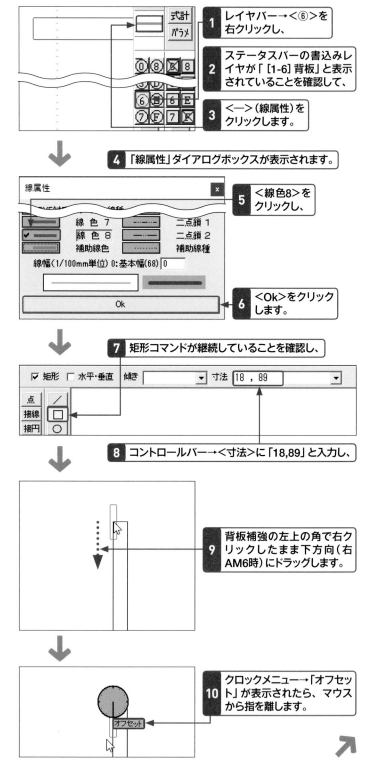

1 レイヤバー→<⑥>を右クリックし、

2 ステータスバーの書込みレイヤが「[1-6] 背板」と表示されていることを確認して、

3 <―>(線属性)をクリックします。

4 「線属性」ダイアログボックスが表示されます。

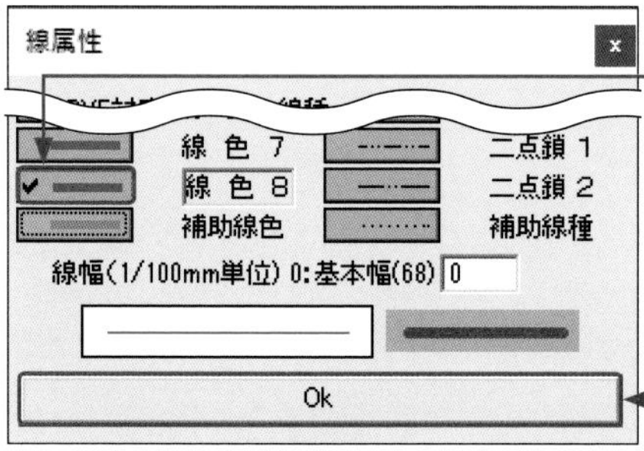

5 <線色8>をクリックし、

6 <Ok>をクリックします。

7 矩形コマンドが継続していることを確認し、

8 コントロールバー→<寸法>に「18,89」と入力し、

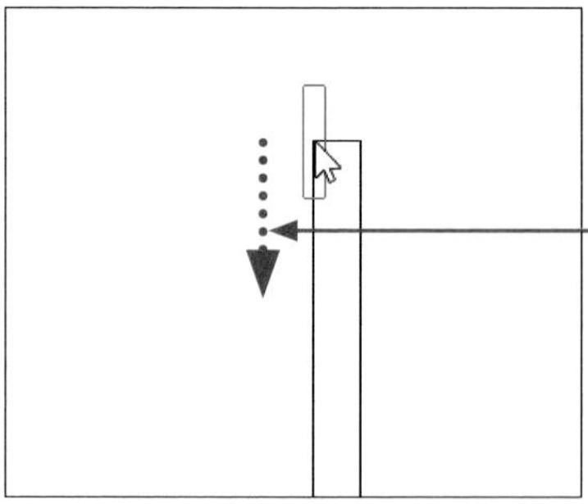

9 背板補強の左上の角で右クリックしたまま下方向(右AM6時)にドラッグします。

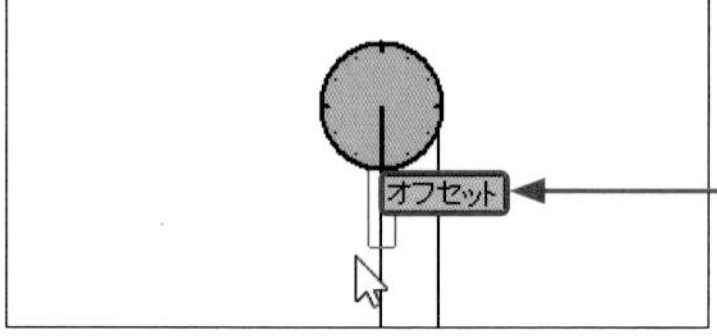

10 クロックメニュー→「オフセット」が表示されたら、マウスから指を離します。

11 「オフセット」ダイアログボックスが表示されます。

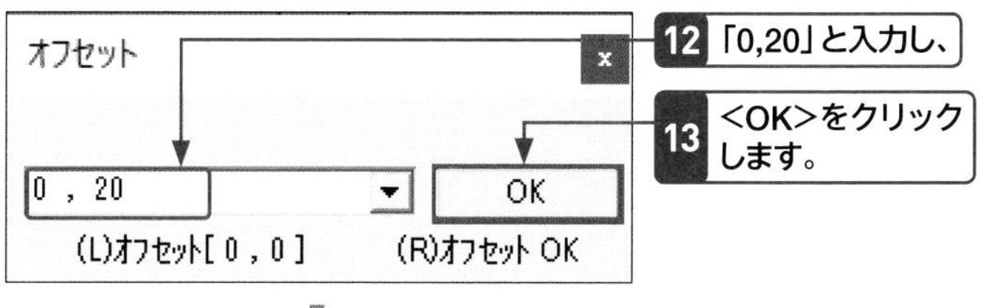
オフセット
0 , 20
OK
(L)オフセット[0 , 0]
(R)オフセット OK

12 「0,20」と入力し、

13 <OK>をクリックします。

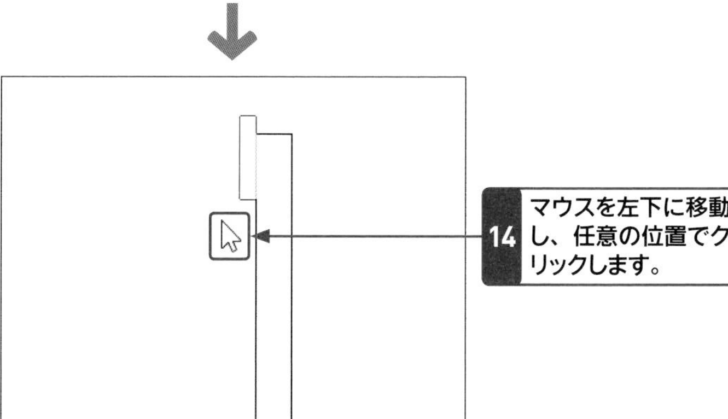

14 マウスを左下に移動し、任意の位置でクリックします。

メモ オフセット値について

今回は、背板補強の左上の角を基準に上方向に20の位置に背板を配置するため、オフセットの値を「0 , 20」に設定しています。オフセットの詳細についてはP.68のSec.21を参照してください。

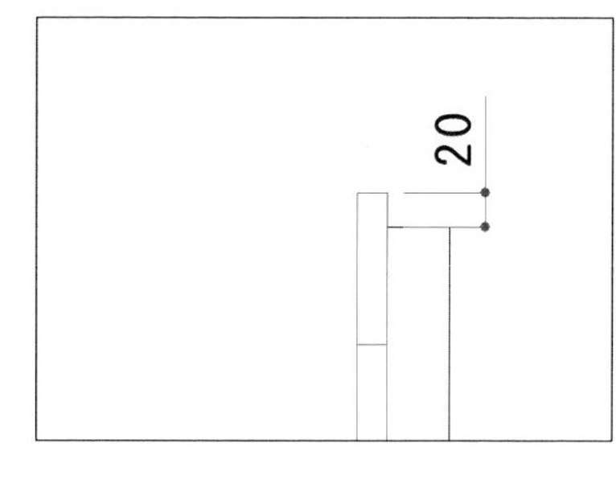
20

3 下段の背板を作図する

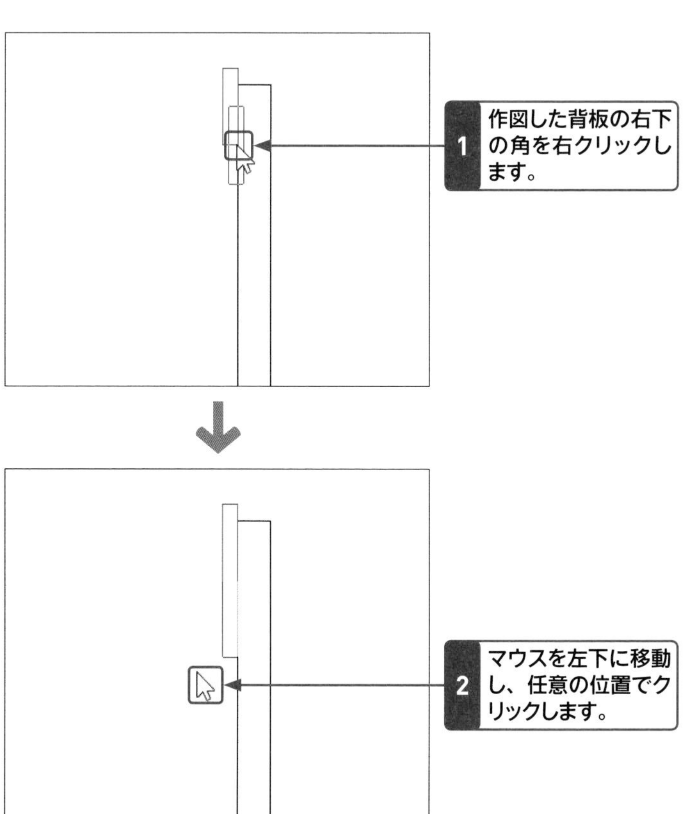

1 作図した背板の右下の角を右クリックします。

2 マウスを左下に移動し、任意の位置でクリックします。

Section 60 側面図の寸法を作図する

覚えておきたいキーワード
☑ 指定寸法
☑ 寸法値
☑ 伸縮

ここでは、指定寸法を利用して側面図に寸法を作図します。また、伸縮コマンドで引出線を指定した点まで伸ばす作業も一緒に行います。寸法は図面の要となる大切な要素です。製作に必要な寸法を見やすく配置するには練習が必要です。何度も繰り返し作図してコツをつかみましょう。

練習用ファイル	Sec60.jww		
メニュー	[作図]メニュー→[寸法]/[編集]メニュー→[伸縮]		
ツールバー	[寸法]/[伸縮]	クロックメニュー	左PM11時(寸法)/(図形の上で)左AM8時(伸縮線)
ショートカット	S/Shift+G(寸法) T/Shift+M(伸縮)		

1 高さ寸法を作図する

メモ 指定寸法

ここでは、指定[=(1)](引出線位置:5 寸法線位置:10)を利用して側面図に寸法を作図します。寸法線の色は「線色1」、寸法値は「文字種3」に設定されています。指定寸法の詳細については、P.172のSec.50を参照してください。

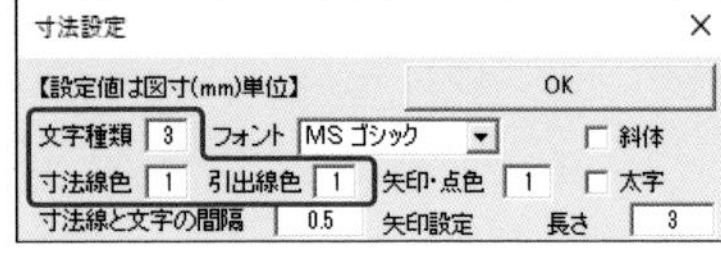
寸法設定
【設定値は図寸(mm)単位】
OK
文字種類 3 フォント MS ゴシック 斜体
寸法線色 1 引出線色 1 矢印・点色 1 太字
寸法線と文字の間隔 0.5 矢印設定 長さ 3

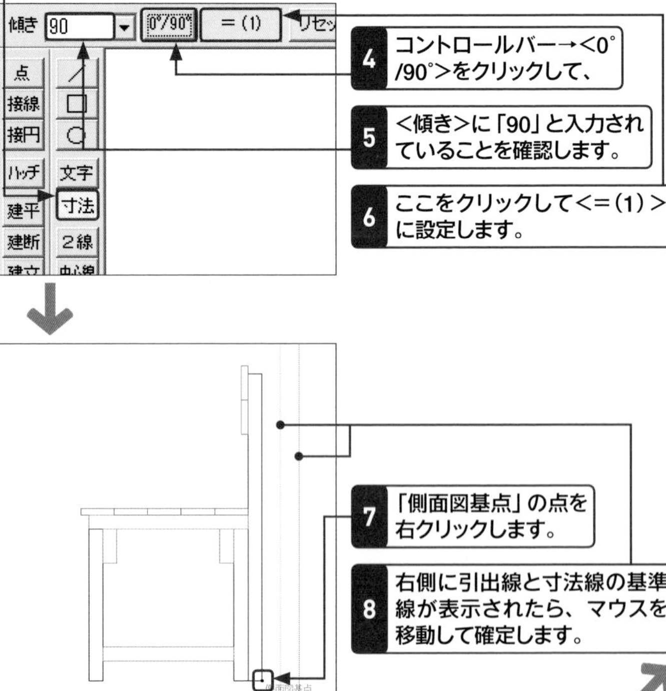
1 レイヤバー→<Ⓕ>で右クリックし、
2 ステータスバーの書込みレイヤが「[1-F]寸法・文字」と表示されていることを確認します。
3 ツールバーの<寸法>をクリックし、
4 コントロールバー→<0°/90°>をクリックして、
5 <傾き>に「90」と入力されていることを確認します。
6 ここをクリックして<=(1)>に設定します。
7 「側面図基点」の点を右クリックします。
8 右側に引出線と寸法線の基準線が表示されたら、マウスを移動して確定します。
傾き 90
0°/90°
=(1)
点
接線
接円
ハッチ
文字
建平
寸法
建断
2線

メモ ボタンの表示について

寸法の設定は図面単位ではなく、パソコン単位で保存されるため、最後に使用した状況によってボタンの表示は異なります。手順6では、クリックする前の表示が<=>になっていたり、<->になっていたりする場合があるので、それぞれクリックを繰り返して、<=(1)>に設定します。

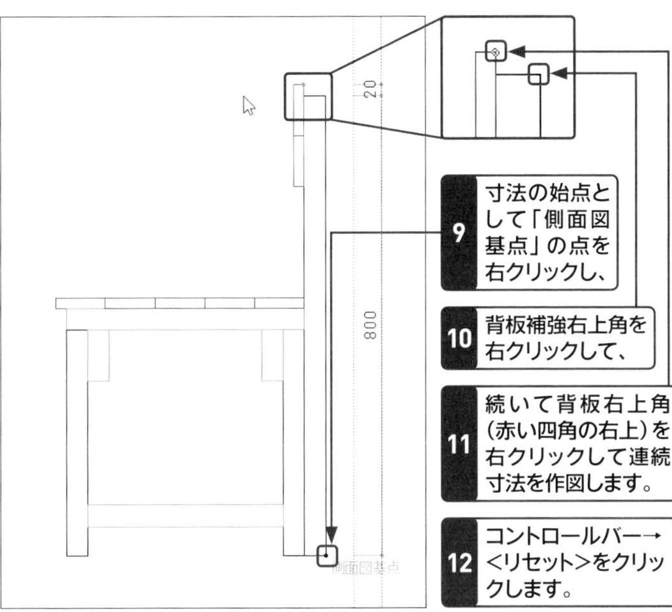
20
800
側面図基点
9 寸法の始点として「側面図基点」の点を右クリックし、
10 背板補強右上角を右クリックして、
11 続いて背板右上角(赤い四角の右上)を右クリックして連続寸法を作図します。
12 コントロールバー→<リセット>をクリックします。

2 奥行(水平)寸法を作図する

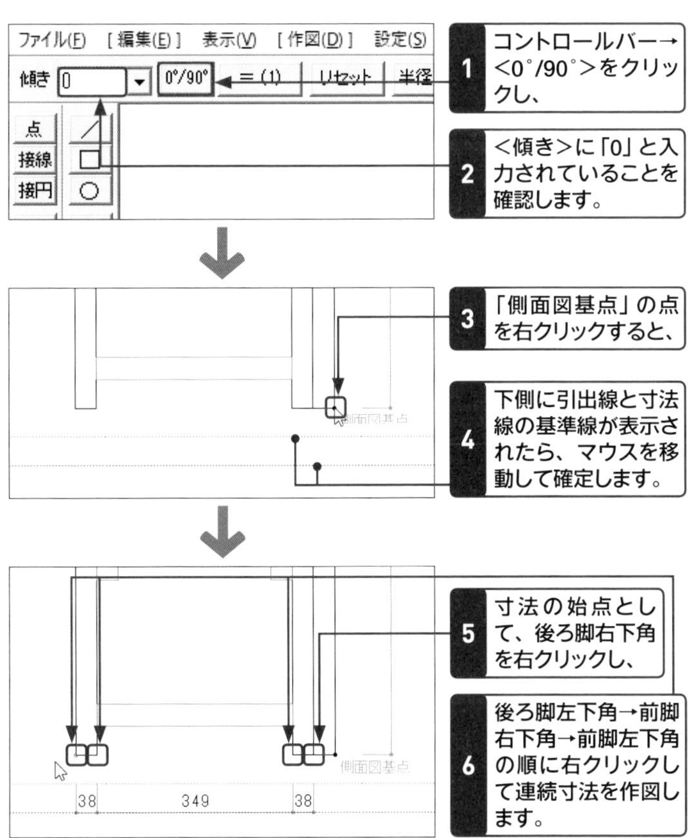
ファイル(F) [編集(E)] 表示(V) [作図(D)] 設定(S)
傾き 0 0°/90° ＝(1) リセット 半径
点 接線 接円
1 コントロールバー→<0°/90°>をクリックし、
2 <傾き>に「0」と入力されていることを確認します。
3 「側面図基点」の点を右クリックすると、
4 下側に引出線と寸法線の基準線が表示されたら、マウスを移動して確定します。
5 寸法の始点として、後ろ脚右下角を右クリックし、
6 後ろ脚左下角→前脚右下角→前脚左下角の順に右クリックして連続寸法を作図します。
側面図基点
38
349
38

7 コントロールバー→<リセット>をクリックします。

メモ 寸法を作図する際のコツについて

業務として寸法を作図する際には細かなルールがありますが、DIYで作図する場合には基本的に自由に作図して問題ありません。ただし、以下のような点に注意して寸法を作図すると、図面が見やすくなります。

- 寸法は内側から小さい寸法を作図し、2段目、3段目と外に行くほど大きい寸法を入れる。
- 図形の外側に作図し、図形と重ならないようにする。
- 同じ個所の寸法を複数面に入れない。

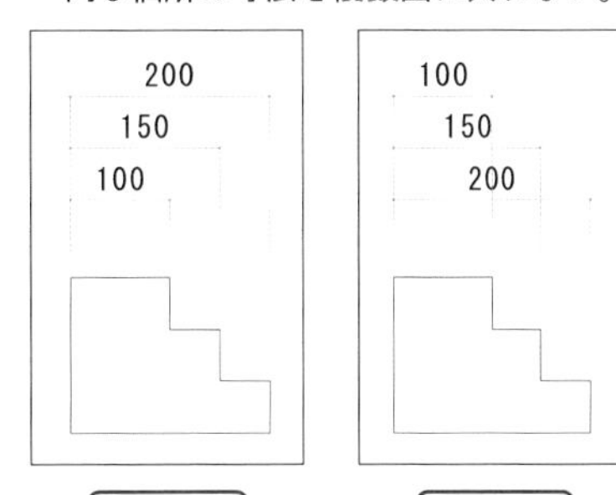
200
150
100
正しい例
100
150
200
誤った例

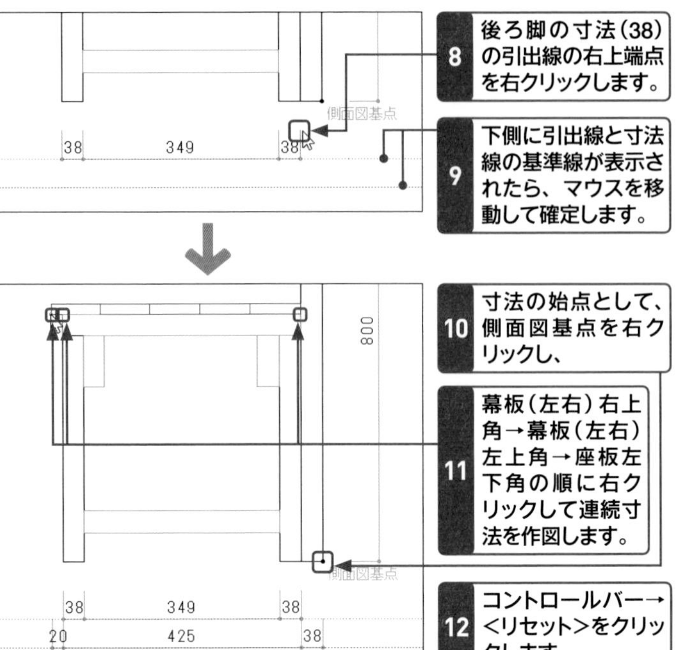

8 後ろ脚の寸法(38)の引出線の右上端点を右クリックします。
9 下側に引出線と寸法線の基準線が表示されたら、マウスを移動して確定します。
10 寸法の始点として、側面図基点を右クリックし、
11 幕板(左右)右上角→幕板(左右)左上角→座板左下角の順に右クリックして連続寸法を作図します。
12 コントロールバー→<リセット>をクリックします。
側面図基点
38
349
38
800
20
425

3 引出線を伸ばす

数値を指定して伸ばす場合

数値を指定して伸ばす場合は、伸縮コマンドの突出寸法を利用します。伸縮コマンド→コントロールバー→<突出寸法>に「50」と入力します。伸ばしたい線をクリックで選択し、ステータスバーに「伸縮点指示」と表示されたら伸ばしたい方向の端点を右クリックします。

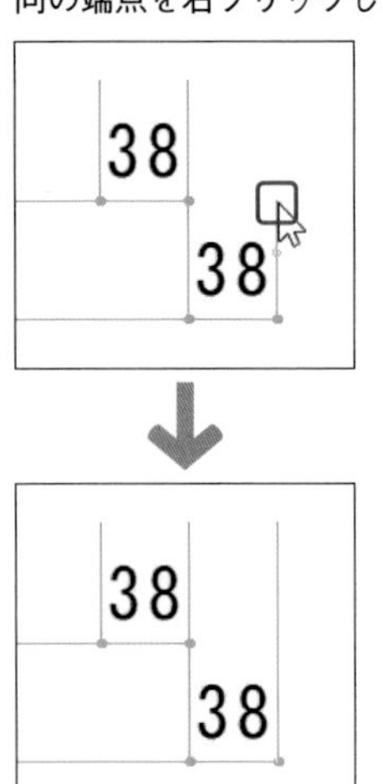

38
38
38
38

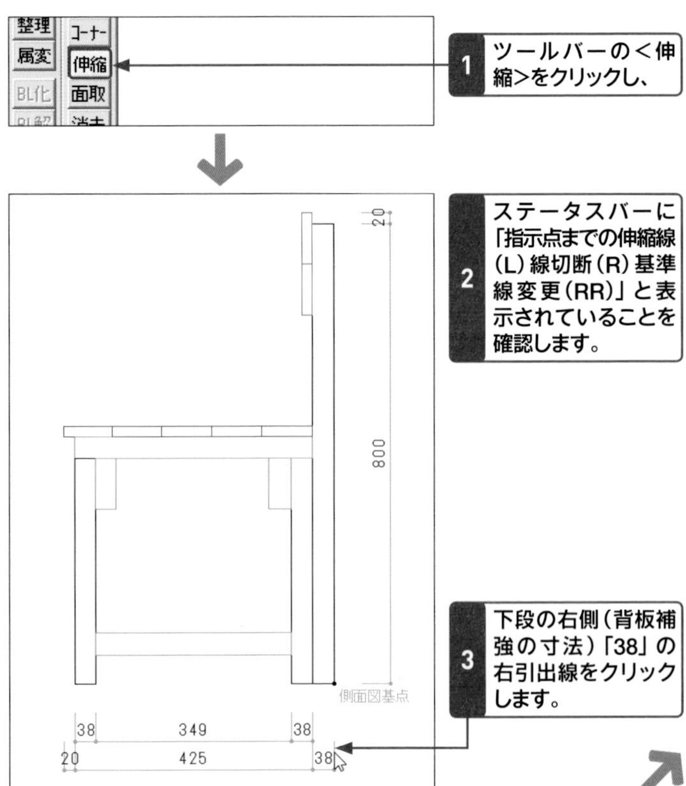

1 ツールバーの<伸縮>をクリックし、
2 ステータスバーに「指示点までの伸縮線(L)線切断(R)基準線変更(RR)」と表示されていることを確認します。
3 下段の右側(背板補強の寸法)「38」の右引出線をクリックします。
整理
コーナー
属変
伸縮
BL化
面取
20
800
側面図基点
38
349
38
20
425
38

4 クリックした位置に水色の点が表示されます。

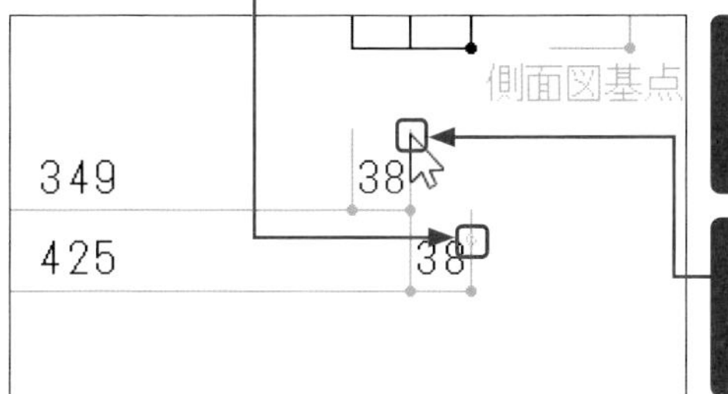
側面図基点
349
38
425
38

5 ステータスバーに「伸縮点指示」と表示されていることを確認し、

6 上段の右側（後ろ脚の寸法）「38」の右引出線の端点を右クリックします。

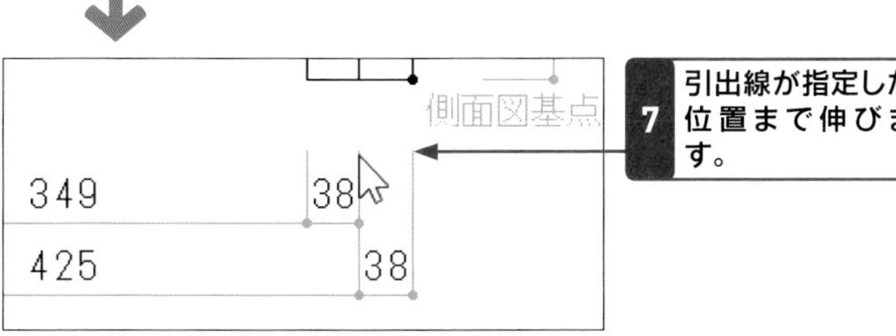
側面図基点
349
38
425
38

7 引出線が指定した位置まで伸びます。

8 下段の左側（座板の寸法）「20」の左引出線をクリックし、

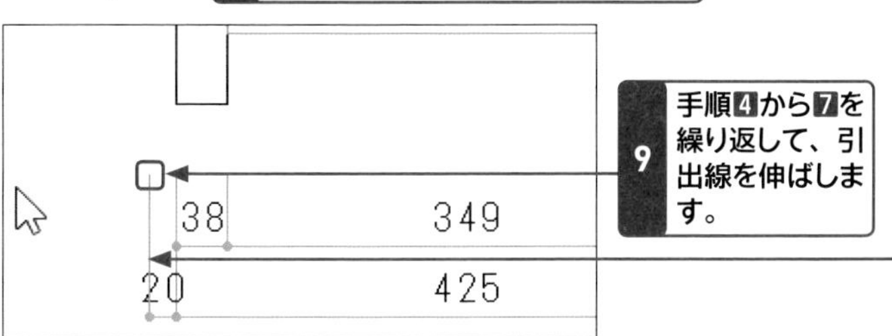
38
349
20
425

9 手順**4**から**7**を繰り返して、引出線を伸ばします。

10 ここまでの手順を参考に、ほかの寸法も作図します。

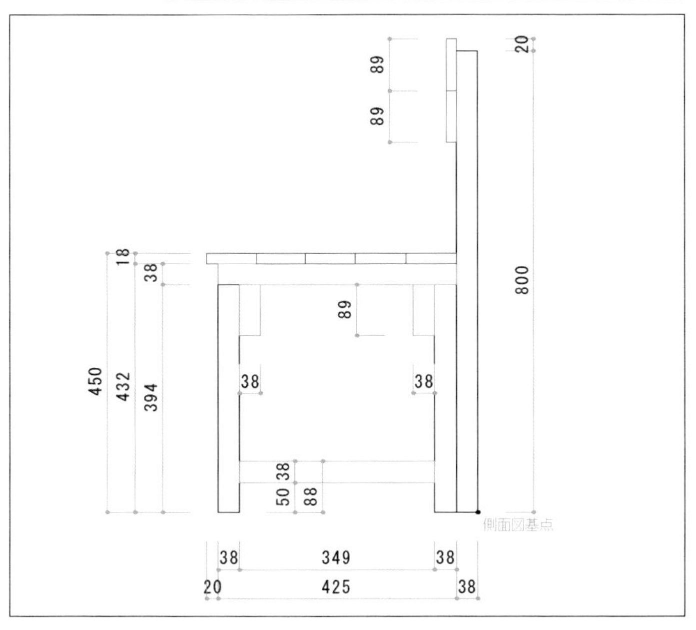
20
89
89
800
18
38
89
450
432
394
38
38
50 38
88
側面図基点
38
349
38
20
425
38

ステップアップ 寸法値を移動する

図形と寸法値が重なって見にくい場合は、寸法値を移動することができます。寸法コマンド→コントロールバー<寸法値>をクリックし、移動したい寸法値を右クリックで選択します。移動先の任意の点をクリックして配置先を指定します。

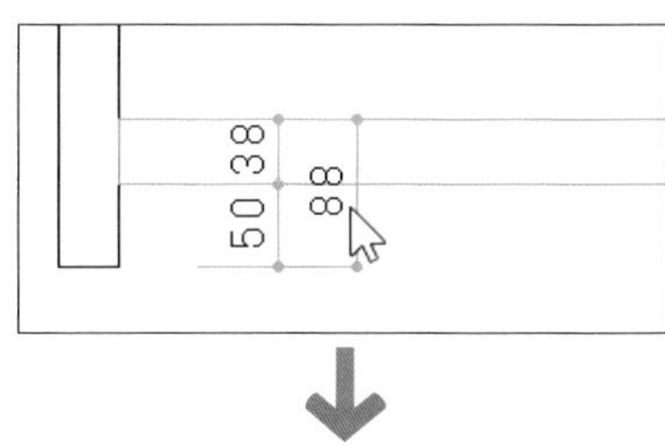
50 38
88

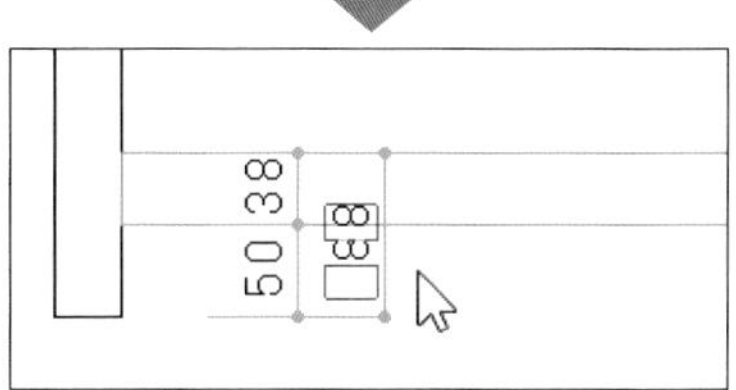
50 38

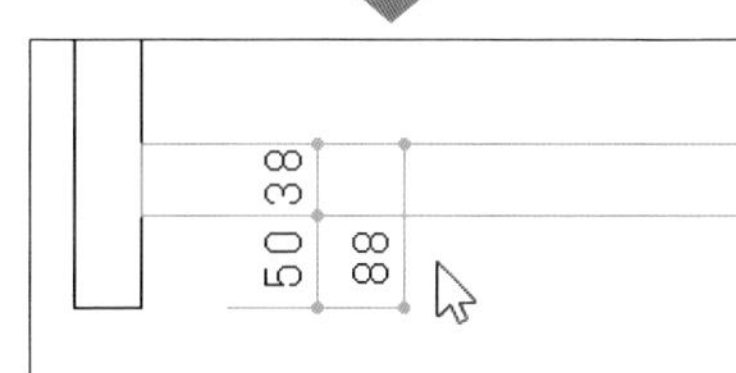
50 38
88

メモ 寸法の作図について

手順**10**の寸法の作図方法については、P.172のSec.50を参照してください。

Section 61

正面図の外形線を作図する

覚えておきたいキーワード
- 線上
- ツールバー
- ユーザー設定ツールバー

ここでは、平面図と前のSectionで作図した側面図をもとに正面図を作図します。立体(3次元)を「平面図」「正面図」「側面図」の3つの面で表現する手法を「三面図」といいます(P.193参照)。今回は、線上コマンドを利用して正面図を作図します。

練習用ファイル	Sec61.jww		
メニュー	[表示]メニュー→[ツールバー]	クロックメニュー	右AM9時(線上点)

1 ツールバーを設定する

キーワード ユーザーツールバーについて

正面図の作図には、線上コマンドを使用します。初期値の状態では、ツールバーに線上コマンドのボタンは表示されていないため、ツールバーをカスタマイズしてボタンを表示します。

ヒント ツールバーを初期値に戻すには

ツールバーを初期値に戻すには、「ユーザー設定ツールバー」ダイアログボックス→<(6)初期化>にチェックを入れて、<OK>をクリックします。次に、「ツールバーの表示」ダイアログボックスで、<初期状態に戻す>にチェックを入れて、<OK>をクリックしてダイアログボックスを閉じます。

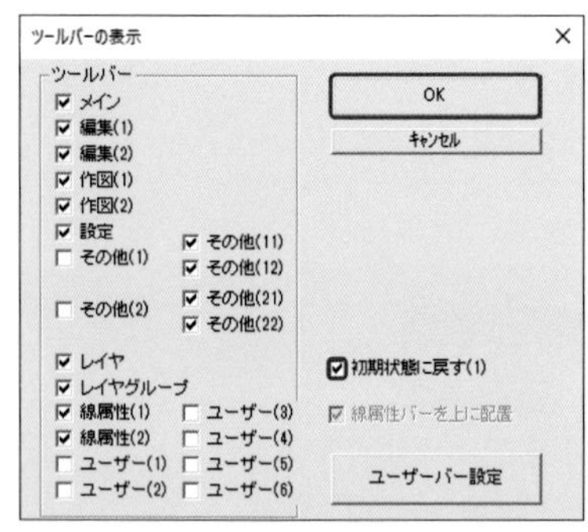
ツールバーの表示
ツールバー
メイン
編集(1)
編集(2)
作図(1)
作図(2)
設定
その他(1)
その他(2)
その他(11)
その他(12)
その他(21)
その他(22)
レイヤ
レイヤグループ
線属性(1)
線属性(2)
ユーザー(1)
ユーザー(2)
ユーザー(3)
ユーザー(4)
ユーザー(5)
ユーザー(6)
OK
キャンセル
初期状態に戻す(1)
線属性バーを上に配置
ユーザーバー設定

1 <表示>メニュー→<ツールバー>をクリックします。

2 「ツールバーの表示」ダイアログボックスが表示されるので、

3 <ユーザーバー設定>をクリックします。

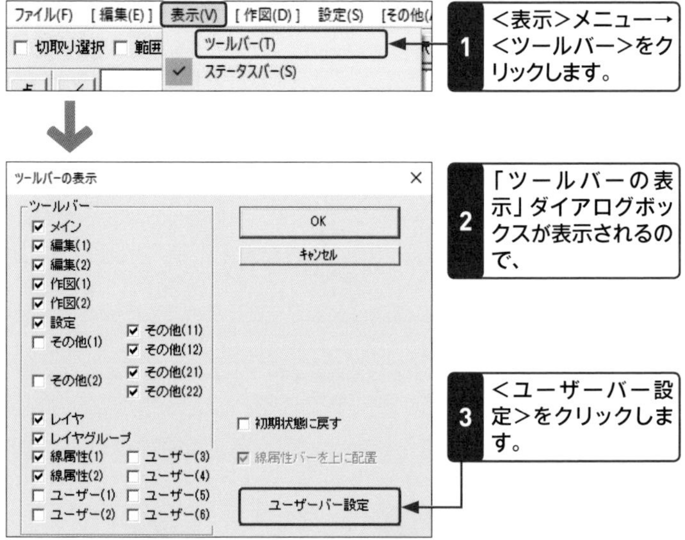
ファイル(F) [編集(E)] 表示(V) [作図(D)] 設定(S) [その他(A)
切取り選択 範囲
ツールバー(T)
ステータスバー(S)
ツールバーの表示
ツールバー
メイン
編集(1)
編集(2)
作図(1)
作図(2)
設定
その他(1)
その他(2)
その他(11)
その他(12)
その他(21)
その他(22)
レイヤ
レイヤグループ
線属性(1)
線属性(2)
ユーザー(1)
ユーザー(2)
ユーザー(3)
ユーザー(4)
ユーザー(5)
ユーザー(6)
OK
キャンセル
初期状態に戻す
線属性バーを上に配置
ユーザーバー設定

4 「ユーザー設定ツールバー」が表示されます。

5 ユーザー(6)の右側のテキストボックス内の数値をすべて削除して、「76」と入力し、

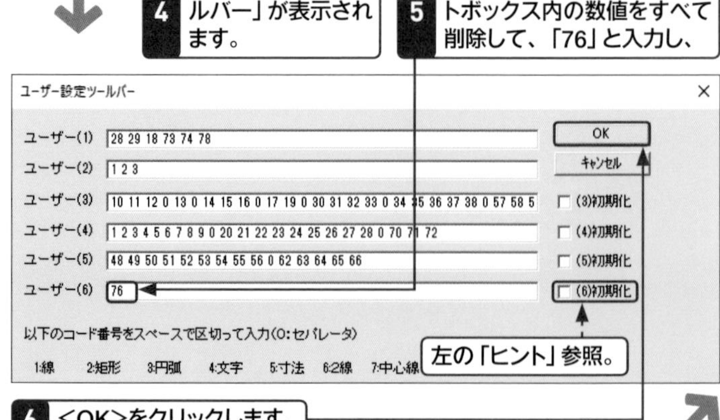
ユーザー設定ツールバー
ユーザー(1) 28 29 18 73 74 78
ユーザー(2) 1 2 3
ユーザー(3) 10 11 12 0 13 0 14 15 16 0 17 19 0 30 31 32 33 0 34 35 36 37 38 0 57 58 5
ユーザー(4) 1 2 3 4 5 6 7 8 9 0 20 21 22 23 24 25 26 27 28 0 70 71 72
ユーザー(5) 48 49 50 51 52 53 54 55 56 0 62 63 64 65 66
ユーザー(6) 76
OK
キャンセル
(3)初期化
(4)初期化
(5)初期化
(6)初期化
以下のコード番号をスペースで区切って入力(0:セパレータ)
1:線 2:矩形 3:円弧 4:文字 5:寸法 6:2線 7:中心線
左の「ヒント」参照。

6 <OK>をクリックします。

7 引き続き「ツールバーの表示」ダイアログボックスで、ユーザー（6）をクリックして□を☑にし、

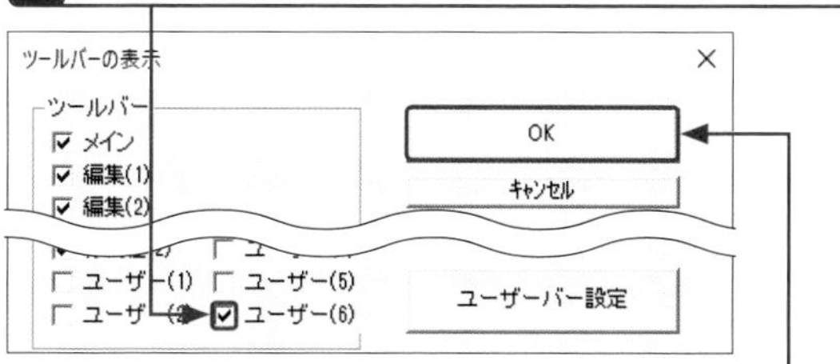
ツールバーの表示
ツールバー
メイン
編集(1)
編集(2)
OK
キャンセル
ユーザー(1)
ユーザー(5)
ユーザー(6)
ユーザーバー設定

8 <OK>をクリックしてダイアログボックスを閉じます。

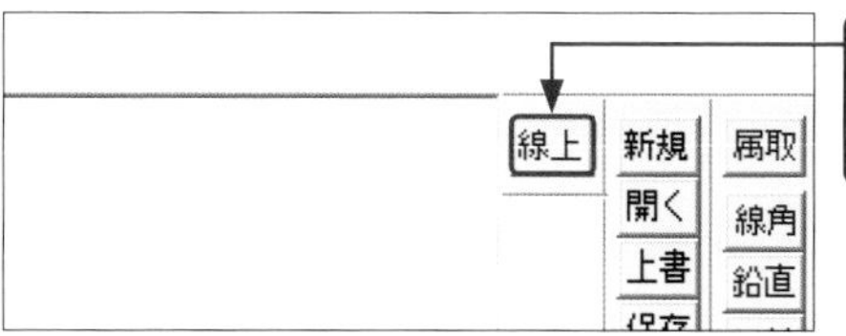
線上
新規
開く
上書
属取
線角
鉛直

9 ツールバーに「線上」のボタンが表示されます。

2 背板補強を作図する

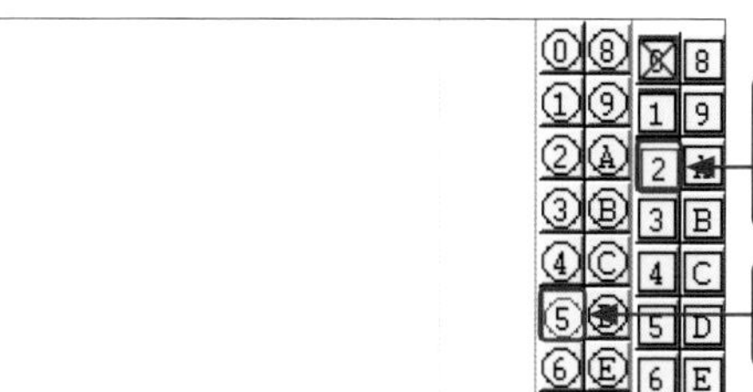

1 レイヤグループバー→<2>を右クリックします。

2 レイヤバー→<⑤>で右クリックします。

3 ステータスバーの書込みレイヤが「[2-5] 背板補強」と表示されていることを確認します。

4 「線属性」が<線色2>の<実線>に設定されていることを確認します。

5 ツールバーの<□>をクリックします。

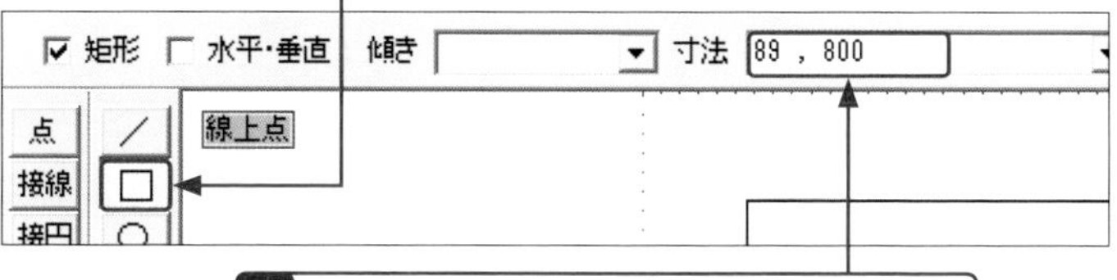
矩形
水平・垂直
傾き
寸法
89 , 800
点
接線
線上点

6 コントロールバー→<寸法>に「89 , 800」と入力します。

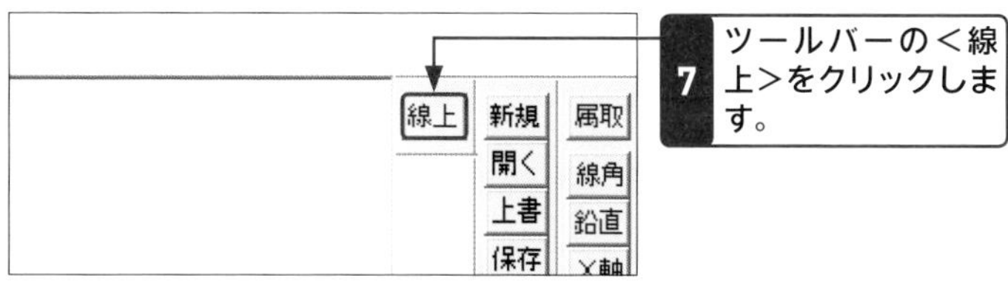
線上
新規
開く
上書
保存
属取
線角
鉛直

7 ツールバーの<線上>をクリックします。

8 ステータスバーに「線・円を指示してください。」と表示されていることを確認します。

注意 ボタンの表示位置について

カスタマイズで追加したボタンの表示位置は、画面の状態によって異なります。移動したい場合は、「線上」ツールバー上のボタン以外の場所をつかんでドラッグすることで、移動することができます。

メモ 正面図について

練習用図面の［2］正面図レイヤグループには、あらかじめ「尺度」（S=1/10）および「レイヤ名」が設定されています。

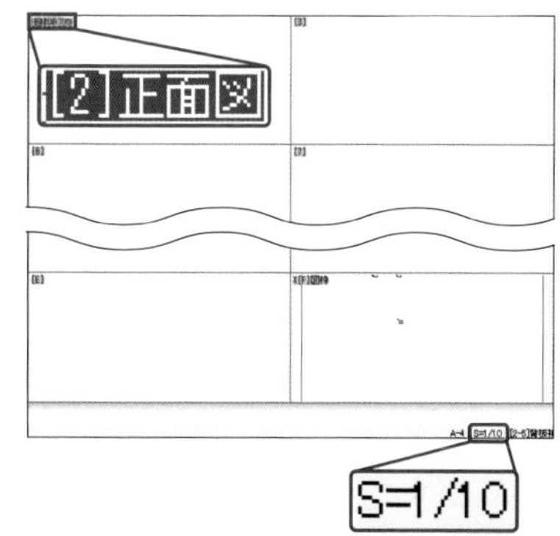
[2]正面図
S=1/10

メモ 作図するパーツについて

ここでは「背板補強」部分を作図します。

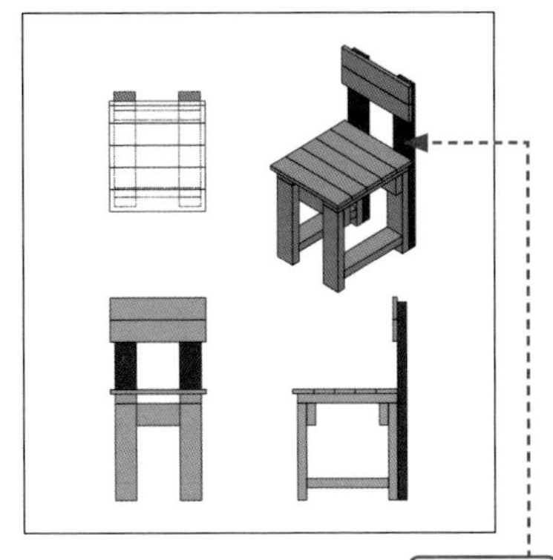
背板補強

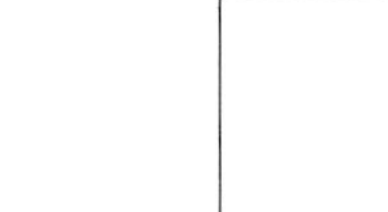

キーワード 線上コマンド

2つの図形または点の延長線上にある仮想交点を取得する機能です。図形や点がない位置をクリックすると、クリックした位置を通る垂線上の交点が取得されます。三面図などを作図する場合にとても便利な機能です。

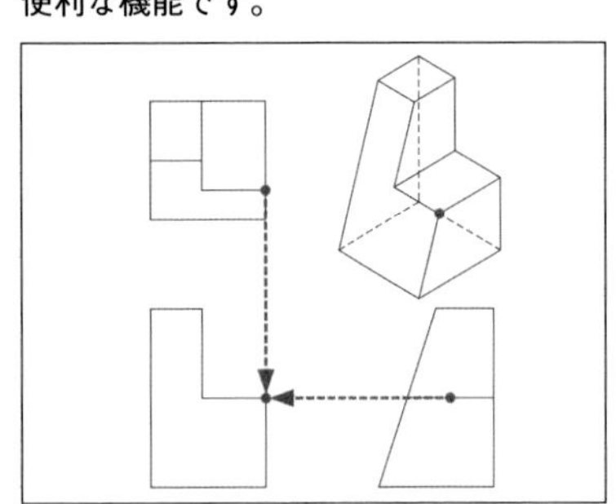

9 側面図の背板補強の下部の線をクリックします。

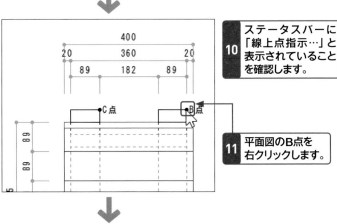

10 ステータスバーに「線上点指示…」と表示されていることを確認します。

11 平面図のB点を右クリックします。

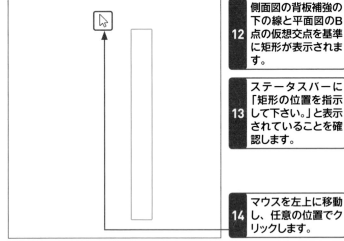

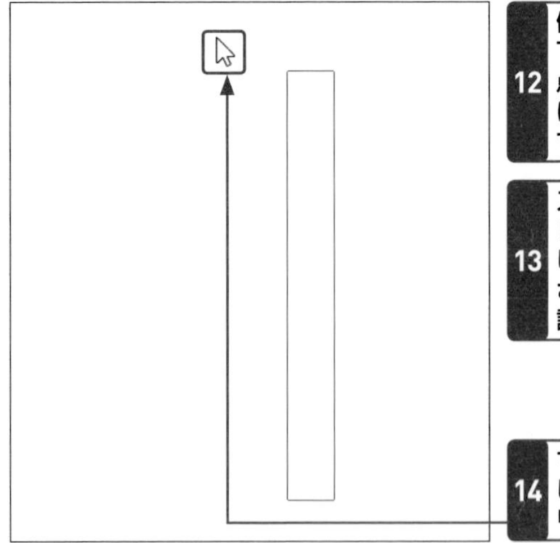

12 側面図の背板補強の下の線と平面図のB点の仮想交点を基準に矩形が表示されます。

13 ステータスバーに「矩形の位置を指示して下さい。」と表示されていることを確認します。

14 マウスを左上に移動し、任意の位置でクリックします。

線上
新規
開く
上書
属取
線角
鉛直

15 ツールバーの<線上>をクリックします。

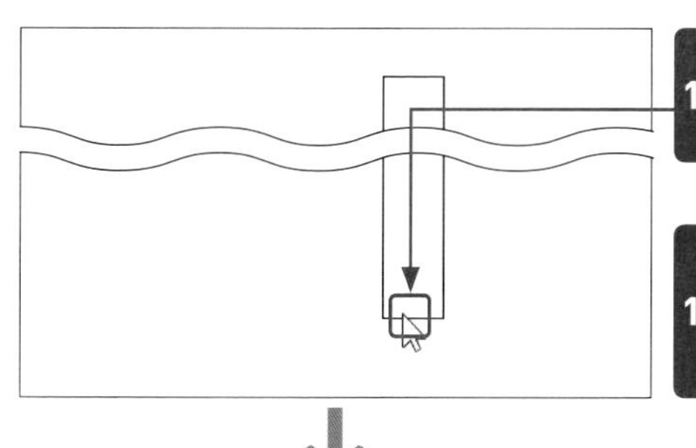

16 作図した背板補強の下の線をクリックします。

17 ステータスバーに「線上点指示…」と表示されていることを確認します。

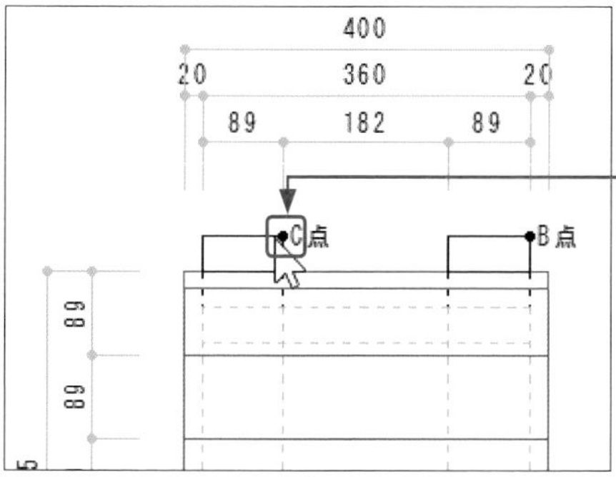

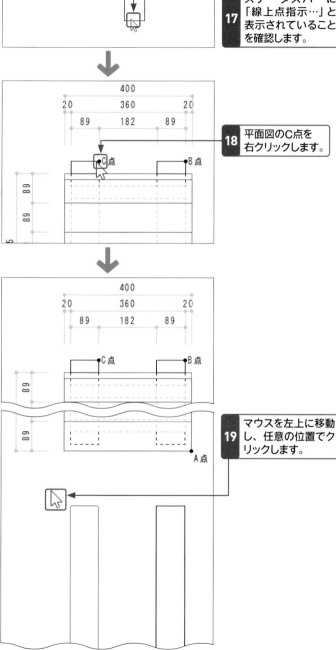

18 平面図のC点を右クリックします。

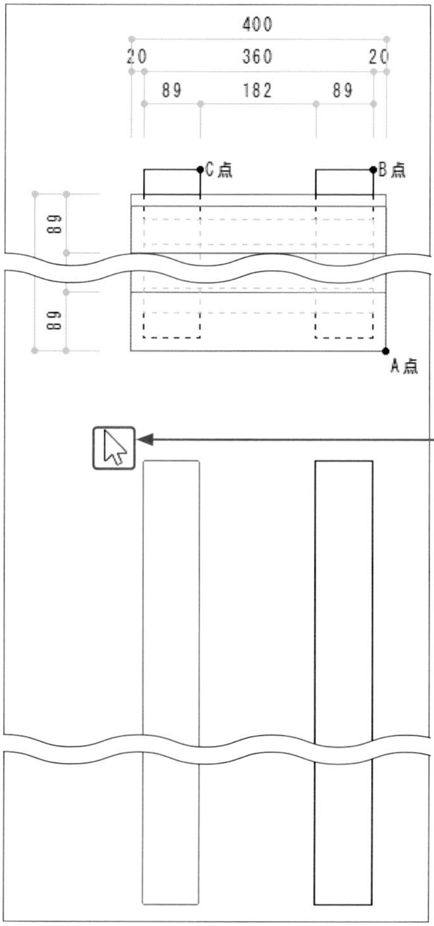

19 マウスを左上に移動し、任意の位置でクリックします。

メモ

クロックメニューを使用して線上コマンドを実行する場合

クロックメニューを使用して線上コマンドを実行する場合は、1つ目の基準となる線の上で、右クリックしたまま左(9時方向)にドラッグして、<線上点・交点>を選択します。

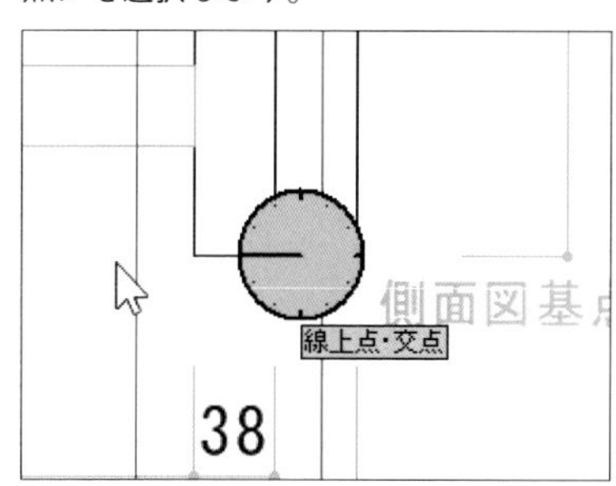
線上点・交点
38

3 脚を作図する

作図するパーツについて

ここでは「前脚」部分を作図します。

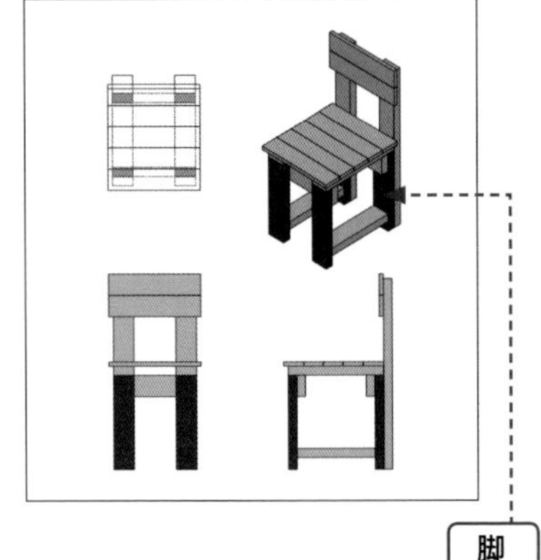
脚

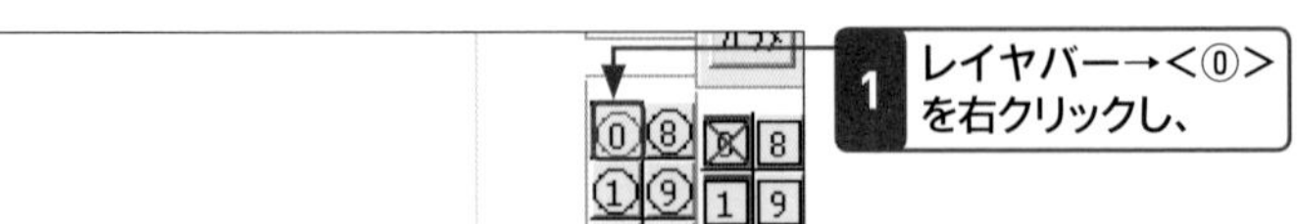
1 レイヤバー→<⓪>を右クリックし、

2 ステータスバーの書込みレイヤが「[2-0] 脚」と表示されていることを確認して、

3 矩形コマンドが継続していることを確認したら、

ファイル(F) [編集(E)] 表示(V) [作図(D)] 設定(S) [その他(A)] ヘルプ(H)
矩形 水平・垂直 傾き 寸法 89 , 394
点
接線
接円

4 コントロールバー→<寸法>に「89,394」と入力します。

5 右側の背板補強材の右下の角を右クリックします。

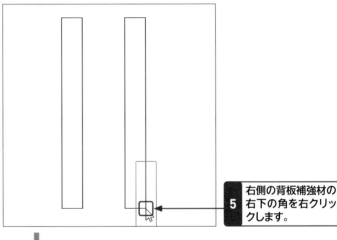

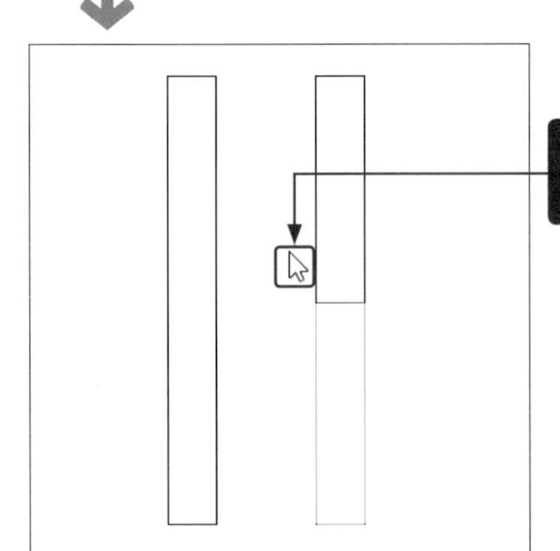

6 マウスを左上に移動し、任意の位置でクリックします。

線の重なりについて

同じ位置に複数の線を重ねて作図しても、2次元CADには厚み(Z方向)の概念がないので、何本重なっていても、表現上は1本となります。業務用など、複雑な編集が必要となる場合や、印刷時の線の太さが違う場合は処理が必要になります。

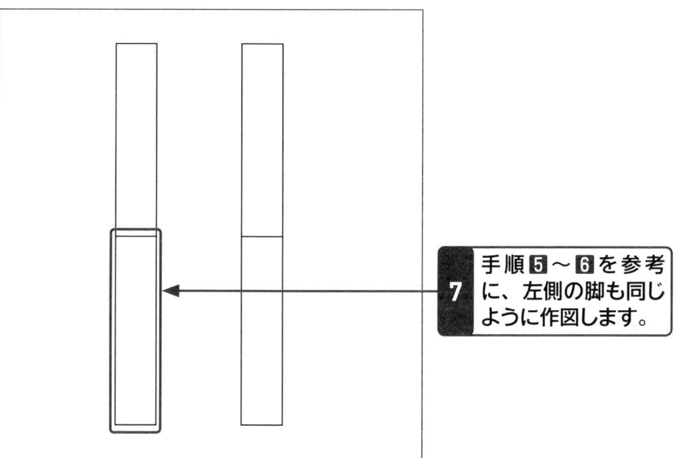
7 手順5～6を参考に、左側の脚も同じように作図します。

4 幕板（左右）を作図する

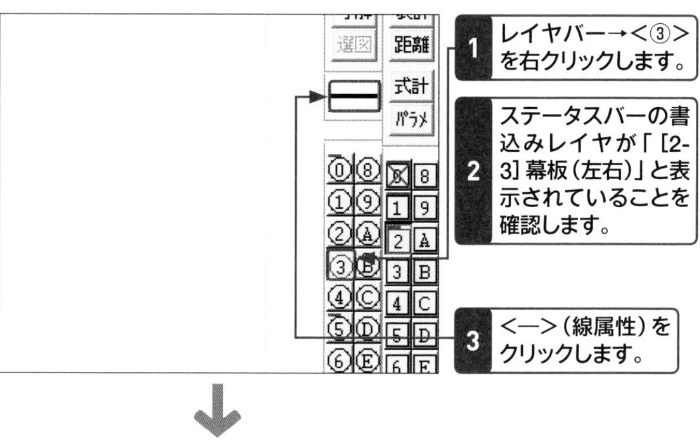
1 レイヤバー→<③>を右クリックします。
2 ステータスバーの書込みレイヤが「[2-3] 幕板（左右）」と表示されていることを確認します。
3 <―>（線属性）をクリックします。

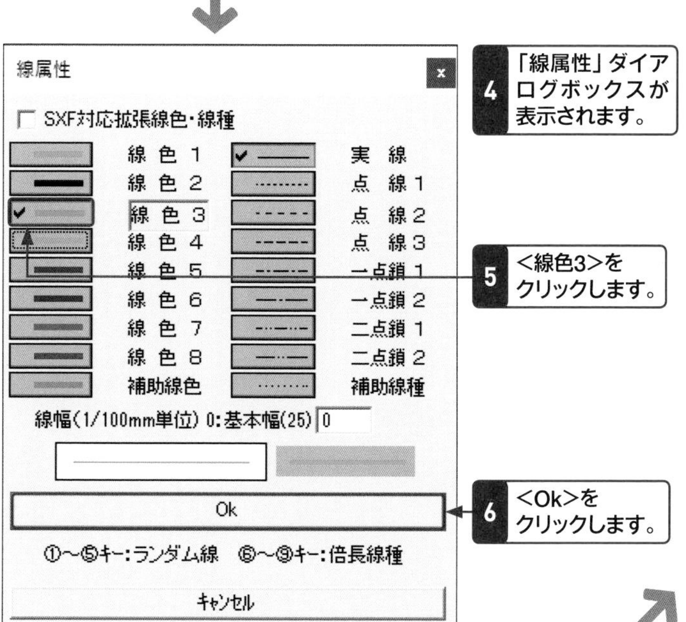
線属性
SXF対応拡張線色・線種
線色1
線色2
線色3
線色4
線色5
線色6
線色7
線色8
補助線色
実線
点線1
点線2
点線3
一点鎖1
一点鎖2
二点鎖1
二点鎖2
補助線種
線幅(1/100mm単位) 0:基本幅(25)
Ok
①～⑤キー:ランダム線　⑥～⑨キー:倍長線種
キャンセル
4 「線属性」ダイアログボックスが表示されます。
5 <線色3>をクリックします。
6 <Ok>をクリックします。

メモ　作図するパーツについて

ここでは「幕板（左右）」部分を作図します。

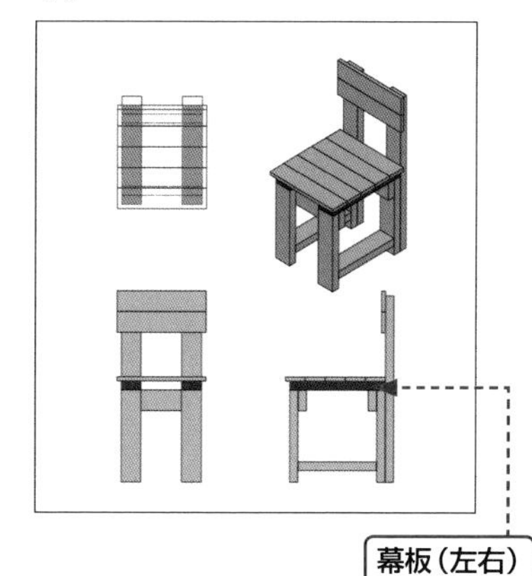
幕板（左右）

メモ　線の表示順番について

同じ位置に線を重ねて作図した場合、新しく作図した線が優先的に表示されます。線の表示順番を変更したいときは、<整理>コマンドの「線ソート」「線ソート（色別）」「色順整理」で変更できます。

線ソート	線ソート(色別)	色順整理

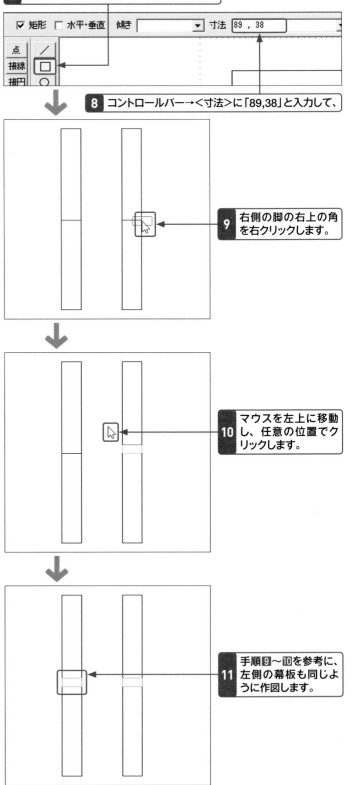

7 矩形コマンドが継続していることを確認し、

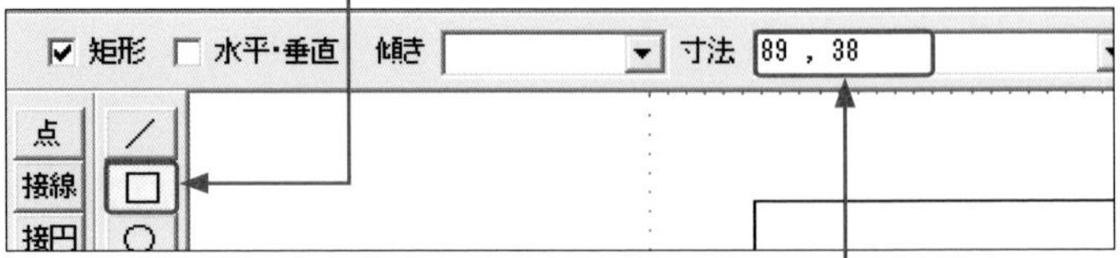

8 コントロールバー→<寸法>に「89,38」と入力して、

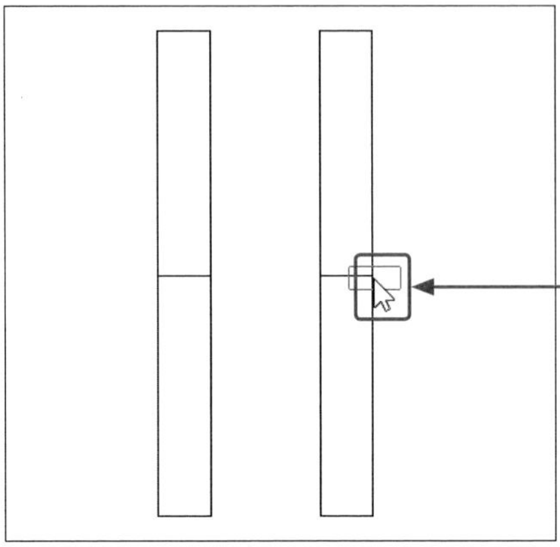

9 右側の脚の右上の角を右クリックします。

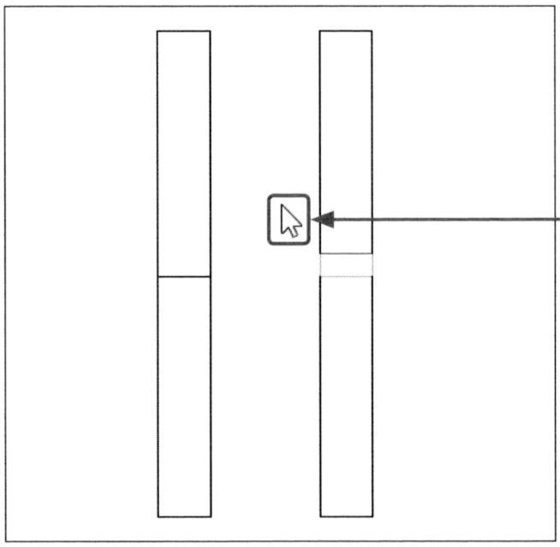

10 マウスを左上に移動し、任意の位置でクリックします。

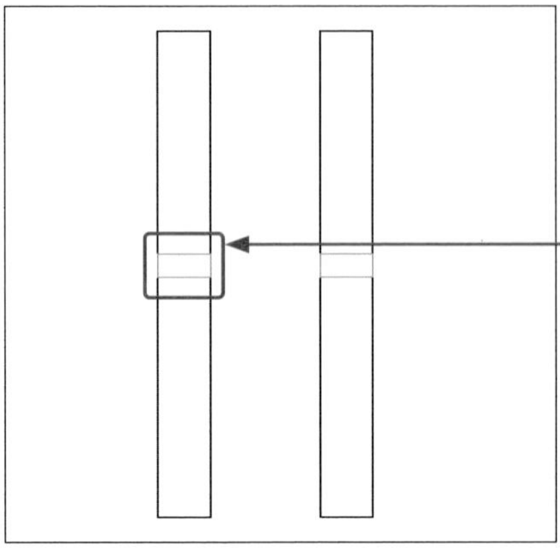

11 手順9～10を参考に、左側の幕板も同じように作図します。

5 幕板(前後)を作図する

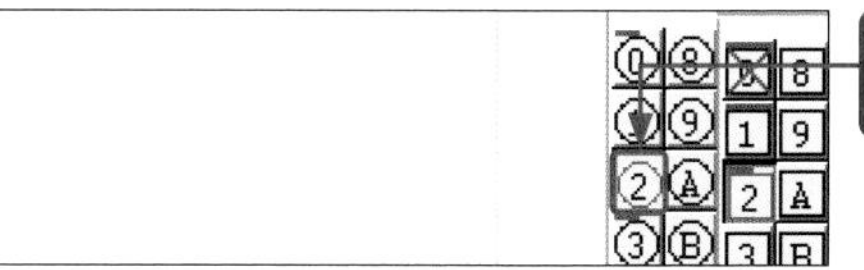

1 レイヤバー→<②>を右クリックし、

2 ステータスバーの書込みレイヤが「[2-2] 幕板(前後)」と表示されていることを確認します。

3 矩形コマンドが継続していることを確認し、

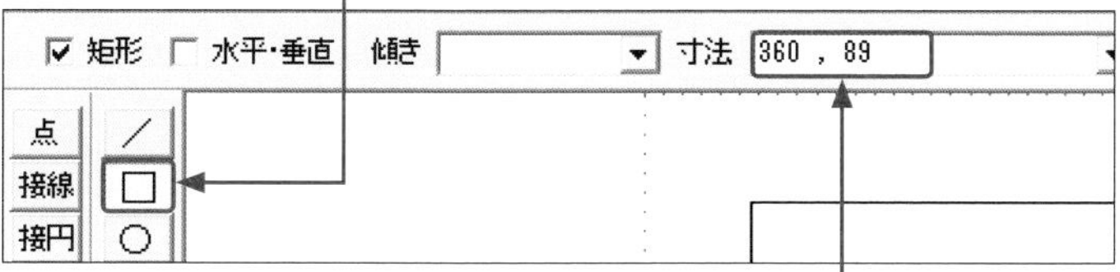

矩形
水平・垂直
傾き
寸法
360 , 89
点
接線
接円

4 コントロールバー→<寸法>に「360,89」と入力します。

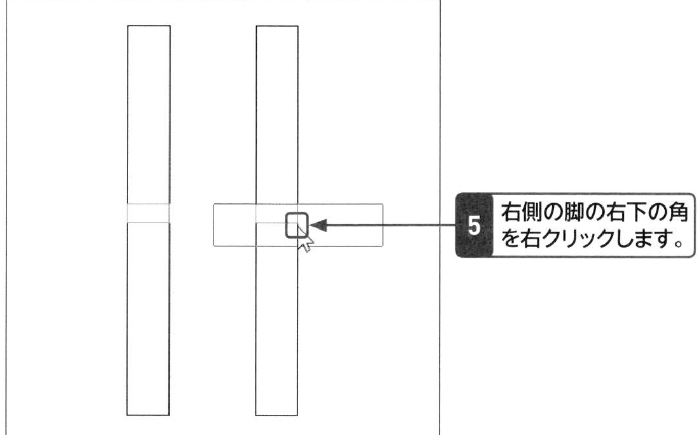

5 右側の脚の右下の角を右クリックします。

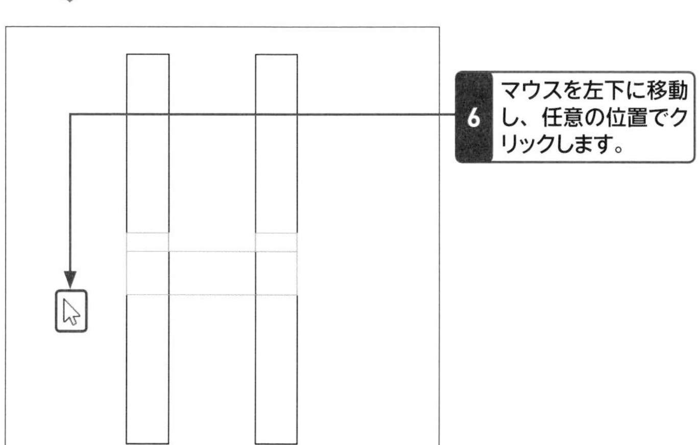

6 マウスを左下に移動し、任意の位置でクリックします。

メモ 作図するパーツについて

ここでは「幕板(前後)」部分を作図します。

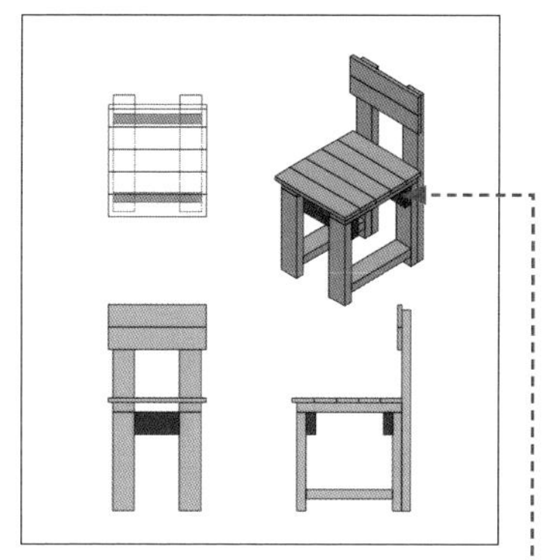

幕板(前後)

メモ 隠れた部分の処理について

前脚の背後で隠れる幕板(前後)部分は隠線処理します。隠線の処理については次のSectionで行います。

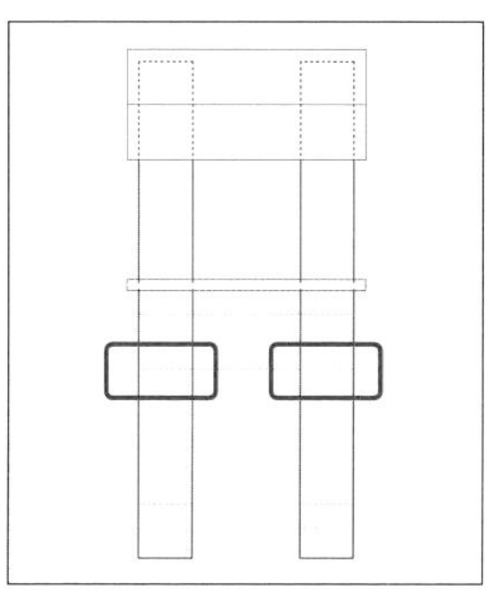

6 座板を作図する

作図するパーツについて

ここでは「座板」部分を作図します。

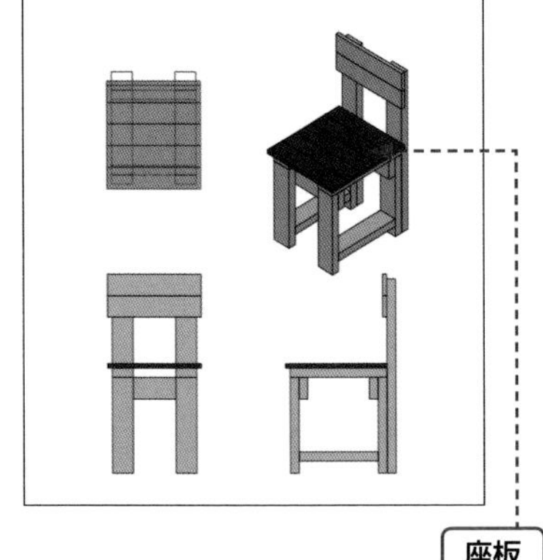
座板

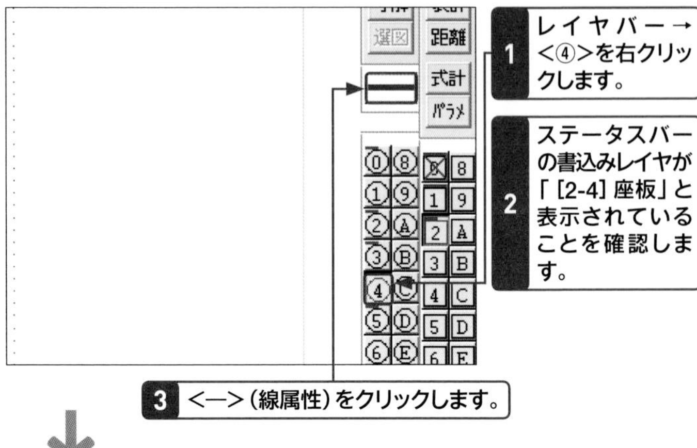
選図
距離
式計
パラメ

1 レイヤバー→<④>を右クリックします。

2 ステータスバーの書込みレイヤが「[2-4] 座板」と表示されていることを確認します。

3 <—>(線属性)をクリックします。

4 「線属性」ダイアログボックスが表示されます。

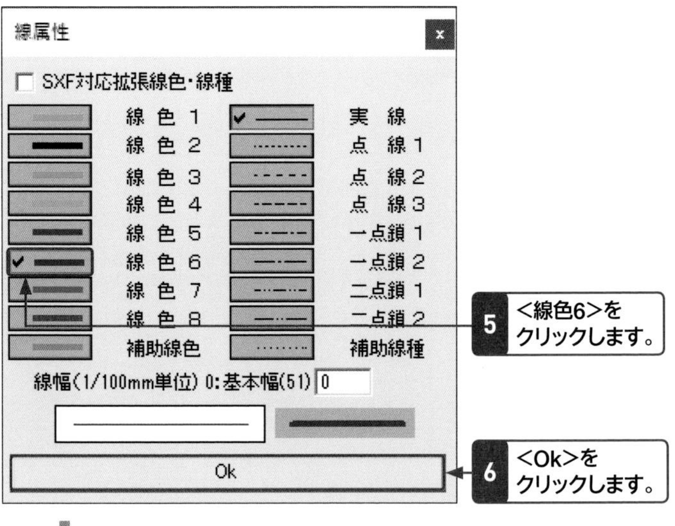
線属性
SXF対応拡張線色・線種
線色1
線色2
線色3
線色4
線色5
線色6
線色7
線色8
補助線色
実線
点線1
点線2
点線3
一点鎖1
一点鎖2
二点鎖1
二点鎖2
補助線種
線幅(1/100mm単位) 0:基本幅(51) 0
Ok

5 <線色6>をクリックします。

6 <Ok>をクリックします。

7 矩形コマンドが継続していることを確認し、

8 コントロールバー→<寸法>に「400,18」と入力します。

9 ツールバーの<線上>をクリックし、

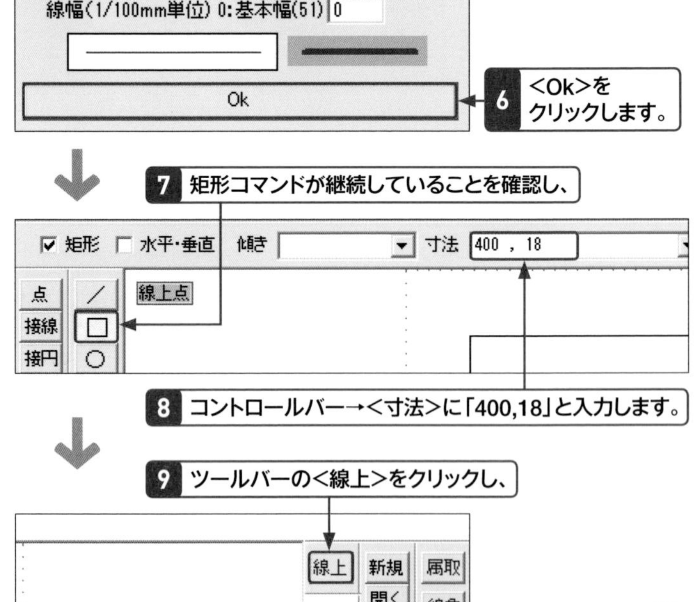
矩形
水平・垂直
傾き
寸法 400 , 18
点
接線
接円
線上点
線上
新規
開く
上書
属取
線角
鉛直

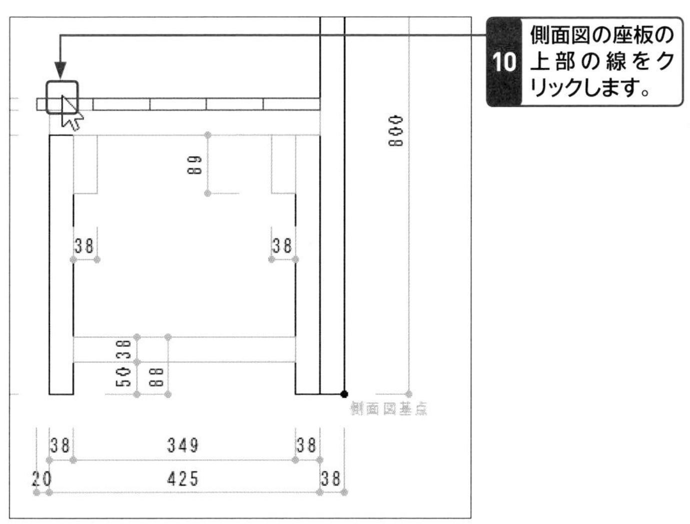
側面図基点
38
349
38
20
425
38
89
38
38
50
38
88
800

10 側面図の座板の上部の線をクリックします。

11 ステータスバーに「線上点指示…」と表示されていることを確認します。

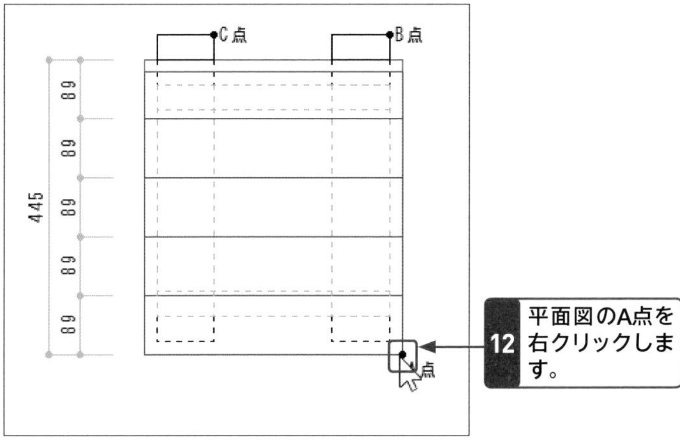
C点
B点
445
89
89
89
89
89

12 平面図のA点を右クリックします。

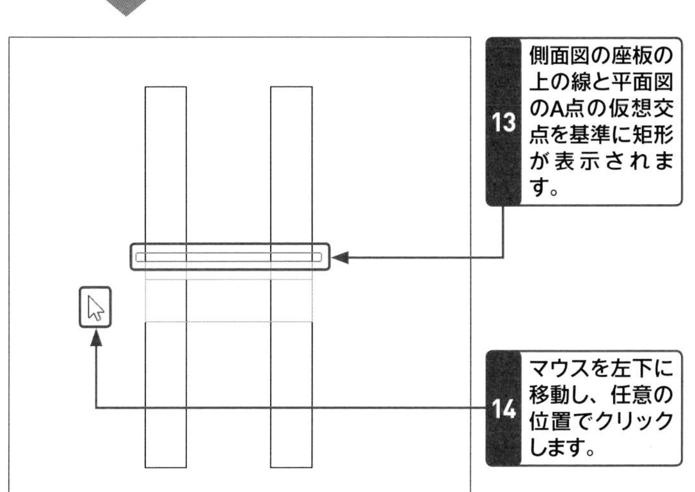

13 側面図の座板の上の線と平面図のA点の仮想交点を基準に矩形が表示されます。

14 マウスを左下に移動し、任意の位置でクリックします。

メモ 隠れた部分の処理について

座板の背後で隠れる背板補強部分は隠線処理します。隠線の処理については次のSectionで行います。

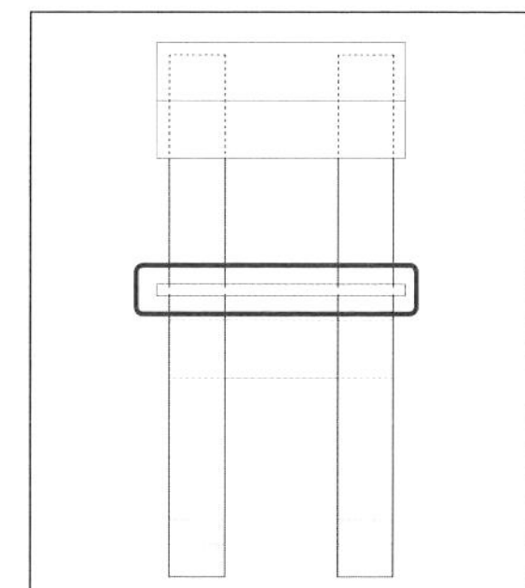

7 上段の背板を作図する

作図するパーツについて

ここでは「背板」部分を作図します。

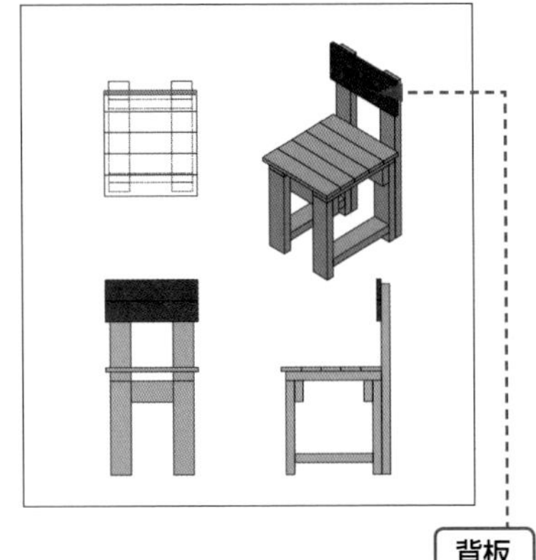
背板

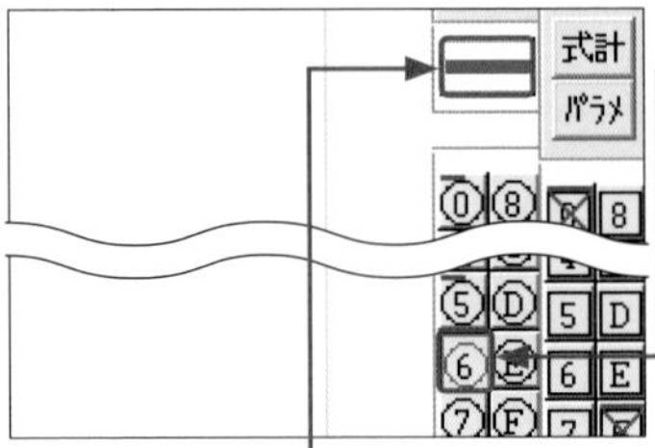

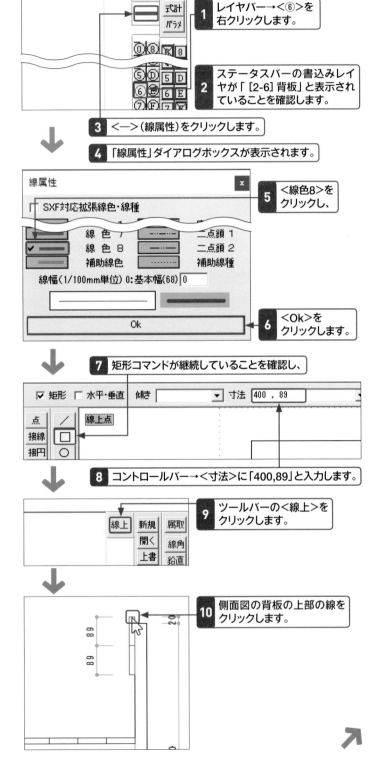

1 レイヤバー→<⑥>を右クリックします。

2 ステータスバーの書込みレイヤが「[2-6] 背板」と表示されていることを確認します。

3 <―>(線属性)をクリックします。

4 「線属性」ダイアログボックスが表示されます。

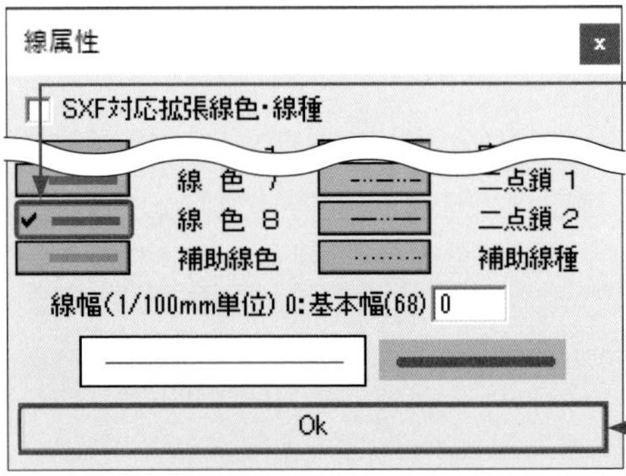

5 <線色8>をクリックし、

6 <Ok>をクリックします。

7 矩形コマンドが継続していることを確認し、

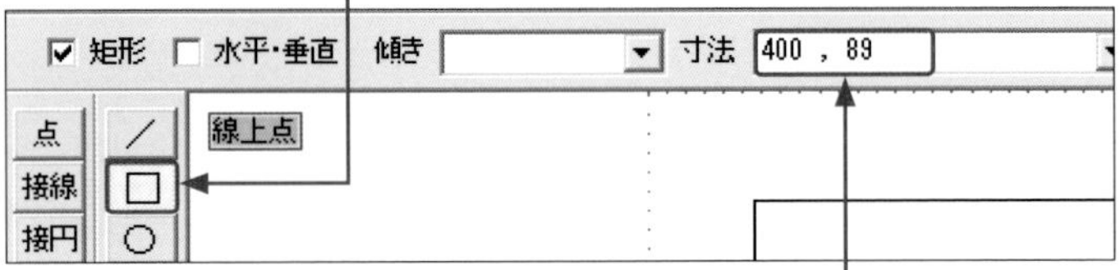

8 コントロールバー→<寸法>に「400,89」と入力します。

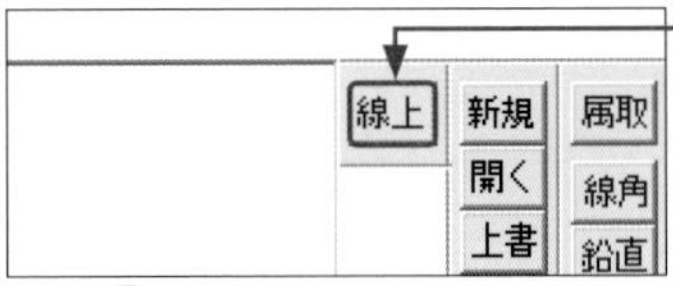

9 ツールバーの<線上>をクリックします。

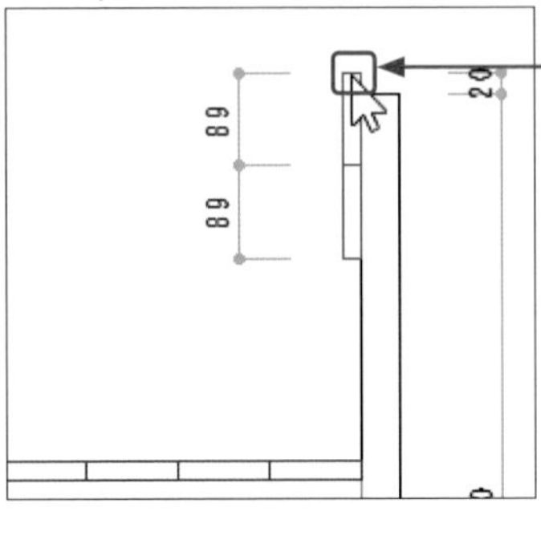

10 側面図の背板の上部の線をクリックします。

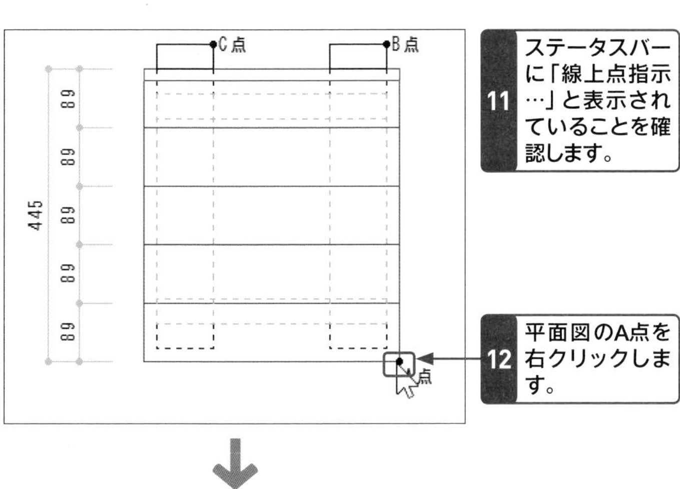
C点
B点
445
89
89
89
89
89
点

11 ステータスバーに「線上点指示…」と表示されていることを確認します。

12 平面図のA点を右クリックします。

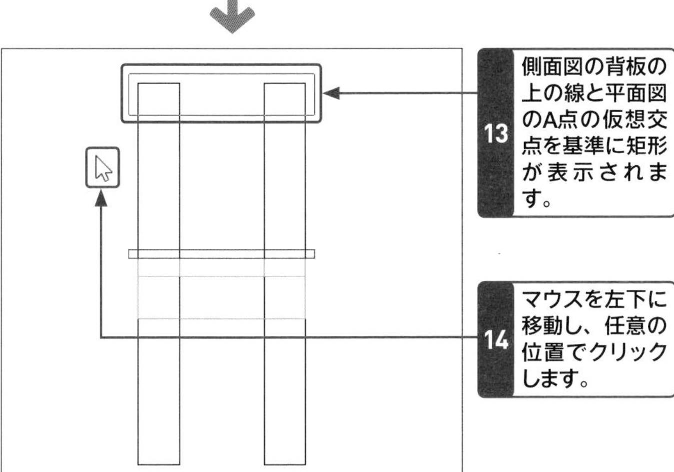

13 側面図の背板の上の線と平面図のA点の仮想交点を基準に矩形が表示されます。

14 マウスを左下に移動し、任意の位置でクリックします。

8 下段の背板を作図する

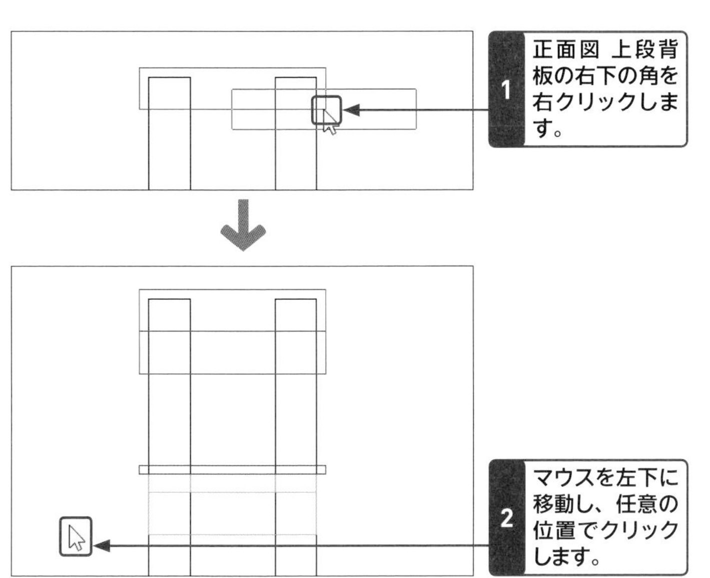

1 正面図 上段背板の右下の角を右クリックします。

2 マウスを左下に移動し、任意の位置でクリックします。

メモ

隠れた部分の処理について

背板で隠れる背板補強部分は隠線処理します。隠線処理については次のSectionで行います。

Section 62

正面図の隠線を編集する

覚えておきたいキーワード
- 消去(同一点で切断)(節間消し)
- 属性取得
- 属性変更

P.195でも解説したように、図面では線種や線の太さを使い分けることで、図形の前後関係などを表現します。ここでは、ほかの部材の後ろに隠れている部分を隠線を使って編集・作図します。部材どうしの前後関係をしっかりと把握した上で作業しましょう。

練習用ファイル	Sec62.jww		
メニュー	[編集]メニュー→[消去] [設定]メニュー→[属性取得] [編集]メニュー→[属性変更]		
ツールバー	[消去][属取][属変]	ショートカット	D/Shift+O(消去)
クロックメニュー	左AM10時/右AM10時(消去) 左PM6時(属性取得) 左AM5時(線種変更)		

1 幕板(前後)の隠線を編集する

メモ 作図するパーツについて

ここでは「幕板(前後)」の脚に隠れた隠線部分を作図します。

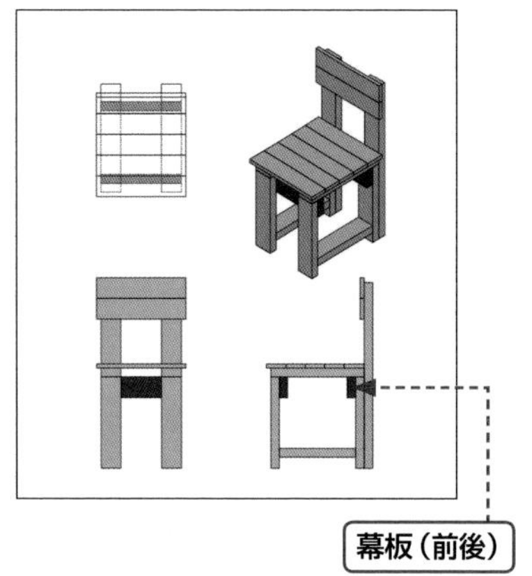
幕板(前後)

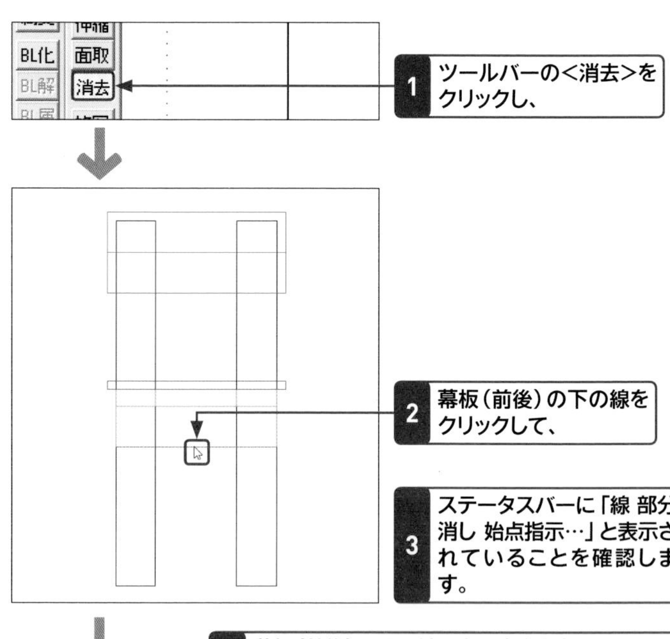
BL化
面取
BL解
消去
1 ツールバーの<消去>をクリックし、
2 幕板(前後)の下の線をクリックして、
3 ステータスバーに「線 部分消し 始点指示…」と表示されていることを確認します。

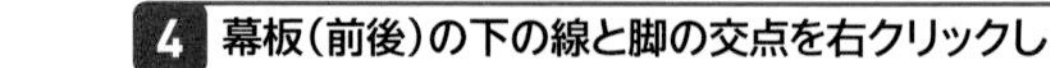
4 幕板(前後)の下の線と脚の交点を右クリックし、

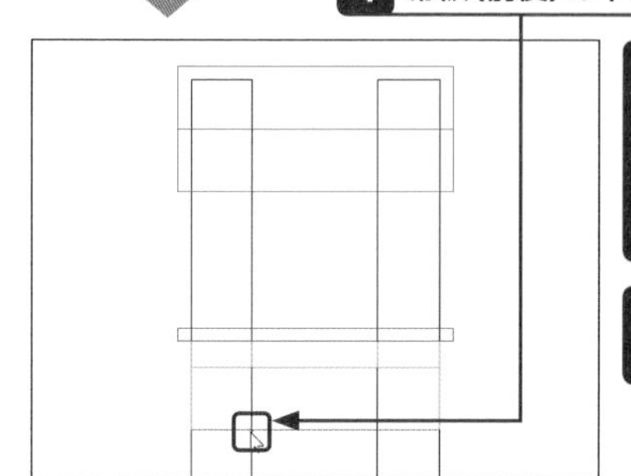

5 ステータスバーに「線 部分消し ◆終点指示(L)free(R)Read(同一点で切断)」と表示されていることを確認して、

6 同じ点をもう一度右クリックして切断します。

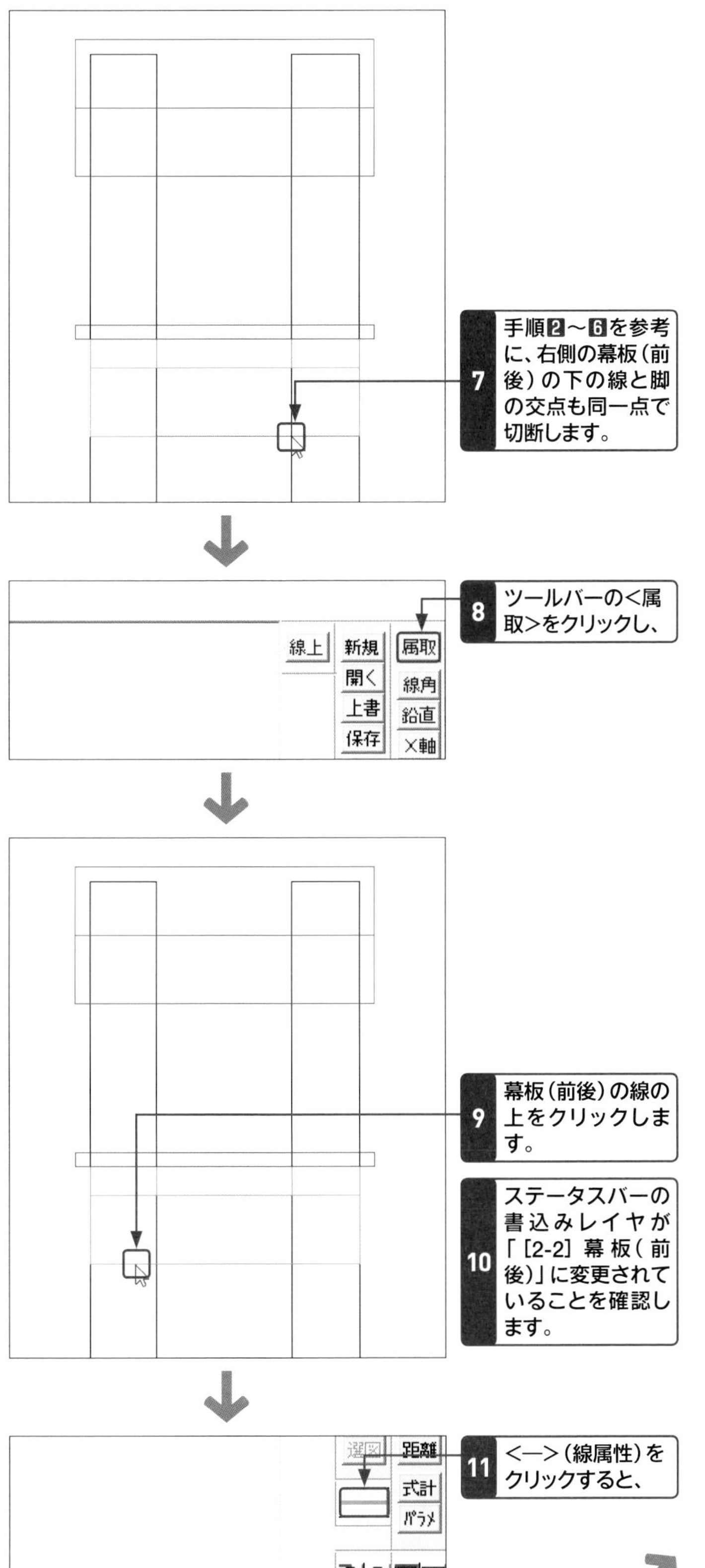
7 手順2～6を参考に、右側の幕板（前後）の下の線と脚の交点も同一点で切断します。
8 ツールバーの<属取>をクリックし、
線上
新規
属取
開く
線角
上書
鉛直
保存
X軸
9 幕板（前後）の線の上をクリックします。
10 ステータスバーの書込みレイヤが「[2-2] 幕板（前後）」に変更されていることを確認します。
距離
式計
パラメ
11 <―>（線属性）をクリックすると、

キーワード 属性取得

属性取得コマンドを使用すると、選択した図形の「書込みレイヤ」「線色」「線種」に変更されます。図形の上でクリックしながら下方向にドラッグ（クロックメニュー「左PM6時」）することでも取得できます。

メモ 線色について

手順12で線色が「線色3」であることを確認します。

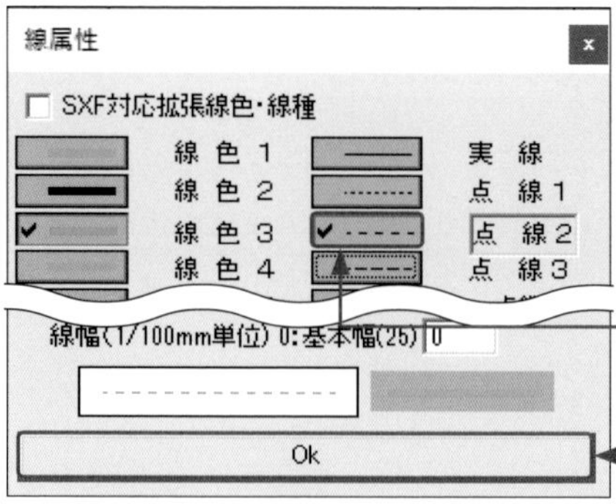

キーワード 属性変更

選択した線や円を、現在設定されている「線色」「線種」に変更する機能です。コントロールバー→「書込みレイヤに変更」にチェックを入れ選択すると、図形を現在の書込みレイヤに移動します。複数の図形をまとめて変更したい場合は、範囲選択コマンドを使用します（P.92のSec.29参照）。

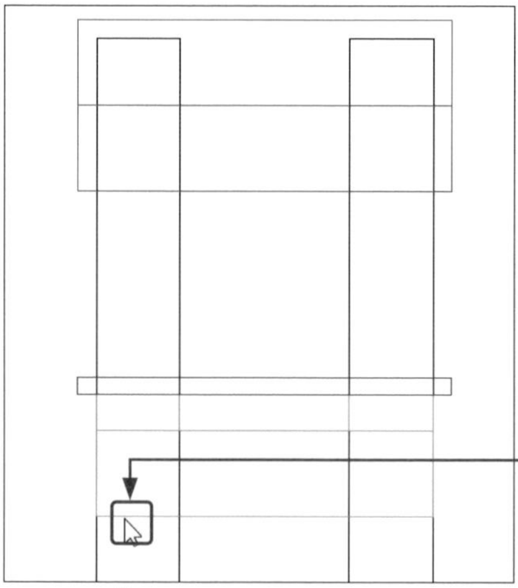

ステップアップ クロックメニューを使用して属性変更する場合

クロックメニューの「線種変更」を利用しても、属性変更を行うことができます。変更したい図形の上で、クリックボタンを押したまま、右下（5時）方向にドラッグします（左AM5時）。

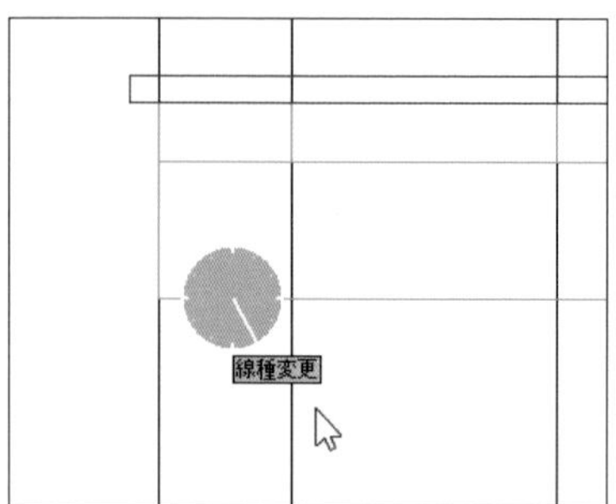
線種変更

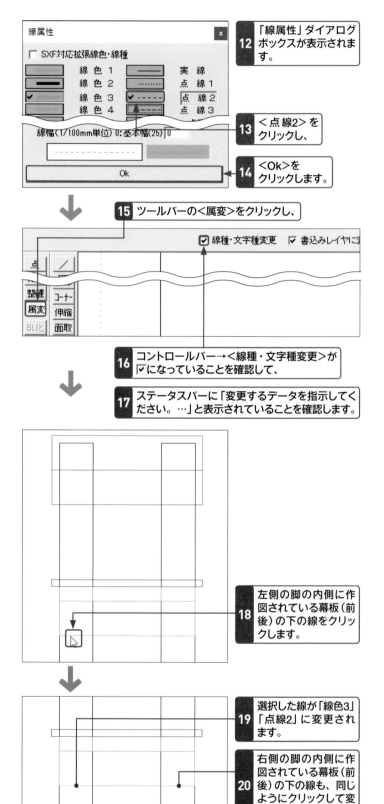

12 「線属性」ダイアログボックスが表示されます。

13 <点線2>をクリックし、

14 <Ok>をクリックします。

15 ツールバーの<属変>をクリックし、

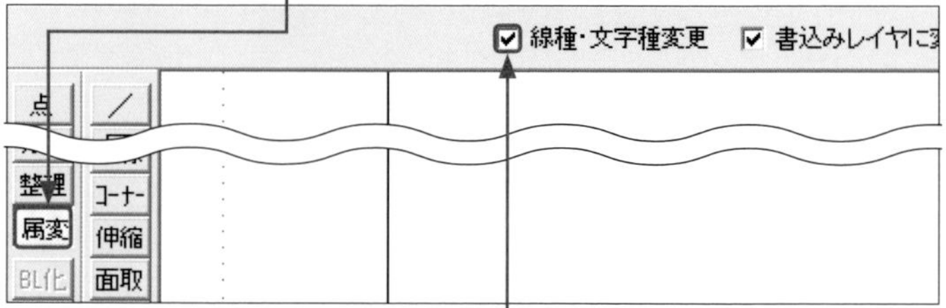

16 コントロールバー→<線種・文字種変更>が☑になっていることを確認して、

17 ステータスバーに「変更するデータを指示してください。…」と表示されていることを確認します。

18 左側の脚の内側に作図されている幕板（前後）の下の線をクリックします。

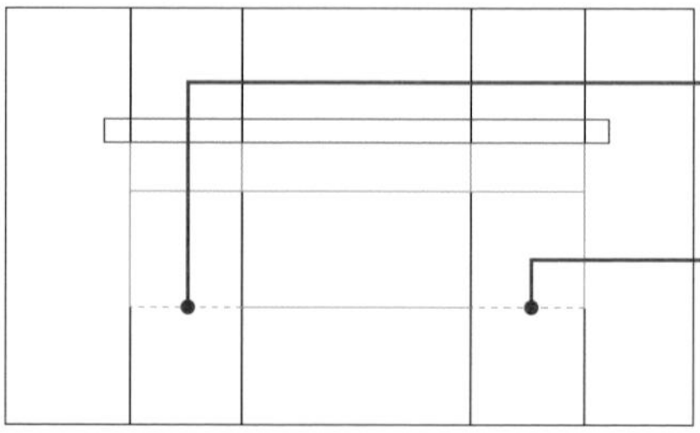

19 選択した線が「線色3」「点線2」に変更されます。

20 右側の脚の内側に作図されている幕板（前後）の下の線も、同じようにクリックして変更します。

2 貫を作図する

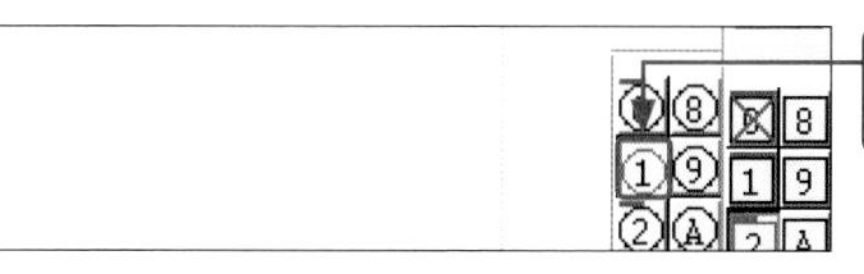

1 レイヤバー→<①>を右クリックし、

2 ステータスバーの書込みレイヤが「[2-1] 貫」と表示されていることを確認します。

3 ツールバーの<□>をクリックし、

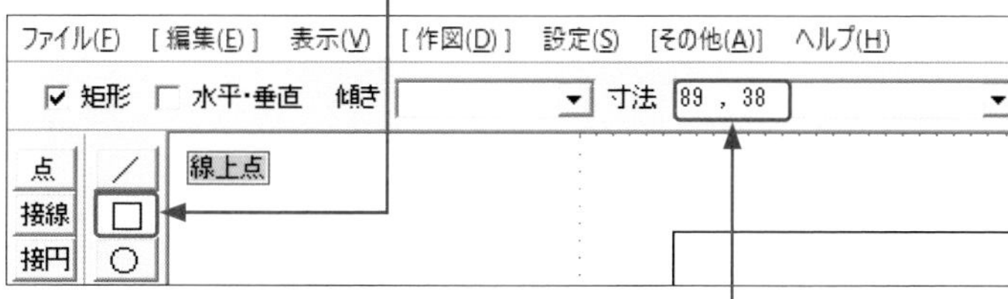
ファイル(F) [編集(E)] 表示(V) [作図(D)] 設定(S) [その他(A)] ヘルプ(H)
矩形 水平・垂直 傾き 寸法 89 , 38
点 接線 接円 線上点

4 コントロールバー→<寸法>に「89,38」と入力します。

線上 新規 属取 開く 線角

5 ツールバーの<線上>をクリックし、

6 側面図の貫の上部の線の上をクリックします。

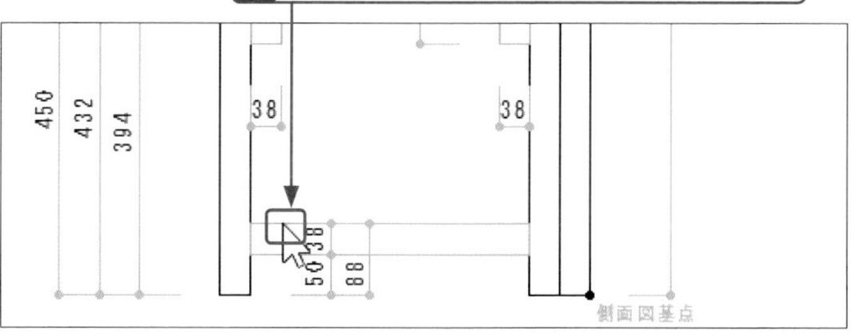
450
432
394
38
38
38
50
88
側面図基点

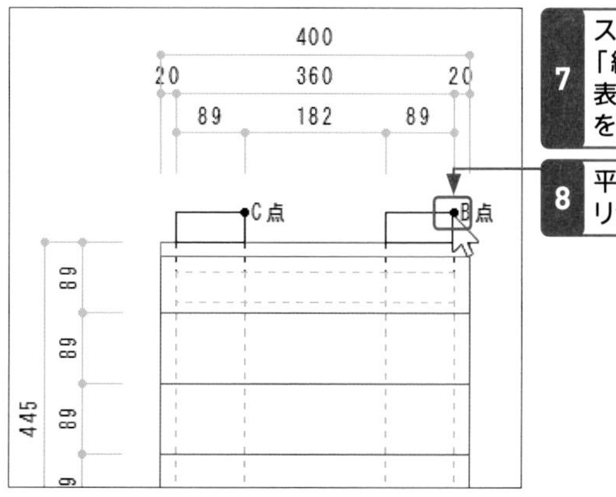
400
20 360 20
89 182 89
C点
B点
89
89
89
445

7 ステータスバーに「線上点指示…」と表示されていることを確認し、

8 平面図のB点を右クリックします。

メモ 作図するパーツについて

ここでは「貫」の脚に隠れた隠線部分を作図します。

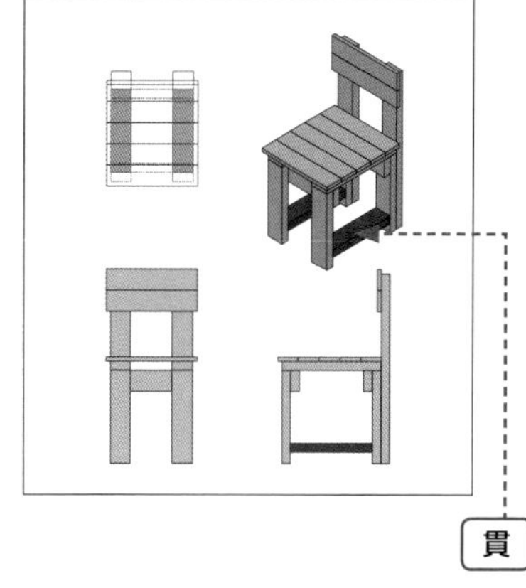
貫

メモ 線属性について

「線色3」の「点線2」を引き続き使用して作図します。

メモ 隠線について

木工図や機械図面などでは、部品どうしの前後関係や取り付け位置を正確に表現する際に「隠線（かくれ線）」を使用して作図します。

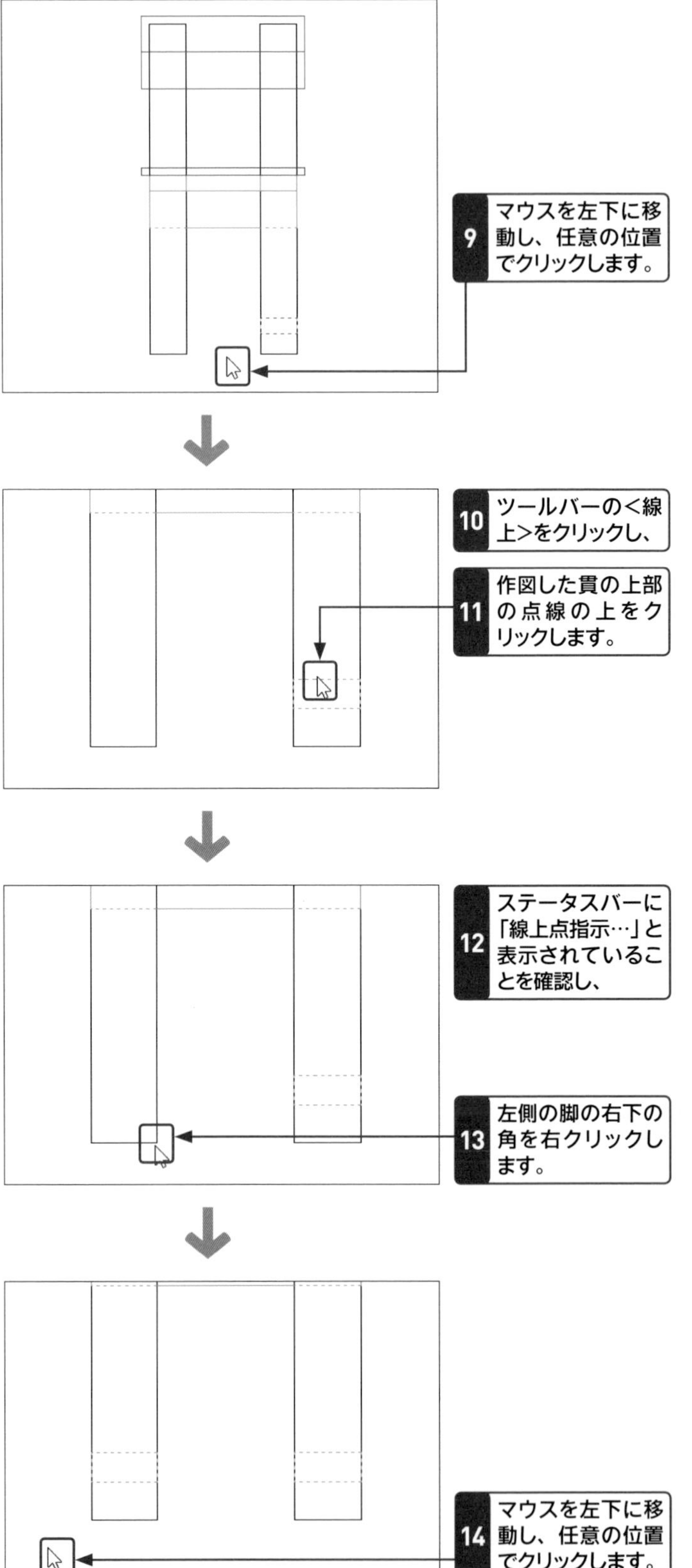
9 マウスを左下に移動し、任意の位置でクリックします。
10 ツールバーの<線上>をクリックし、
11 作図した貫の上部の点線の上をクリックします。
12 ステータスバーに「線上点指示…」と表示されていることを確認し、
13 左側の脚の右下の角を右クリックします。
14 マウスを左下に移動し、任意の位置でクリックします。

3 背板補強の隠線を編集する

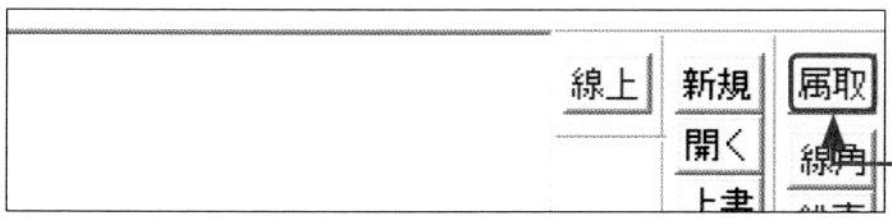

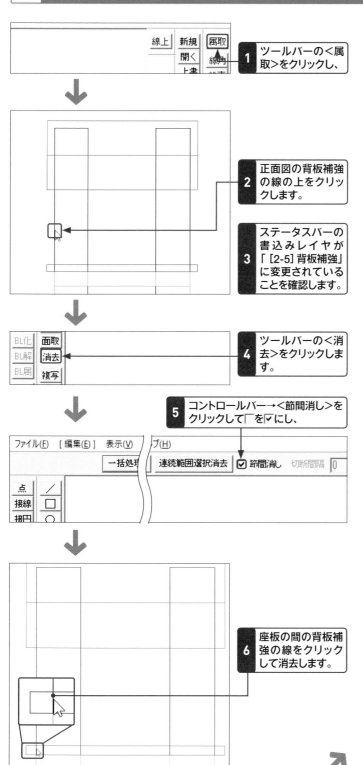

1 ツールバーの<属取>をクリックし、

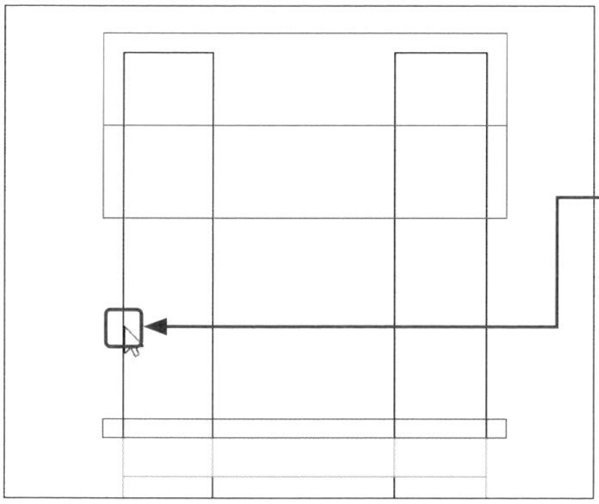

2 正面図の背板補強の線の上をクリックします。

3 ステータスバーの書込みレイヤが「[2-5] 背板補強」に変更されていることを確認します。

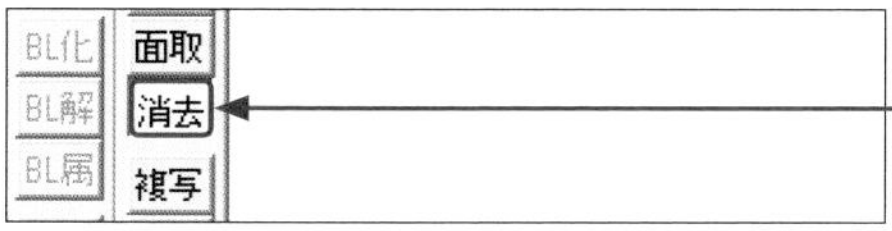

4 ツールバーの<消去>をクリックします。

5 コントロールバー→<節間消し>をクリックして☐を☑にし、

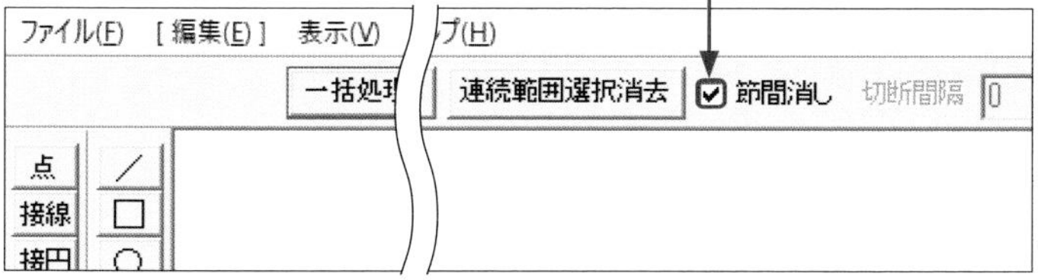

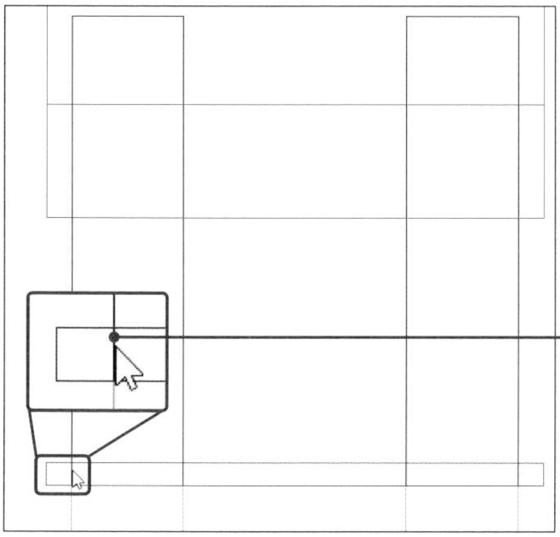

6 座板の間の背板補強の線をクリックして消去します。

メモ 作図するパーツについて

ここでは「背板補強」の座板と背板に隠れた隠線部分を作図します。

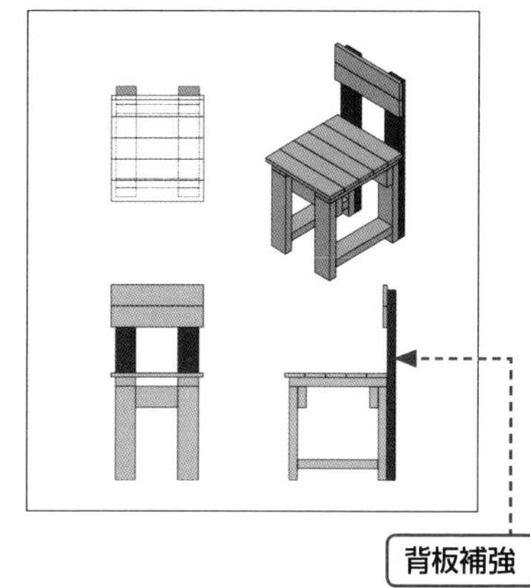
背板補強

キーワード 節間消し

<消去>コマンド→コントロールバー→<節間消し>にチェックを入れて、削除したい2点間の線上をクリックして選択します。ただし、この設定は使用後も継続されるので、作業が終わったら必ずチェックを外しておきます。

メモ　作図の考え方について

作図初心者にとって、部品どうしの前後関係を頭の中で想像して、隠線を描くことは難しいことです。そんな場合は、まず平面図を作図し、P.242のSec.63で解説しているアイソメ図で高さや部材どうしの前後関係を確認してから、正面図や側面図を作図することで、イメージしやすくなります。

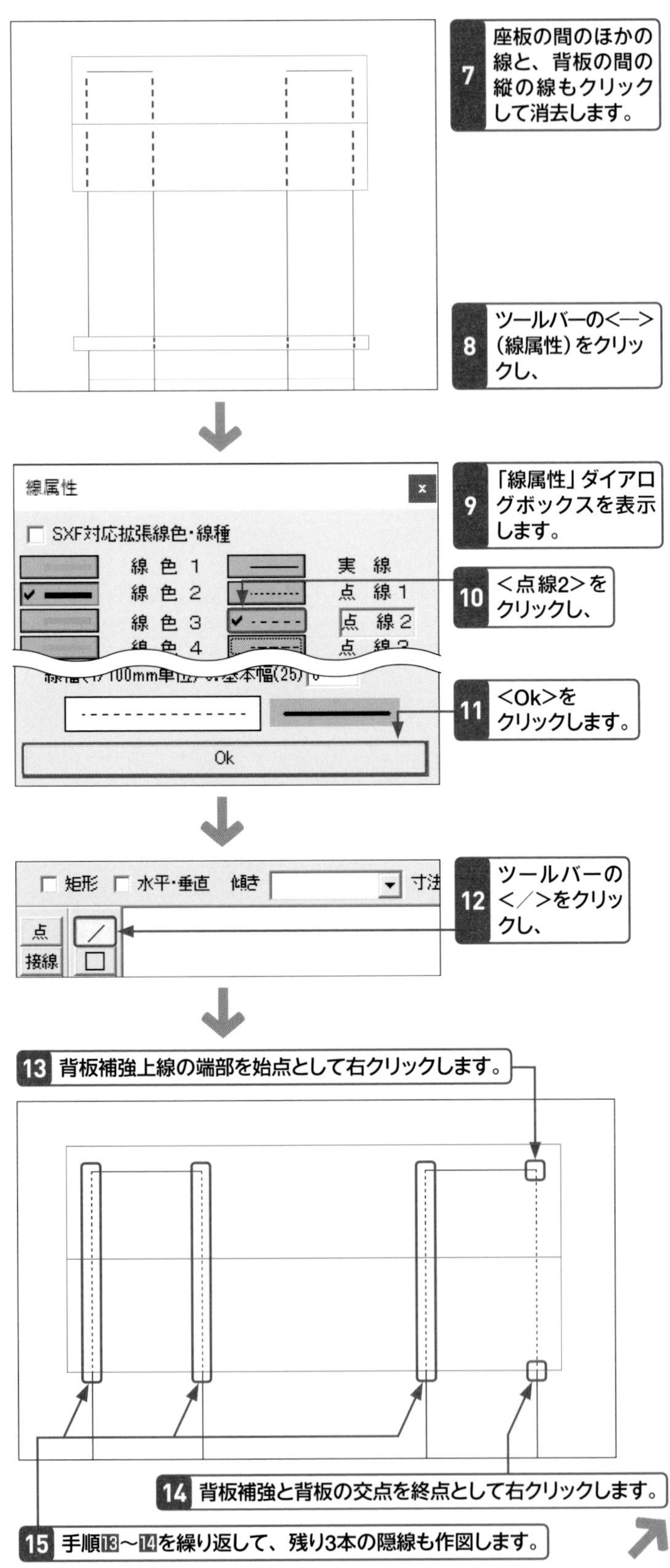
7 座板の間のほかの線と、背板の間の縦の線もクリックして消去します。
8 ツールバーの<—>(線属性)をクリックし、
9 「線属性」ダイアログボックスを表示します。
線属性
SXF対応拡張線色・線種
線色1
線色2
線色3
線色4
実線
点線1
点線2
Ok
10 <点線2>をクリックし、
11 <Ok>をクリックします。
矩形
水平・垂直
傾き
寸法
点
接線
12 ツールバーの<／>をクリックし、
13 背板補強上線の端部を始点として右クリックします。
14 背板補強と背板の交点を終点として右クリックします。
15 手順13～14を繰り返して、残り3本の隠線も作図します。

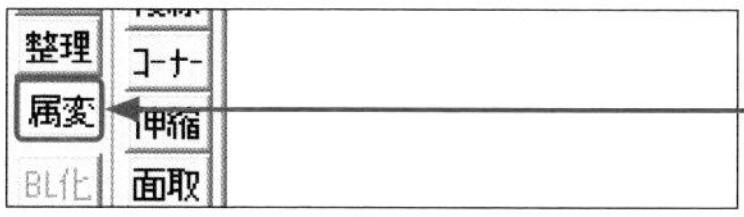

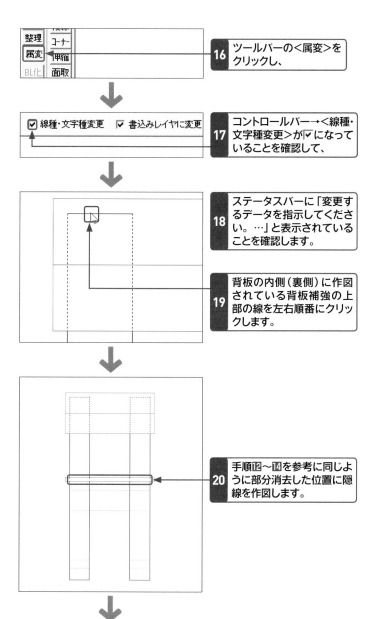

16 ツールバーの<属変>をクリックし、

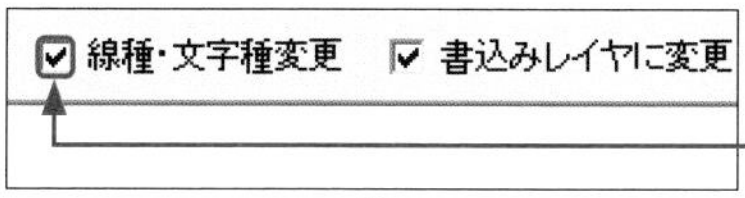

17 コントロールバー→<線種・文字種変更>が☑になっていることを確認して、

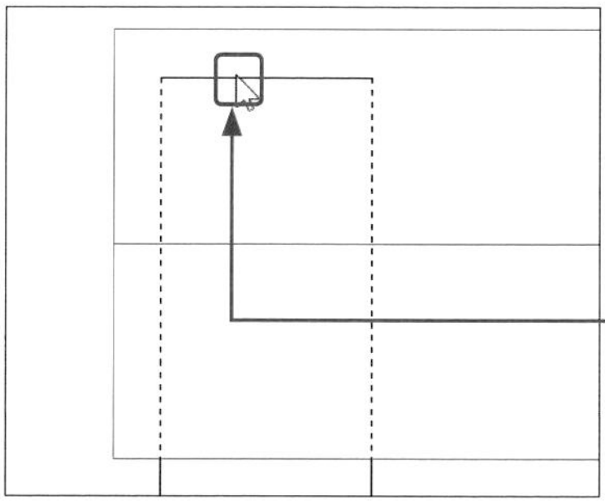

18 ステータスバーに「変更するデータを指示してください。…」と表示されていることを確認します。

19 背板の内側（裏側）に作図されている背板補強の上部の線を左右順番にクリックします。

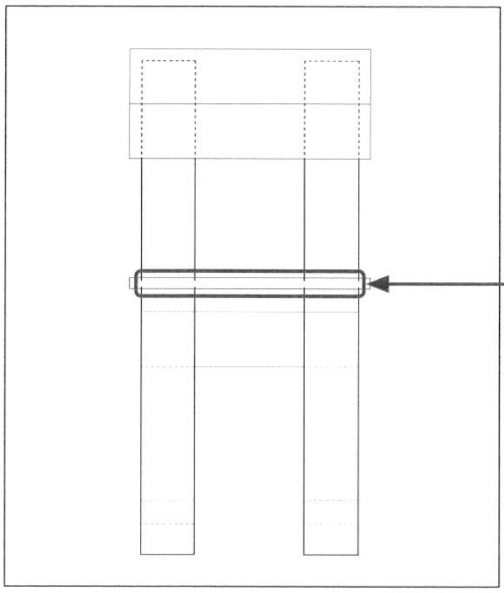

20 手順12〜14を参考に同じように部分消去した位置に隠線を作図します。

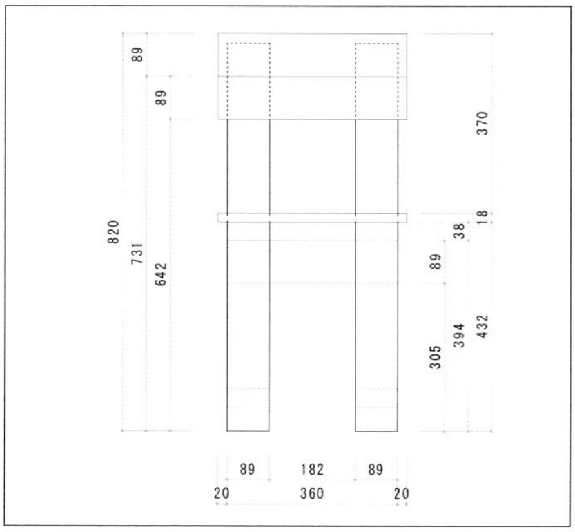

21 必要に応じて「F」レイヤに寸法を作図します。

DIYにおける図面の重要性について

図面は複数の人間に正確な情報を与えるためのもので、個人としてDIYを行う場合、綿密な数値の図面がなくてもポンチ図やイラストがあれば、作成できるのも事実です。しかし、図面を描くことで正確な数値を得られるだけでなく、創作する楽しみも膨らみます。意匠と施工を同時に行う「DIY（Do It Yourself）」の醍醐味をCADでもっと楽しんで頂ければ幸いです。

寸法の作図について

手順21の寸法の作図方法については、P.172のSec.50、P.218のSec.60を参照してください。

Section 63

アイソメ図を作成する

覚えておきたいキーワード
☑ 2.5D機能
☑ アイソメ
☑ レイヤバー（All）

Jw_cadには「2.5D機能」があります。これは、平面図に高さを設定することで、アイソメ図を自動で作成してくれる機能です。3Dではないので隠線処理のような面の表現はできませんが、部材の高さや納まり、完成イメージを確認するには十分有効なのでチャレンジしてみましょう。

練習用ファイル	Sec63.jww
メニュー	[その他]メニュー→[2.5D]
ツールバー	[2.5D]

1 脚の高さを設定する

メモ ここでの図面について

ここで使用する図面は、Sec.62までで作図した図面の平面図をすべて実線に変更し、[0]グループ(平面図)以外のレイヤグループは表示のみの状態で編集保存されています。

キーワード 2.5D

2.5Dは、作成した2次元の図面に高さを設定して、アイソメ図などを自動的に作成する機能です。3DCADではないので、面や質量の概念はなく、作成される図形はあくまでもワイヤーフレームで作図されるため、隠線やシェーディングなどの処理はできません。

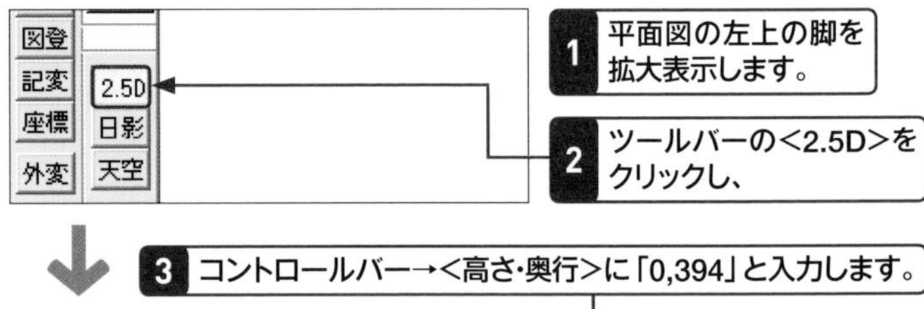

図登
記変
座標
外変
2.5D
日影
天空

1 平面図の左上の脚を拡大表示します。

2 ツールバーの<2.5D>をクリックし、

3 コントロールバー→<高さ・奥行>に「0,394」と入力します。

ファイル(F) [編集(E)] 表示(V) [作図(D)] 設定(S) [その他(A)] ヘルプ(H)

透視図 鳥瞰図 アイソメ 高さ・奥行 0 , 394 [mm]

4 <(m)>(単位表示)をクリックして、<[mm]>に切り替えます(<[mm]>になっている場合はそのまま進めます)。

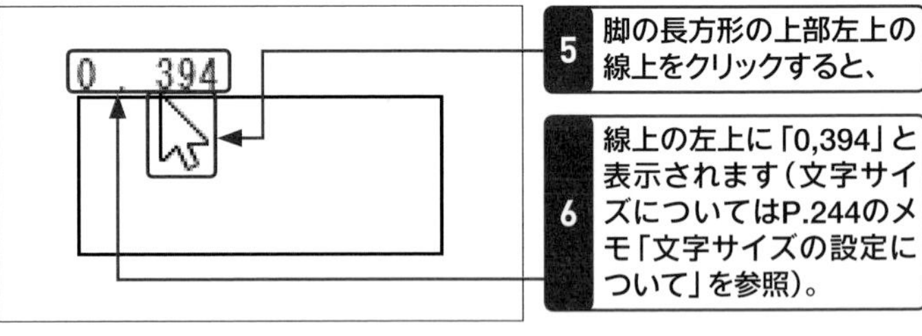

0 , 394

5 脚の長方形の上部左上の線上をクリックすると、

6 線上の左上に「0,394」と表示されます(文字サイズについてはP.244のメモ「文字サイズの設定について」を参照)。

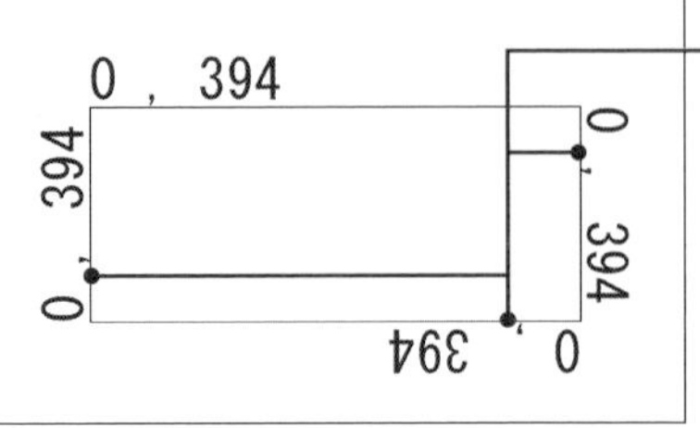

0 , 394
394
0
0
394
394
0

7 残り3本の線上もクリックして高さを設定し(P.243の「注意」参照)、

↗

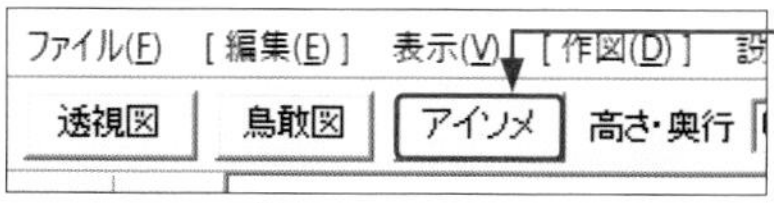

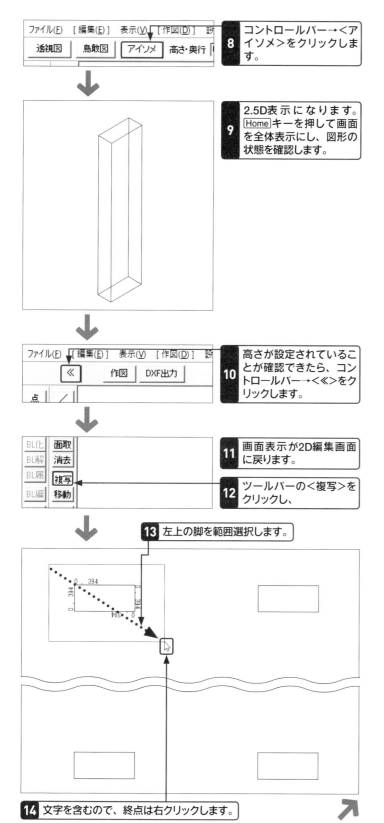

8 コントロールバー→<アイソメ>をクリックします。

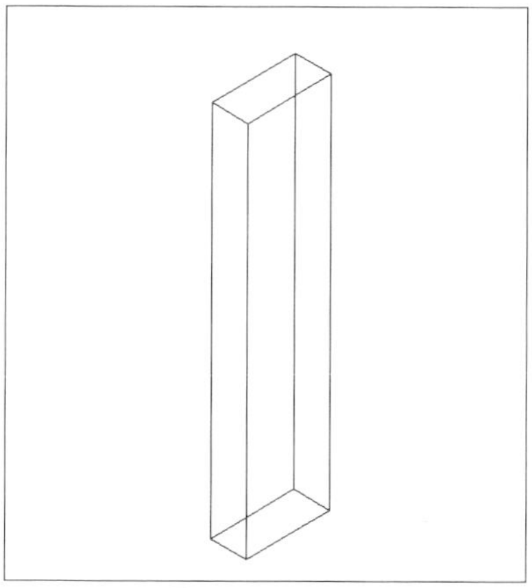

9 2.5D表示になります。Homeキーを押して画面を全体表示にし、図形の状態を確認します。

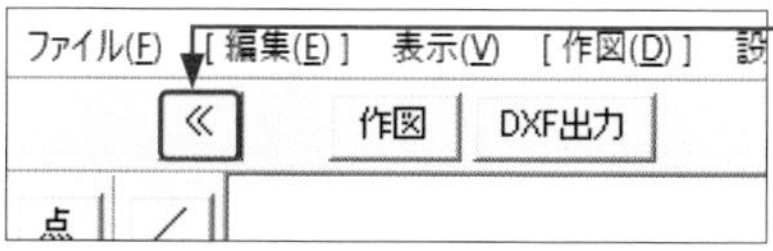

10 高さが設定されていることが確認できたら、コントロールバー→<≪>をクリックします。

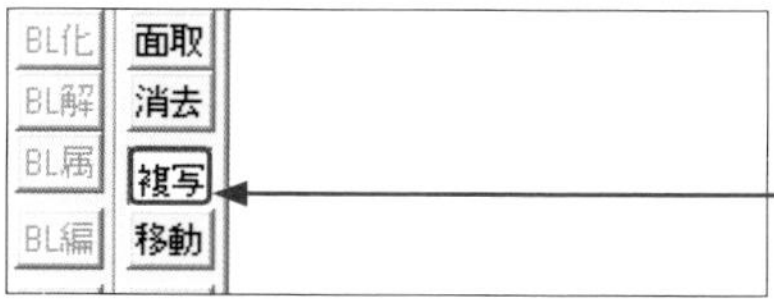

11 画面表示が2D編集画面に戻ります。

12 ツールバーの<複写>をクリックし、

13 左上の脚を範囲選択します。

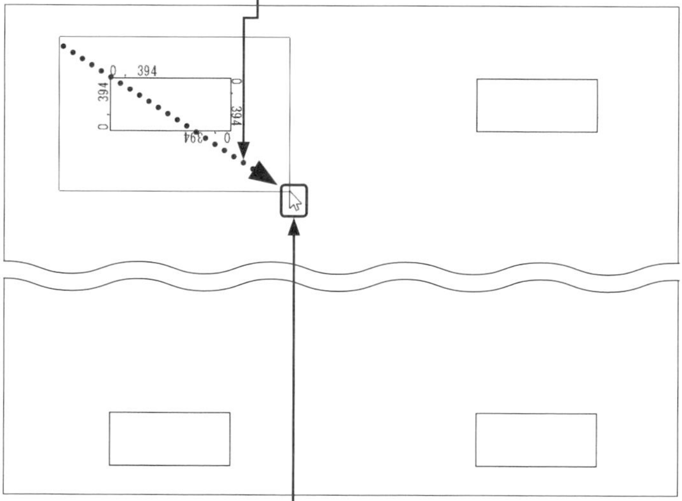

14 文字を含むので、終点は右クリックします。

注意 高さを設定する際の注意点

高さは、選択した線の中点を基準に、クリックした位置に近い端点に設定されます。複数の点に高さを指定する場合、クリックする位置によって高さを示す文字が移動することがあります。前ページの手順7を下図で説明すると、A点に高さが設定されている状態です。B点に高さを設定する際に、左線上のA点に近い位置をクリックすると、A点の高さが更新されて文字が移動します（図1）。B点に高さを設定した場合は、左線上のB点に近い位置をクリックします（図2）。

図1

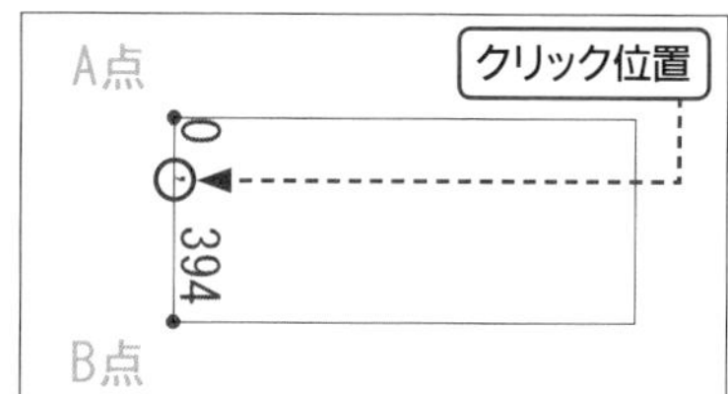
A点
クリック位置
0
394
B点

図2

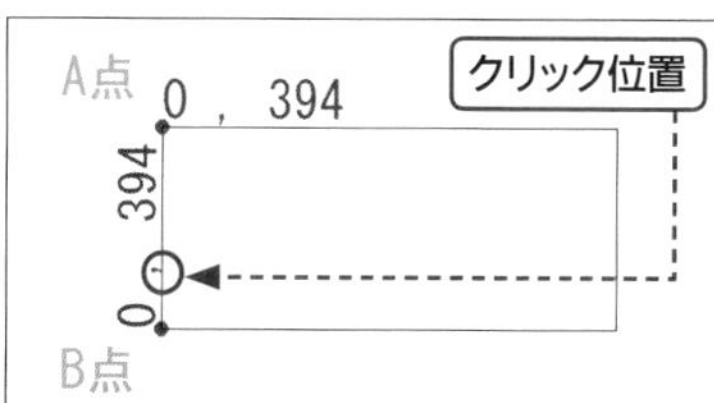
A点
0 , 394
クリック位置
394
0
B点

メモ 脚の高さと奥行

ここでの設定では、数値「0」が平面上（基準面）になり、高さが設定されます。数値の小さい方が下部、大きい方が上部になります。

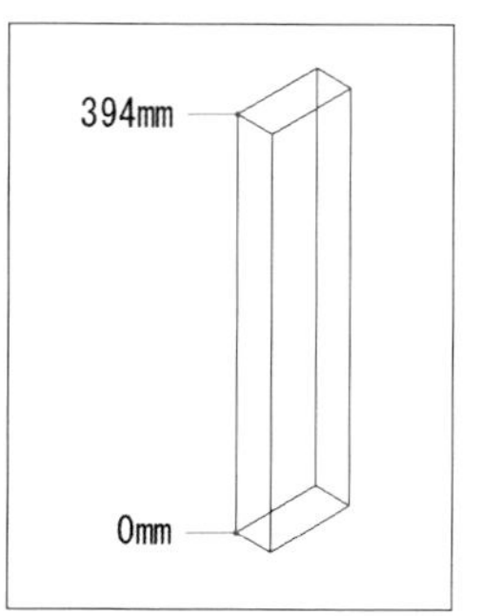
394mm
0mm

メモ　複写する際の注意点

2.5Dで高さを設定した図形を複写する際は、高さの文字も一緒に複写します。

メモ　作図するパーツについて

ここでは「脚」部分の高さを設定します。

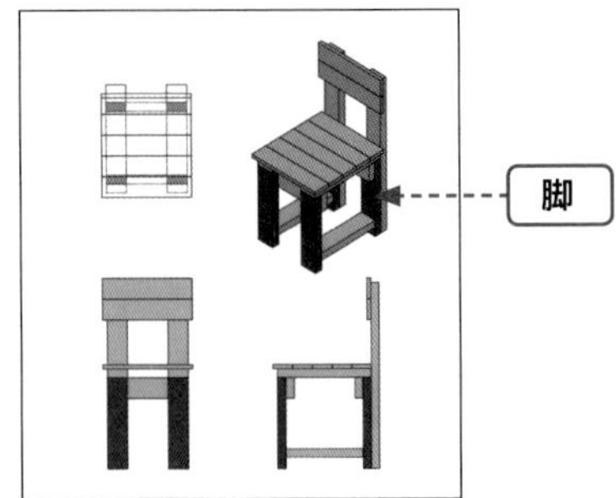
脚

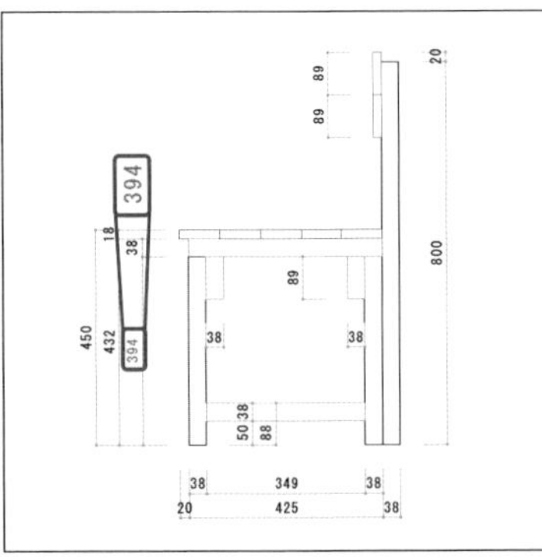

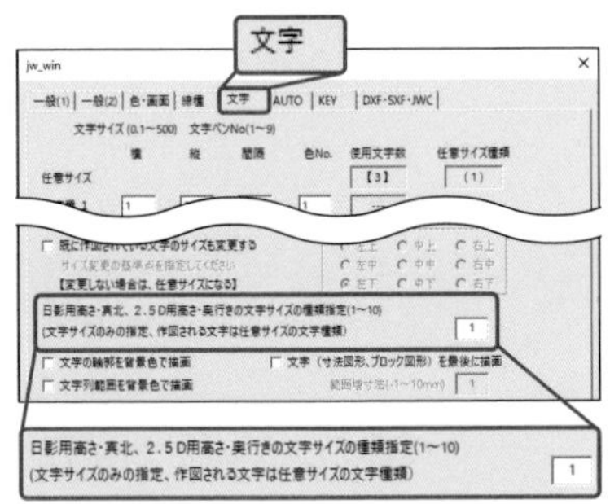
文字
日影用高さ・真北、2.5D用高さ・奥行きの文字サイズの種類指定(1～10)
(文字サイズのみの指定、作図される文字は任意サイズの文字種類)

メモ　文字サイズの設定について

2.5Dで表示される高さを示す文字種はツールバー<設定>→<基本設定>→<文字>タブの「日影用高さ・真北、2.5D用高さ・奥行きの文字サイズの文字種類指定（1～10）」で指定することができます。

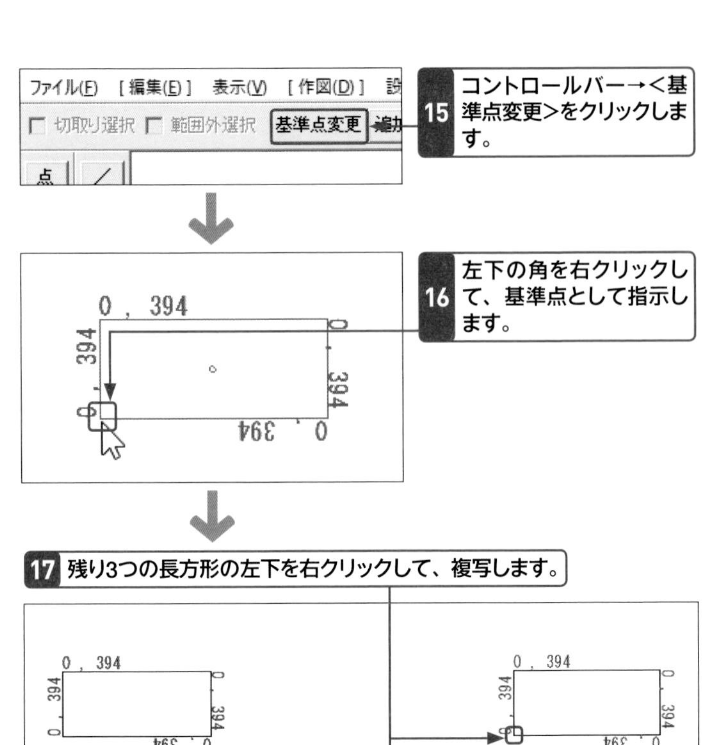
15 コントロールバー→<基準点変更>をクリックします。
16 左下の角を右クリックして、基準点として指示します。

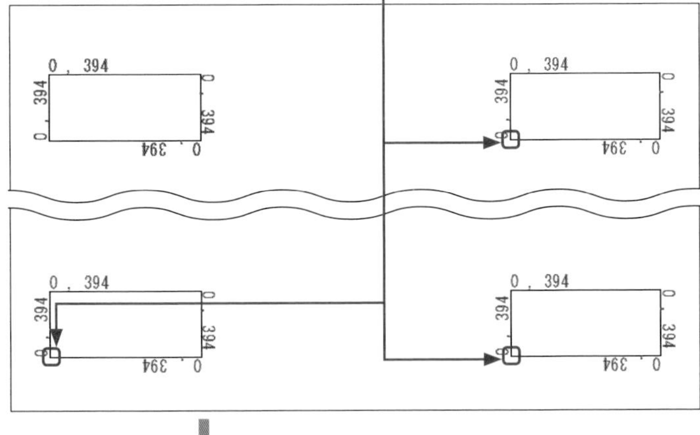
17 残り3つの長方形の左下を右クリックして、複写します。

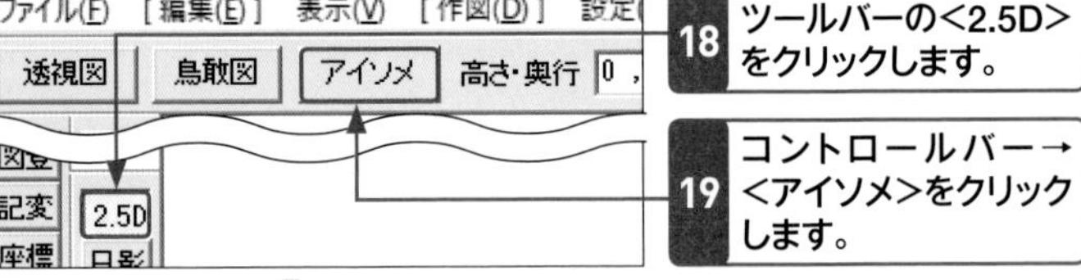
18 ツールバーの<2.5D>をクリックします。
19 コントロールバー→<アイソメ>をクリックします。

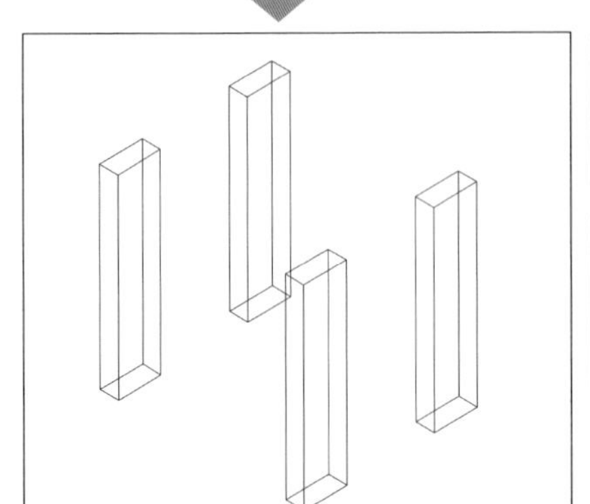
20 2.5D表示になります。画面表示を調整して、図形の状態を確認します。
21 高さが設定されていることが確認できたら、コントロールバー→<≪>をクリックします。

2 貫の高さを設定する

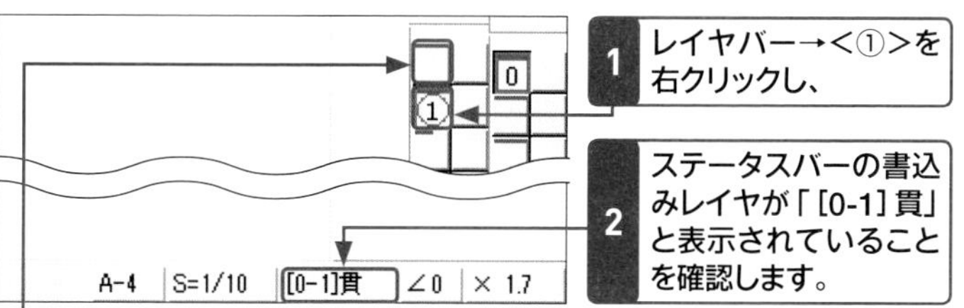
A-4
S=1/10
[0-1]貫
∠0
× 1.7

1 レイヤバー→<①>を右クリックし、

2 ステータスバーの書込みレイヤが「[0-1]貫」と表示されていることを確認します。

3 レイヤバー→<⓪>をクリックして、0レイヤを非表示にします。

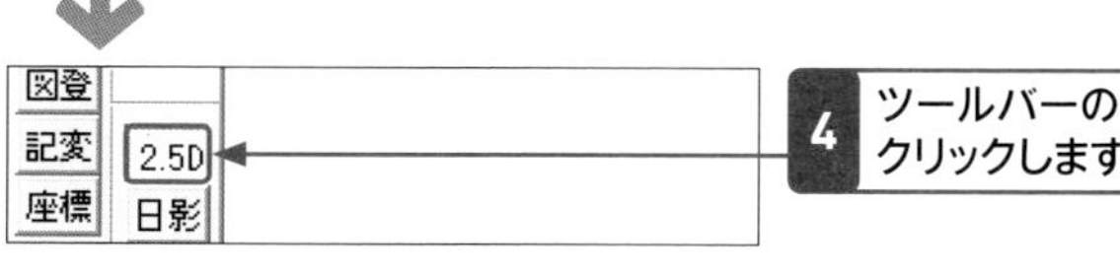
図登
記変
座標
2.5D
日影

4 ツールバーの<2.5D>をクリックします。

5 コントロールバー→「高さ・奥行」に「50,88」と入力し、

6 貫の長方形の線上をすべてクリックして、

鳥敢図
アイソメ
高さ・奥行
50 , 88
[mm]

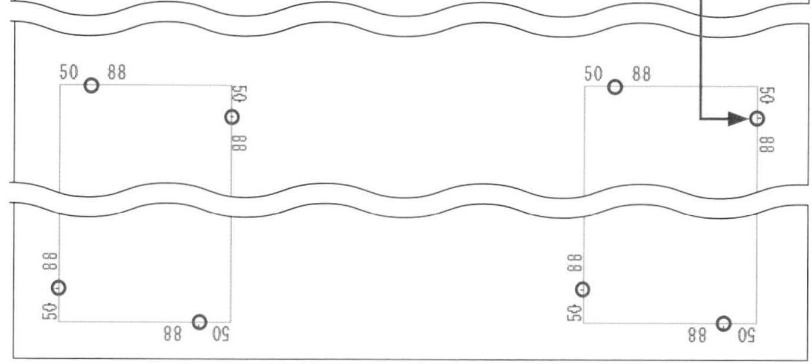

7 コントロールバー→<アイソメ>をクリックします。

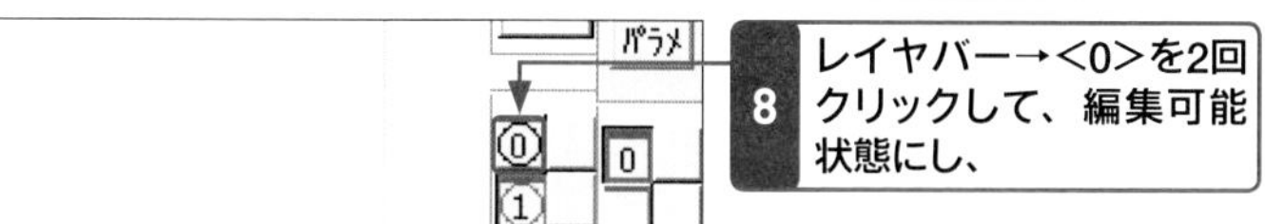

8 レイヤバー→<0>を2回クリックして、編集可能状態にし、

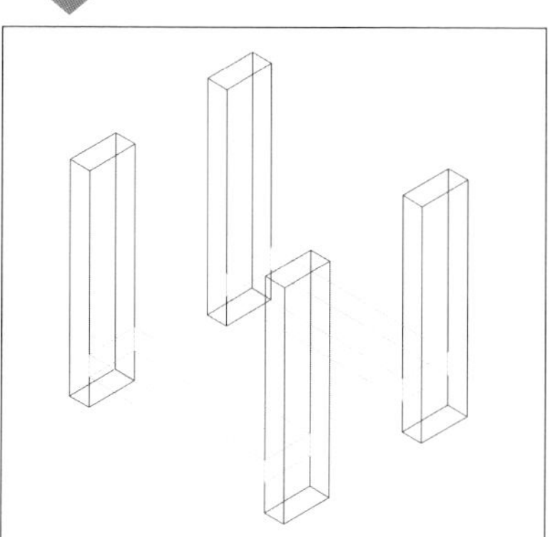

9 マウスを画面に戻して、高さが設定されていることが確認します。

メモ 作図するパーツについて

ここでは「貫」部分の高さを設定します。

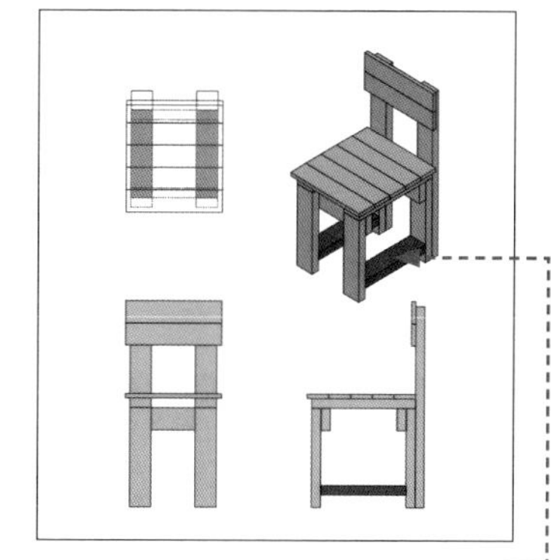
貫

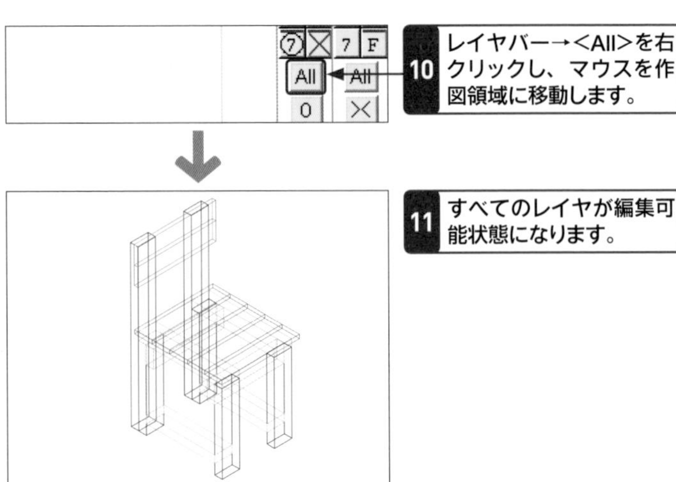
7
F
All
All
0
10 レイヤバー→<All>を右クリックし、マウスを作図領域に移動します。
11 すべてのレイヤが編集可能状態になります。

ステップアップ

アイソメ図の表示について

アイソメ図を表示中に、コントロールバー→＜左＞＜右＞＜上＞＜下＞をクリックすることで、「回転角間隔，移動間隔」で設定した数値分、表示向きを変更することができます。＜0,0＞をクリックすると正面図を表示することができます。初期値の表示状態に戻したい場合は＜等角＞をクリックします。また、作図したアイソメ図を平面図にコピーしたい場合は、＜作図＞をクリックします。2.5Dで高さを設定しておけば、アイソメ図だけでなく、透視図や鳥瞰図でも表示することができます。

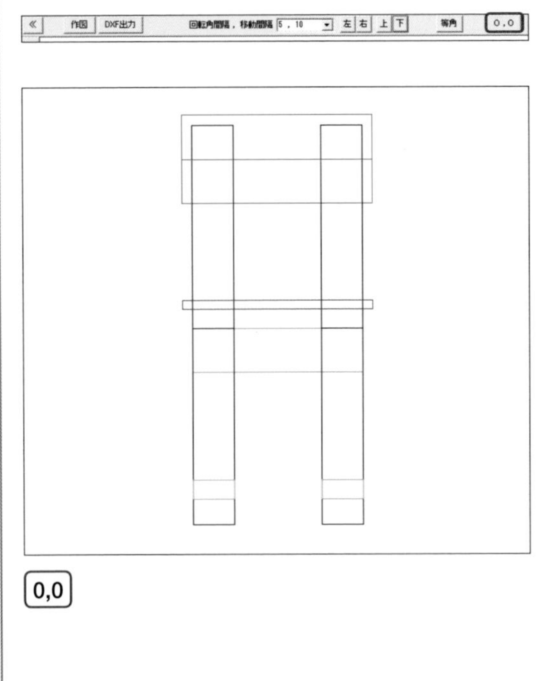
«
作図
DXF出力
回転角間隔，移動間隔
5，10
左
右
上
下
等角
0.0

0,0

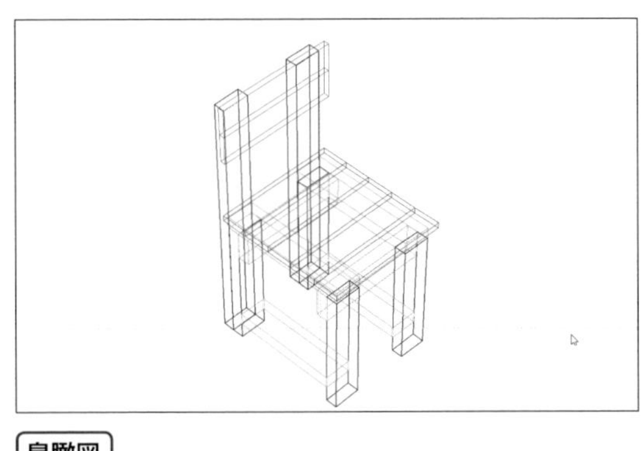

鳥瞰図

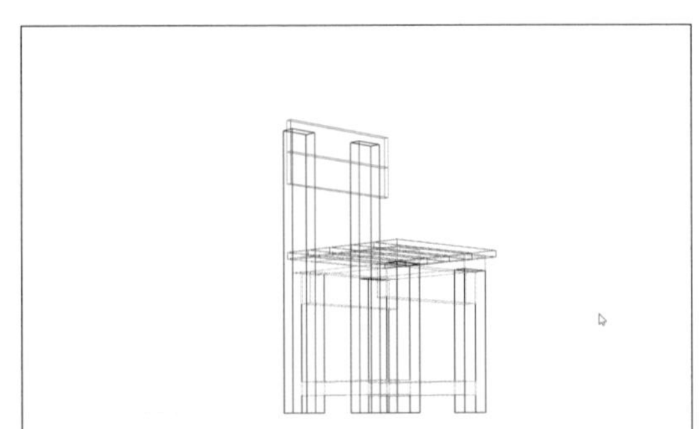

透視図

Chapter 07

第7章

マンションリフォームの平面図を作成しよう

Section 64 建築図面を知る
65 レイヤ名を設定する
66 壁芯を作図する
67 寸法・文字を作図する
68 外壁と柱を作図する
69 間仕切り壁を作図する
70 壁と柱を包絡処理する
71 建具を作図する
72 設備を作図する
73 図面を仕上げる

Section
64 建築図面を知る

覚えておきたいキーワード
- 建築構造
- 平面図
- 製図記号

第７章と第８章では建築図面を作図していきます。ここでは、建築図面を作図する上で知っておきたい建築構造の基本的な知識、建築平面図の考え方、建具の種類や平面記号について学習します。どれも建築図面を扱う上では必須の知識なのでよく確認しておきましょう。

1 建築の主な構造

木造(W造)

木造（W造）は、木材を組み立てて建物を支える構造で、軽量かつ安価で施工しやすいのが特徴です。

軸組工法(在来工法)

軸組工法（在来工法）は、日本の伝統的な工法で柱や梁などの木材を組んで構成されています。自由な間取りが可能で、大きな開口部を設けることもできます。

2 x 4(ツーバイフォー)工法(軸組壁工法)

2 x 4（ツーバイフォー）工法（軸組壁工法）は、2インチ x 4インチの角材で枠組を作り、構造用合板などを打ち付けてた壁パネルで組み立てます。北米で発達した技術で近年日本でも多く施工されています。

鉄骨造（S造）

鉄骨造（S造）は、鉄骨の柱や梁などを組んで構成します。木造と比較して、耐火性や耐久性が高く、RC造と比較して軽量なので、高層ビルにも採用されています。

鉄筋コンクリート造(RC造)

鉄筋コンクリート造（RC造）は、圧縮に強いコンクリートと引っ張りに強い鉄筋のそれぞれの長所を生かし、耐久性、耐火性、耐震性に優れているのが特徴です。ただし、重いので地盤の弱い地域では対策が必要です。

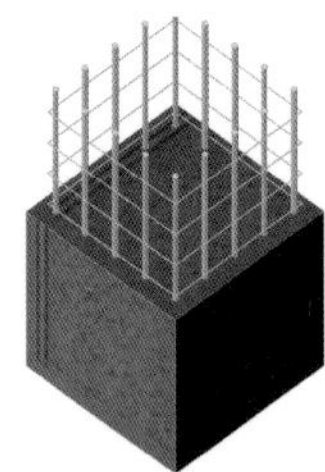

鉄骨鉄筋コンクリート造(SRC造)

鉄骨鉄筋コンクリート造（SRC造）は、鉄骨の骨組みの周囲に鉄筋を配し、周りをコンクリートで固める工法です。RC造と比較して、小さい断面で丈夫な骨組みが可能ですが、コストも工期も要します。超高層建築物などで使用されています。

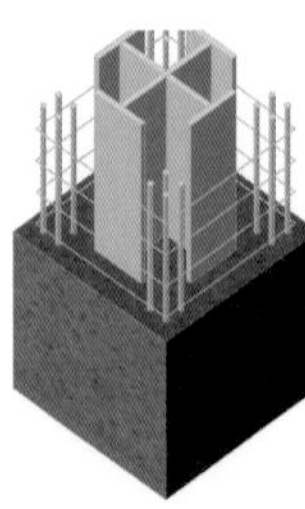

2 建築図面の考え方

Sec.54でも解説したように、立体を平面（図面）で表現する場合、複数の面から投影した図を作図します。建築図面の場合、床の高さを基準におよそ1.5mの高さで水平に切断し、真上から見下ろした図を「平面図」として表現します。そのほか、建物を側面から見た「立面図」、建物を垂直方向に切断した「断面図（展開図）」など、1つの建物を表現するにはさまざまな図面が必要です。

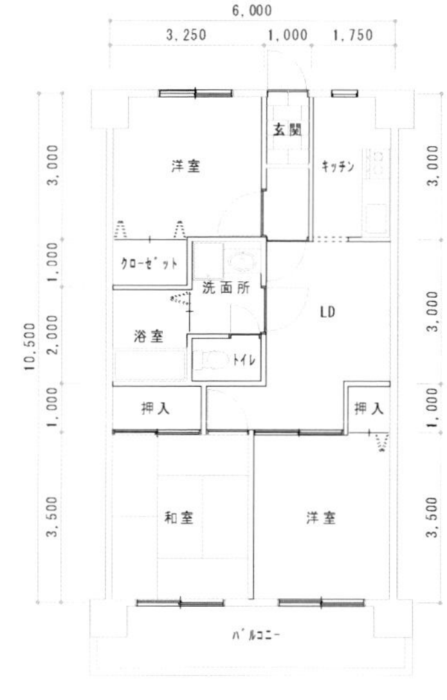
6,000
3,250
1,000
1,750
洋室
玄関
キッチン
クローゼット
洗面所
LD
浴室
トイレ
押入
押入
和室
洋室
バルコニー
10,500
3,000
1,000
2,000
1,000
3,500
3,000
3,000
1,000
3,500

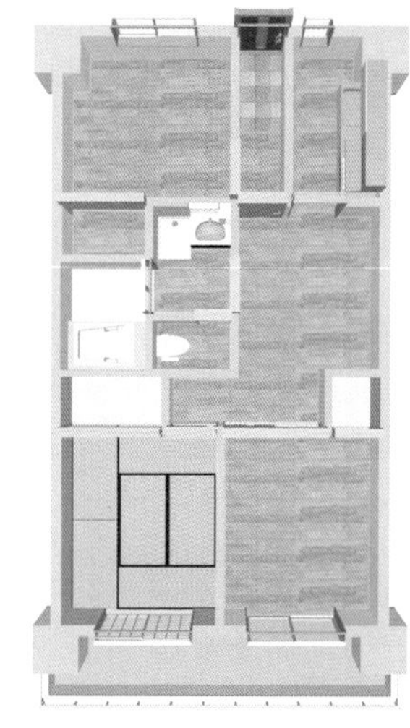

3 建具の記号について

建具の製図記号については、JIS 規格『 JIS A 0150 建築製図通則 』において一般的な原則記号が以下のように定められています。

引違い

折戸

FIX
（はめ殺し）

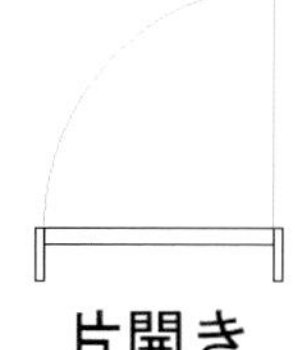
片開き

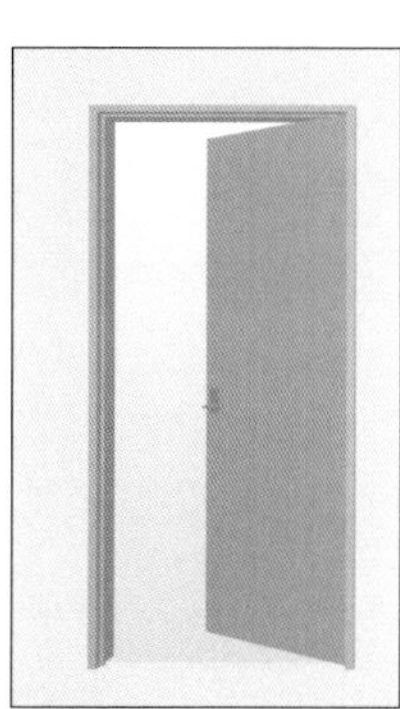

Section 65

レイヤ名を設定する

覚えておきたいキーワード
☑ レイヤグループ
☑ レイヤ
☑ プロテクトレイヤ

第7章では、マンションリフォーム用の間取り図を作成します。図枠がすでに作図されている状態の図面に、まずはリフォーム前のマンションの間取り（平面図）を作図します。作図する要素ごとにレイヤ名を設定することで、データ整理しながらスムーズに作図できるようにします。

練習用ファイル	Sec65.jww

第7章 マンションリフォームの平面図を作成しよう

1 レイヤグループの設定を確認する

メモ　レイヤの設定について

「Sec65.jww」の図面にはあらかじめ下記のようなレイヤグループ設定がされています。

・[0] レイヤグループ「リフォーム前」
・[1] レイヤグループ「リフォーム後」
・[F] レイヤグループ「図枠」

まずは、0グループにレイヤ名を設定し、リフォーム前の平面図を作図します。

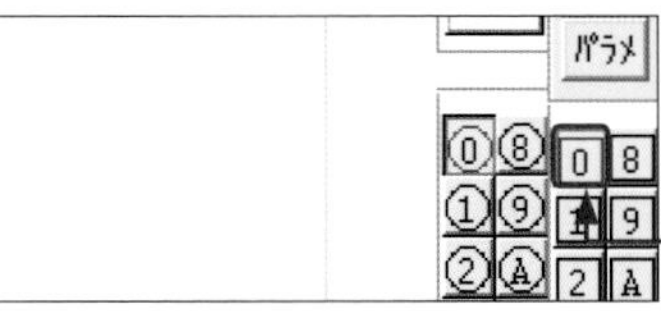
ﾊﾟﾗﾒ

1 Sec65.jwwの図面を開きます。

2 「レイヤグループバー」→<0>を右クリックします。

3 「レイヤグループ一覧」ダイアログボックスが表示されます。

4 「[0] リフォーム前」「[1] リフォーム後」「[F] 図枠」が設定されていることを確認し、

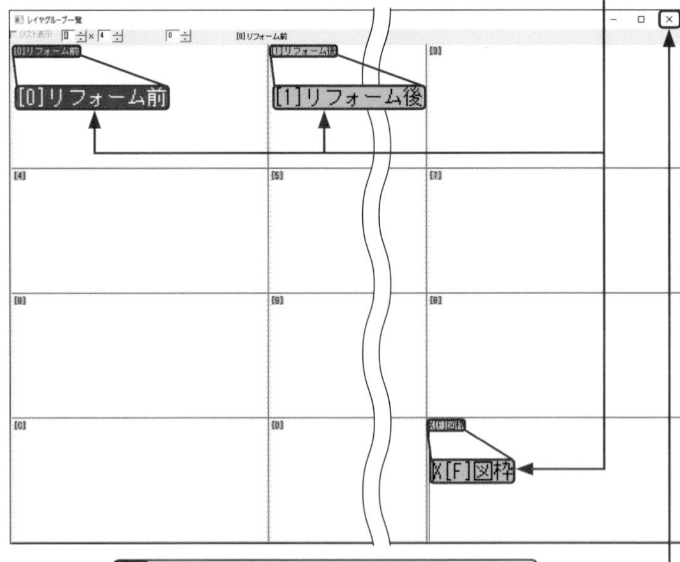
レイヤグループ一覧
[0]リフォーム前
[0]リフォーム前
[1]リフォーム後
[1]リフォーム後
X[F]図枠

5 ×<閉じる>をクリックして、ダイアログボックスを閉じます。

6 ステータスバー→<S=1/100>（縮尺）をクリックします。

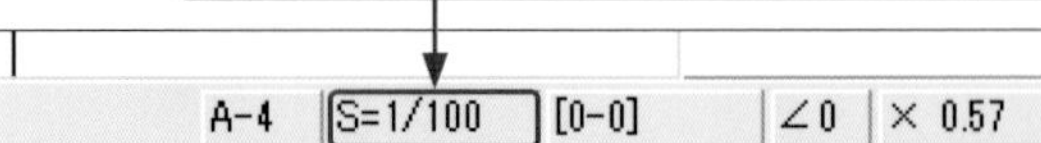
A-4
S=1/100
[0-0]
∠0
× 0.57

7 「縮尺・読取　設定」ダイアログボックスが表示されます。

8 [0]～[E] グループに「1/100」、[F] グループに「1/1」の縮尺がそれぞれ設定されていることを確認します。

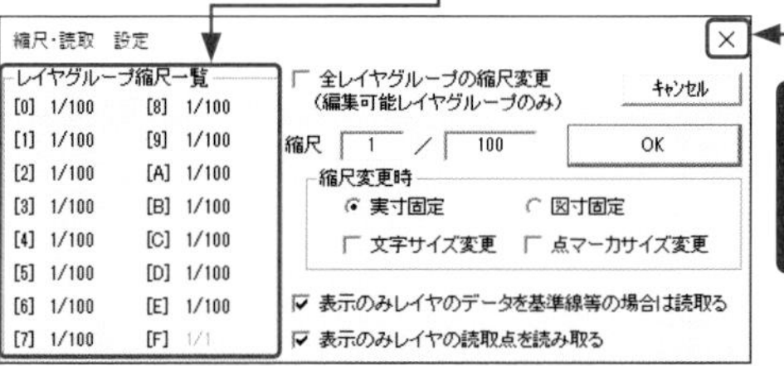

縮尺・読取　設定
レイヤグループ縮尺一覧
[0] 1/100 [8] 1/100
[1] 1/100 [9] 1/100
[2] 1/100 [A] 1/100
[3] 1/100 [B] 1/100
[4] 1/100 [C] 1/100
[5] 1/100 [D] 1/100
[6] 1/100 [E] 1/100
[7] 1/100 [F] 1/1
全レイヤグループの縮尺変更
（編集可能レイヤグループのみ）
キャンセル
縮尺 1 / 100
OK
縮尺変更時
実寸固定
図寸固定
文字サイズ変更
点マーカサイズ変更
表示のみレイヤのデータを基準線等の場合は読取る
表示のみレイヤの読取点を読み取る

9 ×＜閉じる＞をクリックして、ダイアログボックスを閉じます。

2 レイヤ名を設定する

1 「レイヤグループバー」→<0>の□が赤色で表示されていることを確認します。

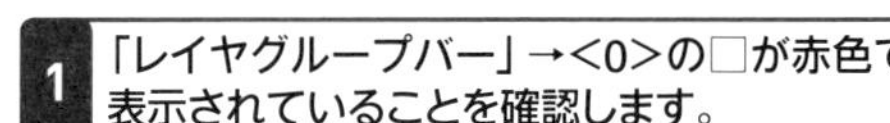

2 レイヤバー→＜⓪＞を右クリックします。

3 「レイヤ一覧（[0] グループ）」ダイアログボックスが表示されます。

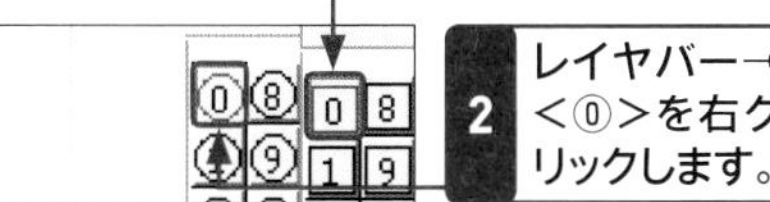

4 「（0）」の数字をクリックします。

5 「レイヤ名設定」ダイアログボックスが表示されます。

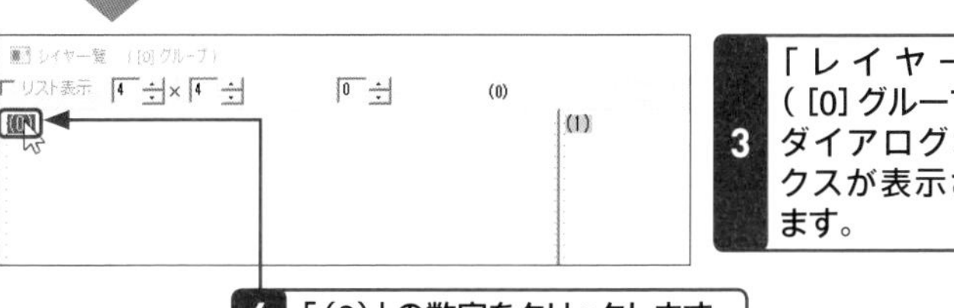

レイヤ名設定
(0) レイヤ
躯体
OK
キャンセル

6 「躯体」と入力し、

7 <OK>をクリックします。

8 手順4～7を繰り返して、（1）～（7）および（F）にそれぞれレイヤ名を設定します。

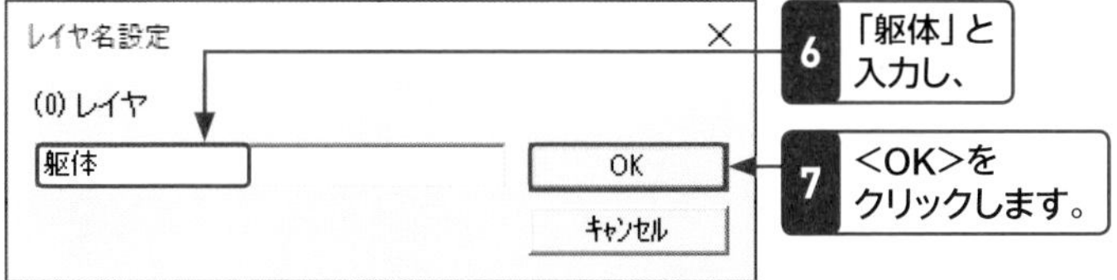

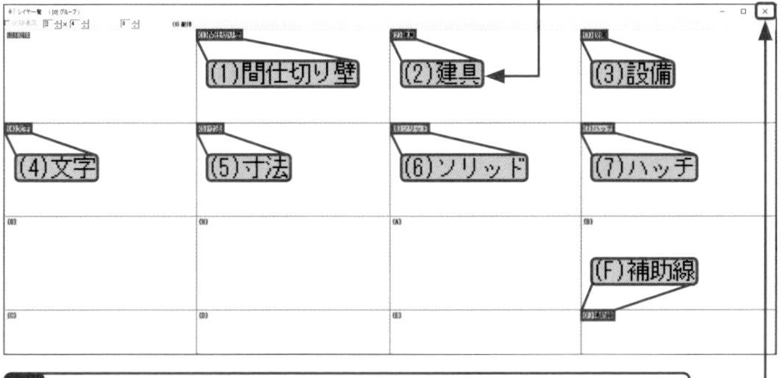

(1)間仕切り壁
(2)建具
(3)設備
(4)文字
(5)寸法
(6)ソリッド
(7)ハッチ
(F)補助線

9 ×＜閉じる＞をクリックして、ダイアログボックスを閉じます。

メモ プロテクトレイヤについて

[F] レイヤグループ（図枠）は編集を制限するために、プロテクトレイヤの設定をしています。プロテクトレイヤは、書込みおよび編集を不可にする機能です。

「／」：書込みおよび編集不可だが、表示非表示の切り替えは可（Ctrl キーを押しながらレイヤ番号をクリック）。

「×」：書込み・編集・表示・非表示など一切の切り替え不可（Ctrl＋Shift キーを押しながらレイヤ番号をクリック）。

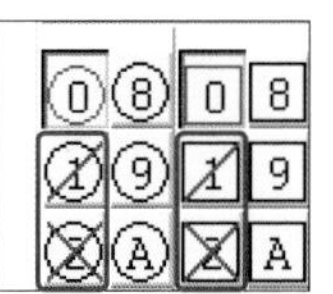

Section 66

壁芯を作図する

覚えておきたいキーワード
☑ 矩形
☑ 重複整理
☑ 連結

ここでは、矩形コマンドを使用して各部屋の壁芯（壁の基準線）を作成します。建物の間取りを決めるとても大切な作業です。数値をよく確認しながら入力しましょう。矩形の辺（線）が重なった部分に関しては整理コマンドの「重複整理」を利用して一斉に処理します。

練習用ファイル	Sec66.jww		
メニュー	[作図] メニュー→ [矩形] ／ [編集] メニュー→ [データ整理]		
ツールバー	[□（矩形）] ／ [整理]		
ショートカット	Ⓑ（矩形）	クロックメニュー	左PM1時（矩形）

1 躯体の壁芯を作図する

メモ 壁芯について

ここでは壁芯は印刷しないため、補助線で作図します。

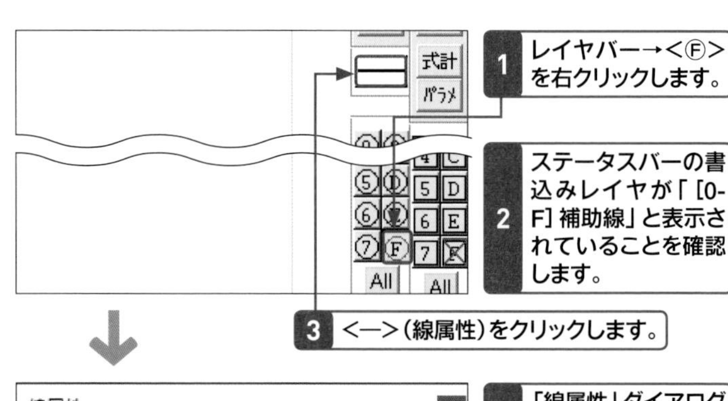

式計
パラメ
1 レイヤバー→<Ⓕ>を右クリックします。
2 ステータスバーの書込みレイヤが「[0-F] 補助線」と表示されていることを確認します。
3 <—>（線属性）をクリックします。

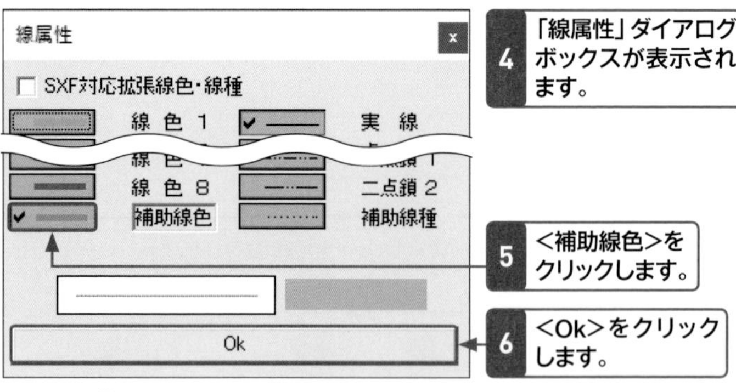

線属性
SXF対応拡張線色・線種
線 色 1
実 線
線 色 8
二点鎖 2
補助線色
補助線種
Ok
4 「線属性」ダイアログボックスが表示されます。
5 <補助線色>をクリックします。
6 <Ok>をクリックします。

メモ 線種について

ここで作図する壁芯は印刷されない線（補助線色）で作図するため、今回は実線で作図しますが線種の種類は問いません。

7 ツールバーの<□>（矩形）をクリックし、
矩形
水平・垂直
傾き
寸法
6000 , 10500
点
接線
8 コントロールバー→<寸法>に「6000,10500」と入力します。

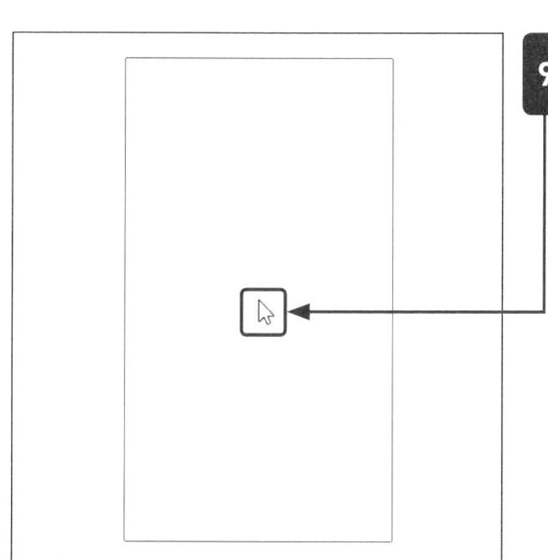

9 用紙の左側の任意の位置でダブルクリックします。

メモ 矩形の配置について

矩形の中心（中中）を基準点として配置する場合は、「矩形の基準点を指示して下さい…」でダブルクリック（読取点に配置する場合は右ダブルクリック）します。

2 間仕切り壁の壁芯を作図する

1 矩形コマンドが継続していることを確認し、

矩形
水
傾き
寸法
3000 , 3500
点
接線
接円

2 コントロールバー→<寸法>に「3000,3500」と入力します。

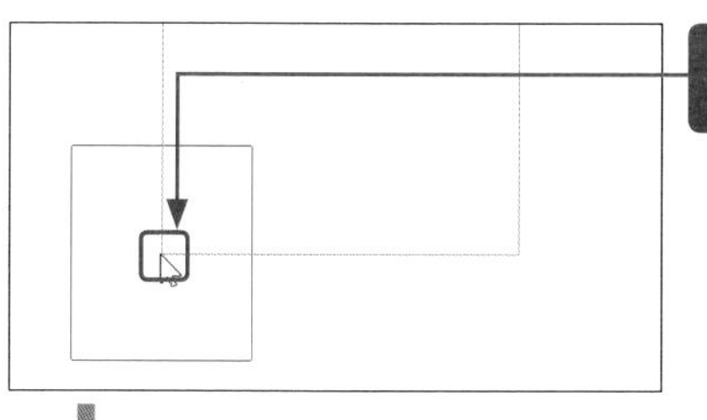

3 躯体壁芯の左下の角を右クリックします。

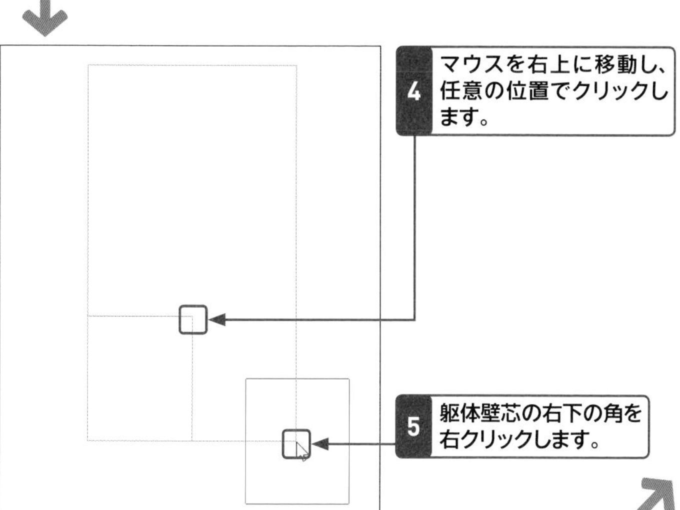

4 マウスを右上に移動し、任意の位置でクリックします。

5 躯体壁芯の右下の角を右クリックします。

メモ 矩形の基準点について

指定された位置に壁芯を作図できれば、基準点はどこを指示しても構いません。

メモ 線の重複について

矩形の辺が重複した部分は、このあとの「重複整理」で処理するので、重なって作図しても問題ありません。

メモ ここで作成する寸法について

手順7の部屋は、以下の寸法を参考に作成します。

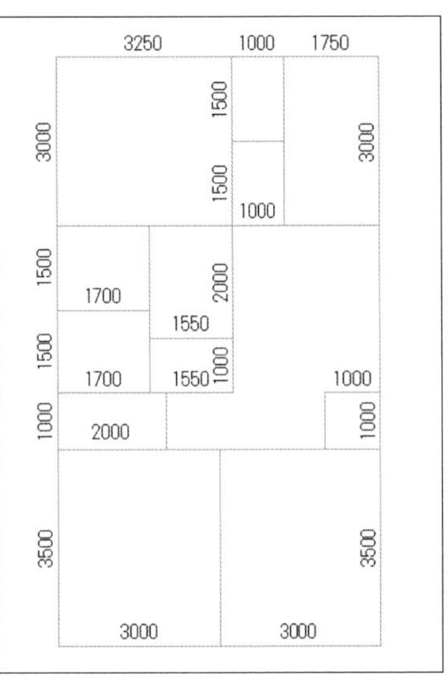
3250
1000
1750
3000
1500
1500
1000
3000
1500
1700
2000
1550
1500
1700
1550
1000
1000
1000
2000
1000
3500
3500
3000
3000

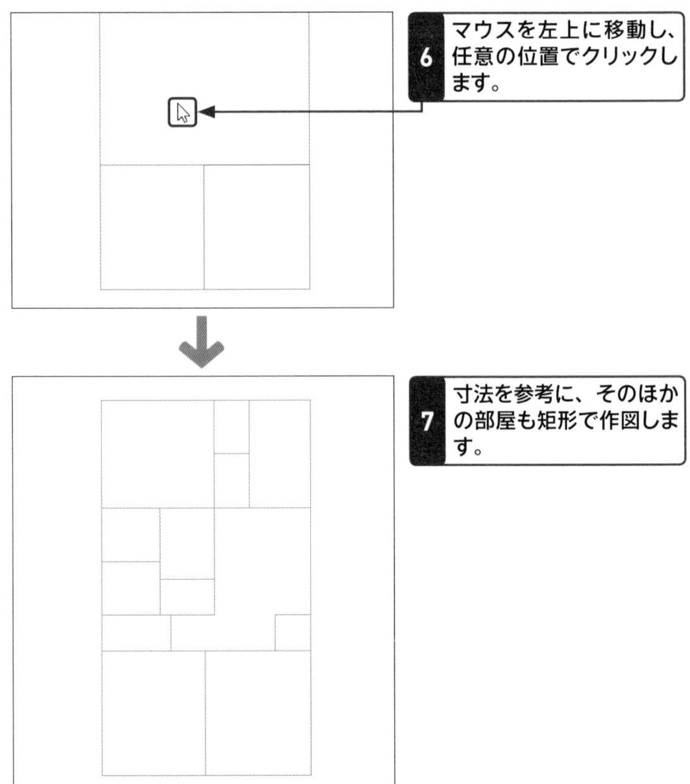
6 マウスを左上に移動し、任意の位置でクリックします。
7 寸法を参考に、そのほかの部屋も矩形で作図します。

3 重複した線を削除する

キーワード 重複整理

同じレイヤに、同じ線色および線種で作図された、重なった線や円を1つにまとめる（結合する）ことができます。長さの違う線が重なっている場合は、もっとも端の点を始終点をして処理します。データを結合して消去したデータの数が作図ウィンドウ左上に表示されます。

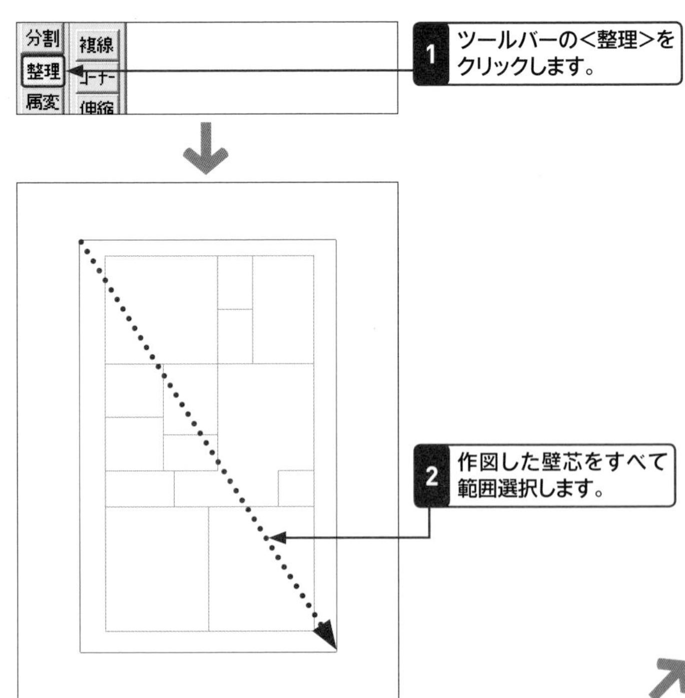
分割
複線
整理
コーナー
属変
伸縮
1 ツールバーの<整理>をクリックします。
2 作図した壁芯をすべて範囲選択します。

3 コントロールバー→<選択確定>をクリックします。

4 コントロールバー→<重複 整理>をクリックします。

5 重なった線が削除され、作図ウィンドウの左上に「-30」と表示されます。

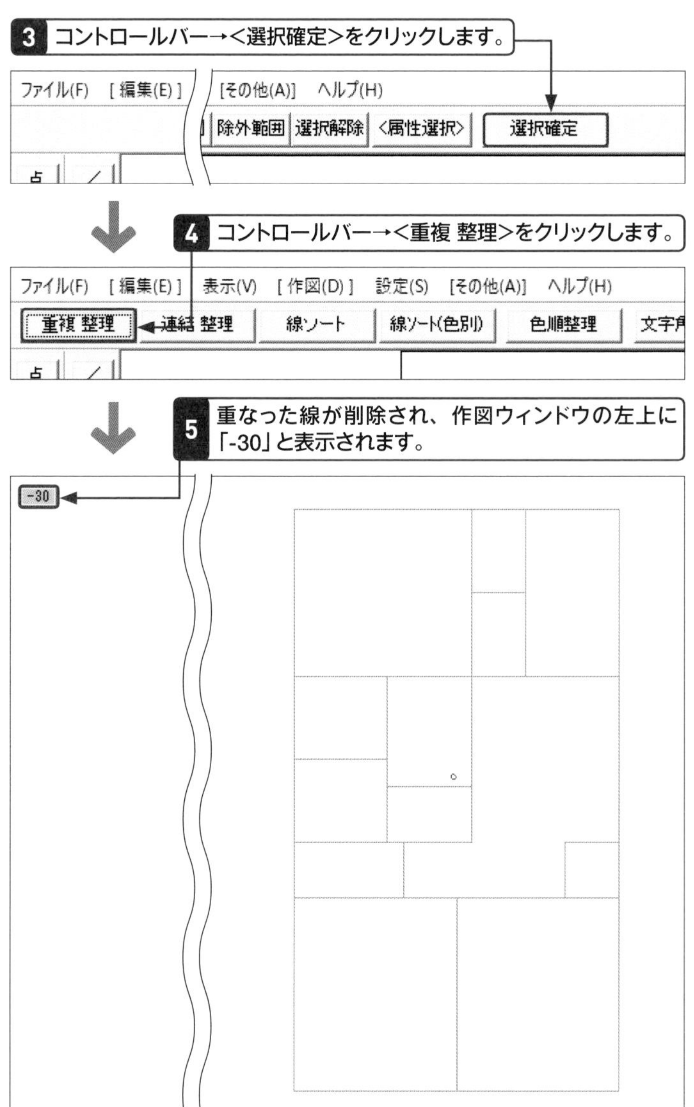
ファイル(F) [編集(E)] [その他(A)] ヘルプ(H)
除外範囲 選択解除 <属性選択> 選択確定
ファイル(F) [編集(E)] 表示(V) [作図(D)] 設定(S) [その他(A)] ヘルプ(H)
重複 整理 連結 整理 線ソート 線ソート(色別) 色順整理
-30

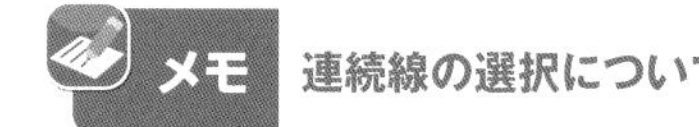

メモ 連続線の選択について

ここで重複整理を行うことによって、次のSectionで躯体壁線を連続線として選択することができます。

ステップアップ 「重複整理」と「連結」の違いについて

整理コマンドには「重複整理」と「連結」があります。今回使用した「重複整理」は線が重なっている場合、重なった複数の線を1つの線に結合することができます（例：B点とC点の間で2本の線が重複している場合、A点を始点、D点を終点にした1本の線として処理されます）。それに対して、「連結」は端点が同一であれば、重なっていなくても結合処理することができます（例：2本の線がB点で接している場合、A点を始点、C点を終点にした1本の線として処理されます）。ただし、いずれの場合も「同一レイヤ」「同一線色」「同一線種」であることが条件となります。

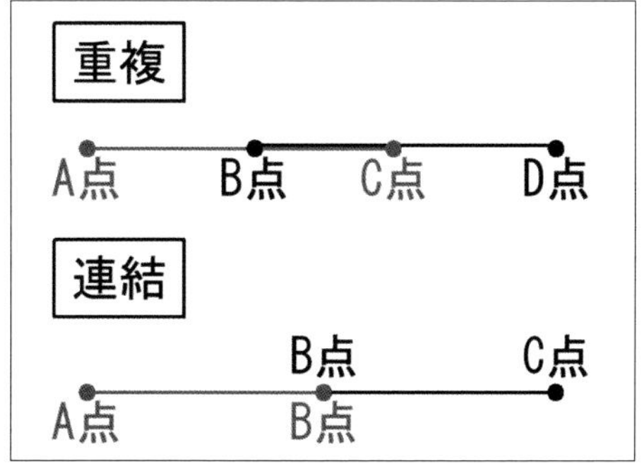
重複
A点
B点
C点
D点
連結
B点
C点
A点
B点

Section 67

寸法・文字を作図する

覚えておきたいキーワード
☑ 寸法（一括処理）
☑ パラメトリック変形
☑ 文字

ここでは寸法を作図します。建築図面では、通常壁芯を基準に部屋の大きさを表現します。寸法は製図の最後に作図することも多いですが、壁芯を作図した直後に作図することで、ミスを早期に発見でき、図形の少ない状態で修正することで作図ミスを回避することができます。

練習用ファイル	Sec67.jww		
メニュー	[作図] メニュー→ [寸法] ／ [その他] メニュー→ [パラメトリック変形] ／ [作図] メニュー→ [文字]		
ツールバー	[寸法] [パラメ] [文字]		
ショートカット	S／Shift＋G (寸法) ／P (パラメ) ／A (文字)	クロックメニュー	左PM11時 (寸法)

1 寸法を作図する

注意 寸法設定について

ここでは指定［＝(1)］(引出線位置：5　寸法線位置：10) を利用して作図します。「寸法線色」は「1」、「文字種類」(寸法値) は「3」に設定します。指定寸法の詳細については、P.172のSec.50を参照してください。また、ここでは寸法図形として作図するため、＜寸法線と値を【寸法図形】にする。円周、角度、寸法値を除く＞にチェックを入れた状態に設定されています。

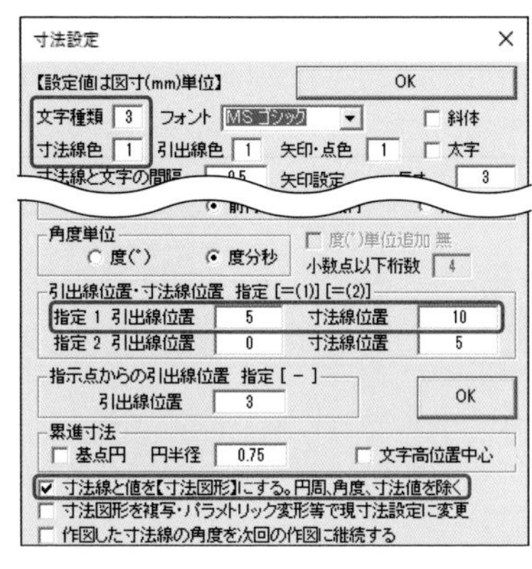
寸法設定
【設定値は図寸(mm)単位】
OK
文字種類 3
フォント MS ゴシック
斜体
寸法線色 1
引出線色 1
矢印・点色 1
太字
角度単位
度(°)
度分秒
度(°)単位追加 無
小数点以下桁数 4
引出線位置・寸法線位置 指定［=(1)］［=(2)］
指定 1 引出線位置 5 寸法線位置 10
指定 2 引出線位置 0 寸法線位置 5
指示点からの引出線位置 指定［－］
引出線位置 3
OK
累進寸法
基点円 円半径 0.75
文字高位置中心
寸法線と値を【寸法図形】にする。円周、角度、寸法値を除く
寸法図形を複写・パラメトリック変形等で現寸法設定に変更
作図した寸法線の角度を次回の作図に継続する

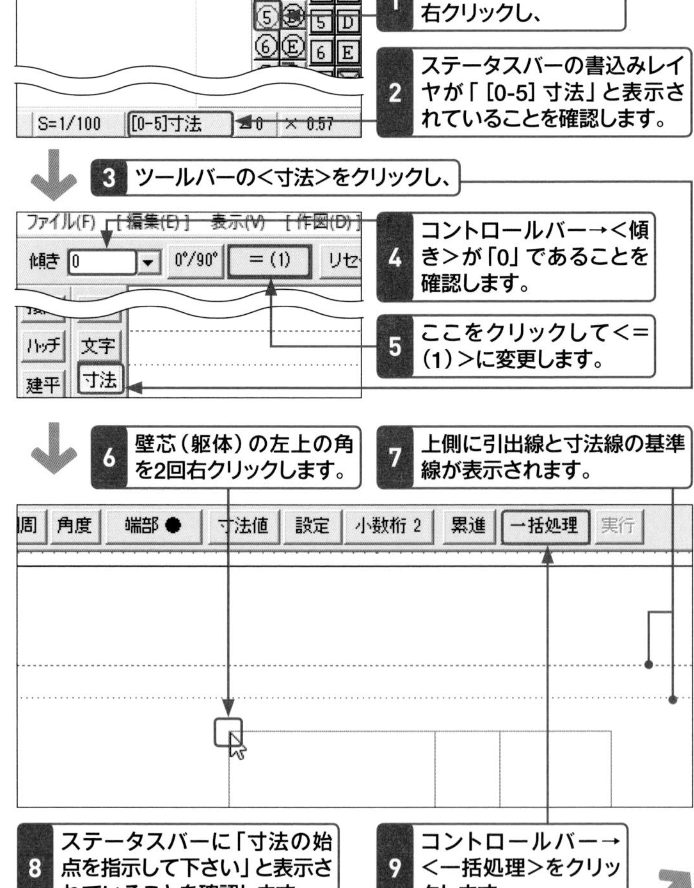
1 レイヤバー→＜⑤＞を右クリックし、
2 ステータスバーの書込みレイヤが「[0-5] 寸法」と表示されていることを確認します。
S=1/100
[0-5]寸法
3 ツールバーの＜寸法＞をクリックし、
ファイル(F) [編集(E)] 表示(V) [作図(D)]
傾き 0
0°/90°
＝(1)
4 コントロールバー→＜傾き＞が「0」であることを確認します。
5 ここをクリックして＜＝(1)＞に変更します。
ハッチ
文字
建平
寸法
6 壁芯（躯体）の左上の角を2回右クリックします。
7 上側に引出線と寸法線の基準線が表示されます。
角度
端部 ●
寸法値
設定
小数桁 2
累進
一括処理
実行
8 ステータスバーに「寸法の始点を指示して下さい」と表示されていることを確認します。
9 コントロールバー→＜一括処理＞をクリックします。

10 始線として、左(西)側の線の上部付近をクリックし、

11 ステータスバーに「【一括処理する終線を指示してください(L)】…」と表示されていることを確認します。

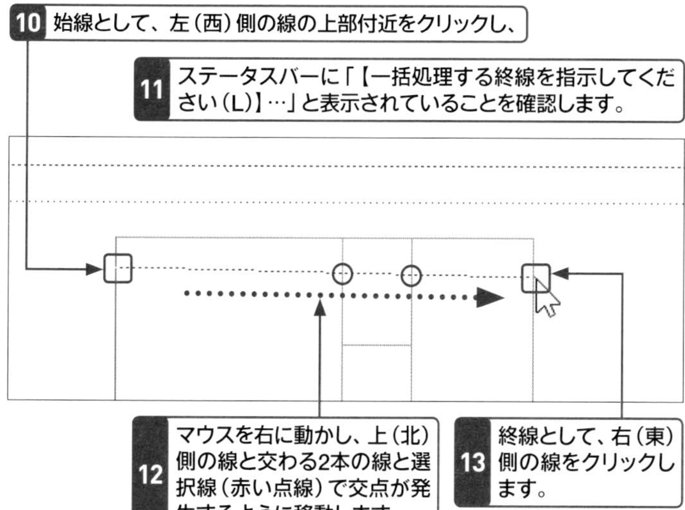

12 マウスを右に動かし、上(北)側の線と交わる2本の線と選択線(赤い点線)で交点が発生するように移動します。

13 終線として、右(東)側の線をクリックします。

14 ステータスバーに「一括処理する追加・除外線をマウス(L)で指示してください。(R)確定」と表示されていることを確認します。

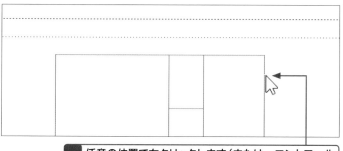

15 任意の位置で右クリックします(または、コントロールバー→<実行>をクリックします)。

16 選択した線を基準に寸法が一括作成されます。

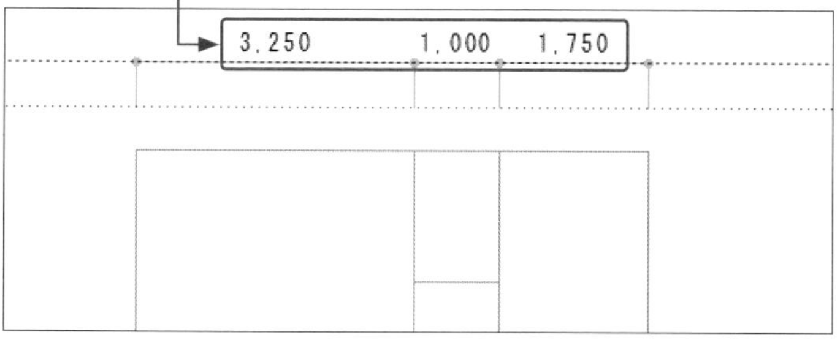
3,250
1,000
1,750

17 コントロールバー→<リセット>をクリックします。

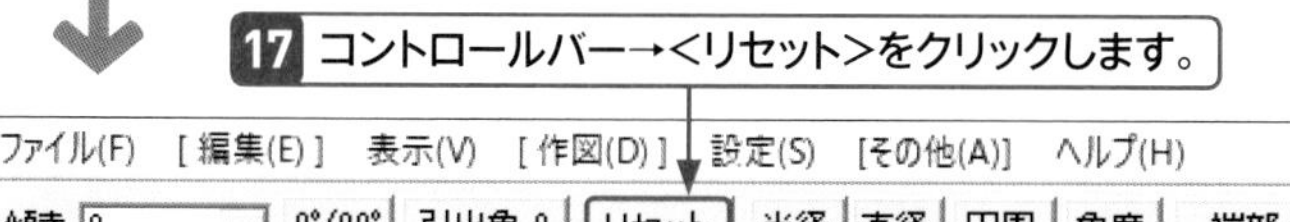
ファイル(F) [編集(E)] 表示(V) [作図(D)] 設定(S) [その他(A)] ヘルプ(H)
傾き 0 0°/90° 引出角 0 リセット 半径 直径 円周 角度 端部 ●

18 手順6〜15を参考に、残りの寸法も作図します。

キーワード 一括処理

長さ(平行)寸法を作図する場合、線を選択することで線間の寸法を一括作成できる機能です。選択対象となるのは直線のみで、円弧や円などは選択できません。選択された線が寸法線と直角でない場合は、寸法線に近い端点が選択されます。

メモ 残りの寸法について

手順18を行うと、以下のように寸法が作成されます。左右(東西)の縦方向の寸法は、<傾き>を「90」で作図します。

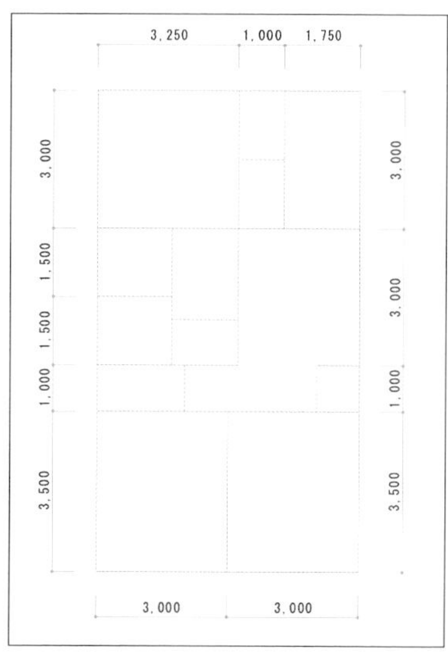
3,250
1,000
1,750
3,000
1,500
1,500
1,000
3,500
3,000
3,000
1,000
3,500
3,000
3,000

2 全体寸法を作図する

メモ 全体寸法の作図について

今回は「指定[＝(1)]」を使用して作成しましたが、「指定[＝(2)](引出線位置：0　寸法線位置：5)」を使用して作図することも可能です。その場合、基準点は作図した寸法線上の点(矢印)を指示します。

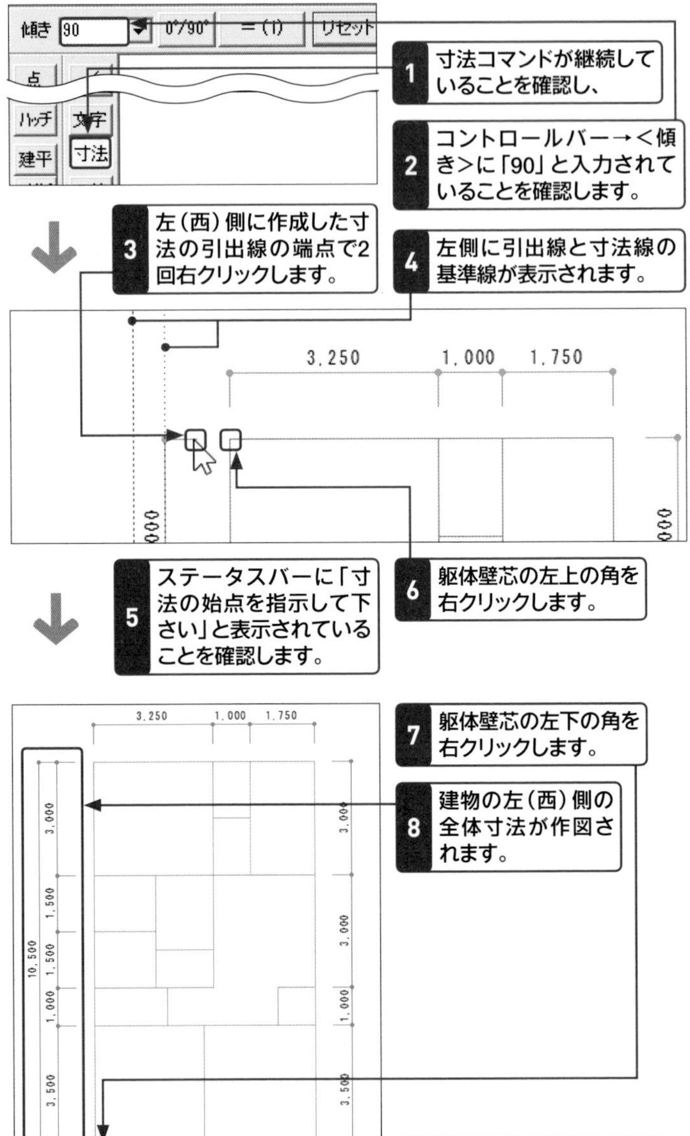

傾き 90
0°/90°
＝(1)
リセット
点
ハッチ
文字
建平
寸法
1 寸法コマンドが継続していることを確認し、
2 コントロールバー→<傾き>に「90」と入力されていることを確認します。
3 左(西)側に作成した寸法の引出線の端点で2回右クリックします。
4 左側に引出線と寸法線の基準線が表示されます。
3,250
1,000
1,750
5 ステータスバーに「寸法の始点を指示して下さい」と表示されていることを確認します。
6 躯体壁芯の左上の角を右クリックします。
7 躯体壁芯の左下の角を右クリックします。
8 建物の左(西)側の全体寸法が作図されます。
10,500
3,000
1,500
1,000
3,500
9 コントロールバー→<リセット>をクリックします。

10 手順2～8を参考に北側の全体寸法も作図します。<傾き>は「0」で作図します。

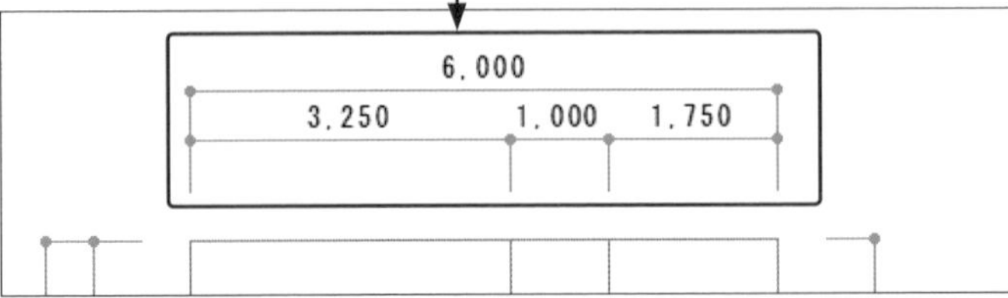

6,000
3,250
1,000
1,750

メモ 寸法位置間隔反転について

指定寸法(「＝(1)」「＝(2)」)を作成する際、傾きが「90」だと基準線は右側に、傾きが「0」だと基準線は下側に表示されます。基準線を反転させたい場合は、基準点を再度クリック(または右クリック)します。ただし、最初の基準点を指定したタイミングでマウスを少しでも移動させると、位置が確定してしまうので、その場合はEscキーなどでキャンセルしてやり直します。

3 壁芯と寸法を修正する

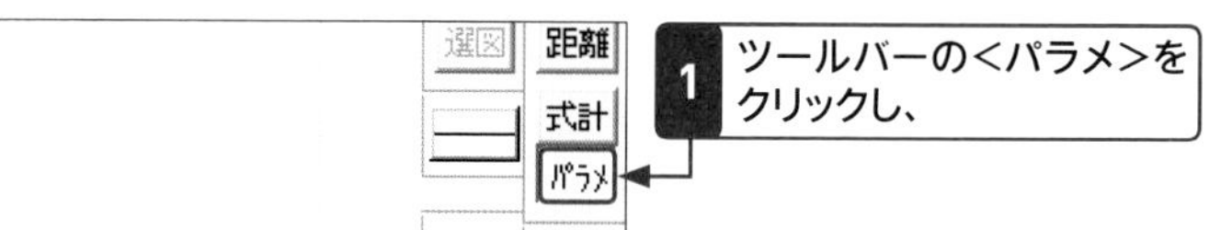
選図
距離
式計
パラメ

1 ツールバーの<パラメ>をクリックし、

2 移動したい図形と寸法引出線がすべて含まれるように範囲選択し、終点をクリックします。

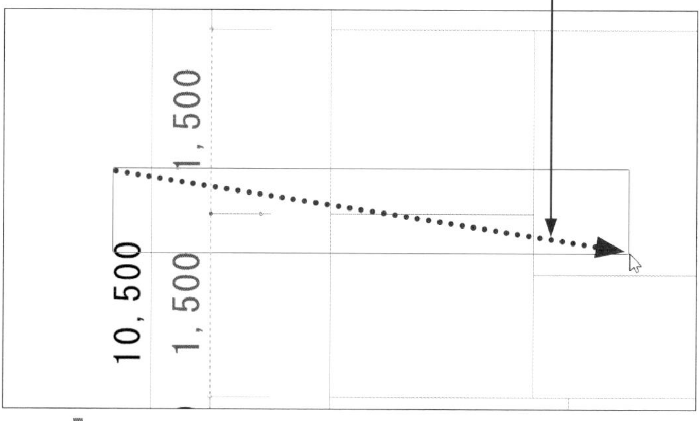
1,500
10,500
1,500

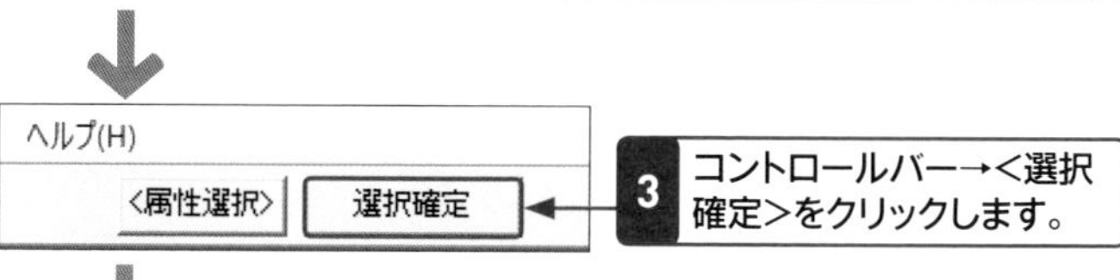
ヘルプ(H)
<属性選択>
選択確定

3 コントロールバー→<選択確定>をクリックします。

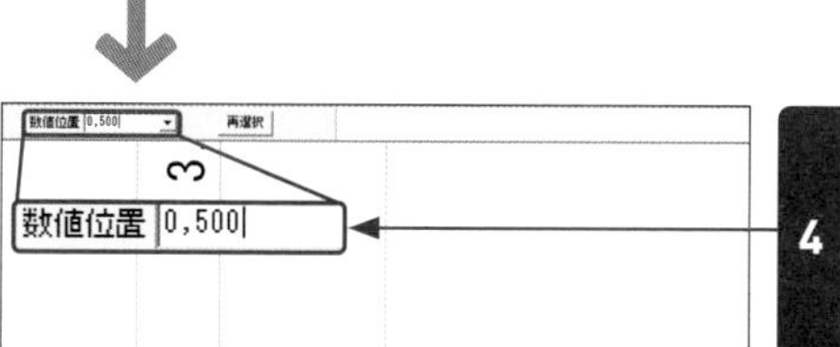
数値位置 0,500
再選択
数値位置 0,500
500

4 コントロールバー→<数値位置>に移動したい距離を座標値で入力します（ここでは「0,500」）。

5 Enterキーを押して確定します。

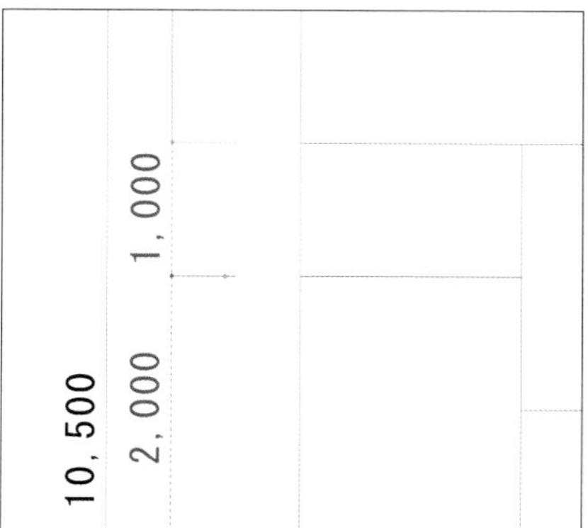
1,000
10,500
2,000

6 寸法と図形が指定した距離に修正されます。

7 コントロールバー→<再選択>をクリックします。

キーワード

パラメトリック変形

パラメトリック変形は移動と伸縮を同時に行うことができる機能で、ほかのCADではストレッチと呼ばれているコマンドです。選択範囲に完全に含まれる図形は移動し、選択範囲と交差する図形は伸縮します。

メモ

座標の考え方

座標の考え方については、P.69のメモ「座標の考え方について」を参照してください。

メモ 寸法図形について

「寸法設定」ダイアログボックスで「「寸法線と値を【寸法図形】にする。円周、角度、寸法値を除く」にチェックを入れて作図すると、寸法図形として作図することができます。作図後に寸法図形に変更したい場合はツールバー→<寸化>コマンドで変換できます。

4 部屋名を入力する

文字種と基点設定について

手順4での設定は下図の上、手順5での設定は下図の下になります。書込み文字種変更と文字基点設定については、P.160のSec.46を参照してください。

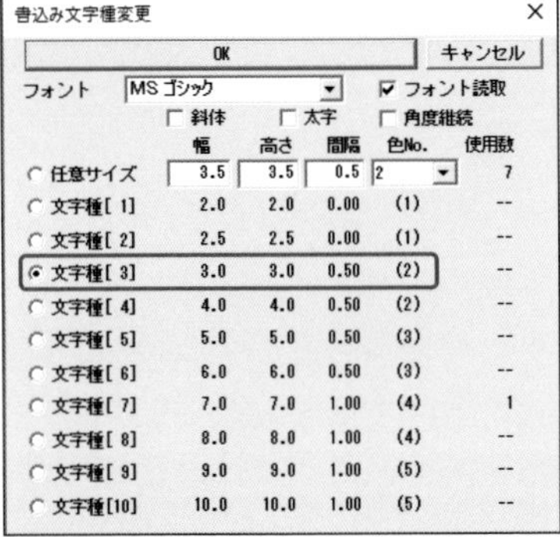

書込み文字種変更

	幅	高さ	間隔	色No.	使用数
任意サイズ	3.5	3.5	0.5	2	7
文字種[1]	2.0	2.0	0.00	(1)	--
文字種[2]	2.5	2.5	0.00	(1)	--
文字種[3]	3.0	3.0	0.50	(2)	--
文字種[4]	4.0	4.0	0.50	(2)	--
文字種[5]	5.0	5.0	0.50	(3)	--
文字種[6]	6.0	6.0	0.50	(3)	--
文字種[7]	7.0	7.0	1.00	(4)	1
文字種[8]	8.0	8.0	1.00	(4)	--
文字種[9]	9.0	9.0	1.00	(5)	--
文字種[10]	10.0	10.0	1.00	(5)	--

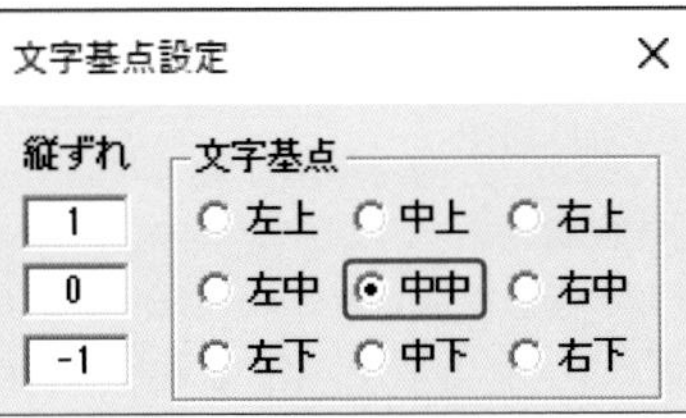
文字基点設定
縦ずれ
1
0
-1
文字基点
左上 中上 右上
左中 中中 右中
左下 中下 右下

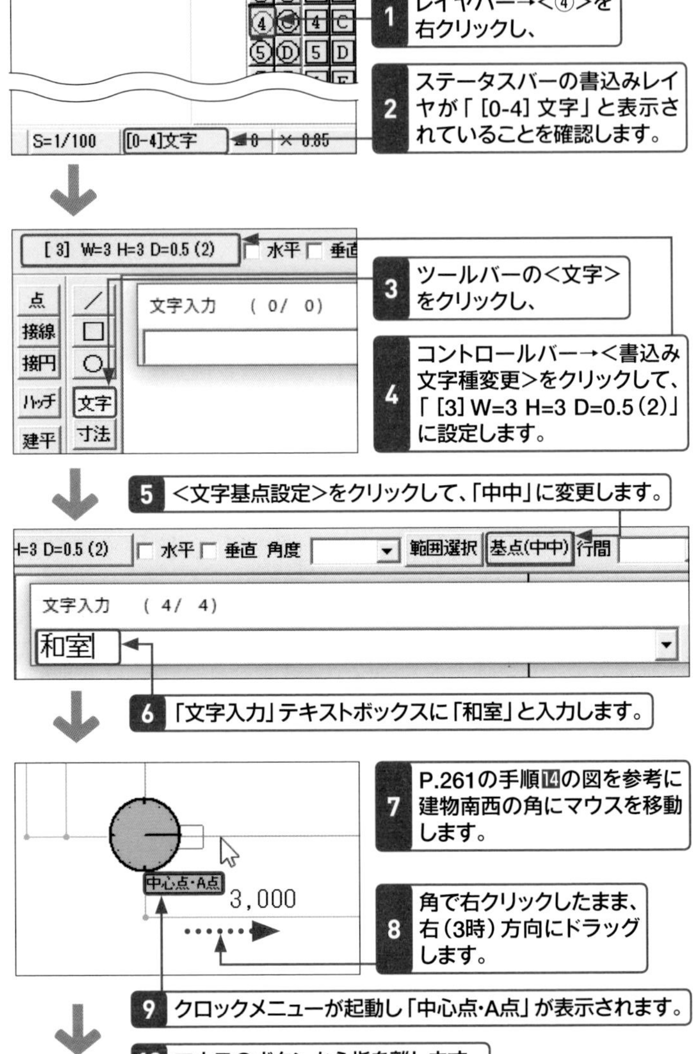
S=1/100
[0-4]文字
[3] W=3 H=3 D=0.5 (2)
水平 垂直
文字入力 (0/ 0)
点 接線 接円 ハッチ 建平
文字 寸法
H=3 D=0.5 (2) 水平 垂直 角度 範囲選択 基点(中中) 行間
文字入力 (4/ 4)
和室
中心点・A点
3,000

1 レイヤバー→<④>を右クリックし、

2 ステータスバーの書込みレイヤが「[0-4] 文字」と表示されていることを確認します。

3 ツールバーの<文字>をクリックし、

4 コントロールバー→<書込み文字種変更>をクリックして、「[3] W=3 H=3 D=0.5 (2)」に設定します。

5 <文字基点設定>をクリックして、「中中」に変更します。

6 「文字入力」テキストボックスに「和室」と入力します。

7 P.261の手順14の図を参考に建物南西の角にマウスを移動します。

8 角で右クリックしたまま、右（3時）方向にドラッグします。

9 クロックメニューが起動し「中心点・A点」が表示されます。

10 マウスのボタンから指を離します。

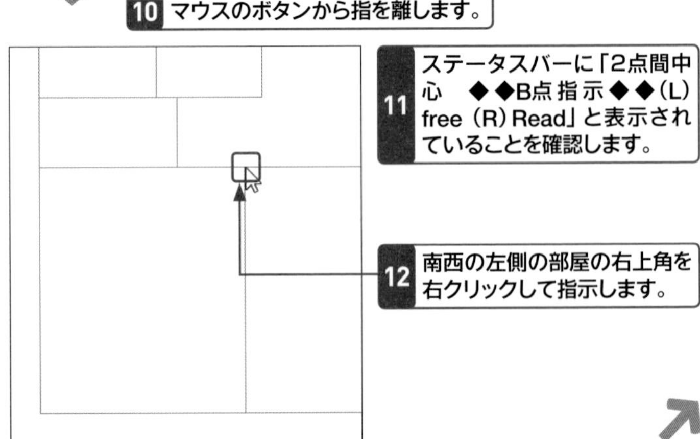

11 ステータスバーに「2点間中心 ◆◆B点指示◆◆(L) free (R) Read」と表示されていることを確認します。

12 南西の左側の部屋の右上角を右クリックして指示します。

メニューから「中心点」を実行する場合

手順7でクロックメニューを使用せずに、メニューバーから実行する場合は、<設定>メニュー→<中心点取得>で実行することができます。

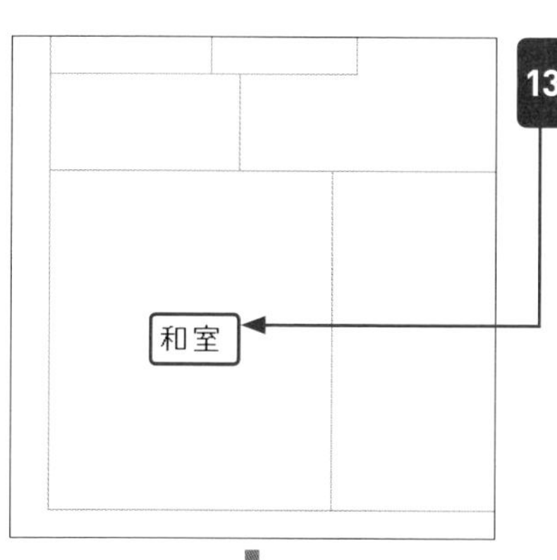

和室

13 指定した2点の中心に文字が配置されます。

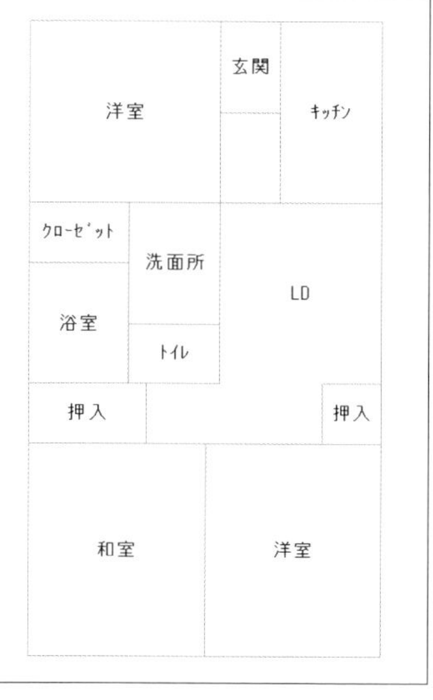
玄関
洋室
ｷｯﾁﾝ
ｸﾛｰｾﾞｯﾄ
洗面所
LD
浴室
ﾄｲﾚ
押入
押入
和室
洋室

14 図を参考にそのほかの部屋名も入力します。

省略記号について

建築図面では材料や構造を表す際に「略号」を使用します。部屋を表す略号には以下のようなものがあります。
LD（リビングダイニング）／K（キッチン）／UB（ユニットバス）／ELV・EV（エレベーター）／PS（パイプスペース）／EPS（電気配管スペース）／SK（掃除用流し）など。

部屋名の入力について

手順14の部屋名の入力は、手順6～12を参考に行ってください。

任意サイズについて

ここではカナカナとアルファベットを半角で入力することで、文字幅を調整しましたが、任意サイズを使って文字間隔や文字幅を調整することもできます。

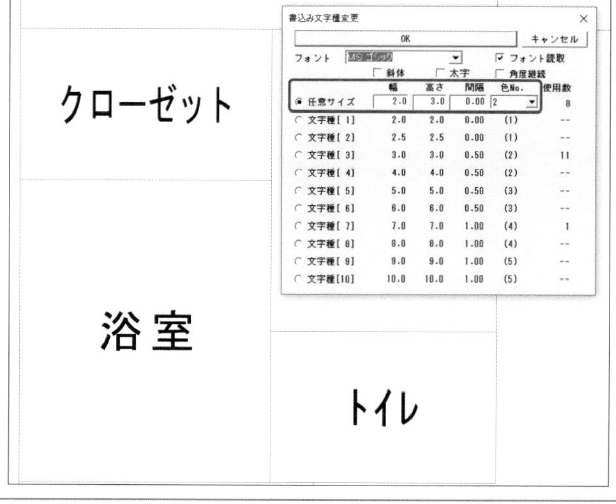
書込み文字種変更
OK
キャンセル
フォント
MSゴシック
フォント読取
斜体
太字
角度継続
幅 高さ 間隔 色No. 使用数
任意サイズ 2.0 3.0 0.00 2 8
文字種[1] 2.0 2.0 0.00 (1) --
文字種[2] 2.5 2.5 0.00 (1) --
文字種[3] 3.0 3.0 0.50 (2) 11
文字種[4] 4.0 4.0 0.50 (2) --
文字種[5] 5.0 5.0 0.50 (3) --
文字種[6] 6.0 6.0 0.50 (3) --
文字種[7] 7.0 7.0 1.00 (4) 1
文字種[8] 8.0 8.0 1.00 (4) --
文字種[9] 9.0 9.0 1.00 (5) --
文字種[10] 10.0 10.0 1.00 (5) --
クローゼット
浴室
トイレ

幅2.0mm 高さ3.0mm 間隔0.00mm 色No.2で作成した場合

Section 68

外壁と柱を作図する

覚えておきたいキーワード
☑ 複線（連続線選択）
☑ 複線（両側複線）
☑ オフセット

ここでは躯体の壁と柱を作図します。複線の連続線選択と両側複線を使って壁を一括作成し、柱はオフセットを使って壁に寄せて作図します。連続線選択を使用すると連続した線をまとめて基準線として指示することができます。また、両側複線で2線同時に作図することができます。

練習用ファイル	Sec68.jww		
メニュー	「編集」メニュー→[複線]／[作図]メニュー→[矩形]／「設定」メニュー→[軸角・目盛・オフセット]／[編集]メニュー→[図形複写]		
ツールバー	[複線] [□(矩形)] [複写]	ショートカット	Ⓕ(複線)／Ⓑ(矩形)／Ⓒ(複写・移動)
クロックメニュー	左AM11時・右AM11時(複線)／左PM1時(矩形)／右AM6時(オフセット)／左AM7時　右AM7時(複写・移動)		

1 躯体壁を作図する

メモ　躯体壁の作図について

ここでは、建物を支える躯体壁（外壁含む）を壁芯を中心に壁厚150mmで作図します。

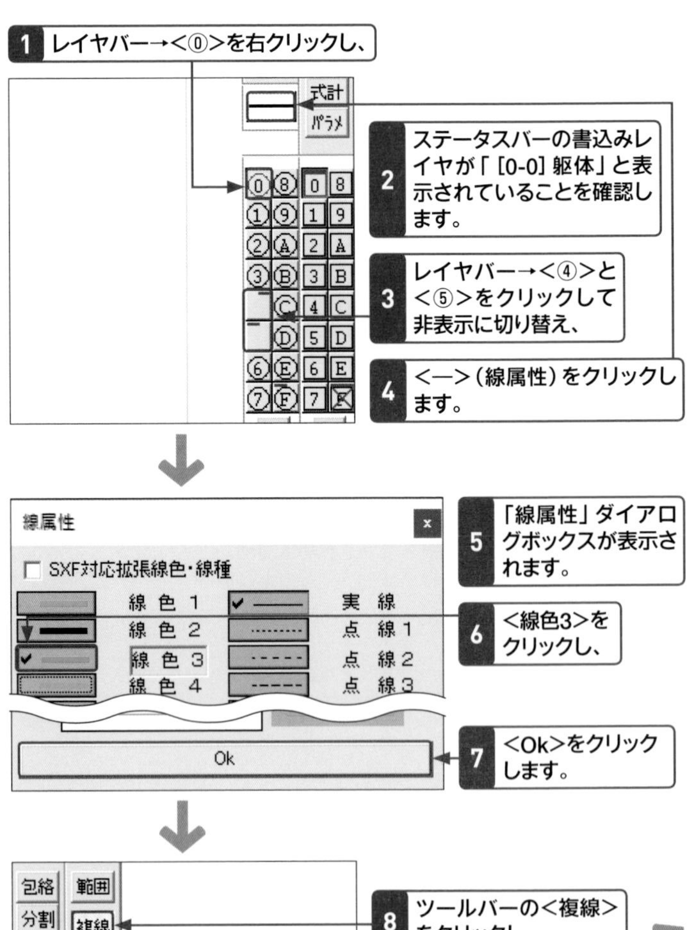

1 レイヤバー→<⓪>を右クリックし、
2 ステータスバーの書込みレイヤが「[0-0] 躯体」と表示されていることを確認します。
3 レイヤバー→<④>と<⑤>をクリックして非表示に切り替え、
4 <―>（線属性）をクリックします。
5 「線属性」ダイアログボックスが表示されます。
6 <線色3>をクリックし、
7 <Ok>をクリックします。
8 ツールバーの<複線>をクリックし、
式計
パラメ
線属性
SXF対応拡張線色・線種
線 色 1
線 色 2
線 色 3
線 色 4
実 線
点 線 1
点 線 2
点 線 3
Ok
包絡
範囲
分割
複線
整理
コーナー

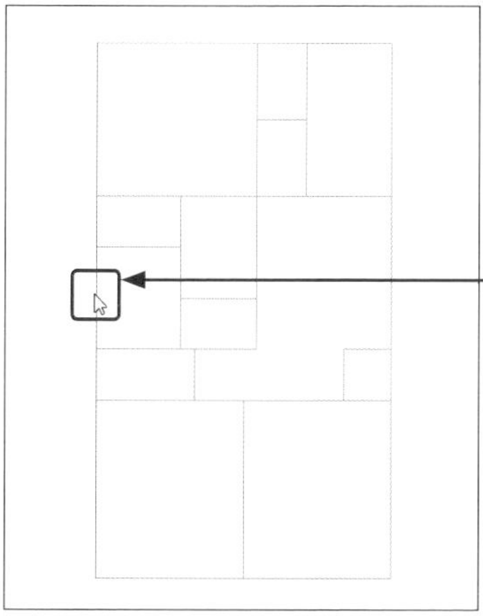

9 躯体（外壁）の壁芯をクリックします。

10 コントロールバー→<複線間隔>に「75」と入力し、

11 <連続線選択>をクリックします。

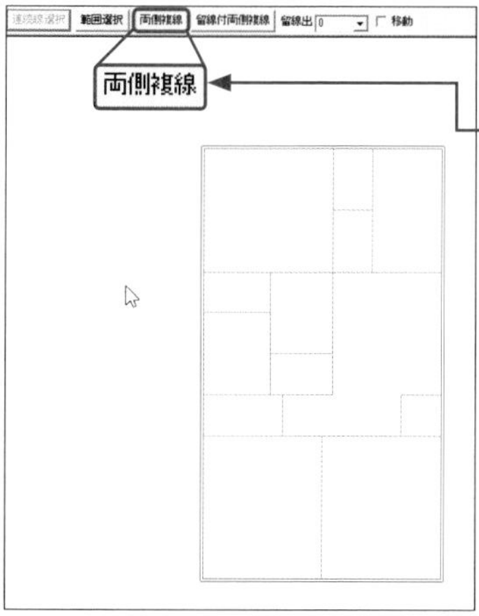

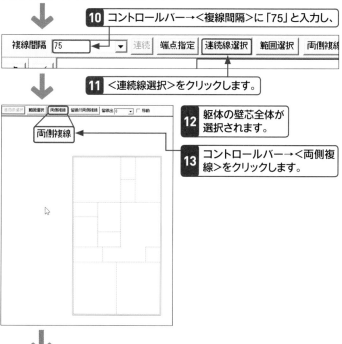

12 躯体の壁芯全体が選択されます。

13 コントロールバー→<両側複線>をクリックします。

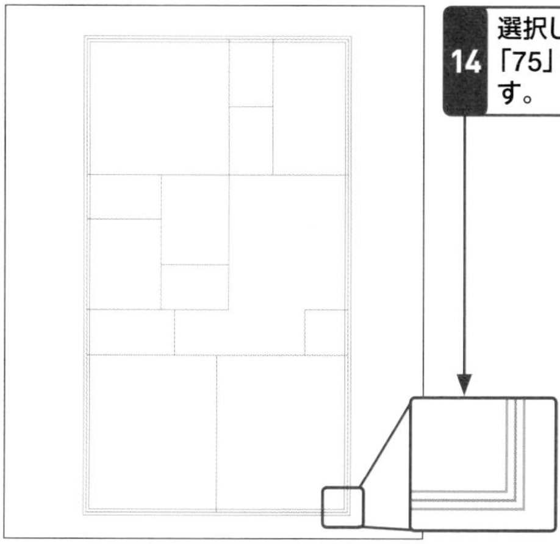

14 選択した壁芯を中心に両側に「75」ずつ複線が作図されます。

キーワード 連続線選択

複線コマンドで「連続線選択」を使用すると、クリック選択した線と端点が連続している線を基準線として選択することができます。

キーワード 両側複線

選択した基準線を中心に、指定した間隔で両側に複線を作図することができます。複線の範囲選択で、交差する複数の基準線で両側複線を実行した場合は、その交差部は自動的に包絡処理されます。

2 躯体柱を作図する

キーワード オフセット

オフセットコマンドの詳細についてはP.68のSec.21を参照してください。

1 ツールバーの<□>（矩形）をクリックします。

2 コントロールバー→<寸法>に「800,800」と入力します。

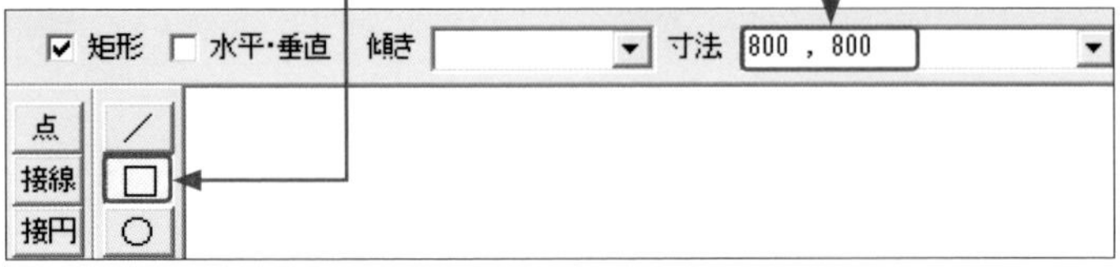

3 間取り図の左上（北西）を拡大します。

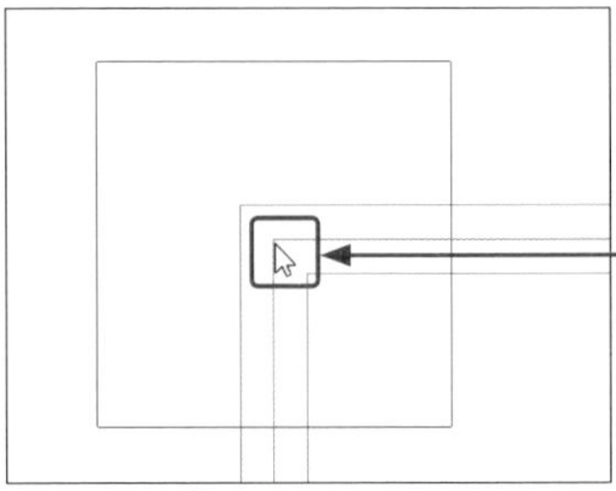

4 ステータスバーに「矩形の基準点を指示して下さい。」と表示されていることを確認します。

5 北西の外壁の壁芯の角にマウスを近づけます。

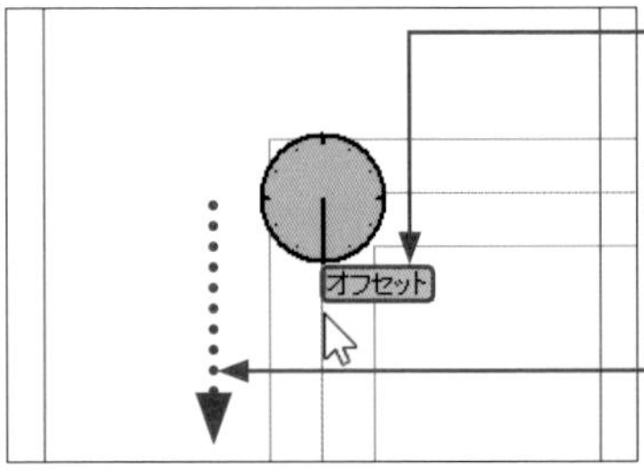

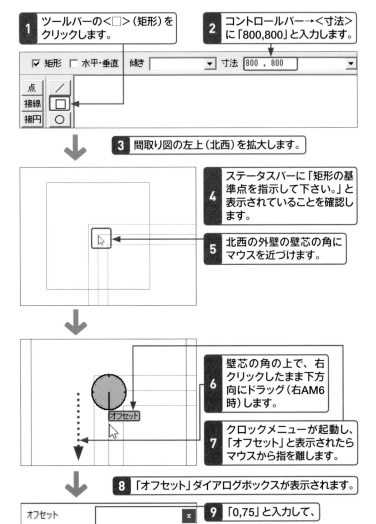

6 壁芯の角の上で、右クリックしたまま下方向にドラッグ（右AM6時）します。

7 クロックメニューが起動し、「オフセット」と表示されたらマウスから指を離します。

8 「オフセット」ダイアログボックスが表示されます。

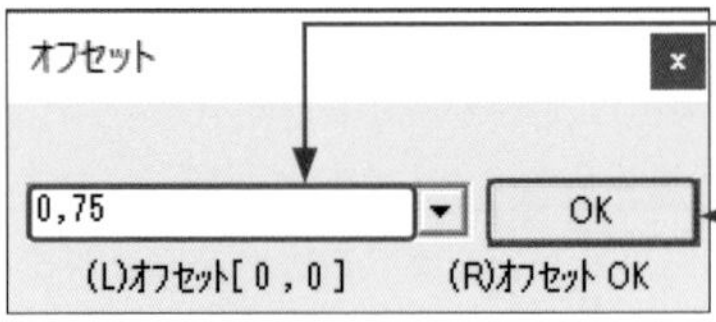

9 「0,75」と入力して、

10 <OK>をクリックします。

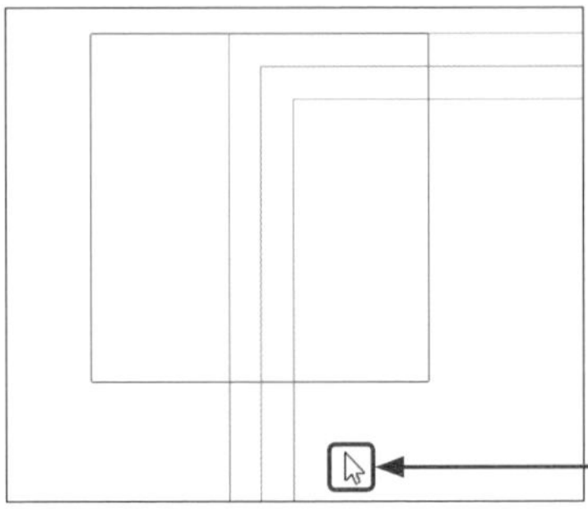

11 壁芯の角を基点に、上（Y）方向に75の位置が、矩形の基準として指示されます。

12 マウスを下に移動し、図を参考に任意の位置でクリックして矩形を確定します。

メモ 矩形の基準点について

寸法を数値入力して作図する場合、長方形（矩形）を配置する基準点を指定します。基準点は長方形の中心を基準に9つの点を指定することができます。

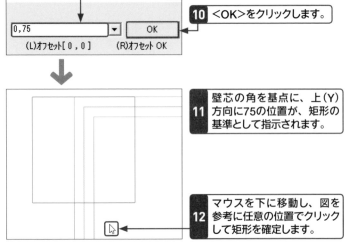

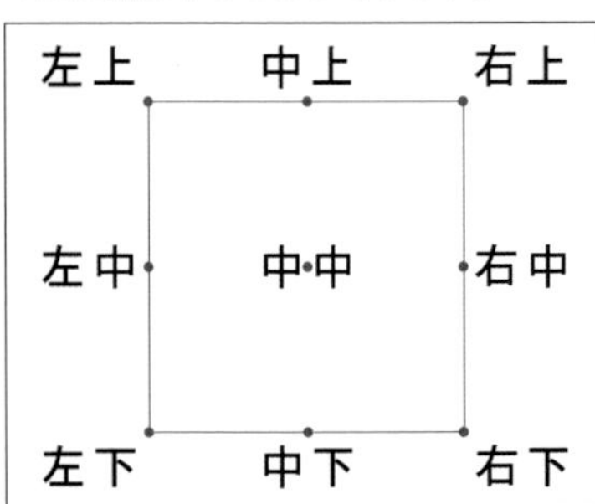
左上
中上
右上
左中
中中
右中
左下
中下
右下

3 柱を複写する

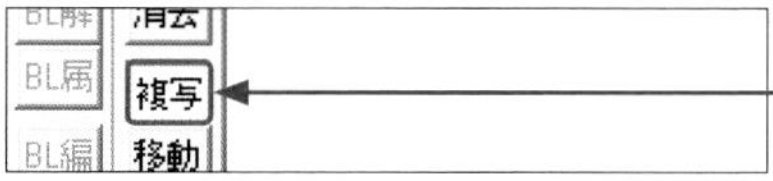

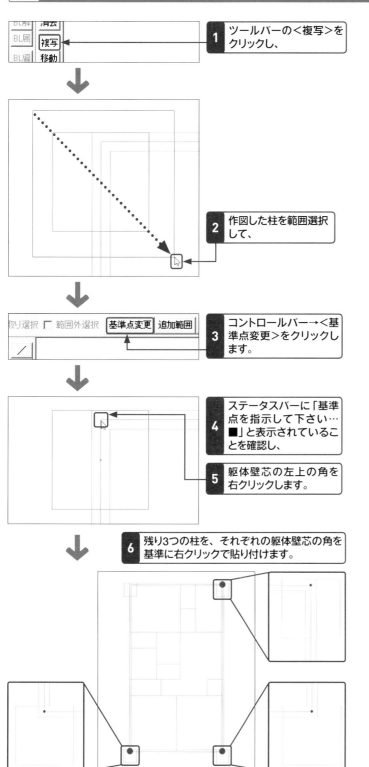

1 ツールバーの<複写>をクリックし、

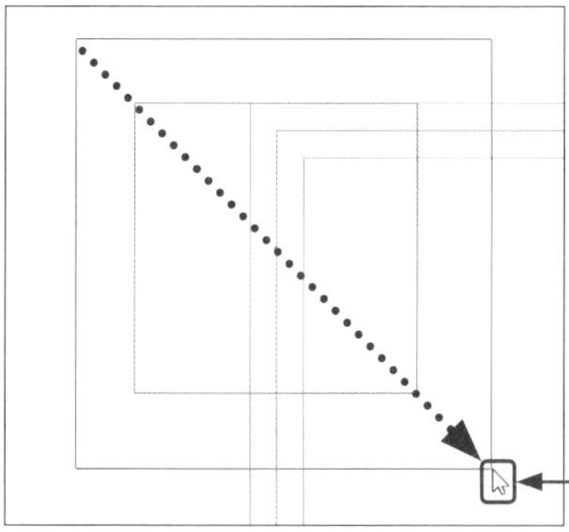

2 作図した柱を範囲選択して、

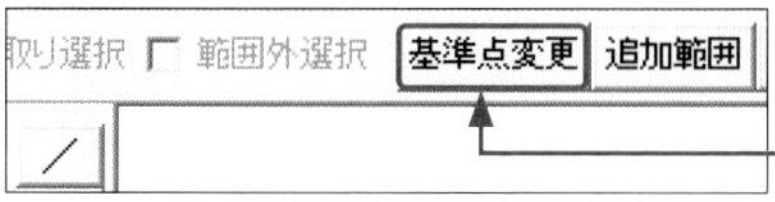

3 コントロールバー→<基準点変更>をクリックします。

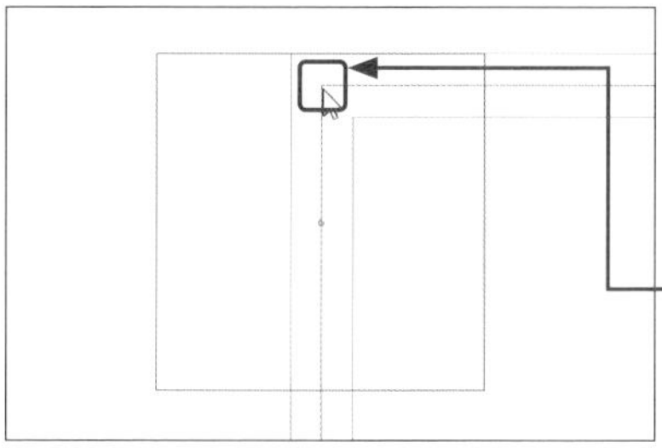

4 ステータスバーに「基準点を指示して下さい…■」と表示されていることを確認し、

5 躯体壁芯の左上の角を右クリックします。

6 残り3つの柱を、それぞれの躯体壁芯の角を基準に右クリックで貼り付けます。

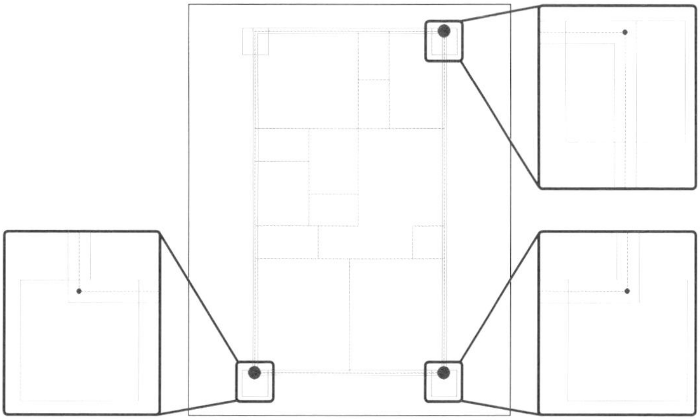

メモ 複写の基準点について

複写コマンドで図形から離れた位置を基準点に設定することで、オフセットのように一定距離を保ったまま、図形を複写することができます。ここでは複写の基準点を柱芯（躯体壁芯角）に設定することで、75mmオフセットした状態で複写します。

注意 移動方向について

移動（または複写）コマンドで図形を選択確定後、コントロールバー→<任意方向>をクリックすると、クリックするごとに<任意方向>→<X方向>→<Y方向>→<XY方向>に切り替わり、マウス移動の方向を固定することができます。

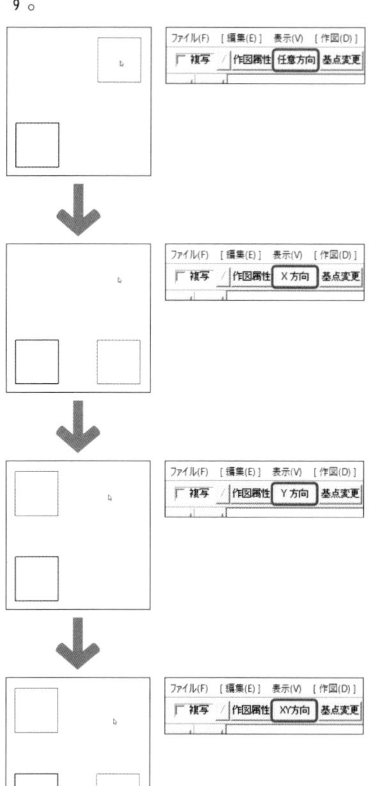
ファイル(F) [編集(E)] 表示(V) [作図(D)]
複写 作図属性 任意方向 基点変更
X方向
Y方向
XY方向

Section 69

間仕切り壁を作図する

覚えておきたいキーワード
☑ 複線(範囲枠交差線選択)
☑ 複線（留線出）
☑ コーナー（結合）

前のSectionで躯体壁と柱を作図しました。ここでは室内の間仕切り壁を作成します。壁の素材や厚みの違いをわかりやすく表現するために、レイヤや線色は躯体壁と区別して作図します。また、躯体壁と接する部分は留線で端部処理を施し、このあとの編集がしやすいようにします。

練習用ファイル	Sec69.jww		
メニュー	「編集」メニュー→[複線]／[編集]メニュー→[コーナー処理]		
ツールバー	[複線][コーナー]		
ショートカット	F(複線)／V(コーナー)	クロックメニュー	左AM11時・右AM11時(複線)

1 間仕切り壁を作図する

メモ 間仕切り壁の作図について

ここでは間仕切り壁を作図します。壁芯を中心に壁厚100mmで作図します。

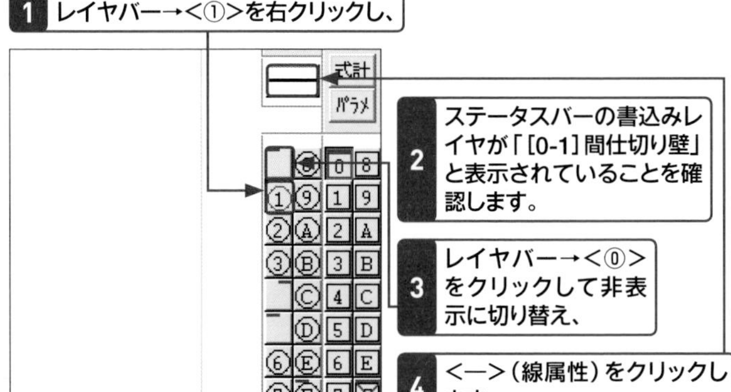
1 レイヤバー→<①>を右クリックし、
2 ステータスバーの書込みレイヤが「[0-1]間仕切り壁」と表示されていることを確認します。
3 レイヤバー→<⓪>をクリックして非表示に切り替え、
4 <―>(線属性)をクリックします。

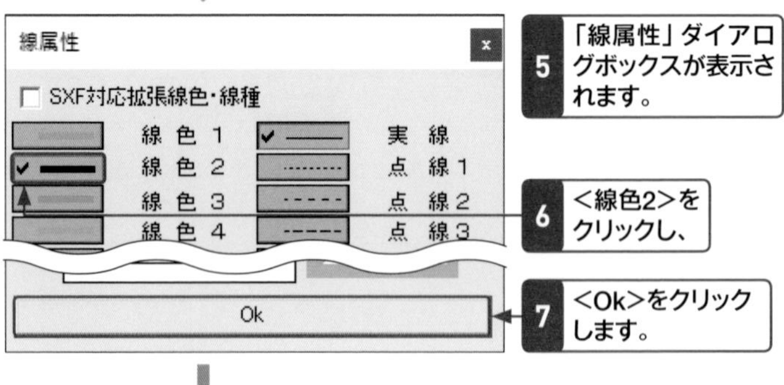
線属性
SXF対応拡張線色・線種
線色1
線色2
線色3
線色4
実線
点線1
点線2
点線3
Ok
5 「線属性」ダイアログボックスが表示されます。
6 <線色2>をクリックし、
7 <Ok>をクリックします。

キーワード 範囲枠交差線選択

範囲枠交差線選択の詳細についてはP.91のキーワード「範囲枠交差線選択」を参照してください。

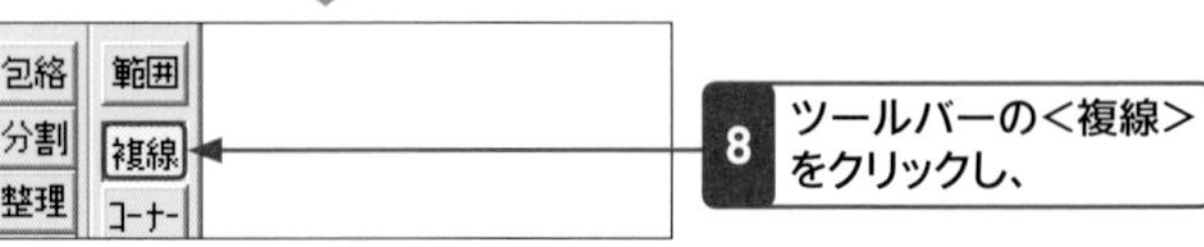
包絡
範囲
分割
複線
整理
コーナー
8 ツールバーの<複線>をクリックし、

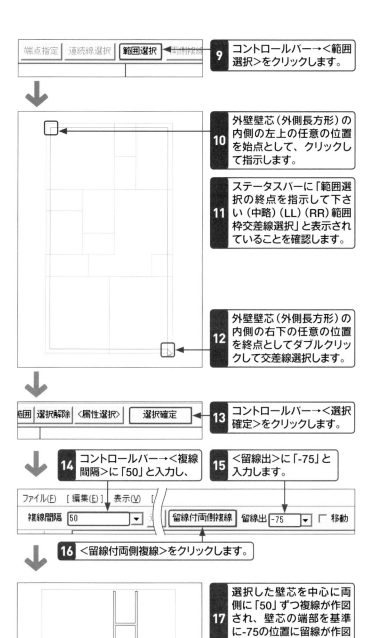

9 コントロールバー→<範囲選択>をクリックします。

10 外壁壁芯（外側長方形）の内側の左上の任意の位置を始点として、クリックして指示します。

11 ステータスバーに「範囲選択の終点を指示して下さい（中略）（LL）（RR）範囲枠交差線選択」と表示されていることを確認します。

12 外壁壁芯（外側長方形）の内側の右下の任意の位置を終点としてダブルクリックして交差線選択します。

13 コントロールバー→<選択確定>をクリックします。

14 コントロールバー→<複線間隔>に「50」と入力し、

15 <留線出>に「-75」と入力します。

16 <留線付両側複線>をクリックします。

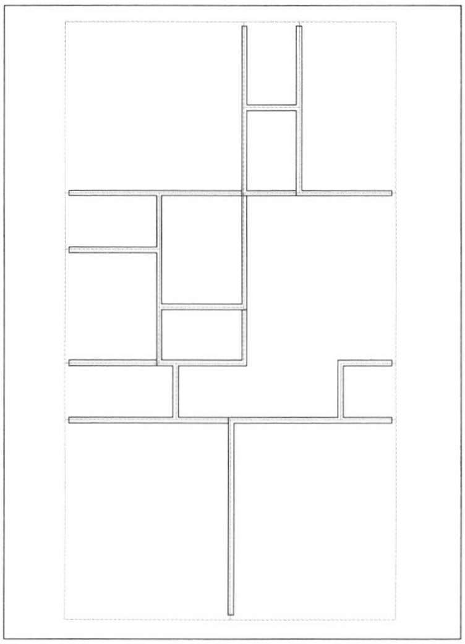

17 選択した壁芯を中心に両側に「50」ずつ複線が作図され、壁芯の端部を基準に-75の位置に留線が作図されます。

メモ 留線出について

ここでの物件では、躯体壁と間仕切り壁は壁厚が異なるので、躯体壁と間仕切り壁の取り合い部分は包絡処理しません。そのため、躯体壁と接する間仕切り壁の端部は、躯体壁の手前で止める必要があります。留線出を「-75」に設定することで、躯体壁と交差する間仕切り壁の端部を75mm手前で止めることができます。留線出の詳細については、P.58のメモ「留線出」を参照してください。

75

2 玄関ホール部分を編集する

メモ 玄関ホール部分について

玄関ホール部分は最終的には図のような表現になるため、上り框を作図する部分とLDとの間の間仕切り壁を削除して編集しやすくします。なお、左の洋室に入る建具部の壁開口はP.272のSec.71で編集します。

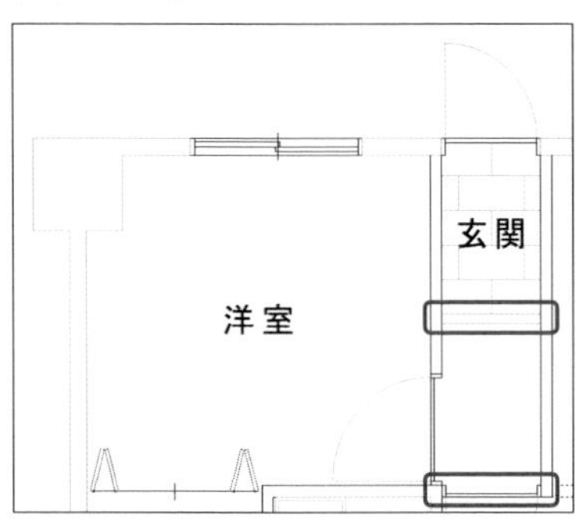
玄関
洋室

1 ツールバーの<消去>をクリックし、

属変
伸縮
BL化
面取
BL解
消去
BL属
複写
BL編
移動

2 ステータスバーに「線・円マウス(L)部分消し 図形マウス(R)消去」と表示されていることを確認したら、

3 北側の玄関部を拡大表示します。

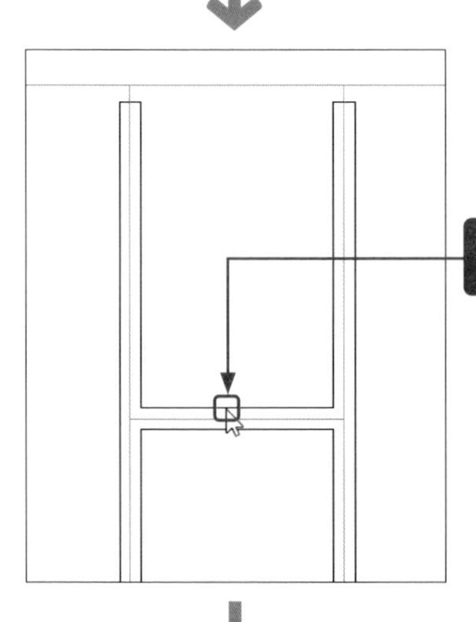

4 図の間仕切り壁の線を右クリックします。

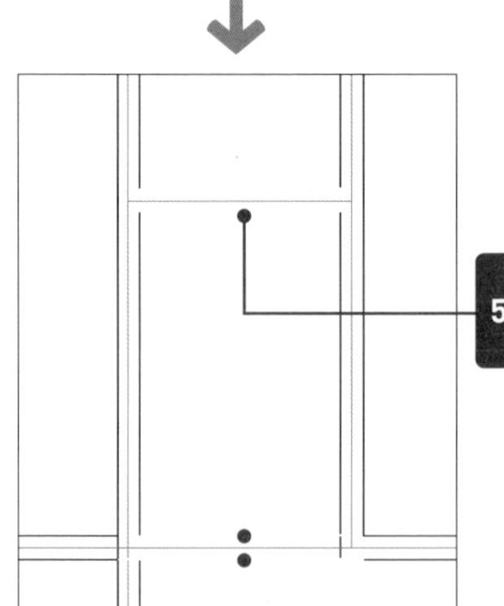

5 残り3本の間仕切り壁の線も右クリックで選択して消去します。

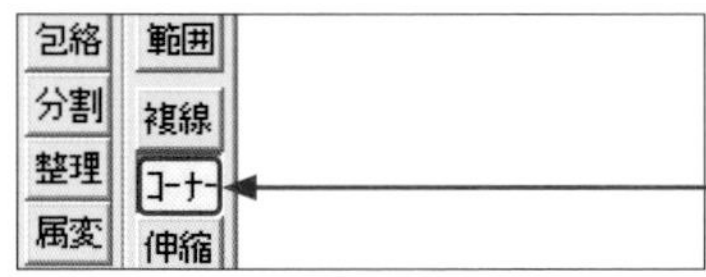
包絡
範囲
分割
複線
整理
コーナー
属変
伸縮

6 ツールバーの<コーナー>をクリックし、

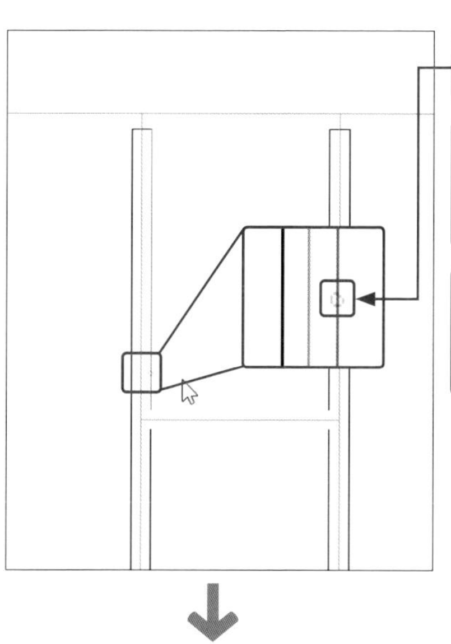

7 図の垂直線の線上をクリックします。

8 選択した線がピンク色になり、クリックした位置に水色の点が表示されます。

9 ステータスバーに「線【B】指示（L） 線切断（R）」と表示されていることを確認します。

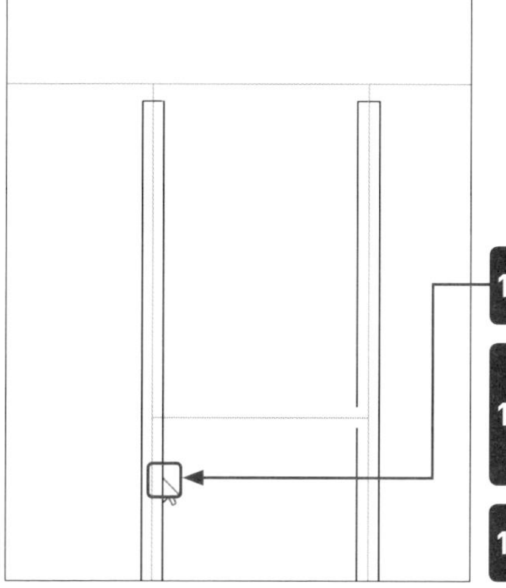

10 選択した線の延長線上にある垂直線をクリックし、

11 作図ウィンドウの左上に「1本の線にしました」と表示されていることを確認します。

12 選択した2本が伸びて1本の線に結合されました。

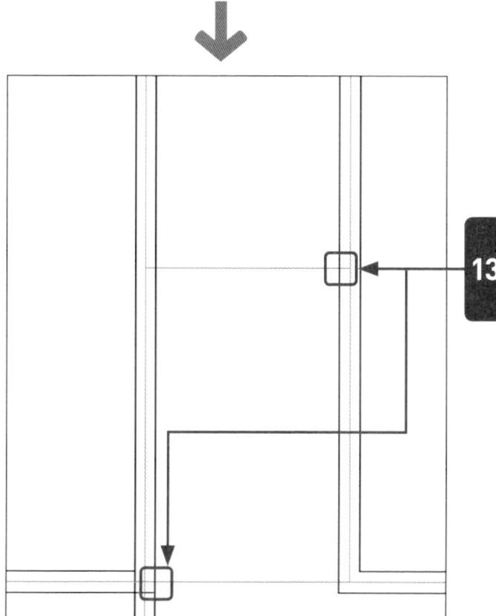

13 手順7～10を参考に、残りの2か所も同じように結合して、壁を閉じます。

メモ 線の結合について

コーナーコマンドを使用すると、同一線上の2つの線を1本の線に結合することができます。ただし、結合する線が同一線上にあり、同じレイヤ・線種・線色である必要があります。

Section 70

壁と柱を包絡処理する

覚えておきたいキーワード
☑ 包絡
☑ 包絡処理
☑ レイヤバー

建築図面を作図する場合、同じ素材の部材を一体化して表現することがあります。これを「包絡」と呼びます。ここでは、躯体壁と柱、間仕切り壁のそれぞれの交差部を包絡を使用して処理します。包絡コマンドはJw_cad特有のとても便利な機能なので、ぜひマスターしましょう。

練習用ファイル	Sec70.jww		
メニュー	[編集]メニュー→[包絡処理]		
ツールバー	[包絡]		
ショートカット	Q／Shift＋Y	クロックメニュー	左AM3時

1 間仕切り壁を包絡処理する

キーワード 包絡

建築図面で柱と壁、または壁と壁を一体化して表現することを「包絡」と呼びます。包絡コマンドの詳細については、P.118のSec.37を参照してください。

メモ 残り3か所の包絡処理

残り3か所の包絡は、下図のようになります。

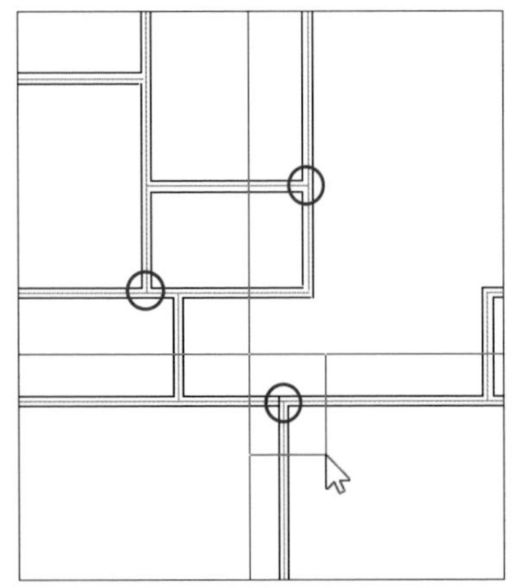

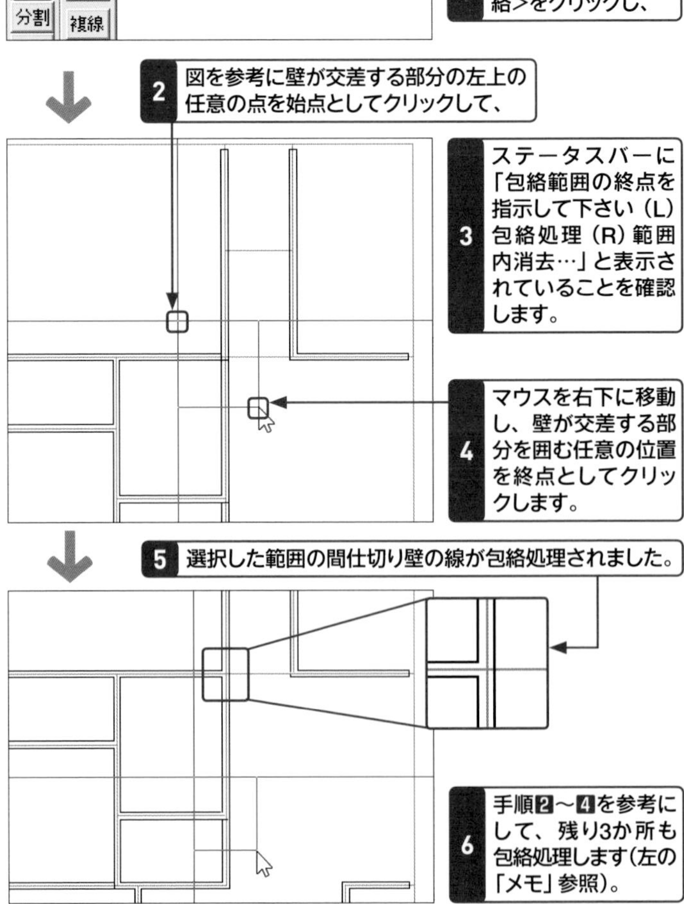
包絡
範囲
分割
複線
1 ツールバーの<包絡>をクリックし、
2 図を参考に壁が交差する部分の左上の任意の点を始点としてクリックして、
3 ステータスバーに「包絡範囲の終点を指示して下さい (L)包絡処理 (R)範囲内消去…」と表示されていることを確認します。
4 マウスを右下に移動し、壁が交差する部分を囲む任意の位置を終点としてクリックします。
5 選択した範囲の間仕切り壁の線が包絡処理されました。
6 手順2～4を参考にして、残り3か所も包絡処理します(左の「メモ」参照)。

2 躯体壁と柱を包絡処理する

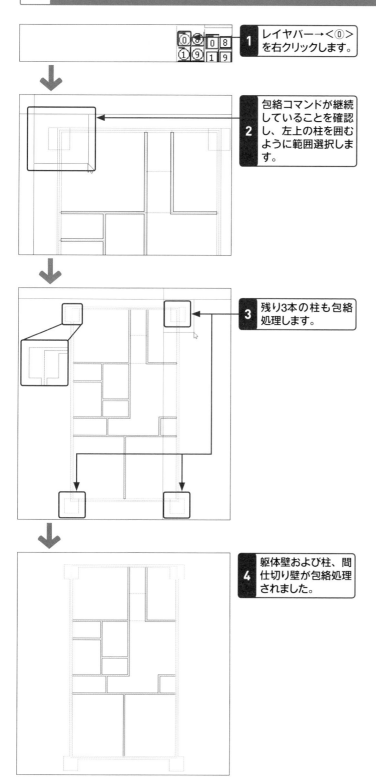

1 レイヤバー→<⓪>を右クリックします。

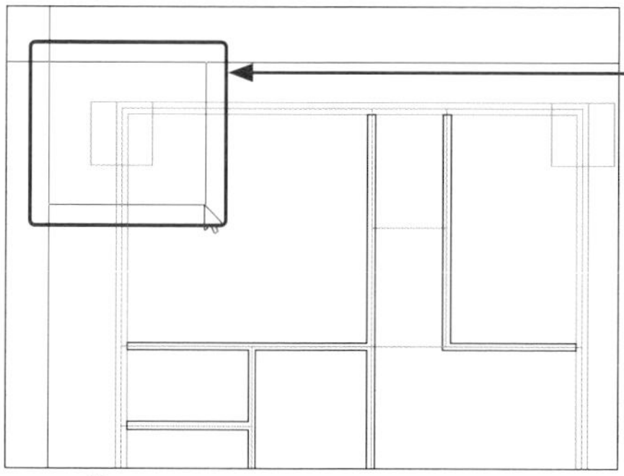

2 包絡コマンドが継続していることを確認し、左上の柱を囲むように範囲選択します。

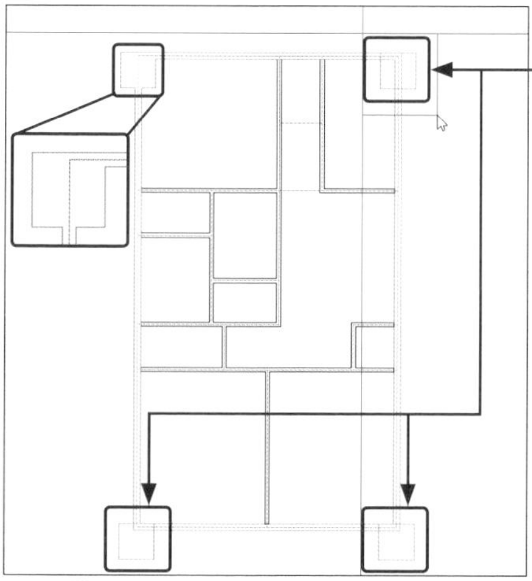

3 残り3本の柱も包絡処理します。

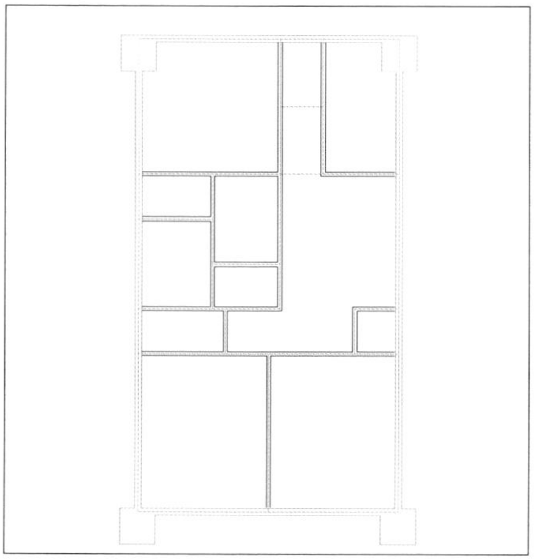

4 躯体壁および柱、間仕切り壁が包絡処理されました。

メモ 包絡処理の条件

包絡処理を行うことができる図形は、選択した図形の中で「レイヤ」「線種」「線色」のすべてが同一のものだけになります。

Section 71

建具を作図する

覚えておきたいキーワード
☑ 建平
☑ 包絡
☑ 包絡（中間消去）

Jw_cadに登録されている建具の平面記号を利用して、掃き出し窓や玄関扉などを作図します。また、建具を作図する際、建具が納まる部分の壁を消去します。これを「開口」と呼びます。この開口部は包絡コマンドの「中間消去」というオプションを利用して編集します。

練習用ファイル	Sec71.jww		
メニュー	「作図」メニュー→［建具平面］／［編集］メニュー→［包絡処理］		
ツールバー	［建平］［包絡］		
ショートカット	J／Shift＋T（建具平面）　Q／Shift＋Y（包絡）	クロックメニュー	左PM5時（建平）／左AM3時（包絡）

1 掃き出し窓を作図する

キーワード 建平

Jw_cadには、建築図面で使用する一般的な建具の平面図（建平）・断面図（建断）・立面図（建立）がインストールされています。ここでは<建平>→<【建具平面A】建具一般平面図>を使用して、建具平面図を挿入していきます。

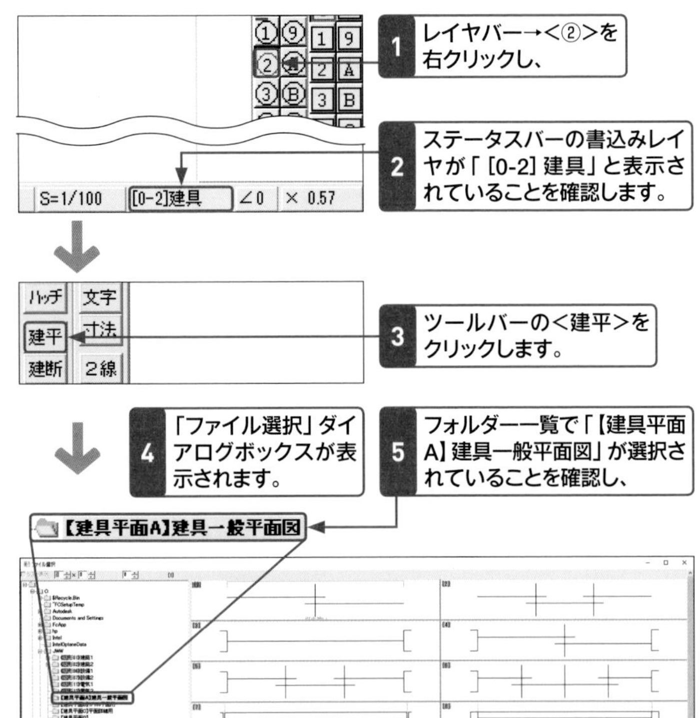

1 レイヤバー→<②>を右クリックし、
2 ステータスバーの書込みレイヤが「[0-2] 建具」と表示されていることを確認します。
S=1/100
[0-2]建具
3 ツールバーの<建平>をクリックします。
ﾊｯﾁ
文字
建平
寸法
建断
2線
4 「ファイル選択」ダイアログボックスが表示されます。
5 フォルダー一覧で「【建具平面A】建具一般平面図」が選択されていることを確認し、
【建具平面A】建具一般平面図
[16]
6 建具一覧より[16]のサムネイルをダブルクリックします。

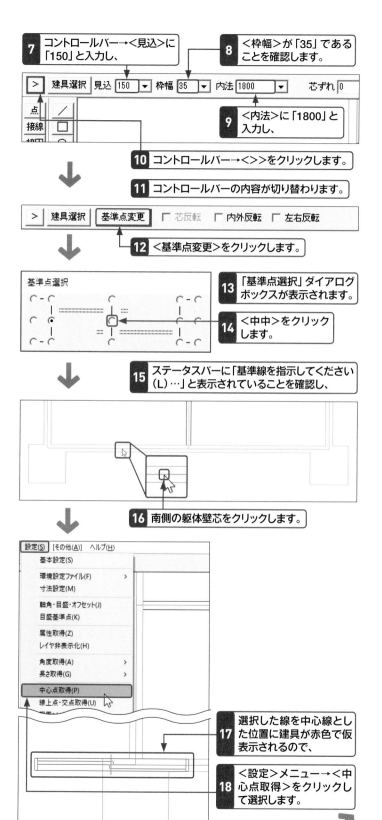

7 コントロールバー→<見込>に「150」と入力し、

8 <枠幅>が「35」であることを確認します。

9 <内法>に「1800」と入力し、

10 コントロールバー→<>>をクリックします。

11 コントロールバーの内容が切り替わります。

12 <基準点変更>をクリックします。

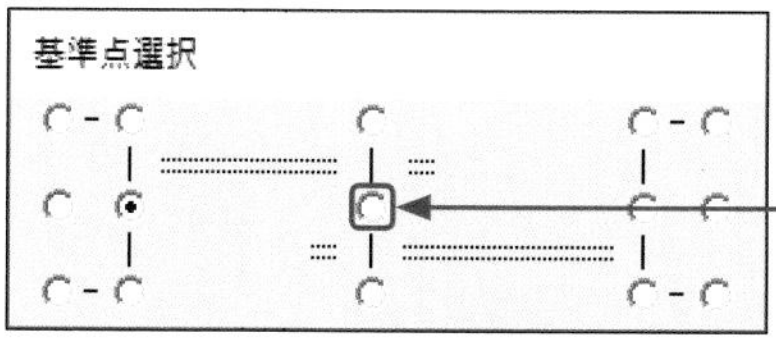

13 「基準点選択」ダイアログボックスが表示されます。

14 <中中>をクリックします。

15 ステータスバーに「基準線を指示してください(L)…」と表示されていることを確認し、

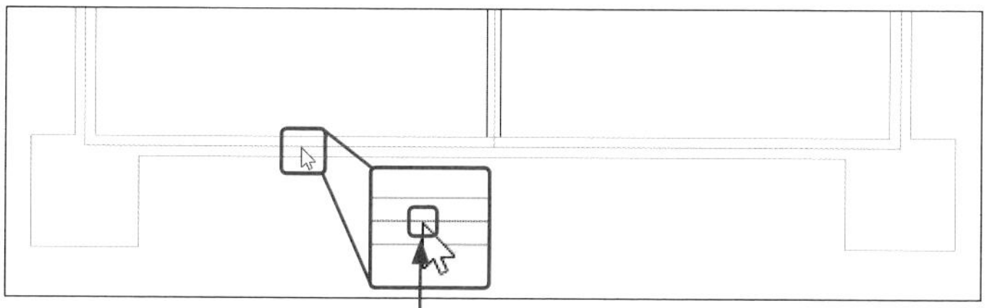

16 南側の躯体壁芯をクリックします。

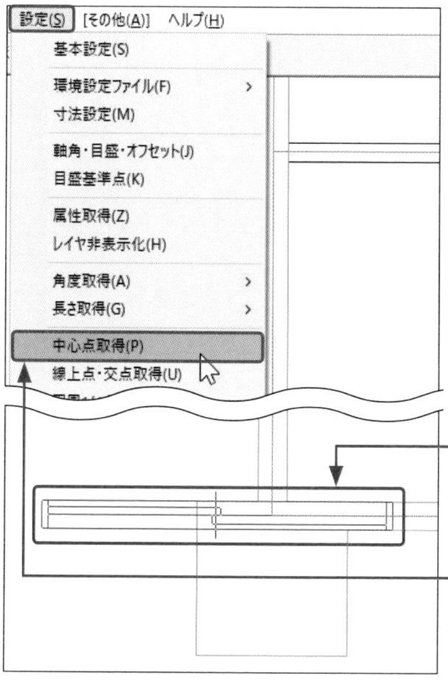

17 選択した線を中心線とした位置に建具が赤色で仮表示されるので、

18 <設定>メニュー→<中心点取得>をクリックして選択します。

メモ 建具寸法について

建具平面図形のサイズは「見込」「枠幅」「内法」の数値を調整することでコントロールします。

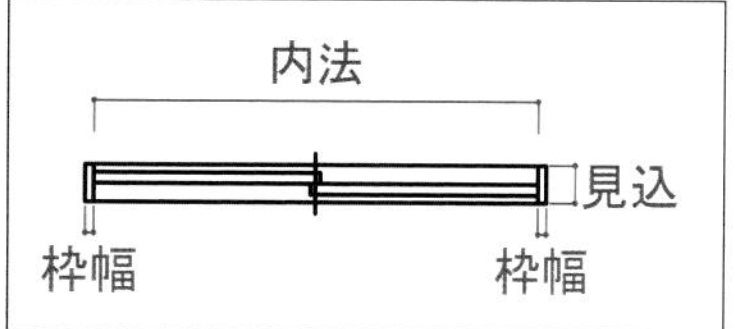
内法
見込
枠幅
枠幅

キーワード 建具基準点

建具平面図形を配置する際は、15か所の基準点から選択して配置します。

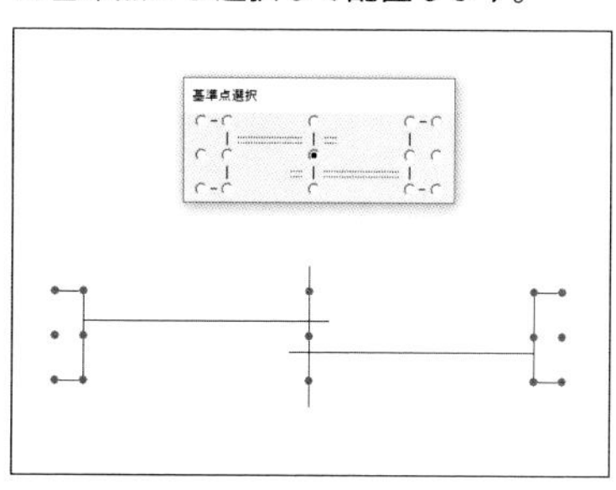
基準点選択

キーワード 中心点取得コマンド

中心点取得コマンドを使用すると、指定した2点間または線の中点、円の中心点を取得することができます。作図した線の中点、または円の中心点を取得したい場合は図形をクリック選択します。任意の2つの点間の中点を取得したい場合は、始点を右クリック（読取点）で指示します。クロックメニューを使用した方法については、P.159を参照してください。

線・円指示で線・円の中心点　読取点指示で2点間中心

19 ステータスバーに「線・円指示で線・円の中心点　読取点指示で2点間中心」と表示されていることを確認し、

20 南側の左の部屋の内側の左角で右クリックします。

21 ステータスバーに「2点間中心 ◆◆B点指示◆◆　…」と表示されていることを確認し、

22 南側の左の部屋の内側の右角で右クリックします。

23 指定した2点間中心の垂直線上に建具が配置されます。

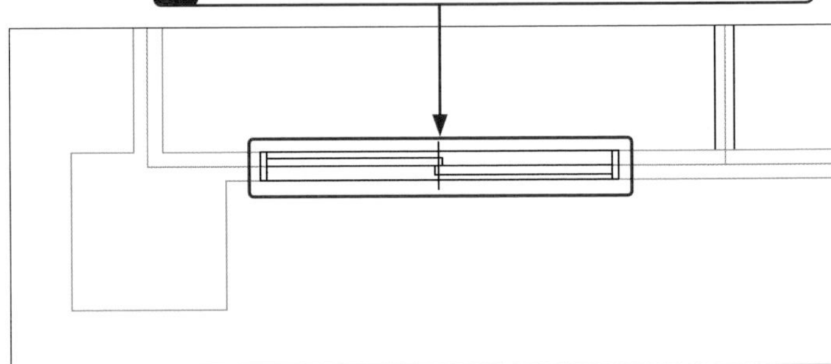

24 手順15〜23を参考にして、右側の部屋の掃き出し窓も作図します。

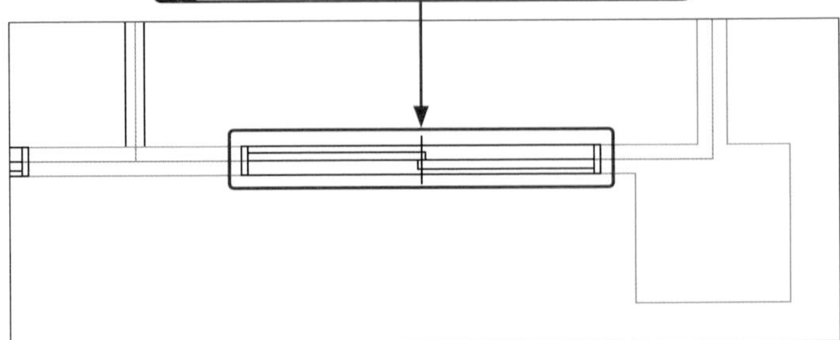

2 玄関扉を作図する

1 コントロールバー→<建具選択>をクリックします。

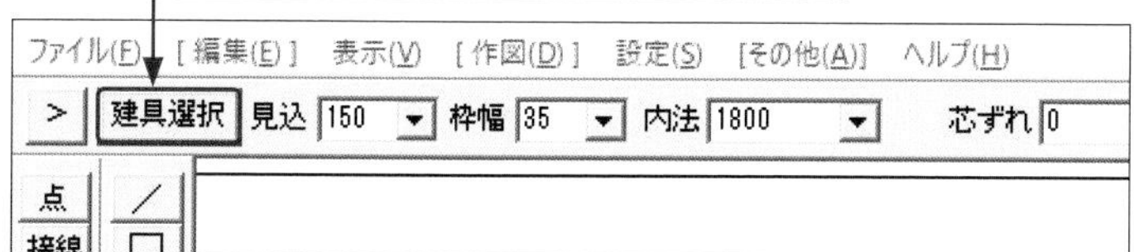
ファイル(F) [編集(E)] 表示(V) [作図(D)] 設定(S) [その他(A)] ヘルプ(H)
建具選択 見込 150 枠幅 35 内法 1800 芯ずれ 0
点
接線

2 「ファイル選択」ダイアログボックスが表示されます。

3 フォルダー一覧で「【建具平面A】建具一般平面図」が選択されていることを確認し、

【建具平面A】建具一般平面図

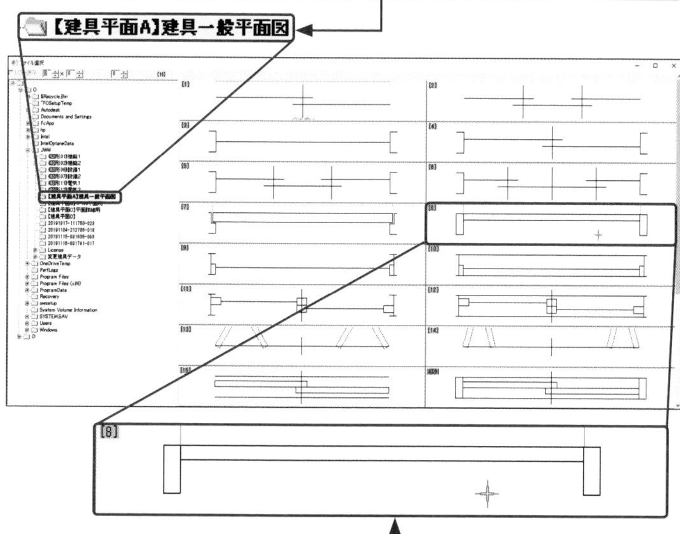
[8]

4 建具一覧より[8]のサムネイルをダブルクリックします。

5 コントロールバー→<内法>→<▼>をクリックして、表示されるメニューから<(無指定)>をクリックして選択し、

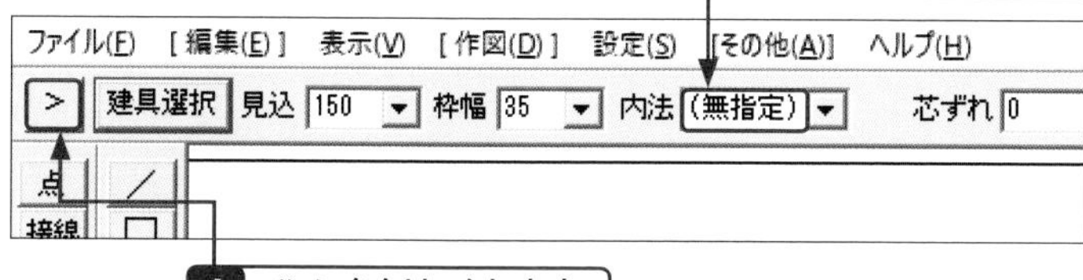
ファイル(F) [編集(E)] 表示(V) [作図(D)] 設定(S) [その他(A)] ヘルプ(H)
建具選択 見込 150 枠幅 35 内法 (無指定) 芯ずれ 0
点
接線

6 <>>をクリックします。

7 コントロールバーの内容が切り替わります。

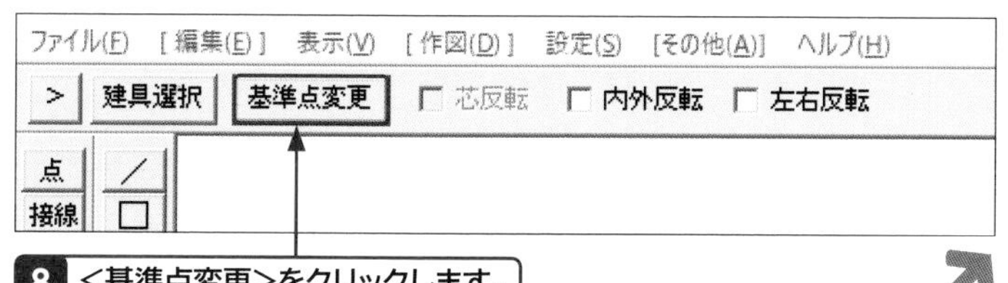
ファイル(F) [編集(E)] 表示(V) [作図(D)] 設定(S) [その他(A)] ヘルプ(H)
建具選択 基準点変更 芯反転 内外反転 左右反転
点
接線

8 <基準点変更>をクリックします。

キーワード 無指定

Jw_cadで「無指定」はマウスによる距離指定となります。建平コマンドの内法寸法を「無指定」にした場合、マウスで指定した2点間を内法寸法とした建具平面図形が作図されます。

内外反転と左右反転

建具を配置する際に、コントロールバー→<内外反転><左右反転>にチェックを入れると、建具の向きを調整することができます。

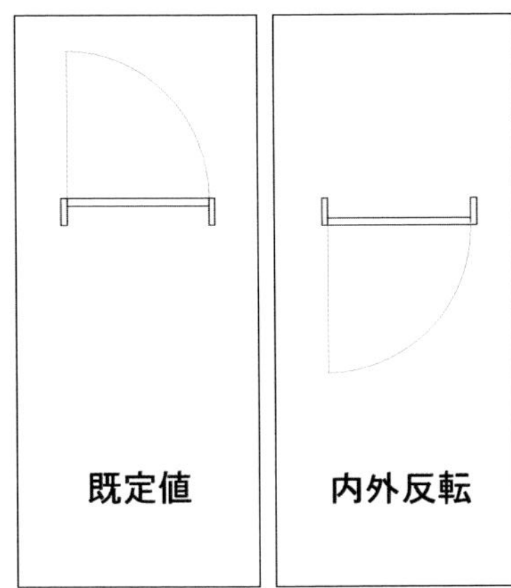
既定値
内外反転

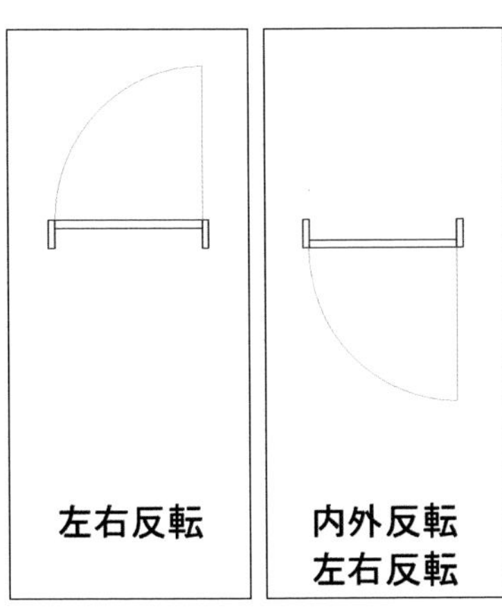
左右反転
内外反転
左右反転

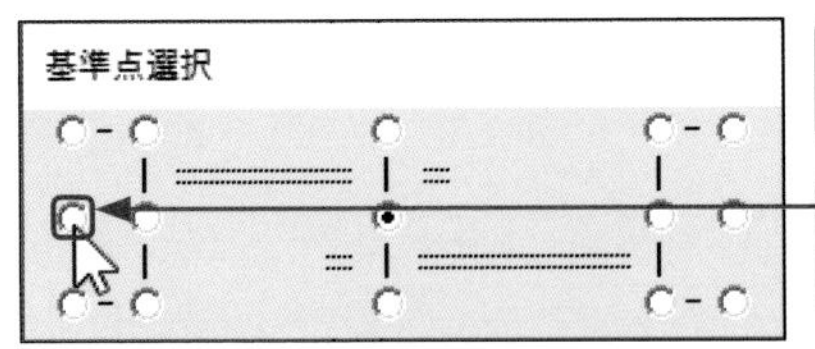
基準点選択

9 「基準点選択」ダイアログボックスが表示されます。

10 左外枠中をクリックします。

11 ステータスバーに「基準線を指示してください(L)…」と表示されていることを確認し、

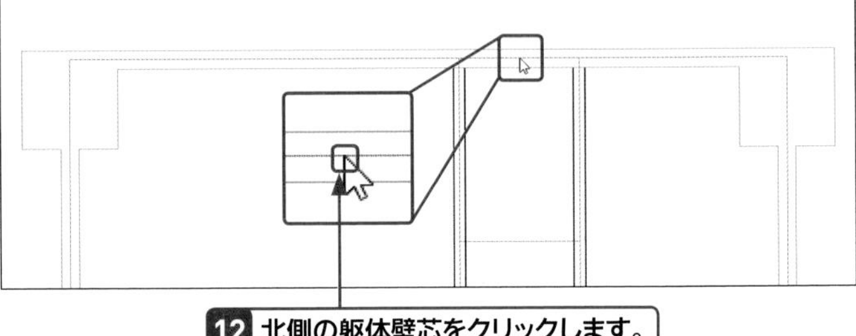

12 北側の躯体壁芯をクリックします。

13 ステータスバーに「任意寸法の建具の基準点を指示してください。…」と表示されていることを確認し、

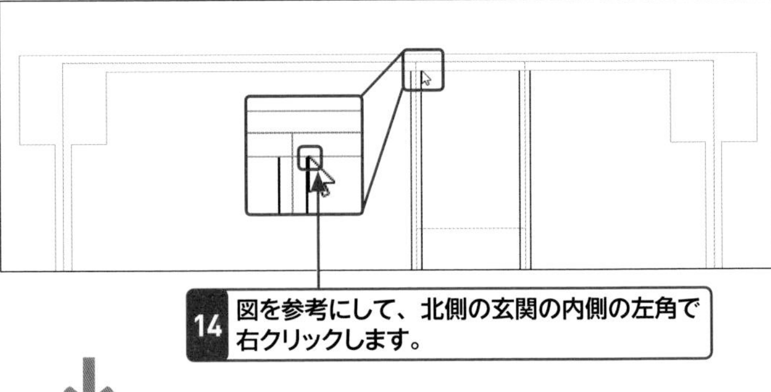

14 図を参考にして、北側の玄関の内側の左角で右クリックします。

15 マウスを右に移動し、北側の玄関の内側の右角で右クリックします。

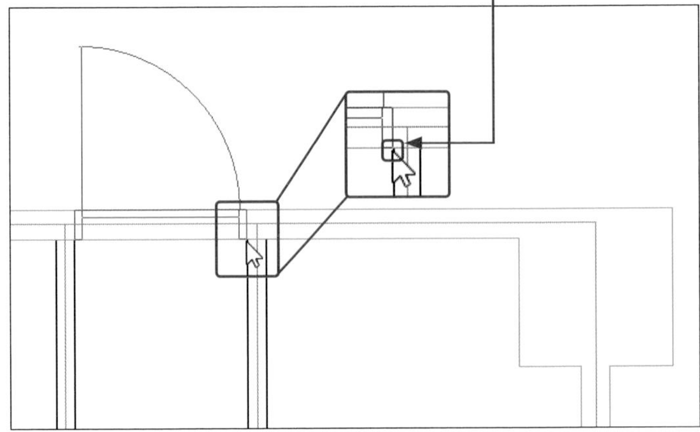

16 ここまでの手順を参考にして、北側のほかの外部建具を作図します。

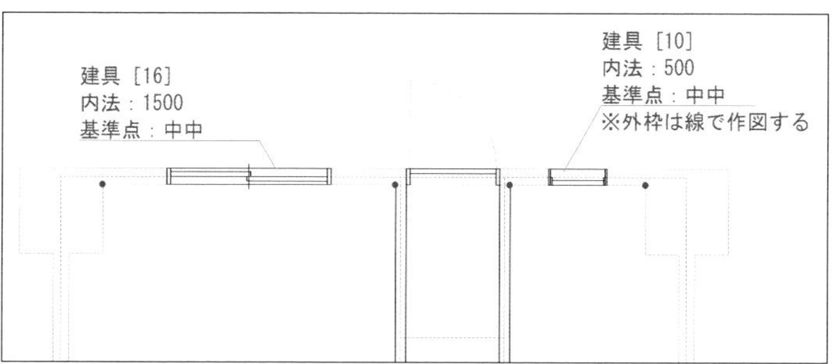
建具［16］
内法：1500
基準点：中中
建具［10］
内法：500
基準点：中中
※外枠は線で作図する

3 開口部を作図する

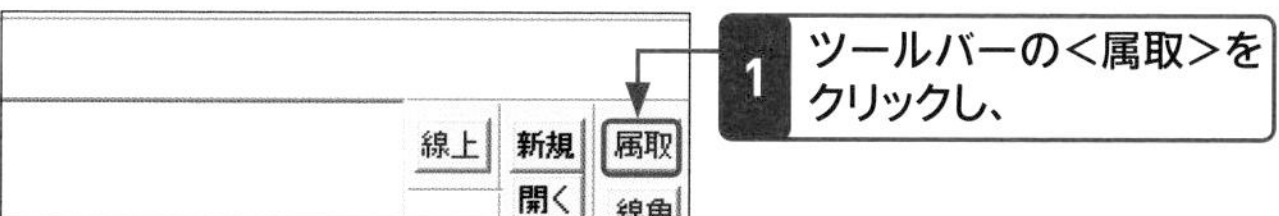
線上
新規
属取
開く
線角

1 ツールバーの<属取>をクリックし、

2 躯体壁の線上をクリックします。

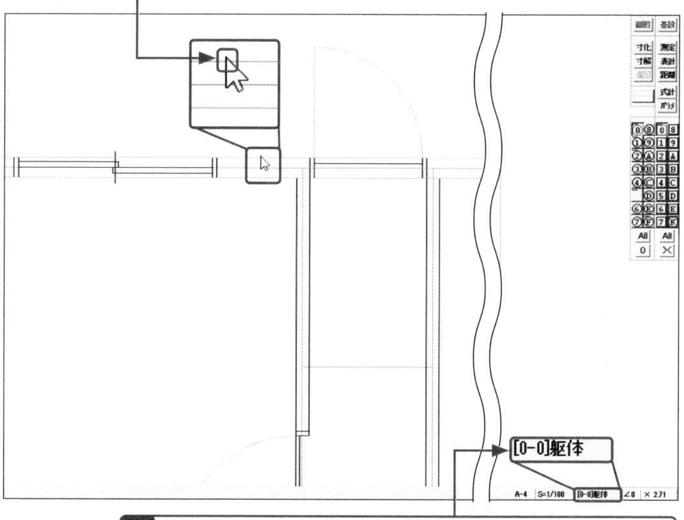
[0-0]躯体

3 書込みレイヤが「[0-0] 躯体」、線属性が「線色3」「実線」に変更されたことを確認します。

4 ツールバーの<□>（矩形）をクリックし、

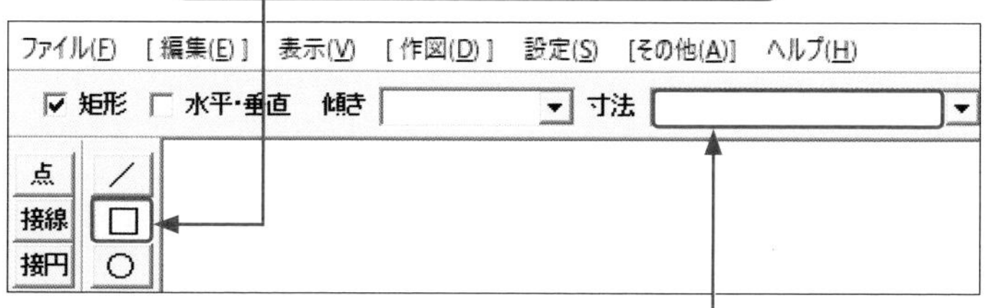
ファイル(F) [編集(E)] 表示(V) [作図(D)] 設定(S) [その他(A)] ヘルプ(H)
矩形
水平・垂直
傾き
寸法
点
接線
接円

5 コントロールバー→<寸法>の数値を削除して空欄にします（または<▼>をクリックし、表示されるメニューから<（無指定）>をクリックして選択します）。

メモ 建具開口部について

「開口部」は、建具を取り付ける壁の穴部を指します。平面図では開口部の壁断面線は消去して表現します。

メモ 線属性の確認

線属性は、<ー>をクリックして表示される「線属性」ダイアログボックスで確認します。

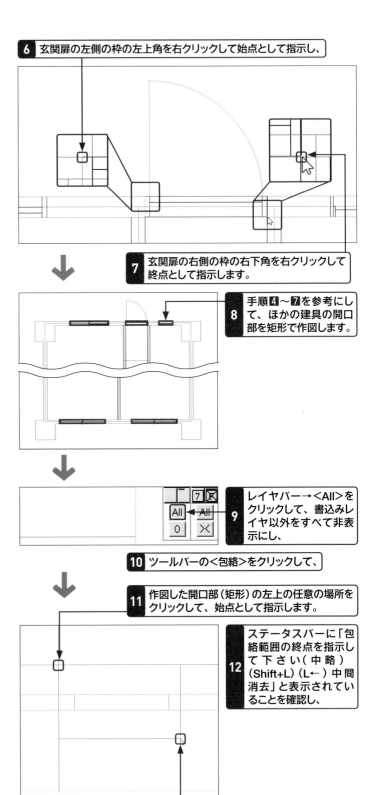

 中間消去

包絡コマンドで範囲を指定する際に、終点をShiftキーを押しながらクリック(または左9時方向にドラッグ)すると、中間消去は実行されて、2本の線の間の線が消去されます。包絡コマンドの詳細についてはP.118のSec.37を参照してください。

6 玄関扉の左側の枠の左上角を右クリックして始点として指示し、

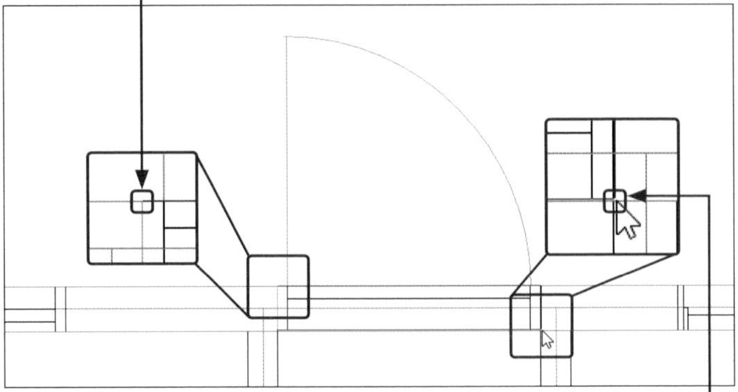

7 玄関扉の右側の枠の右下角を右クリックして終点として指示します。

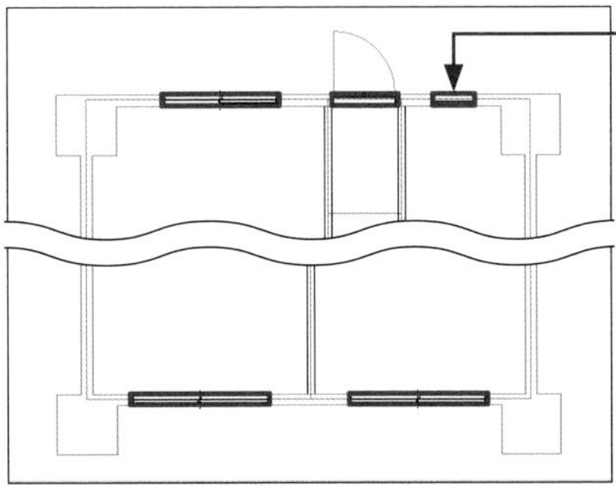

8 手順4～7を参考にして、ほかの建具の開口部を矩形で作図します。

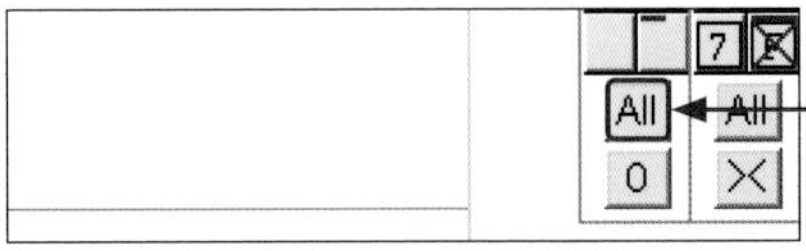

9 レイヤバー→<All>をクリックして、書込みレイヤ以外をすべて非表示にし、

10 ツールバーの<包絡>をクリックして、

11 作図した開口部(矩形)の左上の任意の場所をクリックして、始点として指示します。

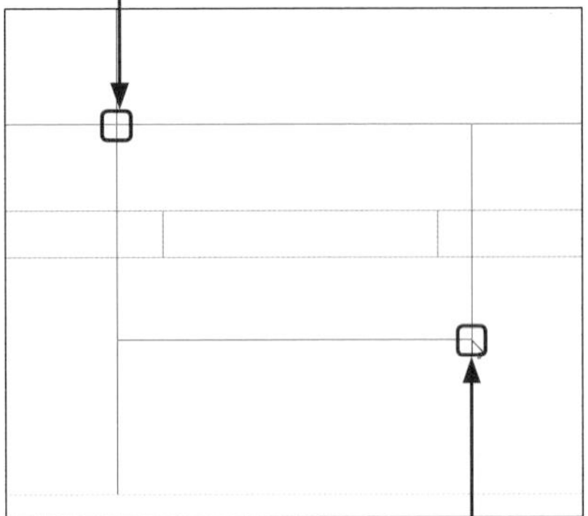

12 ステータスバーに「包絡範囲の終点を指示して下さい(中略)(Shift+L)(L←)中間消去」と表示されていることを確認し、

13 マウスを右下に移動し、開口部を囲む任意の位置で、Shiftキーを押しながらクリックします。

14 選択した範囲が中間消去されます。

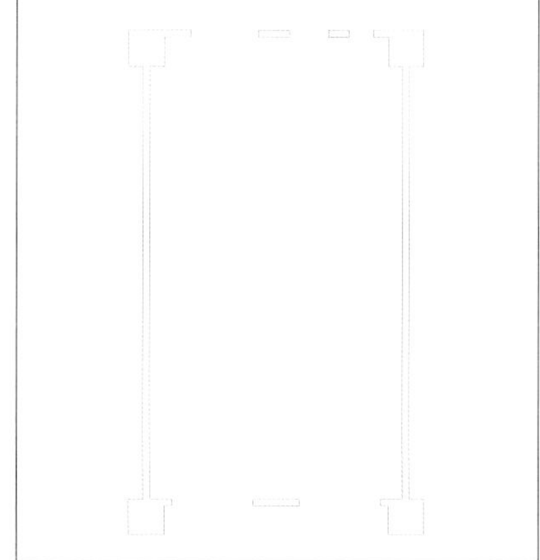

15 手順⑩～⑭を参考にして、南側の掃き出し窓の開口部を中間消去で作図します。

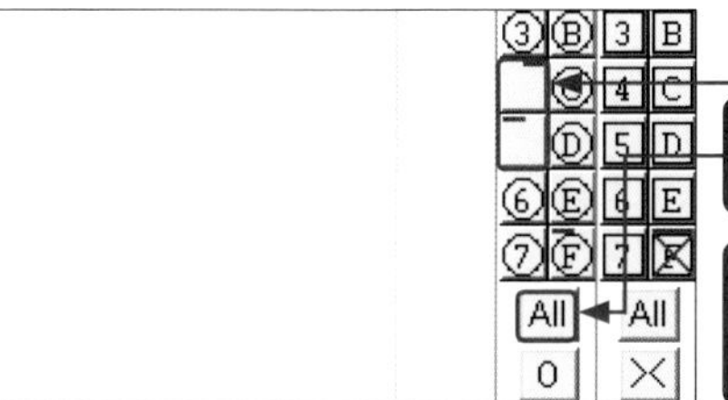
All
All
0

16 レイヤバー→<All>を右クリックし、

17 レイヤバー→<④>と<⑤>をクリックして非表示にします。

18 ここまでの手順を参考に、図に表示された内部建具（見込100、枠幅35）を［0-2 建具レイヤ］に「線色2」で作図し、消去（節間消し）やコーナー、伸縮を利用して［0-1 間仕切り壁レイヤ］の開口部を処理します（壁との位置関係により包絡コマンドの「中間消去」は利用できません）。

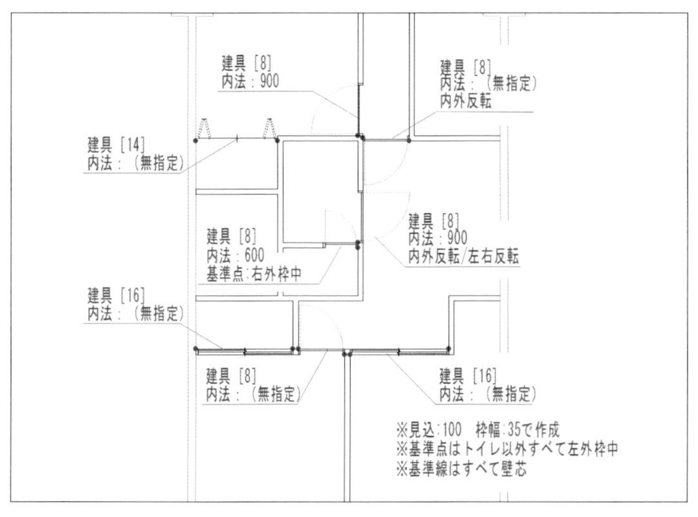
建具［8］
内法：900
建具［8］
内法：（無指定）
内外反転
建具［14］
内法：（無指定）
建具［8］
内法：600
基準点：右外枠中
建具［8］
内法：900
内外反転/左右反転
建具［16］
内法：（無指定）
建具［8］
内法：（無指定）
建具［16］
内法：（無指定）
※見込：100　枠幅：35で作成
※基準点はトイレ以外すべて左外枠中
※基準線はすべて壁芯

メモ　レイヤバーのAllボタンについて

レイヤバー（またはレイヤグループバー）の<All>を右クリックすると、すべてのレイヤ（プロテクトレイヤを除く）を編集可能に切り替えることができます。

メモ　建具の線色について

手順⑯で、建具を選択して配置する際は、<―>（線属性ボタン）で「線色2」に切り替えてから<建平>コマンドを実行します。

メモ　出来上がりイメージ

出来上がりは下図のようになります。

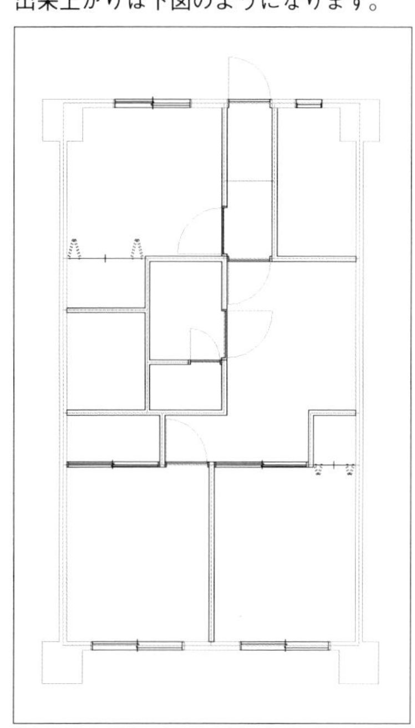

Section 72

設備を作図する

覚えておきたいキーワード
☑ ハッチ（基点変）
☑ 分割
☑ 図形（作図属性設定）

ここでは、躯体や建具以外の図形（玄関タイル・畳・トイレなど）を作成します。玄関タイルは「ハッチング」、畳は「分割」、住宅設備（トイレなど）は「図形」といったコマンドを利用して作成します。すべてすでに学習したコマンドなので、しっかり復習しておきましょう。

練習用ファイル	Sec72.jww		
メニュー	[作図] メニュー→ [ハッチ] ／ [その他] メニュー→ [図形] ／ [編集] メニュー→ [分割]		
ツールバー	[ハッチ] ／ [分割] ／ [図形]		
ショートカット	X [ハッチ] ／ Z [図形]	クロックメニュー	左PM7時（ハッチ）

1 玄関にハッチングを施す

メモ 「Sec72.jww」の図面について

ここで使用する図面は、一般開口と片折戸、玄関の上り框が追加編集されています。

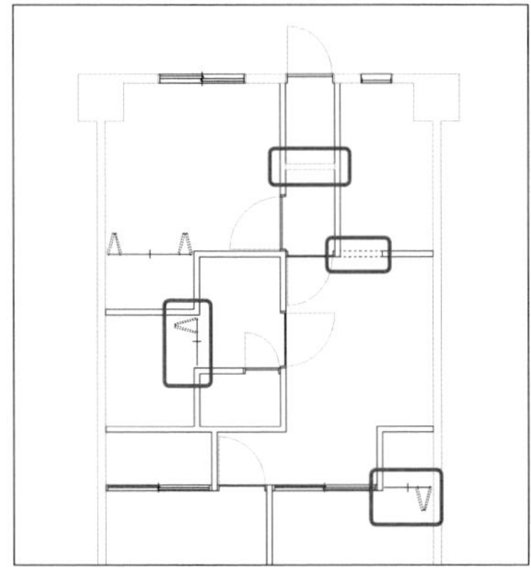

メモ 玄関の内側の線

手順6で内側の線を順にクリックしていきますが、内側の線は8本あるので順番にクリックしていきます。

1 ステータスバーの書込みレイヤが「[0-3] 設備」と表示されていることを確認します（異なるときはレイヤバー→<③>を右クリックします）。

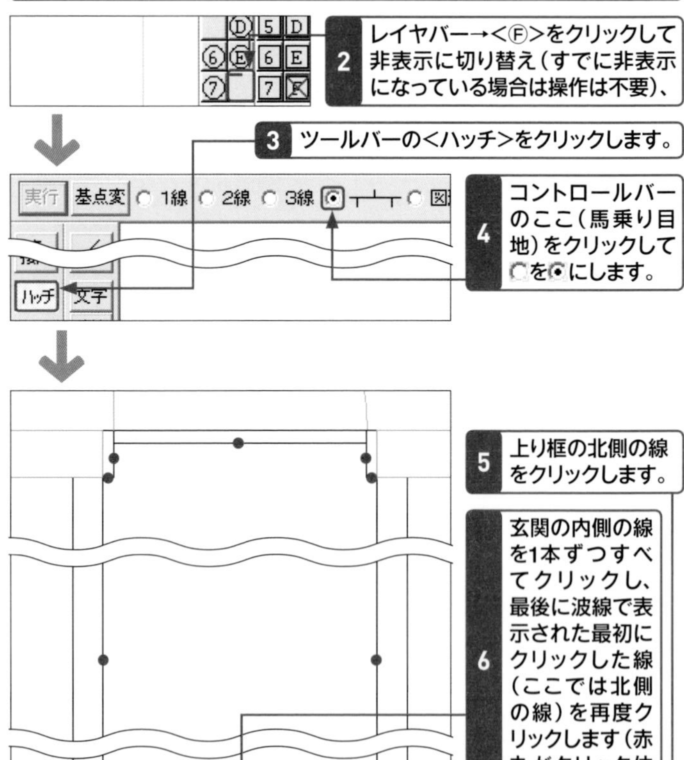
2 レイヤバー→<Ⓕ>をクリックして非表示に切り替え（すでに非表示になっている場合は操作は不要）、
3 ツールバーの<ハッチ>をクリックします。
実行
基点変
1線
2線
3線
図
ハッチ
文字
4 コントロールバーのここ（馬乗り目地）をクリックして○を◉にします。
5 上り框の北側の線をクリックします。
6 玄関の内側の線を1本ずつすべてクリックし、最後に波線で表示された最初にクリックした線（ここでは北側の線）を再度クリックします（赤丸がクリック位置）。

7 ステータスバーに【8】と表示されていることを確認します。

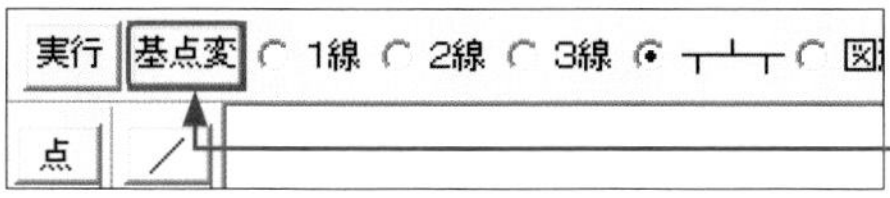

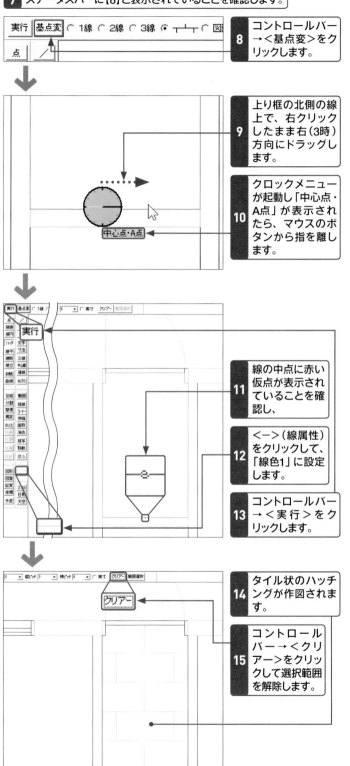

8 コントロールバー→<基点変>をクリックします。

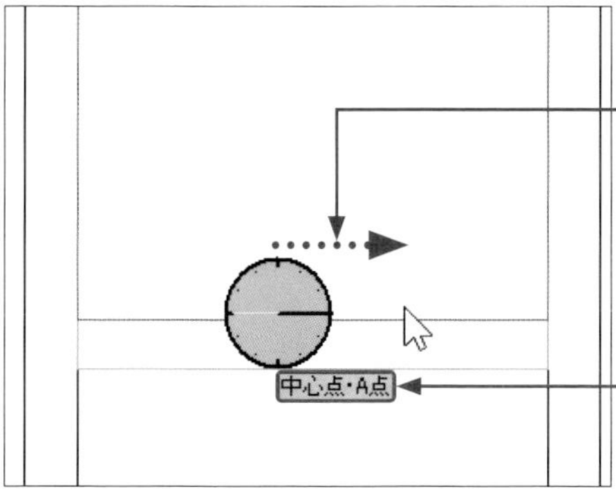

9 上り框の北側の線上で、右クリックしたまま右（3時）方向にドラッグします。

10 クロックメニューが起動し「中心点・A点」が表示されたら、マウスのボタンから指を離します。

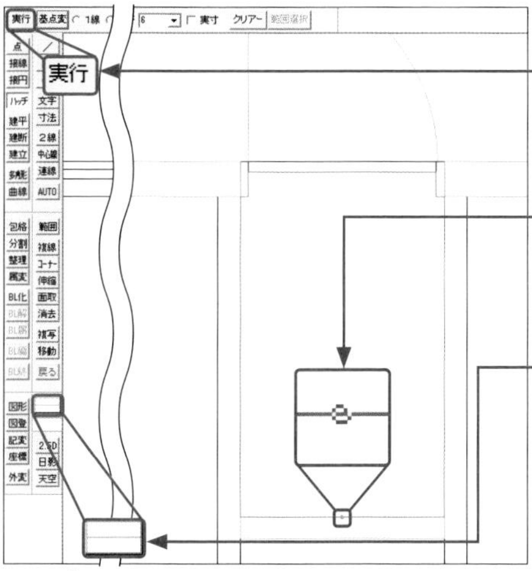

11 線の中点に赤い仮点が表示されていることを確認し、

12 <−>（線属性）をクリックして、「線色1」に設定します。

13 コントロールバー→<実行>をクリックします。

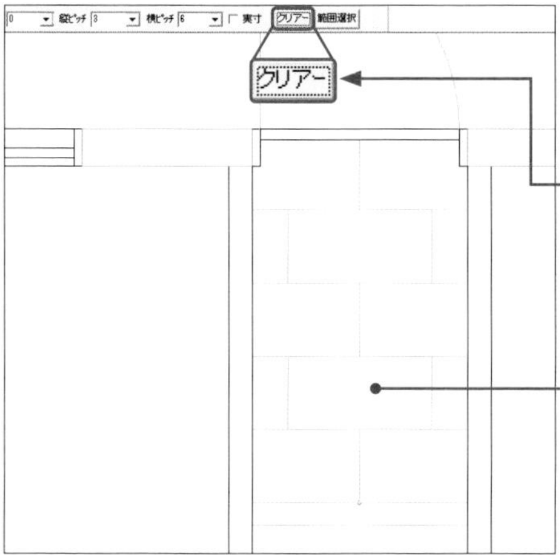

14 タイル状のハッチングが作図されます。

15 コントロールバー→<クリアー>をクリックして選択範囲を解除します。

キーワード ハッチの基点について

ハッチコマンドの詳細についてはP.84のSec.27を参照してください。

メモ メニューから「中心点」を実行する場合

手順9でクロックメニューを使用せずに、メニューバーから実行する場合、<設定>メニュー→<中心点取得>で実行することができます。

メモ ハッチングの設定について

ここで作成したハッチングには以下の設定がされています。
角度「0」
縦ピッチ「3」
横ピッチ「6」
実寸「□（チェックオフ）」

角度 0 縦ピッチ 3 横ピッチ 6 実寸

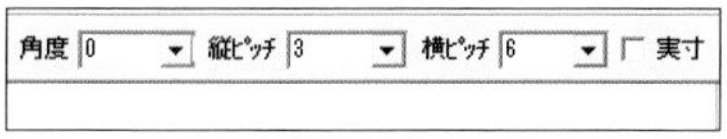

2 畳を作図する

キーワード

分割

分割コマンドの詳細については、P.62のSec.18を参照してください。

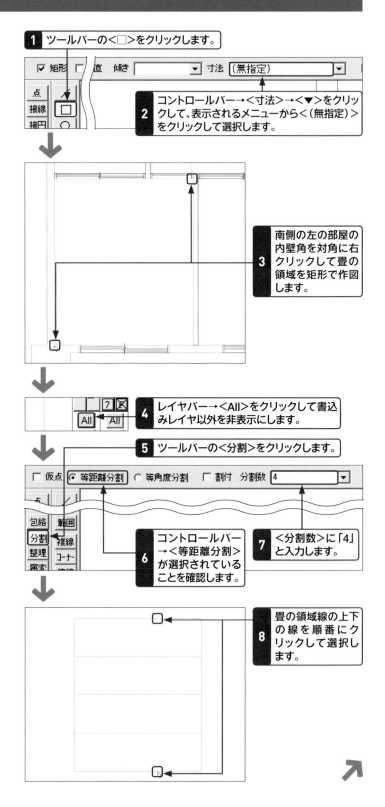

1 ツールバーの<□>をクリックします。

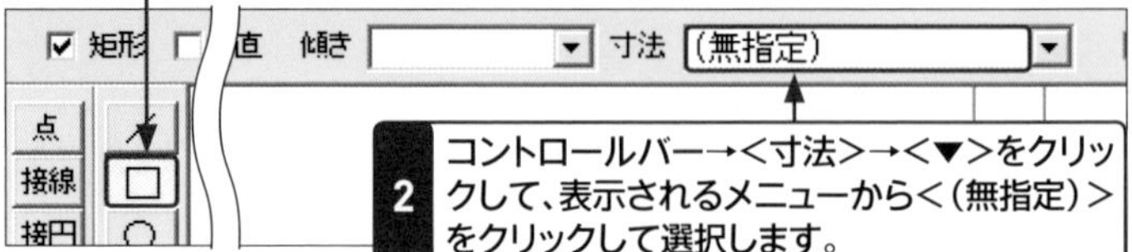

2 コントロールバー→<寸法>→<▼>をクリックして、表示されるメニューから<(無指定)>をクリックして選択します。

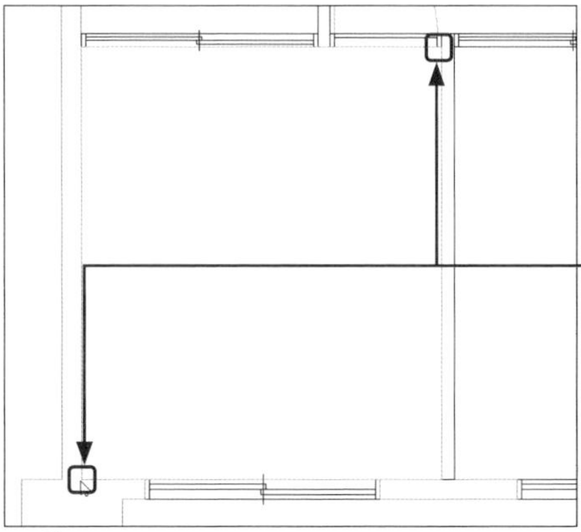

3 南側の左の部屋の内壁角を対角に右クリックして畳の領域を矩形で作図します。

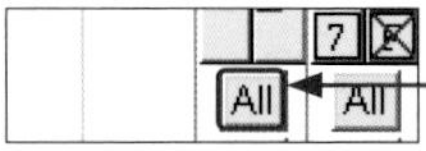

4 レイヤバー→<All>をクリックして書込みレイヤ以外を非表示にします。

5 ツールバーの<分割>をクリックします。

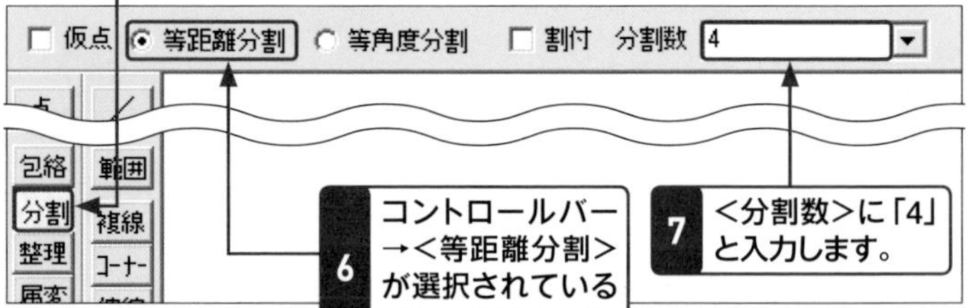

6 コントロールバー→<等距離分割>が選択されていることを確認します。

7 <分割数>に「4」と入力します。

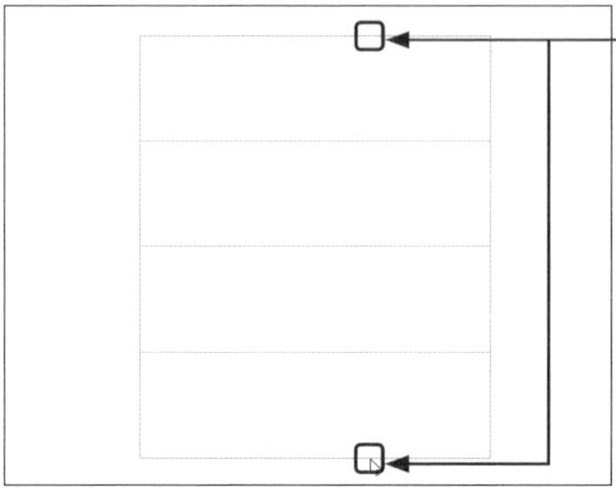

8 畳の領域線の上下の線を順番にクリックして選択します。

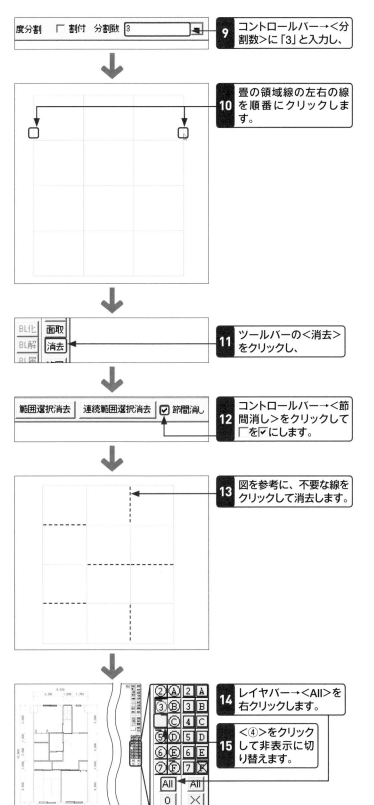

9 コントロールバー→<分割数>に「3」と入力し、

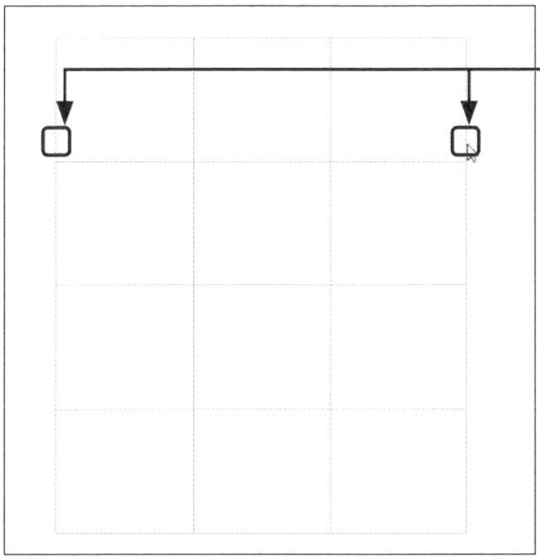

10 畳の領域線の左右の線を順番にクリックします。

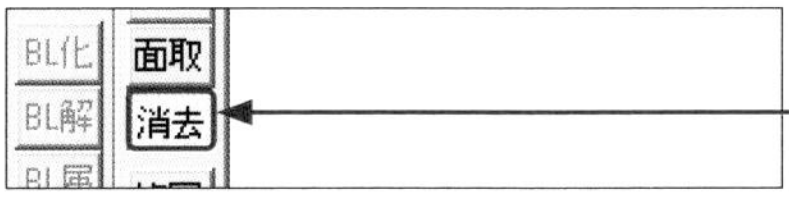

11 ツールバーの<消去>をクリックし、

12 コントロールバー→<節間消し>をクリックして□を☑にします。

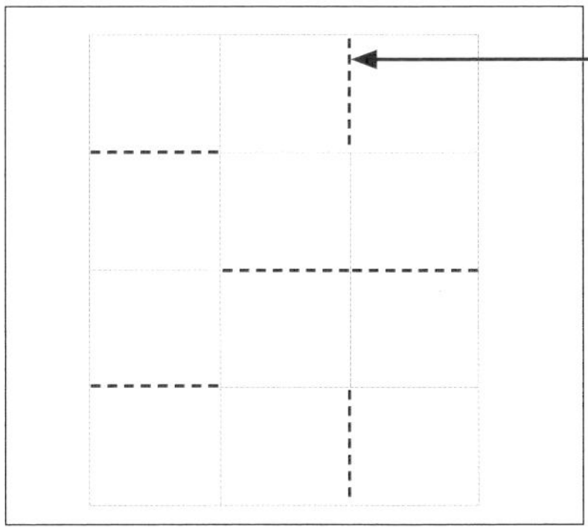

13 図を参考に、不要な線をクリックして消去します。

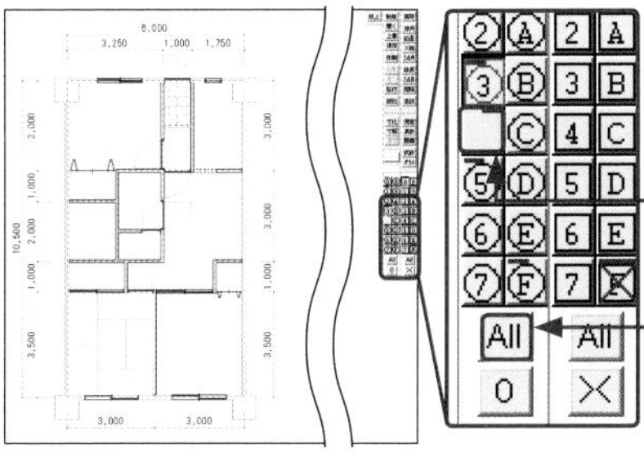

14 レイヤバー→<All>を右クリックします。

15 <④>をクリックして非表示に切り替えます。

メモ　出来上がりイメージ

手順13の出来上がりは下図のようになります。

3 トイレを配置する

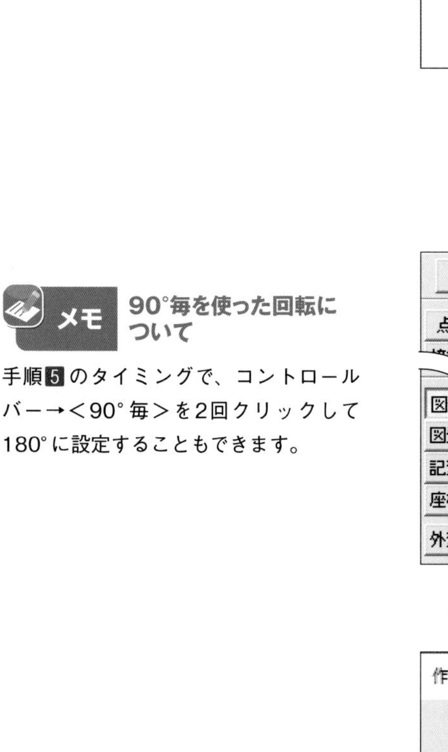

キーワード 作図属性設定

図形の線種と線色は、図形を登録した際に使用していた線種・線色で表示されます（元線色、元線色）。現在の線属性（線種・線色）で図形を配置したい場合は、コントロールバー→<作図属性>をクリックし、「作図属性設定」ダイアログボックスで、「書込み【線色】で作図」「書込み 線種 で作図」にチェックを入れて配置します。

メモ 90°毎を使った回転について

手順5のタイミングで、コントロールバー→<90°毎>を2回クリックして180°に設定することもできます。

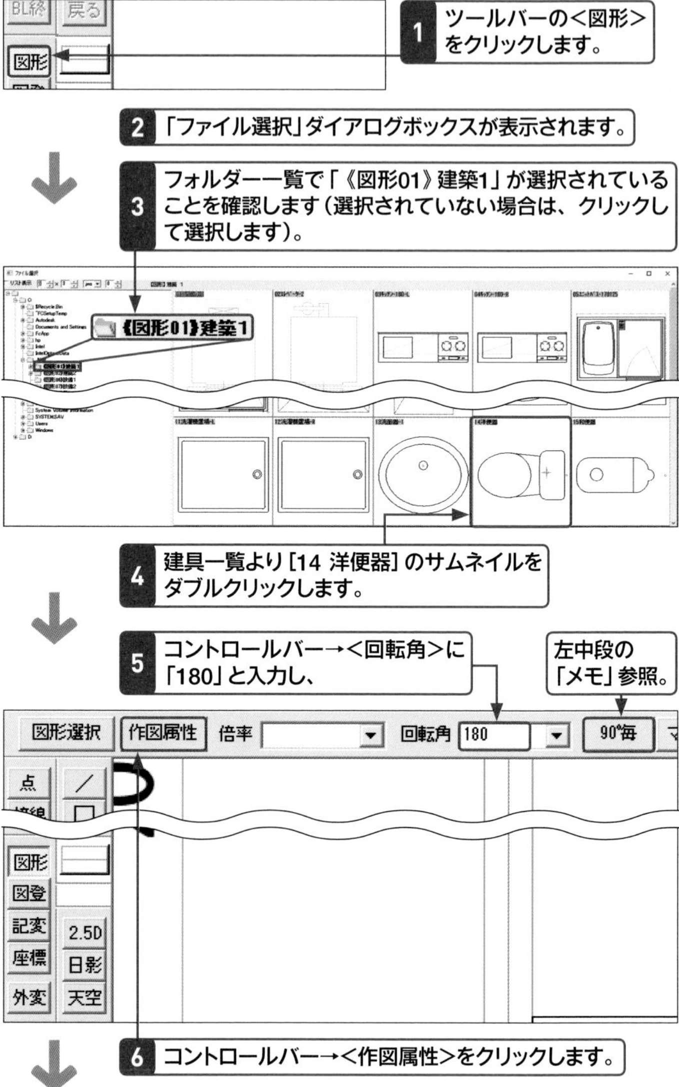
1 ツールバーの<図形>をクリックします。
2 「ファイル選択」ダイアログボックスが表示されます。
3 フォルダー一覧で「《図形01》建築1」が選択されていることを確認します（選択されていない場合は、クリックして選択します）。
《図形01》建築1
4 建具一覧より［14 洋便器］のサムネイルをダブルクリックします。
5 コントロールバー→<回転角>に「180」と入力し、
左中段の「メモ」参照。
図形選択
作図属性
倍率
回転角
180
90°毎
図形
図登
記変
座標
外変
2.5D
日影
天空
6 コントロールバー→<作図属性>をクリックします。

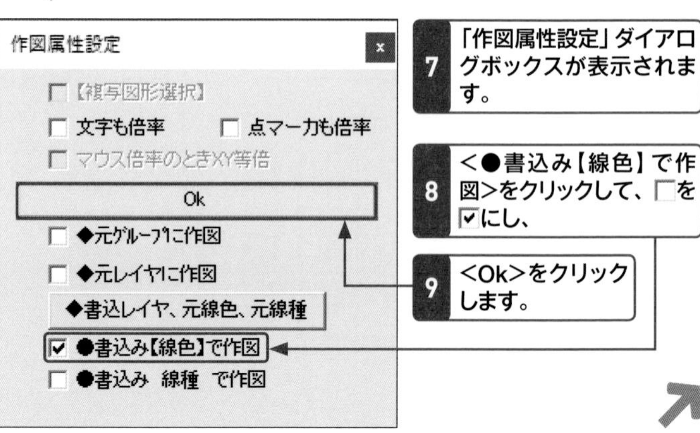
作図属性設定
【複写図形選択】
文字も倍率
点マーカも倍率
マウス倍率のときXY等倍
Ok
◆元グループに作図
◆元レイヤに作図
◆書込レイヤ、元線色、元線種
●書込み【線色】で作図
●書込み 線種 で作図
7 「作図属性設定」ダイアログボックスが表示されます。
8 <●書込み【線色】で作図>をクリックして、□を☑にし、
9 <Ok>をクリックします。

メモ 図形

図形登録コマンドで作成した図形を登録すると、図形コマンドから呼び出して貼り付けることができます。詳細についてはP.98のSec.32を参照してください。

10 トイレ左側の内壁の線上で、右クリックしたまま右(3時)方向にドラッグします。

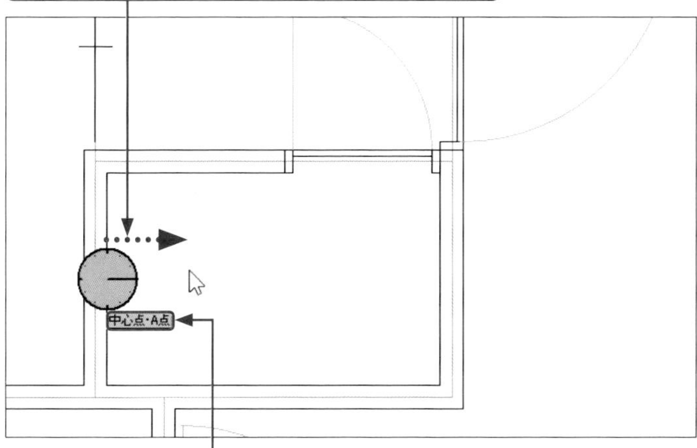
中心点・A点

11 クロックメニューが起動し「中心点・A点」が表示されたら、マウスのボタンから指を離します。

12 内壁の中心点を基準に、指定した線色で[14 洋便器]が配置されます。

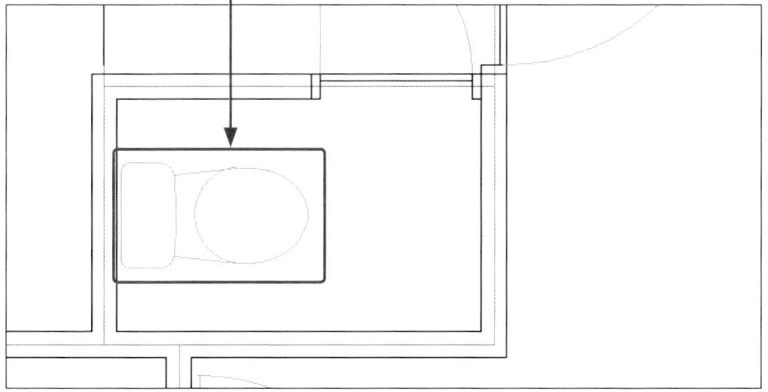

13 そのほかの住宅設備は、下図の設定で入力することができます。

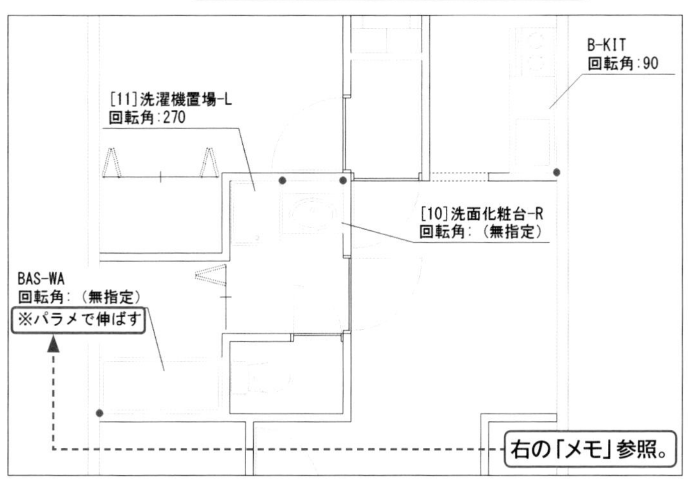
B-KIT
回転角:90
[11]洗濯機置場-L
回転角:270
[10]洗面化粧台-R
回転角:(無指定)
BAS-WA
回転角:(無指定)
※パラメで伸ばす
右の「メモ」参照。

メモ パラメを使った浴槽の編集について

図形コマンドを使用した図形は、挿入後に編集することが可能です。たとえば、ここでの浴槽のようにパラメトリック変形コマンドを使って長さを調整することができます。コマンド実行後の操作は以下のような流れで行います。

①浴槽の右側を範囲選択する。
②コントロールバー→<基準点変更>をクリックする。
③浴槽(BAS-WA)の右下角を右クリックする。
④移動先として、浴室右下角を右クリックする。
⑤コントロールバー→<再選択>をクリックして選択を解除する。

パラメトリックの詳細についてはP.122のSec.38を参照してください。

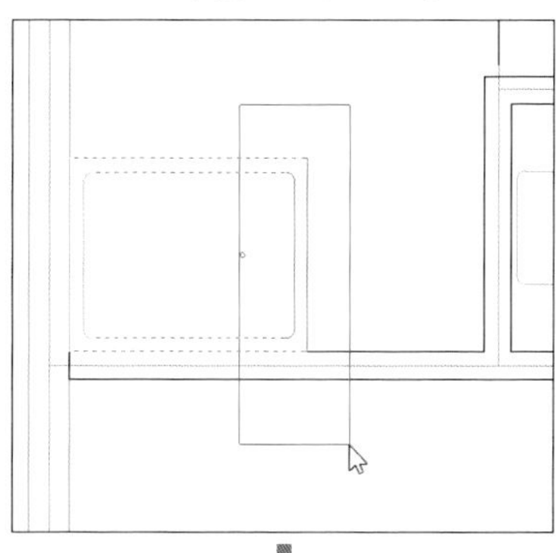

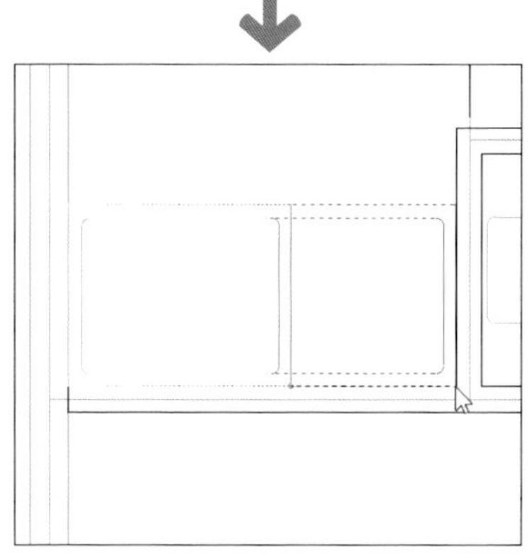

Section 73 図面を仕上げる

覚えておきたいキーワード
☑ 複写（作図属性設定）
☑ ハッチ
☑ 多角形（ソリッド）

ここでは、完成した間取り図を複写して「リフォーム後」として編集します。具体的には、編集がしやすいようにあらかじめ準備された別のレイヤグループに貼り付けます。メモを参考に、ここまで学習した内容を生かして、自分なりに効率のよい方法を探りながら編集してみましょう。

練習用ファイル	Sec73.jww		
メニュー	［編集］メニュー→［図形複写］／［作図］メニュー→［ハッチ］／［作図］メニュー→［多角形］		
ツールバー	［複写］／［ハッチ］／［多角形］	ショートカット	C［複写］／X［ハッチ］／Shift＋W［多角形］
クロックメニュー	左AM7時／右AM7時（複写・移動）／左PM7時（ハッチ）		

1 間取り図を複写する

メモ ここでの図面について

ここで使用する図面には、バルコニーと図名（「リフォーム前」）が追加編集されています。

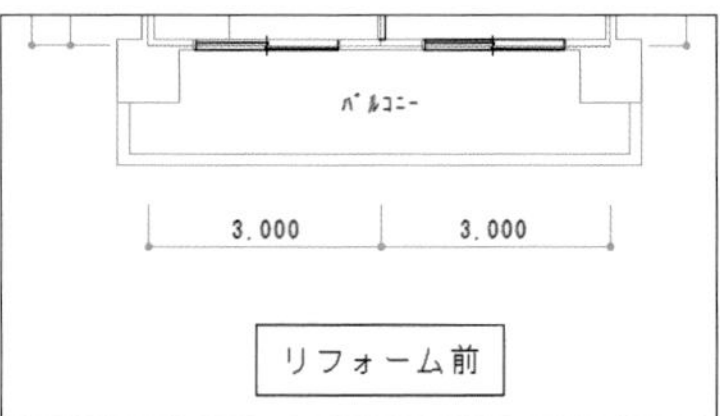

ﾊﾞﾙｺﾆｰ
3.000
3.000
リフォーム前

メモ 文字を含んだ範囲選択

選択図形の中に文字も含める場合は、範囲選択の際に終点を右クリックします。

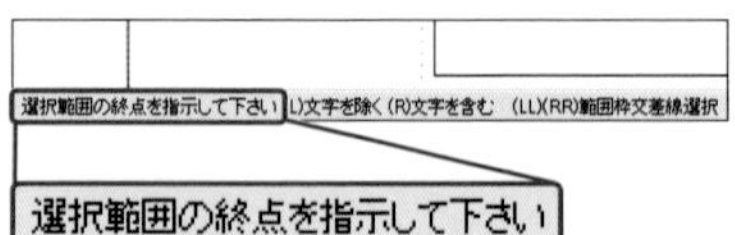

選択範囲の終点を指示して下さい
(L)文字を除く (R)文字を含む (LL)(RR)範囲枠交差線選択
選択範囲の終点を指示して下さい

メモ レイヤグループの設定

レイヤグループの設定についてはP.250を参照してください。

すべてのレイヤを編集可能状態にしておきます。

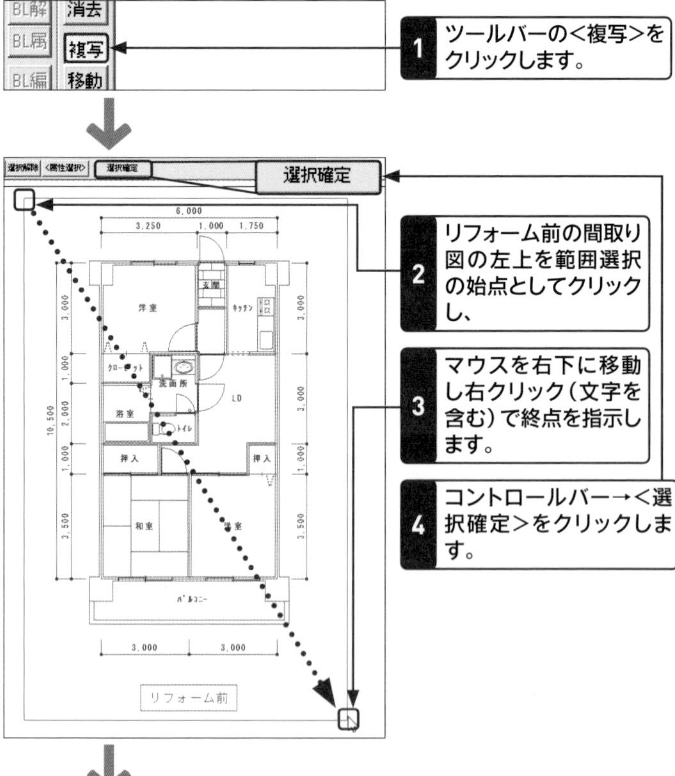

BL解
消去
BL属
複写
BL編
移動
選択確定
6,000
3,250
1,000
1,750
洋室
玄関
ｷｯﾁﾝ
LD
洗面所
浴室
押入
和室
ﾊﾞﾙｺﾆｰ
3,000
3,000
リフォーム前

1 ツールバーの<複写>をクリックします。

2 リフォーム前の間取り図の左上を範囲選択の始点としてクリックし、

3 マウスを右下に移動し右クリック（文字を含む）で終点を指示します。

4 コントロールバー→<選択確定>をクリックします。

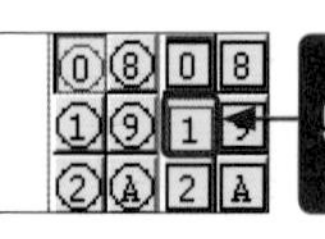

5 レイヤグループバー→<1>を右クリックします。

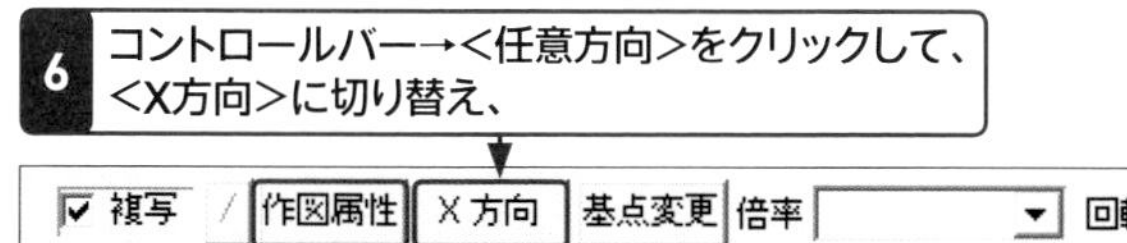

6 コントロールバー→<任意方向>をクリックして、<X方向>に切り替え、

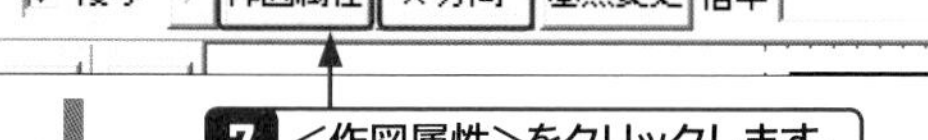

複写
作図属性
X方向
基点変更
倍率
回転角

7 <作図属性>をクリックします。

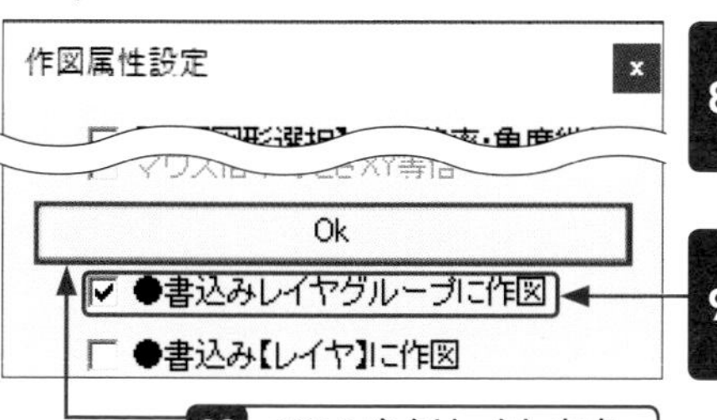

作図属性設定
Ok
●書込みレイヤグループに作図
●書込み【レイヤ】に作図

8 「作図属性設定」ダイアログボックスが表示されます。

9 <●書込みレイヤグループに作図>をクリックして、□を☑にし、

10 <Ok>をクリックします。

11 マウスを右方向に移動し、任意の位置をクリックして複写します。

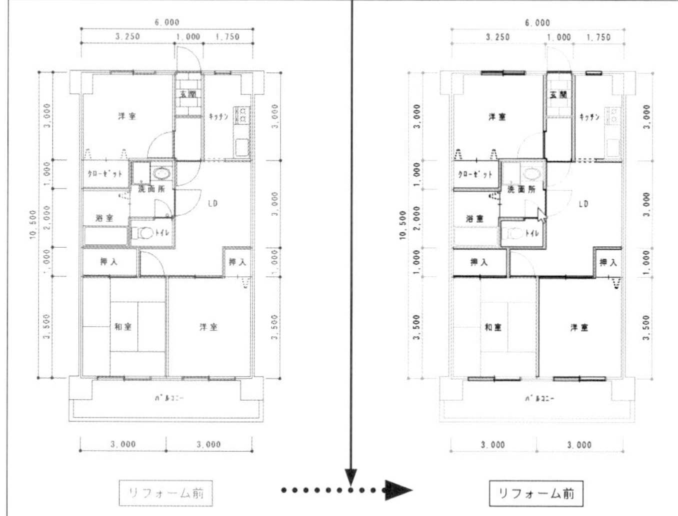

リフォーム前
リフォーム前

12 ツールバーの<複写>をクリックして、選択を解除します。

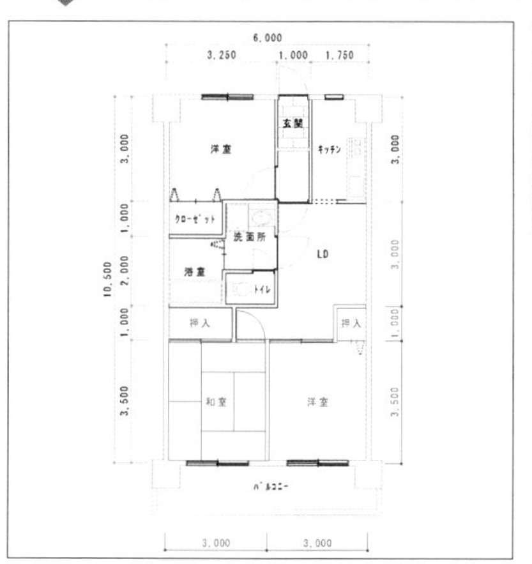

13 P.88のSec.28「範囲を指定して図形や文字を選択する」を参照して、図を参考に赤色の図形および文字・寸法を消去します。

メモ　削除する際のコツ

手順13で完成した図形を編集する際は、編集する図形が描かれているレイヤを書き込み状態にし、それ以外のレイヤを表示のみ（または非表示）にすることで編集をスムーズに行うことができます（下図は②レイヤ［1-2建具］以外のレイヤを表示のみにして、不要な建具を範囲選択消去している例）。

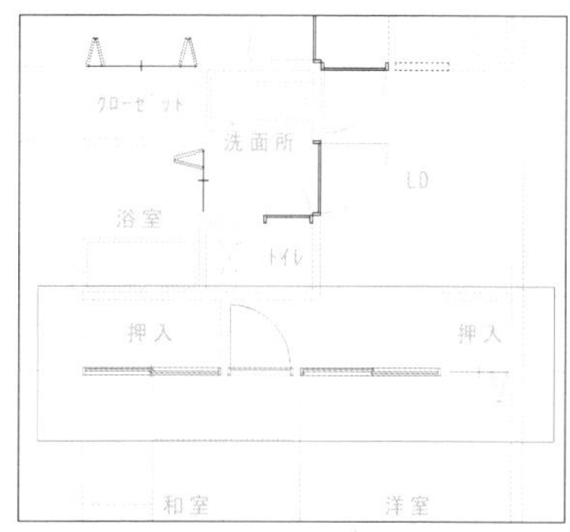

メモ　出来上がりイメージ

手順13の出来上がりは下図のようになります。

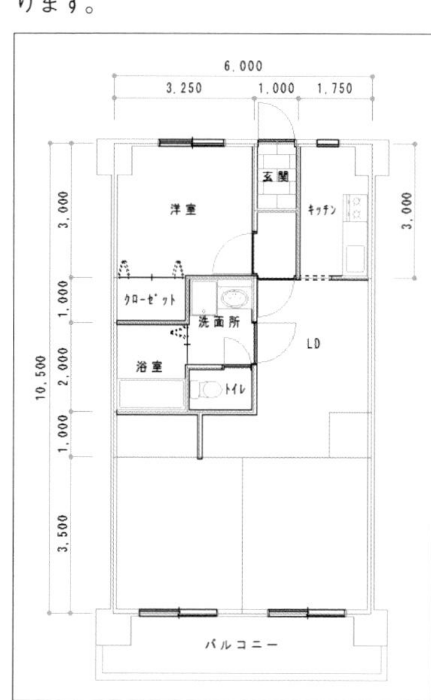

メモ 床のハッチングについて

手順16の洋室のフローリング部のハッチングは、斜線の補助線（ハッチング作成後に消去）を作図し、SFX対応拡張線色「brown」を使用して作図しています。

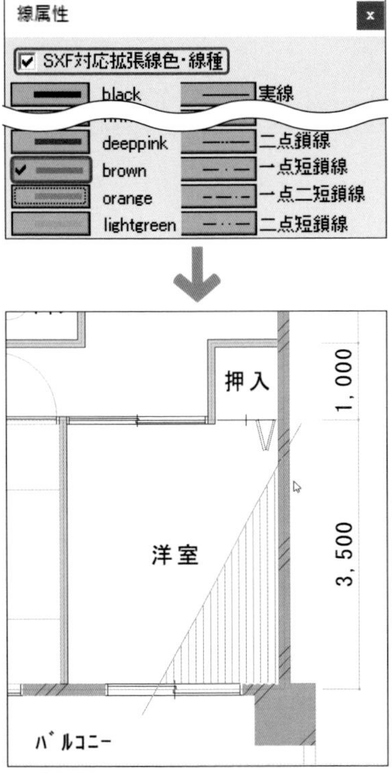
線属性
SXF対応拡張線色・線種
black
実線
deeppink
二点鎖線
brown
一点短鎖線
orange
一点二短鎖線
lightgreen
二点短鎖線
押入
1,000
洋室
3,500
バルコニー

14 P.160のSec.46「文字を変更／移動する」、P.272のSec.71「建具を作図する」、P.172のSec.50「長さ寸法（水平・垂直・斜辺）を作図する」などを参照し、図のように文字、建具、寸法を追加修正し、「LD」の文字を移動して、

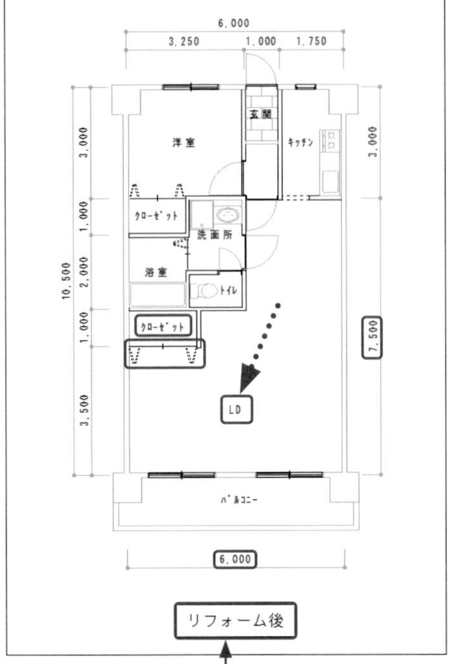
6,000
3,250
1,000
1,750
玄関
洋室
キッチン
3,000
クローゼット
洗面所
浴室
トイレ
10,500
2,000
1,000
7,500
LD
3,500
バルコニー
リフォーム後

15 タイトル文字を「リフォーム後」に変更します。

16 必要に応じて柱・壁・床にハッチングを施します。

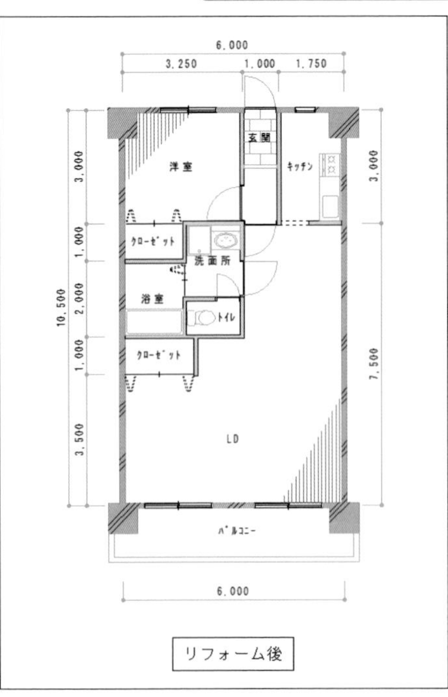
6,000
3,250
1,000
1,750
玄関
洋室
キッチン
3,000
クローゼット
洗面所
浴室
トイレ
10,500
2,000
1,000
7,500
LD
3,500
バルコニー
リフォーム後

メモ ハッチングとソリッド図形について

各ハッチングは以下の設定で作図されています。

フローリング

1線 2線 3線 角度 90 ピッチ 100 実寸 クローゼット

躯体コンクリート

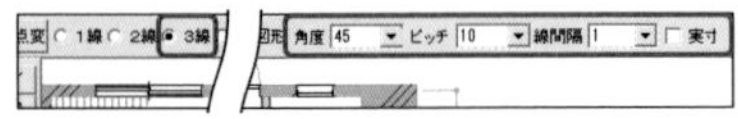
1線 2線 3線 角度 45 ピッチ 10 線間隔 1 実寸

ハッチングとソリッド図形の詳細については、P.84のSec.27を参照してください。

Chapter 08

第8章

展開図を作成しよう

Section 74 レイヤ名を設定する
75 壁を作図する
76 建具を配置する
77 壁の基準線と巾木を作図する
78 人物や樹木を配置する
79 縮尺を変更して部屋名を入力する
80 床仕上げ高さ記号と寸法を作図する

Section 74

レイヤ名を設定する

覚えておきたいキーワード
☑ レイヤグループ
☑ レイヤ
☑ 展開図

第8章では、第7章で作図したマンションの平面図を元に「展開図」を作図します。建物を表現するにはさまざまな種類の図面が必要となりますが「展開図」では、天井の高さや建具の高さなどを表現します。今回は平面図と同じ図面に作図することで、図形間の整合性を保ちます。

練習用ファイル	Sec74.jww

1 展開図とは

建築における「展開図」とは、建物を垂直方向に切断し、水平方向から見た建物の切断面や側面に配置された建具などを表現した図面を指します。等角投影法で遠近を考慮せずに作図したものを「展開図」といい、透視投影法で遠近と考慮して作図したものを「パース図」といいます。また、建物の外観側面を表現した「立面図」、建物断面内部の詳細な構図を表す「矩計図（かなばかりず）」などがあります。

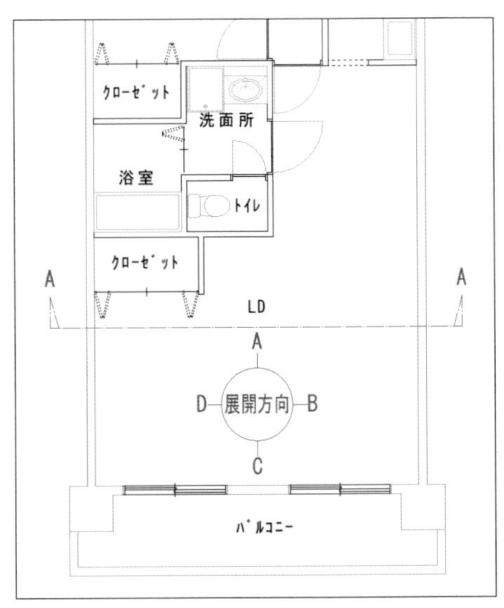

ｸﾛｰｾﾞｯﾄ
洗面所
浴室
ﾄｲﾚ
ｸﾛｰｾﾞｯﾄ
A
A
LD
A
D
展開方向
B
C
ﾊﾞﾙｺﾆｰ

2 ここで作図する展開図について

ここでは、リフォーム後の南側のLD（リビングダイニング）を東西方向に切断し、南側から北方向に見た展開図（A展開図）を作図します。

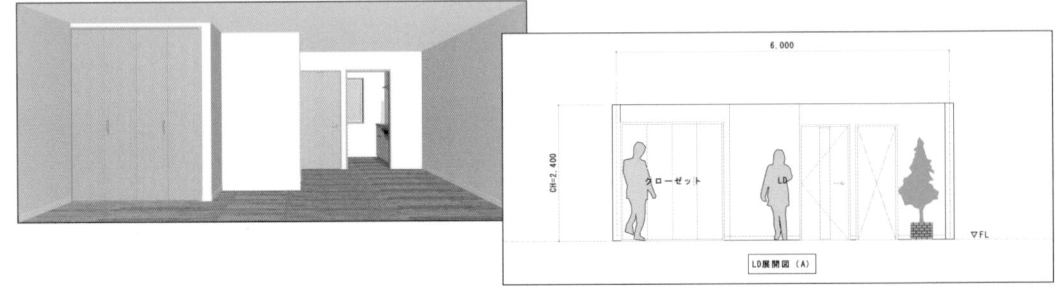

6.000
CH=2.400
クローゼット
LD
▽FL
LD展開図（A）

第8章 展開図を作成しよう

3 レイヤグループ名を設定する

1 レイヤグループバー→<1>の□が赤色で表示されていることを確認し、これを右クリックします。

2 「レイヤグループ一覧」ダイアログボックスが表示されます。

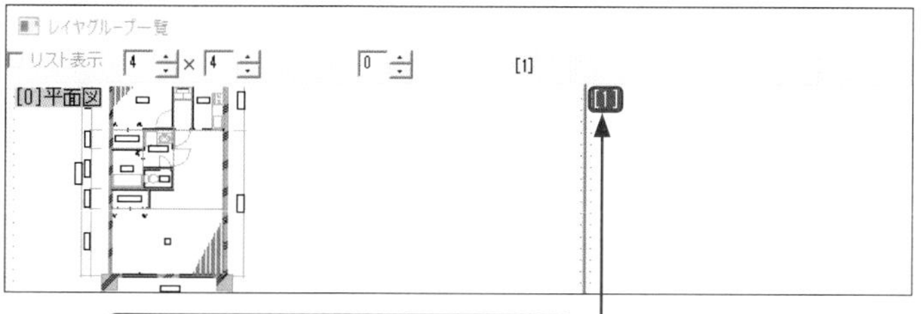

レイヤグループ一覧
リスト表示
[1]
[0]平面図
[1]

3 <[1]>の文字をクリックします。

4 「レイヤグループ名設定」ダイアログボックスが表示されます。

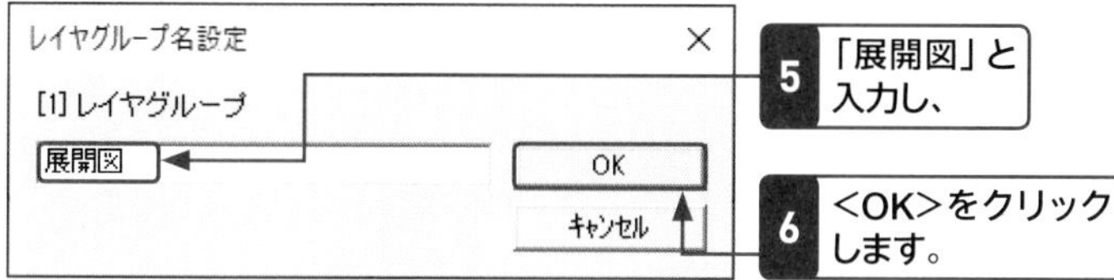

レイヤグループ名設定
[1] レイヤグループ
展開図
OK
キャンセル

5 「展開図」と入力し、

6 <OK>をクリックします。

7 ×<閉じる>をクリックして、ダイアログボックスを閉じます。

メモ 今回使用する図面について

今回作図に使用する平面図は、第7章「マンションリフォームの平面図作成」で作成した「リフォーム後」の平面図を一部変更した図面を使用しています。

4 レイヤ名を設定する

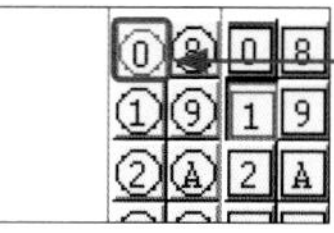

1 レイヤバー→<⓪>が書込みレイヤに設定されていることを確認し、これを右クリックします。

2 「レイヤ一覧([1]グループ)」ダイアログボックスが表示されます。

3 P.251の「レイヤ名を設定する」を参考に、(0)～(5)および(F)にそれぞれレイヤ名を設定します。

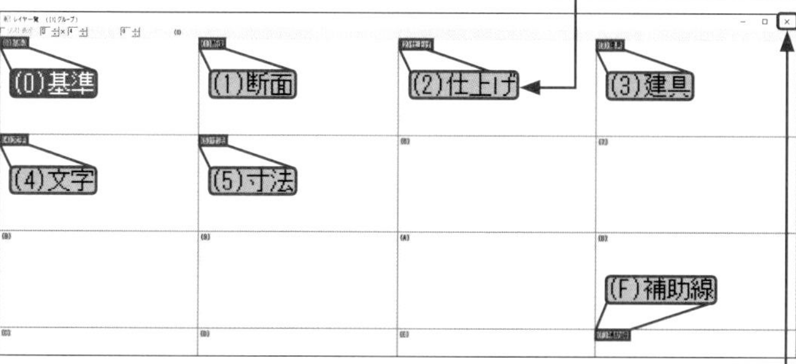

(0)基準
(1)断面
(2)仕上げ
(3)建具
(4)文字
(5)寸法
(F)補助線

4 ×<閉じる>をクリックして、ダイアログボックスを閉じます。

Section
75 壁を作図する

覚えておきたいキーワード
☑ 線
☑ 複写
☑ 消去

ここでは、平面図を使って展開図の断面線と見え掛かりの線を作図していきます。今回の展開図は、壁・床・天井が断面線、間仕切り壁が見え掛かりの線になります。線の種類と用途についてはP.194のSec.55、印刷時の線の太さについてはP.188のSec.53をそれぞれ参照してください。

練習用ファイル	Sec75.jww		
メニュー	[作図]メニュー→[線]／[編集]メニュー→[図形複写]		
ツールバー	[／](線)[複写]		
ショートカット	H(線)／C(複写・移動)	クロックメニュー	左AM1時(線)左AM7時／右AM7時(複写・移動)

第8章 展開図を作成しよう

1 基準線を作図する

キーワード 基準線

GL(設計地盤面)、FL(床高)などに用いられる架空線を「基準線」と呼び、細線の一点鎖線で作図します。

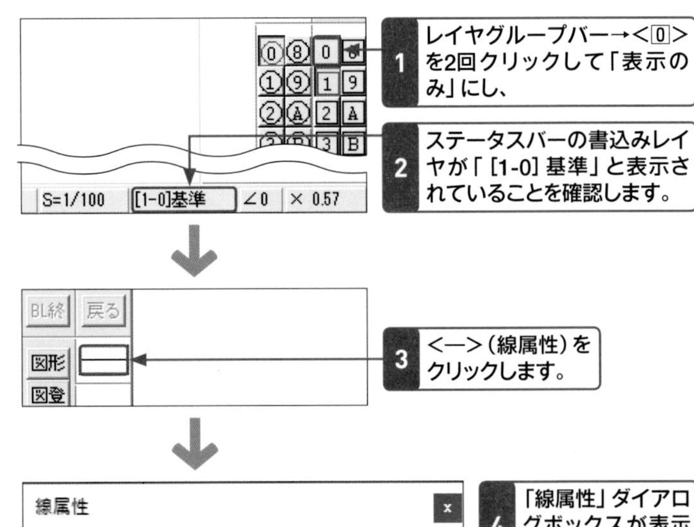
S=1/100
[1-0]基準
∠0
× 0.57
BL終
戻る
図形
図登
1 レイヤグループバー→<0>を2回クリックして「表示のみ」にし、
2 ステータスバーの書込みレイヤが「[1-0]基準」と表示されていることを確認します。
3 <—>(線属性)をクリックします。

線色と印刷時の線の太さについて

今回の図面は、基準線と見え掛かりの線を細線(線色1=0.08㎜)、断面線を太線(線色2=0.17㎜)で作図します。見え掛かり線と断面線についてはP.294メモ「レイヤ名について」を参照してください。

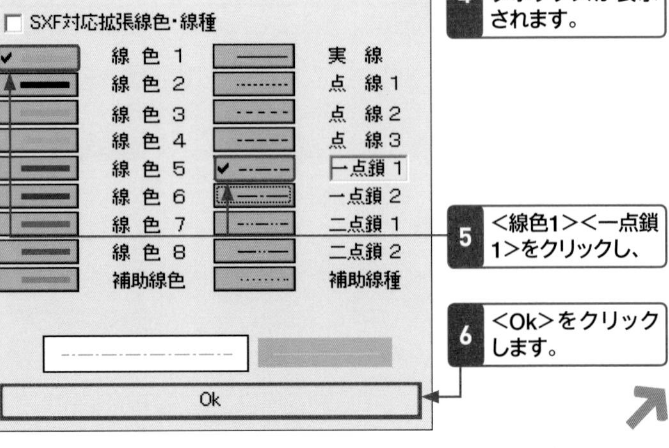
線属性
SXF対応拡張線色・線種
線 色 1
線 色 2
線 色 3
線 色 4
線 色 5
線 色 6
線 色 7
線 色 8
補助線色
実 線
点 線 1
点 線 2
点 線 3
一点鎖 1
一点鎖 2
二点鎖 1
二点鎖 2
補助線種
Ok
4 「線属性」ダイアログボックスが表示されます。
5 <線色1><一点鎖1>をクリックし、
6 <Ok>をクリックします。

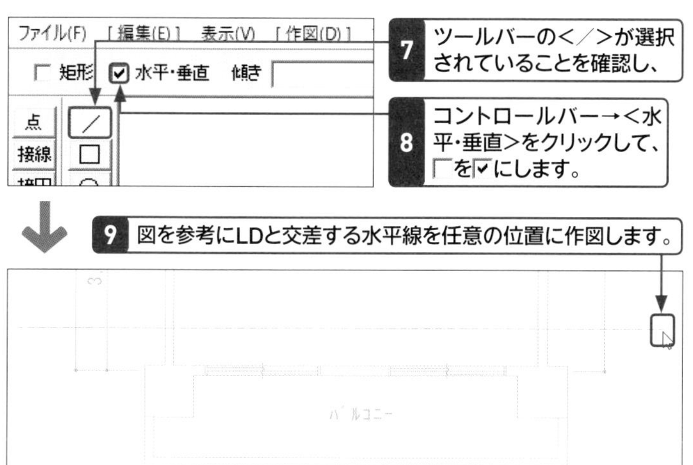
ファイル(F) [編集(E)] 表示(V) [作図(D)]
矩形 水平・垂直 傾き
点
接線
バルコニー

7 ツールバーの<／>が選択されていることを確認し、

8 コントロールバー→<水平・垂直>をクリックして、☐を☑にします。

9 図を参考にLDと交差する水平線を任意の位置に作図します。

2 平面図から壁の断面位置を作図する

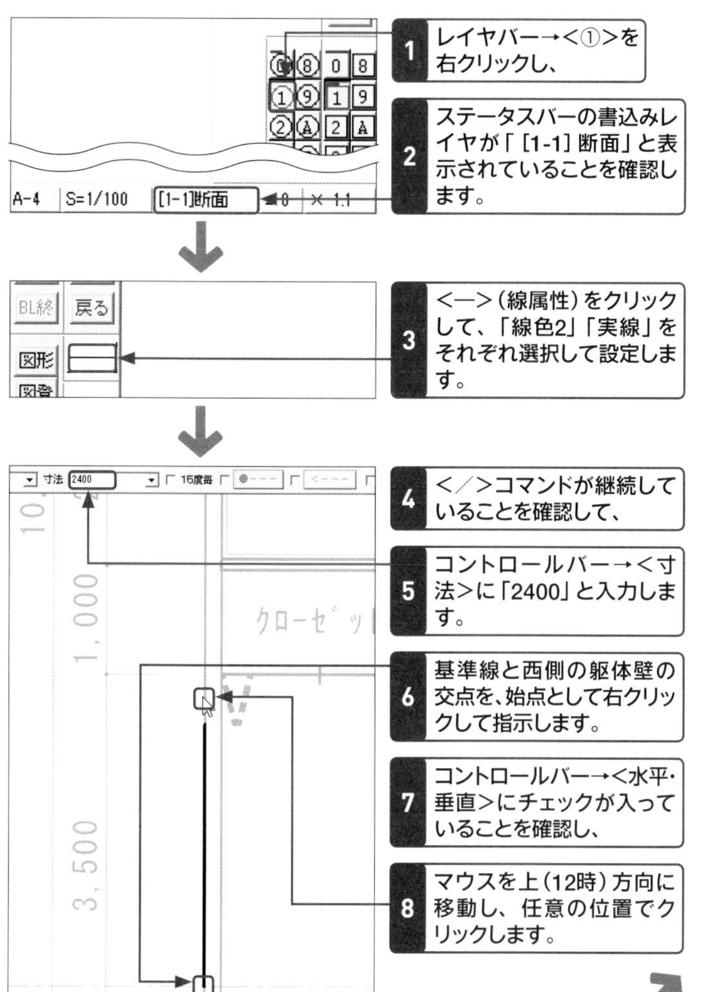
A-4
S=1/100
[1-1]断面
BL終
戻る
図形
図登
寸法 2400
15度毎
1,000
3,500
クローゼット

1 レイヤバー→<①>を右クリックし、

2 ステータスバーの書込みレイヤが「[1-1]断面」と表示されていることを確認します。

3 <—>(線属性)をクリックして、「線色2」「実線」をそれぞれ選択して設定します。

4 <／>コマンドが継続していることを確認して、

5 コントロールバー→<寸法>に「2400」と入力します。

6 基準線と西側の躯体壁の交点を、始点として右クリックして指示します。

7 コントロールバー→<水平・垂直>にチェックが入っていることを確認し、

8 マウスを上(12時)方向に移動し、任意の位置でクリックします。

メモ テキスト上の線の太さについて

テキスト画像では、わかりやすいように画面上の線の太さ表示を変更しています。

メモ 属線性の設定について

手順3で表示される属線性ダイアログボックスでは、以下のように設定します。

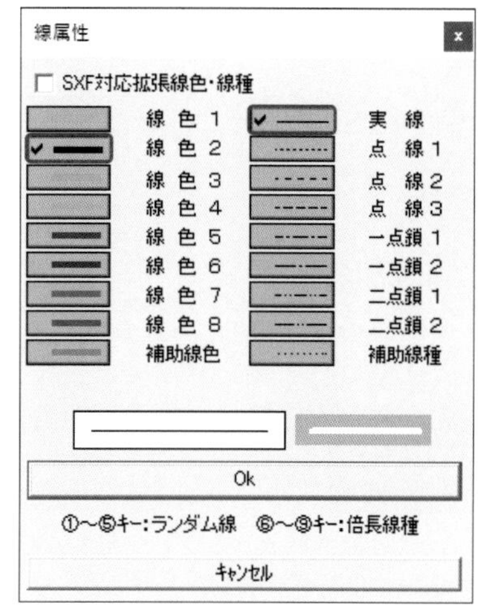
線属性
SXF対応拡張線色・線種
線色1
線色2
線色3
線色4
線色5
線色6
線色7
線色8
補助線色
実線
点線1
点線2
点線3
一点鎖1
一点鎖2
二点鎖1
二点鎖2
補助線種
Ok
①～⑤キー:ランダム線 ⑥～⑨キー:倍長線種
キャンセル

メモ レイヤ名について

断面線（切り口）は「断面」レイヤに作図し、側面の見え掛かりの線は「仕上げ」レイヤにそれぞれ作図します。

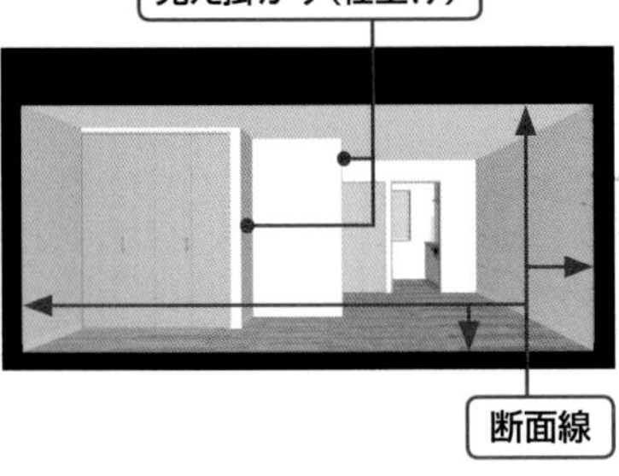
見え掛かり（仕上げ）
断面線

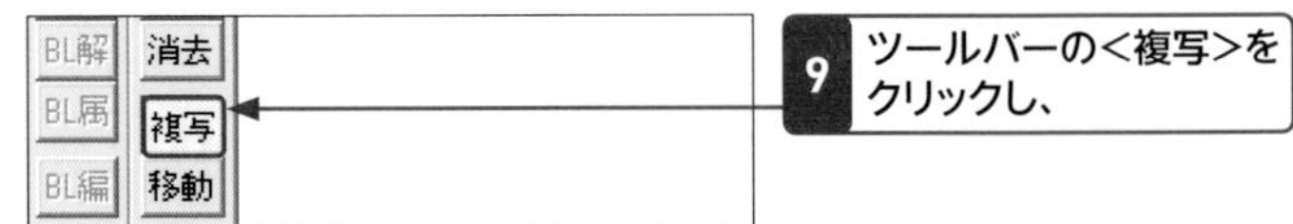
BL解
BL属
BL編
消去
複写
移動

9 ツールバーの<複写>をクリックし、

10 ステータスバーに「範囲選択の始点をマウス(L)で、連続線をマウス(R)で指示してください。」と表示されていることを確認します。

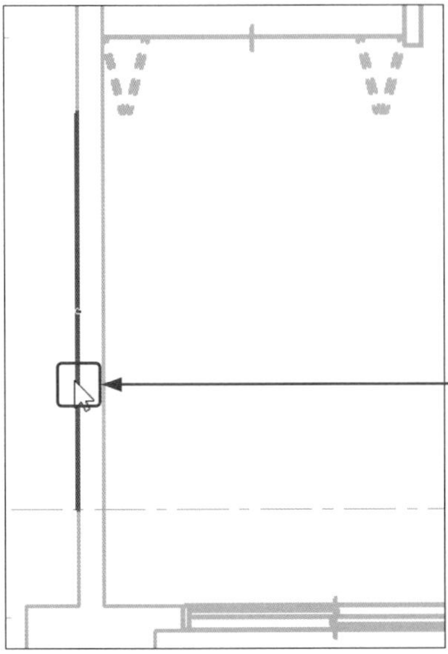

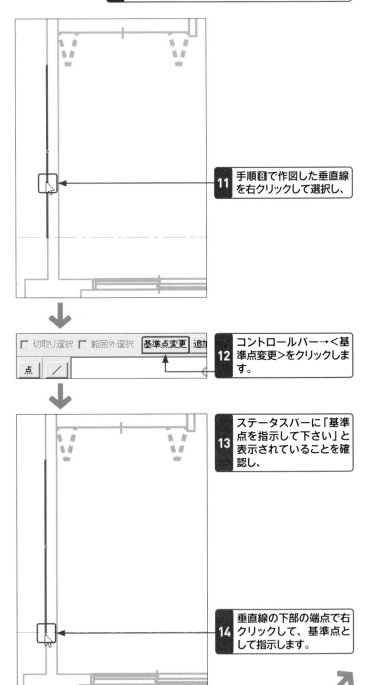

11 手順8で作図した垂直線を右クリックして選択し、

12 コントロールバー→<基準点変更>をクリックします。

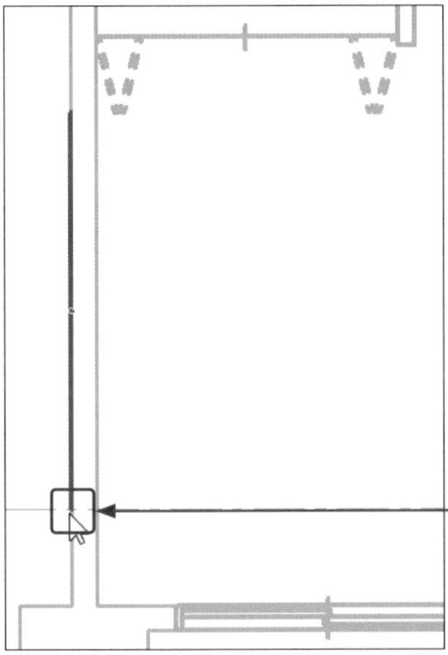

13 ステータスバーに「基準点を指示して下さい」と表示されていることを確認し、

14 垂直線の下部の端点で右クリックして、基準点として指示します。

メモ 数値について

LD（リビングダイニング）の天井高を2400mmとして作図します。

15 図を参考に、基準線と平面図の躯体壁の交点を右クリックして、複写先として指示します。

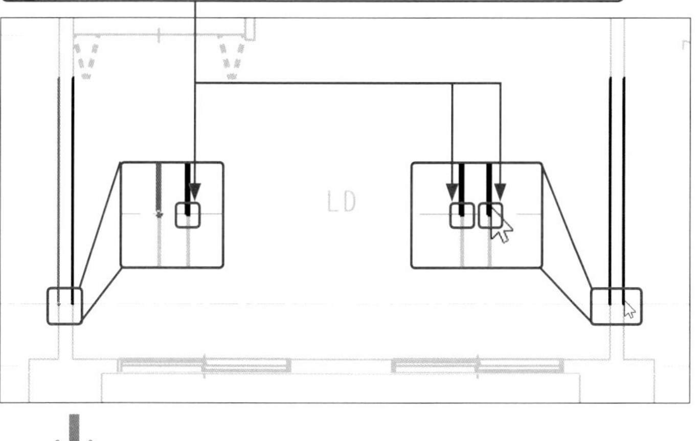
LD

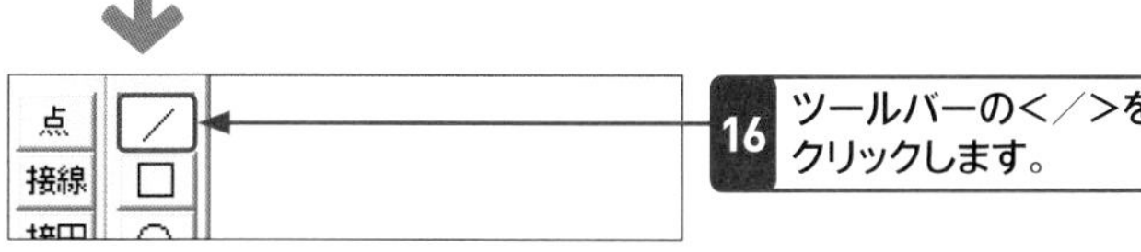
点
接線

16 ツールバーの<／>をクリックします。

17 東西の躯体壁の断面線の端点をそれぞれ右クリックで指示し、上部（天井）と下部（床）に断面線を作図します。

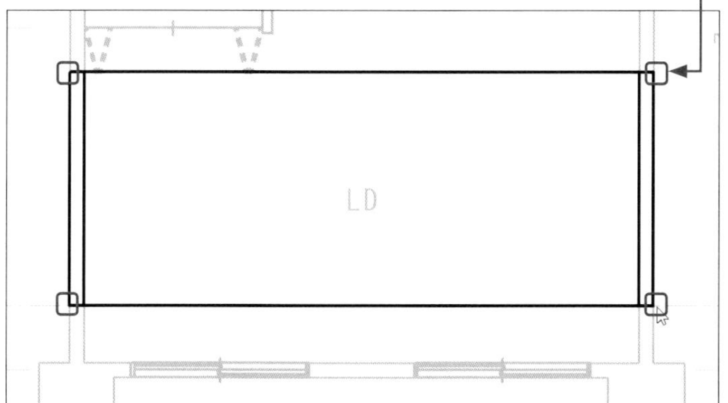
LD

3 平面図から壁の見え掛かり位置を作図する

1 レイヤバー→<②>を右クリックし、

2 ステータスバーの書込みレイヤが「[1-2] 仕上げ」と表示されていることを確認します。

3 <—>（線属性）をクリックします。

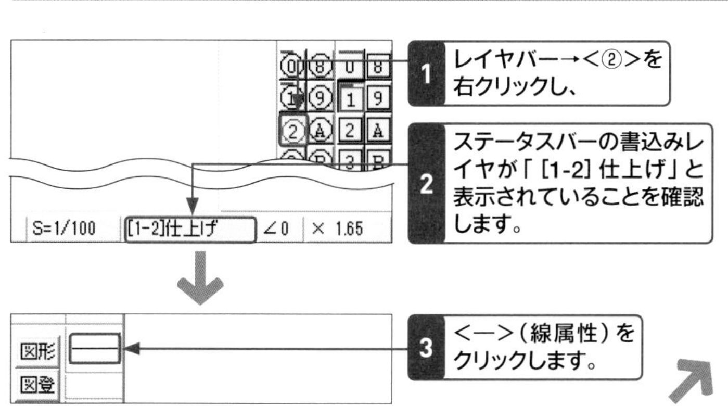
S=1/100
[1-2]仕上げ
∠0
× 1.65
図形
図登

キーワード 見え掛かり

断面位置を基準に、奥に見える壁などの線を「見え掛かり」と呼びます。断面線と区別するために、通常は細い実線で作図します。

見え掛かりの線について

今回の展開図では、クローゼットとトイレの角の壁が見え掛かりとして表現されます。

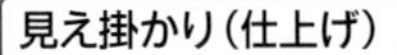
見え掛かり(仕上げ)

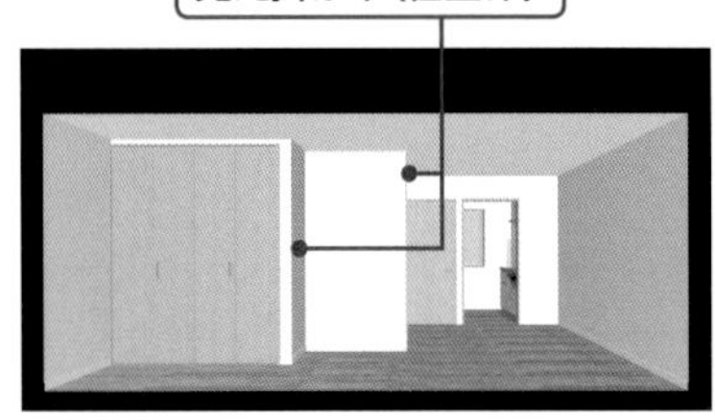

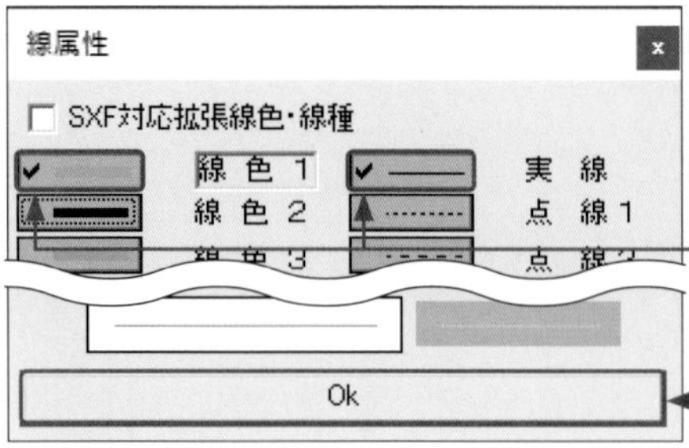

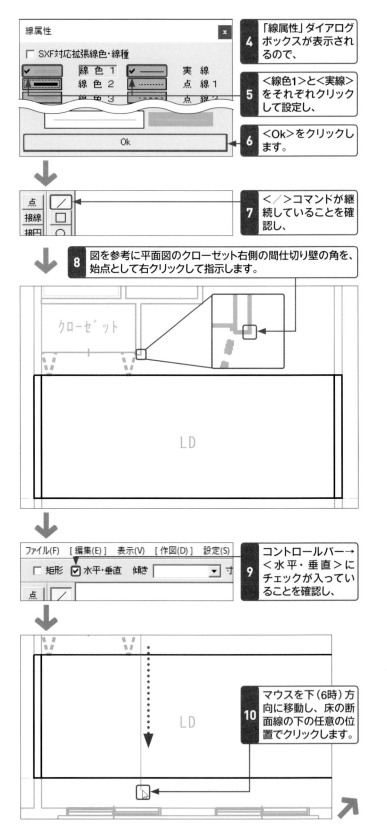

4 「線属性」ダイアログボックスが表示されるので、

5 <線色1>と<実線>をそれぞれクリックして設定し、

6 <Ok>をクリックします。

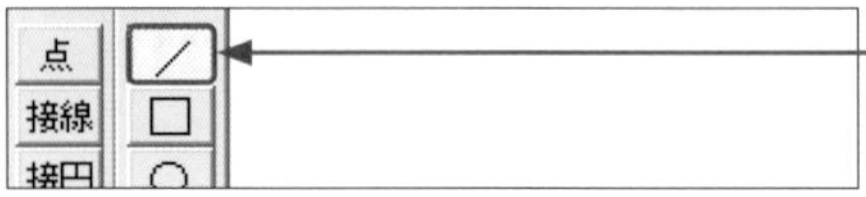

7 <／>コマンドが継続していることを確認し、

8 図を参考に平面図のクローゼット右側の間仕切り壁の角を、始点として右クリックして指示します。

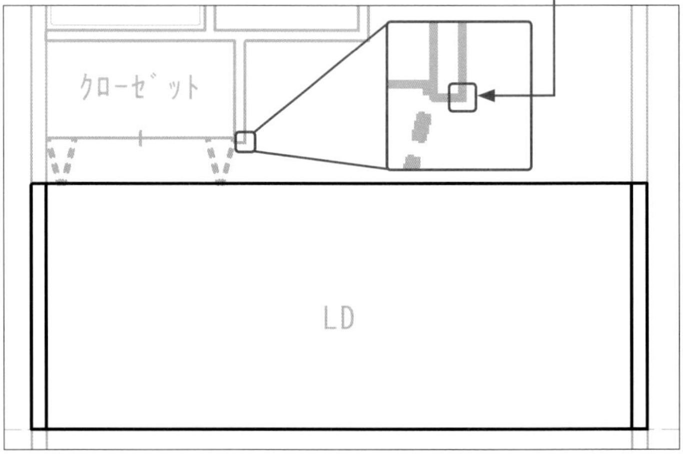

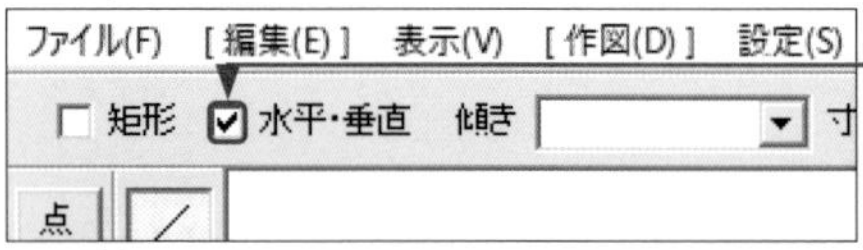

9 コントロールバー→<水平・垂直>にチェックが入っていることを確認し、

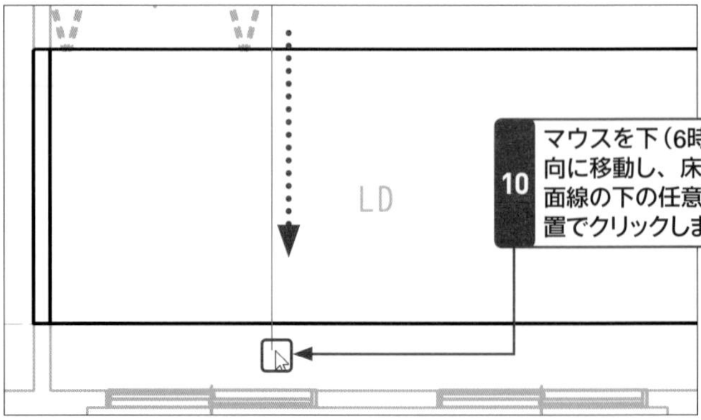

10 マウスを下(6時)方向に移動し、床の断面線の下の任意の位置でクリックします。

11 図を参考に、平面図のトイレ右下の間仕切り壁の角を始点として右クリックして指示します。

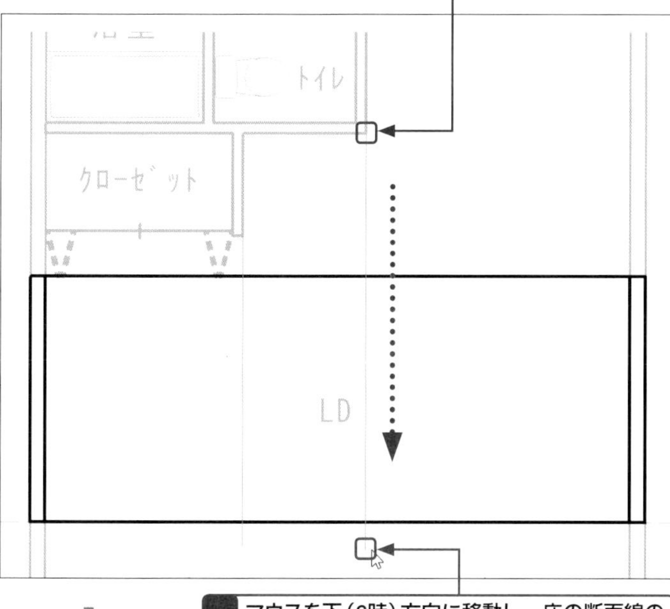
トイレ
クローゼット
LD

12 マウスを下（6時）方向に移動し、床の断面線の下の任意の位置でクリックします。

13 ツールバーの<消去>をクリックします。

BL化
BL解
面取
消去

14 コントロールバー→<節間消し>をクリックして、□を☑にします。

の他(A)]　ヘルプ(H)
範囲選択消去
連続範囲選択消去
節間消し

15 天井と床の断面線を基準にはみ出して上部と下部の見え掛かりの線をクリックして消去します。

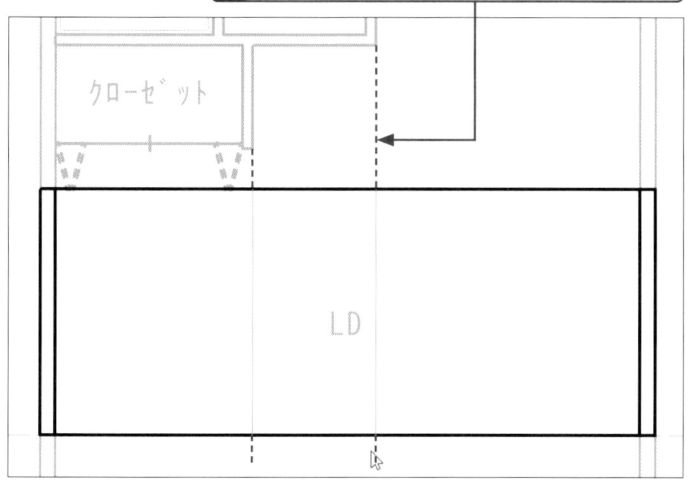
クローゼット
LD

メモ　間仕切り壁の線が天井と交差しない場合

間仕切り壁の見え掛かり線と天井が交差しない場合は、伸縮コマンドで天井の断面線を右ダブルクリックして基準線に設定し、間仕切り壁の線を天井まで延長します。

基準線

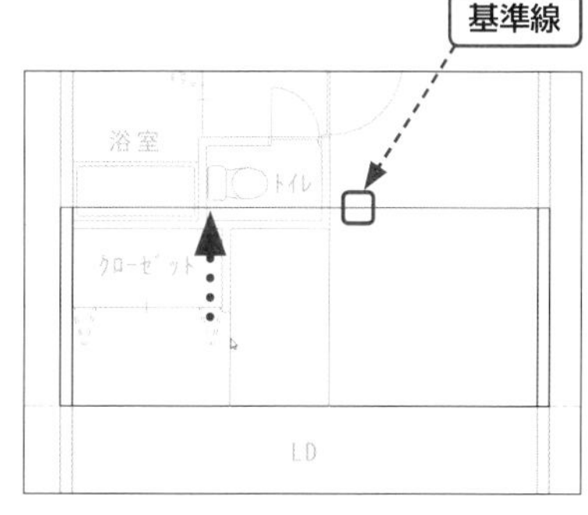
浴室
トイレ
クローゼット
LD

Section 76

建具を配置する

覚えておきたいキーワード
☑ 図形
☑ 図形登録
☑ 線上

ここではあらかじめ作成された建具の図形を展開図に配置します。平面図を確認しながら作業することで、平面図と展開図の整合性をチェックしミスを防ぐことができます。そして線上コマンドを利用して平面図から正確な位置を読み取り図形を配置します。

練習用ファイル	Sec76.jww
メニュー	[その他] メニュー→[図形]
ツールバー	[図形]
ショートカット	Z [図形]

第8章 展開図を作成しよう

1 建具を配置する

メモ 図形

ここでは、あらかじめ作成された建具図形を読み込んで配置します。図形の登録と使用については、P.98のSec.32を参照してください。また、手順5で表示されているフォルダー構成（ドライブ構成）は、ご利用の環境によって異なります。

メモ 図形の線色について

図形の線色が異なる場合は、コントロールバー→<作図属性>をクリックし、「作図属性設定」ダイアログボックスで、<書込み【線色】で作図>のチェックを外してください。

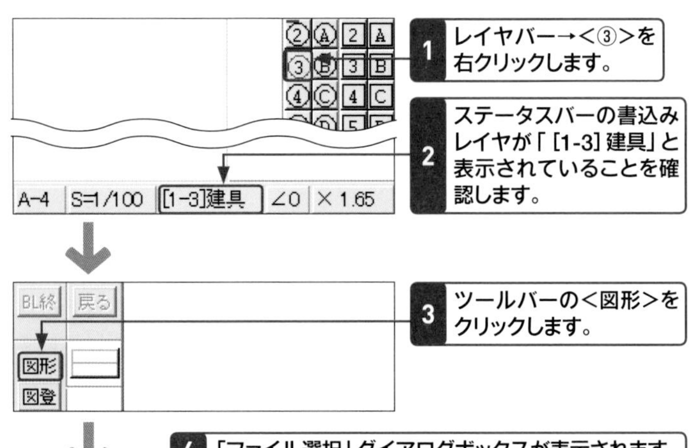
A-4
S=1/100
[1-3]建具
∠0
× 1.65
BL終
戻る
図形
図登

1 レイヤバー→<③>を右クリックします。

2 ステータスバーの書込みレイヤが「[1-3] 建具」と表示されていることを確認します。

3 ツールバーの<図形>をクリックします。

4 「ファイル選択」ダイアログボックスが表示されます。

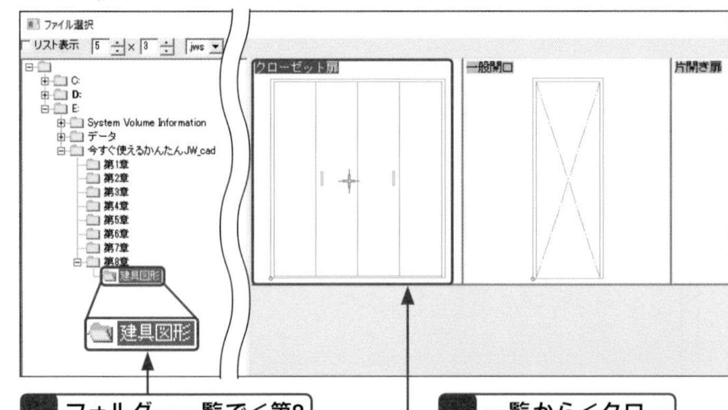
ファイル選択
リスト表示
System Volume Information
データ
今すぐ使えるかんたんJW_cad
第1章
第2章
第3章
第4章
第5章
第6章
第7章
第8章
建具図形
クローゼット扉
一般開口
片開き扉

5 フォルダー一覧で<第8章>→<建具図形>フォルダーをクリックして選択し、

6 一覧から<クローゼット扉>のサムネイルをダブルクリックします。

7 LDの西（左）側の内壁と床断面線の交点を右クリックして配置します。

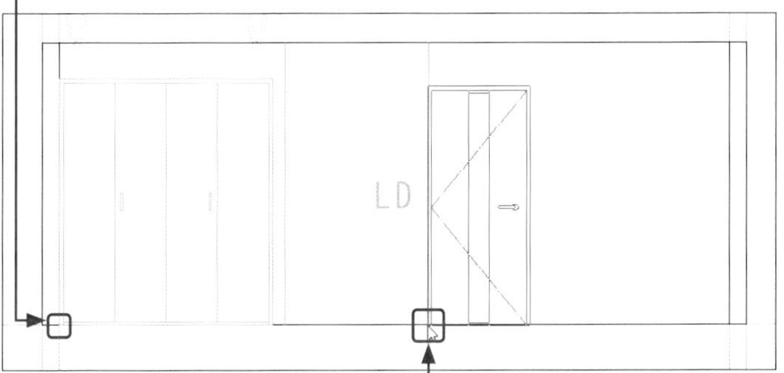
LD

8 手順3〜6を参考に、＜片開き扉＞のサムネイルをダブルクリックして、トイレ右下角の見え掛かりの壁線と、床の断面線の交点を右クリックして配置します。

9 手順3〜6を参考に、＜一般開口＞のサムネイルをダブルクリックし、

線上
新規
属取
開く
線角
上書
鉛直

10 ツールバーの＜線上＞をクリックします。

11 平面図のキッチン左側の内壁をクリックします。

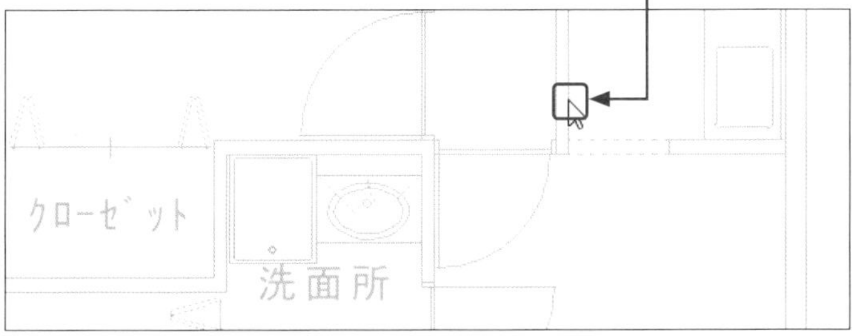
クローゼット
洗面所

12 ステータスバーに「線上点指示■■…≪交点≫（L）他の線・円」と表示されていることを確認します。

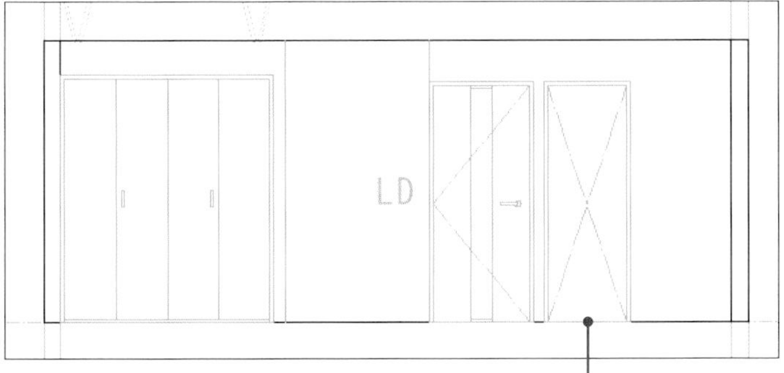
LD

13 床の断面線（または基準線）をクリックします。

14 選択した2つの線の交点を基準に建具が配置されます。

メモ 吊元の記号について

開閉する建具において、丁番で壁に固定する辺を「吊元（つりもと）」といいます。立面図では、扉面にV字で表現します。

キーワード 三方枠

扉など床と接している開口部で下枠のないものを「三方枠」といいます。

三方枠

メモ 線上交点について

線上コマンドで線を2本選択すると、2本の線の延長線上の仮想交点が取得できます。手順10で「線上」コマンドのボタンが表示されていない場合は、P.222「ツールバーを設定する」を参照してください。

Section 77 壁の基準線と巾木を作図する

覚えておきたいキーワード
- ☑ 属性取得
- ☑ 複線（端点指定）
- ☑ 複線（前回値）

ここでは、展開図に壁芯を示す基準線と巾木（はばき）を作図します。基準線は平面図から位置をトレースします。巾木とは床と壁の取り合い部分に施工される部材で、床と壁の隙間を塞いだり、壁の汚れを防いだりする役目があります。今回は複線の端点指定を使って作成します。

練習用ファイル	Sec77.jww		
メニュー	[設定]メニュー→[属性取得]／[編集]メニュー→[複線]		
ツールバー	[属取]／[複線]		
ショートカット	Tab（属性取得）／F（複線）	クロックメニュー	左PM6時（属性取得）／左AM11時・右AM11時（複線）

1 壁の基準線を作図する

メモ 壁芯の基準線について

部屋の寸法を作図する場合、通常は壁芯間で作図します。P.310のSec.80で部屋寸法を作図するため、壁芯の基準線を作図しておきます。

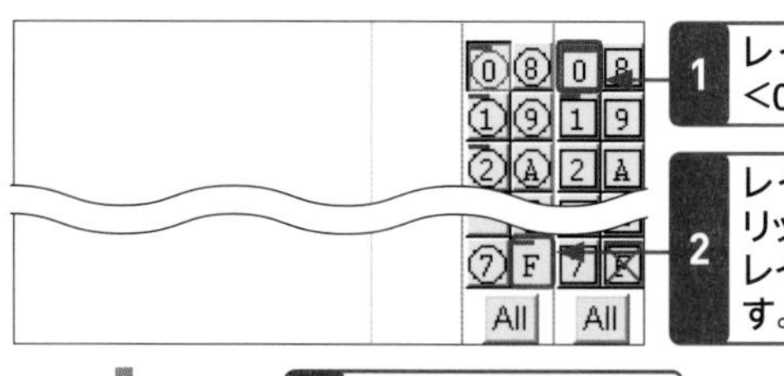
All
All

1 レイヤグループバー→<0>を右クリックし、

2 レイヤバー→<F>をクリックして、[0-F 補助線]レイヤを表示のみにします。

3 Tabキーを押します。

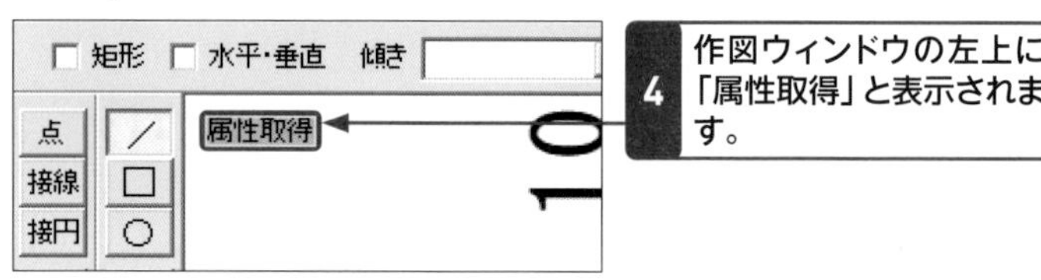
矩形
水平・垂直
傾き
点
接線
接円
属性取得

4 作図ウィンドウの左上に「属性取得」と表示されます。

5 展開図の基準線（線色1 一点鎖2）をクリックします。

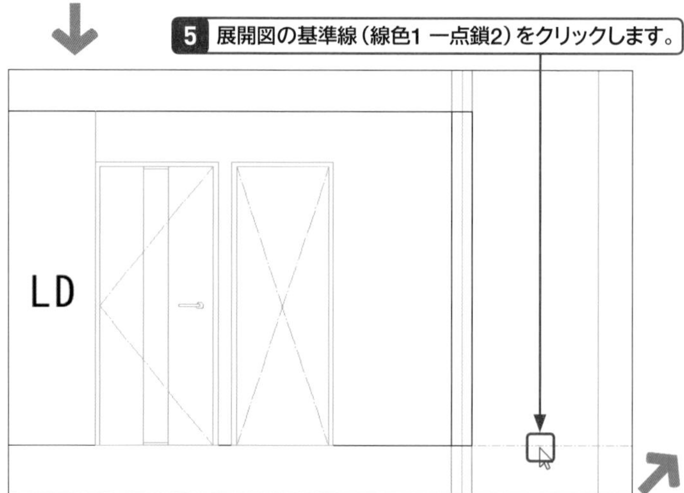
LD

メモ 属性取得について

手順3でTabキーを押して属性取得を実行しましたが、ツールバーの<属取>をクリックしても実行できます。

線上
新規
属取
開く
線角
上書
鉛直
保存
X軸
印刷
2点角

6 ステータスバーの書込みレイヤが「[1-0] 基準」と表示されていることを確認し、

7 線属性が「線色1」「一点鎖1」に変更されていることを確認します（右の「メモ」参照）。

8 ツールバーの<／>をクリックし、

矩形
水平・垂直
傾き
寸法 2800
15度
点
接線

9 コントロールバー→<水平・垂直>が☑になっていることを確認します。

10 <寸法>に「2800」と入力し、

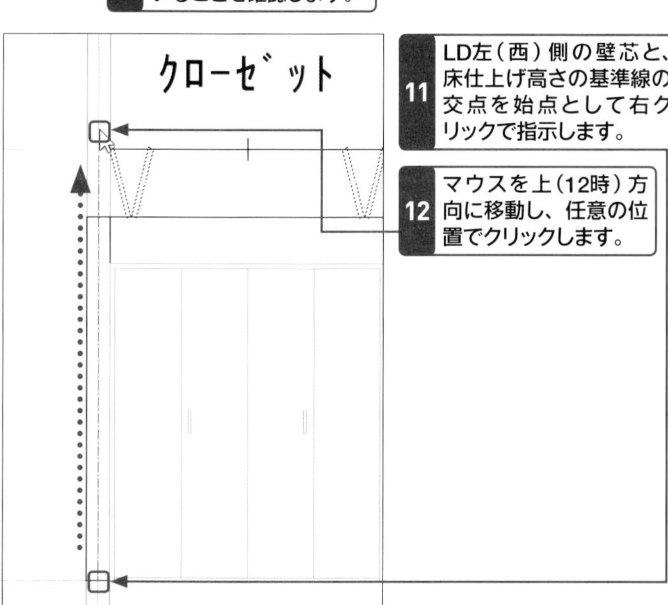

クローゼット

11 LD左（西）側の壁芯と、床仕上げ高さの基準線の交点を始点として右クリックで指示します。

12 マウスを上（12時）方向に移動し、任意の位置でクリックします。

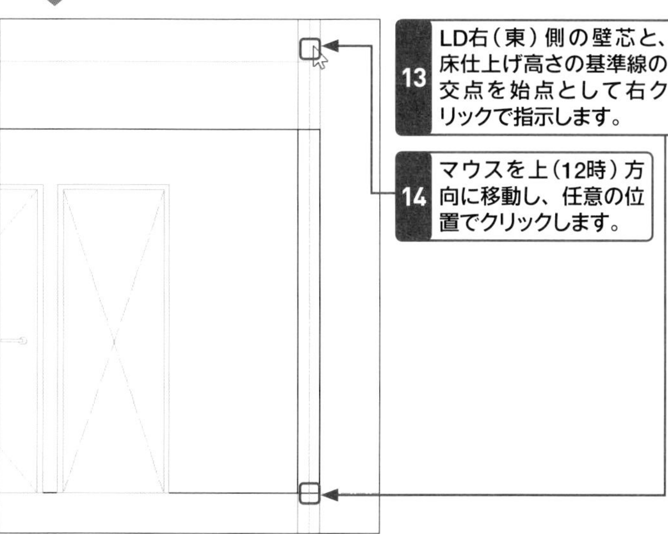

13 LD右（東）側の壁芯と、床仕上げ高さの基準線の交点を始点として右クリックで指示します。

14 マウスを上（12時）方向に移動し、任意の位置でクリックします。

メモ　線属性の確認

手順**7**の線属性の確認は、線属性のボタンの表示を確認します。確認しづらい場合は、ツールバーの<－>をクリックして表示されるダイアログボックスで確認します。

BL編
移動
BL終
戻る
図形
図登
記変
2.5D

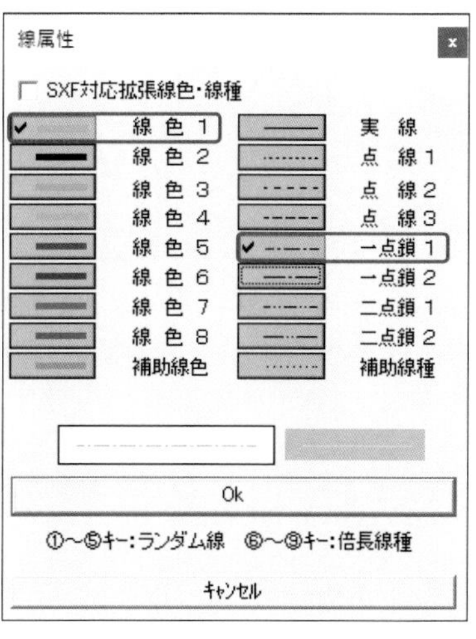

線属性
SXF対応拡張線色・線種
線色1
線色2
線色3
線色4
線色5
線色6
線色7
線色8
補助線色
実線
点線1
点線2
点線3
一点鎖1
一点鎖2
二点鎖1
二点鎖2
補助線種
Ok
①～⑤キー：ランダム線　⑥～⑨キー：倍長線種
キャンセル

2 巾木を作図する

巾木

巾木とは、床と壁の取り合い部分に施工される部材で、壁部分のみで建具部分には取り付けません。

巾木

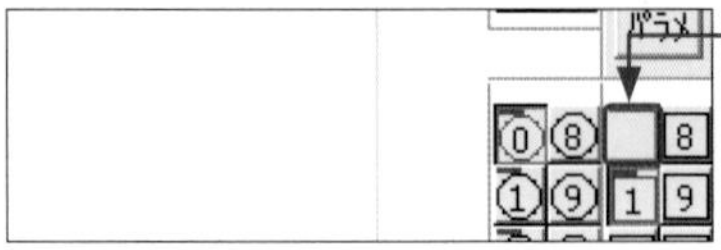

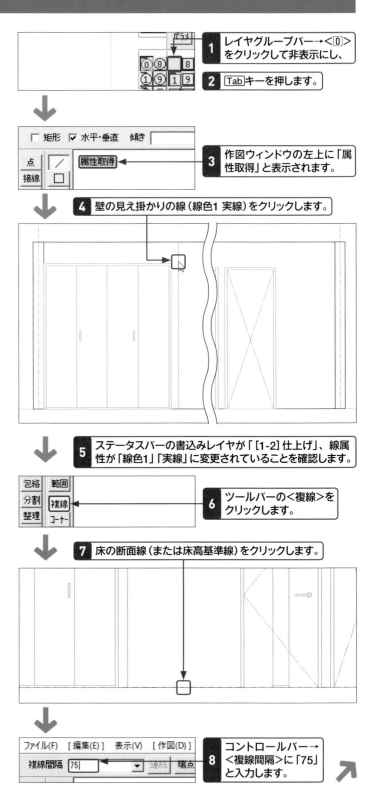

1 レイヤグループバー→<0>をクリックして非表示にし、

2 Tabキーを押します。

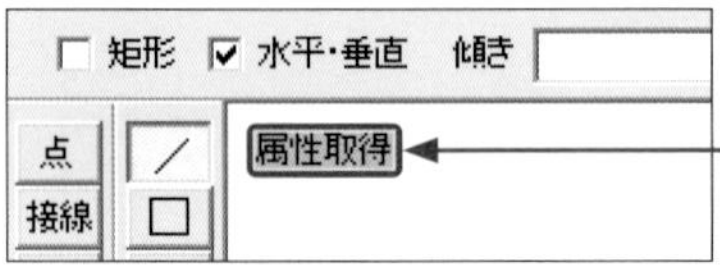

3 作図ウィンドウの左上に「属性取得」と表示されます。

4 壁の見え掛かりの線（線色1 実線）をクリックします。

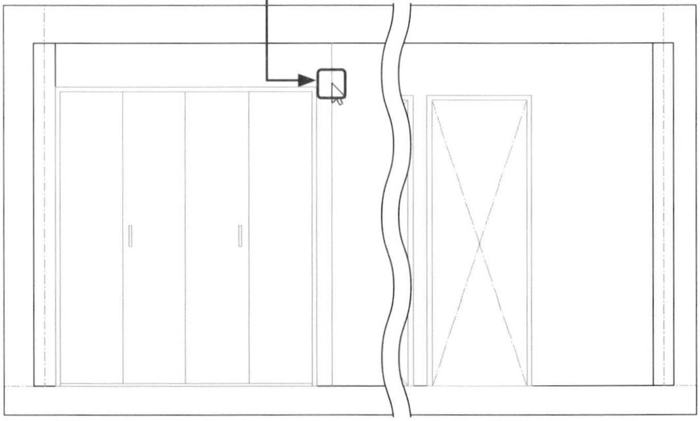

5 ステータスバーの書込みレイヤが「[1-2] 仕上げ」、線属性が「線色1」「実線」に変更されていることを確認します。

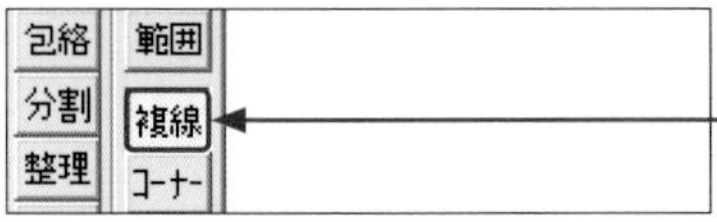

6 ツールバーの<複線>をクリックします。

7 床の断面線（または床高基準線）をクリックします。

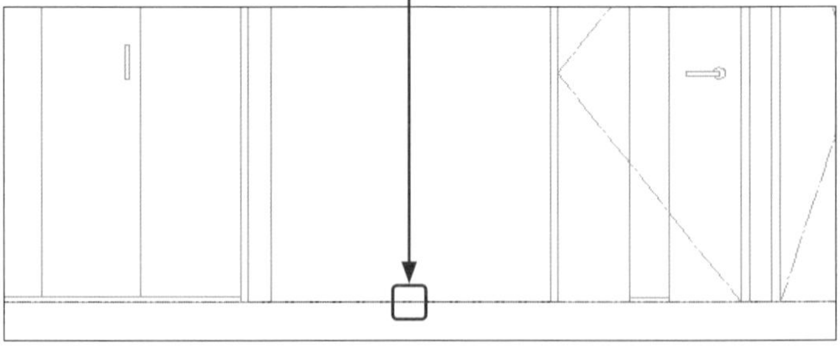

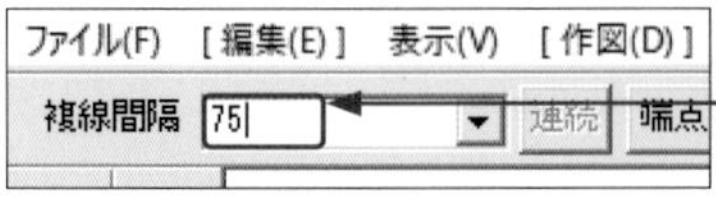

8 コントロールバー→<複線間隔>に「75」と入力します。

9 コントロールバー→<端点指定>をクリックします。

ファイル(F) [編集(E)] 表示(V) [作図(D)] 設定(S) [その他(A)] ヘルプ(H)
複線間隔 75 連続 端点指定 連続線選択 範囲選択 両側複線

10 「端点指定」の始点として、クローゼット外枠右下角を右クリックして指示し、

11 「端点指定」の終点として片開扉外枠左下角を右クリックして指示します。

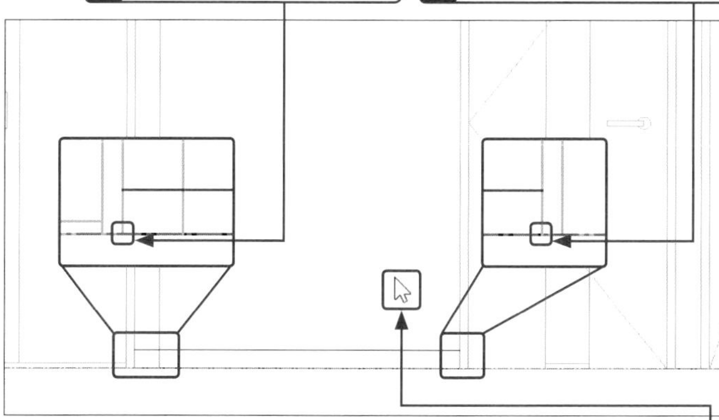

12 ステータスバーに「作図する方向を指示してください…」と表示されていることを確認します。

13 選択した線より上にマウスを移動し、上方向に赤い仮線が表示されている状態で任意の場所をクリックします。

14 複線コマンドが継続していることを確認し、床の断面線（または床高基準線）を複線する図形を右クリックします。

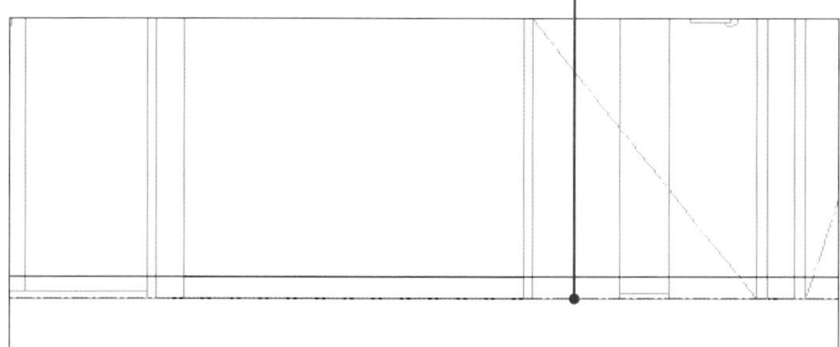

15 手順**9**～**13**を参考に残り2か所の巾木を作図します。

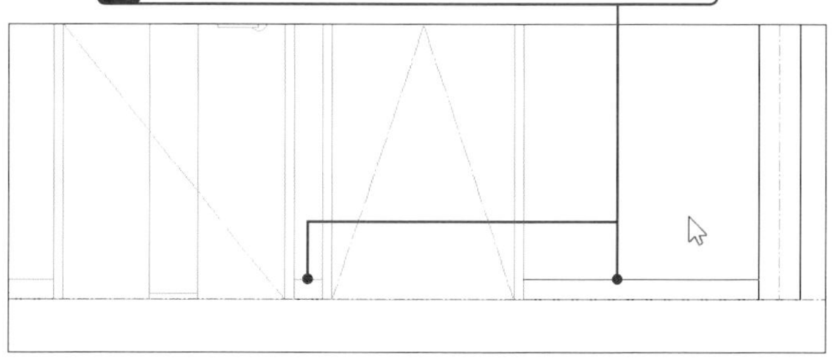

クロックメニューを使用した端点指定について

手順**9**の「端点指定」でクロックメニューを使用する方法についてはP.153のメモ「クロックメニューを使って端点指定を実行する場合」を参照してください。

前回値を使用する場合

複線コマンドを実行する際に、前回使用した値を継続して使用する場合は（手順**11**）、複線する図形を右クリックして選択します。

Section 78 人物や樹木を配置する

覚えておきたいキーワード
☑ 図形
☑ 図形（倍率）
☑ 消去（節間消し）

ここでは、Jw_cadに登録されている図形を利用して人物と樹木のイメージ図を配置します。工事用の図面にイメージ図は入れることは少ないですが、建築に詳しくない人にも大きさがイメージしやすくなり図面が華やかになるので、提案書やプレゼンボードなどで利用されます。

練習用ファイル	Sec78.jww		
メニュー	［その他］メニュー→［図形］／［編集］メニュー→［消去］		
ツールバー	［図形］／［消去］		
ショートカット	Z（図形）／D／Shift＋O（消去）	クロックメニュー	左AM10時／右AM10時（消去）

1 人物を配置する

メモ 図形の線種と線色について

図形コマンドで図形を配置する場合、既定値では図形が登録された際の線種および線色で配置されます。現在の書込み線種または書込み線色に変更した場合はコントロールバー→＜作図属性＞をクリックして設定します。図形の作図属性の詳細についてはP.284を参照してください。

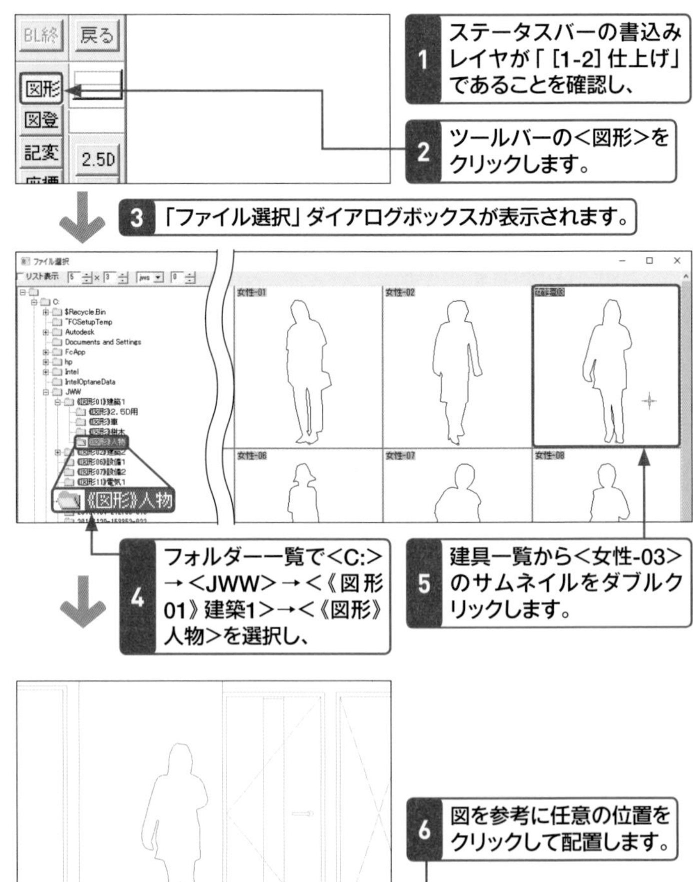

BL終
戻る
図形
図登
記変
2.5D
1 ステータスバーの書込みレイヤが「[1-2] 仕上げ」であることを確認し、
2 ツールバーの＜図形＞をクリックします。
3 「ファイル選択」ダイアログボックスが表示されます。
ファイル選択
リスト表示
C:
$Recycle.Bin
Autodesk
Documents and Settings
FcApp
hp
Intel
IntelOptaneData
JWW
《図形01》建築1
《図形》2.5D用
《図形》車
《図形》人物
女性-01
女性-02
女性-06
女性-07
女性-08
《図形》人物
4 フォルダー一覧で＜C:＞→＜JWW＞→＜《図形01》建築1＞→＜《図形》人物＞を選択し、
5 建具一覧から＜女性-03＞のサムネイルをダブルクリックします。
6 図を参考に任意の位置をクリックして配置します。

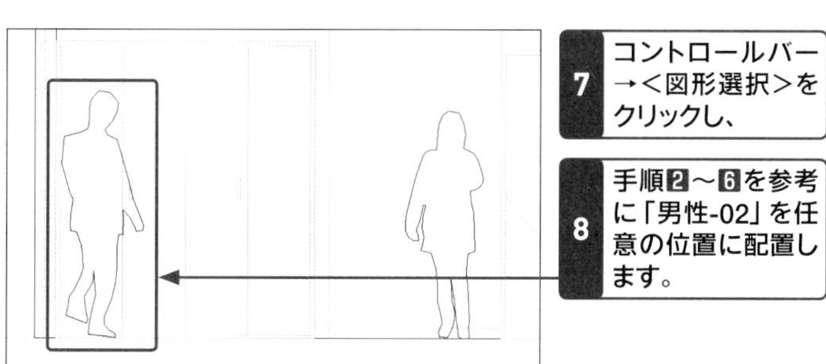
7 コントロールバー→<図形選択>をクリックし、
8 手順2〜6を参考に「男性-02」を任意の位置に配置します。

2 樹木を配置する

1 ツールバーの<□>をクリックします。

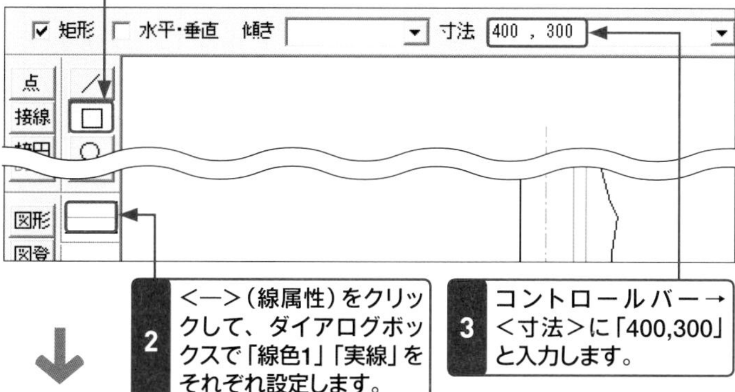
矩形
水平・垂直
傾き
寸法
400 , 300
点
接線
図形
図登
2 <—>(線属性)をクリックして、ダイアログボックスで「線色1」「実線」をそれぞれ設定します。
3 コントロールバー→<寸法>に「400,300」と入力します。

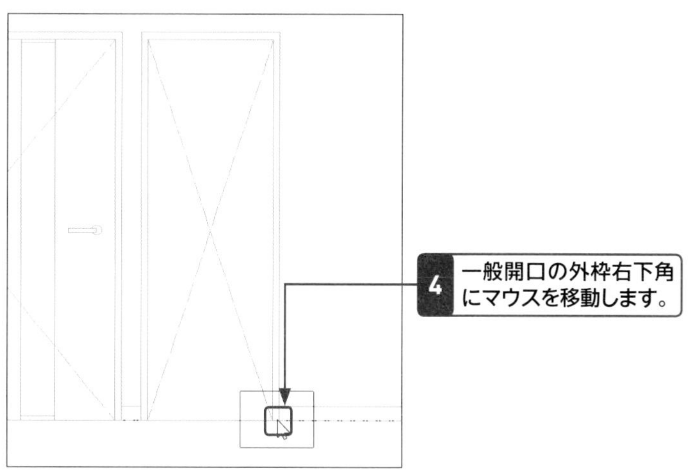
4 一般開口の外枠右下角にマウスを移動します。

5 角で右クリックしたまま右(3時)方向にドラッグします。

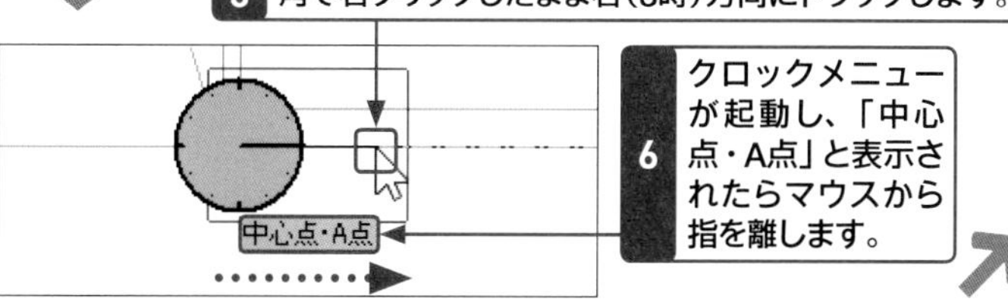
中心点・A点
6 クロックメニューが起動し、「中心点・A点」と表示されたらマウスから指を離します。

メモ

ここでの表示について

床の線(実線)と基準線(一点鎖線)が重なって作図されているためで、表示順番は作図状況により異なります。

メモ メニューバーを使用した中心点・A点について

手順5 でクロックメニューを使用せずに「中心点・A点」を実行するには、<設定>メニュー→<中心点取得>をクリックして選択し、手順6の点を右クリック、B点指定で手順7の点を右クリックします。

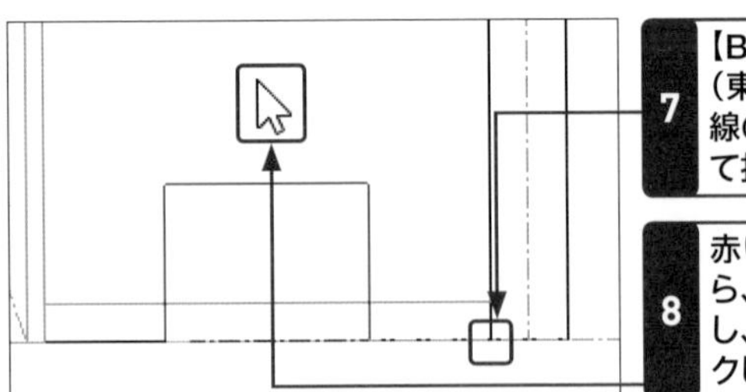

7 【B点】として、LDの右(東)側の内壁と床断面線の交点を右クリックして指示し、

8 赤い仮線が表示されたら、マウスを上に移動し、任意の位置をクリックして確定します。

9 P.304の手順2～3を参考に、ツールバーの<図形>→「ファイル選択」ダイアログボックス→<《図形》樹木>を選択し、

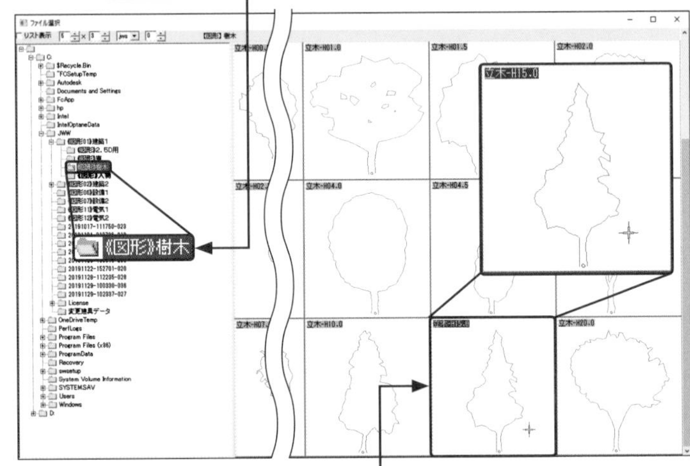
《図形》樹木
立木-H15.0

10 建具一覧から<立木-H15.0>のサムネイルをダブルクリックします。

ファイル(F) [編集(E)] 表示(V) [作図(D)] 設定
図形選択
作図属性
倍率
0.1 , 0.1
点
●書込レイヤに作図

11 コントロールバー→<倍率>に「0.1,0.1」と入力します。

12 手順8で作図した矩形の上部にマウスカーソルを移動します。

メモ 図形の倍率について

今回使用した図形「立木-15.0」(手順10)は元図のままだと高さが15mで登録されているため、倍率を「0.1 , 0.1」(手順11)に設定することで1.5mに変更して配置しています。
X倍率とY倍率が同じ場合は、X倍率の数値を入力後、Enterキーを押すことで、Y倍率にも同じ数値を自動的に入力することができます。
図形の倍率の考え方については、P.138のSec.42を参照してください。

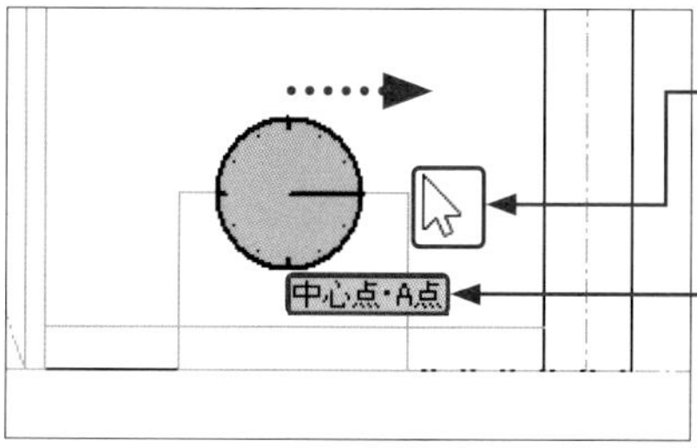

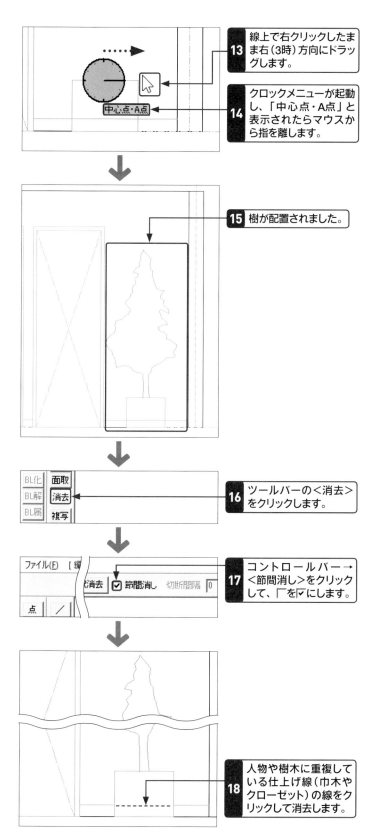

13 線上で右クリックしたまま右（3時）方向にドラッグします。

14 クロックメニューが起動し、「中心点・A点」と表示されたらマウスから指を離します。

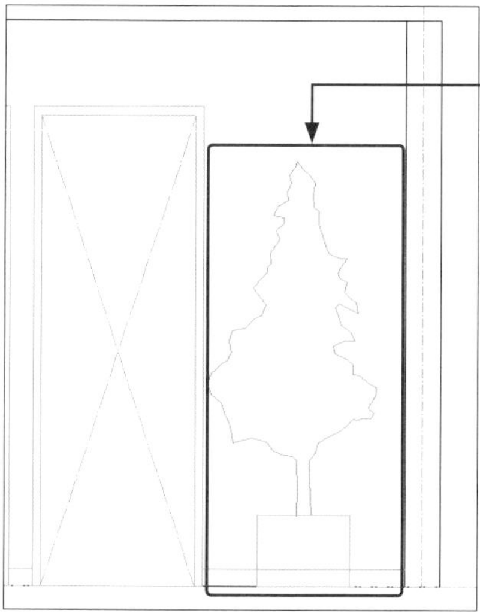

15 樹が配置されました。

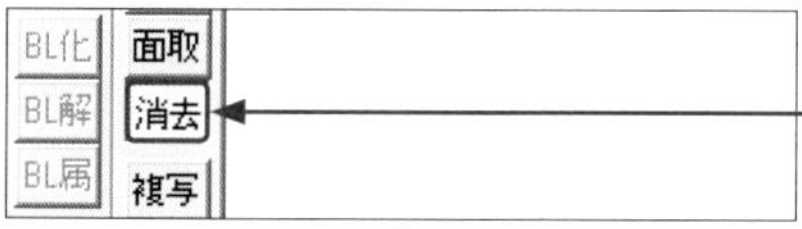

16 ツールバーの<消去>をクリックします。

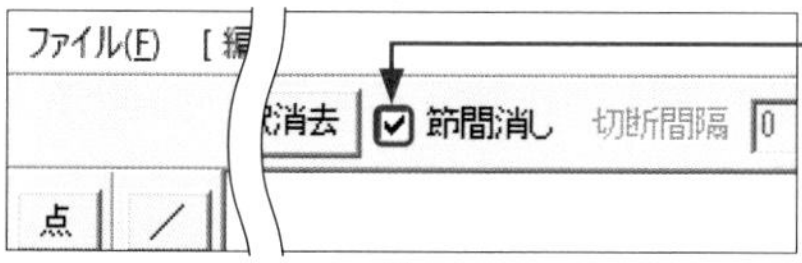

17 コントロールバー→<節間消し>をクリックして、□を☑にします。

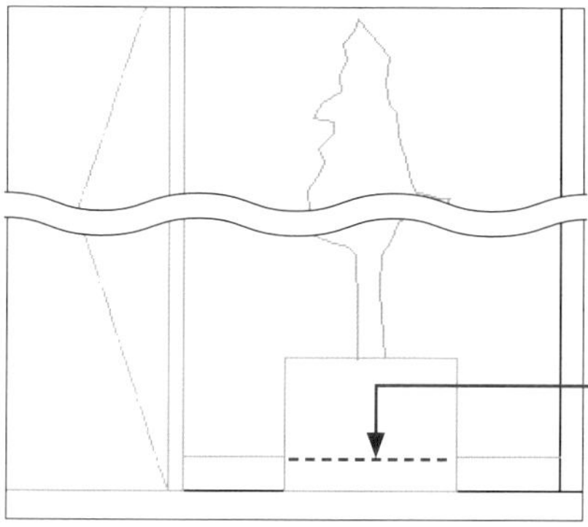

18 人物や樹木に重複している仕上げ線（巾木やクローゼット）の線をクリックして消去します。

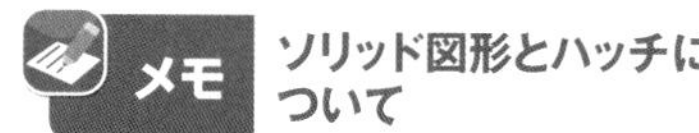
メモ

ソリッド図形とハッチについて

配置した人物や樹木は、多角形（ソリッド図形）コマンドやハッチコマンドを利用して、任意のソリッドやハッチを作図します。ソリッド図形とハッチの操作の詳細については、P.84のSec.27を参照してください。

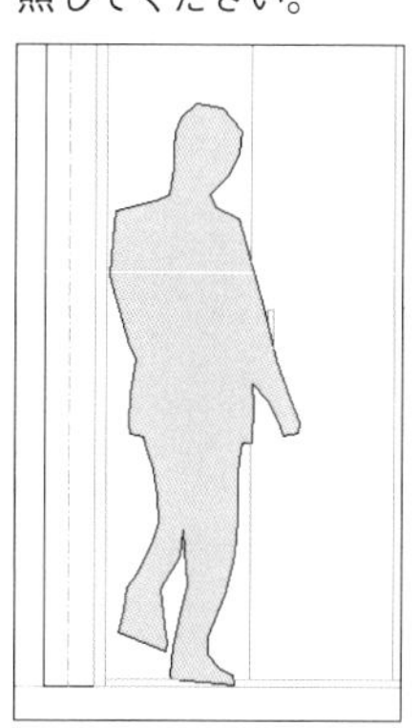

Section 79 縮尺を変更して部屋名を入力する

覚えておきたいキーワード
☑ 縮尺
☑ 移動
☑ 文字

ここではレイヤグループの縮尺を変更し、展開図を1／100から1／50に拡大します。Jw_cadではレイヤグループの縮尺を変更すると、作図された図形は各レイヤグループ単位で拡大／縮小されます。しかし文字や寸法を作図後に縮尺を変更すると表示が乱れるので注意が必要です。

練習用ファイル	Sec79.jww		
メニュー	[編集]メニュー→[図形移動]／[作図]メニュー→[文字]		
ツールバー	[移動]／[文字]		
ショートカット	M／Shift+Q(移動)／A(文字)	クロックメニュー	左AM7時／右AM7時(複写・移動)／左AM0時(文字)

1 縮尺を変更する

メモ 縮尺変更時の図形の大きさについて

Jw_cadでは手描き図面と同じように、設定された縮尺に合わせて図形を縮小(または拡大)した状態で作図されます。縮尺変更時(手順4)に<実寸固定>にチェックを入れて<OK>で確定すると、手順6のように縮尺に合わせて図の大きさが変更されます。ただし、文字の大きさは変更されないので注意が必要です。図の大きさを変更せずに縮尺のみ変更したい場合は<図寸固定>にチェックを入れて変更します。

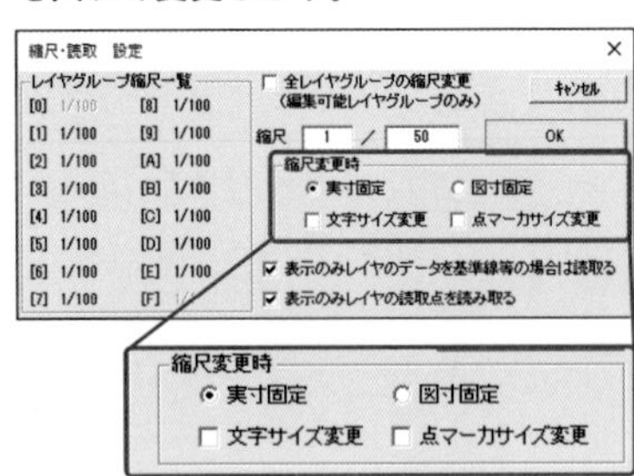
縮尺・読取　設定
レイヤグループ縮尺一覧
全レイヤグループの縮尺変更
(編集可能レイヤグループのみ)
キャンセル
OK
縮尺変更時
実寸固定
図寸固定
文字サイズ変更
点マーカサイズ変更
表示のみレイヤのデータを基準線等の場合は読取る
表示のみレイヤの読取点を読み取る

1 レイヤグループバー→<1>の□が赤色で表示されていることを確認し、

2 ステータスバー→<S=1/100>(縮尺)をクリックします。

3 「縮尺・読取　設定」ダイアログボックスが表示されます。

4 縮尺の分母を「50」に変更し、

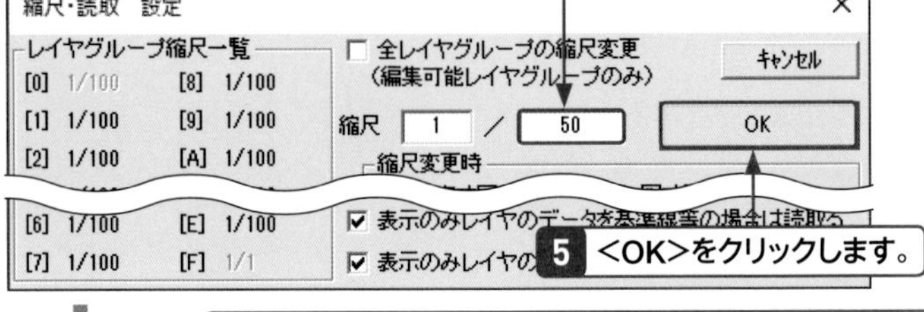
縮尺・読取　設定
レイヤグループ縮尺一覧
[0] 1/100 [8] 1/100
[1] 1/100 [9] 1/100
[2] 1/100 [A] 1/100
[6] 1/100 [E] 1/100
[7] 1/100 [F] 1/1
全レイヤグループの縮尺変更
(編集可能レイヤグループのみ)
キャンセル
縮尺 1 ／ 50
OK
縮尺変更時

5 <OK>をクリックします。

6 [1]レイヤグループに作図された図形が拡大されます。

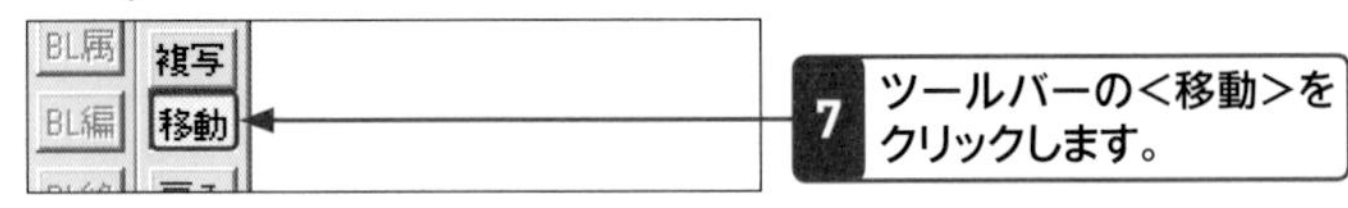
BL属
複写
BL編
移動

7 ツールバーの<移動>をクリックします。

8 図形を範囲選択します。

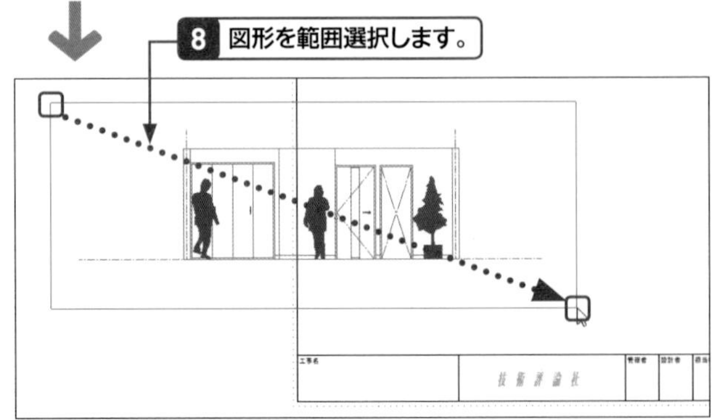

ヘルプ(H)
選択解除
<属性選択>
選択確定
9 コントロールバー→<選択確定>をクリックします。
10 図枠の中心付近にマウスを移動し、
11 任意の位置をクリックして指示します。

2 部屋名を入力する

1 レイヤバー→<④>を右クリックします。

2 ステータスバーの書込みレイヤが「[1-4] 文字」と表示されていることを確認します。

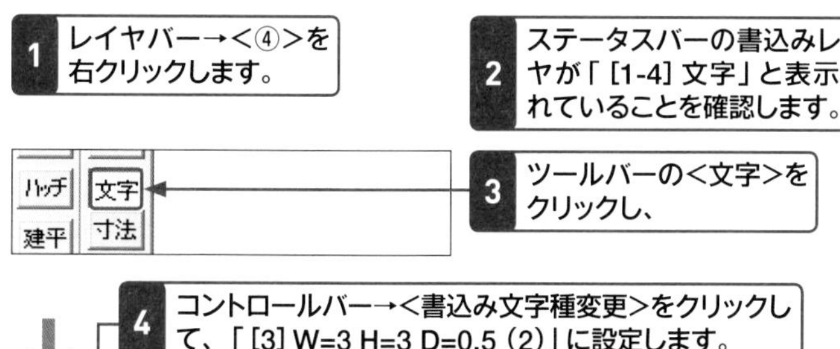
ハッチ
文字
建平
寸法
3 ツールバーの<文字>をクリックし、
4 コントロールバー→<書込み文字種変更>をクリックして、「[3] W=3 H=3 D=0.5 (2)」に設定します。

5 <文字基点設定>をクリックして、「中中」に変更し、

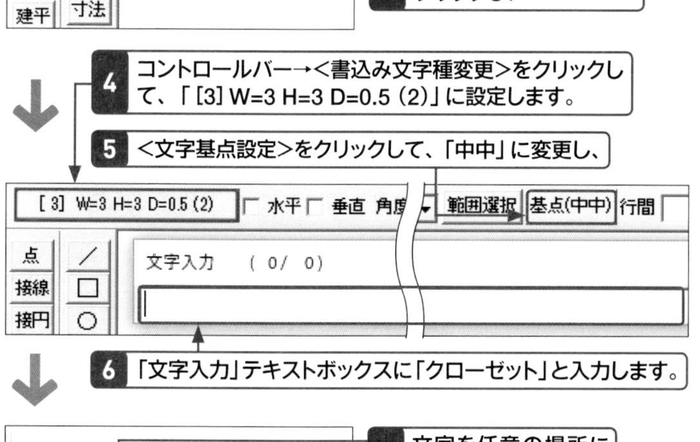
[3] W=3 H=3 D=0.5 (2)
水平
垂直
角度
範囲選択
基点(中中)
行間
点
接線
接円
文字入力 (0/ 0)
6 「文字入力」テキストボックスに「クローゼット」と入力します。

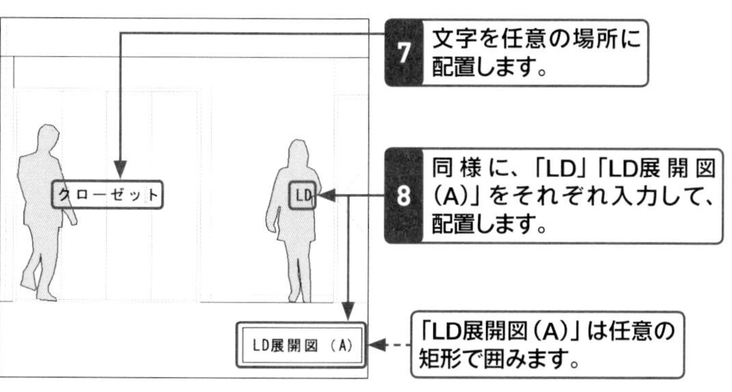
7 文字を任意の場所に配置します。
クローゼット
LD
8 同様に、「LD」「LD展開図(A)」をそれぞれ入力して、配置します。
LD展開図 (A)
「LD展開図(A)」は任意の矩形で囲みます。

メモ 部屋名の位置について

部屋の中央部に配置する場合は「中心点・A点」などを利用して配置します。

メモ 文字種変更と文字基点設定

手順4と5では、表示されるダイアログボックスでそれぞれ設定を行います。

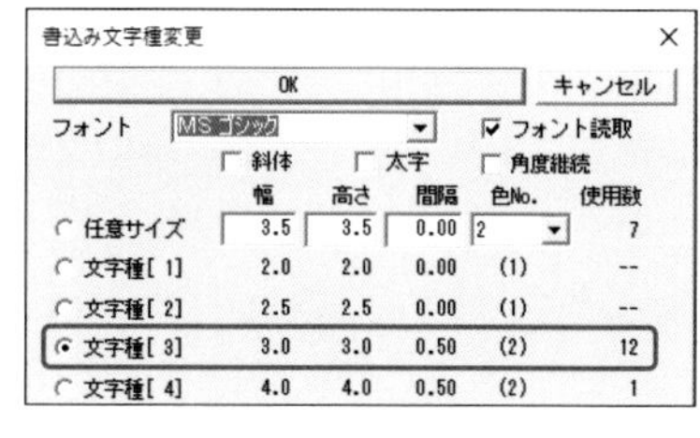
書込み文字種変更
OK
キャンセル
フォント MS ゴシック
フォント読取
斜体
太字
角度継続

	幅	高さ	間隔	色No.	使用数
任意サイズ	3.5	3.5	0.00	2	7
文字種[1]	2.0	2.0	0.00	(1)	--
文字種[2]	2.5	2.5	0.00	(1)	--
文字種[3]	3.0	3.0	0.50	(2)	12
文字種[4]	4.0	4.0	0.50	(2)	1

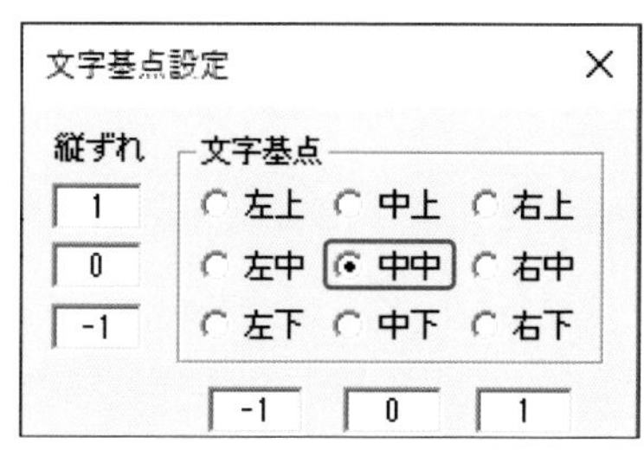
文字基点設定
縦ずれ
1
0
-1
文字基点
左上
中上
右上
左中
中中
右中
左下
中下
右下
-1
0
1

Section 80

床仕上げ高さ記号と寸法を作図する

覚えておきたいキーワード
☑ 寸法（寸法値）
☑ 寸法図形
☑ 寸解

最後に床の仕上げ高さを示す「FL（フロアレベル）」の記号と、寸法に天井高さを示す「CH（シーリングハイ）」の表示を追加入力して、図面を仕上げます。寸法コマンドの寸法値オプションを使うことで、寸法図形でも寸法値を編集して文字を追加することができます。

練習用ファイル	Sec80.jww		
メニュー	[作図] メニュー→ [文字] ／ [作図] メニュー→ [寸法]		
ツールバー	[文字] ／ [寸法]		
ショートカット	A（文字）／Shift＋G（寸法）	クロックメニュー	左PM11時（寸法）

第8章 展開図を作成しよう

1 床仕上げ高さ記号を入力する

メモ 高さ記号について

高さ方向を表す省略記号には「GL（地盤面）」「FL（床仕上げ高）」「SL（スラブ高）」「CH（天井高）」などがあります。展開図や断面図などで基準線に高さ記号を入力する際は、接頭文字として「▽」を入力します（基準線に対して下に文字を入力する場合は「△」になります）。

[3] W=3 H=3 D=0.5 (2)
垂直 角度
範囲選択
基点(左下)
点
接線
接円
文字
建平
寸法
文字入力

1 ツールバーの<文字>をクリックし、

2 コントロールバー→「書込み文字種変更」が「[3] W=3 H=3 D=0.5 (2)」に設定されていることを確認します。

3 <文字基点設定>（<基点（左下）>）をクリックします。

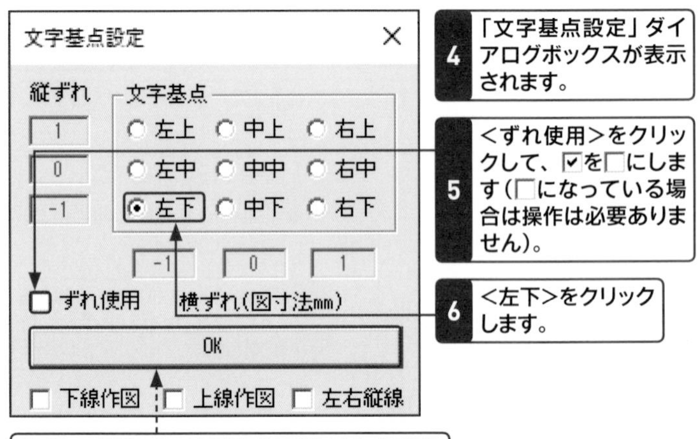

文字基点設定
縦ずれ
文字基点
1
0
-1
左上 中上 右上
左中 中中 右中
左下 中下 右下
-1 0 1
ずれ使用
横ずれ(図寸法mm)
OK
下線作図 上線作図 左右縦線

4 「文字基点設定」ダイアログボックスが表示されます。

5 <ずれ使用>をクリックして、☑を□にします（□になっている場合は操作は必要ありません）。

6 <左下>をクリックします。

ダイアログボックスが自動的に閉じない場合は<OK>をクリックします。

7 ステータスバーの書込みレイヤが「[1-4] 文字」と表示されていることを確認し、

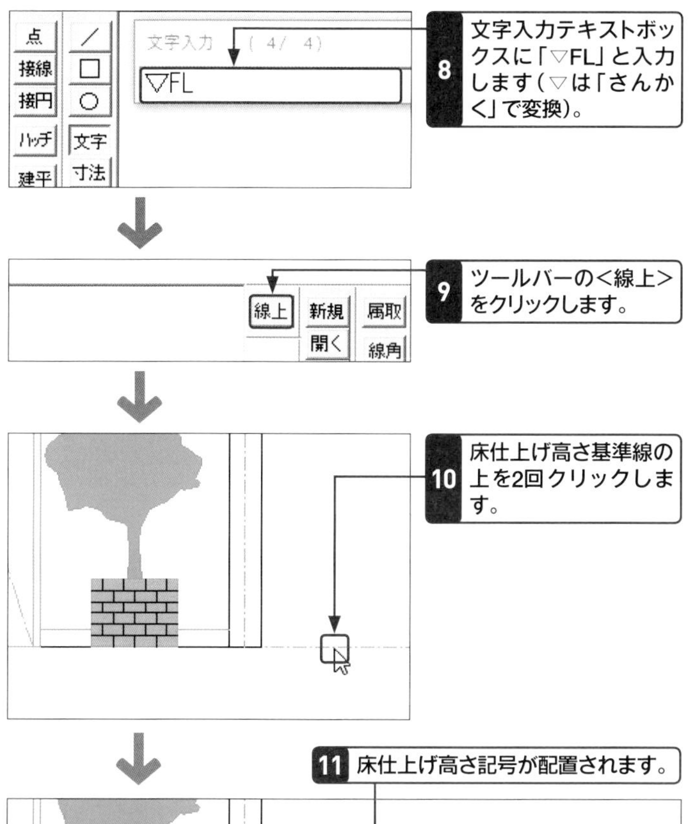
8 文字入力テキストボックスに「▽FL」と入力します（▽は「さんかく」で変換）。
9 ツールバーの<線上>をクリックします。
10 床仕上げ高さ基準線の上を2回クリックします。
11 床仕上げ高さ記号が配置されます。
▽FL

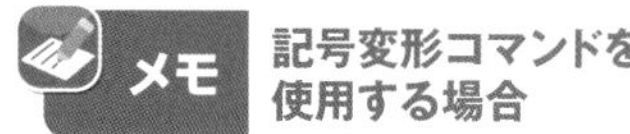
メモ 記号変形コマンドを使用する場合

ここでは高さ記号を文字として入力しましたが、Jw_cadの記変（記号変形）コマンドから「高さ記号（3mm）」を選択して作成することも可能です。

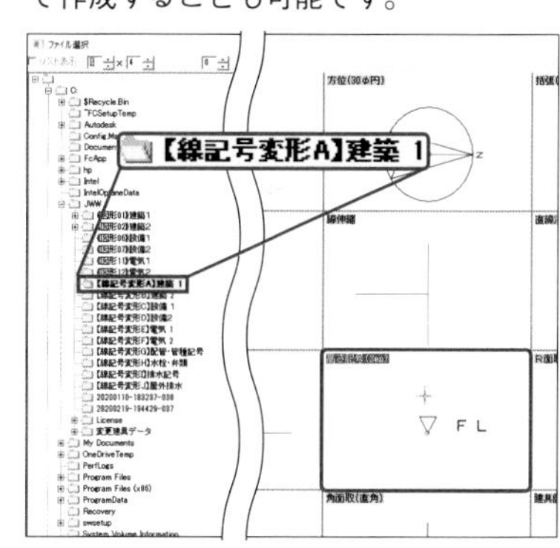
【線記号変形A】建築 1
▽ FL

2 寸法を作図する

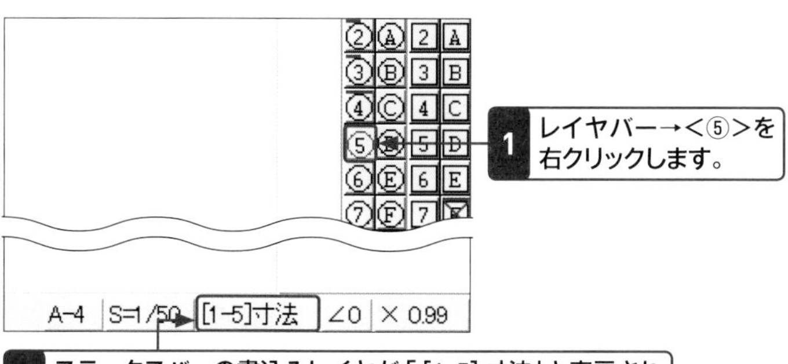
1 レイヤバー→<⑤>を右クリックします。
A-4 S=1/50 [1-5]寸法 ∠0 × 0.99

2 ステータスバーの書込みレイヤが「[1-5] 寸法」と表示されていることを確認します。

メモ 寸法設定について

手順5のダイアログボックスについては次の点を確認し、設定が異なっている場合は修正します。文字種類が「3」、寸法線色が「1」、矢印・点色が「1」、指示点からの引出線位置 指定［－］が「3」にそれぞれ設定されていることを、また<寸法線と値を【寸法図形】にする。円周、角度、寸法値を除く>にチェックが入っていることを確認します。寸法設定の詳細については、P.171を参照してください。

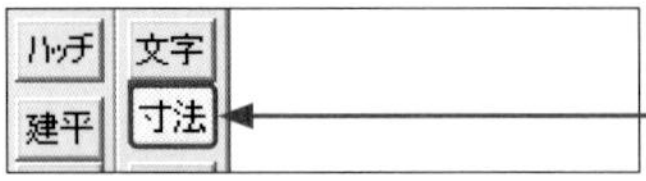

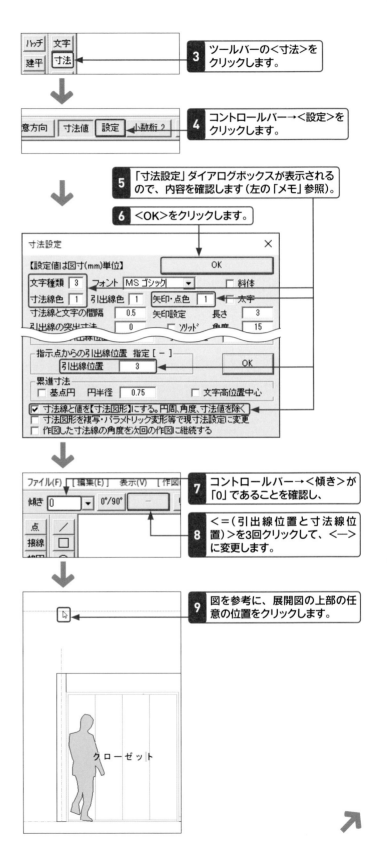

3 ツールバーの<寸法>をクリックします。

4 コントロールバー→<設定>をクリックします。

5 「寸法設定」ダイアログボックスが表示されるので、内容を確認します（左の「メモ」参照）。

6 <OK>をクリックします。

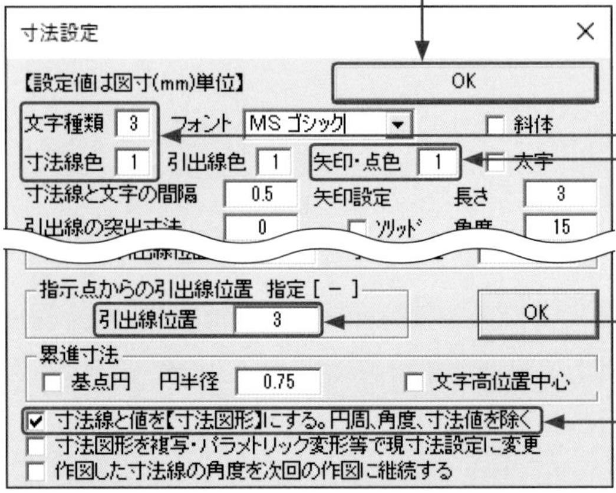

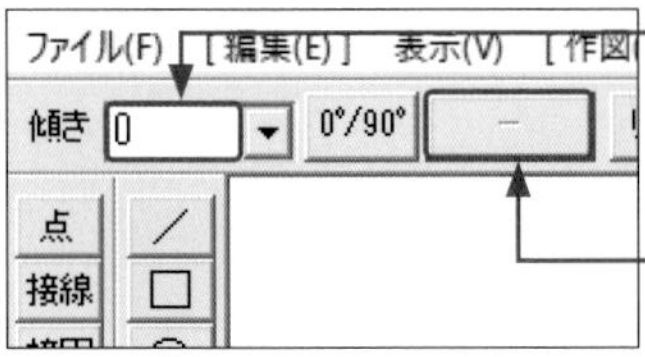

7 コントロールバー→<傾き>が「0」であることを確認し、

8 <=（引出線位置と寸法線位置）>を3回クリックして、<—>に変更します。

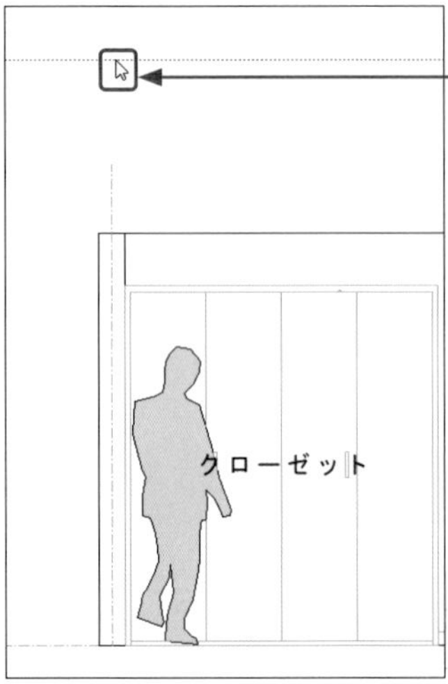

9 図を参考に、展開図の上部の任意の位置をクリックします。

10 左側の壁芯基準線の上部端点を寸法の始点としてクリックして指示し、

11 右側の壁芯基準線の上部端点を寸法の終点としてクリックして指示します。

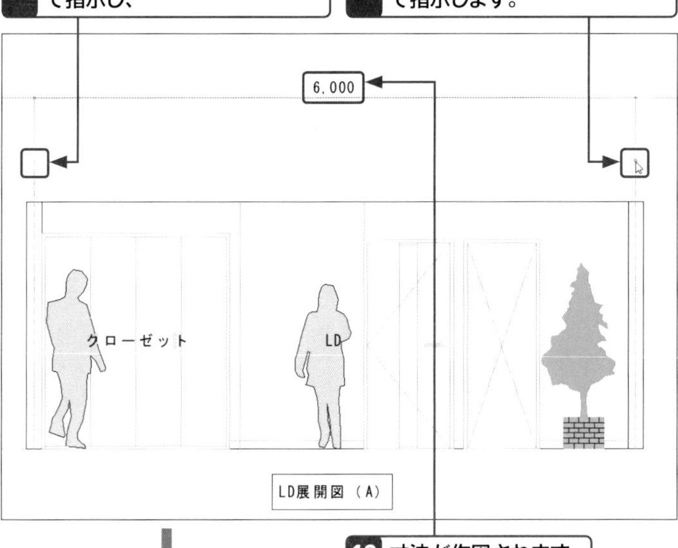
6,000
クローゼット
LD
LD展開図（A）

12 寸法が作図されます。

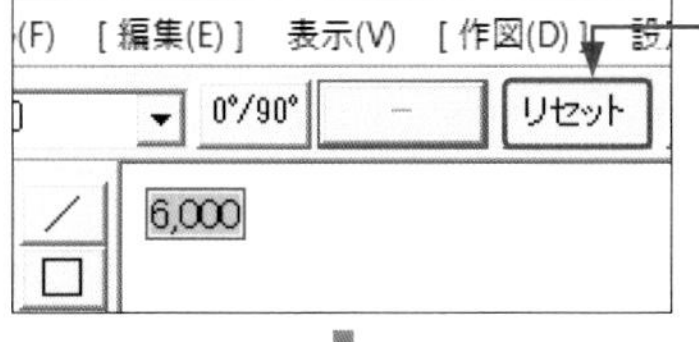
(F) [編集(E)] 表示(V) [作図(D)] 設
0°/90°
リセット
6,000

13 コントロールバー→<リセット>をクリックします。

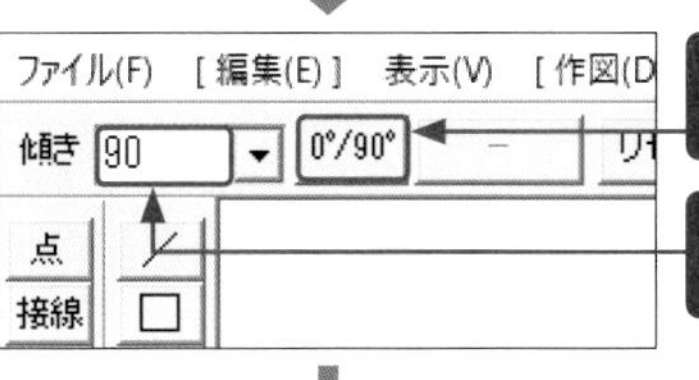
ファイル(F) [編集(E)] 表示(V) [作図(D
傾き 90
0°/90°
点
接線

14 コントロールバー→<0°/90°>をクリックし、

15 <傾き>が「90」に変更されたことを確認します。

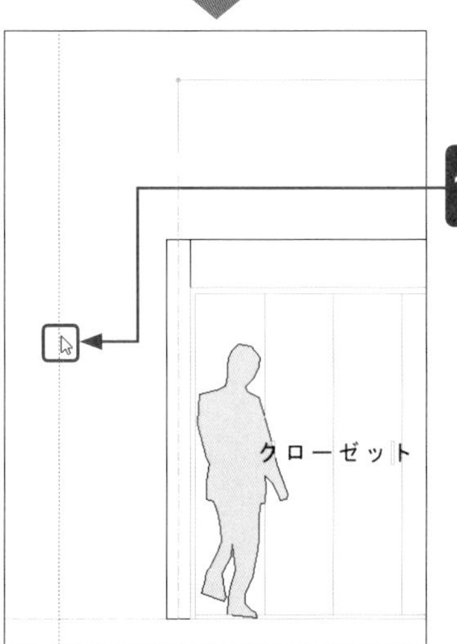
クローゼット

16 図を参考に、展開図の左側の任意の位置をクリックします。

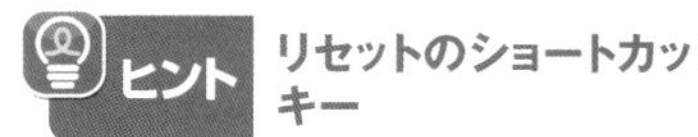

ヒント リセットのショートカットキー

Shiftキーを押しながらスペースキーを押すことで、寸法をリセットすることもできます。

ヒント 「0°/90°」のショートカットキー

傾きを入力するタイミングでスペースキーを押すと、「0°」と「90°」を交互に切り替えることができます。

17 床断面線の左側端点を寸法の始点としてクリックして指示します。

18 天井断面線の左側端点を寸法の終点としてクリックして指示します。

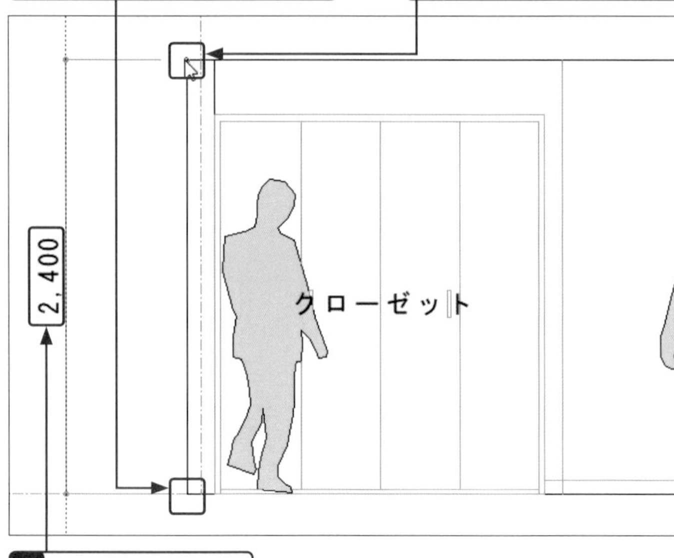
2, 400
クローゼット

19 寸法が作図されます。

20 コントロールバー→<リセット>をクリックします。

3 寸法値に文字を追加する

寸法図形の文字編集について

P.312で設定したように、ここでの寸法は「寸法図形」として作図されています。そのため、寸法値を変更する場合は<寸法>コマンド→<寸法値>からしか変更できません。文字コマンドを利用して編集したい場合はP.315のメモ「寸法図形の文字変更について」を参照してください。

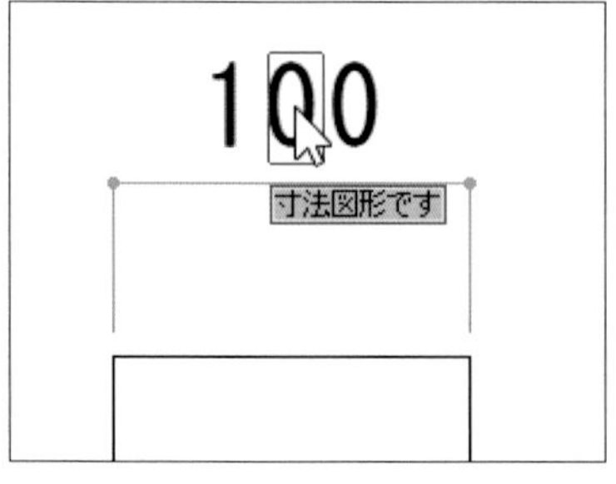
100
寸法図形です

ルプ(H)
角度
任意方向
寸法値
設定
小数桁 2

1 コントロールバー→<寸法値>をクリックします。

2 ステータスバーに「…変更寸法値指示（RR）…」と表示されていることを確認します。

3 左側の高さ寸法の「2400」を右ダブルクリック（RR）します。

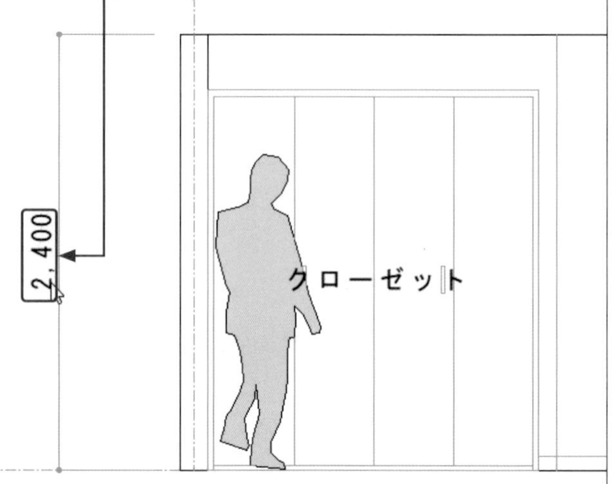
2, 400
クローゼット

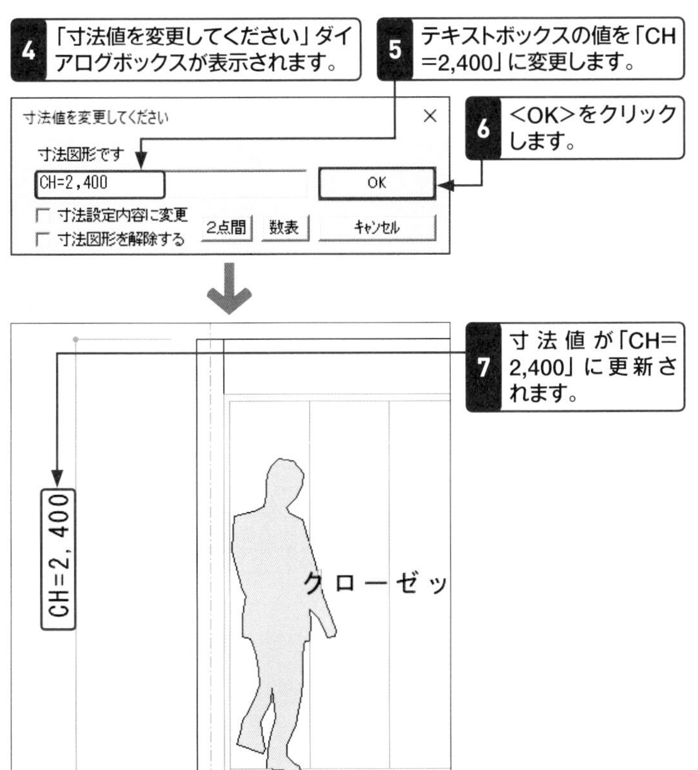
4 「寸法値を変更してください」ダイアログボックスが表示されます。
5 テキストボックスの値を「CH=2,400」に変更します。
6 <OK>をクリックします。
寸法値を変更してください
寸法図形です
CH=2,400
OK
寸法設定内容に変更
寸法図形を解除する
2点間
数表
ｷｬﾝｾﾙ
7 寸法値が「CH=2,400」に更新されます。
CH=2, 400
クローゼッ

メモ 寸法図形の文字変更について

「寸法図形」として作成された寸法の「寸法値」は文字コマンドで変更することができません。寸法図形の寸法値を変更したい場合は、今回のように寸法コマンドの「寸法値」オプションを利用するか、ツールバーの<寸解>コマンドで寸法図形を解除して編集します。

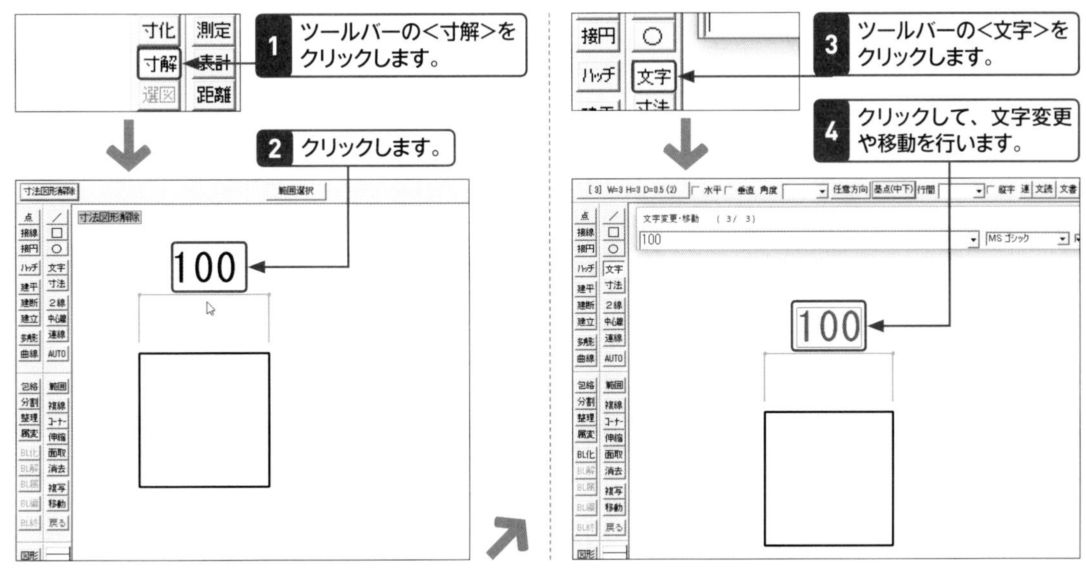
1 ツールバーの<寸解>をクリックします。
2 クリックします。
3 ツールバーの<文字>をクリックします。
4 クリックして、文字変更や移動を行います。
寸法図形解除
範囲選択
100
文字変更・移動
MS ゴシック

索引

Index

記号

ー(指示点からの引出線位置 指定)……179
――(線属性)……42
／(線)……44
＝(引出線位置と寸法線位置)……173
□(矩形)……76
○(円)……78
φ……195
.jwk……100
.jws……98

数字

0°/90°……179
1線……84
15度毎……168
2.5D……192, 242
2×4(ツーバイフォー)工法(軸組壁工法)……248
2線……57, 85
2線角度……184
2点角……136
3線……85
3点指示……81

英字

All……201
AUTOモード……31
Direct2D……26
DXF……34
Escキー……30
Excel……102
Homeキー……33, 38
Microsoft Print to PDF……189
Page Downキー……33, 37
Page Upキー……33, 37
PDF……189
PrintScreenキー……102
R……195
SXF対応拡張線色・線種……43
XY方向……127
X方向……127
Y方向……127

あ行

アイソメ……243
アンインストール……21
一括処理……257
移動……38, 126, 134
移動(寸法値)……221
色順整理……228
色の設定……87
印刷……189
インストール……20
後ろ脚……205
馬目地……85
上書き保存……29
円・連続線指示……87
円1/4点……74
円弧……80, 106, 110
円周点……74
鉛直……66
奥行(水平)寸法……219
オフセット……68, 215, 264

か行

回転角……101, 131
回転複写……130
外部プログラム……186
外部変形……186
書込み文字種変更……157, 167
書込みレイヤ……201
書込みレイヤボタン……24
拡大……36
拡張子……35
角度……52
角度寸法……172, 184
隠線……238
下線作図……169
下線付き文字……169
傾き……53, 67, 173
壁芯……252
画面倍率・文字表示設定ボタン……24
カラー印刷……190
基準線……109, 112, 292
基準点……77

基準点変更……99, 122, 138
基点(円)……79
基点変……85
起動……22
基本設定……27
脚……226, 244
曲線属性化……87
クリック(左クリック)(L)……32
グリッド表示……36
クリップボード……96
クロックメニュー……31
結合……117
建築図面……17, 193, 249
建平……272
コーナー……114, 150, 268
弧長寸法……185
コピー……97
コマンド……25, 30
コモンダイアログ……27
コントロールバー……24

さ行

座板……211, 230
削除(図形ファイル)……101
作図ウィンドウ……24
作図属性設定……284
左右反転……276
三斜計算……186
三方枠……299
三面図……193
四角形……76
軸角……24, 71
軸組工法(在来工法)……248
指示線包絡……59
実行……85
実寸……84
指定寸法……176
尺度……194, 202
斜辺(平行)寸法……172, 180
縦横比(変更)……140
終了……23
縮尺……41, 308
縮尺ボタン……24
縮小……37, 140
消去……104, 234
省略記号……261
ショートカットアイコン……21
ショートカットキー……31
除外範囲……89
初期化……27
初期値(ツールバー)……222
新規作成……35, 40
伸縮……108, 112, 115, 220
伸縮点……110, 113
水平・垂直……44, 47
数値入力……48
数値倍率……147
図形ファイル……98
ステータスバー……24
寸法……173
寸法位置間隔反転……177
寸法図形……180
寸法設定……171
寸法線……171
寸法線と文字の間隔……171
寸法補助記号……195
正五角形……82
製図記号……249
背板……216, 232
背板補強……204, 224
整理……132
節間消し……239
接線……72
線……44
線色……43, 92
線角……53, 135
線種……43, 93, 195
線上……224
線上点・交点……225
線ソート(色別)……228
線属性……42, 195
全体寸法……175, 178, 258
全体表示……38
線長……50
線幅(線の太さ)……42, 188
属取……208
属性……92

属性取得……235
属性選択……94
属性変更……92, 94, 236

た行

対角点……76
タイトルバー……24
ダウンロード……19
多角形……82
高さ寸法……218
建具基準点……273
ダブルクリック(LL)……32
端点指定……152
端部ー<(外向き矢印)……183
端部ー>(内向き矢印)……183
端部●(点)……173
断面図(展開図)……249
中間消去……121, 278
中心……78
中心(多角形)……82
中心→頂点指定……82
中心→辺指定……83
中心点・A点……159
中心点取得……159
鳥瞰図……246
頂点(多角形)……82
重複整理……254
長方形……76
直径……78
直径寸法……172, 183
ツールバー……25, 222
吊元……299
底辺角度……83
鉄筋コンクリート造(RC造)……248
鉄骨造(S造)……248
鉄骨鉄筋コンクリート造(SRC造)……248
展開図……290
点付き線……55
点半径……181
投影図……193
投影法……192
等距離分割……62
透視図……246
透視投影……193
突出寸法……220
留線……58
留線出……58
留線付両側複線……267
ドラッグ……32
トリミング……102

な行

内外反転……276
長さ寸法……173
入力履歴……48
任意……86
任意サイズ……167
任意色……86
任意方向……127
貫……214, 237, 245
塗り潰し……86

は行

バージョン……18, 19
背景色……28
倍率……138, 306
ハッチ(ハッチング)……84
巾木……302
パラメ……122
パラメトリック変形……122, 259
貼り付け……97, 102
範囲……88
範囲選択消去……91
範囲枠交差線選択……91
半円……81
半径……79, 80
半径寸法……172, 182
反転……144
汎用CAD……16
引出線……171
引出線位置・寸法線位置……171
引出線色……171
引出線間隔……179
左AM……31
左PM……31

ピッチ……84, 188
非表示(レイヤ)……198
表示のみ(レイヤ)……199
フォント……167
複写……128, 138
複線……148, 152
複線間隔……149
太い実践……195
プリンターの設定……189
プロテクトレイヤ……203, 251
分割……62
分割線……62
平行投影……192
平面図……249
並列寸法……175
辺(多角形)……82
編集可能レイヤ……200
ホイールボタン……33
ホイールボタンクリック……33
包絡……118
細い一点鎖線……195
細い実践……195
細い二点鎖線……195
細い破線……195
保存……29

ま行

マウス倍率……143
マウスホイール……28
前脚……208
前倍率……37
幕板……206, 209
幕板(左右)……227
幕板(前後)……229
見え掛かり……295
右AM……31
右PM……31
右クリック(R)……32
右ダブルクリック(RR)……32
右ドラッグ……32
無指定……275
メニューバー……24
木造(W造)……248
文字……156, 160, 164, 166
文字角度整理……133
文字基点設定……157
文字入力テキストボックス……157
文字変更・移動……163
文字方向補正……147

や行

矢印設定……171
矢印付き線……54, 168
用紙サイズ……41, 189, 194
用紙サイズボタン……24
読取点……51

ら～わ行

リセット……174
立面図……249
両側複線……263
両クリック……32
両ドラッグ……32
レイヤ(画層)……196
レイヤグループ……197, 250
レイヤグループバー……24
レイヤグループ名……291
レイヤバー……24
レイヤ名……203, 251, 291
連結……255
連結整理……133
連線……45
連続寸法……176
連続線選択……154, 263
連続複線……151
割付……63

お問い合わせについて

本書に関するご質問については、本書に記載されている内容に関するもののみとさせていただきます。本書の内容と関係のないご質問につきましては、一切お答えできませんので、あらかじめご了承ください。また、電話でのご質問は受け付けておりませんので、必ずFAXか書面にて下記までお送りください。
なお、ご質問の際には、必ず以下の項目を明記していただきますようお願いいたします。

1 お名前
2 返信先の住所またはFAX番号
3 書名（今すぐ使えるかんたん　Jw_cad　[改訂２版]）
4 本書の該当ページ
5 ご使用のOSとアプリ
6 ご質問内容

なお、お送りいただいたご質問には、できる限り迅速にお答えできるよう努力いたしておりますが、場合によってはお答えするまでに時間がかかることがあります。また、回答の期日をご指定なさっても、ご希望にお応えできるとは限りません。あらかじめご了承くださいますよう、お願いいたします。

問い合わせ先

〒162-0846
東京都新宿区市谷左内町21-13
株式会社技術評論社　書籍編集部
「今すぐ使えるかんたん　Jw_cad　[改訂２版]」質問係
FAX番号　03-3513-6167

https://book.gihyo.jp/116

■お問い合わせの例

FAX

1 お名前
　技術　太郎
2 返信先の住所またはFAX番号
　03-XXXX-XXXX
3 書名
　今すぐ使えるかんたん　Jw_cad
　[改訂２版]
4 本書の該当ページ
　218ページ
5 ご使用のOSとアプリ
　Windows 10
　Jw_cad
6 ご質問内容
　手順7の操作をしても、手順8の
　画面が表示されない

※ご質問の際に記載いただきました個人情報は、回答後速やかに破棄させていただきます。

今すぐ使えるかんたん　Jw_cad　[改訂２版]

2020年 5 月28日　初版　第1刷発行
2021年12月30日　2 版　第1刷発行
2024年 4 月18日　2 版　第4刷発行

著　者●アヴニールCADシステムズ　代表　日野眞澄
発行者●片岡　巌
発行所●株式会社 技術評論社
　東京都新宿区市谷左内町21-13
　電話　03-3513-6150　販売促進部
　　　　03-3513-6160　書籍編集部
装丁●田邉　恵里香
作図●中村　知子
本文デザイン●リンクアップ
編集／DTP●オンサイト
担当●矢野　俊博
製本／印刷●大日本印刷株式会社

定価はカバーに表示してあります。

落丁・乱丁がございましたら、弊社販売促進部までお送りください。交換いたします。

ISBN978-4-297-12486-1 C3055
Printed in Japan

著者プロフィール

日野眞澄（ひの ますみ）
アヴニールCADシステムズ代表。
YouTubeチャンネル登録者数2次元ＣＡＤ関連チャンネルで日本一を達成（2021年9月現在）。
1年間の総再生回数110万回を突破。
小学校の教員を退職後、スーパーゼネコンを中心に土木・建築・機械などさまざまなジャンルのＣＡＤオペレーターとして10年間従事。
2011年アヴニールCADシステムズとして独立。
職業訓練や企業研修を行う。
2017年より日建学院WEB講座担当。

OK
館外貸出可